Advances in Numerical Mathematics

Olaf Steinbach

Numerische Näherungsverfahren für elliptische Randwertprobleme

Advances in Numerical Mathematics

Olaf Steinbach

Numerische Näherungsverfahren für elliptische Randwertprobleme

Finite Elemente und Randelemente

B. G. Teubner Stuttgart · Leipzig · Wiesbaden

Bibliografische Information der Deutschen Bibliothek
Die Deutsche Bibliothek verzeichnet diese Publikation in der Deutschen Nationalbibliographie; detaillierte bibliografische Daten sind im Internet über <http://dnb.ddb.de> abrufbar.

Priv.-Doz. Dr. Olaf Steinbach
Geboren 1967 in Rochlitz (Sachsen). Studium der Mathematik an der TU Karl-Marx-Stadt (Chemnitz), Diplom 1992. Von 1992 bis 1996 wissenschaftlicher Mitarbeiter an der Universität Stuttgart, Promotion 1996. Von 1996 bis 2003 wissenschaftlicher Assistent, seit 2003 Oberassistent am Institut für Angewandte Analysis und Numerische Simulation an der Universität Stuttgart, Habilitation 2001. 1998 – 2000 längere Arbeitsaufenthalte an der University of New South Wales in Sydney, der Texas A&M University in College Station und der University of Texas in Austin. Im Wintersemester 2001/02 Vertretung einer C4-Professur für Numerische Mathematik an der TU Chemnitz, im Sommersemester 2002 Gastprofessor an der Johannes Kepler Universität Linz.

E-Mail: steinbach@mathematik.uni-stuttgart.de
Homepage: http://www.ians.uni-stuttgart.de/LstAngMath/Steinbach/

1. Auflage November 2003

Der B. G. Teubner Verlag ist ein Unternehmen von Springer Science+Business Media.
www.teubner.de

Umschlaggestaltung: Ulrike Weigel, www.CorporateDesignGroup.de
Gedruckt auf säurefreiem und chlorfrei gebleichtem Papier.

ISBN-13: 978-3-519-00436-3 e-ISBN-13: 978-3-322-80054-1
DOI: 10.1007/ 978-3-322-80054-1

Vorwort

Dieses Lehrbuch entstand auf der Grundlage von Vorlesungen zur Numerik elliptischer partieller Differentialgleichungen, welche ich mehrmals vor allem an der Universität Stuttgart, aber auch an der Technischen Universität Chemnitz und an der Johannes Kepler Universität Linz gehalten habe. Die Kapitel 1–4, 8, 9, 11 und 13 eignen sich für eine vierstündige Einführung in die Finite Element Methode, die Kapitel 1–8, 10, 12 und 13 behandeln die Grundlagen der Randelementmethode, welche ebenfalls im Rahmen einer vierstündigen Vorlesung gelesen werden können. Kapitel 14 gibt einen Überblick zu schnellen Randelementmethoden im Rahmen einer zweistündigen Vorlesung. Darüberhinaus ist das Buch auch zum Selbststudium geeignet.

Das Lehrbuch ist konzipiert als eine einheitliche Einführung in die Finite Element Methode (FEM) und in die Randelementmethode (BEM), zwei der heute am häufigsten verwendeten numerischen Diskretisierungsverfahren zur näherungsweisen Lösung von elliptischen Randwertproblemen. Während zur FEM eine Vielzahl von verschiedener Lehrbuchliteratur zur Verfügung steht, gibt es bisher nur wenige Bücher zu einer mathematisch fundierten Einführung in Randelementmethoden.

Ausgangspunkt für die Finite Element Methode ist die Variationsformulierung des Randwertproblems. Die Definition eines konformen endlichdimensionalen Ansatzraumes erfordert dann eine geeignete Unterteilung des Rechengebietes in finite Elemente. Der Vorteil der FEM besteht in einer nahezu universellen Einsetzbarkeit. Im Gegensatz dazu erfordert die Randelementmethode die explizite Kenntnis einer Fundamentallösung, welche eine Transformation der partiellen Differentialgleichung in eine Randintegralgleichung ermöglicht. Deren numerische Lösung erfordert dann nur noch eine Unterteilung des Randes in Randelemente. Die Einsatzgebiete der Randelementmethode liegen vor allem in der Behandlung von partiellen Differentialgleichungen mit (stückweise) konstanten Koeffizienten und in der Lösung von Randwertproblemen in unbeschränkten Gebieten. Ein weiterer Vorteil der direkten Randelementmethode liegt in der unmittelbaren Berechnung der vollständigen Cauchy–Daten, die bei vielen Anwendungsproblemen die eigentlichen Zielgrößen darstellen. Bei der FEM können diese durch eine Formulierung mit Lagrange–Multiplikatoren und der Lösung als Sattelpunktproblem explizit bestimmt werden. Durch die Verknüpfung beider Diskretisierungsverfahren via

Gebietszerlegungsmethoden können die Vorteile beider Methoden optimal miteinander kombiniert werden.

Für elliptische Randwertprobleme können beide Diskretisierungsverfahren einheitlich beschrieben und analysiert werden. Nach einer Beschreibung der in diesem Buch behandelten Randwertprobleme werden die später benötigten Funktionenräume eingeführt. Daran anschließend werden Variationsmethoden zur Lösung von Operatorgleichungen unter Einbeziehung von Nebenbedingungen behandelt. Dies schließt die Formulierung mit Lagrange–Multiplikatoren als Sattelpunktproblem ein. Die Variationsformulierung der betrachteten Randwertprobleme ist einerseits Grundlage für die Finite Element Methode, andererseits Voraussetzung für die Analyse der Randintegraloperatoren. Im Anschluß an die Bestimmung von Fundamentallösungen werden Randintegraloperatoren eingeführt und deren Eigenschaften wie Beschränktheit und Elliptizität abgeleitet. Für verschiedene Randwertprobleme werden dann unterschiedliche Randintegralgleichungen zur Bestimmung der fehlenden Cauchy–Daten formuliert und auf ihre eindeutige Lösbarkeit untersucht. Nach einer abstrakten Betrachtung von Diskretisierungsverfahren für elliptische Variationsprobleme werden die dafür benötigten endlich–dimensionalen Ansatzräume konstruiert und die zugehörigen Approximationseigenschaften bewiesen. Im Anschluß daran werden die Finite Element Methode und verschiedene Randelementmethoden zur Lösung gemischter Randwertprobleme formuliert und die Eigenschaften der endlich–dimensionalen Ersatzprobleme untersucht. Für die Lösung der resultierenden linearen Gleichungssysteme werden geeignete vorkonditionierte Iterationsverfahren diskutiert. Die dabei verwendete allgemeine Vorkonditionierungsstrategie beinhaltet neben der Vorkonditionierung mit Integraloperatoren auch eine hierarchische Multilevel–Vorkonditionierung. Die Galerkin–Diskretisierung von Randintegraloperatoren führt auf vollbesetzte Steifigkeitsmatrizen. Deshalb werden schnelle Randelementmethoden beschrieben, die eine fast optimale Komplexität zur Speicherung und zur Matrix–Vektor–Multiplikation ergeben. Abschließend werden Gebietszerlegungsmethoden zur Behandlung von partiellen Differentialgleichungen mit springenden Koeffizienten, zur Kopplung verschiedener Diskretisierungsverfahren und zur Parallelisierung behandelt.

An dieser Stelle möchte ich mich herzlich bedanken bei W. L. Wendland für die langjährige Förderung und Unterstützung. Viele Ergebnisse unserer gemeinsamen Arbeit sind in dieses Buch eingeflossen. Mein besonderer Dank gilt J. Breuer und G. Of für das sorgfältige Korrekturlesen des Manuskripts und die vielen Hinweise zur Verbesserung des Textes. Außerdem danke ich Herrn J. Weiß und dem Verlag sowie den Herausgebern dieser Reihe für die stets freundliche Zusammenarbeit.

Stuttgart, Oktober 2003 Olaf Steinbach

Inhalt

Kapitel 1

Randwertprobleme

Die mathematische Beschreibung vieler technischer und physikalischer Prozesse, wie z.B. die Wärmeleitung in festen Körpern, die Deformation elastischer Körper, die Strömung von Flüssigkeiten und Gasen sowie die Beschreibung elektrischer und magnetischer Felder führt auf partielle Differentialgleichungen, die durch geeignete Randbedingungen zu ergänzen sind.

In diesem Kapitel werden einfache Modellbeispiele für stationäre Randwertprobleme mit selbstadjungierten partiellen Differentialoperatoren zweiter Ordnung beschrieben. Als einfachstes Beispiel für einen skalaren Differentialoperator dient die Potentialgleichung, während als System zunächst die Gleichungen der linearen Elastostatik betrachtet werden. Im inkompressiblen Grenzfall kann daraus auch das Stokes–System abgeleitet werden.

1.1 Potentialgleichung

Sei $\Omega \subset \mathbb{R}^d$ $(d = 2, 3)$ ein beschränktes, einfach zusammenhängendes Gebiet mit hinreichend glattem Rand $\Gamma = \partial\Omega$, auf dem fast überall der äußere Normalenvektor $\underline{n}(x)$, $x \in \Gamma$, gegeben ist. Betrachtet werden **selbstadjungierte lineare partielle Differentialoperatoren zweiter Ordnung**, die für $x \in \Omega$ durch

$$(Lu)(x) := -\sum_{i,j=1}^{d} \frac{\partial}{\partial x_j}\left[a_{ji}(x)\frac{\partial}{\partial x_i}u(x)\right] \tag{1.1}$$

beschrieben werden können. Hierbei ist $u(x)$ eine **skalare** reelle Funktion und die Koeffizienten $a_{ji}(x)$ sind hinreichend glatte Funktionen. Ohne Einschränkung der Allgemeinheit wird vorausgesetzt, daß $a_{ij}(x) = a_{ji}(x)$ für alle $i, j = 1, \ldots, d$ und alle $x \in \Omega$ erfüllt ist. Anwendungen für den Differentialoperator (1.1) finden sich zum Beispiel in der stationären Wärmeleitung, der Berechnung elektrostatischer Felder, sowie der Modellierung idealer Strömungen.

Zur Klassifizierung [47] der partiellen Differentialoperatoren L betrachtet man die d reellen Eigenwerte $\lambda_k(x)$ der durch

$$A(x) = (a_{ij}(x))_{i,j=1}^{d}$$

definierten symmetrischen Matrix $A(x)$, $x \in \Omega$. Der durch (1.1) gegebene Differentialoperator L heißt **elliptisch** in $x \in \Omega$, falls $\lambda_k(x) > 0$ für alle $k = 1, \ldots, d$ erfüllt ist. L heißt elliptisch in Ω, falls dies für alle $x \in \Omega$ gilt. Existiert eine von $x \in \Omega$ unabhängige untere Schranke mit

$$\lambda_k(x) \geq \lambda_0 \quad \text{für } k = 1, \ldots, d \text{ und für alle } x \in \Omega, \tag{1.2}$$

so heißt der Differentialoperator L **gleichmäßig elliptisch** in Ω. Hier sollen ausschließlich Randwertprobleme mit gleichmäßig elliptischen Differentialoperatoren behandelt werden.

Ausgangspunkt für die weiteren Betrachtungen ist der **Integralsatz von Gauß–Ostrogradski**,

$$\int_\Omega \frac{\partial}{\partial x_i} f(x) dx = \int_\Gamma \gamma_0^{\text{int}} f(x) n_i(x) ds_x, \quad i = 1, \ldots, d.$$

Hierbei wird

$$\gamma_0^{\text{int}} f(x) := \lim_{\Omega \ni \widetilde{x} \to x \in \Gamma} f(\widetilde{x}) \quad \text{für } x \in \Gamma \tag{1.3}$$

als **innere Spur** der im Gebiet Ω gegebenen Funktion f bezeichnet.
Mit $f(x) = u(x)v(x)$ und hinreichend oft differenzierbaren Funktionen u, v folgt daraus die Formel der partiellen Integration,

$$\int_\Omega v(x) \frac{\partial}{\partial x_i} u(x) dx = \int_\Gamma \gamma_0^{\text{int}} u(x) \gamma_0^{\text{int}} v(x) n_i(x) ds_x - \int_\Omega u(x) \frac{\partial}{\partial x_i} v(x) dx. \tag{1.4}$$

Die Multiplikation des partiellen Differentialoperators (1.1) mit einer hinreichend glatten Testfunktion v und Integration über Ω liefern

$$\int_\Omega (Lu)(x) v(x) dx = -\sum_{i,j=1}^{d} \int_\Omega \frac{\partial}{\partial x_j} \left[a_{ji}(x) \frac{\partial}{\partial x_i} u(x) \right] v(x) dx \,.$$

Die Anwendung der partiellen Integration (1.4) ergibt

$$\begin{aligned} \int_\Omega (Lu)(x) v(x) dx &= \sum_{i,j=1}^{d} \int_\Omega a_{ji}(x) \frac{\partial}{\partial x_i} u(x) \frac{\partial}{\partial x_j} v(x) dx \\ &\quad - \sum_{i,j=1}^{d} \int_\Gamma n_j(x) \gamma_0^{\text{int}} \left[a_{ji}(x) \frac{\partial}{\partial x_i} u(x) \right] \gamma_0^{\text{int}} v(x) ds_x \end{aligned}$$

und somit die **erste Greensche Formel**

$$a(u,v) = \int_\Omega (Lu)(x)v(x)dx + \int_\Gamma \gamma_1^{\text{int}}u(x)\gamma_0^{\text{int}}v(x)ds_x \tag{1.5}$$

mit der **symmetrischen Bilinearform**

$$a(u,v) := \sum_{i,j=1}^d \int_\Omega a_{ji}(x)\frac{\partial}{\partial x_i}u(x)\frac{\partial}{\partial x_j}v(x)dx \tag{1.6}$$

und der **inneren Konormalenableitung**

$$\gamma_1^{\text{int}}u(x) := \lim_{\Omega\ni\widetilde{x}\to x\in\Gamma}\left[\sum_{i,j=1}^d n_j(x)a_{ji}(\widetilde{x})\frac{\partial}{\partial\widetilde{x}_i}u(\widetilde{x})\right] \quad \text{für } x\in\Gamma. \tag{1.7}$$

Analog zur ersten Greenschen Formel (1.5) folgt durch Vertauschen von u und v

$$a(u,v) = \int_\Omega (Lv)(x)u(x)dx + \int_\Gamma \gamma_1^{\text{int}}v(x)\gamma_0^{\text{int}}u(x)ds_x\,.$$

Durch Gleichsetzen mit (1.5) ergibt sich die **zweite Greensche Formel**

$$\begin{aligned}\int_\Omega (Lu)(x)v(x)dx &+ \int_\Gamma \gamma_1^{\text{int}}u(x)\gamma_0^{\text{int}}v(x)ds_x \\ &= \int_\Omega (Lv)(x)u(x)dx + \int_\Gamma \gamma_1^{\text{int}}v(x)\gamma_0^{\text{int}}u(x)ds_x\end{aligned} \tag{1.8}$$

für hinreichend oft differenzierbare Funktionen u und v.

Beispiel 1.1 *Im Fall* $a_{ij}(x) = \delta_{ij}$ *beschreibt der partielle Differentialoperator* (1.1) *den* **Laplace–Operator**

$$(Lu)(x) = -\Delta u(x) := -\sum_{i=1}^d \frac{\partial^2}{\partial x_i^2}u(x) \quad \textit{für } x\in\mathbb{R}^d, \tag{1.9}$$

wobei die zugehörige Konormalenableitung (1.7) *mit der Normalenableitung*

$$\gamma_1^{\text{int}}u(x) = \frac{\partial}{\partial n_x}u(x) := \underline{n}(x)\cdot\nabla u(x) \quad \textit{für } x\in\Gamma$$

zusammenfällt.

Sei $\Gamma = \overline{\Gamma}_D \cup \overline{\Gamma}_N \cup \overline{\Gamma}_R$ eine Zerlegung des Randes $\Gamma = \partial\Omega$ in paarweise disjunkte Teilränder. Gesucht ist eine skalare Funktion u, welche die **partielle Differentialgleichung**

$$(Lu)(x) = f(x) \quad \text{für } x\in\Omega, \tag{1.10}$$

die **wesentlichen** oder **Dirichlet–Randbedingungen**

$$\gamma_0^{\text{int}} u(x) = g_D(x) \quad \text{für } x \in \Gamma_D, \tag{1.11}$$

die **natürlichen** oder **Neumann–Randbedingungen**

$$\gamma_1^{\text{int}} u(x) = g_N(x) \quad \text{für } x \in \Gamma_N \tag{1.12}$$

sowie die **Austausch–** oder **Robin–Randbedingungen**

$$\gamma_1^{\text{int}} u(x) + \kappa(x)\gamma_0^{\text{int}} u(x) = g_R(x) \quad \text{für } x \in \Gamma_R \tag{1.13}$$

mit gegebenen Funktionen f, g_D, g_N, g_R und κ erfüllt. Gemäß den vorgegebenen Randbedingungen spricht man im Fall $\Gamma = \Gamma_D$ von einem **Dirichlet–Randwertproblem**, bei $\Gamma = \Gamma_N$ von einem **Neumann–Randwertproblem** und bei $\Gamma = \Gamma_R$ von einem **Robin–Randwertproblem**. In allen anderen Fällen wird das Randwertproblem als **gemischtes Randwertproblem** bezeichnet.

Bei der **klassischen Aufgabenstellung** des Randwertproblems (1.10)–(1.13) wird die Lösung

$$u \in C^2(\Omega) \cap C^1(\Omega \cup \Gamma_N \cup \Gamma_R) \cap C(\Omega \cup \Gamma_D)$$

gesucht, wobei hinreichende Stetigkeit an die Eingangsdaten vorauszusetzen ist. Zu Aussagen über die Existenz, Eindeutigkeit und Regularität der **klassischen Lösung** sei zum Beispiel auf [55] verwiesen.

Im Fall des Neumann–Randwertproblems (1.10) und (1.12) müssen besondere Überlegungen zur Lösbarkeit und zur Eindeutigkeit gemacht werden. Die konstante Funktion $v_1(x) \equiv 1$ für $x \in \Omega$ ist offensichtlich Lösung des homogenen Neumann–Randwertproblems

$$(Lv_1)(x) = 0 \quad \text{für } x \in \Omega, \qquad \gamma_1^{\text{int}} v_1(x) = 0 \quad \text{für } x \in \Gamma. \tag{1.14}$$

Aus der zweiten Greenschen Formel (1.8) folgt dann die **Orthogonalitätsbeziehung**

$$\int_\Omega (Lu)(x)dx + \int_\Gamma \gamma_1^{\text{int}} u(x) ds_x = 0\,. \tag{1.15}$$

Für das reine Neumann–Randwertproblem (1.10) und (1.12),

$$(Lu)(x) = f(x) \quad \text{für } x \in \Omega, \quad \gamma_1^{\text{int}} u(x) = g_N(x) \quad \text{für } x \in \Gamma, \tag{1.16}$$

muß wegen der Orthogonalitätsbeziehung (1.15) die **Lösbarkeitsbedingung**

$$\int_\Omega f(x)dx + \int_\Gamma g_N(x) ds_x = 0 \tag{1.17}$$

vorausgesetzt werden. Andererseits folgt aus der Existenz einer nichttrivialen Lösung des homogenen Neumann–Randwertproblems (1.14), daß die Lösung des Neumann–Randwertproblems (1.16) nur bis auf additive Konstanten eindeutig sein kann. Sei u eine Lösung von (1.16), dann ist auch jede Linearkombination

$$\widetilde{u}(x) = u(x) + \alpha \quad \text{für } x \in \Omega$$

mit beliebigem $\alpha \in I\!R$ Lösung von (1.16).

1.2 Lineare Elastostatik

Als Beispiel für ein System partieller Differentialgleichungen dient das **System der linearen Elastostatik**. Zu bestimmen ist das **vektorwertige** Verschiebungsfeld $\underline{u}(x)$, $x \in \Omega$, so daß für einen Körper mit elastischem (d.h. zeitunabhängigem), reversiblem, isotropem (d.h. richtungsunabhängigem) und homogenem (d.h. ortsunabhängigem) Materialverhalten in einem beschränkten Gebiet $\Omega \subset I\!R^3$ die Gleichgewichtsgleichungen

$$-\sum_{j=1}^{3} \frac{\partial}{\partial x_j} \sigma_{ij}(\underline{u}, x) = f_i(x) \quad \text{für } x \in \Omega,\ i = 1, \ldots, 3 \tag{1.18}$$

erfüllt sind. Hierbei sind $\sigma_{ij}(\underline{u}, x)$ die Komponenten des **Spannungstensors**, die sich über ein Materialgesetz aus den Komponenten $e_{ij}(\underline{u}, x)$ des **Verzerrungstensors** ergeben. Bei Annahme kleiner Deformationen gilt

$$e_{ij}(\underline{u}, x) = \frac{1}{2}\left[\frac{\partial}{\partial x_i} u_j(x) + \frac{\partial}{\partial x_j} u_i(x)\right] \quad \text{für } x \in \Omega,\ i, j = 1, \ldots, 3. \tag{1.19}$$

Als Materialgesetz wird hier das **Hookesche Gesetz**

$$\sigma_{ij}(\underline{u}, x) = \frac{E\nu}{(1+\nu)(1-2\nu)} \delta_{ij} \sum_{k=1}^{3} e_{kk}(\underline{u}, x) + \frac{E}{1+\nu} e_{ij}(\underline{u}, x) \tag{1.20}$$

für $x \in \Omega$ und $i, j = 1, \ldots, 3$ mit dem **Elastizitätsmodul** $E > 0$ und der **Querkontraktionszahl** (Poissonzahl) $\nu \in (0, \frac{1}{2})$ verwendet.

Die Multiplikation der Gleichgewichtsgleichungen (1.18) mit einer Testfunktion v_i, anschließende Integration über Ω und Anwendung der partiellen Integration (1.4) ergeben für $i = 1, \ldots, 3$

$$\begin{aligned}
\int_\Omega f_i(x) v_i(x) dx &= -\int_\Omega \sum_{j=1}^{3} \frac{\partial}{\partial x_j} \sigma_{ij}(\underline{u}, x) v_i(x) dx \\
&= \int_\Omega \sum_{j=1}^{3} \sigma_{ij}(\underline{u}, x) \frac{\partial}{\partial x_j} v_i(x) dx - \int_\Gamma \sum_{j=1}^{3} n_j(x) \sigma_{ij}(\underline{u}, x) v_i(x) ds_x.
\end{aligned}$$

Summation über $i = 1, \ldots, 3$ liefert die **erste Bettische Formel**

$$-\int_\Omega \sum_{i,j=1}^{3} \frac{\partial}{\partial x_j} \sigma_{ij}(\underline{u}, x) v_i(x) dx \;=\; a(\underline{u}, \underline{v}) - \int_\Gamma \gamma_0^{\text{int}} \underline{v}(x)^\top \gamma_1^{\text{int}} \underline{u}(x) ds_x \tag{1.21}$$

mit der Bilinearform

$$\begin{aligned} a(\underline{u}, \underline{v}) \;&:=\; \int_\Omega \sum_{i,j=1}^{3} \sigma_{ij}(\underline{u}, x) \frac{\partial}{\partial x_j} v_i(x) dx \\ &=\; \int_\Omega \sum_{i,j=1}^{3} \sigma_{ij}(\underline{u}, x) \frac{1}{2} \left[\frac{\partial}{\partial x_j} v_i(x) + \frac{\partial}{\partial x_i} v_j(x) \right] dx \\ &=\; \int_\Omega \sum_{i,j=1}^{3} \sigma_{ij}(\underline{u}, x) e_{ij}(\underline{v}, x) dx \end{aligned} \tag{1.22}$$

und der Konormalenableitung

$$(\gamma_1^{\text{int}} \underline{u})_i(x) \;:=\; \sum_{j=1}^{3} \sigma_{ij}(\underline{u}, x) n_j(x) \quad \text{für } x \in \Gamma, i = 1, \ldots, 3. \tag{1.23}$$

Durch Einsetzen des Verzerrungstensors (1.19) und des Hookeschen Gesetzes (1.20) in die Gleichgewichtsgleichungen (1.18) kann ein System partieller Differentialgleichungen im gesuchten Verschiebungsfeld $\underline{u}$ hergeleitet werden. Zunächst ist

$$\sum_{k=1}^{3} e_{kk}(\underline{u}, x) \;=\; \sum_{k=1}^{3} \frac{\partial}{\partial x_k} u_k(x) \;=:\; \operatorname{div} \underline{u}(x)$$

und somit

$$\begin{aligned} \sigma_{ii}(\underline{u}, x) \;&=\; \frac{E\nu}{(1+\nu)(1-2\nu)} \operatorname{div} \underline{u}(x) + \frac{E}{1+\nu} \frac{\partial}{\partial x_i} u_i(x), \\ \sigma_{ij}(\underline{u}, x) \;&=\; \frac{E}{2(1+\nu)} \left[\frac{\partial}{\partial x_i} u_j(x) + \frac{\partial}{\partial x_j} u_i(x) \right] \quad \text{für } i \neq j. \end{aligned}$$

Einsetzen dieser Beziehungen in die Gleichgewichtsgleichungen (1.18) liefert

$$-\frac{E}{2(1+\nu)} \Delta u_i(x) - \left[\frac{E\nu}{(1+\nu)(1-2\nu)} + \frac{E}{2(1+\nu)} \right] \frac{\partial}{\partial x_i} \operatorname{div} \underline{u}(x) \;=\; f_i(x)$$

für $x \in \Omega$ und $i = 1, \ldots, 3$. Mit den **Laméschen Elastizitätskonstanten**

$$\lambda = \frac{E\nu}{(1+\nu)(1-2\nu)}, \quad \mu = \frac{E}{2(1+\nu)} \tag{1.24}$$

lassen sich die Gleichgewichtsgleichungen (1.18) schreiben als

$$-\mu \Delta \underline{u}(x) - (\lambda + \mu) \operatorname{grad} \operatorname{div} \underline{u}(x) \;=\; \underline{f}(x) \quad \text{für } x \in \Omega. \tag{1.25}$$

Für die Bilinearform (1.22) ergibt sich schließlich

$$\begin{aligned} a(\underline{u},\underline{v}) &= \sum_{i,j=1}^{3} \int_\Omega \sigma_{ij}(\underline{u},x) e_{ij}(\underline{v},x) dx \\ &= 2\mu \int_\Omega \sum_{i,j=1}^{3} e_{ij}(\underline{u},x) e_{ij}(\underline{v},x) dx + \lambda \int_\Omega \operatorname{div} \underline{u}(x) \operatorname{div} \underline{v}(x)\, dx \quad (1.26) \end{aligned}$$

und damit auch die Symmetrie der Bilinearform $a(\cdot,\cdot)$.
Für die erste Komponente der Konormalenableitung (1.23) ist

$$\begin{aligned} (\gamma_1^{\text{int}} \underline{u})_1(x) &= \sum_{j=1}^{3} \sigma_{1j}(\underline{u},x) n_j(x) \\ &= \left[\lambda \operatorname{div} \underline{u}(x) + 2\mu \frac{\partial}{\partial x_1} u_1(x)\right] n_1(x) + \mu \left[\frac{\partial}{\partial x_1} u_2(x) + \frac{\partial}{\partial x_2} u_1(x)\right] n_2(x) \\ &\quad + \mu \left[\frac{\partial}{\partial x_1} u_3(x) + \frac{\partial}{\partial x_3} u_1(x)\right] n_3(x) \\ &= \lambda \operatorname{div} \underline{u}(x)\, n_1(x) + 2\mu \frac{\partial}{\partial n_x} u_1(x) + \mu \left[\frac{\partial}{\partial x_1} u_2(x) - \frac{\partial}{\partial x_2} u_1(x)\right] n_2(x) \\ &\quad + \mu \left[\frac{\partial}{\partial x_1} u_3(x) - \frac{\partial}{\partial x_3} u_1(x)\right] n_3(x). \end{aligned}$$

Insgesamt erhält man für den **Randspannungsoperator** die Darstellung

$$\gamma_1^{\text{int}} \underline{u}(x) = \lambda \operatorname{div} \underline{u}(x)\, \underline{n}(x) + 2\mu \frac{\partial}{\partial n_x} \underline{u}(x) + \mu\, \underline{n}(x) \times \operatorname{curl} \underline{u}(x) \quad \text{für } x \in \Gamma. \quad (1.27)$$

In vielen Anwendungen der Festkörpermechanik werden die Randbedingungen (1.11) und (1.12) in jeder Komponente unabhängig voneinander vorgegeben, d.h.

$$\gamma_0^{\text{int}} u_i(x) = g_{D,i}(x) \quad \text{für } x \in \Gamma_{D,i}, \quad (\gamma_1^{\text{int}} \underline{u})_i(x) = g_{N,i}(x) \quad \text{für } x \in \Gamma_{N,i}, \quad (1.28)$$

wobei $\Gamma = \overline{\Gamma}_{D,i} \cup \overline{\Gamma}_{N,i}$ für $i = 1, \ldots, d$ gilt. Homogene Dirichlet–Randbedingungen beschreiben zum Beispiel eine feste Einspannung, während homogene Neumann–Randbedingungen eine freie Lagerung charakterisieren.

Gesucht sind nun die nicht–trivialen Lösungen des homogenen Neumann–Rand wertproblems

$$-\mu \Delta \underline{u}(x) - (\lambda + \mu) \operatorname{grad} \operatorname{div} \underline{u}(x) = \underline{0} \quad \text{für } x \in \Omega, \quad \gamma_1^{\text{int}} \underline{u}(x) = \underline{0} \quad \text{für } x \in \Gamma.$$

Man rechnet leicht nach, daß für den Lösungsraum

$$\mathcal{R} = \operatorname{span} \left\{ \begin{pmatrix} 1 \\ 0 \\ 0 \end{pmatrix}, \begin{pmatrix} 0 \\ 1 \\ 0 \end{pmatrix}, \begin{pmatrix} 0 \\ 0 \\ 1 \end{pmatrix}, \begin{pmatrix} -x_2 \\ x_1 \\ 0 \end{pmatrix}, \begin{pmatrix} 0 \\ -x_3 \\ x_2 \end{pmatrix}, \begin{pmatrix} x_3 \\ 0 \\ -x_1 \end{pmatrix} \right\} \quad (1.29)$$

gilt. Der Lösungsraum $\mathcal{R}$ des homogenen Neumann–Randwertproblems beschreibt mit den **Translationen** sowie den **Rotationen** gerade die **Starrkörperbewegungen** des Körpers.

Ausgehend von der ersten Bettischen Formel (1.21) gilt

$$a(\underline{u},\underline{v}) = -\int_\Omega \sum_{i,j=1}^3 \frac{\partial}{\partial x_j}\sigma_{ij}(\underline{u},x)v_i(x)dx + \int_\Gamma \gamma_0^{\text{int}}\underline{v}(x)^\top \gamma_1^{\text{int}}\underline{u}(x)ds_x,$$

$$a(\underline{v},\underline{u}) = -\int_\Omega \sum_{i,j=1}^3 \frac{\partial}{\partial x_j}\sigma_{ij}(\underline{v},x)u_i(x)dx + \int_\Gamma \gamma_0^{\text{int}}\underline{u}(x)^\top \gamma_1^{\text{int}}\underline{v}(x)ds_x.$$

Durch Gleichsetzen folgt die **zweite Bettische Formel**

$$-\int_\Omega \sum_{i,j=1}^3 \frac{\partial}{\partial x_j}\sigma_{ij}(\underline{u},x)v_i(x)dx + \int_\Gamma \gamma_0^{\text{int}}\underline{v}(x)^\top \gamma_1^{\text{int}}\underline{u}(x)ds_x \tag{1.30}$$

$$= -\int_\Omega \sum_{i,j=1}^3 \frac{\partial}{\partial x_j}\sigma_{ij}(\underline{v},x)u_i(x)dx + \int_\Gamma \gamma_0^{\text{int}}\underline{u}(x)^\top \gamma_1^{\text{int}}\underline{v}(x)ds_x.$$

Einsetzen der Starrkörperbewegungen $\underline{v}_k \in \mathcal{R}$ ergibt die **Orthogonalität**

$$-\int_\Omega \sum_{i,j=1}^3 \frac{\partial}{\partial x_j}\sigma_{ij}(\underline{u},x)v_{k,i}(x)dx + \int_\Gamma \gamma_0^{\text{int}}\underline{v}_k(x)^\top \gamma_1^{\text{int}}\underline{u}(x)ds_x = 0 \quad \text{für alle } \underline{v}_k \in \mathcal{R}.$$

Für die Lösbarkeit des Neumann–Randwertproblems

$$\begin{aligned} -\mu\Delta\underline{u}(x) - (\lambda+\mu)\operatorname{grad}\operatorname{div}\underline{u}(x) &= \underline{f}(x) \quad \text{für } x \in \Omega, \\ \gamma_1^{\text{int}}\underline{u}(x) &= \underline{g}_N(x) \quad \text{für } x \in \Gamma \end{aligned}$$

müssen also die **Lösbarkeitsbedingungen**

$$\int_\Omega \underline{v}_k(x)^\top \underline{f}(x)dx + \int_\Gamma \gamma_0^{\text{int}}\underline{v}_k(x)^\top \underline{g}_N(x)ds_x = 0 \quad \text{für alle } \underline{v}_k \in \mathcal{R} \tag{1.31}$$

vorausgesetzt werden, und die allgemeine Lösung kann nur bis auf die Starrkörperbewegungen (1.29) eindeutig beschrieben werden.

Das System (1.25) der linearen Elastostatik kann auch als skalare partielle Differentialgleichung vierter Ordnung geschrieben werden. Mit dem Ansatz

$$\underline{u}(x) := \Delta\underline{w}(x) - \frac{\lambda+\mu}{\lambda+2\mu}\operatorname{grad}\operatorname{div}\underline{w}(x) \quad \text{für } x \in \Omega \tag{1.32}$$

ergibt sich aus den Gleichgewichtsgleichungen (1.25)

$$-\mu\Delta^2\underline{w}(x) = \underline{f}(x) \quad \text{für } x \in \Omega, \tag{1.33}$$

d.h. jede Komponente w_i ist Lösung einer skalaren **Bi–Laplace–Gleichung**. Für ein homogenes Problem mit $\underline{f} \equiv \underline{0}$ kann die Lösung von (1.25) mit dem Ansatz

$w_2 \equiv w_3 \equiv 0$ auf die Lösung **einer** Bi–Laplace–Gleichung zurückgeführt werden. Sei ψ eine beliebige Lösung der homogenen Bi–Laplace–Gleichung $\Delta^2\psi = 0$, dann ist durch

$$\begin{aligned} u_1(x) &:= \Delta\psi(x) - \frac{\lambda+\mu}{\lambda+2\mu}\frac{\partial^2}{\partial x_1^2}\psi(x), \\ u_2(x) &:= -\frac{\lambda+\mu}{\lambda+2\mu}\frac{\partial^2}{\partial x_1 \partial x_2}\psi(x), \\ u_3(x) &:= -\frac{\lambda+\mu}{\lambda+2\mu}\frac{\partial^2}{\partial x_1 \partial x_3}\psi(x) \end{aligned}$$

eine Lösung des homogenen Systems (1.25) gegeben. Die Funktion ψ wird als **Spannungsfunktion von Airy** bezeichnet.

1.2.1 Ebene Elastizitätstheorie

Für **zweidimensionale** Probleme der Strukturmechanik werden zwei Fälle unterschieden. Im **ebenen Spannungszustand**, z.B. bei der Modellierung einer Scheibe, trifft man die Annahme, daß die Komponenten des Spannungstensors nur von den Ortskoordinaten (x_1, x_2) abhängen und die Komponenten des Spannungstensors in x_3–Richtung verschwinden:

$$\begin{aligned} \sigma_{ij}(x_1,x_2,x_3) &= \sigma_{ij}(x_1,x_2) \quad \text{für } i,j = 1,2; \\ \sigma_{3i}(x) = \sigma_{i3}(x) &= 0 \quad \text{für } i = 1,\ldots,3. \end{aligned}$$

Aus dem Hookeschen Materialgesetz (1.20) folgt dann

$$e_{3i}(\underline{u},x) = e_{i3}(\underline{u},x) = 0 \quad \text{für } i = 1,2 \tag{1.34}$$

sowie

$$e_{33}(\underline{u},x) = -\frac{\nu}{1-\nu}[e_{11}(\underline{u},x) + e_{22}(\underline{u},x)]. \tag{1.35}$$

Das resultierende Materialgesetz lautet dann

$$\sigma_{ij}(\underline{u},x) = \frac{E\nu}{(1+\nu)(1-\nu)}\delta_{ij}\sum_{k=1}^{2} e_{kk}(\underline{u},x) + \frac{E}{1+\nu}e_{ij}(u,x)$$

für $x \in \Omega$ und $i,j = 1,2$. Mit dem Verschiebungsansatz

$$u_i(x_1,x_2,x_3) = u_i(x_1,x_2) \quad \text{für } i = 1,2$$

ergibt sich aus (1.34)

$$u_3(x_1,x_2,x_3) = u_3(x_3)\,.$$

Weiterhin folgt aus (1.35)

$$\frac{\partial}{\partial x_3}u_3(x_3) = -\frac{\nu}{1-\nu}\left[\frac{\partial}{\partial x_1}u_1(x_1,x_2) + \frac{\partial}{\partial x_2}u_2(x_1,x_2)\right],$$

woraus

$$u_3(x) = -\frac{\nu}{1-\nu}\left[\frac{\partial}{\partial x_1}u_1(x) + \frac{\partial}{\partial x_2}u_2(x)\right] x_3$$

folgt. Damit dies kompatibel zu (1.34) ist, müssen im Verzerrungstensor $e_{ij}(\underline{u}, x)$ Terme der Ordnung $O(x_3)$ vernachlässigt werden. Mit den modifizierten Laméschen Konstanten

$$\widetilde{\lambda} = \frac{E\nu}{(1+\nu)(1-\nu)}, \quad \widetilde{\mu} = \frac{E}{2(1+\nu)}$$

führt dies zu einem System partieller Differentialgleichungen zur Bestimmung des zweidimensionalen Verschiebungsfeldes (u_1, u_2),

$$-\widetilde{\mu}\Delta\underline{u}(x) - (\widetilde{\lambda}+\widetilde{\mu})\operatorname{grad}\operatorname{div}\underline{u}(x) = \underline{f}(x) \quad \text{für } x \in \Omega \subset \mathbb{R}^2.$$

Im Gegensatz zum ebenen Spannungszustand trifft man beim **ebenen Verzerrungszustand** die Annahme, daß die Komponenten des Verzerrungsstensors nur von den Ortskoordinaten (x_1, x_2) abhängen und die Komponenten des Verzerrungsstensors in x_3–Richtung verschwinden:

$$\begin{aligned} e_{ij}(\underline{u}, x_1, x_2, x_3) &= e_{ij}(\underline{u}, x_1, x_2) \quad \text{für } i,j = 1,2; \\ e_{3i}(\underline{u}, x) = e_{i3}(\underline{u}, x) &= 0 \quad \text{für } i = 1,\ldots,3. \end{aligned}$$

Für das zugehörige Verschiebungsfeld ergibt sich

$$u_i(x_1, x_2, x_3) = u_i(x_1, x_2) \quad \text{für } i = 1,2, \quad u_3(x) = \text{konstant}.$$

Als Materialgesetz folgt dann

$$\sigma_{ij}(\underline{u}, x) = \frac{E\nu}{(1+\nu)(1-2\nu)}\delta_{ij}\sum_{k=1}^{2} e_{kk}(\underline{u}, x) + \frac{E}{1+\nu}e_{ij}(\underline{u}, x)$$

für $i,j = 1,2$ und man erhält die Gleichgewichtsgleichungen (1.25) zur Bestimmung des zweidimensionalen Verschiebungsfeldes (u_1, u_2). Offensichtlich gilt

$$\sigma_{3i}(\underline{u}, x) = \sigma_{i3}(\underline{u}, x) = 0 \quad \text{für } i = 1,2$$

und

$$\sigma_{33}(\underline{u}, x) = \frac{E\nu}{(1+\nu)(1-2\nu)}\left[e_{11}(\underline{u}, x) + e_{22}(\underline{u}, x)\right].$$

Mit

$$\sigma_{11}(\underline{u}, x) + \sigma_{22}(\underline{u}, x) = \frac{E}{(1+\nu)(1-2\nu)}\left[e_{11}(\underline{u}, x) + e_{22}(\underline{u}, x)\right]$$

folgt schließlich

$$\sigma_{33}(\underline{u}, x) = \nu\left[\sigma_{11}(\underline{u}, x) + \sigma_{22}(\underline{u}, x)\right].$$

In beiden Fällen der zweidimensionalen Elastizitätstheorie sind die Starrkörperverschiebungen durch

$$\mathcal{R} = \operatorname{span}\left\{ \begin{pmatrix} 1 \\ 0 \end{pmatrix}, \begin{pmatrix} 0 \\ 1 \end{pmatrix}, \begin{pmatrix} -x_2 \\ x_1 \end{pmatrix} \right\} \tag{1.36}$$

gegeben. Für die erste Komponente der Randspannung ergibt sich für $x \in \Gamma$

$$\begin{aligned}
(\gamma_1^{\text{int}}\underline{u})_1(x) &= \sum_{j=1}^{2} \sigma_{1j}(\underline{u}, x) n_j(x) \\
&= \left[\lambda \operatorname{div} \underline{u}(x) + 2\mu \frac{\partial}{\partial x_1} u_1(x)\right] n_1(x) + \mu \left[\frac{\partial}{\partial x_1} u_2(x) + \frac{\partial}{\partial x_2} u_1(x)\right] n_2(x) \\
&= \lambda \operatorname{div} \underline{u}(x)\, n_1(x) + 2\mu \frac{\partial}{\partial n_x} u_1(x) + \mu \left[\frac{\partial}{\partial x_1} u_2(x) - \frac{\partial}{\partial x_2} u_1(x)\right] n_2(x),
\end{aligned}$$

und analog folgt

$$(\gamma_1^{\text{int}}\underline{u})_2(x) = \lambda \operatorname{div} \underline{u}(x)\, n_2(x) + 2\mu \frac{\partial}{\partial n_x} u_2(x) + \mu \left[\frac{\partial}{\partial x_2} u_1(x) - \frac{\partial}{\partial x_1} u_2(x)\right] n_1(x).$$

Wird für $d = 2$ die **Rotation** einer vektorwertigen Funktion $\underline{v}$ durch

$$\operatorname{curl} \underline{v} = \frac{\partial}{\partial x_1} v_2(x) - \frac{\partial}{\partial x_2} v_1(x)$$

erklärt und die Bezeichnung

$$\underline{a} \times \alpha := \alpha \begin{pmatrix} a_2 \\ -a_1 \end{pmatrix}, \quad \underline{a} \in \mathbb{R}^2, \alpha \in \mathbb{R}$$

vereinbart, so ergibt sich für die Randspannung wiederum die Darstellung (1.27),

$$\gamma_1^{\text{int}}\underline{u}(x) = [\lambda \operatorname{div} \underline{u}(x)]\underline{n}(x) + 2\mu \frac{\partial}{\partial n_x} \underline{u}(x) + \mu\, \underline{n}(x) \times \operatorname{curl} \underline{v}(x), \quad x \in \Gamma.$$

1.2.2 Inkompressibles Materialverhalten

Für $d = 2, 3$ wird wieder das System (1.25) der linearen Elastostatik betrachtet. Im fast inkompressiblen Grenzfall $\nu \to \frac{1}{2}$ folgt für die Lamésche Konstante $\lambda \to \infty$. Deshalb setzt man

$$p(x) := (\lambda + \mu) \operatorname{div} \underline{u}(x) \quad \text{für } x \in \Omega$$

und erhält aus (1.25)

$$-\mu \Delta \underline{u}(x) - \nabla p(x) = \underline{f}(x), \quad \operatorname{div} \underline{u}(x) = \frac{1}{\lambda + \mu} p(x) \quad \text{für } x \in \Omega.$$

Im **inkompressiblen Fall** $\nu = \frac{1}{2}$ folgt daraus

$$-\mu \Delta \underline{u}(x) - \nabla p(x) = \underline{f}(x), \quad \operatorname{div} \underline{u}(x) = 0 \quad \text{für } x \in \Omega. \tag{1.37}$$

Eng verwandt mit dem System (1.37) der linearen Elastostatik im inkompressiblen Fall ist das Stokes–Problem [54].

1.3 Stokes–System

Beim **Stokes–Problem** werden ein Geschwindigkeitsfeld $\underline{u}$ sowie ein Druckfeld p gesucht, welche dem System

$$-\mu\,\Delta\underline{u}(x) + \nabla p(x) = \underline{f}(x), \quad \operatorname{div}\underline{u}(x) = 0 \quad \text{für } x \in \Omega \tag{1.38}$$

genügen. Hierbei bezeichnet μ die dynamische Viskosität. Im Fall von Dirichlet–Randbedingungen, $\underline{u}(x) = \underline{g}(x)$ für $x \in \Gamma$, folgt durch partielle Integration der zweiten Gleichung,

$$0 = \int_\Omega \operatorname{div}\underline{u}(x)\,dx = \int_\Gamma [\underline{n}(x)]^\top \underline{u}(x) ds_x = \int_\Gamma [\underline{n}(x)]^\top \underline{g}(x) ds_x. \tag{1.39}$$

Die gegebenen Dirichlet–Daten $\underline{g}(x)$ haben also der **Lösbarkeitsbedingung** (1.39) zu genügen. Andererseits ist der Druck p bei einem Dirichlet–Randwertproblem nur bis auf eine additive Konstante eindeutig bestimmt.

Komponentenweise Multiplikation der ersten Differentialgleichung in (1.38) mit einer Testfunktion v_i, Integration und Anwendung der partiellen Integration (1.4) ergeben

$$\begin{aligned}\int_\Omega f_i(x)v_i(x)dx &= -\mu\int_\Omega \Delta u_i(x)v_i(x)dx + \int_\Omega \frac{\partial}{\partial x_i}p(x)v_i(x)dx \qquad (1.40)\\ &= -\mu\int_\Omega \Delta u_i(x)v_i(x)dx - \int_\Omega p(x)\frac{\partial}{\partial x_i}v_i(x)dx + \int_\Gamma p(x)n_i(x)v_i(x)ds_x.\end{aligned}$$

Weiterhin gilt

$$\frac{\partial}{\partial x_j}\left[e_{ij}(\underline{u},x)v_i(x)\right] = v_i(x)\,\frac{\partial}{\partial x_j}e_{ij}(\underline{u},x) + e_{ij}(\underline{u},x)\,\frac{\partial}{\partial x_j}v_i(x),$$

sowie

$$\sum_{i,j=1}^d e_{ij}(\underline{u},x)\frac{\partial}{\partial x_j}v_i(x) = \sum_{i,j=1}^d e_{ij}(\underline{u},x)e_{ij}(\underline{v},x).$$

Für $d = 3$ und $i = 1$ ist

$$\begin{aligned}\sum_{j=1}^3 \frac{\partial}{\partial x_j}e_{1j}(\underline{u},x) &= \frac{\partial}{\partial x_1}e_{11}(\underline{u},x) + \frac{\partial}{\partial x_2}e_{12}(\underline{u},x) + \frac{\partial}{\partial x_3}e_{13}(\underline{u},x)\\ &= \frac{\partial^2}{\partial x_1^2}u_1(x) + \frac{1}{2}\frac{\partial}{\partial x_2}\left[\frac{\partial}{\partial x_1}u_2(x) + \frac{\partial}{\partial x_2}u_1(x)\right] + \frac{1}{2}\frac{\partial}{\partial x_3}\left[\frac{\partial}{\partial x_1}u_3(x) + \frac{\partial}{\partial x_3}u_1(x)\right]\\ &= \frac{1}{2}\Delta u_1(x) + \frac{1}{2}\frac{\partial}{\partial x_1}\left[\frac{\partial}{\partial x_1}u_1(x) + \frac{\partial}{\partial x_2}u_2(x) + \frac{\partial}{\partial x_3}u_3(x)\right]\\ &= \frac{1}{2}\Delta u_1(x) + \frac{1}{2}\frac{\partial}{\partial x_1}\operatorname{div}\underline{u}(x).\end{aligned}$$

Entsprechende Ergebnisse gelten auch für $i = 2, 3$ bzw. $d = 2$. Damit folgt

$$\begin{aligned}\sum_{i,j=1}^{d} \frac{\partial}{\partial x_j}\left[e_{ij}(\underline{u},x)v_i(x)\right] &= \sum_{i,j=1}^{d} \frac{\partial}{\partial x_j} e_{ij}(\underline{u},x)v_i(x) + \sum_{i,j=1}^{d} e_{ij}(\underline{u},x)\frac{\partial}{\partial x_j}v_i(x) \\ &= \frac{1}{2}\sum_{i=1}^{d}\left[\Delta u_i(x) + \frac{\partial}{\partial x_i}\operatorname{div}\underline{u}(x)\right]v_i(x) + \sum_{i,j=1}^{d} e_{ij}(\underline{u},x)e_{ij}(\underline{v},x).\end{aligned}$$

Dies kann umgeschrieben werden zu

$$\begin{aligned}-\sum_{i=1}^{d}\Delta u_i(x)v_i(x) &= 2\sum_{i,j=1}^{d} e_{ij}(\underline{u},x)e_{ij}(\underline{v},x) - 2\sum_{i,j=1}^{d}\frac{\partial}{\partial x_j}\left[e_{ij}(\underline{u},x)v_i(x)\right] \\ &\quad + \sum_{i=1}^{d} v_i(x)\frac{\partial}{\partial x_i}\operatorname{div}\underline{u}(x).\end{aligned}$$

Summation von (1.40) über $i = 1, \ldots, d$, Einsetzen des obigen Ergebnisses und partielle Integration liefern

$$\begin{aligned}\int_\Omega \underline{v}(x)^\top \underline{f}(x)dx &= -\mu\int_\Omega \sum_{i=1}^{d} v_i(x)\Delta u_i(x)dx + \int_\Omega \sum_{i=1}^{d} v_i(x)\frac{\partial}{\partial x_i}p(x)\,dx \\ &= 2\mu\int_\Omega \sum_{i,j=1}^{d} e_{ij}(\underline{u},x)e_{ij}(\underline{v},x)dx - 2\mu\int_\Omega \sum_{i,j=1}^{d}\frac{\partial}{\partial x_j}\left[e_{ij}(\underline{u},x)v_i(x)\right]dx \\ &\quad + \int_\Omega \sum_{i=1}^{d} v_i(x)\frac{\partial}{\partial x_i}\operatorname{div}\underline{u}(x)dx + \int_\Omega \sum_{i=1}^{d} v_i(x)\frac{\partial}{\partial x_i}p(x)\,dx \\ &= 2\mu\int_\Omega \sum_{i,j=1}^{d} e_{ij}(\underline{u},x)e_{ij}(\underline{v},x)dx - 2\mu\int_\Gamma \sum_{i,j=1}^{d} n_j(x)e_{ij}(\underline{u},x)\gamma_0^{\text{int}}v_i(x)ds_x \\ &\quad - \int_\Omega \operatorname{div}\underline{u}(x)\operatorname{div}\underline{v}(x)\,dx + \int_\Gamma \operatorname{div}\underline{u}(x)\underline{n}(x)^\top\gamma_0^{\text{int}}\underline{v}(x)ds_x \\ &\quad - \int_\Omega p(x)\operatorname{div}\underline{v}(x)dx + \int_\Gamma p(x)\underline{n}(x)^\top\gamma_0^{\text{int}}\underline{v}(x)ds_x.\end{aligned}$$

Somit lautet die **erste Greensche Formel** des Stokes-Systems

$$\begin{aligned}a(\underline{u},\underline{v}) &= \int_\Omega \sum_{i=1}^{d}\left[-\mu\Delta u_i(x) + \frac{\partial}{\partial x_i}p(x)\right]v_i(x)dx \\ &\quad + \int_\Omega p(x)\operatorname{div}\underline{v}(x)dx + \int_\Gamma \sum_{i=1}^{d} t_i(\underline{u},p)v_i(x)ds_x\end{aligned} \tag{1.41}$$

mit der symmetrischen Bilinearform

$$a(\underline{u},\underline{v}) := 2\mu\int_\Omega \sum_{i,j=1}^{d} e_{ij}(\underline{u},x)e_{ij}(\underline{v},x)dx - \int_\Omega \operatorname{div}\underline{u}(x)\operatorname{div}\underline{v}(x)\,dx \tag{1.42}$$

und der durch

$$t_i(\underline{u}, p) \;:=\; -[p(x) + \operatorname{div} \underline{u}(x)] n_i(x) + 2\mu \sum_{j=1}^{d} e_{ij}(\underline{u}, x) n_j(x)$$

für $x \in \Gamma$ und $i = 1, \ldots, d$ definierten Konormalenableitung. Für divergenzfreie Funktionen $\underline{u}$ folgt wie im Fall der linearen Elastizität die Darstellung

$$\underline{t}(\underline{u}, p) \;=\; -p(x)\, \underline{n}(x) + 2\mu \frac{\partial}{\partial n_x} \underline{u}(x) + \mu\, \underline{n}(x) \times \operatorname{curl} \underline{u}(x), \quad x \in \Gamma. \tag{1.43}$$

Neben den klassischen Randbedingungen (1.28) spielen in der Strömungsmechanik **Gleitrandbedingungen** auf einem vierten Teilrand Γ_S eine wichtige Rolle. Für $x \in \Gamma_S$ wird durch

$$\underline{n}(x)^\top \underline{u}(x) \;=\; 0, \quad \underline{t}_T(x) \;:=\; \underline{t}(x) - [\underline{n}(x)^\top \underline{t}(x)] \underline{n}(x) = \underline{0}$$

die Nichtdurchdringung in Normalenrichtung bzw. das Nichthaften in Tangentialrichtung beschrieben.

Kapitel 2

Funktionenräume

In diesem Kapitel werden die grundlegenden Funktionenräume eingeführt, die für die Definition von schwachen Lösungen der im vorherigen Kapitel besprochenen Randwertprobleme benötigt werden. Für ein weitergehendes Studium der Sobolev–Räume sei hier auf [1, 59, 62] verwiesen.

2.1 Die Räume $C^k(\Omega)$, $C^{k,\kappa}(\Omega)$ und $L_p(\Omega)$

Für $d \in \mathbb{N}$ heißt ein Vektor $\alpha = (\alpha_1, \ldots, \alpha_d)$, $\alpha_i \in \mathbb{N}_0$, **Multiindex** mit dem **Betrag** $|\alpha| = \alpha_1 + \ldots + \alpha_d$ und der **Fakultät** $\alpha! = \alpha_1! \ldots \alpha_d!$. Für $x \in \mathbb{R}^d$ ist

$$x^\alpha = x_1^{\alpha_1} \cdots x_d^{\alpha_d},$$

und für eine hinreichend oft differenzierbare reellwertige Funktion u kann die Berechnung **partieller Ableitungen** geschrieben werden als

$$D^\alpha u(x) := \left(\frac{\partial}{\partial x_1}\right)^{\alpha_1} \cdots \left(\frac{\partial}{\partial x_d}\right)^{\alpha_d} u(x_1, \ldots, x_d).$$

Sei $\Omega \subseteq \mathbb{R}^d$ ein offenes Gebiet und $k \in \mathbb{N}_0$, dann bezeichnet $C^k(\Omega)$ den Raum der auf Ω beschränkten und k–mal stetig differenzierbaren Funktionen versehen mit der Norm

$$\|u\|_{C^k(\Omega)} := \sum_{|\alpha| \leq k} \sup_{x \in \Omega} |D^\alpha u(x)| .$$

Entsprechend definiert $C^\infty(\Omega)$ den Raum der auf Ω beschränkten und unendlich oft stetig differenzierbaren Funktionen. Für eine auf Ω definierte Funktion u ist

$$\operatorname{supp} u := \overline{\{x \in \Omega : u(x) \neq 0\}}$$

der **Träger**. Dann bezeichnet

$$C_0^\infty(\Omega) := \{u \in C^\infty(\Omega) : \operatorname{supp} u \subset \Omega\}$$

den Raum der unendlich oft differenzierbaren Funktionen mit kompaktem Träger.

Für $k \in \mathbb{N}_0$ und $\kappa \in (0,1)$ definiert $\boldsymbol{C^{k,\kappa}(\Omega)}$ den Raum der auf Ω Hölder–stetigen Funktionen versehen mit der Norm

$$\|u\|_{C^{k,\kappa}(\Omega)} := \|u\|_{C^k(\Omega)} + \sum_{|\alpha|=k} \sup_{x,y\in\Omega, x\neq y} \frac{|D^\alpha u(x) - D^\alpha u(y)|}{|x-y|^\kappa}.$$

Insbesondere für $\kappa = 1$ ist $C^{k,1}(\Omega)$ der Raum von Funktionen $u \in C^k(\Omega)$, deren Ableitungen $D^\alpha u$ der Ordnung $|\alpha| = k$ Lipschitz–stetig sind.

Der **Rand** einer offenen Menge $\Omega \subset \mathbb{R}^d$ wird definiert als

$$\Gamma := \partial\Omega = \overline{\Omega} \cap (\mathbb{R}^d \backslash \Omega).$$

Für $d \geq 2$ wird Ω als **Lipschitz–Gebiet** bezeichnet, falls der Rand $\Gamma = \partial\Omega$ bezüglich einer beliebigen Zerlegung stückweise durch eine Lipschitz–stetige Funktion dargestellt werden kann, d.h. es gilt

$$\Gamma = \bigcup_{i=1}^{p} \Gamma_i, \quad \Gamma_i := \left\{ x \in \mathbb{R}^d : x = \gamma_i(\xi) \text{ für } \xi \in \mathcal{T}_i \subset \mathbb{R}^{d-1} \right\} \qquad (2.1)$$

mit

$$|\gamma_i(\xi) - \gamma_i(\eta)| \leq L_i\, |\xi - \eta| \quad \text{für alle } \xi, \eta \in \mathcal{T}_i, i = 1, \ldots, p.$$

Hierbei werden die Parameterbereiche $\mathcal{T}_i$ und somit die Randstücke Γ_i als **offen** vorausgesetzt. Die lokale Darstellung (2.1) des Lipschitz–Randes $\Gamma = \partial\Omega$ ist im Allgemeinen nicht eindeutig. Beispiele für Nicht–Lipschitz–Gebiete Ω sind in Abbildung 2.1 angegeben, vergleiche [59].

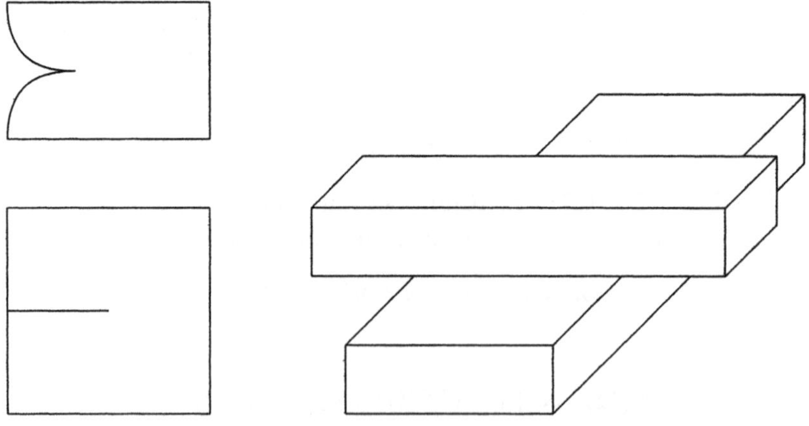

Abbildung 2.1: Beispiele für Nicht–Lipschitz–Gebiete.

Gilt für die lokalen Parameterdarstellungen $\gamma_i \in C^k(\mathcal{T}_i)$, bzw. $\gamma_i \in C^{k,\kappa}(\mathcal{T}_i)$ für alle $i = 1, \ldots, p$, so heißt die Randkurve k–mal stetig differenzierbar bzw. Hölder–stetig. Gilt diese höhere Regularität der Randkurve nur lokal, so heißt das Gebiet Ω stückweise glatt berandet.

Mit $\boldsymbol{L_p(\Omega)}$ wird der Raum von Äquivalenzklassen aller auf Ω definierten meßbaren Funktionen bezeichnet, deren p–te Potenz integrierbar ist. Die zugehörige Norm ist gegeben durch

$$\|u\|_{L_p(\Omega)} := \left\{ \int_\Omega |u(x)|^p dx \right\}^{1/p} \quad \text{für } 1 \leq p < \infty.$$

Zwei Elemente $u, v \in L_p(\Omega)$ werden miteinander identifiziert, wenn sie sich nur auf einer Menge K vom Maß $\mu(K) = 0$ unterscheiden. Für eine Einführung in die Maß– und Integrationstheorie sei hier auf [84, Anhang 1] und die dort angegebene Literatur verwiesen. Im folgenden wird hier stets ein Repräsentant $u \in L_p(\Omega)$ dieser Äquivalenzklasse betrachtet.
Mit $\boldsymbol{L_\infty(\Omega)}$ wird der Raum der auf Ω meßbaren und fast überall beschränkten Funktionen bezeichnet, versehen mit der Norm

$$\|u\|_{L_\infty(\Omega)} := \operatorname*{ess\,sup}_{x\in\Omega} \{|u(x)|\} := \inf_{K\subset\Omega, \mu(K)=0} \sup_{x\in\Omega\setminus K} |u(x)|\,.$$

Bezüglich den Normen $\|\cdot\|_{L_p(\Omega)}$ sind die Räume $L_p(\Omega)$ vollständig, d.h. **Banach–Räume**. Es gilt die **Minkowskische Ungleichung**

$$\|u+v\|_{L_p(\Omega)} \leq \|u\|_{L_p(\Omega)} + \|v\|_{L_p(\Omega)} \quad \text{für alle } u, v \in L_p(\Omega). \tag{2.2}$$

Für $u \in L_p(\Omega)$ und $v \in L_q(\Omega)$ mit zueinander konjugierten Parametern p und q, d.h.

$$\frac{1}{p} + \frac{1}{q} = 1,$$

gilt die **Höldersche Ungleichung**

$$\int_\Omega |u(x)v(x)|dx \leq \|u\|_{L_p(\Omega)}\|v\|_{L_q(\Omega)}. \tag{2.3}$$

Mit der Definition des **Dualitätsproduktes**

$$\langle u, v\rangle_\Omega := \int_\Omega u(x)v(x)dx,$$

folgt

$$\|v\|_{L_q(\Omega)} = \sup_{0\neq u\in L_p(\Omega)} \frac{|\langle u, v\rangle_\Omega|}{\|u\|_{L_p(\Omega)}} \quad \text{für } 1 \leq p < \infty, \quad \frac{1}{p} + \frac{1}{q} = 1.$$

Insbesondere ist $L_q(\Omega)$ der Dualraum zu $L_p(\Omega)$ für $1 \leq p < \infty$. Zwar ist $L_\infty(\Omega)$ der Dualraum zu $L_1(\Omega)$, aber $L_1(\Omega)$ ist **nicht** der Dualraum zu $L_\infty(\Omega)$.

Für $p = 2$ definiert $\boldsymbol{L_2(\Omega)}$ den **Raum der quadrat–integrierbaren Funktionen** und die Höldersche Ungleichung (2.3) ist die **Cauchy–Schwarz–Ungleichung**

$$\int_\Omega |u(x)v(x)|dx \le \|u\|_{L_2(\Omega)}\|v\|_{L_2(\Omega)}. \tag{2.4}$$

Weiterhin definiert

$$\langle u, v\rangle_{L_2(\Omega)} := \int_\Omega u(x)v(x)dx$$

in $L_2(\Omega)$ ein **Skalarprodukt** und mit

$$\langle u, u\rangle_{L_2(\Omega)} = \|u\|^2_{L_2(\Omega)} \quad \text{für alle } u \in L_2(\Omega)$$

ist $L_2(\Omega)$ ein **Hilbertraum**.

2.2 Verallgemeinerte Ableitungen und Sobolev–Räume

Mit $\boldsymbol{L_1^{\text{loc}}(\Omega)}$ wird der Raum der **lokal integrierbaren Funktionen** bezeichnet, d.h. $u \in L_1^{\text{loc}}(\Omega)$ ist bezüglich jeder abgeschlossenen und beschränkten Teilmenge $K \subset \Omega$ integrierbar.

Beispiel 2.1 *Sei $\Omega = (0,1)$ und $u(x) = 1/x$. Wegen*

$$\int_0^1 u(x)dx = \lim_{\varepsilon\to 0}\int_\varepsilon^1 \frac{1}{x}\,dx = \lim_{\varepsilon\to 0}\ln\frac{1}{\varepsilon} = \infty$$

ist $u \notin L_1(\Omega)$. Sei jetzt $K := [a,b] \subset (0,1) = \Omega$ ein beliebiges abgeschlossenes Intervall mit $0 < a < b < 1$. Dann ist

$$\int_K u(x)dx = \int_a^b \frac{1}{x}\,dx = \ln\frac{b}{a} < \infty$$

und somit ist $u \in L_1^{\text{loc}}(\Omega)$.

Für Funktionen $\varphi, \psi \in C_0^\infty(\Omega)$ gilt die Formel der partiellen Integration,

$$\int_\Omega \frac{\partial}{\partial x_i}\varphi(x)\,\psi(x)\,dx = -\int_\Omega \varphi(x)\,\frac{\partial}{\partial x_i}\psi(x)\,dx.$$

Die Integrale sind auch für nicht glatte Funktionen wohldefiniert. Dies motiviert die folgende Definition einer verallgemeinerten Ableitung:

Definition 2.1 *Eine Funktion $u \in L_1^{loc}(\Omega)$ besitzt eine* **verallgemeinerte partielle Ableitung** *nach x_i, wenn eine Funktion $v \in L_1^{loc}(\Omega)$ existiert, so daß*

$$\int\limits_\Omega v(x)\varphi(x)dx = -\int\limits_\Omega u(x)\frac{\partial}{\partial x_i}\varphi(x)dx \quad \text{für alle } \varphi \in C_0^\infty(\Omega) \tag{2.5}$$

erfüllt ist. Die verallgemeinerte Ableitung wird wieder mit $\frac{\partial}{\partial x_i}u(x) := v(x)$ bezeichnet.

Die rekursive Anwendung von (2.5) ermöglicht durch

$$\int\limits_\Omega [D^\alpha u(x)]\varphi(x)dx = (-1)^{|\alpha|}\int\limits_\Omega u(x)D^\alpha\varphi(x)dx \quad \text{für alle } \varphi \in C_0^\infty(\Omega) \tag{2.6}$$

die Definition einer verallgemeinerten Ableitung $D^\alpha u(x) \in L_1^{loc}(\Omega)$.

Beispiel 2.2 *Sei $u(x) = |x|$ für $x \in \Omega = (-1,1)$. Für beliebiges $\varphi \in C_0^\infty(\Omega)$ ist*

$$\begin{aligned}
\int\limits_{-1}^{1} u(x)\frac{\partial}{\partial x}\varphi(x)dx &= -\int\limits_{-1}^{0} x\,\frac{\partial}{\partial x}\varphi(x)dx + \int\limits_{0}^{1} x\,\frac{\partial}{\partial x}\varphi(x)dx \\
&= -\left[x\,\varphi(x)\right]_{-1}^{0} + \int\limits_{-1}^{0}\varphi(x)dx + \left[x\,\varphi(x)\right]_0^1 - \int\limits_0^1 \varphi(x)dx \\
&= \int\limits_{-1}^{0}\varphi(x)dx - \int\limits_0^1\varphi(x)dx = -\int\limits_{-1}^{1} sign(x)\,\varphi(x)dx
\end{aligned}$$

mit

$$sign(x) := \begin{cases} 1 & \text{für } x > 0, \\ -1 & \text{für } x < 0. \end{cases}$$

Damit ist die verallgemeinerte Ableitung von $u(x) = |x|$ gegeben durch

$$\frac{\partial}{\partial x}u(x) = sign(x) \in L_1^{loc}(\Omega).$$

Für die Berechnung der zweiten Ableitung von $u(x) = |x|$ ergibt sich

$$\int\limits_{-1}^{1} sign(x)\,\frac{\partial}{\partial x}\varphi(x)dx = -\int\limits_{-1}^{0}\frac{\partial}{\partial x}\varphi(x)dx + \int\limits_0^1\frac{\partial}{\partial x}\varphi(x)dx = -2\varphi(0)\,.$$

Es existiert jedoch **keine** *lokal integrierbare Funktion $v \in L_1^{loc}(\Omega)$ mit*

$$\int\limits_{-1}^{1} v(x)\varphi(x)dx = 2\varphi(0)$$

für alle $\varphi \in C_0^\infty(\Omega)$. Später wird die verallgemeinerte Ableitung von $sign(x)$ als Distribution erklärt.

Für $k \in \mathbb{N}_0$ wird durch

$$\|u\|_{W_p^k(\Omega)} := \begin{cases} \left\{ \sum_{|\alpha|\le k} \|D^\alpha u\|^p_{L_p(\Omega)} \right\}^{1/p} & \text{für } 1 \le p < \infty, \\ \max_{|\alpha|\le k} \|D^\alpha u\|_{L_\infty(\Omega)} & \text{für } p = \infty \end{cases} \tag{2.7}$$

eine Norm definiert. Durch Vervollständigung von $C^\infty(\Omega)$ bezüglich der oben eingeführten Norm $\|\cdot\|_{W_p^k(\Omega)}$ wird der **Sobolev–Raum**

$$\boldsymbol{W_p^k(\Omega)} := \overline{C^\infty(\Omega)}^{\|\cdot\|_{W_p^k(\Omega)}} \tag{2.8}$$

erklärt, d.h. für jedes $u \in W_p^k(\Omega)$ existiert eine Folge $\{\varphi_j\}_{j\in\mathbb{N}} \subset C^\infty(\Omega)$ mit

$$\lim_{j\to\infty} \|u - \varphi_j\|_{W_p^k(\Omega)} = 0.$$

Entsprechend definiert die Vervollständigung von $C_0^\infty(\Omega)$ bezüglich der Norm $\|\cdot\|_{W_p^k(\Omega)}$ den Sobolev–Raum

$$\overset{\circ}{W}{}_p^k(\Omega) := \overline{C_0^\infty(\Omega)}^{\|\cdot\|_{W_p^k(\Omega)}}. \tag{2.9}$$

Die Definition der Sobolev–Normen $\|\cdot\|_{W_p^k(\Omega)}$ und damit der Sobolevräume (2.8) und (2.9) kann für beliebiges $s \in \mathbb{R}$ verallgemeinert werden.
Dafür sei zunächst $0 < s \in \mathbb{R}$ mit $s = k + \kappa$, so daß $k \in \mathbb{N}_0$ und $\kappa \in (0,1)$. Dann definiert

$$\|u\|_{W_p^s(\Omega)} := \left\{ \|u\|^p_{W_p^k(\Omega)} + |u|^p_{W_p^k(\Omega)} \right\}^{1/p}$$

die **Sobolev–Slobodeckii–Norm** mit der Halbnorm

$$|u|^p_{W_p^k(\Omega)} = \sum_{|\alpha|=k} \int_\Omega \int_\Omega \frac{|D^\alpha u(x) - D^\alpha u(y)|^p}{|x-y|^{d+p\kappa}} dx dy.$$

Speziell für $p = 2$ ist $\boldsymbol{W_2^s(\Omega)}$ ein **Hilbertraum** mit dem Skalarprodukt

$$\langle u, v \rangle_{W_2^k(\Omega)} := \sum_{|\alpha|\le k} \int_\Omega D^\alpha u(x)\, D^\alpha v(x)\, dx$$

für $s = k \in \mathbb{N}_0$, bzw.

$$\begin{aligned} \langle u, v \rangle_{W_2^s(\Omega)} &:= \langle u, v \rangle_{W_2^k(\Omega)} \\ &\quad + \sum_{|\alpha|=k} \int_\Omega \int_\Omega \frac{(D^\alpha u(x) - D^\alpha u(y))(D^\alpha v(x) - D^\alpha v(y))}{|x-y|^{d+2\kappa}} dx dy. \end{aligned} \tag{2.10}$$

im allgemeinen Fall mit $s = k + \kappa$, $k \in \mathbb{N}_0$, $\kappa \in (0,1)$.

Für $s < 0$ und $1 < p < \infty$ wird der Sobolev–Raum $W_p^s(\Omega)$ als Dualraum von $\overset{\circ}{W}{}_q^{-s}(\Omega)$ definiert. Dabei ist $1/q + 1/p = 1$, und die Norm wird durch

$$\|u\|_{W_p^s(\Omega)} := \sup_{0 \neq v \in \overset{\circ}{W}{}_q^{-s}(\Omega)} \frac{|\langle u, v\rangle_\Omega|}{\|v\|_{W_q^{-s}(\Omega)}}.$$

erklärt. Entsprechend wird $\overset{\circ}{W}{}_p^s(\Omega)$ als Dualraum von $W_q^{-s}(\Omega)$ definiert.

2.3 Eigenschaften von Sobolev–Räumen

In diesem Abschnitt werden verschiedene, später benötigte Eigenschaften der Sobolev–Räume $W_p^s(\Omega)$ betrachtet.
Unter gewissen Voraussetzungen an die Indizes $s \in \mathbb{R}$ und $p \in \mathbb{N}$ sind Funktionen $u \in W_p^s(\Omega)$ stetig und beschränkt:

Satz 2.1 (Sobolevscher Einbettungssatz) *Sei $\Omega \subset \mathbb{R}^d$ ein beschränktes Gebiet mit Lipschitz–Rand $\partial\Omega$ und sei*

$$d \leq s \quad \textit{für}\, p = 1, \qquad d/p < s \quad \textit{für}\, p > 1.$$

Für $u \in W_p^s(\Omega)$ ist dann $u \in C(\Omega)$ und es gilt

$$\|u\|_{L_\infty(\Omega)} \leq c\,\|u\|_{W_p^s(\Omega)} \quad \textit{für alle}\, u \in W_p^s(\Omega).$$

Für einen Beweis von Satz 2.1 sei hier zum Beispiel auf [18, Theorem 1.4.6] und [59, Theorem 3.26] verwiesen.

Im Sobolevraum $W_2^1(\Omega)$ ist die Norm gemäß Definition (2.7) erklärt durch

$$\|v\|_{W_2^1(\Omega)} = \left\{\|v\|^2_{L_2(\Omega)} + \|\nabla v\|^2_{L_2(\Omega)}\right\}^{1/2}.$$

Hierbei ist

$$|v|^2_{W_1^2(\Omega)} = \|\nabla v\|_{L_2(\Omega)}$$

eine **Halbnorm**. Mit Hilfe des folgenden Satzes können äquivalente Normen in $W_2^1(\Omega)$ abgeleitet werden.

Satz 2.2 (Normierungssatz von Sobolev) *Sei $f : W_2^1(\Omega) \to \mathbb{R}$ ein beschränktes lineares Funktional mit*

$$0 \leq |f(v)| \leq c_f\,\|v\|_{W_2^1(\Omega)} \quad \textit{für alle}\, v \in W_2^1(\Omega).$$

Folgt aus $f(\textit{konstant}) = 0$ stets $\textit{konstant} = 0$, so definiert

$$\|v\|_{W_2^1(\Omega),f} := \left\{|f(v)|^2 + \|\nabla v\|^2_{L_2(\Omega)}\right\}^{1/2} \tag{2.11}$$

eine äquivalente Norm in $W_2^1(\Omega)$.

Beweis: Aus der Beschränktheit des linearen Funktionals f folgt

$$\begin{aligned} \|v\|^2_{W_2^1(\Omega),f} &= |f(v)|^2 + \|\nabla v\|^2_{L_2(\Omega)} \\ &\leq c_f^2 \|v\|^2_{W_2^1(\Omega)} + \|\nabla v\|^2_{L_2(\Omega)} \leq (1+c_f^2)\|v\|^2_{W_2^1(\Omega)}. \end{aligned}$$

Der Beweis der umgekehrten Richtung erfolgt indirekt. Angenommen, es gibt keine Konstante c_0 mit

$$\|v\|_{W_2^1(\Omega)} \leq c_0 \, \|v\|_{W_2^1(\Omega),f} \quad \text{für alle } v \in W_2^1(\Omega),$$

dann existiert eine Folge $\{v_n\}_{n\in\mathbb{N}} \subset W_2^1(\Omega)$ mit

$$n \leq \frac{\|v_n\|_{W_2^1(\Omega)}}{\|v_n\|_{W_2^1(\Omega),f}} \quad \text{für } n \in \mathbb{N}.$$

Für die normierte Folge $\{\bar{v}_n\}_{n\in\mathbb{N}}$ mit

$$\bar{v}_n := \frac{v_n}{\|v_n\|_{W_2^1(\Omega)}}$$

gilt also

$$\|\bar{v}_n\|_{W_2^1(\Omega)} = 1, \quad \|\bar{v}_n\|_{W_2^1(\Omega),f} = \frac{\|v_n\|_{W_2^1(\Omega),f}}{\|v_n\|_{W_2^1(\Omega)}} \leq \frac{1}{n} \to 0 \quad \text{für } n \to \infty.$$

Damit folgt nach (2.11) insbesondere

$$\lim_{n\to\infty} |f(\bar{v}_n)| = 0, \quad \lim_{n\to\infty} \|\nabla \bar{v}_n\|_{L_2(\Omega)} = 0.$$

Wegen der Beschränktheit der Folge $\{\bar{v}_n\}_{n\in\mathbb{N}}$ in $W_2^1(\Omega)$ und der kompakten Einbettung $L_2(\Omega) \hookrightarrow W_2^1(\Omega)$ [93] existiert eine in $L_2(\Omega)$ konvergente Teilfolge $\{\bar{v}_{n'}\}_{n'\in\mathbb{N}} \subset \{\bar{v}_n\}_{n\in\mathbb{N}}$ mit dem Grenzelement $\bar{v} := \lim\limits_{n'\to\infty} \bar{v}_{n'} \in L_2(\Omega)$. Aus

$$\lim_{n'\to\infty} \|\nabla \bar{v}_{n'}\|_{L_2(\Omega)} = 0$$

folgt $\bar{v} \in W_2^1(\Omega)$ mit $\|\nabla \bar{v}\|_{L_2(\Omega)} = 0$, d.h. $\bar{v} = \text{const}$. Mit

$$0 \leq |f(\bar{v})| = \lim_{n'\to\infty} |f(\bar{v}_{n'})| = 0$$

ergibt sich dann $f(\bar{v}) = 0$ und damit $\bar{v} = 0$ nach Voraussetzung. Dies steht aber im Widerspruch zu

$$\|\bar{v}\|_{W_2^1(\Omega)} = \lim_{n'\to\infty} \|\bar{v}_{n'}\|_{W_2^1(\Omega)} = 1$$

und der Satz ist somit durch Widerspruch bewiesen. ∎

Beispiel 2.3 *Äquivalente Normen in $W_2^1(\Omega)$ sind zum Beispiel gegeben durch*

$$\|v\|_{W_2^1(\Omega),\Omega} := \left\{ \left[\int_\Omega v(x)dx \right]^2 + \|\nabla v\|^2_{L_2(\Omega)} \right\}^{1/2} \tag{2.12}$$

und

$$\|v\|_{W_2^1(\Omega),\Gamma} := \left\{ \left[\int_\Gamma v(x)ds_x \right]^2 + \|\nabla v\|^2_{L_2(\Omega)} \right\}^{1/2} .$$

In $\overset{\circ}{W}{}_2^1(\Omega)$ definiert $\|\nabla \cdot \|_{L_2(\Omega)}$ somit eine zu $\| \cdot \|_{W_2^1(\Omega)}$ äquivalente Norm.

Mit Hilfe der in Beispiel 2.3 angegebenen äquivalenten Norm (2.12) folgt nun die **Poincaré–Ungleichung**

$$\int_\Omega |v(x)|^2 dx \le c_P \left\{ \left[\int_\Omega v(x)dx \right]^2 + \int_\Omega |\nabla v(x)|^2 dx \right\} \tag{2.13}$$

für alle $v \in W_2^1(\Omega)$.

Für den Nachweis von Approximationseigenschaften von (stückweise) polynomialen Ansatzräumen ist das folgende Ergebnis von entscheidender Bedeutung.

Satz 2.3 (Bramble–Hilbert–Lemma) *Für $k \in \mathbb{N}_0$ sei $f : W_2^{k+1}(\Omega) \to \mathbb{R}$ ein beschränktes lineares Funktional mit*

$$|f(v)| \le c_f \, \|v\|_{W_2^{k+1}(\Omega)} \quad \text{für alle } v \in W_2^{k+1}(\Omega).$$

Mit $P_k(\Omega)$ wird der Raum der auf Ω erklärten Polynome vom Polynomgrad k bezeichnet. Gilt

$$f(q) = 0 \quad \text{für alle } q \in P_k(\Omega),$$

dann folgt

$$|f(v)| \le c(c_p) \, c_f \, |v|_{W_2^{k+1}(\Omega)} \quad \text{für alle } v \in W_2^{k+1}(\Omega),$$

wobei die Konstante $c(c_p)$ nur von der Konstanten c_P der Poincaré–Ungleichung (2.13) abhängt.

Beweis: Betrachtet wird der Beweis für den Fall $k = 1$, d.h. $P_1(\Omega)$ ist der Raum der auf Ω definierten linearen Funktionen. Für $v \in W_2^1(\Omega)$ und $q \in P_1(\Omega)$ gilt nach Voraussetzung

$$|f(v)| = |f(v) + f(q)| = |f(v+q)| \le c_f \, \|v+q\|_{W_2^2(\Omega)}.$$

Weiterhin ist

$$\begin{aligned}\|v+q\|^2_{W_2^2(\Omega)} &= \|v+q\|^2_{L_2(\Omega)} + |v+q|^2_{W_2^1(\Omega)} + |v+q|^2_{W_2^2(\Omega)}\\ &= \|v+q\|^2_{L_2(\Omega)} + \|\nabla(v+q)\|^2_{L_2(\Omega)} + |v|^2_{W_2^2(\Omega)},\end{aligned}$$

da die zweiten Ableitungen der linearen Funktion q verschwinden. Mit der Poincaré–Ungleichung (2.13) folgt daraus

$$\|v+q\|^2_{W_2^2(\Omega)} \leq c_P \left[\int\limits_\Omega [v(x)+q(x)]dx\right]^2 + (1+c_P)\,\|\nabla(v+q)\|^2_{L_2(\Omega)} + |v|^2_{W_2^2(\Omega)}.$$

Für den zweiten Summanden ergibt die erneute Anwendung der Poincaré–Ungleichung (2.13)

$$\begin{aligned}\|\nabla(v+q)\|^2_{L_2(\Omega)} &= \sum_{i=1}^d \int\limits_\Omega \left|\frac{\partial}{\partial x_i}[v(x)+q(x)]\right|^2 dx\\ &\leq c_P \sum_{i=1}^d \left\{\left[\int\limits_\Omega \frac{\partial}{\partial x_i}[v(x)+q(x)]dx\right]^2 + \sum_{j=1}^d \int\limits_\Omega \left[\frac{\partial^2}{\partial x_i \partial x_j}[v(x)+q(x)]\right]^2 dx\right\}\\ &= c_P \sum_{i=1}^d \left[\int\limits_\Omega \frac{\partial}{\partial x_i}[v(x)+q(x)]dx\right]^2 + c_P\,|v|^2_{W_2^2(\Omega)}\end{aligned}$$

und somit

$$\begin{aligned}\|v+q\|^2_{W_2^2(\Omega)} \leq\; & c_P \left[\int\limits_\Omega [v(x)+q(x)]dx\right]^2\\ & +(1+c_P)c_P \sum_{i=1}^d \left[\int\limits_\Omega \frac{\partial}{\partial x_i}[v(x)+q(x)]dx\right]^2 + [1+(1+c_P)c_P]\,|v|^2_{W_2^2(\Omega)}.\end{aligned}$$

Die Behauptung ist gezeigt, wenn $q \in P_1(\Omega)$ so gewählt werden kann, daß die ersten beiden Summanden verschwinden, d.h.

$$\int\limits_\Omega [v(x)+q(x)]dx = 0, \quad \int\limits_\Omega \frac{\partial}{\partial x_i}[v(x)+q(x)]dx = 0 \quad \text{für } i = 1,\ldots,d.$$

Für den Ansatz

$$q(x) = a_0 + \sum_{i=1}^d a_i x_i$$

ergibt sich

$$a_i = -\frac{1}{|\Omega|} \int\limits_\Omega \frac{\partial}{\partial x_i} v(x)dx \quad \text{für } i = 1,\ldots,d$$

und in der Folge

$$a_0 = -\frac{1}{|\Omega|} \int\limits_{\Omega} \left[v(x) + \sum_{i=1}^{d} a_i x_i \right] dx.$$

Für beliebiges $k \in \mathbb{N}$ geht man ganz analog vor. ∎

2.4 Distributionen und Sobolev–Räume

Das Beispiel 2.2 hat gezeigt, daß nicht jede Funktion in $L_1^{\text{loc}}(\Omega)$ eine verallgemeinerte Ableitung besitzt. Deshalb werden nun Ableitungen im distributionellen Sinne betrachtet, siehe zum Beispiel [59, 84, 89, 94].

Für $\Omega \subseteq \mathbb{R}^d$ sei zunächst $\boldsymbol{\mathcal{D}(\Omega)}:= C_0^\infty(\Omega)$ der Raum der Testfunktionen.

Definition 2.2 *Eine* **Distribution** *ist eine komplexwertige stetige Linearform T über $\mathcal{D}(\Omega)$. T heißt dabei stetig auf $\mathcal{D}(\Omega)$, falls aus $\varphi_k \to \varphi$ in $\mathcal{D}(\Omega)$ stets $T(\varphi_k) \to T(\varphi)$ folgt. Die Gesamtheit aller Distributionen wird mit* $\boldsymbol{\mathcal{D}'(\Omega)}$ *bezeichnet.*

Für $u \in L_1^{\text{loc}}(\Omega)$ definiert

$$T_u(\varphi) := \int\limits_{\Omega} u(x)\varphi(x)dx \quad \text{für } \varphi \in \mathcal{D}(\Omega) \tag{2.14}$$

eine Distribution. Distributionen, die gemäß (2.14) von Funktionen induziert werden, heißen Distributionen vom Typ einer Funktion oder **reguläre Distributionen**. Die lokal integrierbaren Funktionen $u \in L_1^{\text{loc}}(\Omega)$ können mit einer Teilmenge aus $\mathcal{D}'(\Omega)$ identifiziert werden, da man die Äquivalenzklassen von u aus (2.14) zurückgewinnen kann. Deshalb schreibt man statt $T_u \in \mathcal{D}'(\Omega)$ auch $u \in \mathcal{D}'(\Omega)$. Nicht reguläre Distributionen heißen **singulär**. Zum Beispiel kann die für $x_0 \in \Omega$ durch

$$\delta_{x_0}(\varphi) = \varphi(x_0) \quad \text{für } \varphi \in \mathcal{D}(\Omega)$$

definierte **$\boldsymbol{\delta}$– oder Dirac–Distribution** nicht wie in (2.14) dargestellt werden.

Für die Ableitung der in Beispiel 2.2 betrachteten Funktion $v(x) = \text{sign}(x)$ ergibt sich nun:

Beispiel 2.4 *Durch partielle Integration ergibt sich für $v(x) = sign(x)$*

$$\int\limits_{-1}^{1} sign(x)\, \frac{\partial}{\partial x}\varphi(x)dx = -2\varphi(0) = -\int\limits_{-1}^{1} \frac{\partial}{\partial x} v(x)\, \varphi(x)dx \quad \textit{für alle } \varphi \in \mathcal{D}(\Omega).$$

Somit ist die distributionelle Ableitung von v gegeben durch

$$\frac{\partial}{\partial x} v = 2\,\delta_0 \in \mathcal{D}'(\Omega).$$

Analog zur verallgemeinerten Ableitung (2.6) wird für eine Distribution $T_u \in \mathcal{D}'(\Omega)$ durch

$$(D^\alpha T_u)(\varphi) = (-1)^{|\alpha|} T_u(D^\alpha \varphi) \quad \text{für } \varphi \in \mathcal{D}(\Omega)$$

die **distributionelle Ableitung** $D^\alpha T_u \in \mathcal{D}'(\Omega)$ definiert.

Im folgenden werden Sobolev–Räume $H^s(\Omega)$ eingeführt, die unter bestimmten Voraussetzungen an das Gebiet Ω äquivalent zu den Räumen $W_2^s(\Omega)$ sind. Die Definition von $H^s(\Omega)$ basiert auf der Fourier–Transformation von Distributionen. Hierzu wird zunächst der **Raum $\mathcal{S}(\mathbb{R}^d)$ der schnell abklingenden Funktionen** eingeführt.

Definition 2.3 *$\mathcal{S}(\mathbb{R}^d)$ ist der Raum der in $\mathbb{R}^d$ unendlich oft differenzierbaren Funktionen φ mit*

$$\|\varphi\|_{k,\ell} := \sup_{x \in \mathbb{R}^d} \left(|x|^k + 1\right) \sum_{|\alpha| \le \ell} |D^\alpha \varphi(x)| < \infty \quad \textit{für alle } k, \ell \in \mathbb{N}_0,$$

d.h. φ klingt mitsamt allen Ableitungen schneller ab als jedes Polynom.

Beispiel 2.5 *Für die Funktion $\varphi(x) := e^{-|x|^2}$ ist $\varphi \in \mathcal{S}(\mathbb{R}^d)$, aber es gilt $\varphi \notin \mathcal{D}(\Omega) = C_0^\infty(\mathbb{R}^d)$.*

Analog zur Definition 2.2 wird der Raum **$\mathcal{S}'(\mathbb{R}^d)$** der **temperierten Distributionen** erklärt als Raum der über $\mathcal{S}(\mathbb{R}^d)$ komplexwertigen und stetigen Linearformen T.

Für Funktionen $\varphi \in \mathcal{S}(\mathbb{R}^d)$ definiert

$$\widehat{\varphi}(\xi) := (\mathcal{F}\varphi)(\xi) = (2\pi)^{-\frac{d}{2}} \int_{\mathbb{R}^d} e^{-i\langle x,\xi\rangle} \varphi(x) dx \quad \text{für } \xi \in \mathbb{R}^d \tag{2.15}$$

die **Fourier–Transformierte** $\widehat{\varphi} \in \mathcal{S}(\mathbb{R}^d)$. Die Abbildung $\mathcal{F} : \mathcal{S}(\mathbb{R}^d) \to \mathcal{S}(\mathbb{R}^d)$ ist eineindeutig und die **inverse Fourier–Transformation** ist gegeben durch

$$(\mathcal{F}^{-1}\widehat{\varphi})(x) = (2\pi)^{-\frac{d}{2}} \int_{\mathbb{R}^d} e^{i\langle x,\xi\rangle} \widehat{\varphi}(\xi) d\xi \quad \text{für } x \in \mathbb{R}^d. \tag{2.16}$$

Hingegen folgt aus $\varphi \in \mathcal{D}(\mathbb{R}^d)$ im allgemeinen **nicht** $\widehat{\varphi} \in \mathcal{D}(\mathbb{R}^d)$.
Für $\varphi \in \mathcal{S}(\mathbb{R}^d)$ gilt

$$D^\alpha(\mathcal{F}\varphi)(\xi) = (-i)^{|\alpha|} \mathcal{F}(x^\alpha \varphi)(\xi) \tag{2.17}$$

sowie

$$\xi^\alpha(\mathcal{F}\varphi)(\xi) = (-i)^{|\alpha|} \mathcal{F}(D^\alpha \varphi)(\xi). \tag{2.18}$$

Lemma 2.1 *Die Fourier–Transformation erhält die Rotationssymmetrie, d.h. für $u \in \mathcal{S}(I\!R^d)$ gilt $\widehat{u}(\xi) = \widehat{u}(|\xi|)$ für alle $\xi \in I\!R^d$ genau dann, wenn $u(x) = u(|x|)$ für alle $x \in I\!R^d$ erfüllt ist.*

Beweis: Sei zunächst $d = 2$. Die Darstellung in Polarkoordinaten,

$$\xi = \begin{pmatrix} |\xi| \cos\psi \\ |\xi| \sin\psi \end{pmatrix}, \quad x = \begin{pmatrix} r\cos\phi \\ r\sin\phi \end{pmatrix}$$

ergibt

$$\begin{aligned} \widehat{u}(\xi) = \widehat{u}(|\xi|, \psi) &= \frac{1}{2\pi} \int_0^\infty \int_0^{2\pi} e^{-ir\,|\xi|[\cos\phi\cos\psi + \sin\phi\sin\psi]} u(r) r\, d\phi\, dr \\ &= \frac{1}{2\pi} \int_0^\infty \int_0^{2\pi} e^{-ir|\xi|\cos(\phi-\psi)} u(r) r\, d\phi\, dr. \end{aligned}$$

Mit $\psi_0 \in [0, 2\pi)$ und der Substitution $\widetilde{\phi} := \phi - \psi_0$ folgt dann

$$\begin{aligned} \widehat{u}(|\xi|, \psi + \psi_0) &= \frac{1}{2\pi} \int_0^\infty \int_0^{2\pi} e^{-ir|\xi|\cos(\phi-\psi-\psi_0)} u(r) r\, d\phi\, dr \\ &= \frac{1}{2\pi} \int_0^\infty \int_{-\psi_0}^{2\pi-\psi_0} e^{-ir|\xi|\cos(\widetilde{\phi}-\psi)} u(r) r\, d\widetilde{\phi}\, dr. \end{aligned}$$

Unter Berücksichtigung von

$$\int_{-\psi_0}^{0} e^{-ir|\xi|\cos(\widetilde{\phi}-\psi)} d\widetilde{\phi} = \int_{2\pi-\psi_0}^{2\pi} e^{-ir|\xi|\cos(\widetilde{\phi}-\psi)} d\widetilde{\phi}$$

ergibt sich

$$\widehat{u}(|\xi|, \psi) = \widehat{u}(|\xi|, \psi + \psi_0) \quad \text{für alle } \psi_0 \in [0, 2\pi)$$

und somit die Behauptung $\widehat{u}(\xi) = \widehat{u}(|\xi|)$.

Für $d = 3$ lautet die Darstellung in Kugelkoordinaten

$$\xi = \begin{pmatrix} |\xi| \cos\psi \sin\vartheta \\ |\xi| \sin\psi \sin\vartheta \\ |\xi| \cos\vartheta \end{pmatrix}, \quad x = \begin{pmatrix} r\cos\phi\sin\theta \\ r\sin\phi\sin\theta \\ r\cos\theta \end{pmatrix}.$$

Dann ist

$$\widehat{u}(|\xi|, \psi, \vartheta) = \frac{1}{(2\pi)^{3/2}} \int_0^\infty \int_0^{2\pi} \int_0^\pi e^{-ir|\xi|[\cos(\phi-\psi)\sin\theta\sin\vartheta + \cos\theta\cos\vartheta]} u(r) r^2 \sin\theta\, d\theta\, d\phi\, dr.$$

Wie im Fall $d = 2$ folgt nun

$$\widehat{u}(|\xi|, \psi + \psi_0, \vartheta) = \widehat{u}(|\xi|, \psi, \vartheta) \quad \text{für alle } \psi_0 \in [0, 2\pi).$$

Für festes $\vartheta \in [0, \pi]$ und vorgegebenen Radius ϱ gilt also $\widehat{u}(\xi) = \widehat{u}(|\xi|) = \widehat{u}(\varrho)$ entlang der Kreislinien

$$\xi_1^2 + \xi_2^2 = \varrho^2 \sin^2 \vartheta, \quad \xi_3 = \varrho \cos \vartheta.$$

Durch Verwendung vertauschter Kugelkoordinaten folgt analog $\widehat{u}(\xi) = \widehat{u}(\varrho)$ entlang der Kreislinien

$$\xi_1^2 + \xi_3^2 = \varrho^2 \sin^2 \vartheta, \quad \xi_2 = \varrho \cos \vartheta .$$

■

Für Distributionen $T \in \mathcal{S}'(\mathbb{R}^d)$ wird durch

$$\widehat{T}(\varphi) := T(\widehat{\varphi}) \quad \text{für } \varphi \in \mathcal{S}(\mathbb{R}^d)$$

die Fourier–Transformierte $\widehat{T} \in \mathcal{S}'(\mathbb{R}^d)$ definiert. Die Abbildung $\mathcal{F} : \mathcal{S}'(\mathbb{R}^d) \to \mathcal{S}'(\mathbb{R}^d)$ ist eineindeutig und die inverse Fourier–Transformation ist durch

$$(\mathcal{F}^{-1}T)(\varphi) := T(\mathcal{F}^{-1}\varphi) \quad \text{für } \varphi \in \mathcal{S}(\mathbb{R}^d)$$

erklärt. Die Rechenregeln (2.17) und (2.18) bleiben entsprechend für Distributionen $T \in \mathcal{S}'(\mathbb{R}^d)$ gültig.

Für $s \in \mathbb{R}$ und $u \in \mathcal{S}(\mathbb{R}^d)$ wird durch

$$\mathcal{J}^s u(x) := \int\limits_{\mathbb{R}^d} (1 + |\xi|^2)^{s/2} \widehat{u}(\xi) e^{i2\pi\langle x, \xi\rangle} d\xi, \quad x \in \mathbb{R}^d,$$

mit dem **Bessel–Potentialoperator** $\mathcal{J}^s : \mathcal{S}(\mathbb{R}^d) \to \mathcal{S}(\mathbb{R}^d)$ ein beschränkter linearer Operator erklärt. Die Anwendung der Fourier–Transformation ergibt

$$(\mathcal{F}\mathcal{J}^s u)(\xi) = (1 + |\xi|^2)^{s/2} (\mathcal{F}u)(\xi) .$$

Im Fourier–transformierten Raum entspricht die Anwendung von $\mathcal{J}^s$ der Multiplikation mit einer Funktion der Ordnung $\mathcal{O}(|\xi|^s)$ Nach (2.18) kann $\mathcal{J}^s$ daher als Differentialoperator der Ordnung s angesehen werden.
Für $T \in \mathcal{S}'(\mathbb{R}^d)$ wird durch

$$(\mathcal{J}^s T)(\varphi) := T(\mathcal{J}^s \varphi) \quad \text{für alle } \varphi \in \mathcal{S}(\mathbb{R}^d)$$

ein beschränkter linearer Operator $\mathcal{J}^s : \mathcal{S}'(\mathbb{R}^d) \to \mathcal{S}'(\mathbb{R}^d)$ auf dem Raum der temperierten Distributionen erklärt. Der Sobolev–Raum $\boldsymbol{H^s(\mathbb{R}^d)}$ ist der Raum aller Distributionen $v \in \mathcal{S}'(\mathbb{R}^d)$ mit $\mathcal{J}^s v \in L_2(\mathbb{R}^d)$ und dem zugehörigen inneren Produkt

$$\langle u, v \rangle_{H^s(\mathbb{R}^d)} := \langle \mathcal{J}^s u, \mathcal{J}^s v \rangle_{L_2(\mathbb{R}^d)}.$$

Dieses induziert für Funktionen u die Norm

$$\|u\|^2_{H^s(\mathbb{R}^d)} := \|\mathcal{J}^s u\|^2_{L_2(\mathbb{R}^d)} = \int_{\mathbb{R}^d} (1 + |\xi|^2)^s |\widehat{u}(\xi)|^2 d\xi\,.$$

Den Zusammenhang mit den Sobolev–Räumen $W_2^s(\mathbb{R}^d)$ zeigt der folgende Satz, siehe zum Beispiel [59, 93].

Satz 2.4 *Für alle $s \in \mathbb{R}$ gilt*

$$H^s(\mathbb{R}^d) = W_2^s(\mathbb{R}^d)\,.$$

Für ein Gebiet $\Omega \subset \mathbb{R}^d$ ist der Sobolev–Raum $H^s(\Omega)$ definiert durch

$$\mathbf{H^s(\Omega)} := \left\{ v = \widetilde{v}_{|\Omega} \,:\, \widetilde{v} \in H^s(\mathbb{R}^d) \right\}$$

mit der Norm

$$\|v\|_{H^s(\Omega)} := \inf_{\widetilde{v} \in H^s(\mathbb{R}^d), \widetilde{v}_{|\Omega} = v} \|\widetilde{v}\|_{H^s(\mathbb{R}^d)}.$$

Außerdem werden die Sobolev–Räume

$$\widetilde{\mathbf{H}}^{\mathbf{s}}(\mathbf{\Omega}) := \overline{C_0^\infty(\Omega)}^{\|\cdot\|_{H^s(\mathbb{R}^d)}}, \quad \mathbf{H_0^s(\Omega)} := \overline{C_0^\infty(\Omega)}^{\|\cdot\|_{H^s(\Omega)}}$$

betrachtet, die für fast alle $s \in \mathbb{R}_+$ zusammenfallen, siehe zum Beispiel [59, Theorem 3.33].

Satz 2.5 *Für ein Lipschitz-Gebiet $\Omega \subset \mathbb{R}^d$ und $s \geq 0$ gilt*

$$\widetilde{H}^s(\Omega) \subset H_0^s(\Omega).$$

Insbesondere ist

$$\widetilde{H}^s(\Omega) = H_0^s(\Omega) \quad \text{für } s \notin \left\{ \frac{1}{2}, \frac{3}{2}, \frac{5}{2}, \ldots \right\}.$$

Weiterhin ist

$$\widetilde{H}^s(\Omega) = [H^{-s}(\Omega)]', \quad H^s(\Omega) = [\widetilde{H}^{-s}(\Omega)]' \quad \text{für alle } s \in \mathbb{R}.$$

Die Äquivalenz der Sobolev–Räume $W_2^s(\Omega)$ und $H^s(\Omega)$ gilt nur unter bestimmten Voraussetzungen an das Gebiet Ω. Hinreichend ist die Existenz eines linearen und beschränkten Fortsetzungsoperators

$$E_\Omega : W_2^s(\Omega) \to W_2^s(\mathbb{R}^d).$$

Dies ist für ein beschränktes Gebiet Ω sichergestellt, sofern es der gleichmäßigen Kegelbedingung genügt, siehe zum Beispiel [94, Satz 5.4].

Satz 2.6 *Für ein Lipschitz–Gebiet $\Omega \subset \mathbb{R}^d$ gilt*

$$W_2^s(\Omega) = H^s(\Omega) \quad \text{für alle } s > 0.$$

Für die Analysis des Stokes–Systems spielen die Abbildungseigenschaften der Gradientenbildung eine wesentliche Rolle. Dafür wird das folgende Resultat benötigt.

Satz 2.7 [29, Theorem 3.2, S. 111] *Sei das Lipschitz–Gebiet $\Omega \subset \mathbb{R}^d$ beschränkt und zusammenhängend. Dann gilt*

$$\|q\|_{L_2(\Omega)} \leq c_1 \left\{ \|q\|_{H^{-1}(\Omega)} + \|\nabla q\|_{[H^{-1}(\Omega)]^d} \right\} \quad \text{für alle } q \in L_2(\Omega)$$

sowie

$$\|q\|_{L_2(\Omega)} \leq c_2 \|\nabla q\|_{[H^{-1}(\Omega)]^d} \quad \text{für alle } q \in L_2(\Omega) \text{ mit } \int\limits_\Omega q(x)dx = 0. \tag{2.19}$$

Beschränkte lineare Operatoren können als Abbildungen zwischen verschiedenen Sobolev–Räumen mit unterschiedlichen Operatornormen betrachtet werden. Dann läßt sich die Beschränktheit der Operatoren auch auf dazwischen liegende Sobolev–Räume übertragen. Für eine allgemeine Theorie zu Interpolationsräumen sei auf [10, 59] verwiesen. Hier wird das folgende Resultat benötigt.

Satz 2.8 (Interpolationssatz) *Sei $A : H^{\alpha_1}(\Omega) \to H^\beta(\Omega)$ ein beschränkter linearer Operator mit der Operatornorm*

$$\|A\|_{\alpha_1,\beta} := \sup_{0 \neq v \in H^{\alpha_1}(\Omega)} \frac{\|Av\|_{H^\beta(\Omega)}}{\|v\|_{H^{\alpha_1}(\Omega)}}.$$

Für $\alpha_2 > \alpha_1$ sei $A : H^{\alpha_2}(\Omega) \to H^\beta(\Omega)$ beschränkt mit der Norm $\|A\|_{\alpha_2,\beta}$. Dann ist $A : H^\alpha(\Omega) \to H^\beta(\Omega)$ beschränkt für alle $\alpha \in [\alpha_1, \alpha_2]$ und für die zugehörige Operatornorm gilt

$$\|A\|_{\alpha,\beta} \leq \left(\|A\|_{\alpha_1,\beta}\right)^{\frac{\alpha-\alpha_2}{\alpha_1-\alpha_2}} \left(\|A\|_{\alpha_2,\beta}\right)^{\frac{\alpha-\alpha_1}{\alpha_2-\alpha_1}}.$$

Sei der Operator $A : H^\alpha(\Omega) \to H^{\beta_1}(\Omega)$ beschränkt mit der Norm $\|A\|_{\alpha,\beta_1}$ und $A : H^\alpha(\Omega) \to H^{\beta_2}(\Omega)$ beschränkt mit der Norm $\|A\|_{\alpha,\beta_2}$ mit $\beta_1 < \beta_2$. Dann ist $A : H^\alpha(\Gamma) \to H^\beta(\Gamma)$ beschränkt für alle $\beta \in [\beta_1, \beta_2]$ und für die zugehörige Operatornorm gilt

$$\|A\|_{\alpha,\beta} \leq \left(\|A\|_{\alpha,\beta_1}\right)^{\frac{\beta-\beta_2}{\beta_1-\beta_2}} \left(\|A\|_{\alpha,\beta_2}\right)^{\frac{\beta-\beta_1}{\beta_2-\beta_1}}.$$

2.5 Sobolev–Räume auf Mannigfaltigkeiten

Für ein beschränktes Gebiet $\Omega \subset \mathbb{R}^d$ mit $d = 2, 3$ sei der Rand $\Gamma = \partial\Omega$ durch eine **beliebige** und **überlappende** stückweise Parametrisierung gegeben, d.h.

$$\Gamma = \bigcup_{i=1}^{p} \Gamma_i, \quad \Gamma_i := \left\{ x \in \mathbb{R}^d \,:\, x = \chi_i(\xi) \text{ für } \xi \in \mathcal{T}_i \subset \mathbb{R}^{d-1} \right\}. \tag{2.20}$$

Bezüglich der in (2.20) betrachteten Zerlegung sei eine **Partition der Eins**, $\{\varphi_i\}_{i=1}^p$, von nicht negativen Abschneidefunktionen $\varphi_i \in C_0^\infty(\mathbb{R}^d)$ gegeben mit

$$\sum_{i=1}^{p} \varphi_i(x) = 1 \quad \text{für } x \in \Gamma, \quad \varphi_i(x) = 0 \quad \text{für } x \in \Gamma \backslash \Gamma_i.$$

Für eine auf dem Rand Γ definierte Funktion gilt dann die Darstellung

$$v(x) = \sum_{i=1}^{p} \varphi_i(x) v(x) = \sum_{i=1}^{p} v_i(x) \quad \text{für } x \in \Gamma$$

mit $v_i(x) := \varphi_i(x) v(x)$. Einsetzen der lokalen Parametrisierung (2.20) ergibt für $i = 1, \ldots, p$

$$v_i(x) = \varphi_i(x) v(x) = \varphi_i(\chi_i(\xi)) v(\chi_i(\xi)) =: \widetilde{v}_i(\xi) \quad \text{für } \xi \in \mathcal{T}_i \subset \mathbb{R}^{d-1}.$$

Für die Funktionen $\widetilde{v}_i$ können nun Sobolev–Räume bezüglich des beschränkten Gebietes $\mathcal{T}_i \subset \mathbb{R}^{d-1}$ eingeführt werden. Nach der Kettenregel setzt dies die Existenz der entsprechenden Ableitungen der Parameterdarstellung $\chi_i(\xi)$ voraus. Ableitungen der Ordnung $|s| \leq k$ sind jedoch nur dann erklärt, falls $\chi_i \in C^{k-1,1}(\mathcal{T}_i)$ gilt. Für ein Lipschitz–Gebiet Ω mit einer lokalen Parametrisierung $\chi_i \in C^{0,1}(\mathcal{T}_i)$ sind also nur Sobolev–Räume $H^s(\mathcal{T}_i)$ für $|s| \leq 1$ erklärt. Allgemein kann für $0 \leq s \leq k$ eine Sobolev–Norm

$$\|v\|_{H^s_\chi(\Gamma)} := \left\{ \sum_{i=1}^{p} \|\widetilde{v}_i\|^2_{H^s(\mathcal{T}_i)} \right\}^{1/2} \tag{2.21}$$

und somit ein Sobolev–Raum $\boldsymbol{H^s(\Gamma)}$ definiert werden.

Lemma 2.2 *Für $s = 0$ definiert*

$$\|v\|_{L_2(\Gamma)} := \left\{ \int_\Gamma |v(x)|^2 ds_x \right\}^{1/2}$$

eine zu $\|v\|_{H^0_\chi(\Gamma)}$ äquivalente Norm.

Beweis: Zunächst ist

$$\|v\|^2_{H^0_\chi(\Gamma)} = \sum_{i=1}^p \int_{T_i} [\varphi_i(\xi) v(\chi_i(\xi))]^2 d\xi$$

bzw.

$$\|v\|^2_{L_2(\Gamma)} = \int_\Gamma [v(x)]^2 ds_x = \sum_{i=1}^p \int_{\Gamma_i} \varphi_i(x)[v(x)]^2 ds_x.$$

Durch Einsetzen der lokalen Parametrisierung erhält man dann

$$\|v\|^2_{L_2(\Gamma)} = \sum_{i=1}^p \int_{T_i} \varphi_i(\chi_i(\xi))[v(\chi_i(\xi))]^2 \det\chi_i(\xi) d\xi.$$

Damit folgt die Behauptung, wobei die auftretenden Konstanten von der gewählten Parametrisierung (10.2) und der Definition der Abschneidefunktionen φ_i abhängen. ∎

Für $s \in (0,1)$ folgt analog, daß die durch

$$\|v\|_{H^s(\Gamma)} := \left\{ \|v\|^2_{L_2(\Gamma)} + \int_\Gamma \int_\Gamma \frac{[v(x)-v(y)]^2}{|x-y|^{d-1+2s}} ds_x ds_y \right\}^{1/2}$$

definierte Sobolev–Slobodeckii–Norm äquivalent zu $\|\cdot\|_{H^s_\chi(\Gamma)}$ ist.

Wie im Äquivalenzsatz von Sobolev (Satz 2.2) können zu $\|\cdot\|_{H^s(\Gamma)}$ äquivalente Normen angegeben werden. Zum Beispiel definiert

$$\|v\|_{H^{1/2}(\Gamma),\Gamma} := \left\{ \left[\int_\Gamma v(x) ds_x \right]^2 + \int_\Gamma \int_\Gamma \frac{[v(x)-v(y)]^2}{|x-y|^d} ds_x ds_y \right\}^{1/2}$$

eine zu $\|\cdot\|_{H^{1/2}(\Gamma)}$ äquivalente Norm.

Bisher wurden Sobolev–Räume $H^s(\Gamma)$ nur für $s \geq 0$ definiert. Für $s < 0$ wird $H^s(\Gamma)$ erklärt als Dualraum von $H^{-s}(\Gamma)$,

$$\mathbf{H^s(\Gamma)} := [H^{-s}(\Gamma)]',$$

versehen mit der Norm

$$\|w\|_{H^s(\Gamma)} := \sup_{0 \neq v \in H^{-s}(\Gamma)} \frac{\langle w, v\rangle_\Gamma}{\|v\|_{H^{-s}(\Gamma)}}$$

bezüglich dem Dualitätsprodukt

$$\langle w, v\rangle_\Gamma := \int_\Gamma w(x) v(x) ds_x \,.$$

Für ein **offenes Randstück** $\Gamma_0 \subset \Gamma$ einer hinreichend glatten Randkurve $\Gamma = \partial\Omega$ und $s \geq 0$ sei der Sobolev–Raum

$$\mathbf{H^s(\Gamma_0)} := \left\{ v = \widetilde{v}_{|\Gamma_0} \,:\, \widetilde{v} \in H^s(\Gamma) \right\}$$

versehen mit der Norm

$$\|v\|_{H^s(\Gamma_0)} := \inf_{\widetilde{v} \in H^s(\Gamma): \widetilde{v}_{|\Gamma_0} = v} \|\widetilde{v}\|_{H^s(\Gamma)}.$$

Weiterhin sei

$$\widetilde{\mathbf{H}}^{\mathbf{s}}(\mathbf{\Gamma_0}) := \left\{ v = \widetilde{v}_{|\Gamma_0} \,:\, \widetilde{v} \in H^s(\Gamma),\ \operatorname{supp} \widetilde{v} \subset \Gamma_0 \right\}.$$

Für $s < 0$ sind die entsprechenden Sobolev–Räume gegeben durch

$$\mathbf{H^s(\Gamma_0)} := [\widetilde{H}^{-s}(\Gamma_0)]', \quad \widetilde{H}^s(\Gamma_0) := [H^{-s}(\Gamma_0)]'.$$

Sei der geschlossene Rand $\Gamma = \partial\Omega$ stückweise glatt,

$$\Gamma = \bigcup_{i=1}^{p} \overline{\Gamma}_i, \quad \Gamma_i \cap \Gamma_j = \emptyset \quad \text{for } i \neq j,$$

so wird für $s > 0$ durch

$$\mathbf{H^s_{pw}(\Gamma)} := \left\{ v \in L_2(\Gamma) \,:\, v_{|\Gamma_i} \in H^s(\Gamma_i), i = 1, \ldots, p \right\}$$

der Raum der stückweise glatten Funktionen definiert. Eine zugehörige Norm ist durch

$$\|v\|_{H^s_{pw}(\Gamma)} := \left\{ \sum_{i=1}^{p} \|v_{|\Gamma_i}\|^2_{H^s(\Gamma_i)} \right\}^{1/2}$$

gegeben. Für $s < 0$ sei

$$\mathbf{H^s_{pw}(\Gamma)} := \prod_{j=1}^{J} \widetilde{H}^s(\Gamma_j) \tag{2.22}$$

versehen mit der Norm

$$\|w\|_{H^s_{pw}(\Gamma)} := \sum_{j=1}^{J} \|w_{|\Gamma_j}\|_{\widetilde{H}^s(\Gamma_j)}. \tag{2.23}$$

Lemma 2.3 *Für $w \in H^s_{pw}(\Gamma)$ und $s < 0$ gilt*

$$\|w\|_{H^s(\Gamma)} \leq \|w\|_{H^s_{pw}(\Gamma)}.$$

Beweis: Mit Dualitätsargumenten ergibt sich

$$\begin{aligned}\|w\|_{H^s(\Gamma)} &= \sup_{0\neq v\in H^{-s}(\Gamma)} \frac{|\langle w,v\rangle_\Gamma|}{\|v\|_{H^{-s}(\Gamma)}} \leq \sup_{0\neq v\in H^{-s}(\Gamma)} \sum_{j=1}^J \frac{|\langle w,v\rangle_{\Gamma_j}|}{\|v\|_{H^{-s}(\Gamma)}} \\ &\leq \sup_{0\neq v\in H^{-s}(\Gamma)} \sum_{j=1}^J \frac{|\langle w_{|\Gamma_j}, v_{|\Gamma_j}\rangle_{\Gamma_j}|}{\|v_{|\Gamma_j}\|_{H^{-s}(\Gamma_j)}} \\ &\leq \sum_{j=1}^J \sup_{0\neq v_j\in H^{-s}(\Gamma_j)} \frac{|\langle w_{|\Gamma_j}, v_j\rangle_{\Gamma_j}|}{\|v_j\|_{H^{-s}(\Gamma_j)}} = \|w\|_{H^s_{\mathrm{pw}}(\Gamma)}\end{aligned}$$

und das Lemma ist bewiesen. ∎

Ist $\Gamma = \partial\Omega$ der Rand eines Lipschitz–Gebietes $\Omega \subset \mathbb{R}^d$, so gilt für die obigen Betrachtungen die Einschränkung $|s| \leq 1$.
Für eine in einem beschränkten Gebiet $\Omega \subset \mathbb{R}^d$ gegebene Funktion u wird durch (1.3) die innere Spur $\gamma_0^{\mathrm{int}} u$ als Funktion auf dem Rand $\Gamma = \partial\Omega$ erklärt. Einen Zusammenhang zwischen den entsprechenden Funktionenräumen liefern die folgenden zwei Sätze, siehe zum Beispiel [1, 59, 93].

Satz 2.9 (Spursatz) *Sei $\Omega \subset \mathbb{R}^d$ ein $C^{k-1,1}$-Gebiet. Für $\frac{1}{2} < s \leq k$ ist*

$$\gamma_0^{\mathrm{int}} : H^s(\Omega) \to H^{s-1/2}(\Gamma)$$

ein beschränkter linearer Operator, d.h. es gilt

$$\|\gamma_0^{\mathrm{int}} v\|_{H^{s-1/2}(\Gamma)} \leq c_T \|v\|_{H^s(\Omega)} \quad \textit{für } v \in H^s(\Omega).$$

Für ein Lipschitz–Gebiet Ω folgt mit $k = 1$ aus Satz 2.9 die Stetigkeit des Spuroperators $\gamma_0^{\mathrm{int}} : H^s(\Omega) \to H^{s-1/2}(\Gamma)$ für $s \in (\frac{1}{2}, 1]$. Nach [24] bleibt dies richtig für $s \in (\frac{1}{2}, \frac{3}{2})$, vergleiche auch [59, Theorem 3.38].

Satz 2.10 (Inverser Spursatz) *Sei Ω ein $C^{k-1,1}$-Gebiet. Der durch* (1.3) *erklärte Spuroperator $\gamma_0^{\mathrm{int}} : H^s(\Omega) \to H^{s-1/2}(\Gamma)$, $\frac{1}{2} < s \leq k$, besitzt eine stetige Rechtsinverse*

$$\mathcal{E} : H^{s-1/2}(\Gamma) \to H^s(\Omega)$$

mit $\gamma_0^{\mathrm{int}} \mathcal{E} w = w$ für alle $w \in H^{s-1/2}(\Gamma)$ und

$$\|\mathcal{E} w\|_{H^s(\Omega)} \leq c_{IT} \|w\|_{H^{s-1/2}(\Gamma)} \quad \textit{für alle } w \in H^{s-1/2}(\Gamma).$$

Für $s > 0$ können somit Sobolev–Räume $H^s(\Gamma)$ als Spurräume von $H^{s+1/2}(\Omega)$ erklärt werden. Die zugehörige Norm ist dabei durch

$$\|v\|_{H^s(\Gamma),\gamma_0} := \inf_{V\in H^{s+1/2}(\Gamma),\gamma_0^{\mathrm{int}} V = v} \|V\|_{H^{1/2+s}(\Omega)}$$

gegeben. Für Lipschitz–Gebiete $\Omega \subset \mathbb{R}^d$ ist $\|v\|_{H^s(\Gamma),\gamma_0}$ jedoch nur für $|s| \leq 1$ eine zu $\|v\|_{H^s(\Gamma)}$ äquivalente Norm.

Bemerkung 2.1 *Der Interpolationssatz (Satz 2.8) gilt entsprechend für lineare und beschränkte Abbildungen zwischen den in diesem Abschnitt betrachteten Sobolev–Räumen auf Mannigfaltigkeiten* Γ.

Analog zu Satz 2.3 (Bramble–Hilbert–Lemma) gilt:

Satz 2.11 *Sei* $\Gamma = \partial\Omega$ *der Rand eines* $C^{k-1,1}$*–Gebietes* $\Omega \subset \mathbb{R}^d$ *und sei* $f : H^{k+1}(\Gamma) \to \mathbb{R}$ *ein beschränktes lineares Funktional mit*

$$|f(v)| \leq c_f \, \|v\|_{H^{k+1}(\Gamma)} \quad \textit{für alle } v \in H^{k+1}(\Gamma).$$

Gilt

$$f(q) = 0 \quad \textit{für alle } q \in P_k(\Gamma),$$

dann folgt

$$|f(v)| \leq c\, c_f \, |v|_{H^{k+1}(\Gamma)} \quad \textit{für alle } v \in H^{k+1}(\Gamma).$$

Kapitel 3

Variationsmethoden

Die schwache Formulierung der in Kapitel 1 betrachteten Randwertprobleme führt auf Variationsprobleme bzw. dazu äquivalente Operatorgleichungen, wie diese in Kapitel 4 hergeleitet werden. Die Darstellung der Lösung von Randwertproblemen mittels Rand– und Volumenpotentialen führt mit Randintegralgleichungen wiederum auf Operatorgleichungen zur Bestimmung der unbekannten Cauchy–Daten, siehe Kapitel 7. In diesem Kapitel werden deshalb funktionalanalytische Hilfsmittel zur Lösung von Operatorgleichungen bzw. dazu äquivalenter Variationsprobleme zur Verfügung gestellt.

3.1 Operatorgleichungen

Sei X ein **Hilbert–Raum** mit dem **Skalarprodukt** $\langle \cdot, \cdot \rangle_X$ und der induzierten **Norm** $\| \cdot \|_X = \sqrt{\langle \cdot, \cdot \rangle_X}$. Sei X' der Dualraum von X mit dem Dualitätsprodukt $\langle \cdot, \cdot \rangle$. Dann gilt

$$\|f\|_{X'} = \sup_{0 \neq v \in X} \frac{|\langle f, v \rangle|}{\|v\|_X} \quad \text{für alle } f \in X'. \tag{3.1}$$

Betrachtet wird ein beschränkter linearer Operator $A : X \to X'$ mit

$$\|Av\|_{X'} \leq c_2^A \, \|v\|_X \quad \text{für alle } v \in X. \tag{3.2}$$

Weiterhin wird vorausgesetzt, daß A selbstadjungiert ist, d.h. es gilt

$$\langle Au, v \rangle = \langle u, Av \rangle \quad \text{für alle } u, v \in X.$$

Für gegebenes $f \in X'$ ist die Lösung $u \in X$ der **Operatorgleichung**

$$Au = f \tag{3.3}$$

zu bestimmen. Äquivalent zur Operatorgleichung (3.3) ist die **Variationsformulierung** zur Bestimmung von $u \in X$, so daß

$$\langle Au, v \rangle = \langle f, v \rangle \quad \text{für alle } v \in X \tag{3.4}$$

gilt. Offensichtlich folgt für die Lösung $u \in X$ der Operatorgleichung (3.3) sofort die Gültigkeit der Variationsformulierung (3.4). Sei nun $u \in X$ Lösung des Variationsproblems (3.4). Dann folgt aus (3.1)

$$\|Au - f\|_{X'} = \sup_{0 \neq v \in X} \frac{|\langle Au - f, v\rangle|}{\|v\|_X} = 0$$

und somit $0 = Au - f \in X'$, d.h. $u \in X$ ist Lösung von (3.3).

Der Operator $A : X \to X'$ induziert durch

$$a(u,v) := \langle Au, v\rangle \quad \text{für alle } u, v \in X$$

eine Bilinearform

$$a(\cdot,\cdot) : X \times X \to \mathbb{R}. \tag{3.5}$$

Umgekehrt kann jeder Bilinearform (3.5) ein Operator $A : X \to X'$ zugeordnet werden.

Lemma 3.1 *Sei $a(\cdot,\cdot) : X \times X \to \mathbb{R}$ eine beschränkte Bilinearform mit*

$$|a(u,v)| \leq c_2^A \|u\|_X \|v\|_X \quad \textit{für alle } u, v \in X.$$

Dann existiert für jedes $u \in X$ ein Element $Au \in X'$, so daß

$$\langle Au, v\rangle = a(u,v) \quad \textit{für alle } v \in X$$

gilt. Insbesondere ist $A : X \to X'$ linear und beschränkt,

$$\|Au\|_{X'} \leq c_2^A \|u\|_X \quad \textit{für alle } u \in X.$$

Beweis: Für $u \in X$ definiert $\langle f_u, v\rangle := a(u,v)$ eine beschränkte Linearform auf X, d.h. es gilt $f_u \in X'$. Die Abbildung $u \in X \to f_u \in X'$ definiert einen linearen Operator $A : X \to X'$ mit $Au = f_u \in X'$, und es gilt

$$\|Au\|_{X'} = \|f_u\|_{X'} = \sup_{0 \neq v \in X} \frac{|\langle f_u, v\rangle|}{\|v\|_X} = \sup_{0 \neq v \in X} \frac{|a(u,v)|}{\|v\|_X} \leq c_2^A \|u\|_X. \qquad \blacksquare$$

Für einen selbstadjungierten und positiv semi–definiten Operator $A : X \to X'$ kann ein zur Variationsformulierung (3.4) äquivalentes Minimierungsproblem formuliert werden.

Lemma 3.2 *Sei $A : X \to X'$ selbstadjungiert und positiv semi–definit, d.h.*

$$\langle Av, v\rangle \geq 0 \quad \textit{für alle } v \in X,$$

und sei F das Funktional

$$F(v) := \frac{1}{2}\langle Av, v\rangle - \langle f, v\rangle \quad \textit{für } v \in X\,.$$

Dann ist die Lösung des Variationsproblems (3.4) *äquivalent zur Lösung des Minimierungsproblems*

$$F(u) = \min_{v \in X} F(v)\,. \tag{3.6}$$

Beweis: Seien $u, v \in X$ und $t \in I\!R$ beliebig. Dann ist

$$\begin{aligned} F(u+tv) &= \frac{1}{2}\langle A(u+tv), u+tv\rangle - \langle f, u+tv\rangle \\ &= F(u) + t\,[\langle Au, v\rangle - \langle f, v\rangle] + \frac{1}{2}t^2\,\langle Av, v\rangle. \end{aligned}$$

Für die Lösung $u \in X$ des Variationsproblems (3.4) folgt also

$$F(u) \le F(u) + \frac{1}{2}t^2\,\langle Av, v\rangle = F(u+tv)$$

für alle $v \in X$, $t \in I\!R$, und somit ist $u \in X$ eine Lösung des Minimierungsproblems (3.6). Sei nun $u \in X$ Lösung von (3.6). Dann gilt

$$\frac{d}{dt}F(u+tv)_{|t=0} = 0 \quad \text{für alle } v \in X,$$

woraus

$$\langle Au, v\rangle = \langle f, v\rangle \quad \text{für alle } v \in X$$

folgt. ■

Die eindeutige Lösbarkeit der Operatorgleichung (3.3) wird durch Betrachtung einer äquivalenten Fixpunktgleichung untersucht. Hierfür wird folgendes grundlegende Resultat benötigt.

Satz 3.1 (Darstellungssatz von Riesz) *Jedes lineare beschränkte Funktional $f \in X'$ ist von der Form*

$$\langle f, v\rangle = \langle u, v\rangle_X.$$

Hierbei ist $u \in X$ durch $f \in X'$ eindeutig bestimmt, und es gilt

$$\|u\|_X = \|f\|_{X'}. \tag{3.7}$$

Beweis: Für ein beliebiges, aber festes $f \in X'$ ist die Bestimmung von $u \in X$ als Lösung des Variationsproblems

$$\langle u, v\rangle_X = \langle f, v\rangle \quad \text{für alle } v \in X \tag{3.8}$$

nach Lemma 3.2 äquivalent dem Minimierungsproblem

$$F(u) = \min_{v\in X} F(v) \tag{3.9}$$

mit dem Funktional

$$F(v) = \frac{1}{2}\,\langle v, v\rangle_X - \langle f, v\rangle \quad \text{für } v \in X.$$

Zu untersuchen bleibt die Lösbarkeit des Minimierungsproblems (3.9). Wegen

$$\begin{aligned} F(v) &= \frac{1}{2}\,\langle v,v\rangle_X - \langle f,v\rangle \geq \frac{1}{2}\,\|v\|_X^2 - \|f\|_{X'}\|v\|_X \\ &= \frac{1}{2}\,[\|v\|_X - \|f\|_{X'}]^2 - \frac{1}{2}\,\|f\|_{X'}^2 \geq -\frac{1}{2}\,\|f\|_{X'}^2 \end{aligned}$$

ist $F(v)$ für $v \in X$ nach unten beschränkt, also existiert das Infimum

$$\alpha := \inf_{v\in X} F(v) \in \mathbb{R}.$$

Sei $\{u_k\}_{k\in\mathbb{N}} \subset X$ eine Minimalfolge, d.h. $F(u_k) \to \alpha$ für $k \to \infty$. Mit der Parallelogramm–Identität

$$\|u_k - u_\ell\|_X^2 + \|u_k + u_\ell\|_X^2 = 2\,\left\{\|u_k\|_X^2 + \|u_\ell\|_X^2\right\}$$

folgt

$$\begin{aligned} 0 \leq \|u_k - u_\ell\|_X^2 &= 2\,\|u_k\|_X^2 + 2\,\|u_\ell\|_X^2 - \|u_k + u_\ell\|_X^2 \\ &= 4\,\left\{\frac{1}{2}\,\|u_k\|_X^2 - \langle f,u_k\rangle\right\} + 4\,\left\{\frac{1}{2}\,\|u_\ell\|_X^2 - \langle f,u_\ell\rangle\right\} \\ &\qquad +4\,\langle f,u_k+u_\ell\rangle - \|u_k+u_\ell\|_X^2 \\ &= 4\,F(u_k) + 4\,F(u_\ell) - 8\,F\left(\frac{1}{2}(u_k+u_\ell)\right) \\ &\leq 4\,F(u_k) + 4\,F(u_\ell) - 8\alpha \to 0 \quad \text{für } k,\ell \to \infty. \end{aligned}$$

Damit ist $\{u_k\}_{k\in\mathbb{N}}$ eine Cauchy–Folge, und aus der Vollständigkeit des Hilbert–Raumes X folgt die Existenz des Grenzwertes

$$u = \lim_{k\to\infty} u_k \in X.$$

Weiterhin ist

$$\begin{aligned} |F(u_k) - F(u)| &\leq \frac{1}{2}\,|\langle u_k,u_k\rangle_X - \langle u,u\rangle_X| + |\langle f,u_k-u\rangle_X| \\ &= \frac{1}{2}\,|\langle u_k,u_k-u\rangle_X + \langle u,u_k-u\rangle_X| + |\langle f,u_k-u\rangle_X| \\ &\leq \left\{\frac{1}{2}\,\|u_k\|_X + \frac{1}{2}\,\|u\|_X + \|f\|_{X'}\right\}\|u_k-u\|_X, \end{aligned}$$

woraus

$$F(u) = \lim_{k\to\infty} F(u_k) = \alpha$$

folgt. Also ist $u \in X$ Lösung des Minimierungsproblems (3.9) und somit auch Lösung des Variationsproblems (3.8).

Zu zeigen bleibt die Eindeutigkeit. Sei nun $\widetilde{u} \in X$ eine weitere Lösung von (3.9) bzw. von (3.8), d.h. es gilt

$$\langle \widetilde{u}, v \rangle_X = \langle f, v \rangle \quad \text{für alle } v \in X.$$

Subtraktion von (3.8) ergibt

$$\langle u - \widetilde{u}, v \rangle_X = 0 \quad \text{für alle } v \in X,$$

und mit $v = u - \widetilde{u}$ folgt

$$\|u - \widetilde{u}\|_X^2 = 0 .$$

Damit gilt $u = \widetilde{u}$, d.h. $u \in X$ ist die eindeutige Lösung von (3.8) bzw. von (3.9). Schließlich ist

$$\|u\|_X^2 = \langle u, u \rangle_X = \langle f, u \rangle \leq \|f\|_{X'} \|u\|_X$$

sowie

$$\|f\|_{X'} = \sup_{0 \neq v \in X} \frac{|\langle f, v \rangle|}{\|v\|_X} = \sup_{0 \neq v \in X} \frac{|\langle u, v \rangle_X|}{\|v\|_X} \leq \|u\|_X,$$

woraus die Normgleichheit (3.7) folgt. ■

Die durch Satz 3.1 beschriebene Abbildung $J : X' \to X$ wird als **Riesz–Abbildung** bezeichnet und man schreibt $u = Jf$, d.h. es gilt

$$\langle Jf, v \rangle_X = \langle f, v \rangle \quad \text{für alle } v \in X \tag{3.10}$$

sowie

$$\|Jf\|_X = \|f\|_{X'}. \tag{3.11}$$

3.2 Elliptische Operatoren

Für die Lösbarkeit der Operatorgleichung (3.3) bzw. der Variationsformulierung (3.4) wird eine weitere Voraussetzung an den Operator A bzw. an die Bilinearform $a(\cdot,\cdot)$ benötigt. Der Operator $A : X \to X'$ heißt **X–elliptisch**, wenn

$$\langle Av, v \rangle \geq c_1^A \, \|v\|_X^2 \quad \text{für alle } v \in X \tag{3.12}$$

mit einer positiven Konstanten c_1^A erfüllt ist.

Satz 3.2 (Lemma von Lax–Milgram) *Sei der Operator $A : X \to X'$ beschränkt und X–elliptisch. Dann besitzt die Gleichung* (3.3) *für jedes $f \in X'$ eine eindeutig bestimmte Lösung $u \in X$, und es gilt*

$$\|u\|_X \leq \frac{1}{c_1^A} \|f\|_{X'}.$$

Beweis: Sei $J : X' \to X$ der durch (3.10) erklärte Riesz–Operator. Dann ist die Operatorgleichung (3.3) äquivalent zu der Fixpunktgleichung

$$u = u - \varrho J(Au - f) = T_\varrho u + \varrho J f$$

mit

$$T_\varrho := I - \varrho JA \, : \, X \to X$$

und geeignet gewähltem Parameter $0 < \varrho \in \mathbb{R}$. Aus der Beschränktheit (3.2) und der Elliptizität (3.12) des Operators A sowie den Eigenschaften (3.10) und (3.11) der Riesz–Abbildung J folgt

$$\langle JAv, v\rangle_X = \langle Av, v\rangle \geq c_1^A \, \|v\|_X^2, \quad \|JAv\|_X = \|Av\|_{X'} \leq c_2^A \, \|v\|_X$$

und somit

$$\begin{aligned} \|T_\varrho v\|_X^2 &= \|(I - \varrho JA)v\|_X^2 \\ &= \|v\|_X^2 - 2\varrho\langle JAv, v\rangle_X + \varrho^2 \|JAv\|_X^2 \\ &\leq [1 - 2\varrho c_1^A + \varrho^2 (c_2^A)^2] \, \|v\|_X^2 . \end{aligned}$$

Damit ist T_ϱ für $\varrho \in (0, 2c_1^A/(c_2^A)^2)$ eine Kontraktion in X, und es folgt die eindeutige Lösbarkeit von (3.3) aus dem Banachschen Fixpunktsatz [96].
Sei u die eindeutige Lösung der Operatorgleichung (3.3). Dann ist

$$c_1^A \, \|u\|_X^2 \leq \langle Au, u\rangle = \langle f, u\rangle \leq \|f\|_{X'} \|u\|_X ,$$

und somit ist auch die behauptete Abschätzung gezeigt. ∎

Nach Satz 3.2 existiert der inverse Operator $A^{-1} : X' \to X$ und es folgt

$$\|A^{-1} f\|_X \leq \frac{1}{c_1^A} \, \|f\|_{X'} \quad \text{für alle } f \in X'. \tag{3.13}$$

Aus der Beschränktheit des selbstadjungierten und invertierbaren Operators A folgt die Elliptizität des inversen Operators A^{-1}.

Lemma 3.3 *Sei der Operator $A : X \to X'$ beschränkt, selbstadjungiert und X-ellipisch. Insbesondere gelte* (3.2), *d.h.*

$$\|Av\|_{X'} \leq c_2^A \, \|v\|_X \quad \textit{für alle } v \in X.$$

Dann folgt

$$\langle A^{-1} f, f\rangle \geq \frac{1}{c_2^A} \, \|f\|_{X'}^2 \quad \textit{für alle } f \in X'.$$

Beweis: Betrachtet wird der Operator $B := JA$ mit $B : X \to X$ und

$$\|Bv\|_X = \|JAv\|_X = \|Av\|_{X'} \leq c_2^A \|v\|_X \quad \text{für alle } v \in X.$$

Wegen

$$\langle Bu, v\rangle_X = \langle JAu, v\rangle_X = \langle Au, v\rangle = \langle u, Av\rangle = \langle u, Bv\rangle_X$$

für alle $u, v \in X$ ist B selbstadjungiert und wegen

$$\langle Bv, v\rangle_X = \langle Av, v\rangle \geq c_1^A \|v\|_X^2 \quad \text{für alle } v \in X$$

X–elliptisch. Damit existiert ein selbstadjungierter und invertierbarer Operator $B^{1/2}$ mit $B = B^{1/2}B^{1/2}$, siehe zum Beispiel [70]. Weiterhin sei $B^{-1/2} := (B^{1/2})^{-1}$. Dann folgt zunächst

$$\|B^{1/2}v\|_X^2 = \langle Bv, v\rangle_X \leq \|Bv\|_X\|v\|_X \leq c_2^A \|v\|_X^2 \quad \text{für alle } v \in X$$

und somit

$$\|B^{1/2}v\|_X \leq \sqrt{c_2^A}\, \|v\|_X \quad \text{für alle } v \in X.$$

Für $f \in X'$ ergibt sich

$$\begin{aligned}
\|f\|_{X'} &= \sup_{0\neq v\in X} \frac{|\langle f, v\rangle|}{\|v\|_X} = \sup_{0\neq v\in X} \frac{|\langle Jf, v\rangle_X|}{\|v\|_X} = \sup_{0\neq v\in X} \frac{|\langle B^{-1/2}Jf, B^{1/2}v\rangle_X|}{\|v\|_X} \\
&\leq \sup_{0\neq v\in X} \frac{\|B^{-1/2}Jf\|_X\|B^{1/2}v\|_X}{\|v\|_X} \leq \sqrt{c_2^A}\, \|B^{-1/2}Jf\|_X\,,
\end{aligned}$$

bzw.

$$\|f\|_{X'}^2 \leq c_2^A \|B^{-1/2}Jf\|_X^2 = c_2^A \langle B^{-1}Jf, Jf\rangle_X = c_2^A \langle A^{-1}f, f\rangle$$

und somit die Behauptung. ■

3.3 Operatoren und Stabilitätsbedingungen

Sei Π ein Banachraum und $B : X \to \Pi'$ ein beschränkter linearer Operator mit

$$\|Bv\|_{\Pi'} \leq c_2^B \|v\|_X \quad \text{für alle } v \in X, \tag{3.14}$$

welcher durch

$$b(v, q) := \langle Bv, q\rangle \quad \text{für } (v, q) \in X \times \Pi$$

eine beschränkte Bilinearform $b(\cdot, \cdot) : X \times \Pi \to \mathbb{R}$ induziert[1].

[1]Wegen einer übersichtlichen Schreibweise wird mit $\langle \cdot, \cdot\rangle$ sowohl das Dualitätsprodukt zwischen X und X' als auch zwischen Π und Π' bezeichnet. Aus dem jeweiligen Zusammenhang heraus ergibt sich jedoch stets eine eindeutige Zuordnung.

Mit

$$\ker B := \{v \in X : Bv = 0\}$$

wird der **Kern** des Operators B bezeichnet. Das **orthogonale Komplement** von $\ker B$ in X ist gegeben durch

$$(\ker B)^{\perp} := \{w \in X : \langle w, v\rangle_X = 0 \quad \text{für alle } v \in \ker B\} \subset X\,.$$

Weiterhin ist

$$(\ker B)^{0} := \{f \in X' : \langle f, v\rangle = 0 \quad \text{für alle } v \in \ker B\} \subset X' \tag{3.15}$$

der durch $\ker B$ induzierte **Orthogonalraum** (**Polare**).

Für gegebenes $g \in \Pi'$ sind Lösungen $u \in X$ der Operatorgleichung

$$Bu = g \tag{3.16}$$

zu bestimmen. Dabei ist die **Lösbarkeitsbedingung**

$$g \in \mathrm{Im}_X B := \{Bv \in \Pi' \quad \text{für alle } v \in X\} \tag{3.17}$$

vorauszusetzen. Sei $B' : \Pi \to X'$ der durch

$$\langle v, B'q\rangle := \langle Bv, q\rangle \quad \text{für alle } (v, q) \in X \times \Pi$$

definierte adjungierte Operator. Dann ist

$$\begin{aligned}
\ker B' &:= \{q \in \Pi : \langle Bv, q\rangle = 0 \quad \text{für alle } v \in X\}\,,\\
(\ker B')^{\perp} &:= \{p \in \Pi : \langle p, q\rangle_{\Pi} = 0 \quad \text{für alle } q \in \ker B'\}\,,\\
(\ker B')^{0} &:= \{g \in \Pi' : \langle g, q\rangle = 0 \quad \text{für alle } q \in \ker B'\}\,.
\end{aligned}$$

Zur Charakterisierung der Bildmenge $\mathrm{Im}_X B$ dient nun das folgende Resultat, siehe zum Beispiel auch [96].

Satz 3.3 (closed range theorem) *Seien X und Π Banach-Räume, und sei $B : X \to \Pi'$ ein beschränkter Operator. Dann ist*

$$Im_X B = (ker B')^{0}\,.$$

Für den Operator $B' : \Pi \to X'$ gilt entsprechend

$$Im_{\Pi} B' = (ker B)^{0}\,.$$

Beweis: Zunächst sind $\text{Im}_\Pi B$ und $(\ker B')^0$ abgeschlossen. Aus der Definition der Polaren für B' ergibt sich

$$\begin{aligned}(\ker B')^0 &= \{g \in \Pi' : \langle g, q\rangle = 0 \quad \text{für alle } q \in \ker B'\} \\ &= \{g \in \Pi' : \langle g, q\rangle = 0 \quad \text{für alle } q \in \Pi : \langle Bv, q\rangle = 0 \quad \text{für alle } v \in X\}\end{aligned}$$

und somit

$$\text{Im}_X B \subset (\ker B')^0 .$$

Sei nun $g \in (\ker B')^0$ mit $g \notin \text{Im}_X B$. Nach dem Trennungssatz für abgeschlossene konvexe Mengen existiert ein $\bar{q} \in \Pi$ und eine reelle Konstante $\alpha \in \mathbb{R}$, so daß

$$\langle g, \bar{q}\rangle > \alpha > \langle f, \bar{q}\rangle \quad \text{für alle } f \in \text{Im}_X(B) \subset \Pi'.$$

Aus der Linearität von B folgt für beliebiges $f \in \text{Im}_X B$ auch $-f \in \text{Im}_X B$ und somit

$$\alpha > -\langle f, \bar{q}\rangle.$$

Daraus ergibt sich $\alpha > 0$ und $|\langle f, \bar{q}\rangle| < \alpha$. Aus $f \in \text{Im}_\Pi B$ folgt für beliebiges $n \in \mathbb{N}$ auch $nf \in \text{Im}_\Pi B$ und damit

$$|\langle f, \bar{q}\rangle| < \frac{\alpha}{n} \quad \text{für alle } n \in \mathbb{N}$$

bzw.

$$\langle f, \bar{q}\rangle = 0 \quad \text{für alle } f \in \text{Im}_X(B).$$

Für jedes $f \in \text{Im}_X(B)$ existiert wenigstens ein $u \in X$ mit $f = Bu$. Somit ist

$$0 = \langle f, \bar{q}\rangle = \langle Bu, \bar{q}\rangle = \langle u, B'\bar{q}\rangle \quad \text{für alle } u \in X$$

und damit $\bar{q} \in \ker B'$. Für $g \in (\ker B)^0$ gilt andererseits

$$\langle g, q\rangle = 0 \quad \text{für alle } q \in \ker B'$$

und somit auch $\langle g, \bar{q}\rangle = 0$ im Widerspruch zu $\langle g, \bar{q}\rangle > \alpha > 0$.
Die zweite Behauptung folgt analog. ■

Die Lösbarkeitsbedingung (3.17) ist somit äquivalent zur Forderung

$$\langle g, q\rangle = 0 \quad \text{für alle } q \in \ker B' \subset \Pi . \tag{3.18}$$

Sind die zueinander äquivalenten Lösbarkeitsbedingungen (3.17) bzw. (3.18) erfüllt, so existiert wenigstens ein $u \in X$ mit $Bu = g$. Da zu einer gegebenen Lösung $u \in X$ von $Bu = g$ ein beliebiges $u_0 \in \ker B$ addiert werden kann, ist bei Vorliegen eines nicht–trivialen Kernes $\ker B$ die Lösung von $Bu = g$ auf keinen Fall eindeutig bestimmt. Deshalb sollen nur Lösungen $u \in (\ker B)^\perp$ bestimmt werden. Die eindeutige Lösbarkeit kann dabei nur durch zusätzliche Voraussetzungen gewährleistet werden.

Satz 3.4 *Seien X und Π Banachräume und $B : X \to \Pi'$ beschränkt. Weiterhin gelte die* **Stabilitätsbedingung**

$$c_S \, \|v\|_X \;\leq\; \sup_{0 \neq q \in \Pi} \frac{\langle Bv, q\rangle}{\|q\|_\Pi} \quad \textit{für alle } v \in (\ker B)^\perp. \tag{3.19}$$

Für $g \in Im_X(B)$ besitzt dann die Operatorgleichung $Bu = g$ eine eindeutige Lösung $u \in (\ker B)^\perp$, und es gilt

$$\|u\|_X \;\leq\; \frac{1}{c_S} \, \|g\|_{\Pi'}.$$

Beweis: Wegen $g \in \mathrm{Im}_X B$ besitzt die Operatorgleichung $Bu = g$ wenigstens eine Lösung $u \in (\ker B)^\perp$ mit

$$\langle Bu, q\rangle \;=\; \langle g, q\rangle \quad \text{für alle } q \in \Pi.$$

Sei $\bar{u} \in (\ker B)^\perp$ eine zweite Lösung mit

$$\langle B\bar{u}, q\rangle \;=\; \langle g, q\rangle \quad \text{für alle } q \in \Pi,$$

dann folgt

$$\langle B(u - \bar{u}), q\rangle \;=\; 0 \quad \text{für alle } q \in \Pi.$$

Offenbar ist $u - \bar{u} \in (\ker B)^\perp$, somit folgt aus der Stabilitätsbedingung (3.19)

$$0 \leq c_S \, \|u - \bar{u}\|_X \;\leq\; \sup_{0 \neq q \in \Pi} \frac{\langle B(u - \bar{u}), q\rangle}{\|q\|_\Pi} \;=\; 0$$

und damit die Eindeutigkeit $u = \bar{u}$. Erneutes Anwenden von (3.19) ergibt schließlich

$$c_S \, \|u\|_X \;\leq\; \sup_{0 \neq q \in \Pi} \frac{\langle Bu, q\rangle}{\|q\|_\Pi} \;=\; \sup_{0 \neq q \in \Pi} \frac{\langle g, q\rangle}{\|q\|_\Pi} \;\leq\; \|g\|_{\Pi'}.$$

■

3.4 Gleichungen mit Nebenbedingungen

In verschiedenen Anwendungen ist die Operatorgleichung $Au = f$ unter einer zusätzlichen Nebenbedingung $Bu = g$ zu lösen. Hierbei muß zunächst die Lösbarkeitsbedingung (3.17) vorausgesetzt werden. Für ein gegebenes $g \in \Pi'$ definiert

$$V_g := \{v \in X \,:\, Bv = g\}$$

die **Lösungsmannigfaltigkeit** in X, insbesondere ist $V_0 = \ker B$. Das gegebene $f \in X'$ muß dann der Lösbarkeitsbedingung

$$f \in \mathrm{Im}_{V_g} A := \{Av \in X' \quad \text{für alle } v \in V_g\}$$

genügen. Gesucht ist dann $u \in V_g$ als Lösung des Variationsproblems

$$\langle Au, v\rangle \;=\; \langle f, v\rangle \quad \text{für alle } v \in V_0. \tag{3.20}$$

Die eindeutige Lösbarkeit des Variationsproblems (3.20) ergibt sich aus dem folgenden Satz.

Satz 3.5 *Sei $A : X \to X'$ beschränkt und V_0–elliptisch, d.h. es gelte*

$$\langle Av, v\rangle \geq c_1^A \|v\|_X^2 \quad \textit{für alle } v \in V_0 := \ker B,$$

wobei $B : X \to \Pi'$ beschränkt sei. Für $f \in Im_{V_g}A$ und $g \in Im_X B$ existiert dann eine eindeutige Lösung $u \in X$ der Operatorgleichung $Au = f$ mit der Nebenbedingung $Bu = g$.

Beweis: Wegen $g \in \mathrm{Im}_X B$ existiert wenigstens ein $u_g \in X$ mit $Bu_g = g$. Mit dem Ansatz $u = u_g + u_0$ bleibt $u_0 \in V_0$ zu bestimmen als Lösung der Operatorgleichung

$$Au_0 = f - Au_g$$

bzw. der dazu äquivalenten Variationsformulierung

$$\langle Au_0, v\rangle = \langle f - Au_g, v\rangle \quad \text{für alle } v \in V_0.$$

Nach Voraussetzung ist $f \in \mathrm{Im}_{V_g} A$ und somit $f - Au_g \in \mathrm{Im}_{V_0} A$. Damit existiert wenigstens ein $u_0 \in V_0$ mit $Au_0 = f - Au_g$.
Zu zeigen bleibt zunächst die Eindeutigkeit von $u_0 \in V_0$. Sei $\bar{u}_0 \in V_0$ eine weitere Lösung mit $A\bar{u}_0 = f - Au_g$. Aus der V_0–Elliptizität von A folgt

$$0 \leq c_1^A \|u_0 - \bar{u}_0\|_X^2 \leq \langle A(u_0 - \bar{u}_0), u_0 - \bar{u}_0\rangle = \langle Au_0 - A\bar{u}_0, u_0 - \bar{u}_0\rangle = 0$$

und somit $u_0 = \bar{u}_0$ in X.
Da $u_g \in V_g$ im allgemeinen beliebig gewählt werden kann, bleibt zu zeigen, daß $u = u_0 + u_g$ unabhängig vom gewählten u_g eindeutig bestimmt ist. Für $\hat{u}_g \in X$ mit $B\hat{u}_g = g$ existiert analog ein eindeutiges $\hat{u}_0 \in V_0$ mit $A(\hat{u}_0 + \hat{u}_g) = f$. Wegen

$$B(u_g - \hat{u}_g) = Bu_g - B\hat{u}_g = g - g = 0 \quad \text{in } \Pi'$$

ist $u_g - \hat{u}_g \in \ker B = V_0$. Mit

$$A(u_0 + u_g) = f, \quad A(\hat{u}_0 + \hat{u}_g) = f$$

folgt durch Subtraktion

$$A(u_0 + u_g - \hat{u}_0 - \hat{u}_g) = 0.$$

Offensichtlich ist $u_0 - \hat{u}_0 + (u_g - \hat{u}_g) \in V_0$ und aus der V_0–Elliptizität von A folgt

$$u_0 - \hat{u}_0 + (u_g - \hat{u}_g) = 0$$

und somit die Eindeutigkeit von

$$u = u_0 + u_g = \hat{u}_0 + \hat{u}_g.$$

■

Für die weiteren Betrachtungen wird vorausgesetzt, daß für $g \in \text{Im}_\Pi B$ ein $u_g \in V_g$ existiert, so daß

$$\|u_g\|_X \leq c_B \, \|g\|_{\Pi'} \tag{3.21}$$

mit einer positiven Konstanten c_B erfüllt ist. Dann kann die Norm der eindeutigen Lösung $u \in V_g$ des Variationsproblems (3.20) durch die Normen der gegebenen Daten $f \in X'$ und $g \in \Pi'$ abgeschätzt werden.

Folgerung 3.1 *Seien die Voraussetzungen von Satz* 3.5 *erfüllt, und es gelte Voraussetzung* (3.21). *Dann gilt für die Lösung* $u \in V_g$ *von* $Au = f$ *die Abschätzung*

$$\|u\|_X \leq \frac{1}{c_1^A} \, \|f\|_{X'} + \left(1 + \frac{c_2^A}{c_1^A}\right) c_B \, \|g\|_{\Pi'}.$$

Beweis: Nach Satz 3.5 ist $u = u_0 + u_g$ Lösung von $Au = f$, wobei $u_0 \in V_0$ die eindeutige Lösung der Variationsformulierung

$$\langle Au_0, v \rangle = \langle f - Au_g, v \rangle \quad \text{für alle } v \in V_0$$

ist. Aus der V_0–Elliptizität von A folgt

$$c_1^A \, \|u_0\|_X^2 \leq \langle Au_0, u_0 \rangle = \langle f - Au_g, u_0 \rangle \leq \|f - Au_g\|_{X'} \|u_0\|_X$$

und somit

$$\|u_0\|_X \leq \frac{1}{c_1^A} \left[\|f\|_{X'} + c_2^A \, \|u_g\|_X \right].$$

Die Behauptung folgt nun aus der Dreiecksungleichung und Verwendung von Voraussetzung (3.21). ■

3.5 Sattelpunktprobleme

Anstelle der Operatorgleichung $Au = f$ unter der Nebenbedingung $Bu = g$ wird durch Einführen eines **Lagrange–Multiplikators** $p \in \Pi$ ein erweitertes Variationsproblem betrachtet.

Gesucht ist $(u, p) \in X \times \Pi$, so daß

$$\begin{aligned} \langle Au, v \rangle + \langle Bv, p \rangle &= \langle f, v \rangle \\ \langle Bu, q \rangle &= \langle g, q \rangle \end{aligned} \tag{3.22}$$

für alle $(v, q) \in X \times \Pi$ erfüllt ist.

Für jede Lösung $(u,p) \in X \times \Pi$ des erweiterten Variationsproblems (3.22) ist $u \in V_g$ Lösung von $Au = f$. Die zweite Gleichung in (3.22) beschreibt die Nebenbedingung $u \in V_g$, während die erste Gleichung in (3.22) für $v \in V_0$ mit der ursprünglichen Variationsformulierung zur Bestimmung von $u_0 \in V_0$ zusammenfällt. Die Frage, unter welchen Bedingungen für die eindeutig bestimmte Lösung $u \in V_g$ von $Au = f$ ein Lagrange–Multiplikator $p \in \Pi$ existiert, so daß (3.22) erfüllt ist, wird später in Satz 3.7 beantwortet.
Für das **Lagrange–Funktional**

$$\mathcal{L}(v,q) := \frac{1}{2}\langle Av, v\rangle - \langle f, v\rangle + \langle Bv, q\rangle - \langle g, q\rangle$$

für $(v,q) \in X \times \Pi$ wird zunächst der Zusammenhang mit dem Variationsproblem (3.22) untersucht.

Satz 3.6 *Sei $A : X \to X'$ ein selbstadjungierter, beschränkter und positiv semidefiniter Operator, d.h. es gelte $\langle Av, v\rangle \geq 0$ für alle $v \in X$. Ferner sei $B : X \to \Pi'$ beschränkt. $(u,p) \in X \times \Pi$ ist Lösung des Variationsproblems* (3.22) *genau dann, wenn gilt:*

$$\mathcal{L}(u,q) \leq \mathcal{L}(u,p) \leq \mathcal{L}(v,p) \quad \textit{für alle } (v,q) \in X \times \Pi. \tag{3.23}$$

Beweis: Sei (u,p) Lösung des Variationsproblems (3.22). Dann ist wegen der ersten Variationsgleichung in (3.22)

$$\begin{aligned}
\mathcal{L}(v,p) - \mathcal{L}(u,p) &= \frac{1}{2}\langle Av, v\rangle - \langle f, v\rangle + \langle Bv, p\rangle - \langle g, p\rangle \\
&\quad -\frac{1}{2}\langle Au, u\rangle + \langle f, u\rangle - \langle Bu, p\rangle + \langle g, p\rangle \\
&= \frac{1}{2}\langle A(u-v), u-v\rangle + \langle Au, v-u\rangle + \langle B(v-u), p\rangle - \langle f, v-u\rangle \\
&= \frac{1}{2}\langle A(u-v), u-v\rangle \geq 0,
\end{aligned}$$

und damit folgt

$$\mathcal{L}(u,p) \leq \mathcal{L}(v,p) \quad \text{für alle } v \in X.$$

Mit der zweiten Variationsgleichung in (3.22) ist

$$\begin{aligned}
\mathcal{L}(u,p) - \mathcal{L}(u,q) &= \frac{1}{2}\langle Au, u\rangle - \langle f, u\rangle + \langle Bu, p\rangle - \langle g, p\rangle \\
&\quad -\frac{1}{2}\langle Au, u\rangle + \langle f, u\rangle - \langle Bu, q\rangle + \langle g, q\rangle \\
&= \langle Bu, p-q\rangle - \langle g, p-q\rangle = 0
\end{aligned}$$

und somit auch

$$\mathcal{L}(u,q) \leq \mathcal{L}(u,p) \quad \text{für alle } q \in \Pi.$$

Für festes $p \in \Pi$ sei $u \in X$ Lösung des Minimierungsproblems, d.h.

$$\mathcal{L}(u,p) \leq \mathcal{L}(v,p) \quad \text{für alle } v \in X.$$

Daher ist für beliebiges $w \in X$

$$\frac{d}{dt}\mathcal{L}(u+tw,p)_{|t=0} = 0. \tag{3.24}$$

Es gilt

$$\begin{aligned}\mathcal{L}(u+tw,p) &= \frac{1}{2}\langle Au,u\rangle - \langle f,u\rangle + \langle Bu,p\rangle - \langle g,p\rangle + \frac{1}{2}t^2\langle Aw,w\rangle \\ &\quad + t\left[\langle Au,w\rangle + \langle Bw,p\rangle - \langle f,w\rangle\right],\end{aligned}$$

woraus mit (3.24) die erste Gleichung in (3.22),

$$\langle Au,w\rangle + \langle Bw,p\rangle - \langle f,w\rangle = 0 \quad \text{für alle } w \in X,$$

folgt. Sei nun $p \in \Pi$ Lösung von

$$\mathcal{L}(u,\widetilde{q}) \leq \mathcal{L}(u,p) \quad \text{für alle } \widetilde{q} \in \Pi.$$

Für beliebiges $q \in \Pi$ sei $\widetilde{q} := p + q$, dann folgt

$$\begin{aligned} 0 &\leq \mathcal{L}(u,p) - \mathcal{L}(u,p+q) \\ &= \frac{1}{2}\langle Au,u\rangle - \langle f,u\rangle + \langle Bu,p\rangle - \langle g,p\rangle \\ &\quad -\frac{1}{2}\langle Au,u\rangle + \langle f,u\rangle - \langle Bu,p+q\rangle + \langle g,p+q\rangle \\ &= -\langle Bu,q\rangle + \langle g,q\rangle\,. \end{aligned}$$

Für $\widetilde{q} := p - q$ ergibt sich analog

$$0 \leq \mathcal{L}(u,p) - \mathcal{L}(u,q-q) = \langle Bu,q\rangle - \langle g,q\rangle,$$

woraus die zweite Gleichung in (3.22),

$$\langle Bu,q\rangle = \langle g,q\rangle \quad \text{für alle } q \in \Pi,$$

folgt. Damit ist die behauptete Äquivalenz bewiesen. ∎

Die Lösung $(u,p) \in X \times \Pi$ der Variationsformulierung (3.22) ist wegen der Ungleichung (3.23) **Sattelpunkt** des Lagrange–Funktionals $\mathcal{L}(\cdot,\cdot)$. Deshalb wird (3.22) auch als **Sattelpunktproblem** bezeichnet. Die eindeutige Lösbarkeit des Sattelpunktproblems (3.22) ergibt sich aus dem folgenden Satz.

Satz 3.7 *Seien X und Π Banachräume sowie $A : X \to X'$ und $B : X \to \Pi'$ beschränkte Operatoren. Weiterhin sei A V_0–elliptisch,*

$$\langle Av, v\rangle \geq c_1^A \|v\|_X^2 \quad \textit{für alle } v \in V_0 = \textit{ker} B\,,$$

und es gelte die **Stabilitätsbedingung**

$$c_S \|q\|_\Pi \leq \sup_{0\neq v\in X} \frac{\langle Bv, q\rangle}{\|v\|_X} \quad \textit{für alle } q \in \Pi. \tag{3.25}$$

Für $g \in Im_X B$ und $f \in Im_{V_g} A$ besitzt dann das Sattelpunktproblem (3.22) *eine eindeutige Lösung $(u, p) \in X \times \Pi$, und es gilt*

$$\|u\|_X \leq \frac{1}{c_1^A} \|f\|_{X'} + \left(1 + \frac{c_2^A}{c_1^A}\right) c_B \|g\|_{\Pi'}, \tag{3.26}$$

sowie

$$\|p\|_\Pi \leq \frac{1}{c_S} \left(1 + \frac{c_2^A}{c_1^A}\right) \left\{\|f\|_{X'} + c_B\, c_2^A \|g\|_{\Pi'}\right\}. \tag{3.27}$$

Beweis: Nach dem Existenz– und Eindeutigkeitssatz für V_0–elliptische Operatoren (Satz 3.5) existiert zunächst ein eindeutig bestimmtes $u \in X$ mit

$$\langle Au, v\rangle = \langle f, v\rangle \quad \text{für alle } v \in V_0$$

und

$$\langle Bu, q\rangle = \langle g, q\rangle \quad \text{für alle } q \in \Pi.$$

Die Abschätzung (3.26) ist gerade die Aussage von Folgerung 3.1.
Zu bestimmen bleibt $p \in \Pi$ als Lösung der Variationsformulierung

$$\langle Bv, p\rangle = \langle f - Au, v\rangle \quad \text{für alle } v \in X.$$

Zunächst ist $f - Au \in (\ker B)^0$, und wegen Satz 3.3 folgt $f - Au \in \mathrm{Im}_\Pi(B')$ und somit die Lösbarkeit der Variationsformulierung.
Zu zeigen bleibt die Eindeutigkeit von $p \in \Pi$. Seien $p, \hat{p} \in \Pi$ zwei beliebige Lösungen mit

$$\langle Bv, p\rangle = \langle f - Au, v\rangle \quad \text{für alle } v \in X$$

und

$$\langle Bv, \hat{p}\rangle = \langle f - Au, v\rangle \quad \text{für alle } v \in X.$$

Durch Subtraktion folgt

$$\langle Bv, p - \hat{p}\rangle = 0 \quad \text{für alle } v \in X.$$

Aus der Stabilitätsbedingung (3.25) erhält man

$$0 \leq c_S \|p - \hat{p}\|_\Pi = \sup_{0\neq v\in X} \frac{\langle Bv, p - \hat{p}\rangle}{\|v\|_X} = 0$$

und somit $p = \hat{p}$ in Π.

Durch erneutes Anwenden von (3.25) ergibt sich für die eindeutige Lösung $p \in \Pi$

$$c_S \, \|p\|_\Pi \leq \sup_{0 \neq v \in X} \frac{\langle Bv, p\rangle}{\|v\|_X} = \sup_{0 \neq v \in X} \frac{\langle f - Au, v\rangle}{\|v\|_X} \leq \|f\|_{X'} + c_2^A \, \|u\|_X$$

und mit (3.26) folgt schließlich (3.27). ∎

Die Aussage von Satz 3.7 bleibt richtig, wenn von $A : X \to X'$ die stärkere Voraussetzung der X–Elliptizität angenommen wird, d.h. es gelte nun

$$\langle Av, v\rangle \geq c_1^A \, \|v\|_X^2 \quad \text{für alle } v \in X.$$

Für beliebiges $p \in \Pi$ besitzt dann die erste Gleichung in der Sattelpunktformulierung (3.22) eine eindeutige Lösung $u = A^{-1}[f - B'p] \in X$. Einsetzen in die zweite Gleichung von (3.22) ergibt ein Variationsproblem zur Bestimmung von $p \in \Pi$, so daß

$$\langle BA^{-1}B'p, q\rangle = \langle BA^{-1}f - g, q\rangle \tag{3.28}$$

für alle $q \in \Pi$ erfüllt ist. Untersucht werden soll nun die eindeutige Lösbarkeit der Variationsformulierung (3.28). Zu prüfen sind deshalb die Voraussetzungen von Satz 3.2 (Lemma von Lax–Milgram).

Lemma 3.4 *Es gelten die Voraussetzungen von Satz 3.7. Dann ist der Operator $S := BA^{-1}B' : \Pi \to \Pi'$ beschränkt und aus der Stabilitätsbedingung* (3.25) *folgt die Π–Elliptizität von S,*

$$\langle Sq, q\rangle \geq c_1^S \, \|q\|_\Pi^2 \quad \textit{für alle } q \in \Pi. \tag{3.29}$$

Beweis: Für $q \in \Pi$ ist $u := A^{-1}B'q$ erklärt als eindeutige Lösung von

$$\langle Au, v\rangle = \langle Bv, q\rangle \quad \text{für alle } v \in X.$$

Aus der X–Elliptizität von $A : X \to X'$ und Satz 3.2 folgt die Existenz der eindeutigen Lösung $u \in X$ mit

$$\|u\|_X = \|A^{-1}B'q\|_X \leq \frac{1}{c_1^A} \, \|B'q\|_{X'} \leq \frac{c_2^B}{c_1^A} \, \|q\|_\Pi.$$

Dann ergibt sich

$$\|Sq\|_{\Pi'} = \|BA^{-1}B'q\|_{\Pi'} = \|Bu\|_{\Pi'} \leq c_2^B \, \|u\|_X \leq \frac{[c_2^B]^2}{c_1^A} \, \|q\|_\Pi$$

für alle $q \in \Pi$ und somit die Beschränktheit von $S : \Pi \to \Pi'$. Weiter ist

$$\langle Sq, q\rangle = \langle BA^{-1}B'q, q\rangle = \langle Bu, q\rangle = \langle Au, u\rangle \geq c_1^A \, \|u\|_X^2 .$$

Die Stabilitätsbedingung (3.25) liefert andererseits

$$c_S \, \|q\|_\Pi \leq \sup_{0 \neq v \in X} \frac{\langle Bv, q\rangle}{\|v\|_X} = \sup_{0 \neq v \in X} \frac{\langle Au, v\rangle}{\|v\|_X} \leq c_2^A \, \|u\|_X$$

und somit die Elliptizitätsabschätzung (3.29) mit $c_1^S = c_1^A [c_S / c_2^A]^2$. ∎

Aus Lemma 3.4 folgt, daß (3.28) ein elliptisches Variationsproblem zur Bestimmung von $p \in \Pi$ darstellt. Damit ergibt sich die eindeutige Lösbarkeit von (3.28) aus Satz 3.2, und für die Lösung des Sattelpunktproblems (3.22) gilt das folgende Resultat.

Satz 3.8 *Seien X und Π Banach–Räume sowie $A : X \to X'$ und $B : X \to \Pi'$ beschränkte Operatoren. Weiterhin sei A X–elliptisch, und es gelte die Stabilitätsbedingung* (3.25). *Für $f \in X'$ und $g \in \Pi'$ besitzt das Sattelpunktproblem* (3.22) *eine eindeutige Lösung $(u, p) \in X \times \Pi$, und es gilt*

$$\|p\|_\Pi \leq \frac{1}{c_1^S} \, \|BA^{-1}f - g\|_{\Pi'} \leq \frac{1}{c_1^S} \left[\frac{c_2^B}{c_1^A} \, \|f\|_{X'} + \|g\|_{\Pi'} \right] \tag{3.30}$$

sowie

$$\|u\|_X \leq \frac{1}{c_1^A} \left(1 + \frac{[c_2^B]^2}{c_1^A c_1^S} \right) \|f\|_{X'} + \frac{c_2^B}{c_1^A c_1^S} \, \|g\|_{\Pi'}. \tag{3.31}$$

Beweis: Durch Anwendung von Satz 3.2 (Lemma von Lax–Milgram) ergibt sich zunächst die eindeutige Lösbarkeit des Variationsproblems (3.28) sowie die Stabilitätsabschätzung (3.30). Für bekanntes $p \in X$ ist $u \in X$ eindeutige Lösung des Variationsproblems

$$\langle Au, v \rangle = \langle f - B'p, v \rangle \quad \text{für alle } v \in X.$$

Die X–Elliptizität von A liefert

$$c_1^A \, \|u\|_X^2 \leq \langle Au, u \rangle = \langle f - B'p, u \rangle \leq \|f - B'p\|_{X'} \|u\|_X$$

und somit

$$\|u\|_X \leq \frac{1}{c_1^A} \, \|f\|_{X'} + \frac{c_2^B}{c_1^A} \, \|p\|_\Pi .$$

Mit (3.30) folgt dann die Abschätzung (3.31). ∎

Kapitel 4

Variationsformulierungen von Randwertproblemen

Für die in Kapitel 1 beschriebenen elliptischen Randwertprobleme zweiter Ordnung werden nun die zugehörigen schwachen Formulierungen hergeleitet und deren eindeutige Lösbarkeit mit den Methoden aus Kapitel 3 untersucht. Die Variationsformulierung von Randwertproblemen ist einerseits Grundlage für die Methode finiter Elemente (FEM), andererseits können daraus die Abbildungseigenschaften von Randintegraloperatoren abgeleitet werden (siehe Kapitel 6), die ihrerseits die Grundlage für die Randelementmethode (Boundary Element Method, BEM) bilden.

4.1 Potentialgleichung

Gegeben sei der skalare partielle Differentialoperator (1.1),

$$(Lu)(x) = -\sum_{i,j=1}^{d} \frac{\partial}{\partial x_j}\left[a_{ji}(x)\frac{\partial}{\partial x_i}u(x)\right] \quad \text{für } x \in \Omega \subset \mathbb{R}^d, \tag{4.1}$$

der Spuroperator (1.3),

$$\gamma_0^{\text{int}} u(x) = \lim_{\Omega \ni \tilde{x} \to x \in \Gamma} u(\tilde{x}) \quad \text{für } x \in \Gamma = \partial\Omega,$$

sowie die zum Differentialoperator L zugehörige Konormalenableitung (1.7),

$$\gamma_1^{\text{int}} u(x) = \lim_{\Omega \ni \tilde{x} \to x \in \Gamma} \sum_{i,j=1}^{d} n_j(x) a_{ji}(\tilde{x}) \frac{\partial}{\partial \tilde{x}_i} u(\tilde{x}) \quad \text{für } x \in \Gamma = \partial\Omega. \tag{4.2}$$

Die erste Greensche Formel (1.5),

$$a(u,v) = \int_{\Omega} (Lu)(x)v(x)dx + \int_{\Gamma} \gamma_1^{\text{int}} u(x) \gamma_0^{\text{int}} v(x) ds_x,$$

bleibt gültig für Funktionen $u \in H^1(\Omega)$ mit $Lu \in \widetilde{H}^{-1}(\Omega)$ und $v \in H^1(\Omega)$, d.h. es gilt

$$a(u,v) = \langle Lu, v\rangle_\Omega + \langle \gamma_1^{\text{int}} u, \gamma_0^{\text{int}} v\rangle_\Gamma. \tag{4.3}$$

Dabei ist $a(\cdot,\cdot)$ die durch (1.6) gegebene symmetrische Bilinearform

$$a(u,v) = \sum_{i,j=1}^d \int_\Omega a_{ji}(x) \frac{\partial}{\partial x_i} u(x) \frac{\partial}{\partial x_j} v(x)\, dx, \tag{4.4}$$

welche für $u, v \in H^1(\Omega)$ beschränkt ist:

Lemma 4.1 *Für $i, j = 1, \ldots, d$ seien $a_{ij} \in L_\infty(\Omega)$ mit*

$$\|a\|_{L_\infty(\Omega)} := \max_{i,j=1,\ldots,d} \max_{x\in\Omega} |a_{ij}(x)|. \tag{4.5}$$

Dann ist die Bilinearform $a(\cdot,\cdot) : H^1(\Omega) \times H^1(\Omega) \to \mathbb{R}$ beschränkt, und es gilt

$$|a(u,v)| \leq c_2^A |u|_{H^1(\Omega)} |v|_{H^1(\Omega)} \quad \textit{für alle } u, v \in H^1(\Omega) \tag{4.6}$$

mit $c_2^A := d\,\|a\|_{L_\infty(\Omega)}$.

Beweis: Mit (4.5) ist zunächst

$$\begin{aligned}
|a(u,v)| &= \left| \sum_{i,j=1}^d \int_\Omega a_{ji}(x) \frac{\partial}{\partial x_i} u(x) \frac{\partial}{\partial x_j} v(x) dx \right| \\
&\leq \|a\|_{L_\infty(\Omega)} \int_\Omega \sum_{i=1}^d \left| \frac{\partial}{\partial x_i} u(x) \right| \sum_{j=1}^d \left| \frac{\partial}{\partial x_j} v(x) \right| dx.
\end{aligned}$$

Durch zweimalige Anwendung der Cauchy–Schwarz–Ungleichung folgt

$$\begin{aligned}
|a(u,v)| &\leq \|a\|_{L_\infty(\Omega)} \left(\int_\Omega \left[\sum_{i=1}^d \left| \frac{\partial}{\partial x_i} u(x) \right| \right]^2 dx \right)^{1/2} \left(\int_\Omega \left[\sum_{j=1}^d \left| \frac{\partial}{\partial x_j} v(x) \right| \right]^2 dx \right)^{1/2} \\
&\leq \|a\|_{L_\infty(\Omega)} \left(\int_\Omega d \sum_{i=1}^d \left| \frac{\partial}{\partial x_i} u(x) \right|^2 dx \right)^{1/2} \left(\int_\Omega d \sum_{j=1}^d \left| \frac{\partial}{\partial x_j} v(x) \right|^2 dx \right)^{1/2} \\
&= d\,\|a\|_{L_\infty(\Omega)} \|\nabla u\|_{L_2(\Omega)} \|\nabla v\|_{L_2(\Omega)}.
\end{aligned}$$

■

Aus der Abschätzung (4.6) ergibt sich nun sofort die Beschränktheit der Bilinearform $a(\cdot,\cdot)$,

$$|a(u,v)| \leq c_2^A \|u\|_{H^1(\Omega)} \|v\|_{H^1(\Omega)} \quad \text{für alle } u, v \in H^1(\Omega). \tag{4.7}$$

Lemma 4.2 *Für die Bilinearform* (4.4) *eines in* Ω *gleichmäßig elliptischen partiellen Differentialoperators* L *der Form* (4.1) *gilt*

$$a(v,v) \geq \lambda_0 \, |v|^2_{H^1(\Omega)} \quad \textit{für alle } v \in H^1(\Omega), \tag{4.8}$$

wobei die positive Konstante λ_0 *durch die gleichmäßige Elliptizitätsbedingung* (1.2) *gegeben ist.*

Beweis: Mit $w_i(x) := \frac{\partial}{\partial x_i} v(x)$ für $i = 1, \ldots, d$ ist

$$a(v,v) = \int_\Omega (A(x)\underline{w}(x), \underline{w}(x))\, dx \geq \lambda_0 \int_\Omega (\underline{w}(x), \underline{w}(x))\, dx = \lambda_0 \, |\nabla v(x)|^2_{L_2(\Omega)}$$

und das Lemma ist bewiesen. ∎

4.1.1 Dirichlet–Randwertproblem

Betrachtet wird zunächst das Dirichlet–Randwertproblem (1.10) und (1.11),

$$(Lu)(x) = f(x) \quad \text{für } x \in \Omega, \qquad \gamma_0^{\text{int}} u(x) = g(x) \quad \text{für } x \in \Gamma. \tag{4.9}$$

Die Lösungsmannigfaltigkeit für die schwache Formulierung ist

$$V_g := \left\{ v \in H^1(\Omega) \, : \, \gamma_0^{\text{int}} v(x) = g(x) \quad \text{für } x \in \Gamma \right\},$$

insbesondere ist $V_0 = H_0^1(\Omega)$. Die Variationsformulierung des Dirichlet–Randwertproblems (4.9) ergibt sich aus der ersten Greenschen Formel (4.3).

Gesucht ist $u \in V_g$, so daß

$$a(u,v) = \langle f, v \rangle_\Omega \quad \text{für alle } v \in V_0 \tag{4.10}$$

erfüllt ist. Da die Dirichlet–Randbedingung explizit als Nebenbedingung in der Lösungsmannigfaltigkeit V_g berücksichtigt wird, spricht man in diesem Fall auch von **wesentlichen** Randbedingungen.

Das Variationsproblem (4.10) entspricht der abstrakten Formulierung (3.20). Damit kann die Untersuchung der eindeutigen Lösbarkeit des Variationsproblems (4.10) auf Satz 3.5 und Folgerung 3.1 zurückgeführt werden.

Satz 4.1 *Für* $f \in H^{-1}(\Omega)$ *und* $g \in H^{1/2}(\Gamma)$ *besitzt das Variationsproblem* (4.10) *eine eindeutig bestimmte Lösung* $u \in H^1(\Omega)$, *und es gilt*

$$\|u\|_{H^1(\Omega)} \leq \frac{1}{c_1^A} \|f\|_{H^{-1}(\Omega)} + \left(1 + \frac{c_2^A}{c_1^A}\right) c_{IT} \, \|g\|_{H^{1/2}(\Gamma)}. \tag{4.11}$$

Beweis: Nach dem inversen Spursatz (Satz 2.10) existiert für das gegebene Dirichlet–Datum $g \in H^{1/2}(\Gamma)$ eine beschränkte Fortsetzung $u_g \in H^1(\Omega)$ mit $\gamma_0^{\text{int}} u_g = g$ und

$$\|u_g\|_{H^1(\Omega)} \leq c_{IT} \, \|g\|_{H^{1/2}(\Gamma)}.$$

Zu bestimmen bleibt $u_0 := u - u_g \in V_0$ als Lösung der Variationsformulierung

$$a(u_0, v) = \langle f, v\rangle_\Omega - a(u_g, v) \quad \text{für alle } v \in V_0 . \tag{4.12}$$

Nach Beispiel 2.3 definiert

$$\|v\|_{W_2^1(\Omega),\Gamma} := \left\{ \left[\int_\Gamma \gamma_0^{\text{int}} v(x) ds_x \right]^2 + \|\nabla v\|^2_{L_2(\Omega)} \right\}^{1/2}$$

eine äquivalente Norm in $H^1(\Omega)$. Mit Lemma 4.2 gilt für $v \in V_0 = H_0^1(\Omega)$

$$a(v, v) \geq \lambda_0 \, |v|^2_{H^1(\Omega)} = \lambda_0 \, \|v\|^2_{W_2^1(\Omega),\Gamma} \geq c_1^A \, \|v\|^2_{H^1(\Omega)}. \tag{4.13}$$

Damit sind die Voraussetzungen von Satz 3.2 (Lemma von Lax–Milgram) erfüllt, woraus die eindeutige Lösbarkeit des Variationsproblems (4.12) folgt.
Für die eindeutige Lösung $u_0 \in V_0$ des Variationsproblems (4.12) gilt mit der V_0–Elliptizität und der Beschränktheit der Bilinearform $a(\cdot, \cdot)$

$$\begin{aligned} c_1^A \, \|u_0\|^2_{H^1(\Omega)} &\leq a(u_0, u_0) = \langle f, u_0\rangle_\Omega - a(u_g, u_0) \\ &\leq \left[\|f\|_{H^{-1}(\Omega)} + c_2^A \, \|u_g\|_{H^1(\Omega)} \right] \|u_0\|_{H^1(\Omega)}, \end{aligned}$$

woraus die behauptete Abschätzung (4.11) folgt. ■

Die eindeutige Lösung $u \in V_g$ des Variationsproblems (4.10) wird als **schwache Lösung** des Dirichlet–Randwertproblems (4.9) bezeichnet. Für $f \in \widetilde{H}^{-1}(\Omega)$ kann die zugehörige Konormalenableitung $\gamma_1^{\text{int}} u \in H^{-1/2}(\Gamma)$ als Lösung des Variationsproblems

$$\langle \gamma_1^{\text{int}} u, z\rangle_\Gamma = a(u, \mathcal{E} z) - \langle f, \mathcal{E} z\rangle_\Omega \tag{4.14}$$

für alle $z \in H^{1/2}(\Gamma)$ bestimmt werden. Dabei ist $\mathcal{E} : H^{1/2}(\Gamma) \to H^1(\Omega)$ der durch den inversen Spursatz (Satz 2.10) beschriebene Fortsetzungsoperator. Die eindeutige Lösbarkeit des Variationsproblems (4.14) folgt durch Anwendung von Satz 3.4 aus der Stabilitätsbedingung

$$\|w\|_{H^{-1/2}(\Gamma)} = \sup_{0 \neq z \in H^{1/2}(\Gamma)} \frac{\langle w, z\rangle_\Gamma}{\|z\|_{H^{1/2}(\Gamma)}} \quad \text{für alle } w \in H^{-1/2}(\Gamma). \tag{4.15}$$

Lemma 4.3 *Sei $u \in H^1(\Omega)$ die eindeutige Lösung des Dirichlet–Randwertproblems (4.10) mit $g \in H^{1/2}(\Gamma)$ und $f \in \widetilde{H}^{-1}(\Omega)$. Für die zugehörige Konormalenableitung $\gamma_1^{\text{int}} u \in H^{-1/2}(\Gamma)$ gilt dann*

$$\|\gamma_1^{\text{int}} u\|_{H^{-1/2}(\Gamma)} \leq c_{IT} \left\{ \|f\|_{\widetilde{H}^{-1}(\Omega)} + c_2^A \, |u|_{H^1(\Omega)} \right\}. \tag{4.16}$$

Beweis: Mit der Stabilitätsbedingung (4.15) und der Bestimmungsgleichung (4.14) folgt aus der Beschränktheit der Bilinearform sowie dem inversen Spursatz die Abschätzung

$$\begin{aligned}
\|\gamma_1^{\text{int}} u\|_{H^{-1/2}(\Gamma)} &= \sup_{0 \neq z \in H^{1/2}(\Gamma)} \frac{|\langle \gamma_1^{\text{int}} u, z\rangle_\Gamma|}{\|z\|_{H^{1/2}(\Gamma)}} \\
&= \sup_{0 \neq z \in H^{1/2}(\Gamma)} \frac{|a(u, \mathcal{E}z) - \langle f, \mathcal{E}z\rangle_\Omega|}{\|z\|_{H^{1/2}(\Gamma)}} \\
&\leq \left\{ c_2^A \, |u|_{H^1(\Omega)} + \|f\|_{\widetilde{H}^{-1}(\Omega)} \right\} \sup_{0 \neq z \in H^{1/2}(\Gamma)} \frac{\|\mathcal{E}z\|_{H^1(\Omega)}}{\|z\|_{H^{1/2}(\Gamma)}} \\
&\leq c_{IT} \left\{ \|f\|_{\widetilde{H}^{-1}(\Omega)} + c_2^A \, |u|_{H^1(\Omega)} \right\}
\end{aligned}$$

und damit die Behauptung. ∎

Speziell für die Lösung u eines Dirichlet–Randwertproblems mit einer homogenen partiellen Differentialgleichung ergibt sich das folgende Resultat, welches insbesondere für die Analysis von Randintegraloperatoren benötigt wird.

Folgerung 4.1 *Sei $u \in H^1(\Omega)$ die schwache Lösung des Dirichlet–Randwertproblems*

$$(Lu)(x) = 0 \quad \text{für } x \in \Omega, \quad \gamma_0^{\text{int}} u(x) = g(x) \quad \text{für } x \in \Gamma$$

mit einem gleichmäßig elliptischen partiellen Differentialoperator L. Dann gilt

$$a(u,u) \geq c \, \|\gamma_1^{\text{int}} u\|^2_{H^{-1/2}(\Gamma)} . \tag{4.17}$$

Beweis: Mit $f \equiv 0$ ergibt sich aus der Abschätzung (4.16) zunächst

$$\|\gamma_1^{\text{int}} u\|^2_{H^{-1/2}(\Gamma)} \leq [c_{IT} \, c_2^A]^2 \, |u|^2_{H^1(\Omega)} .$$

Die Behauptung folgt nun aus der Semi–Elliptizität (4.8) der Bilinearform $a(\cdot,\cdot)$. ∎

Im Falle eines Lipschitz–Gebietes kann mit stärkeren Voraussetzungen an die gegebenen Daten f und g für die Lösung u des Dirichlet–Randwertproblems und die zugehörige Konormalenableitung $\gamma_1^{\text{int}} u$ eine höhere Regularitätsabschätzung gezeigt werden.

Satz 4.2 [62, Theorem 1.1, S. 249] *Sei $\Omega \subset \mathbb{R}^d$ ein beschränktes Lipschitz–Gebiet mit Rand $\Gamma := \partial\Omega$ und $u \in H^1(\Omega)$ die schwache Lösung des Dirichlet–Randwertproblems*

$$(Lu)(x) = f(x) \quad \text{für } x \in \Omega, \quad \gamma_0^{\text{int}} u(x) = g(x) \quad \text{für } x \in \Gamma.$$

Für $f \in L_2(\Omega)$ und $g \in H^1(\Gamma)$ ist dann $u \in H^{3/2}(\Omega)$ mit

$$\|u\|_{H^{3/2}(\Omega)} \leq c_1 \left\{ \|f\|_{L_2(\Omega)} + \|g\|_{H^1(\Gamma)} \right\}$$

sowie $\gamma_1^{\text{int}} u \in L_2(\Gamma)$, und es gilt

$$\|\gamma_1^{\text{int}} u\|_{L_2(\Gamma)} \leq c_2 \left\{ \|f\|_{L_2(\Omega)} + \|g\|_{H^1(\Gamma)} \right\}.$$

Unter stärkeren Voraussetzungen sowohl an das Gebiet Ω und die gegebenen Daten f und g folgen höhere Regularitätsaussagen für die Lösung u des Dirichlet–Randwertproblems (4.9). Sei Ω entweder glatt berandet oder stückweise glatt berandet, aber konvex und sei $f \in L_2(\Omega)$. Ist $g = \gamma_0^{\text{int}} u_g$ die Spur einer Funktion $u_g \in H^2(\Omega)$, so folgt $u \in H^2(\Omega)$. Für allgemeinere Aussagen zur Regularität der Lösung von Randwertproblemen sei hier beispielsweise auf [37] verwiesen.

4.1.2 Dirichlet–Problem und Sattelpunkt–Formulierung

Im folgenden wird eine zu (4.10) äquivalente Variationsformulierung betrachtet werden, die sowohl die Dirichlet–Randbedingung als Nebenbedingung eines Sattelpunktproblems berücksichtigt, als auch die direkte Berechnung der Konormalenableitung als **Lagrange–Multiplikator** ermöglicht [5, 13]. Ausgangspunkt hierfür ist die erste Greensche Formel (4.3). Mit $\lambda := \gamma_1^{\text{int}} u \in H^{-1/2}(\Gamma)$ lautet das resultierende Sattelpunktproblem:

Gesucht sind $(u, \lambda) \in H^1(\Omega) \times H^{-1/2}(\Gamma)$, so daß

$$\begin{array}{rcll} a(u,v) & - & b(v,\lambda) & = \langle f, v\rangle_\Omega \\ b(u,\mu) & & & = \langle g, \mu\rangle_\Gamma \end{array} \tag{4.18}$$

für alle $(v, \mu) \in H^1(\Omega) \times H^{-1/2}(\Gamma)$ erfüllt ist.

Hierbei ist

$$b(v,\mu) := \langle \gamma_0^{\text{int}} v, \mu\rangle_\Gamma \quad \text{für } (v,\mu) \in H^1(\Omega) \times H^{-1/2}(\Gamma).$$

Für die Untersuchung der eindeutigen Lösbarkeit kann Satz 3.7 angewendet werden. Offensichtlich ist

$$\ker B := \left\{ v \in H^1(\Omega) : \langle \gamma_0^{\text{int}} v, \mu\rangle_\Gamma = 0 \quad \text{für alle } \mu \in H^{-1/2}(\Gamma) \right\} = H_0^1(\Omega).$$

Damit gilt wegen (4.13) die $\ker B$–Elliptizität der Bilinearform $a(\cdot,\cdot)$. Zu zeigen bleibt die Stabilitätsbedingung

$$c_S \, \|\mu\|_{H^{-1/2}(\Gamma)} \leq \sup_{0 \neq v \in H^1(\Omega)} \frac{\langle v, \mu\rangle_\Gamma}{\|v\|_{H^1(\Omega)}} \quad \text{für alle } \mu \in H^{-1/2}(\Gamma). \tag{4.19}$$

Lemma 4.4 *Für beliebiges $\mu \in H^{-1/2}(\Gamma)$ gilt die Stabiliätsbedingung* (4.19).

Beweis: Sei $\mu \in H^{-1/2}(\Gamma)$ beliebig gegeben. Nach Satz 3.1 (Darstellungssatz von Riesz) existiert ein eindeutig bestimmtes Element $u_\mu \in H^{1/2}(\Gamma)$ mit

$$\langle u_\mu, v\rangle_{H^{1/2}(\Gamma)} = \langle \mu, v\rangle_\Gamma \quad \text{für alle } v \in H^{1/2}(\Gamma)$$

und

$$\|u_\mu\|_{H^{1/2}(\Gamma)} = \|\mu\|_{H^{-1/2}(\Gamma)}\,.$$

Nach dem inversen Spursatz (Satz 2.10) existiert eine Fortsetzung $\mathcal{E}u_\mu \in H^1(\Omega)$ mit

$$\|\mathcal{E}u_\mu\|_{H^1(\Omega)} \le c_{IT}\,\|u_\mu\|_{H^{1/2}(\Gamma)}.$$

Für $v = \mathcal{E}u_\mu \in H^1(\Omega)$ folgt

$$\begin{aligned}\frac{\langle v, \mu\rangle_\Gamma}{\|v\|_{H^1(\Omega)}} &= \frac{\langle u_\mu, \mu\rangle_\Gamma}{\|\mathcal{E}u_\mu\|_{H^1(\Omega)}} = \frac{\langle u_\mu, u_\mu\rangle_{H^{1/2}(\Gamma)}}{\|\mathcal{E}u_\mu\|_{H^1(\Omega)}} \\ &\ge \frac{1}{c_{IT}}\|u_\mu\|_{H^{1/2}(\Gamma)} = \frac{1}{c_{IT}}\|\mu\|_{H^{-1/2}(\Gamma)}\end{aligned}$$

und damit die Stabilitätsbedingung (4.19). ∎

Somit folgt die eindeutige Lösbarkeit des Sattelpunktproblems (4.18) durch Anwendung von Satz 3.7.

Die Bilinearform $a(\cdot,\cdot)$ in der Sattelpunktformulierung (4.18) ist nur $H_0^1(\Omega)$–elliptisch. Das Sattelpunktproblem (4.18) kann jedoch so umformuliert werden, daß ein Sattelpunktproblem mit einer $H^1(\Omega)$–elliptischen Bilinearform $\widetilde{a}(\cdot,\cdot)$ zu lösen ist. Der Lagrange–Multiplikator $\lambda := \gamma_1^{\text{int}}u \in H^{-1/2}(\Gamma)$ beschreibt die Konormalenableitung der Lösung u. Mit der Orthogonalitätsbeziehung (1.15) gilt also

$$\int_\Omega f(x)dx + \int_\Gamma \lambda(x)ds_x = 0\,. \tag{4.20}$$

Andererseits folgt mit der Dirichlet–Randbedingung $\gamma_0^{\text{int}}u = g$ auch die Gleichheit

$$\int_\Gamma \gamma_0^{\text{int}}u(x)ds_x = \int_\Gamma g(x)ds_x\,. \tag{4.21}$$

Damit kann das Sattelpunktproblem (4.18) umformuliert werden zur Bestimmung von $(u,\lambda) \in H^1(\Omega) \times H^{-1/2}(\Gamma)$, so daß

$$\begin{aligned}\int_\Gamma \gamma_0^{\text{int}}u(x)ds_x \int_\Gamma \gamma_0^{\text{int}}v(x)ds_x + a(u,v) - b(v,\lambda) & \qquad (4.22)\\ = \langle f, v\rangle_\Omega + \int_\Gamma g(x)ds_x \int_\Gamma \gamma_0^{\text{int}}v(x)ds_x &\end{aligned}$$

$$b(u,\mu) + \int_\Gamma \lambda(x)ds_x \int_\Gamma \mu(x)ds_x = \langle g, \mu\rangle_\Gamma - \int_\Omega f(x)dx \int_\Gamma \mu(x)ds_x \tag{4.23}$$

für alle $(v,\mu) \in H^1(\Omega) \times H^{-1/2}(\Gamma)$ erfüllt ist.

Das modifizierte Sattelpunktproblem (4.22) und (4.23) ist eindeutig lösbar, und die Lösung ist gleichzeitig die eindeutige Lösung des ursprünglichen Sattelpunktproblems (4.18), d.h. die Sattelpunktprobleme (4.22)–(4.23) und (4.18) sind zueinander äquivalent.

Satz 4.3 *Das modifizierte Sattelpunktproblem* (4.22) *und* (4.23) *besitzt eine eindeutige Lösung* $(u, \lambda) \in X \times \Pi$. *Diese ist auch eindeutige Lösung des ursprünglichen Sattelpunktproblems* (4.18).

Beweis: Die erweiterte Bilinearform

$$\tilde{a}(u,v) := \int_\Gamma \gamma_0^{\text{int}} u(x) ds_x \int_\Gamma \gamma_0^{\text{int}} v(x) ds_x + a(u,v)$$

ist beschränkt für alle $u, v \in H^1(\Omega)$. Mit Lemma 4.2 und Beispiel 2.3 folgt für beliebiges $v \in H^1(\Omega)$

$$\tilde{a}(v,v) = \left[\int_\Gamma \gamma_0^{\text{int}} v(x) ds_x \right]^2 + a(v,v) \geq \min\{1, \lambda_0\} \|v\|^2_{W_2^1(\Omega),\Gamma} \geq c_1^{\tilde{A}} \|v\|^2_{H^1(\Omega)}$$

und somit die $H^1(\Omega)$–Elliptizität der erweiterten Bilinearform $\tilde{a}(\cdot,\cdot)$. Mit Satz 3.7 bzw. analog zu Satz 3.8 ergibt sich die eindeutige Lösbarkeit des Sattelpunktproblems (4.22) und (4.23). Insbesondere für $(v, \mu) \equiv (1,1)$ ist

$$\begin{aligned} |\Gamma| \int_\Gamma \gamma_0^{\text{int}} u(x) ds_x - \int_\Gamma \lambda(x) ds_x &= \int_\Omega f(x) dx + |\Gamma| \int_\Gamma g(x) ds_x, \\ \int_\Gamma \gamma_0^{\text{int}} u(x) ds_x + |\Gamma| \int_\Gamma \lambda(x) ds_x &= \int_\Gamma g(x) ds_x - |\Gamma| \int_\Omega f(x) dx. \end{aligned}$$

Multiplikation der ersten Gleichung mit $|\Gamma| > 0$ und Addition mit der zweiten Gleichung ergibt

$$(1 + |\Gamma|^2) \int_\Gamma \gamma_0^{\text{int}} u(x) ds_x = (1 + |\Gamma|^2) \int_\Gamma g(x) ds_x$$

und somit (4.21). Dann folgt sofort auch (4.20), d.h. (u, λ) ist auch Lösung des Sattelpunktproblems (4.18). ■

4.1.3 Neumann–Randwertproblem

Nach dem Dirichlet–Randwertproblem (4.9) wird nun das Neumann–Randwertproblem (1.10) und (1.12) betrachtet,

$$(Lu)(x) = f(x) \quad \text{für } x \in \Omega, \quad \gamma_1^{\text{int}} u(x) = g(x) \quad \text{für } x \in \Gamma. \tag{4.24}$$

Dabei muß die Lösbarkeitsbedingung (1.17) vorausgesetzt werden,

$$\int_\Omega f(x)dx + \int_\Gamma g(x)ds_x = 0. \tag{4.25}$$

Andererseits ist die Lösung des Neumann–Randwertproblems (4.24) nur bis auf eine additive Konstante eindeutig bestimmt. Durch eine geeignete **Skalierungsbedingung** kann der konstante Anteil fixiert werden. Hierzu sei der Teilraum

$$H^1_*(\Omega) := \left\{ v \in H^1(\Omega) \, : \, \int_\Omega v(x)dx = 0 \right\}$$

definiert. Die Variationsformulierung von (4.24) ergibt sich aus der ersten Greenschen Formel (4.3) und lautet:
Gesucht ist $u \in H^1_*(\Omega)$, so daß

$$a(u,v) = \langle f, v\rangle_\Omega + \langle g, \gamma_0^{\text{int}} v\rangle_\Gamma \tag{4.26}$$

für alle $v \in H^1_*(\Omega)$ erfüllt ist.

Satz 4.4 *Für die gegebenen Daten $f \in \widetilde{H}^{-1}(\Omega)$ und $g \in H^{-1/2}(\Gamma)$ sei die Lösbarkeitsbedingung* (4.25) *erfüllt. Dann besitzt das Variationsproblem* (4.26) *eine eindeutige Lösung $u \in H^1_*(\Omega)$, und es gilt*

$$\|u\|_{H^1(\Omega)} \le \frac{1}{\widetilde{c}_1^A} \left\{ \|f\|_{\widetilde{H}^{-1}(\Omega)} + c_T \, \|g\|_{H^{-1/2}(\Gamma)} \right\}.$$

Beweis: Nach Beispiel 2.3 definiert

$$\|v\|_{W_2^1(\Omega),\Omega} := \left\{ \left[\int_\Omega v(x)dx \right]^2 + \|\nabla v\|^2_{L_2(\Omega)} \right\}^{1/2}$$

eine äquivalente Norm in $H^1(\Omega)$. Mit Lemma 4.2 gilt für $v \in H^1_*(\Omega)$

$$a(v,v) \ge \lambda_0 \, \|\nabla v\|^2_{L_2(\Omega)} = \lambda_0 \, \|v\|^2_{W_2^1(\Omega),\Omega} \ge \widetilde{c}_1^A \, \|v\|^2_{H^1(\Omega)} \tag{4.27}$$

und somit die $H^1_*(\Omega)$–Elliptizität der Bilinearform $a(\cdot,\cdot)$. Die eindeutige Lösbarkeit der Variationsformulierung (4.26) folgt nun aus Satz 3.2 (Lemma von Lax–Milgram). Mit der $H^1_*(\Omega)$–Elliptizität der Bilinearform $a(\cdot,\cdot)$ ist weiterhin

$$\begin{aligned} \widetilde{c}_1^A \, \|u\|^2_{H^1(\Omega)} &\le a(u,u) = \langle f, u\rangle_\Omega + \langle g, \gamma_0^{\text{int}} u\rangle_\Gamma \\ &\le \|f\|_{\widetilde{H}^{-1}(\Omega)} \|u\|_{H^1(\Omega)} + \|g\|_{H^{-1/2}(\Gamma)} \|\gamma_0^{\text{int}} u\|_{H^{1/2}(\Gamma)}. \end{aligned}$$

Die behauptete Abschätzung folgt nun aus dem Spursatz (Satz 2.9). ■

Im folgenden soll eine zu (4.26) äquivalente Variationsformulierung hergeleitet werden, die die Nebenbedingungen des Ansatzraumes $H^1_*(\Omega)$ mittels Lagrange–Multiplikatoren als Nebenbedingung eines Sattelpunktproblems berücksichtigt. Wie in Abschnitt 3.5 ergibt sich das folgende Variationsproblem:

Gesucht ist $u \in H^1(\Omega)$ und $\lambda \in \mathbb{R}$, so daß

$$\begin{aligned} a(u,v) + \lambda \int_\Omega v(x)dx &= \langle f, v\rangle_\Omega + \langle g, \gamma_0^{\text{int}} v\rangle_\Gamma \\ \int_\Omega u(x)dx &= 0 \end{aligned} \tag{4.28}$$

für alle $v \in H^1(\Omega)$ erfüllt ist.

Für die eindeutige Lösbarkeit des Sattelpunktproblems (4.28) sind die Voraussetzungen von Satz 3.7 zu überprüfen. Die Bilinearform

$$b(v,\mu) := \mu \int_\Omega v(x)dx \quad \text{für alle } v \in H^1(\Omega), \mu \in \mathbb{R}$$

ist beschränkt, und offensichtlich gilt $\ker B = H^1_*(\Omega)$. Damit ist die $\ker B$–Elliptizität der Bilinearform $a(\cdot,\cdot)$ gerade durch die Elliptizitätsabschätzung (4.27) gegeben. Zu zeigen bleibt die Stabilitätsabschätzung

$$c_S\,|\mu| \le \sup_{0\neq v\in H^1(\Omega)} \frac{b(v,\mu)}{\|v\|_{H^1(\Omega)}} \quad \text{für alle } \mu \in \mathbb{R}. \tag{4.29}$$

Für beliebig gegebenes $\mu \in \mathbb{R}$ folgt mit $v^* := \mu \in H^1(\Omega)$ die Gültigkeit der Stabilitätsbedingung (4.29) mit $c_S = 1/\sqrt{|\Omega|}$. Damit ergibt sich die eindeutige Lösbarkeit der Sattelpunktformulierung (4.28) aus Satz 3.7.

Für die Testfunktion $v \equiv 1$ folgt aus der ersten Gleichung in (4.28) wegen der Lösbarkeitsbedingung (4.25) für den Lagrange–Parameter

$$\lambda = 0.$$

Damit kann anstelle der Sattelpunktformulierung (4.28) die dazu äquivalente Formulierung zur Bestimmung von $(u,\lambda) \in H^1(\Omega) \times \mathbb{R}$ als Lösung von

$$\begin{aligned} a(u,v) + \lambda \int_\Omega v(x)dx &= \langle f, v\rangle_\Omega + \langle g, \gamma_0^{\text{int}} v\rangle_\Gamma \\ \int_\Omega u(x)dx - \lambda &= 0 \end{aligned} \tag{4.30}$$

für alle $v \in H^1(\Omega)$ betrachtet werden. Nun kann der skalare Lagrange–Parameter $\lambda \in \mathbb{R}$ eliminiert werden, indem die zweite Gleichung in die erste Gleichung eingesetzt wird. Man erhält ein modifiziertes Variationsproblem:

Gesucht ist $u \in H^1(\Omega)$, so daß

$$a(u,v) + \int_\Omega u(x)dx \int_\Omega v(x)dx \;=\; \langle f,v\rangle_\Omega + \langle g,\gamma_0^{\text{int}} v\rangle_\Gamma \tag{4.31}$$

für alle $v \in H^1(\Omega)$ erfüllt ist.

Satz 4.5 *Für $f \in \widetilde{H}^{-1}(\Omega)$ und $g \in H^{-1/2}(\Gamma)$ besitzt das modifizierte Variationsproblem* (4.31) *eine eindeutig bestimmte Lösung $u \in H^1(\Omega)$.*
Erfüllen $f \in \widetilde{H}^{-1}(\Omega)$ und $g \in H^{-1/2}(\Gamma)$ die Lösbarkeitsbedingung (4.25), *so folgt $u \in H^1_*(\Omega)$, d.h. es gilt die Äquivalenz der modifizierten Variationsformulierung* (4.31) *mit der Sattelpunktformulierung* (4.28).

Beweis: Offensichtlich ist die modifizierte Bilinearform

$$\tilde{a}(u,v) \;:=\; a(u,v) + \int_\Omega u(x)dx \int_\Omega v(x)dx$$

elliptisch für alle $v \in H^1(\Omega)$,

$$\begin{aligned}\tilde{a}(v,v) \;&\geq\; \lambda_0\,\|\nabla v\|^2_{L_2(\Omega)} + \left[\int_\Omega v(x)dx\right]^2 \\ &\geq\; \min\{\lambda_0, 1\}\,\|v\|^2_{W_2^1(\Omega),\Omega} \;\geq\; \hat{c}_1^A\,\|v\|^2_{H^1(\Omega)}.\end{aligned}$$

Damit folgt die eindeutige Lösbarkeit der modifizierten Variationsformulierung (4.31) aus Satz 3.2 (Lemma von Lax–Milgram) für beliebig gegebene Daten $f \in \widetilde{H}^{-1}(\Omega)$ und $g \in H^{-1/2}(\Gamma)$.
Für $v \equiv 1$ ergibt sich aus der Lösbarkeitsbedingung (4.25)

$$|\Omega| \int_\Omega u(x)dx \;=\; \langle f,1\rangle_\Omega + \langle g,1\rangle_\Gamma \;=\; 0$$

und somit $u \in H^1_*(\Omega)$. Daraus folgt die Äquivalenz der modifizierten Variationsformulierung (4.31) mit der Sattelpunktformulierung (4.28). ■

Die Lösung des Neumann–Randwertproblems (4.24) ist in $H^1(\Omega)$ nicht eindeutig bestimmt. Ist $u \in H^1_*(\Omega)$ eine schwache Lösung des Neumann–Randwertproblems (4.24), so ist auch $\tilde{u} := u + \alpha \in H^1(\Omega)$ für beliebiges $\alpha \in \mathbb{R}$ eine Lösung von (4.24).

4.1.4 Gemischte Randbedingungen

Betrachtet wird nun das gemischte Randwertproblem (1.10)–(1.12),

$$\begin{aligned}(Lu)(x) \;&=\; f(x) &&\text{für } x \in \Omega,\\ \gamma_0^{\text{int}} u(x) \;&=\; g_D(x) &&\text{für } x \in \Gamma_D,\\ \gamma_1^{\text{int}} u(x) \;&=\; g_N(x) &&\text{für } x \in \Gamma_N.\end{aligned}$$

Dabei sei $\Gamma = \overline{\Gamma}_D \cup \overline{\Gamma}_N$ und $\mathrm{meas}(\Gamma_D) > 0$. Die zugehörige Variationsformulierung ergibt sich wieder aus der ersten Greenschen Formel (4.3):
Gesucht ist $u \in H^1(\Omega)$ mit $\gamma_0^{\rm int} u(x) = g_D(x)$ für $x \in \Gamma_D$, so daß

$$a(u,v) = \langle f, v\rangle_\Omega + \langle g_N, \gamma_0^{\rm int} v\rangle_{\Gamma_N} \tag{4.32}$$

für alle $v \in H_0^1(\Omega,\Gamma_D)$ mit

$$H_0^1(\Omega,\Gamma_D) := \left\{ v \in H^1(\Omega) \,:\, \gamma_0^{\rm int} v(x) = 0 \quad \text{für } x \in \Gamma_D \right\}$$

gilt. Die eindeutige Lösbarkeit des Variationsproblems (4.32) ergibt sich aus dem folgenden Satz.

Satz 4.6 *Seien die Daten* $f \in \widetilde{H}^{-1}(\Omega)$, $g_D \in H^{1/2}(\Gamma_D)$ *und* $g_N \in H^{-1/2}(\Gamma_N)$. *Dann besitzt das Variationsproblem* (4.32) *eine eindeutig bestimmte Lösung* $u \in H^1(\Omega)$, *und es gilt*

$$\|u\|_{H^1(\Omega)} \leq c \left[\|f\|_{\widetilde{H}^{-1}(\Omega)} + \|g_D\|_{H^{1/2}(\Gamma_D)} + \|g_N\|_{H^{-1/2}(\Gamma_N)} \right]. \tag{4.33}$$

Beweis: Für $g_D \in H^{1/2}(\Gamma_D)$ gibt es zunächst eine Fortsetzung $\widetilde{g}_D \in H^{1/2}(\Gamma)$ mit

$$\|\widetilde{g}_D\|_{H^{1/2}(\Gamma)} \leq c\,\|g_D\|_{H^{1/2}(\Gamma_D)}.$$

Nach dem inversen Spursatz (Satz 2.10) existiert weiter eine beschränkte Fortsetzung $u_{\widetilde{g}_D} \in H^1(\Omega)$ mit $\gamma_0^{\rm int} u_{\widetilde{g}_D} = \widetilde{g}_D$ und

$$\|u_{\widetilde{g}_D}\|_{H^1(\Omega)} \leq c_{IT}\,\|\widetilde{g}_D\|_{H^{1/2}(\Gamma)}.$$

Zu bestimmen bleibt $u_0 \in H_0^1(\Omega,\Gamma_D)$ als Lösung der Variationsformulierung

$$a(u_0,v) = \langle f, v\rangle_\Omega + \langle g_N, \gamma_0^{\rm int} v\rangle_{\Gamma_N} - a(u_{\widetilde{g}_D}, v)$$

für alle $v \in H_0^1(\Omega,\Gamma_D)$. Analog zum Beispiel 2.3 definiert

$$\|v\|_{W_2^1(\Omega),\Gamma_D} := \left\{ \left[\int\limits_{\Gamma_D} \gamma_0^{\rm int} v(x) ds_x \right]^2 + \|\nabla v\|^2_{L_2(\Omega)} \right\}^{1/2}$$

eine äquivalente Norm in $H^1(\Omega)$. Mit Lemma 4.2 gilt für $v \in H_0^1(\Omega,\Gamma_D)$

$$a(v,v) \geq \lambda_0\,\|\nabla v\|^2_{L_2(\Omega)} = \lambda_0\,\|v\|^2_{W_2^1(\Omega),\Gamma_D} \geq c_1^A\,\|v\|^2_{W_2^1(\Omega)}.$$

Damit sind die Voraussetzungen von Satz 3.2 (Lemma von Lax–Milgram) erfüllt, woraus die eindeutige Lösbarkeit des Variationsproblems (4.32) folgt.
Für die eindeutige Lösung $u_0 \in H_0^1(\Omega,\Gamma_D)$ des Variationsproblems (4.32) folgt

$$\begin{aligned} c_1^A\,\|u_0\|^2_{H^1(\Omega)} &\leq a(u_0,u_0) = \langle f, u_0\rangle_\Omega + \langle g_N, \gamma_0^{\rm int} u_0\rangle_{\Gamma_N} - a(u_{\widetilde{g}_D}, u_0) \\ &\leq \left[\|f\|_{\widetilde{H}^{-1}(\Omega)} + c_2^A\,\|u_{\widetilde{g}_D}\|_{H^1(\Omega)} \right] \|u_0\|_{H^1(\Omega)} + \|g_N\|_{H^{-1/2}(\Gamma_N)} \|\gamma_0^{\rm int} u_0\|_{\widetilde{H}^{1/2}(\Gamma_N)}, \end{aligned}$$

woraus sich die behauptete Abschätzung (4.33) ergibt. ∎

4.1.5 Robin–Randbedingungen

Betrachtet wird abschließend das Robin–Randwertproblem (1.10) und (1.13),

$$(Lu)(x) = f(x) \quad \text{für } x \in \Omega, \quad \gamma_1^{\text{int}} u(x) + \kappa(x)\gamma_0^{\text{int}} u(x) = g(x) \quad \text{für } x \in \Gamma.$$

Die zugehörige Variationsformulierung ergibt sich wiederum aus der ersten Greenschen Formel (4.3):
Gesucht ist $u \in H^1(\Omega)$, so daß

$$a(u,v) + \int_\Gamma \kappa(x)\gamma_0^{\text{int}} u(x)\gamma_0^{\text{int}} v(x) ds_x = \langle f, v\rangle_\Omega + \langle g, \gamma_0^{\text{int}} v\rangle_\Gamma \tag{4.34}$$

für alle $v \in H^1(\Omega)$ erfüllt ist.

Satz 4.7 *Seien die Daten $f \in \widetilde{H}^{-1}(\Omega)$ und $g \in H^{-1/2}(\Gamma)$ gegeben. Sei ferner $\kappa(x) \geq \kappa_0 > 0$ für alle $x \in \Gamma$ erfüllt. Dann besitzt das Variationsproblem* (4.34) *eine eindeutig bestimmte Lösung $u \in H^1(\Omega)$, und es gilt*

$$\|u\|_{H^1(\Omega)} \leq c \left[\|f\|_{\widetilde{H}^{-1}(\Omega)} + \|g\|_{H^{-1/2}(\Gamma)} \right]. \tag{4.35}$$

Beweis: Analog zu Beispiel 2.3 definiert

$$\|v\|_{W_2^1(\Omega),\Gamma} := \left\{ \|\gamma_0^{\text{int}} v\|^2_{L_2(\Gamma)} + \|\nabla v\|^2_{L_2(\Omega)} \right\}^{1/2}$$

eine äquivalente Norm in $H^1(\Omega)$. Mit Lemma 4.2 und $\kappa(x) \geq \kappa_0 > 0$ für $x \in \Gamma$ folgt

$$\begin{aligned} a(v,v) + \int_\Gamma \kappa(x)[\gamma_0^{\text{int}} v(x)]^2 ds_x \;&\geq\; \lambda_0 \|\nabla v\|^2_{L_2(\Omega)} + \kappa_0 \|\gamma_0^{\text{int}} v\|^2_{L_2(\Gamma)} \\ &\geq\; \min\{\lambda_0, \kappa_0\} \|v\|^2_{H^1(\Omega),\Gamma} \;\geq\; c_1^A \|v\|^2_{H^1(\Omega)}. \end{aligned}$$

Nach Satz 3.2 (Lemma von Lax–Milgram) folgt somit die eindeutige Lösbarkeit des Variationsproblems (4.34). Die behauptete Abschätzung (4.35) ergibt sich nun wie im Beweis von Satz 4.6. ∎

4.2 Lineare Elastostatik

Betrachtet wird nun der vektorwertige partielle Differentialoperator der linearen Elastostatik,

$$L_i \underline{u}(x) \;=\; -\sum_{j=1}^d \frac{\partial}{\partial x_j} \sigma_{ij}(\underline{u}, x) \quad \text{für } x \in \Omega \subset \mathbb{R}^d,\ i = 1, \ldots, d.$$

Nach Einsetzen des Hookeschen Gesetz (1.20) ist dies äquivalent zu

$$L\underline{u}(x) = -\mu\Delta\underline{u}(x) - (\lambda+\mu)\operatorname{grad}\operatorname{div}\underline{u}(x) \quad \text{für } x \in \Omega \subset \mathbb{R}^d$$

mit den Laméschen Elastizitätskonstanten (1.24),

$$\lambda = \frac{E\nu}{(1+\nu)(1-2\nu)}, \quad \mu = \frac{E}{2(1+\nu)}$$

und $E > 0, \nu \in (0, \frac{1}{2})$. Mit der zugehörigen Konormalenableitung (1.23) und der durch (1.26) gegebenen Bilinearform

$$\begin{aligned} a(\underline{u},\underline{v}) &= 2\mu \int_\Omega \sum_{i,j=1}^d e_{ij}(\underline{u},x)e_{ij}(\underline{v},x)dx + \lambda \int_\Omega \operatorname{div}\underline{u}(x)\operatorname{div}\underline{v}(x)dx \\ &= \int_\Omega \sum_{i,j=1}^d \sigma_{ij}(\underline{u},x)e_{ij}(\underline{v},x)dx\,. \end{aligned}$$

gilt die erste Bettische Formel (1.21),

$$a(\underline{u},\underline{v}) = \langle L\underline{u},\underline{v}\rangle_\Omega + \langle \gamma_1^{\text{int}}\underline{u}, \gamma_0^{\text{int}}\underline{v}\rangle_\Gamma.$$

Zunächst wird die Beschränktheit der Bilinearform $a(\cdot,\cdot)$ gezeigt.

Lemma 4.5 *Für alle $\underline{u},\underline{v} \in [H^1(\Omega)]^d$ gilt die Beschränktheitsabschätzung*

$$|a(\underline{u},\underline{v})| \le \frac{2E}{1-2\nu}|\underline{u}|_{[H^1(\Omega)]^d}|\underline{v}|_{[H^1(\Omega)]^d}. \tag{4.36}$$

Beweis: Für $d = 3$ kann das Hooke'sche Gesetz (1.20) geschrieben werden als

$$\begin{pmatrix}\sigma_{11}\\ \sigma_{22}\\ \sigma_{33}\\ \sigma_{12}\\ \sigma_{13}\\ \sigma_{23}\end{pmatrix} = \frac{E}{(1+\nu)(1-2\nu)}\begin{pmatrix} 1-\nu & \nu & \nu & & & \\ \nu & 1-\nu & \nu & & & \\ \nu & \nu & 1-\nu & & & \\ & & & 1-2\nu & & \\ & & & & 1-2\nu & \\ & & & & & 1-2\nu \end{pmatrix}\begin{pmatrix}e_{11}\\ e_{22}\\ e_{33}\\ e_{12}\\ e_{13}\\ e_{23}\end{pmatrix}$$

bzw.

$$\underline{\sigma} = \frac{E}{(1+\nu)(1-2\nu)}C\,\underline{e}.$$

Wegen den Symmetrien $\sigma_{ij}(\underline{u},x) = \sigma_{ji}(\underline{u},x)$ und $e_{ij}(\underline{v},x) = e_{ji}(\underline{v},x)$ gilt

$$a(\underline{u},\underline{v}) = \frac{E}{(1+\nu)(1-2\nu)}\int_\Omega (DC\underline{e}(\underline{u},x), \underline{e}(\underline{v},x))\,dx$$

mit der Diagonalmatrix $D = \operatorname{diag}(1,1,1,2,2,2)$. Für die Eigenwerte von DC ergibt sich

$$\lambda_1(DC) = 1+\nu, \quad \lambda_{2,3}(DC) = 1-2\nu, \quad \lambda_{4,5,6}(DC) = 2(1-2\nu).$$

Damit folgt mit der Cauchy–Schwarz–Ungleichung

$$\begin{aligned}
|a(\underline{u},\underline{v})| &= \left|\frac{E}{(1+\nu)(1-2\nu)}\int_\Omega (DC\underline{e}(\underline{u},x),\underline{e}(\underline{v},x))\,dx\right| \\
&\le \frac{E}{(1+\nu)(1-2\nu)}\int_\Omega \|DC\underline{e}(\underline{u},x)\|_2\|\underline{e}(\underline{v},x)\|_2\,dx \\
&\le \frac{E}{(1+\nu)(1-2\nu)}\max\{(1+\nu),2(1-2\nu)\}\int_\Omega \|\underline{e}(\underline{v},x)\|_2\|\underline{e}(\underline{v},x)\|_2\,dx \\
&\le \frac{2E}{1-2\nu}\left(\int_\Omega \|\underline{e}(\underline{u},x)\|_2^2\,dx\right)^{1/2}\left(\int_\Omega \|\underline{e}(\underline{v},x)\|_2^2\,dx\right)^{1/2}.
\end{aligned}$$

Mit

$$\begin{aligned}
\|\underline{e}(\underline{v},x)\|_2^2 &= \sum_{i=1}^d\sum_{j=i}^d [e_{ij}(\underline{u},x)]^2 = \frac{1}{4}\sum_{i=1}^d\sum_{j=i}^d\left[\frac{\partial}{\partial x_i}u_j(x)+\frac{\partial}{\partial x_j}u_i(x)\right]^2 \\
&\le \frac{1}{2}\sum_{i,j=1}^d\left\{\left[\frac{\partial}{\partial x_j}u_i(x)\right]^2+\left[\frac{\partial}{\partial x_i}u_j(x)\right]^2\right\} = \sum_{i,j=1}^d\left[\frac{\partial}{\partial x_j}u_i(x)\right]^2
\end{aligned}$$

ergibt sich

$$\int_\Omega \|\underline{e}(\underline{u},x)\|_2^2\,dx \le \int_\Omega \sum_{i,j=1}^d\left[\frac{\partial}{\partial x_j}u_i(x)\right]^2 dx = |\underline{u}|^2_{[H^1(\Omega)]^d}$$

und somit die Beschränktheitsabschätzung (4.36). Für $d=2$ folgt die Behauptung entsprechend. ■

Der Nachweis der $[H_0^1(\Omega)]^d$–Elliptizität der Bilinearform $a(\cdot,\cdot)$ erfolgt in mehreren Schritten.

Lemma 4.6 *Für $\underline{v}\in[H^1(\Omega)]^d$ gilt*

$$a(\underline{v},\underline{v}) \ge \frac{E}{1+\nu}\int_\Omega \sum_{i,j=1}^d [e_{ij}(\underline{v},x)]^2 dx. \tag{4.37}$$

Beweis: Mit der Darstellung (1.26) ist

$$\begin{aligned}
a(\underline{v},\underline{v}) &= 2\mu\int_\Omega \sum_{i,j=1}^d [e_{ij}(\underline{v},x)]^2 dx + \lambda\int_\Omega [\operatorname{div}\underline{v}(x)]^2\,dx \\
&\ge 2\mu\int_\Omega \sum_{i,j=1}^d [e_{ij}(\underline{v},x)]^2\,dx = \frac{E}{1+\nu}\int_\Omega \sum_{i,j=1}^d [e_{ij}(\underline{v},x)]^2\,dx.
\end{aligned}$$

■

Für Funktionen $\underline{v} \in [H_0^1(\Omega)]^d$ ergibt sich daraus die erste Kornsche Ungleichung.

Lemma 4.7 (Erste Kornsche Ungleichung) *Für* $\underline{v} \in [H_0^1(\Omega)]^d$ *gilt*

$$\int_\Omega \sum_{i,j=1}^d [e_{ij}(\underline{v}, x)]^2 dx \geq \frac{1}{2} |\underline{v}|^2_{[H^1(\Omega)]^d}. \tag{4.38}$$

Beweis: Für $\underline{\varphi} \in C_0^\infty(\Omega)$ ist zunächst

$$\begin{aligned}\int_\Omega \sum_{i,j=1}^d [e_{ij}(\underline{\varphi}, x)]^2 dx &= \frac{1}{4} \int_\Omega \sum_{i,j=1}^d \left[\frac{\partial}{\partial x_j}\varphi_i(x) + \frac{\partial}{\partial x_i}\varphi_j(x)\right]^2 dx \\ &= \frac{1}{2} \sum_{i,j=1}^d \int_\Omega \left[\frac{\partial}{\partial x_j}\varphi_i(x)\right]^2 dx + \frac{1}{2} \sum_{i,j=1}^d \int_\Omega \frac{\partial}{\partial x_j}\varphi_i(x) \frac{\partial}{\partial x_i}\varphi_j(x) dx.\end{aligned}$$

Durch zweimalige partielle Integration folgt

$$\int_\Omega \frac{\partial}{\partial x_j}\varphi_i(x) \frac{\partial}{\partial x_i}\varphi_j(x) dx = \int_\Omega \frac{\partial}{\partial x_i}\varphi_i(x) \frac{\partial}{\partial x_j}\varphi_j(x) dx$$

und somit

$$\begin{aligned}\sum_{i,j=1}^d \int_\Omega \frac{\partial}{\partial x_j}\varphi_i(x) \frac{\partial}{\partial x_i}\varphi_j(x) dx &= \sum_{i,j=1}^d \int_\Omega \frac{\partial}{\partial x_i}\varphi_i(x) \frac{\partial}{\partial x_j}\varphi_j(x) dx \\ &= \int_\Omega \left[\sum_{i=1}^d \frac{\partial}{\partial x_i}\varphi_i(x)\right]^2 dx \geq 0.\end{aligned}$$

Damit ist

$$\int_\Omega \sum_{i,j=1}^d [e_{ij}(\underline{\varphi}, x)]^2 dx \geq \frac{1}{2} \sum_{i,j=1}^d \int_\Omega \left[\frac{\partial}{\partial x_j}\varphi_i(x)\right]^2 dx = \frac{1}{2} |\underline{\varphi}|^2_{[H^1(\Omega)]^d}.$$

Durch Vervollständigung von $C_0^\infty(\Omega)$ bezüglich der $\|\cdot\|_{H^1(\Omega)}$–Norm folgt die Behauptung für $\underline{v} \in [H_0^1(\Omega)]^d$. ∎

Die Verwendung geeigneter äquivalenter Normen in $[H^1(\Omega)]^d$ liefert nun die $[H_0^1(\Omega)]^d$–Elliptizität der Bilinearform $a(\cdot, \cdot)$.

Folgerung 4.2 *Für* $\underline{v} \in [H_0^1(\Omega)]^d$ *gilt*

$$a(\underline{v}, \underline{v}) \geq c \, \|\underline{v}\|^2_{[H^1(\Omega)]^d}. \tag{4.39}$$

Beweis: Für $\underline{v} \in [H_0^1(\Omega)]^d$ definiert

$$\|\underline{v}\|_{[H^1(\Omega)]^d,\Gamma} := \left\{ \sum_{i=1}^d \left[\int_\Gamma v_i(x) ds_x \right]^2 + |\underline{v}|^2_{[H^1(\Omega)]^d} \right\}^{1/2} \tag{4.40}$$

nach dem Äquivalenzsatz (Satz 2.2) eine äquivalente Norm in $[H^1(\Omega)]^d$. Damit folgt die Behauptung aus Lemma 4.6 und der ersten Kornschen Ungleichung (4.38). ∎

Die Elliptizitätsabschätzung (4.39) bleibt auch für Funktionen gültig, die in jeder Komponente nur auf einem Teilrand $\Gamma_{D,i} \subset \Gamma$ verschwinden. Sei

$$[H_0^1(\Omega, \Gamma_D)]^d := \left\{ \underline{v} \in [H^1(\Omega)]^d : \gamma_0^{\text{int}} v_i(x) = 0 \quad \text{für } x \in \Gamma_{D,i}, i = 1, \ldots, d \right\}.$$

Dann gilt

$$a(\underline{v}, \underline{v}) \geq c\, \|\underline{v}\|^2_{[H^1(\Omega)]^d} \quad \text{für alle } \underline{v} \in [H_0^1(\Omega, \Gamma_D)]^d. \tag{4.41}$$

Die Bilinearform $a(\cdot, \cdot)$ kann wie im Fall des skalaren Laplace–Operators durch das Hinzufügen der L_2–Norm zu einer äquivalenten Norm in $[H^1(\Omega)]^d$ erweitert werden. Dies folgt aus der zweiten Kornschen Ungleichung [29].

Satz 4.8 (Zweite Kornsche Ungleichung) *Sei $\Omega \subset \mathbb{R}^d$ mit stückweise glattem Rand $\Gamma = \partial\Omega$. Dann gilt*

$$\int_\Omega \sum_{i,j=1}^d [e_{ij}(\underline{v}, x)]^2 dx + \|\underline{v}\|^2_{L_2(\Omega)} \geq c\, \|\underline{v}\|^2_{H^1(\Omega)} \quad \textit{für alle } \underline{v} \in [H^1(\Omega)]^d.$$

Mit Hilfe des Satzes über äquivalente Normen (Satz 2.2) kann jetzt eine weitere äquivalente Norm in $[H^1(\Omega)]^d$ angegeben werden.

Folgerung 4.3 *Sei $\mathcal{R} = span\{\underline{v}_k\}_{k=1}^{\dim(\mathcal{R})}$ der durch (1.29) gegebene Raum der Starrkörperbewegungen. Dann definiert*

$$\|\underline{v}\|_{[H^1(\Omega)]^d,\Gamma} := \left\{ \sum_{k=1}^{\dim(\mathcal{R})} \left[\int_\Omega \underline{v}_k(x)^\top \underline{v}(x) dx \right]^2 + \int_\Omega \sum_{i,j=1}^d [e_{ij}(\underline{v}, x)]^2 dx \right\}^{1/2}$$

eine äquivalente Norm in $[H^1(\Omega)]^d$.

4.2.1 Dirichlet–Randwertproblem

Das Dirichlet–Randwertproblem der linearen Elastostatik lautet

$$-\mu\Delta\underline{u}(x) - (\lambda + \mu)\text{grad}\,\text{div}\,\underline{u}(x) = \underline{f}(x) \quad \text{für } x \in \Omega, \; \gamma_0^{\text{int}}\underline{u}(x) = \underline{g}(x) \text{ für } x \in \Gamma.$$

Analog zum Fall der skalaren Potentialgleichung ist die Lösungsmannigfaltigkeit für die schwache Formulierung gegeben durch

$$V_g := \left\{ \underline{v} \in [H^1(\Omega)]^d : \gamma_0^{\text{int}} v_i(x) = g_i(x) \quad \text{für } x \in \Gamma,\ i = 1, \ldots, d \right\},$$

insbesondere ist $V_0 = [H_0^1(\Omega)]^d$. Gesucht ist dann $\underline{u} \in V_g$, so daß

$$a(\underline{u}, \underline{v}) \;=\; \langle \underline{f}, \underline{v} \rangle_\Omega \tag{4.42}$$

für alle $\underline{v} \in V_0$ erfüllt ist. Wegen (4.36) ist die Bilinearform $a(\cdot,\cdot)$ beschränkt und wegen (4.39) $[H_0^1(\Omega)]^d$–elliptisch. Damit folgt die eindeutige Lösbarkeit des Variationsproblems (4.42) durch Anwendung von Satz 3.5, und es gilt

$$\|\underline{u}\|_{[H^1(\Omega)]^d} \;\leq\; c_1 \, \|\underline{f}\|_{[H^{-1}(\Omega)]^d} + c_2 \, \|\underline{g}\|_{[H^{1/2}(\Gamma)]^d}.$$

Wie im Fall der skalaren Potentialgleichung kann für die Lösung $\underline{u} \in [H^1(\Omega)]^d$ des Dirichlet–Randwertproblems die zugehörige Randspannung $\gamma_1^{\text{int}} \underline{u} \in [H^{-1/2}(\Gamma)]^d$ als Lösung des Variationsproblems

$$\langle \gamma_1^{\text{int}} \underline{u}, \underline{w} \rangle_\Gamma \;=\; a(\underline{u}, \mathcal{E}\underline{w}) - \langle \underline{f}, \mathcal{E}\underline{w} \rangle_\Omega$$

für alle $\underline{w} \in [H^{1/2}(\Gamma)]^d$ bestimmt werden, wobei der Fortsetzungsoperator $\mathcal{E} : H^{1/2}(\Gamma) \to H^1(\Omega)$ komponentenweise anzuwenden ist. Es gilt

$$\|\gamma_1^{\text{int}} \underline{u}\|_{[H^{-1/2}(\Gamma)]^d} \;\leq\; c_{IT} \left\{ \|\underline{f}\|_{[\widetilde{H}^{-1}(\Omega)]^d} + \frac{E}{1-2\nu} \, |\underline{u}|_{[H^1(\Omega)]^d} \right\}.$$

Lemma 4.8 *Sei $\underline{u} \in [H^1(\Omega)]^d$ schwache Lösung des Dirichlet–Randwertproblems*

$$-\mu \Delta \underline{u}(x) - (\lambda + \mu) \, \text{grad}\, \text{div}\, \underline{u}(x) = \underline{0} \quad \text{für } x \in \Omega, \qquad \underline{u}(x) = \underline{g}(x) \quad \text{für } x \in \Gamma.$$

mit den Laméschen Konstanten (1.24) *und $E > 0, \nu \in (0, \frac{1}{2})$. Dann gilt*

$$a(\underline{u}, \underline{u}) \;\geq\; c \, \|\gamma_1^{\text{int}} \underline{u}\|^2_{[H^{-1/2}(\Gamma)]^d}. \tag{4.43}$$

Beweis: Für die zugehörige Konormalenableitung $\gamma_1^{\text{int}} \underline{u} \in [H^1(\Omega)]^d$ gilt

$$\langle \gamma_1^{\text{int}} \underline{u}, \underline{w} \rangle_\Gamma \;=\; a(\underline{u}, \mathcal{E}\underline{w}) \quad \text{für alle } \underline{w} \in [H^{1/2}(\Gamma)]^d.$$

Wie im Beweis von Lemma 4.5 ist

$$|a(\underline{u}, \mathcal{E}\underline{w})| \;\leq\; \frac{2E}{1-2\nu} \left(\int_\Omega \|\underline{\underline{e}}(\underline{u}, x)\|_2^2 dx \right)^{1/2} \left(\int_\Omega \|\underline{\underline{e}}(\mathcal{E}\underline{w}, x)\|_2^2 dx \right)^{1/2}$$

und

$$\int_\Omega \|\underline{\underline{e}}(\mathcal{E}\underline{w}, x)\|_2^2 dx \;\leq\; |\mathcal{E}\underline{w}|^2_{[H^1(\Omega)]^d}.$$

Weiter gilt

$$\int_\Omega \|\underline{e}(\underline{u},x)\|_2^2 dx \le \int_\Omega \sum_{i,j=1}^d [e_{ij}(\underline{u},x)]^2 dx \le \frac{1+\nu}{E}\, a(\underline{u},\underline{u}).$$

Mit dem inversen Spursatz (Satz 2.10)

$$\begin{aligned} \|\gamma_1^{\text{int}}\underline{u}\|_{[H^{-1/2}(\Gamma)]^d} &= \sup_{0\neq\underline{w}\in[H^{1/2}(\Gamma)]^d} \frac{\langle\gamma_1^{\text{int}}\underline{u},\underline{w}\rangle_\Gamma}{\|\underline{w}\|_{[H^{1/2}(\Gamma)]^d}} \\ &= \sup_{0\neq\underline{w}\in[H^{1/2}(\Gamma)]^d} \frac{a(\underline{u},\mathcal{E}\underline{w})}{\|\underline{w}\|_{[H^{1/2}(\Gamma)]^d}} \le c\sqrt{a(\underline{u},\underline{u})} \end{aligned}$$

folgt schließlich die Behauptung. ∎

Der Beweis von Lemma 4.8 zeigt, daß die Konstante c in der Abschätzung (4.43) gegen Null strebt, wenn $\nu \to \frac{1}{2}$ konvergiert.

4.2.2 Neumann–Randwertproblem

Für die Lösbarkeit des Neumann–Randwertproblems

$$-\mu\Delta\underline{u}(x) - (\lambda+\mu)\operatorname{grad}\operatorname{div}\underline{u}(x) = \underline{f}(x) \quad \text{für } x\in\Omega, \;\; \gamma_1^{\text{int}}\underline{u}(x) = \underline{g}(x) \text{ für } x\in\Gamma_N$$

müssen zunächst die Lösbarkeitsbedingungen (1.31) vorausgesetzt werden. Es gelte

$$\int_\Omega \underline{v}_k(x)^\top \underline{f}(x)dx + \int_\Gamma \gamma_0^{\text{int}}\underline{v}_k(x)^\top \underline{g}(x)ds_x = 0 \quad \text{für alle } \underline{v}_k\in\mathcal{R},$$

wobei der Raum $\mathcal{R}$ der Starrkörperbewegungen durch (1.29) gegeben ist. Andererseits ist die Lösung des Neumann–Randwertproblems nur bis auf die Starrkörperbewegungen eindeutig festgelegt. Durch geeignete Skalierungsbedingungen können diese fixiert werden. Sei

$$[H^1_*(\Omega)]^d := \left\{ \underline{v}\in[H^1(\Omega)]^d : \int_\Omega \underline{v}_k(x)^\top\underline{v}(x)dx = 0 \quad \text{für alle } \underline{v}_k\in\mathcal{R} \right\}.$$

Die Variationsformulierung des Neumann–Randwertproblems lautet nun: Gesucht ist $\underline{u}\in[H^1_*(\Omega)]^d$, so daß

$$a(\underline{u},\underline{v}) = \langle\underline{f},\underline{v}\rangle_\Omega + \langle\underline{g},\gamma_0^{\text{int}}\underline{v}\rangle_\Gamma \tag{4.44}$$

für alle $\underline{v}\in[H^1_*(\Omega)]^d$ erfüllt ist.

Mit Folgerung 4.3 ergibt sich die $[H^1_*(\Omega)]^d$–Elliptiziät der Bilinearform $a(\cdot,\cdot)$ und somit die eindeutige Lösbarkeit des Variationsproblems (4.44) in $[H^1_*(\Omega)]^d$.

Die Nebenbedingungen des Ansatzraumes $[H^1_*(\Omega)]^d$ können durch Einführen von Lagrange–Multiplikatoren als Nebenbedingungen eines Sattelpunktproblems geschrieben werden.

Gesucht sind dann $\underline{u} \in [H^1(\Omega)]^d$ und $\underline{\lambda} \in \mathbb{R}^{\dim(\mathcal{R})}$, so daß

$$\begin{aligned} a(\underline{u}, \underline{v}) + \sum_{k=1}^{\dim \mathcal{R}} \lambda_k \int_\Omega \underline{v}_k(x)^\top \underline{v}(x) dx &= \langle \underline{f}, \underline{v} \rangle_\Omega + \langle \underline{g}, \gamma_0^{\text{int}} \underline{v} \rangle_\Gamma \\ \int_\Omega \underline{v}_\ell(x)^\top \underline{u}(x) dx &= 0 \end{aligned} \tag{4.45}$$

für alle $\underline{v} \in [H^1(\Omega)]^d$ und $\ell = 1, \ldots, \dim(\mathcal{R})$ erfüllt ist.

Für Testfunktionen $\underline{v}_\ell \in \mathcal{R}$ folgt aus der Lösbarkeitsbedingung (1.31)

$$\sum_{k=1}^{\dim \mathcal{R}} \lambda_k \int_\Omega \underline{v}_k(x)^\top \underline{v}_\ell(x) dx = 0 \quad \text{für } \ell = 1, \ldots, \dim(\mathcal{R}).$$

Aus der linearen Unabhängigkeit der Starrkörperbewegungen folgt $\underline{\lambda} = \underline{0}$. Durch Einsetzen dieses Ergebnisses in die zweiten Gleichungen in (4.45) und anschliessendes Eliminieren des Lagrange–Multiplikators $\underline{\lambda}$ ergibt sich das modifizierte Variationsproblem:

Gesucht ist $\underline{u} \in [H^1(\Omega)]^d$, so daß

$$a(\underline{u}, \underline{v}) + \sum_{k=1}^{\dim \mathcal{R}} \int_\Omega \underline{v}_k(x)^\top \underline{u}(x) dx \int_\Omega \underline{v}_k(x)^\top \underline{v}(x) dx = \langle \underline{f}, \underline{v} \rangle_\Omega + \langle \underline{g}, \gamma_0^{\text{int}} \underline{v} \rangle_\Gamma \tag{4.46}$$

für alle $\underline{v} \in [H^1(\Omega)]^d$ erfüllt ist.

Die in der Variationsformulierung (4.46) auftretende modifizierte Bilinearform ist wegen Folgerung 4.3 $[H^1(\Omega)]^d$–elliptisch. Somit folgt die eindeutige Lösbarkeit des Variationsproblems (4.46) in $[H^1(\Omega)]^d$ für beliebig gegebene Daten $\underline{f} \in [\widetilde{H}^{-1}(\Omega)]^d$ und $\underline{g} \in [H^{-1/2}(\Gamma)]^d$. Erfüllen diese die Lösbarkeitsbedingungen (1.31), so folgt mit $\underline{u} \in [H^1_*(\Omega)]^d$ die Äquivalenz des Variationsproblems (4.46) mit der ursprünglichen Variationsformulierung (4.44). Ist $\underline{u} \in [H^1_*(\Omega)]^d$ eine schwache Lösung des Neumann–Randwertproblems, so ist jede Linearkombination

$$\widetilde{\underline{u}} := \underline{u} + \sum_{k=1}^{\dim \mathcal{R}} \alpha_k \underline{v}_k \in [H^1(\Omega)]^d$$

ebenfalls eine Lösung des Neumann–Randwertproblems.

4.2.3 Gemischte Randbedingungen

Betrachtet wird nun das gemischte Randwertproblem

$$\begin{aligned} -\mu\Delta\underline{u}(x) - (\lambda+\mu)\operatorname{grad}\operatorname{div}\underline{u}(x) &= \underline{f}(x) && \text{für } x\in\Omega, \\ \gamma_0^{\text{int}}u_i(x) &= g_{D,i}(x) && \text{für } x\in\Gamma_{D,i}, \\ (\gamma_1^{\text{int}}\underline{u})_i(x) &= g_{N,i}(x) && \text{für } x\in\Gamma_{N,i}. \end{aligned}$$

Dabei sei $\Gamma = \overline{\Gamma}_{D,i}\cup\overline{\Gamma}_{N,i}$ und $\operatorname{meas}(\Gamma_{D,i})>0$ für $i=1,\ldots,d$. Die zugehörige Variationsformulierung lautet:
Gesucht ist $\underline{u}\in[H^1(\Omega)]^d$ mit $\gamma_0^{\text{int}}u_i(x) = g_{D,i}(x)$ für $x\in\Gamma_{D,i}$, so daß

$$a(\underline{u},\underline{v}) = \langle\underline{f},\underline{v}\rangle_\Omega + \sum_{i=1}^d\langle g_{N,i},\gamma_0^{\text{int}}v_i\rangle_{\Gamma_{N,i}} \tag{4.47}$$

für alle $\underline{v}\in[H_0^1(\Omega,\Gamma_D)]^d$ erfüllt ist.
Mit (4.41) gilt die $[H_0^1(\Omega,\Gamma_D)]^d$–Elliptizität der Bilinearform $a(\cdot,\cdot)$, woraus die eindeutige Lösbarkeit des Variationsproblems (4.47) folgt.

4.3 Stokes–Problem

Abschließend wird das Dirichlet–Problem für das Stokes–System (1.38) betrachtet,

$$-\mu\Delta\underline{u}(x)+\nabla p(x) = \underline{f}(x),\ \operatorname{div}\underline{u}(x) = 0 \text{ für } x\in\Omega,\ \gamma_0^{\text{int}}\underline{u}(x) = \underline{g}(x) \text{ für } x\in\Gamma.$$

Wegen (1.39) müssen die gegebenen Dirichlet–Daten der Lösbarkeitsbedingung

$$\int_\Gamma [\underline{n}(x)]^\top\underline{g}(x)ds_x = 0 \tag{4.48}$$

genügen und der Druck p ist nur bis auf eine additive Konstante eindeutig bestimmt. Wie beim Neumann–Problem der Potentialgleichung kann der konstante Anteil durch eine geeignete **Skalierungsbedingung** fixiert werden. Hierzu sei

$$L_{2,0}(\Omega) := \left\{q\in L_2(\Omega) : \int_\Omega q(x)dx = 0\right\}.$$

Ausgangspunkt für die Herleitung einer Variationsformulierung ist die erste Greensche Formel (1.41) für die Lösung $\underline{u}$ des Stokes–Systems,

$$a(\underline{u},\underline{v}) = \int_\Omega p(x)\operatorname{div}\underline{v}(x)dx + \langle\underline{f},\underline{v}\rangle_\Omega + \langle\underline{t}(\underline{u},p),\gamma_0^{\text{int}}\underline{v}\rangle_\Gamma.$$

Wegen $\operatorname{div} \underline{u}(x) = 0$ für $x \in \Omega$ gilt für die Bilinearform (1.42) die Darstellung

$$a(\underline{u}, \underline{v}) := 2\mu \int\limits_\Omega \sum_{i,j=1}^d e_{ij}(\underline{u}, x) e_{ij}(\underline{v}, x) dx.$$

Damit lautet die schwache Formulierung für das Dirichlet–Problem des Stokes–Systems:

Gesucht ist $\underline{u} \in [H^1(\Omega)]^d$ mit $\underline{u}(x) = \underline{g}_D(x)$ für $x \in \Gamma$ sowie $p \in L_{2,0}(\Omega)$, so daß

$$\begin{aligned} a(\underline{u}, \underline{v}) - \int\limits_\Omega p(x) \operatorname{div} \underline{v}(x) dx &= \langle \underline{f}, \underline{v} \rangle_\Omega, \\ \int\limits_\Omega q(x) \operatorname{div} \underline{u}(x)\, dx &= 0 \end{aligned} \tag{4.49}$$

für alle $\underline{v} \in [H_0^1(\Omega)]^d$ und $q \in L_{2,0}(\Omega)$.

Sei $u_g \in [H^1(\Omega)]^d$ eine beliebige, aber feste Fortsetzung der gegebenen Dirichlet–Daten $\underline{g} \in [H^{1/2}(\Gamma)]^d$. Gesucht sind dann $\underline{u}_0 \in [H_0^1(\Omega)]^d$ und $p \in L_{2,0}(\Omega)$, so daß

$$\begin{aligned} a(\underline{u}_0, \underline{v}) - \int\limits_\Omega p(x) \operatorname{div} \underline{v}(x) dx &= \langle \underline{f}, \underline{v} \rangle_\Omega - a(\underline{u}_g, \underline{v}), \\ \int\limits_\Omega q(x) \operatorname{div} \underline{u}_0(x)\, dx &= -\langle \operatorname{div} \underline{u}_g, q \rangle_\Omega \end{aligned} \tag{4.50}$$

für alle $\underline{v} \in [H_0^1(\Omega)]^d$ und $q \in L_{2,0}(\Omega)$ gilt.

Zur Untersuchung der eindeutigen Lösbarkeit des Sattelpunktproblems (4.50) sind die Voraussetzungen von Satz 3.7 zu überprüfen. Der durch die Bilinearform $a(\cdot,\cdot) : [H_0^1(\Omega)]^d \times [H_0^1(\Omega)]^d \to I\!R$ induzierte Operator $A : [H_0^1(\Omega)]^d \to [H^{-1}(\Omega)]^d$ ist offensichtlich beschränkt, siehe auch Lemma 4.5. Der durch die Bilinearform

$$b(\underline{v}, q) := \int\limits_\Omega q(x) \operatorname{div} \underline{v}(x)\, dx \quad \text{für } \underline{v} \in [H_0^1(\Omega)]^d, q \in L_2(\Omega)$$

erklärte Operator $B : [H_0^1(\Omega)]^d \to L_2(\Omega)$ ist wegen

$$|b(\underline{v}, q)| = \left| \int\limits_\Omega q(x) \operatorname{div} \underline{v}(x)\, dx \right| \le \|q\|_{L_2(\Omega)} \|\operatorname{div} \underline{v}\|_{L_2(\Omega)} \le \|q\|_{L_2(\Omega)} \|\underline{v}\|_{[H^1(\Omega)]^d}$$

beschränkt. Weiter ist

$$\ker B := \left\{ \underline{v} \in [H_0^1(\Omega)]^d \,:\, \operatorname{div} \underline{v} = 0 \right\} \subset [H_0^1(\Omega)]^d$$

der Kern des Operators B. Mit der ersten Kornschen Ungleichung (4.38) folgt

$$a(\underline{v}, \underline{v}) = 2\mu \int\limits_\Omega \sum_{i,j=1}^d [e_{ij}(\underline{v}, x)]^2 dx \ge \mu\, |\underline{v}|^2_{[H^1(\Omega)]^d}$$

für alle $\underline{v} \in [H_0^1(\Omega)]^d$. Mit der durch (4.40) erklärten Norm in $[H^1(\Omega)]^d$ ergibt sich dann die $[H_0^1(\Omega)]^d$–Elliptizität der Bilinearform $a(\cdot,\cdot)$,

$$a(\underline{v},\underline{v}) \geq c\,\|\underline{v}\|^2_{[H^1(\Omega)]^d} \quad \text{für alle } \underline{v} \in [H_0^1(\Omega)]^d.$$

Wegen $\ker B \subset [H_0^1(\Omega)]^d$ folgt somit auch die $\ker B$–Elliptiziät der Bilinearform $a(\cdot,\cdot)$. Zu überprüfen bleibt noch die Stabilitätsbedingung (3.25),

$$c_S\,\|q\|_{L_2(\Omega)} \leq \sup_{0\neq\underline{v}\in[H_0^1(\Omega)]^d} \frac{\int\limits_\Omega q(x)\,\mathrm{div}\,\underline{v}(x)dx}{\|\underline{v}\|_{[H^1(\Omega)]^d}} \quad \text{für alle } q \in L_{2,0}(\Omega). \tag{4.51}$$

Diese ergibt sich als direkte Konsequenz von Satz 2.7:

Lemma 4.9 *Für ein beschränktes und zusammenhängendes Lipschitz–Gebiet* $\Omega \subset \mathbb{R}^d$ *ist die Stabilitätsbedingung* (4.51) *erfüllt* .

Beweis: Für $q \in L_{2,0}(\Omega)$ ist $\nabla q \in [H^{-1}(\Omega)]^d$ und nach Satz 2.7 gilt

$$\|q\|_{L_2(\Omega)} \leq c\,\|\nabla q\|_{[H^{-1}(\Omega)]^d}.$$

Aus der Normdefinition von $[H^{-1}(\Omega)]^d$ folgt

$$\begin{aligned}\frac{1}{c}\,\|q\|_{L_2(\Omega)} &\leq \|\nabla q\|_{[H^{-1}(\Omega)]^d} = \sup_{0\neq\underline{w}\in[H_0^1(\Omega)]^d} \frac{\langle \underline{w}, \nabla q\rangle_\Omega}{\|\underline{w}\|_{[H^1(\Omega)]^d}} \\ &= \sup_{0\neq\underline{w}\in[H_0^1(\Omega)]^d} \frac{-\int\limits_\Omega q(x)\,\mathrm{div}\,\underline{w}(x)dx}{\|\underline{w}\|_{[H^1(\Omega)]^d}}\end{aligned}$$

und mit $\underline{v} := -\underline{w}$ ergibt sich die Stabilitätsbedingung (4.51). ■

Somit sind alle Voraussetzungen von Satz 3.7 erfüllt, woraus die eindeutige Lösbarkeit des Sattelpunktproblems (4.50) folgt.

Die Skalierungsbedingung für den Druck $p \in L_{2,0}(\Omega)$ kann nun wie im Fall des Neumann–Randwertproblems der skalaren Potentialgleichung in die Variationsformulierung (4.50) eingebunden werden. Durch Einführen eines Lagrange–Multiplikators $\lambda \in \mathbb{R}$ erhält man das erweiterte Sattelpunktproblem:

Gesucht ist $\underline{u} \in [H^1(\Omega)]^d$ mit $\underline{u}(x) = \underline{g}_D(x)$ für $x \in \Gamma$ sowie $p \in L_2(\Omega)$ und $\lambda \in \mathbb{R}$, so daß

$$\begin{aligned} a(\underline{u},\underline{v}) \quad &- \int\limits_\Omega p(x)\,\mathrm{div}\,\underline{v}(x)dx &= \langle \underline{f},\underline{v}\rangle_\Omega, \\ \int\limits_\Omega q(x)\,\mathrm{div}\,\underline{u}(x)\,dx \quad &+ \quad \lambda\int\limits_\Omega q(x)dx &= 0, \\ \int\limits_\Omega p(x)dx & &= 0 \end{aligned} \tag{4.52}$$

für alle $\underline{v} \in [H_0^1(\Omega)]^d$ und $q \in L_2(\Omega)$ gilt.

Mit $q \equiv 1$ folgt aus der zweiten Gleichung in (4.52)

$$\lambda\,|\Omega| = -\int\limits_\Omega \operatorname{div}\underline{u}(x)\,dx = -\int\limits_\Gamma \underline{n}(x)^\top \underline{g}(x) ds_x = 0$$

wegen der Lösbarkeitsbedingung (4.48) und somit $\lambda = 0$. Damit kann die dritte Gleichung in (4.52) geschrieben werden als

$$\int\limits_\Omega p(x)dx - \lambda = 0.$$

Durch Elimination von λ ergibt sich das zu (4.50) äquivalente modifizierte Sattelpunktproblem:
Gesucht ist $\underline{u}_0 \in [H_0^1(\Omega)]^d$ und $p \in L_2(\Omega)$, so daß

$$\begin{aligned} a(\underline{u}_0, \underline{v}) &- \int\limits_\Omega p(x)\operatorname{div}\underline{v}(x)dx &= \langle \underline{\widetilde{f}}, \underline{v}\rangle_\Omega \\ \int\limits_\Omega q(x)\operatorname{div}\underline{u}_0(x)\,dx &+ \int\limits_\Omega p(x)dx \int\limits_\Omega q(x)dx &= -\langle \operatorname{div}\underline{u}_g, q\rangle_\Omega \end{aligned} \tag{4.53}$$

für alle $\underline{v} \in [H_0^1(\Omega)]^d$ und $q \in L_2(\Omega)$ mit der durch

$$\langle \underline{\widetilde{f}}, \underline{v}\rangle_\Omega := \langle \underline{f}, \underline{v}\rangle_\Omega - a(\underline{u}_g, \underline{v}) \quad \text{für alle } \underline{v} \in [H_0^1(\Omega)]^d$$

erklärten modifizierten rechten Seite $\underline{\widetilde{f}} \in [H^{-1}(\Omega)]^d$ gilt.

Werden durch

$$\begin{aligned} \langle A\underline{u}, \underline{v}\rangle_\Omega &:= a(\underline{u}, \underline{v}), \\ \langle B\underline{u}, q\rangle_{L_2(\Omega)} &:= b(\underline{u}, q), \\ \langle \underline{v}, B'p\rangle_\Omega &:= \langle B\underline{v}, p\rangle_\Omega = b(\underline{v}, p), \\ \langle Dp, q\rangle_{L_2(\Omega)} &:= \int\limits_\Omega p(x)dx \int\limits_\Omega q(x)dx \end{aligned}$$

für alle $\underline{u}, \underline{v} \in [H_0^1(\Omega)]^d$ und $p, q \in L_2(\Omega)$ beschränkte Operatoren

$$\begin{aligned} A &: [H_0^1(\Omega)]^d \to [H^{-1}(\Omega)]^d, \\ B &: [H_0^1(\Omega)]^d \to L_2(\Omega), \\ B' &: L_2(\Omega) \to [H^{-1}(\Omega)]^d, \\ D &: L_2(\Omega) \to L_2(\Omega) \end{aligned}$$

zugeordnet, so lautet das Variationsproblem (4.53) in Operatorschreibweise

$$\begin{pmatrix} A & -B' \\ B & D \end{pmatrix} \begin{pmatrix} \underline{u}_0 \\ p \end{pmatrix} = \begin{pmatrix} \underline{\widetilde{f}} \\ -B\underline{u}_g \end{pmatrix}.$$

Aus der $[H_0^1(\Omega)]^d$–Elliptizität von A folgt

$$\underline{u}_0 = A^{-1}\left[\underline{\widetilde{f}} + B'p\right]$$

und Einsetzen in die zweite Gleichung ergibt das Schur–Komplement–System

$$\left[BA^{-1}B' + D\right]p = -B\underline{u}_g - A^{-1}\underline{\widetilde{f}}. \tag{4.54}$$

Lemma 4.10 *Der Operator* $S := BA^{-1}B' + D : L_2(\Omega) \to L_2(\Omega)$ *ist beschränkt und* $L_2(\Omega)$*–elliptisch.*

Beweis: Für $p \in L_2(\Omega)$ ist $\underline{u}_p = A^{-1}B'p \in [H_0^1(\Omega)]^d$ definiert als die eindeutige Lösung von

$$a(\underline{u}_p, \underline{v}) = b(\underline{v}, p) \quad \text{für alle } \underline{v} \in [H_0^1(\Omega)]^d.$$

Mit der $[H_0^1(\Omega)]^d$–Elliptizität von $a(\cdot,\cdot)$ und der Beschränktheit von $b(\cdot,\cdot)$ folgt

$$c_1^A \, ||\underline{u}_p||^2_{[H^1(\Omega)]^d} \le a(\underline{u}_p, \underline{u}_p) = b(\underline{u}_p, p) \le c_2^B \, ||\underline{u}_p||_{[H^1(\Omega)]^d} ||p||_{L_2(\Omega)}$$

und somit

$$||\underline{u}_p||_{[H^1(\Omega)]^d} \le \frac{c_2^B}{c_1^A} \, ||p||_{L_2(\Omega)}.$$

Mit der Cauchy–Schwarz–Ungleichung ergibt sich

$$\begin{aligned}
\langle Sp, q\rangle_{L_2(\Omega)} &= \langle [BA^{-1}B + D]p, q\rangle_{L_2(\Omega)} \\
&= \int_\Omega q(x) \operatorname{div} \underline{u}_p(x)dx + \int_\Omega p(x)dx \int_\Omega q(x)dx \\
&\le c_2^B \, ||q||_{L_2(\Omega)} ||\underline{u}_p||_{[H^1(\Omega)]^d} + |\Omega| \, ||p||_{L_2(\Omega)} ||q||_{L_2(\Omega)} \\
&\le c \, ||p||_{L_2(\Omega)} ||q||_{L_2(\Omega)}
\end{aligned}$$

und daher die Beschränktheit von $S : L_2(\Omega) \to L_2(\Omega)$.
Für beliebig gegebenes $p \in L_2(\Omega)$ gilt die Aufspaltung

$$p = p_0 + \frac{1}{|\Omega|} \int_\Omega p(x)dx$$

mit $p_0 \in L_{2,0}(\Omega)$ und

$$||p||^2_{L_2(\Omega)} = ||p_0||^2_{L_2(\Omega)} + \frac{1}{|\Omega|^2} \left[\int_\Omega p(x)dx\right]^2.$$

Für $p_0 \in L_{2,0}(\Omega)$ folgt aus der Stabilitätsbedingung (4.51), der Definition von $\underline{u}_{p_0} = A^{-1}B'p_0 \in [H_0^1(\Omega)]^d$ und der Beschränktheit der Bilinearform $a(\cdot,\cdot)$

$$\begin{aligned}
c_S \, ||p_0||_{L_2(\Omega)} &\le \sup_{0 \neq \underline{v} \in [H_0^1(\Omega)]^d} \frac{b(\underline{v}, p_0)}{||v||_{[H^1(\Omega)]^d}} \\
&= \sup_{0 \neq \underline{v} \in [H_0^1(\Omega)]^d} \frac{a(\underline{u}_{p_0}, \underline{v})}{||v||_{[H^1(\Omega)]^d}} \le c_2^A \, ||\underline{u}_{p_0}||_{[H^1(\Omega)]^d}
\end{aligned}$$

und somit

$$\|p_0\|^2_{L_2(\Omega)} \leq \left[\frac{c_2^A}{c_S}\right]^2 \|\underline{u}_{p_0}\|^2_{[H^1(\Omega)]^d} \leq \frac{1}{c_1^A}\left[\frac{c_2^A}{c_S}\right]^2 a(\underline{u}_{p_0}, \underline{u}_{p_0}) = c\, b(\underline{u}_{p_0}, p_0).$$

Einsetzen der Definition von $\underline{u}_{p_0} = A^{-1}B'p_0 \in [H_0^1(\Omega)]^d$ ergibt

$$\langle BA^{-1}B'p_0, p_0\rangle_{L_2(\Omega)} = \langle B\underline{u}_{p_0}, p_0\rangle_{L_2(\Omega)} \geq \frac{1}{c}\|p_0\|^2_{L_2(\Omega)}.$$

Für $\underline{v} \in [H_0^1(\Omega)]^d$ ist

$$\langle B'p, \underline{v}\rangle_\Omega = \int_\Omega p(x) \operatorname{div} \underline{v}(x) dx = -\langle \underline{v}, \nabla p\rangle_\Omega = -\langle \underline{v}, \nabla p_0\rangle_\Omega$$

und somit folgt

$$\langle BA^{-1}B'p, p\rangle_{L_2(\Omega)} = \langle BA^{-1}B'p_0, p_0\rangle_{L_2(\Omega)} \geq \frac{1}{c}\|p_0\|^2_{L_2(\Omega)}.$$

Daraus ergibt sich mit

$$\begin{aligned}
\langle Sp, p\rangle_{L_2(\Omega)} &= \langle BA^{-1}B'p, p\rangle_{L_2(\Omega)} + \langle Dp, p\rangle_{L_2(\Omega)} \\
&= \langle BA^{-1}B'p_0, p_0\rangle_{L_2(\Omega)} + \left[\int_\Omega p(x)dx\right]^2 \\
&\geq \frac{1}{c}\|p_0\|^2_{L_2(\Omega)} + \left[\int_\Omega p(x)dx\right]^2 \geq \min\left\{\frac{1}{c}, |\Omega|^2\right\} \|p\|^2_{L_2(\Omega)}
\end{aligned}$$

die behauptete $L_2(\Omega)$–Elliptizität von S. ■

Insgesamt ergibt sich nun die eindeutige Lösbarkeit der Operatorgleichung (4.54) aus Satz 3.2 (Lemma von Lax–Milgram).

Kapitel 5

Fundamentallösungen partieller Differentialoperatoren

Betrachtet wird zunächst die skalare partielle Differentialgleichung (1.10),

$$(Lu)(x) = f(x) \quad \text{für } x \in \Omega \subset \mathbb{R}^d,$$

mit einem elliptischen Differentialoperator zweiter Ordnung,

$$(Lu)(x) = -\sum_{i,j=1}^{d} \frac{\partial}{\partial x_j}\left[a_{ji}(x)\frac{\partial}{\partial x_i}u(x)\right].$$

Die zugehörige Konormalenableitung (1.7) ist

$$\gamma_1^{\text{int}}u(x) = \sum_{i,j=1}^{d} n_j(x)a_{ji}(x)\frac{\partial}{\partial x_i}u(x) \quad \text{für } x \in \Gamma$$

und die zweite Greensche Formel (1.8) lautet für die Lösung u der partiellen Differentialgleichung (1.10) und eine beliebige Testfunktion v

$$\int_\Omega (Lv)(y)u(y)dy = \int_\Gamma \gamma_1^{\text{int}}u(y)\gamma_0^{\text{int}}v(y)ds_y - \int_\Gamma \gamma_1^{\text{int}}v(y)\gamma_0^{\text{int}}u(y)ds_y + \int_\Omega f(y)v(y)dy.$$

Kann für $x \in \Omega$ eine Funktion $v(y) := U^*(x,y)$ mit

$$\int_\Omega (L_yU^*)(x,y)u(y)dy = u(x) \quad \text{für } x \in \Omega \tag{5.1}$$

bestimmt werden, so folgt für $x \in \Omega$ die **Darstellungsformel**

$$u(x) = \int_\Gamma U^*(x,y)\gamma_1^{\text{int}}u(y)ds_y - \int_\Gamma \gamma_{1,y}^{\text{int}}U^*(x,y)\gamma_0^{\text{int}}u(y)ds_y + \int_\Omega U^*(x,y)f(y)dy. \tag{5.2}$$

Somit kann jede Lösung der partiellen Differentialgleichung (1.10) allein aus der Kenntnis der **Cauchy–Daten** $[\gamma_0^{\text{int}}u(x), \gamma_1^{\text{int}}u(x)]$ für $x \in \Gamma$ bestimmt werden. Wegen

$$u(x) = \int_\Omega \delta_0(y-x)u(y)dy \quad \text{für } x \in \Omega$$

ist die Bestimmungsgleichung (5.1) äquivalent zur distributionellen Lösung der partiellen Differentialgleichung

$$(L_y U^*)(x,y) = \delta_0(y-x) \quad \text{für } x, y \in \mathbb{R}^d. \tag{5.3}$$

Jede Lösung $U^*(x,y)$ von (5.3) wird als **Fundamentallösung** bezeichnet.

Die Existenz einer Fundamentallösung $U^*(x,y)$ ist wesentlich für die Darstellungsformel (5.2) und somit Grundlage für die Herleitung von Randintegralgleichungen zur Bestimmung der vollständigen Cauchy–Daten. Für allgemeine Betrachtungen zur Existenz von Fundamentallösungen sei hier zum Beispiel auf [47, 53] verwiesen. Insbesondere für partielle Differentialoperatoren mit stückweise konstanten Koeffizienten ist die Existenz einer Fundamentallösung gewährleistet. Hier soll jedoch die Berechnung der Fundamentallösungen nur für den Laplace–Operator, das System der linearen Elastostatik, sowie das Stokes–System explizit hergeleitet werden.

5.1 Laplace–Operator

Gegeben sei der Laplace–Operator

$$(Lu)(x) := -\Delta u(x) \quad \text{für } x \in \mathbb{R}^d.$$

Die zugehörige Fundamentallösung ist definiert als distributionelle Lösung von

$$-\Delta_y U^*(x,y) = \delta_0(y-x) \quad \text{für } x, y \in \mathbb{R}^d.$$

Die Invarianz des Laplace–Operators gegenüber Translationen und Rotationen motiviert den Ansatz $U^*(x,y) = v(z)$ mit $z := y - x$. Zu lösen ist also

$$-\Delta v(z) = \delta_0(z) \quad \text{für } z \in \mathbb{R}^d. \tag{5.4}$$

Die Anwendung der Fourier–Transformation (2.15) ergibt unter Berücksichtigung der Ableitungsregel (2.18)

$$|\xi|^2 \, \widehat{v}(\xi) = \frac{1}{(2\pi)^{d/2}},$$

woraus

$$\widehat{v}(\xi) = \frac{1}{(2\pi)^{d/2}} \frac{1}{|\xi|^2} \in \mathcal{S}'(\mathbb{R}^d)$$

folgt. Für die Fourier–Transformierte $\widehat{v}$ einer temperierten Distribution $v \in \mathcal{S}'(\mathbb{R}^d)$ gilt nach Definition

$$\langle \widehat{v}, \varphi \rangle_{L_2(\mathbb{R}^d)} = \langle v, \widehat{\varphi} \rangle_{L_2(\mathbb{R}^d)} \quad \text{für alle } \varphi \in \mathcal{S}(\mathbb{R}^d).$$

Mit

$$\varphi(\xi) = (2\pi)^{-d/2} \int\limits_{\mathbb{R}^d} e^{i\langle z,\xi \rangle} \widehat{\varphi}(z) dz$$

ist

$$\langle \widehat{v}, \varphi \rangle_{L_2(\mathbb{R}^d)} = \frac{1}{(2\pi)^d} \int\limits_{\mathbb{R}^d} \frac{1}{|\xi|^2} \int\limits_{\mathbb{R}^d} e^{i\langle z,\xi \rangle} \widehat{\varphi}(z) dz d\xi.$$

Da das Integral

$$\int\limits_{\mathbb{R}^d} \frac{1}{|\xi|^2} d\xi$$

nicht existiert, kann in dem Doppelintegral die Integrationsreihenfolge **nicht** vertauscht werden.
Mit

$$\Delta_z e^{i\langle z,\xi \rangle} = -|\xi|^2 e^{i\langle z,\xi \rangle}$$

ergibt sich jedoch durch Aufspalten des äußeren Integrals, partielle Integration und anschließende Vertauschung der Integrationsreihenfolge sowie nochmalige partielle Integration

$$\begin{aligned}
\langle \widehat{v}, \varphi \rangle_{L_2(\mathbb{R}^d)} &= \frac{1}{(2\pi)^d} \int\limits_{\mathbb{R}^d} \frac{1}{|\xi|^2} \int\limits_{\mathbb{R}^d} e^{i\langle z,\xi \rangle} \widehat{\varphi}(z) dz d\xi \\
&= \frac{1}{(2\pi)^d} \int\limits_{|\xi|\le 1} \frac{1}{|\xi|^2} \int\limits_{\mathbb{R}^d} e^{i\langle z,\xi \rangle} \widehat{\varphi}(z) dz d\xi + \frac{1}{(2\pi)^d} \int\limits_{|\xi|>1} \frac{1}{|\xi|^2} \int\limits_{\mathbb{R}^d} \left[-\Delta_z \frac{e^{i\langle z,\xi \rangle}}{|\xi|^2} \right] \widehat{\varphi}(z) dz d\xi \\
&= \frac{1}{(2\pi)^d} \int\limits_{|\xi|\le 1} \frac{1}{|\xi|^2} \int\limits_{\mathbb{R}^d} e^{i\langle z,\xi \rangle} \widehat{\varphi}(z) dz d\xi + \frac{1}{(2\pi)^d} \int\limits_{|\xi|>1} \frac{1}{|\xi|^4} \int\limits_{\mathbb{R}^d} e^{i\langle z,\xi \rangle} \left[-\Delta_z \widehat{\varphi}(z) \right] dz d\xi \\
&= \frac{1}{(2\pi)^d} \int\limits_{\mathbb{R}^d} \widehat{\varphi}(z) \int\limits_{|\xi|\le 1} \frac{e^{i\langle z,\xi \rangle}}{|\xi|^2} d\xi dz + \frac{1}{(2\pi)^d} \int\limits_{\mathbb{R}^d} \left[-\Delta_z \widehat{\varphi}(z) \right] \int\limits_{|\xi|>1} \frac{e^{i\langle z,\xi \rangle}}{|\xi|^4} d\xi dz \\
&= \int\limits_{\mathbb{R}^d} \widehat{\varphi}(z) \frac{1}{(2\pi)^d} \left[\int\limits_{|\xi|\le 1} \frac{e^{i\langle z,\xi \rangle}}{|\xi|^2} d\xi - \Delta_z \int\limits_{|\xi|>1} \frac{e^{i\langle z,\xi \rangle}}{|\xi|^4} d\xi \right] dz.
\end{aligned}$$

Für $d = 3$ folgt mit den Kugelkoordinaten

$$\xi_1 = r \cos\varphi \sin\theta, \quad \xi_2 = r \sin\varphi \sin\theta, \quad \xi_3 = r \cos\theta$$

für $r \in (0,\infty), \varphi \in (0,2\pi), \theta \in (0,\pi)$ und unter Berücksichtigung von Lemma 2.1

$$\begin{aligned} v(z) &= v(|z|) = \frac{1}{(2\pi)^3}\left[\int\limits_{|\xi|\le 1} \frac{e^{i\langle z,\xi\rangle}}{|\xi|^2} d\xi - \Delta_z \int\limits_{|\xi|>1} \frac{e^{i\langle z,\xi\rangle}}{|\xi|^4} d\xi\right] \\ &= \frac{1}{(2\pi)^3}\left[\int_0^{2\pi}\int_0^{\pi}\int_0^1 e^{i|z|r\cos\theta}\sin\theta\,dr\,d\theta\,d\varphi - \Delta_z \int_0^{2\pi}\int_0^{\pi}\int_1^{\infty} \frac{e^{i|z|r\cos\theta}\sin\theta}{r^2} dr\,d\theta\,d\varphi\right] \\ &= \frac{1}{(2\pi)^2}\left[\int_0^{\pi}\int_0^1 e^{i|z|r\cos\theta}\sin\theta\,dr\,d\theta - \Delta_z \int_0^{\pi}\int_1^{\infty} \frac{e^{i|z|r\cos\theta}\sin\theta}{r^2} dr\,d\theta\right]. \end{aligned}$$

Die Transformation $u := \cos\theta$ liefert

$$\int_0^{\pi} e^{i|z|r\cos\theta}\sin\theta d\theta = \int_{-1}^{1} e^{i|z|ru} du = \frac{1}{i|z|r}\left[e^{i|z|r} - e^{-i|z|r}\right] = \frac{2}{|z|r}\sin|z|r$$

und somit

$$v(z) = \frac{1}{2\pi^2}\left[\int_0^1 \frac{\sin|z|r}{|z|r} dr - \Delta_z \int_1^{\infty} \frac{\sin|z|r}{|z|r^3} dr\right].$$

Mit der Transformation $s := |z|r$ ergibt sich für das erste Integral

$$I_1 := \int_0^1 \frac{\sin|z|r}{|z|r} dr = \frac{1}{|z|}\int_0^{|z|} \frac{\sin s}{s} ds = \frac{\mathrm{Si}(|z|)}{|z|}$$

mit dem Integralsinus Si. Mit

$$\begin{aligned} \int \frac{\sin ax}{x^3} dx &= -\frac{1}{2}\frac{\sin ax}{x^2} + \frac{a}{2}\int \frac{\cos ax}{x^2} dx \\ &= -\frac{1}{2}\frac{\sin ax}{x^2} - \frac{a}{2}\frac{\cos ax}{x} - \frac{a^2}{2}\int \frac{\sin ax}{x} dx \end{aligned}$$

folgt für das zweite Integral

$$\begin{aligned} I_2 &:= \int_1^{\infty} \frac{\sin|z|r}{|z|r^3} dr = \left[-\frac{1}{2}\frac{\sin|z|r}{|z|r^2} - \frac{1}{2}\frac{\cos|z|r}{r}\right]_1^{\infty} - \frac{|z|}{2}\int_1^{\infty} \frac{\sin|z|r}{r} dr \\ &= \frac{1}{2}\frac{\sin|z|}{|z|} + \frac{1}{2}\cos|z| - \frac{|z|}{2}\left[\int_0^{\infty} \frac{\sin|z|r}{r} dr - \int_0^1 \frac{\sin|z|r}{r} dr\right] \\ &= \frac{1}{2}\frac{\sin|z|}{|z|} + \frac{1}{2}\cos|z| - \frac{|z|}{2}\left[\frac{\pi}{2} - \mathrm{Si}(|z|)\right]. \end{aligned}$$

Einsetzen und Differenzieren liefert dann

$$\begin{aligned} v(z) &= \frac{1}{2\pi^2}\left\{\frac{\mathrm{Si}(|z|)}{|z|} - \Delta_z\left[\frac{1}{2}\frac{\sin|z|}{|z|} + \frac{1}{2}\cos|z| - \frac{\pi}{4}|z| + \frac{1}{2}|z|\mathrm{Si}(|z|)\right]\right\} \\ &= \frac{1}{8\pi}\Delta_z|z| + \underbrace{\frac{1}{2\pi^2}\left\{\frac{\mathrm{Si}(|z|)}{|z|} - \Delta_z\left[\frac{1}{2}\frac{\sin|z|}{|z|} + \frac{1}{2}\cos|z| + \frac{1}{2}|z|\mathrm{Si}(|z|)\right]\right\}}_{=0} \\ &= \frac{1}{4\pi}\frac{1}{|z|}. \end{aligned}$$

Damit lautet die **Fundamentallösung** des **Laplace**–Operators für $\boldsymbol{d = 3}$

$$U^*(x,y) = \frac{1}{4\pi}\frac{1}{|x-y|}.$$

Für $d = 2$ ist die inverse Fourier–Transformation der Fundamentallösung geeignet zu regularisieren, siehe [87]. Durch

$$\langle \mathcal{P}\frac{1}{|x|^2}, \varphi\rangle_{L_2(\mathbb{R}^d)} = \int\limits_{x\in\mathbb{R}^2:|x|\le 1} \frac{\varphi(x)-\varphi(0)}{|x|^2}dx + \int\limits_{x\in\mathbb{R}^2:|x|>1} \frac{\varphi(x)}{|x|^2}dx$$

wird zunächst die temperierte Distribution $\mathcal{P}\dfrac{1}{|x|^2} \in \mathcal{S}'(\mathbb{R}^d)$ definiert. Dann ist

$$2\pi\,\langle v, \widehat{\varphi}\rangle_{L_2(\mathbb{R}^2)} = \langle \mathcal{P}\frac{1}{|\xi|^2}, \varphi\rangle_{L_2(\mathbb{R}^2)} = \int\limits_{\xi\in\mathbb{R}^2:|\xi|\le 1} \frac{\varphi(\xi)-\varphi(0)}{|\xi|^2}d\xi + \int\limits_{\xi\in\mathbb{R}^2:|\xi|>1} \frac{\varphi(\xi)}{|\xi|^2}d\xi$$

für alle $\varphi \in \mathcal{S}(\mathbb{R}^2)$. Mit

$$\varphi(\xi) = \frac{1}{2\pi}\int\limits_{\mathbb{R}^2} e^{i\langle z,\xi\rangle}\widehat{\varphi}(z)dz, \quad \varphi(0) = \frac{1}{2\pi}\int\limits_{\mathbb{R}^2}\widehat{\varphi}(z)dz$$

ergibt sich daraus

$$(2\pi)^2\langle v, \widehat{\varphi}\rangle_{L_2(\mathbb{R}^2)} = \int\limits_{\xi\in\mathbb{R}^2:|\xi|\le 1} \frac{1}{|\xi|^2}\int\limits_{\mathbb{R}^2}[e^{i\langle z,\xi\rangle}-1]\widehat{\varphi}(z)dzd\xi + \int\limits_{\xi\in\mathbb{R}^2:|\xi|>1} \frac{1}{|\xi|^2}\int\limits_{\mathbb{R}^2} e^{i\langle z,\xi\rangle}\widehat{\varphi}(z)dzd\xi.$$

Die Voraussetzungen für die Vertauschbarkeit der Integrationsreihenfolge des zweiten Doppelintegrals sind erneut nicht erfüllt. Hier kann jedoch wie im Fall $d = 3$ vorgegangen werden. Formal ist

$$(2\pi)^2\langle v, \widehat{\varphi}\rangle_{L_2(\mathbb{R}^2)} = \int\limits_{\mathbb{R}^2}\widehat{\varphi}(z)\left[\int\limits_{\xi\in\mathbb{R}^2:|\xi|\le 1} \frac{e^{i\langle z,\xi\rangle}-1}{|\xi|^2}d\xi + \int\limits_{\xi\in\mathbb{R}^2:|\xi|>1} \frac{e^{i\langle z,\xi\rangle}}{|\xi|^2}d\xi\right]dz.$$

Nach Lemma 2.1 folgt nun

$$v(z) = v(|z|) = \frac{1}{(2\pi)^2} \int\limits_{\xi\in\mathbb{R}^2:|\xi|\le 1} \frac{e^{i\langle z,\xi\rangle}-1}{|\xi|^2} d\xi + \int\limits_{\xi\in\mathbb{R}^2:|\xi|>1} \frac{e^{i\langle z,\xi\rangle}}{|\xi|^2} d\xi.$$

Unter Verwendung von Polarkoordinaten ergibt sich

$$\begin{aligned} v(z) &= \frac{1}{(2\pi)^2} \int_0^1 \int_0^{2\pi} \frac{1}{r} \left[e^{ir|z|\cos\varphi} - 1 \right] d\varphi dr + \frac{1}{(2\pi)^2} \int_1^\infty \int_0^{2\pi} \frac{1}{r} e^{ir|z|\cos\varphi} d\varphi dr \\ &= \frac{1}{2\pi} \int_0^1 \frac{1}{r} [J_0(r|z|) - 1] dr + \frac{1}{2\pi} \int_1^\infty \frac{1}{r} J_0(r|z|) dr \end{aligned}$$

mit der Bessel–Funktion erster Ordnung, vergleiche z.B. [34, Subsection 8.411],

$$J_0(s) = \frac{1}{2\pi} \int_0^{2\pi} e^{is\cos\varphi} d\varphi.$$

Mit der Substitution $r := s/\varrho$ ergibt sich

$$\begin{aligned} v(z) &= \frac{1}{2\pi} \int_0^\varrho \frac{J_0(s)-1}{s} ds + \frac{1}{2\pi} \int_\varrho^\infty \frac{J_0(s)}{s} ds \\ &= \frac{1}{2\pi} \int_0^1 \frac{J_0(s)-1}{s} ds + \frac{1}{2\pi} \int_1^\infty \frac{J_0(s)}{s} ds + \int_\varrho^1 \frac{1}{s} ds \\ &= -\frac{1}{2\pi} \log|z| - \frac{C_0}{2\pi} \end{aligned} \tag{5.5}$$

mit

$$C_0 := \int_0^1 \frac{1-J_0(s)}{s} ds - \int_1^\infty \frac{J_0(s)}{s} ds.$$

Da die Konstanten Lösungen der homogenen Laplace–Gleichung sind, können diese bei der Definition einer Fundamentallösung vernachlässigt werden. Die **Fundamentallösung** des **Laplace**–Operators für $\boldsymbol{d = 2}$ lautet also

$$U^*(x,y) = -\frac{1}{2\pi} \log|x-y|.$$

Im folgenden soll ein alternativer Zugang zur Bestimmung der Fundamentallösung im Fall $d = 2$ verfolgt werden. Mit Lemma 2.1 folgt, daß die Lösung $v(z)$ nur vom Betrag $\varrho := |z|$ abhängt. Für $z \neq 0$ lautet die partielle Differentialgleichung (5.4) in Polarkoordinaten

$$\left[\frac{\partial^2}{\partial\varrho^2} + \frac{1}{\varrho}\frac{\partial}{\partial\varrho} \right] v(\varrho) = 0 \quad \text{für } \varrho > 0.$$

Die allgemeine Lösung lautet

$$v(\varrho) = a \log \varrho + b$$

mit $a, b \in \mathbb{R}$. Dabei kann insbesondere $b = 0$ gewählt werden, d.h. es folgt

$$U^*(x,y) = a \log |x-y| .$$

Für $x \in \Omega$ und hinreichend kleines $\varepsilon > 0$ sei $B_\varepsilon(x) \subset \Omega$ eine Kugel um x mit Radius ε. Für $y \in \Omega \backslash \overline{B_\varepsilon(x)}$ ist $U^*(x,y)$ somit Lösung der homogenen Laplace–Gleichung $-\Delta_y U^*(x,y) = 0$. Die Anwendung der zweiten Greenschen Formel (1.8) bezüglich $\Omega \backslash \overline{B_\varepsilon(x)}$ ergibt dann

$$\begin{aligned} 0 &= \int\limits_\Gamma U^*(x,y) \frac{\partial}{\partial n_y} u(y) ds_y - \int\limits_\Gamma \frac{\partial}{\partial n_y} U^*(x,y) u(y) ds_y + \int\limits_{\Omega \backslash \overline{B}_\varepsilon(x)} U^*(x,y) f(y) dy \\ &\quad + \int\limits_{\partial B_\varepsilon(x)} U^*(x,y) \frac{\partial}{\partial n_y} u(y) ds_y - \int\limits_{\partial B_\varepsilon(x)} \frac{\partial}{\partial n_y} U^*(x,y) u(y) ds_y. \end{aligned}$$

Für den Grenzübergang $\varepsilon \to 0$ wird zunächst der folgende Ausdruck abgeschätzt,

$$\begin{aligned} \left| \int\limits_{\partial B_\varepsilon} U^*(x,y) \frac{\partial}{\partial n_y} u(y) ds_y \right| &= |a| \, |\log \varepsilon| \left| \int\limits_{\partial B_\varepsilon} \frac{\partial}{\partial n_y} u(y) ds_y \right| \\ &\leq |a| \, 2\pi\, \varepsilon \, |\log \varepsilon| \, \|u\|_{C^1(\Omega)}. \end{aligned}$$

Mit $n_y = \dfrac{1}{\varepsilon}(x-y)$ für $y \in \partial B_\varepsilon(x)$ folgt

$$\int\limits_{\partial B_\varepsilon(x)} \frac{\partial}{\partial n_y} U^*(x,y) u(y) ds_y = a \int\limits_{\partial B_\varepsilon(x)} \frac{(n_y, y-x)}{|x-y|^2} u(y) ds_y = -\frac{a}{\varepsilon} \int\limits_{\partial B_\varepsilon(x)} u(y) ds_y.$$

Die Taylor–Entwicklung

$$u(y) = u(x) + (y-x) \nabla u(\xi)$$

mit einer geeigneten Zwischenwertstelle $\xi = x + t(y-x)$, $t \in (0,1)$, liefert

$$\int\limits_{\partial B_\varepsilon(x)} \frac{\partial}{\partial n_y} U^*(x,y) u(y) ds_y = -a \, 2\pi \, u(x) - \frac{a}{\varepsilon} \int\limits_{\partial B_\varepsilon(x)} (y-x) \nabla u(\xi) dy .$$

Dabei gilt

$$\left| \frac{a}{\varepsilon} \int\limits_{\partial B_\varepsilon(x)} (y-x) \nabla u(\xi) dy \right| \leq |a| \, 2\pi \, \varepsilon \, \|u\|_{C^1(\Omega)} .$$

Der Grenzübergang $\varepsilon \to 0$ ergibt somit

$$-a\,2\pi\,u(x) = \int_\Gamma U^*(x,y)\frac{\partial}{\partial n_y}u(y)ds_y - \int_\Gamma \frac{\partial}{\partial n_y}U^*(x,y)u(y)ds_y + \int_\Omega U^*(x,y)f(y)dy$$

und damit die gewünschte Darstellungsformel für $a = -\dfrac{1}{2\pi}$.

Damit lautet die **Fundamentallösung** des Laplace–Operators

$$U^*(x,y) = \begin{cases} -\dfrac{1}{2\pi}\log|x-y| & \text{für } d=2, \\ \dfrac{1}{4\pi}\dfrac{1}{|x-y|} & \text{für } d=3. \end{cases} \tag{5.6}$$

Jede Lösung der partiellen Differentialgleichung

$$-\Delta u(x) = f(x) \quad \text{für } x \in \Omega \subset \mathbb{R}^d$$

kann somit durch die **Darstellungsformel**

$$u(x) = \int_\Gamma U^*(x,y)\frac{\partial}{\partial n_y}u(y)ds_y - \int_\Gamma \frac{\partial}{\partial n_y}U^*(x,y)u(y)ds_y + \int_\Omega U^*(x,y)f(y)dy \tag{5.7}$$

für $x \in \Omega$ repräsentiert werden.

5.2 Lineare Elastostatik

Betrachtet wird nun das System (1.25) der linearen Elastostatik,

$$-\mu\Delta\underline{u}(x) - (\lambda+\mu)\operatorname{grad}\operatorname{div}\underline{u}(x) = \underline{f}(x) \quad \text{für } x \in \Omega \subset \mathbb{R}^d$$

und die zugehörige zweite Bettische Formel (1.30),

$$\begin{aligned}\int_\Omega \sum_{i,j=1}^d \frac{\partial}{\partial y_j}\sigma_{ij}(\underline{v},y)u_i(y)dy &= \int_\Gamma \gamma_0^{\text{int}}\underline{v}(y)^\top\gamma_1^{\text{int}}\underline{u}(y)ds_y - \int_\Gamma \gamma_0^{\text{int}}\underline{u}(y)^\top\gamma_1^{\text{int}}\underline{v}(y)ds_y \\ &\quad + \int_\Omega \underline{f}(y)^\top\underline{v}(y)dy. \end{aligned} \tag{5.8}$$

Zur Herleitung von **Darstellungsformeln** für die Komponenten $u_k(x)$, $x \in \Omega$, sind also Lösungen $\underline{v}^k(x,y)$ zu finden mit

$$\int_\Omega \sum_{i,j=1}^d \frac{\partial}{\partial y_j}\sigma_{ij}(\underline{v}^k(x,y),y)u_i(y)dy = u_k(x) \quad \text{für } x \in \Omega,\ k=1,\dots,d.$$

Sei $\underline{e}^k \in \mathbb{R}^d$ der Einheitsvektor mit $e_\ell^k = \delta_{k\ell}$ für $k, \ell = 1, \ldots, d$. Mit der Transformation $z := y - x$ sind für $k = 1, \ldots, d$ die partiellen Differentialgleichungen

$$-\mu \Delta_z \underline{v}^k(z) - (\lambda + \mu) \text{grad}_z \text{div}_z \underline{v}^k(z) = \delta_0(z)\, \underline{e}^k \quad \text{für } z \in \mathbb{R}^d$$

im distributionellen Sinne zu lösen. Mit dem Ansatz (1.32) einer Airyschen Spannungsfunktion ψ,

$$\underline{v}^k(z) := \Delta[\psi(z)\underline{e}^k] - \frac{\lambda + \mu}{\lambda + 2\mu} \text{grad div}\, [\psi(z)\underline{e}^k],$$

ist dies äquivalent zur Lösung der **Bi–Laplace–Gleichung**

$$-\mu \Delta^2 \psi(z) = \delta_0(z) \quad \text{für } z \in \mathbb{R}^d$$

bzw. in entkoppelter Form,

$$-\mu \Delta \varphi(z) = \delta_0(z), \quad \Delta \psi(z) = \varphi(z) \quad \text{für } z \in \mathbb{R}^d.$$

Aus der Kenntnis der Fundamentallösung des Laplace–Operators folgt sofort

$$\varphi(z) = \begin{cases} -\dfrac{1}{\mu} \dfrac{1}{2\pi} \log |z|, & \text{für } d = 2, \\[2ex] \dfrac{1}{\mu} \dfrac{1}{4\pi} \dfrac{1}{|z|} & \text{für } d = 3. \end{cases}$$

Für $d = 2$ lautet die verbleibende Potentialgleichung in Polarkoordinaten

$$\left[\frac{\partial^2}{\partial \varrho^2} + \frac{1}{\varrho} \frac{\partial}{\partial \varrho}\right] \widetilde{\psi}(\varrho) = -\frac{1}{\mu} \frac{1}{2\pi} \log \varrho \quad \text{für } \varrho > 0,$$

deren allgemeine Lösung durch

$$\widetilde{\psi}(\varrho) = -\frac{1}{\mu} \frac{1}{8\pi} \left[\varrho^2 \log \varrho - \varrho^2\right] + a \log \varrho + b \quad \text{für } \varrho > 0, \ a, b \in \mathbb{R}$$

gegeben ist. Insbesondere für $a = b = 0$ ist also

$$\widetilde{\psi}(\varrho) = -\frac{1}{\mu} \frac{1}{8\pi} \left[\varrho^2 \log \varrho - \varrho^2\right].$$

Wegen $\Delta^2 |z|^2 = 0$ folgt daraus mit $\varrho = |z|$

$$\psi(z) = -\frac{1}{\mu} \frac{1}{8\pi} |z|^2 \log |z|.$$

Für $k = 1$ ergibt sich für $\underline{v}^1(z)$ die Darstellung

$$v_1^1(z) = \Delta \psi(z) - \frac{\lambda + \mu}{\lambda + 2\mu} \frac{\partial^2}{\partial z_1^2} \psi(z), \quad v_2^1(z) = -\frac{\lambda + \mu}{\lambda + 2\mu} \frac{\partial^2}{\partial z_1 \partial z_2} \psi(z).$$

Mit $\frac{\partial}{\partial z_i}|z| = \frac{z_i}{|z|}$ gilt für die Ableitungen

$$\begin{aligned}
\frac{\partial}{\partial z_i}\psi(z) &= -\frac{1}{\mu}\frac{1}{8\pi}\left[2z_i \log|z| + z_i\right] \quad (i=1,2) \\
\frac{\partial^2}{\partial z_i^2}\psi(z) &= -\frac{1}{\mu}\frac{1}{8\pi}\left[2\log|z| + 2\frac{z_1^2}{|z|^2} + 1\right] \quad (i=1,2) \\
\frac{\partial^2}{\partial z_1 \partial z_2}\psi(z) &= -\frac{1}{\mu}\frac{1}{4\pi}\frac{z_1 z_2}{|z|^2}
\end{aligned}$$

und somit ergibt sich für den Lösungsvektor $\underline{v}^1$ die Darstellung

$$\begin{aligned}
v_1^1(z) &= -\frac{1}{4\pi}\frac{\lambda+3\mu}{\mu(\lambda+2\mu)}\log|z| + \frac{1}{4\pi}\frac{\lambda+\mu}{\mu(\lambda+2\mu)}\left[\frac{z_1^2}{|z|^2} - \frac{3}{2}\right], \\
v_2^1(z) &= \frac{1}{4\pi}\frac{\lambda+\mu}{\mu(\lambda+2\mu)}\frac{z_1 z_2}{|z|^2}.
\end{aligned}$$

Für $k=2$ erfolgt die Rechnung analog. Offensichtlich sind die Konstanten Lösungen des homogenen Differentialgleichungssystems, also können diese bei der Definition der Fundamentallösung ignoriert werden. Die Lösungen $\underline{v}^k$ zur Herleitung der Darstellungsformeln für die Komponenten $u_k(x)$ bilden den **Kelvinschen Lösungstensor** $U^*(x,y) = (\underline{v}^1, \underline{v}^2)$ mit den Komponenten

$$U_{k\ell}^*(x,y) = \frac{1}{4\pi}\frac{\lambda+\mu}{\mu(\lambda+2\mu)}\left[-\frac{\lambda+3\mu}{\lambda+\mu}\log|x-y|\,\delta_{k\ell} + \frac{(y_k-x_k)(y_\ell-x_\ell)}{|x-y|^2}\right]$$

für $k,\ell = 1,2$. Einsetzen der Laméschen Elastizitätskonstanten (1.24) ergibt

$$U_{k\ell}^*(x,y) = \frac{1}{4\pi}\frac{1}{E}\frac{1+\nu}{1-\nu}\left[(4\nu-3)\log|x-y|\,\delta_{k\ell} + \frac{(y_k-x_k)(y_\ell-x_\ell)}{|x-y|^2}\right].$$

Dies ist die **Fundamentallösung** der **linearen Elastostatik** für $\boldsymbol{d=2}$, welche offensichtlich auch für den inkompressiblen Grenzfall $\nu = \frac{1}{2}$ nicht degeneriert.

Für $d=3$ lautet die zu lösende Potentialgleichung in Kugelkoordinaten

$$\frac{1}{\varrho^2}\frac{\partial}{\partial\varrho}\left[\varrho^2\frac{\partial}{\partial\varrho}\widetilde{\psi}(\varrho)\right] = \frac{1}{\mu}\frac{1}{4\pi}\frac{1}{\varrho} \quad \text{für } \varrho > 0$$

mit der allgemeinen Lösung

$$\widetilde{\psi}(\varrho) = \frac{1}{\mu}\frac{1}{4\pi}\left[\frac{1}{2}\varrho + \frac{a}{\varrho} + b\right], \quad \text{für } \varrho > 0,\ a,b \in I\!R.$$

Mit $a=b=0$ ist also

$$\psi(z) = \frac{1}{\mu}\frac{1}{8\pi}|z|.$$

Für $k = 1$ ergibt sich $\underline{v}^1(z)$

$$\begin{aligned} v_1^1(z) &= \Delta\psi(z) - \frac{\lambda+\mu}{\lambda+2\mu}\frac{\partial^2}{\partial z_1^2}\psi(z), \\ v_2^1(z) &= -\frac{\lambda+\mu}{\lambda+2\mu}\frac{\partial^2}{\partial z_1 \partial z_2}\psi(z), \\ v_3^1(z) &= -\frac{\lambda+\mu}{\lambda+2\mu}\frac{\partial}{\partial z_1 \partial z_3}\psi(z). \end{aligned}$$

Mit den Ableitungen

$$\begin{aligned} \frac{\partial}{\partial z_i}\psi(z) &= \frac{1}{\mu}\frac{1}{8\pi}\frac{z_i}{|z|}, \quad \frac{\partial^2}{\partial z_i^2}\psi(z) = \frac{1}{\mu}\frac{1}{8\pi}\left[\frac{1}{|z|} - \frac{z_i^2}{|z|^3}\right], \\ \frac{\partial^2}{\partial z_i \partial z_j}\psi(z) &= -\frac{1}{\mu}\frac{1}{8\pi}\frac{z_i z_j}{|z|^3} \quad \text{für } i \neq j \end{aligned}$$

folgt für die Komponenten des Lösungsvektors $\underline{v}^1$

$$\begin{aligned} v_1^1(z) &= \frac{1}{8\pi}\frac{\lambda+3\mu}{\mu(\lambda+2\mu)}\frac{1}{|z|} + \frac{1}{8\pi}\frac{\lambda+\mu}{\mu(\lambda+2\mu)}\frac{z_1^2}{|z|^3}, \\ v_2^1(z) &= \frac{1}{8\pi}\frac{\lambda+\mu}{\mu(\lambda+2\mu)}\frac{z_1 z_2}{|z|^3}, \\ v_3^1(z) &= \frac{1}{8\pi}\frac{\lambda+\mu}{\mu(\lambda+2\mu)}\frac{z_1 z_3}{|z|^3}. \end{aligned}$$

Für $k = 2, 3$ sind die Rechnungen wiederum analog, und für den **Kelvinschen Lösungstensor** $U^*(x, y) = (\underline{v}^1, \underline{v}^2, \underline{v}^3)$ folgt die Darstellung

$$U_{k\ell}^*(x,y) = \frac{1}{8\pi}\frac{\lambda+\mu}{\mu(\lambda+2\mu)}\left[\frac{\lambda+3\mu}{\lambda+\mu}\frac{\delta_{k\ell}}{|x-y|} + \frac{(y_k - x_k)(y_\ell - x_\ell)}{|x-y|^3}\right]$$

für $k, \ell = 1, \ldots, 3$. Einsetzen der Laméschen Konstanten (1.24) liefert die **Fundamentallösung** der **linearen Elastostatik** für $\boldsymbol{d = 3}$,

$$U_{k\ell}^*(x,y) = \frac{1}{8\pi}\frac{1}{E}\frac{1+\nu}{1-\nu}\left[(3-4\nu)\frac{\delta_{k\ell}}{|x-y|} + \frac{(y_k - x_k)(y_\ell - x_\ell)}{|x-y|^3}\right].$$

Damit lautet die **Fundamentallösung** der linearen Elastostatik

$$U_{k\ell}^*(x,y) = \frac{1}{4(d-1)\pi}\frac{1}{E}\frac{1+\nu}{1-\nu}\left[(3-4\nu)E(x,y)\delta_{k\ell} + \frac{(x_k - y_k)(x_\ell - y_\ell)}{|x-y|^d}\right] \tag{5.9}$$

für $k, \ell = 1, \ldots, d$ mit

$$E(x,y) = \begin{cases} -\log|x-y| & \text{für } d = 2, \\ \dfrac{1}{|x-y|} & \text{für } d = 3. \end{cases}$$

Einsetzen von $\underline{v}(y) = \underline{U}_k^*(x,y)$ in die zweite Bettische Formel (5.8) ergibt nun die **Darstellungsformel**

$$\begin{aligned} u_k(x) &= \int_\Gamma \underline{U}_k^*(x,y)^\top \gamma_1^{\text{int}} \underline{u}(y) ds_y - \int_\Gamma \underline{u}(y)^\top \gamma_{1,y}^{\text{int}} \underline{U}_k^*(x,y) ds_y \\ &\quad + \int_\Omega \underline{f}(y)^\top \underline{U}_k^*(x,y) dy \end{aligned} \tag{5.10}$$

für $x \in \Omega$ und $k = 1, \ldots, d$. Dabei ist die Randspannung $\underline{T}_k^*(x,y)$ der Fundamentallösung $\underline{U}_k^*(x,y)$ für fast alle $y \in \Gamma$ nach (1.27) bestimmt durch

$$\begin{aligned} \underline{T}_k^*(x,y) &:= \gamma_{1,y}^{\text{int}} \underline{U}_k^*(x,y) \\ &= \lambda \operatorname{div}_y \underline{U}_k^*(x,y)\, \underline{n}(y) + 2\mu \frac{\partial}{\partial n_y} \underline{U}_k^*(x,y) + \mu\, \underline{n}(y) \times \operatorname{curl}_y \underline{U}_k^*(x,y). \end{aligned}$$

Mit

$$\operatorname{div} \underline{U}_k^*(x,y) = \frac{1}{4(d-1)\pi} \frac{1}{E} \frac{1+\nu}{1-\nu} 2(2\nu-1) \frac{y_k - x_k}{|x-y|^d}$$

folgt daraus

$$\begin{aligned} \underline{T}_k^*(x,y) &= -\frac{1}{2(d-1)\pi} \frac{\nu}{1-\nu} \frac{y_k - x_k}{|x-y|^d} + \frac{E}{1+\nu} \frac{\partial}{\partial n_y} \underline{U}_k^*(x,y) \\ &\quad + \frac{E}{2(1+\nu)} \underline{n}(y) \times \operatorname{curl}_y \underline{U}_k^*(x,y). \end{aligned} \tag{5.11}$$

Offensichtlich existieren neben den Fundamentallösungen $\underline{U}_k^*(x,y)$ auch die zugehörigen Randspannungen $\underline{T}_k^*(x,y)$ im inkompressiblen Grenzfall $\nu = \frac{1}{2}$.

5.3 Stokes–Problem

Vorgelegt sei abschließend das Stokes–System (1.38),

$$-\mu \Delta \underline{u}(x) + \nabla p(x) = \underline{f}(x), \quad \operatorname{div} \underline{u}(x) = 0 \quad \text{für } x \in \Omega \subset \mathbb{R}^d.$$

Für die Lösung $\underline{u}$ und ein beliebiges Vektorfeld $\underline{v}$ folgt aus der ersten Greenschen Formel (1.41) mit der Symmetrie $a(\underline{u}, \underline{v}) = a(\underline{v}, \underline{u})$ die zweite Greensche Formel

$$\begin{aligned} &\int_\Omega \sum_{i=1}^d \left[-\mu \Delta v_i(y) + \frac{\partial}{\partial y_i} q(y) \right] u_i(y) dy + \int_\Omega p(y) \operatorname{div} \underline{v}(y) dy \\ &= \int_\Gamma \sum_{i=1}^d t_i(\underline{u}, p) v_i(y) ds_y - \int_\Gamma \sum_{i=1}^d t_i(\underline{v}, q) u_i(y) ds_y + \int_\Omega \underline{f}(y)^\top \underline{v}(y) dy \end{aligned} \tag{5.12}$$

mit der durch (1.43) gegebenen Konormalenableitung $\underline{t}(\underline{u}, p)$.

Zur Herleitung von **Darstellungsformeln** für die Komponenten $u_k(x)$, $x \in \Omega$, des Geschwindigkeitsfeldes $\underline{u}$ sind Lösungen $\underline{v}^k(x,y)$ und $q^k(x,y)$ zu finden mit

$$\int_\Omega \sum_{i=1}^d \left[-\mu\Delta v_i^k(x,y) + \frac{\partial}{\partial y_i} q^k(x,y)\right] u_i(y)dy \;=\; u_k(x), \quad \operatorname{div}_y \underline{v}^k(x,y) = 0$$

für $x \in \Omega$ und $k = 1, \ldots, d$. Mit der Transformation $z := y - x$ ist für $k = 1, \ldots, d$ zu lösen

$$-\mu\Delta\underline{v}^k(z) + \nabla q^k(z) \;=\; \delta_0(z)\underline{e}^k, \quad \operatorname{div}\underline{v}^k(z) \;=\; 0 \quad \text{für } z \in \mathbb{R}^d.$$

Die Anwendung der Fourier–Transformation (2.15) ergibt

$$\mu\,|\xi|^2\,\widehat{v}_j^k(\xi) + i\,\xi_j\,\widehat{q}^k(\xi) \;=\; \frac{1}{(2\pi)^{d/2}}\delta_{jk} \quad (j = 1, \ldots, d), \quad i\sum_{j=1}^d \xi_j\widehat{v}_j^k(\xi) \;=\; 0.$$

Insbesondere für $d = 2$ und $k = 1$ lautet das lineare Gleichungssystem

$$\begin{aligned} \mu\,|\xi|^2\,\widehat{v}_1^1(\xi) + i\,\xi_1\,\widehat{q}^1(\xi) &= \frac{1}{2\pi}, \\ \mu\,|\xi|^2\,\widehat{v}_2^1(\xi) + i\,\xi_2\,\widehat{q}^1(\xi) &= 0, \\ i\xi_1\widehat{v}_1^1(\xi) + i\xi_2\widehat{v}_2^1(\xi) &= 0 \end{aligned}$$

mit der Lösung

$$\widehat{v}_1^1(\xi) \;=\; \frac{1}{\mu}\frac{1}{2\pi}\left[\frac{1}{|\xi|^2} - \frac{\xi_1^2}{|\xi|^4}\right], \quad \widehat{v}_2^1(\xi) \;=\; -\frac{1}{\mu}\frac{1}{2\pi}\frac{\xi_1\xi_2}{|\xi|^4}, \quad \widehat{q}^1(\xi) \;=\; -\frac{i}{2\pi}\frac{\xi_1}{|\xi|^2}.$$

Wie im Fall der skalaren Laplace–Gleichung ergibt sich

$$\begin{aligned} v_1^1(z) &= \frac{1}{\mu}\frac{1}{(2\pi)^2}\int_{\mathbb{R}^2} e^{i\langle z,\xi\rangle}\left[\frac{1}{|\xi|^2} - \frac{\xi_1^2}{|\xi|^4}\right]d\xi \\ &= \frac{1}{\mu}\frac{1}{(2\pi)^2}\int_{R^2} e^{i\langle z,\xi\rangle}\frac{1}{|\xi|^2}d\xi + \frac{1}{\mu}\frac{\partial^2}{\partial z_1^2}\left[\frac{1}{(2\pi)^2}\int_{R^2} e^{i\langle z,\xi\rangle}\frac{1}{|\xi|^4}d\xi\right] \end{aligned}$$

und mit (5.5) gilt

$$\frac{1}{(2\pi)^2}\int_{\mathbb{R}^2} e^{i\langle z,\xi\rangle}\frac{1}{|\xi|^2}d\xi \;=\; -\frac{1}{2\pi}\log|z| - \frac{C_0}{2\pi}.$$

Andererseits ist

$$\Delta\left(\frac{1}{(2\pi)^2}\int_{\mathbb{R}^2} e^{i\langle z,\xi\rangle}\frac{1}{|\xi|^4}d\xi\right) \;=\; -\frac{1}{(2\pi)^2}\int_{\mathbb{R}^2} e^{i\langle z,\xi\rangle}\frac{1}{|\xi|^2}d\xi \;=\; \frac{1}{2\pi}\log|z| + \frac{C_0}{2\pi}$$

und somit folgt

$$\frac{1}{(2\pi)^2}\int\limits_{\mathbb{R}^2} e^{i\langle z,\xi\rangle}\frac{1}{|\xi|^4}d\xi = \frac{1}{8\pi}\left[|z|^2\log|z| - |z|^2\right] + \frac{C_0}{8\pi}|z|^2 + C_1 + C_2\log|z|$$

mit beliebigen Konstanten $C_1, C_2 \in \mathbb{R}$. Insbesondere für $C_1 = C_2 = 0$ ergibt sich

$$\begin{aligned} v_1^1(z) &= \frac{1}{\mu}\left[-\frac{1}{2\pi}\log|z| - \frac{C_0}{2\pi}\right] + \frac{1}{\mu}\frac{\partial^2}{\partial z_1^2}\left[\frac{1}{8\pi}\left(|z|^2\log|z| - |z|^2\right) + \frac{C_0}{8\pi}|z|^2\right] \\ &= \frac{1}{\mu}\frac{1}{4\pi}\left[-\log|z| + \frac{z_1^2}{|z|^2} - \frac{2C_0+1}{2}\right]. \end{aligned}$$

Analoge Rechnungen liefern

$$\begin{aligned} v_2^1(z) &= -\frac{1}{\mu}\frac{1}{(2\pi)^2}\int\limits_{\mathbb{R}^2} e^{i\langle z,\xi\rangle}\frac{\xi_1\xi_2}{|\xi|^4}d\xi = \frac{1}{\mu}\frac{\partial^2}{\partial z_1\partial z_2}\left[\frac{1}{(2\pi)^2}\int\limits_{\mathbb{R}^2} e^{i\langle z,\xi\rangle}\frac{1}{|\xi|^4}d\xi\right] \\ &= \frac{1}{\mu}\frac{\partial^2}{\partial z_1\partial z_2}\left[\frac{1}{8\pi}\left(|z|^2\log|z| - |z|^2\right) + \frac{C_0}{8\pi}|z|^2\right] = \frac{1}{\mu}\frac{1}{4\pi}\frac{z_1z_2}{|z|^2}. \end{aligned}$$

Schließlich ist

$$\begin{aligned} q^1(z) &= -\frac{i}{(2\pi)^2}\int\limits_{\mathbb{R}^2} e^{i\langle z,\xi\rangle}\frac{\xi_1}{|\xi|^2}d\xi = -\frac{\partial}{\partial z_1}\left[\frac{1}{(2\pi)^2}\int\limits_{\mathbb{R}^2} e^{i\langle z,\xi\rangle}\frac{1}{|\xi|^2}d\xi\right] \\ &= -\frac{\partial}{\partial z_1}\left[-\frac{1}{2\pi}\log|z| - \frac{C_0}{2\pi}\right] = \frac{1}{2\pi}\frac{\partial}{\partial z_1}\log|z|. \end{aligned}$$

Für $d = 2$ und $k = 2$ erfolgen die Rechnungen analog. Dies ergibt bei Streichung der konstanten Anteile die **Fundamentallösung** des **Stokes**–Systems für $\boldsymbol{d = 2}$,

$$U_{k\ell}^*(x,y) = \frac{1}{4\pi}\frac{1}{\mu}\left[-\log|x-y|\,\delta_{k\ell} + \frac{(y_k-x_k)(y_\ell-x_\ell)}{|x-y|^2}\right] \tag{5.13}$$

$$Q_k^*(x,y) = \frac{1}{2\pi}\frac{y_k-x_k}{|x-y|^2} \tag{5.14}$$

und $k,\ell = 1,2$.

Für $\boldsymbol{d = 3}$ ergibt sich die **Fundamentallösung** des **Stokes**–Systems in gleicher Weise,

$$\begin{aligned} U_{k\ell}^*(x,y) &= \frac{1}{8\pi}\frac{1}{\mu}\left[\frac{\delta_{k\ell}}{|x-y|} + \frac{(y_k-x_k)(y_\ell-x_\ell)}{|x-y|^3}\right] \\ Q_k^*(x,y) &= \frac{1}{4\pi}\frac{y_k-x_k}{|x-y|^3} \end{aligned}$$

und $k,\ell = 1,\ldots,3$.

Ein Vergleich mit der Fundamentallösung der linearen Elastostatik zeigt die Gleichheit für

$$\frac{1}{E}\frac{1+\nu}{1-\nu} = \frac{1}{\mu}, \quad (3-4\nu) = 1$$

bzw. für

$$\nu = \frac{1}{2}, \quad E = 3\mu .$$

Die Fundamentallösung der linearen Elastostatik im **inkompressiblen** Grenzfall fällt somit mit der Fundamentallösung des Stokes–Systems zusammen.

Einsetzen von $\underline{v}(y) = \underline{U}_k^*(x,y)$ und $q(y) = Q_k^*(x,y)$ in die zweite Greensche Formel (5.12) ergibt die Darstellungsformel

$$\begin{aligned} u_k(x) &= \int_\Gamma \underline{U}_k^*(x,y)^\top \underline{t}(\underline{u}(y),p(y))ds_y - \int_\Gamma \underline{u}(y)^\top \underline{t}(\underline{U}_k^*(x,y),Q_k^*(x,y))ds_y \\ &\quad + \int_\Omega \underline{f}(y)^\top \underline{U}_k^*(x,y)dy \end{aligned} \tag{5.15}$$

für $x \in \Omega$ und $k = 1,\dots,d$. Mit der Konormalenableitung (1.43) ist dabei für fast alle $y \in \Gamma$ die zugehörige Randspannung durch

$$\begin{aligned} \underline{T}_k^*(x,y) &= \underline{t}(\underline{U}_k^*(x,y),Q_k^*(x,y)) \\ &= -Q_k^*(x,y)\underline{n}(x) + 2\mu\frac{\partial}{\partial n_y}\underline{U}_k^*(x,y) + \mu\,\underline{n}(x)\times \operatorname{curl}\underline{U}_k^*(x,y) \\ &= -\frac{1}{2(d-1)\pi}\frac{y_k-x_k}{|x-y|^d}\underline{n}(x) + 2\mu\frac{\partial}{\partial n_y}\underline{U}_k^*(x,y) + \mu\,\underline{n}(x)\times \operatorname{curl}\underline{U}_k^*(x,y) \end{aligned}$$

gegeben. Somit stimmt die Randspannung (1.43) der Fundamentallösung des Stokes–Systems mit der Randspannung (1.27) der Fundamentallösung der linearen Elastizität mit $\nu = \frac{1}{2}$ und $E = 3\mu$ überein.

Sei nun zunächst wieder $d = 2$. Ausgangspunkt für die Herleitung einer Darstellungsformel für den Druck $p(x)$ ist wieder die zweite Greensche Formel (5.12). Gesucht sind Lösungen $\underline{v}^3(z)$ und $q^3(z)$ mit $z := y - x$, so daß

$$-\mu\Delta\underline{v}^3(z) + \nabla q^3(z) = 0, \quad \operatorname{div}\underline{v}^3(z) = \delta_0(z) \quad \text{für } z \in \mathbb{R}^2.$$

Anwendung der Fourier–Transformation ergibt das lineare Gleichungssystem

$$\begin{aligned} \mu\,|\xi|^2\,\widehat{v}_1^1(\xi) + i\,\xi_1\,\widehat{q}^1(\xi) &= 0, \\ \mu\,|\xi|^2\,\widehat{v}_2^1(\xi) + i\,\xi_2\,\widehat{q}^1(\xi) &= 0, \\ i\xi_1\widehat{v}_1^1(\xi) + i\xi_2\widehat{v}_2^1(\xi) &= \frac{1}{2\pi} \end{aligned}$$

mit der Lösung

$$\widehat{v}_1^3(\xi) = -\frac{i}{2\pi}\frac{\xi_1}{|\xi|^2}, \quad \widehat{v}_2^3(\xi) = -\frac{i}{2\pi}\frac{\xi_2}{|\xi|^2}, \quad \widehat{q}^3(\xi) = \frac{\mu}{2\pi}.$$

Wie oben folgt daraus

$$v_i^3(z) = \frac{1}{2\pi}\frac{\partial}{\partial z_i}\log|z| \quad (i=1,2), \quad q^3(z) = \mu\delta_0(z).$$

Mit $z := y - x$ folgt für $x \in \Omega$ die Darstellungsformel für den Druck

$$\begin{aligned} p(x) &= \int\limits_\Gamma \sum_{i=1}^2 t_i(\underline{u},p)v_i^3(x,y)ds_y - \int\limits_\Gamma \sum_{i=1}^2 t_i(\underline{v}^3(x,y),q^3(x,y))u_i(y)ds_y \\ &\quad + \int\limits_\Omega \sum_{i=1}^2 \underline{v}_i^3(x,y)f_i(y)dy. \end{aligned}$$

Dabei ist mit der Konormalenableitung (1.43)

$$\begin{aligned} t_i(\underline{v}^3(x,y),q^3(x,y)) &= -[\mu\delta_0(y-x) + \operatorname{div}\underline{v}^3(x,y)]n_i(x) \\ &\quad + 2\mu\sum_{j=1}^2 e_{ij}(\underline{v}^3(x,y),y)n_j(y) \end{aligned}$$

für $i = 1,2$, $x \in \Omega$ und $y \in \Gamma$. Wegen der Divergenzfreiheit von $\underline{v}^3$,

$$\operatorname{div}\underline{v}^3(x,y) = \sum_{i=1}^2 \frac{\partial}{\partial y_i}v_i^3(x,y) = \frac{1}{2\pi}\sum_{i=1}^2 \frac{\partial^2}{\partial y_i^2}\log|x-y| = 0,$$

für $\Gamma \ni y \neq x \in \Omega$ folgt

$$t_i(\underline{v}^3(x,y),q^3(x,y)) = 2\mu\sum_{j=1}^2 e_{ij}(\underline{v}^3(x,y),y)n_j(y)$$

Weiterhin ist

$$\begin{aligned} e_{ij}(\underline{v}^3(x,y),y) &= \frac{1}{2}\left[\frac{\partial}{\partial y_i}v_j^3(x,y) + \frac{\partial}{\partial y_j}v_i^3(x,y)\right] \\ &= \frac{1}{4\pi}\left[\frac{\partial}{\partial y_i}\frac{\partial}{\partial y_j}\log|x-y| + \frac{\partial}{\partial y_j}\frac{\partial}{\partial y_i}\log|x-y|\right] \\ &= \frac{1}{2\pi}\frac{\partial}{\partial y_i}\frac{\partial}{\partial y_j}\log|x-y| \\ &= -\frac{1}{2\pi}\frac{\partial}{\partial x_j}\frac{\partial}{\partial y_i}\log|x-y| = -\frac{\partial}{\partial x_j}Q_i^*(x,y). \end{aligned}$$

Damit ergibt sich schließlich als **Darstellungsformel** für den Druck p, $x \in \Omega$,

$$\begin{aligned} p(x) &= \int\limits_{\Gamma} \sum_{i=1}^{2} t_i(\underline{u}, p) Q_i^*(x,y) dy + 2\mu \int\limits_{\Gamma} \sum_{i,j=1}^{2} \frac{\partial}{\partial x_j} Q_i^*(x,y) n_j(y) u_i(y) ds_y \\ &\quad + \int\limits_{\Omega} f_i(y) Q_i^*(x,y) dy \,. \end{aligned} \tag{5.16}$$

Für $d = 3$ kann die entsprechende Darstellungsformel für den Druck p analog bestimmt werden. Darauf soll an dieser Stelle jedoch verzichtet werden.

Kapitel 6

Randintegraloperatoren

Als Modellproblem wird zunächst die **Potentialgleichung**

$$-\Delta u(x) \;=\; f(x) \quad \text{für } x \in \Omega \subset \mathbb{R}^d$$

und $d = 2, 3$ betrachtet. Die Fundamentallösung (5.6) des Laplace–Operators ist durch

$$U^*(x,y) \;=\; \begin{cases} -\dfrac{1}{2\pi}\log|x-y| & \text{für } d=2, \\[2ex] \dfrac{1}{4\pi}\dfrac{1}{|x-y|} & \text{für } d=3 \end{cases}$$

gegeben, so daß die Lösung der obigen partiellen Differentialgleichung durch die Darstellungsformel (5.2),

$$u(x) \;=\; \int\limits_{\Gamma} U^*(x,y)\gamma_1^{\text{int}}u(y)ds_y - \int\limits_{\Gamma} \gamma_{1,y}^{int}U^*(x,y)\gamma_0^{\text{int}}u(y)ds_y + \int\limits_{\Omega} U^*(x,y)f(y)dy \tag{6.1}$$

für $x \in \Omega$ beschrieben werden kann. Für die Herleitung geeigneter Randintegralgleichungen zur Bestimmung der vollständigen Cauchy–Daten müssen zunächst die Abbildungseigenschaften der auftretenden Rand– und Volumenpotentiale betrachtet werden.

6.1 Newton–Potential

Mit

$$(\widetilde{N}_0 f)(x) \;:=\; \int\limits_{\Omega} U^*(x,y)f(y)dy \quad \text{für } x \in \mathbb{R}^d \tag{6.2}$$

wird das **Volumen**– oder **Newton–Potential** einer gegebenen Funktion $f(y)$, $y \in \Omega$, bezeichnet.

Für $\varphi, \psi \in \mathcal{S}(\mathbb{R}^d)$ gilt

$$\langle \widetilde{N}_0\varphi, \psi\rangle_\Omega = \int\limits_\Omega \psi(x) \int\limits_\Omega U^*(x,y)\varphi(y)dy = \langle \varphi, \widetilde{N}_0\psi\rangle_\Omega$$

und $\widetilde{N}_0\varphi \in \mathcal{S}(\mathbb{R}^d)$. Durch

$$\langle \widetilde{N}_0 f, \psi\rangle_\Omega := \langle f, \widetilde{N}_0\psi\rangle_\Omega \quad \text{für alle } \psi \in \mathcal{S}(\mathbb{R}^d)$$

wird das Newtonpotential $\widetilde{N}_0 : \mathcal{S}'(\mathbb{R}^d) \to \mathcal{S}'(\mathbb{R}^d)$ definiert.

Satz 6.1 *Das Volumenpotential $\widetilde{N}_0 : \widetilde{H}^{-1}(\Omega) \to H^1(\Omega)$ definiert eine stetige Abbildung, d.h. es gilt*

$$\|\widetilde{N}_0 f\|_{H^1(\Omega)} \leq c\,\|f\|_{\widetilde{H}^{-1}(\Omega)}. \tag{6.3}$$

Beweis: Für $\varphi \in C_0^\infty(\Omega)$ sei zunächst

$$\|\varphi\|^2_{H^{-1}(\mathbb{R}^d)} = \int\limits_{\mathbb{R}^d} \frac{|\widehat{\varphi}(\xi)|^2}{1+|\xi|^2} d\xi$$

mit

$$\widehat{\varphi}(\xi) = (2\pi)^{-\frac{d}{2}} \int\limits_{\mathbb{R}^d} e^{-i\langle x,\xi\rangle}\varphi(x)dx.$$

Wegen $\operatorname{supp}\varphi \subset \Omega$ gilt

$$\|\varphi\|_{H^{-1}(\mathbb{R}^d)} = \sup_{0\neq v\in H^1(\mathbb{R}^d)} \frac{\langle\varphi, v\rangle_{L_2(\mathbb{R}^d)}}{\|v\|_{H^1(\mathbb{R}^d)}} \leq \sup_{0\neq v\in H^1(\Omega)} \frac{\langle\varphi, v\rangle_{L_2(\Omega)}}{\|v\|_{H^1(\Omega)}} = \|\varphi\|_{\widetilde{H}^{-1}(\Omega)}.$$

Weiterhin ist

$$u(x) := (\widetilde{N}_0\varphi)(x) = \int\limits_\Omega U^*(x,y)\varphi(y)dy \quad \text{für } x \in \mathbb{R}^d.$$

Sei $\Omega \subset B_R(0)$ und sei $\mu \in C_0^\infty([0,\infty))$ eine nichtnegative monoton fallende Abschneidefunktion mit kompaktem Träger und gelte $\mu(r) = 1$ für $r \in [0, 2R]$. Sei

$$u_\mu(x) := \int\limits_\Omega \mu(|x-y|)U^*(x,y)\varphi(y)dy \quad \text{für } x \in \mathbb{R}^d.$$

Wegen $\mu(|x-y|) = 1$ für $x, y \in \Omega$ folgt

$$u_\mu(x) = u(x) \quad \text{für } x \in \Omega$$

und somit

$$\|u\|_{H^1(\Omega)} = \|u_\mu\|_{H^1(\Omega)} \leq \|u_\mu\|_{H^1(\mathbb{R}^d)}$$

mit

$$\|u_\mu\|^2_{H^1(\mathbb{R}^d)} = \int_{\mathbb{R}^d} (1+|\xi|^2)\, |\widehat{u}_\mu(\xi)|^2 d\xi.$$

Für die Berechnung der Fouriertransformierten folgt

$$\begin{aligned}
\widehat{u}_\mu(\xi) &= (2\pi)^{-\frac{d}{2}} \int_{\mathbb{R}^d} e^{-i\langle x,\xi\rangle} u_\mu(x) dx \\
&= (2\pi)^{-\frac{d}{2}} \int_{\mathbb{R}^d} e^{-i\langle x,\xi\rangle} \int_{\mathbb{R}^d} \mu(|x-y|) U^*(x,y) \varphi(y) dy dx \\
&= (2\pi)^{-\frac{d}{2}} \int_{\mathbb{R}^d} e^{-i\langle z+y,\xi\rangle} \int_{\mathbb{R}^d} \mu(|z|) U^*(z+y,y) \varphi(y) dy dz \\
&= (2\pi)^{-\frac{d}{2}} \int_{\mathbb{R}^d} e^{-i\langle y,\xi\rangle} \varphi(y) dy \int_{\mathbb{R}^d} e^{-i\langle z,\xi\rangle} \mu(|z|) U^*(z,0) dz \\
&= \widehat{\varphi}(\xi) \int_{\mathbb{R}^d} e^{-i\langle z,\xi\rangle} \mu(|z|) U^*(z,0) dz\,.
\end{aligned}$$

Die Funktion $\mu(|z|)U^*(z,0)$ ist eine Funktion in $|z|$, für die Berechnung des verbleibenden Integrals ist somit die Auswertung in $\xi = (0,0,|\xi|)^\top$ ausreichend, siehe Lemma 2.1.
Sei nun $d=3$, für $d=2$ folgen die weiteren Schritte analog. Mit Kugelkoordinaten

$$z_1 = r\cos\phi\sin\theta, \quad z_2 = r\sin\phi\sin\theta, \quad z_3 = r\cos\theta$$

und $r \in [0,\infty), \phi \in [0,2\pi), \theta \in [0,\pi)$ ergibt sich für das verbleibende Integral

$$\begin{aligned}
I(|\xi|) &= \frac{1}{4\pi} \int_{\mathbb{R}^d} e^{-i\langle z,\xi\rangle} \frac{\mu(|z|)}{|z|} dz = \frac{1}{4\pi} \int_0^\infty \int_0^{2\pi} \int_0^\pi e^{-i|\xi| r\cos\theta} \frac{\mu(r)}{r} r^2 \sin\theta d\theta\, d\phi\, dr \\
&= \frac{1}{2} \int_0^\infty r\,\mu(r) \int_0^\pi e^{-ir|\xi|\cos\theta} \sin\theta\, d\theta\, dr.
\end{aligned}$$

Für das innere Integral folgt mit der Transformation $u = \cos\theta$

$$\int_0^\pi e^{-ir|\xi|\cos\theta} \sin\theta\, d\theta = \int_{-1}^1 e^{-ir|\xi|u}\, du = \left[-\frac{1}{ir|\xi|} e^{-ir|\xi|u}\right]_{-1}^1 = \frac{2\sin r|\xi|}{r|\xi|}$$

und somit

$$I(|\xi|) = \frac{1}{|\xi|} \int_0^\infty \mu(r) \sin r|\xi|\, dr\,.$$

Für $|\xi| > 1$ ergibt die Transformation $s := r|\xi|$

$$I(|\xi|) = \frac{1}{|\xi|^2} \int_0^\infty \mu\left(\frac{s}{|\xi|}\right) \sin s\, ds$$

und wegen $0 \le \mu(r) \le 1$ sowie dem kompakten Träger von $\mu(r)$ folgt

$$|I(|\xi|)| \le c_1(R)\,\frac{1}{|\xi|^2} \quad \text{für } |\xi| \ge 1.$$

Offenbar gilt

$$(1+|\xi|^2)^2 \le 4\,|\xi|^4 \quad \text{für } |\xi| \ge 1.$$

Damit ist

$$\begin{aligned}\int\limits_{|\xi|>1} (1+|\xi|^2)|\widehat{u}_\mu(\xi)|^2 d\xi &= \int\limits_{|\xi|>1} (1+|\xi|^2)|I(|\xi|)\widehat{\varphi}(\xi)|^2 d\xi \\ &\le [c_1(R)]^2 \int\limits_{|\xi|>1} \frac{1+|\xi|^2}{|\xi|^4}\,|\widehat{\varphi}(\xi)|^2\,d\xi \le 4[c_1(R)]^2 \int\limits_{|\xi|>1} \frac{1}{1+|\xi|^2}\,|\widehat{\varphi}(\xi)|^2\,d\xi.\end{aligned}$$

Für $|\xi| \le 1$ ist

$$I(|\xi|) = \int\limits_0^\infty \mu(r)\frac{\sin r|\xi|}{|\xi|}dr$$

und somit

$$|I(|\xi|)| \le c_2(R) \quad \text{für } |\xi| \le 1.$$

Damit ergibt sich

$$\begin{aligned}\int\limits_{|\xi|\le 1} (1+|\xi|^2)|\widehat{u}_\mu(\xi)|^2 d\xi &= \int\limits_{|\xi|\le 1} (1+|\xi|^2)|I(|\xi|)\widehat{\varphi}(\xi)|^2 d\xi \\ &\le 2\,[c_2(R)]^2 \int\limits_{|\xi|\le 1} |\widehat{\varphi}(\xi)|^2 d\xi \le 4[c_2(R)]^2 \int\limits_{|\xi|\le 1} \frac{1}{1+|\xi|^2}|\widehat{\varphi}(\xi)|^2 d\xi.\end{aligned}$$

Durch Summation folgt

$$\begin{aligned}\|u_\mu\|^2_{H^1(\mathbb{R}^d)} &= \int\limits_{\xi\in R^d} (1+|\xi|^2)|\widehat{u}_\mu(\xi)|^2 d\xi \\ &\le c \int\limits_{\xi\in\mathbb{R}^d} \frac{1}{1+|\xi|^2}|\widehat{\varphi}(\xi)|^2 d\xi = c\,\|\varphi\|^2_{H^{-1}(\mathbb{R}^d)}\end{aligned}$$

und somit

$$\|\widetilde{N}_0\varphi\|_{H^1(\Omega)} \le c\,\|\varphi\|_{\widetilde{H}^{-1}(\Omega)}.$$

Dann gilt

$$\frac{|\langle \widetilde{N}_0 f, \varphi\rangle_\Omega|}{\|\varphi\|_{\widetilde{H}^{-1}(\Omega)}} = \frac{|\langle f, \widetilde{N}_0\varphi\rangle_\Omega|}{\|\varphi\|_{\widetilde{H}^{-1}(\Omega)}} \le \frac{\|f\|_{\widetilde{H}^{-1}(\Omega)}\|\widetilde{N}_0\varphi\|_{H^1(\Omega)}}{\|\varphi\|_{\widetilde{H}^{-1}(\Omega)}} \le c\,\|f\|_{\widetilde{H}^{-1}(\Omega)}$$

für alle $\varphi \in C_0^\infty(\Omega)$. Vervollständigung bezüglich der $\|\cdot\|_{\widetilde{H}^{-1}(\Omega)}$ liefert mit einem Dualitätsargument die Behauptung. ∎

Satz 6.2 *Das Volumenpotential $\widetilde{N}_0\widetilde{f}$ ist verallgemeinerte Lösung der partiellen Differentialgleichung*

$$-\Delta_x(\widetilde{N}_0\widetilde{f})(x) = \widetilde{f}(x) \quad \text{für } x \in \mathbb{R}^d. \tag{6.4}$$

Beweis: Für $\varphi \in C_0^\infty(\mathbb{R}^d)$ folgt durch partielle Integration und Vertauschen der Integrationsreihenfolge unter Beachtung der Symmetrie der Fundamentallösung,

$$\begin{aligned}
\int_{\mathbb{R}^d} [-\Delta_x(\widetilde{N}_0\widetilde{f})(x)]\varphi(x)dx &= \int_{\mathbb{R}^d} (\widetilde{N}_0\widetilde{f})(x)[-\Delta_x\varphi(x)]dx \\
&= \int_{\mathbb{R}^d}\int_{\mathbb{R}^d} U^*(x,y)\widetilde{f}(y)dy[-\Delta_x\varphi(x)]dx \\
&= \int_{\mathbb{R}^d} \widetilde{f}(y) \int_{\mathbb{R}^d} U^*(y,x)[-\Delta_x\varphi(x)]dxdy \\
&= \int_{\mathbb{R}^d} \widetilde{f}(y) \int_{\mathbb{R}^d} [-\Delta_x U^*(y,x)]\varphi(x)dxdy \\
&= \int_{\mathbb{R}^d} \widetilde{f}(y) \int_{\mathbb{R}^d} \delta_0(x-y)\varphi(x)dxdy \\
&= \int_{\mathbb{R}^d} \widetilde{f}(y)\varphi(y)dy.
\end{aligned}$$

Durch Vervollständigung von $C_0^\infty(\mathbb{R}^d)$ bezüglich der $\|\cdot\|_{H^1(\mathbb{R}^d)}$–Norm ergibt sich die Gültigkeit der partiellen Differentialgleichung (6.4) im Sinne von $H^{-1}(\mathbb{R}^d)$. ∎

Durch Einschränkung auf das beschränkte Gebiet $\Omega \subset \mathbb{R}^d$ ergibt sich:

Folgerung 6.1 *Das Volumenpotential $\widetilde{N}_0 f$ ist verallgemeinerte Lösung von*

$$-\Delta_x\widetilde{N}_0 f(x) = f(x) \quad \text{für } x \in \Omega.$$

Für $\widetilde{N}_0 f \in H^1(\Omega)$ ergibt die Anwendung des inneren Spuroperators

$$\gamma_0^{\text{int}}(\widetilde{N}_0 f)(x) = \lim_{\Omega\ni\widetilde{x}\to x\in\Gamma} (\widetilde{N}_0 f)(\widetilde{x}) \tag{6.5}$$

einen linearen beschränkten Operator

$$N_0 := \gamma_0^{\text{int}}\widetilde{N}_0 : \widetilde{H}^{-1}(\Omega) \to H^{1/2}(\Gamma)$$

mit

$$\|N_0 f\|_{H^{1/2}(\Gamma)} \le c_2^N \|f\|_{\widetilde{H}^{-1}(\Omega)} \quad \text{für alle } f \in \widetilde{H}^{-1}(\Omega). \tag{6.6}$$

Lemma 6.1 *Sei $f \in L_\infty(\Omega)$. Dann gilt für $x \in \Gamma$ die Darstellung*

$$(N_0 f)(x) = \gamma_0^{\text{int}}(\widetilde{N}_0 f)(x) = \int_\Omega U^*(x,y)f(y)dy$$

im Sinne eines schwach singulären Integrals.

Beweis: Für beliebiges $\varepsilon > 0$ seien $\widetilde{x} \in \Omega$ und $x \in \Gamma$ mit $|x - \widetilde{x}| < \varepsilon$. Dann ist

$$\begin{aligned}
&\left| \int_\Omega U^*(\widetilde{x}, y) f(y) dy - \int_{y \in \Omega: |y-x| > \varepsilon} U^*(x, y) f(y) dy \right| \\
&\quad \leq \left| \int_{y \in \Omega: |y-x| > \varepsilon} [U^*(\widetilde{x}, y) - U^*(x, y)] f(y) dy \right| + \left| \int_{y \in \Omega: |y-x| \leq \varepsilon} U^*(\widetilde{x}, y) f(y) dy \right|,
\end{aligned}$$

und es folgt

$$\lim_{\Omega \ni \widetilde{x} \to x \in \Gamma} \left| \int_{y \in \Omega: |y-x| > \varepsilon} [U^*(\widetilde{x}, y) - U^*(x, y)] f(y) dy \right| = 0 .$$

Für den verbleibenden Summanden ist

$$\begin{aligned}
\left| \int_{y \in \Omega: |y-x| \leq \varepsilon} U^*(\widetilde{x}, y) f(y) dy \right| &\leq \|f\|_{L_\infty(\Omega \cap B_\varepsilon(x))} \int_{\Omega \cap B_\varepsilon(x)} |U^*(\widetilde{x}, y)| dy \\
&\leq \|f\|_{L_\infty(\Omega)} \int_{B_{2\varepsilon}(\widetilde{x})} |U^*(\widetilde{x}, y)| dy.
\end{aligned}$$

Für $d = 2$ ergibt sich mit Polarkoordinaten

$$\begin{aligned}
\int_{B_{2\varepsilon}(\widetilde{x})} |U^*(\widetilde{x}, y)| dy &= \frac{1}{2\pi} \int_{|y-\widetilde{x}| < 2\varepsilon} |\log |y - \widetilde{x}|| \, dy \\
&= \frac{1}{2\pi} \int_0^{2\pi} \int_0^{2\varepsilon} |\log r| \, r \, dr d\varphi = \varepsilon^2 \, [1 - 2\log(2\varepsilon)] .
\end{aligned}$$

Analog folgt für $d = 3$

$$\begin{aligned}
\int_{B_{2\varepsilon}(\widetilde{x})} |U^*(\widetilde{x}, y)| dy &= \frac{1}{4\pi} \int_{|y-\widetilde{x}| < 2\varepsilon} \frac{1}{|y - \widetilde{x}|} dy \\
&= \frac{1}{4\pi} \int_0^{2\pi} \int_0^{\pi} \int_0^{2\varepsilon} \frac{1}{r} r^2 \sin\psi \, dr d\varphi d\psi = 2\,\varepsilon^2 .
\end{aligned}$$

Für $\widetilde{x} \to x$ und $\varepsilon \to 0$ ergibt sich somit die Behauptung. ∎

Lemma 6.2 *Die Abbildung* $N_1 := \gamma_1^{\text{int}} \widetilde{N}_0 : \widetilde{H}^{-1}(\Omega) \to H^{-1/2}(\Gamma)$ *ist stetig, d.h. es gilt*

$$\|N_1 f\|_{H^{-1/2}(\Gamma)} = \|\gamma_1^{\text{int}} \widetilde{N}_0 f\|_{H^{-1/2}(\Gamma)} \leq c \, \|f\|_{\widetilde{H}^{-1}(\Omega)}$$

für alle $f \in \widetilde{H}^{-1}(\Omega)$.

Beweis: Die Funktion $u := \widetilde{N}_0 f \in H^1(\Omega)$ ist verallgemeinerte Lösung von $-\Delta u(x) = f(x)$ für $x \in \Omega$. Für beliebiges $w \in H^{1/2}(\Gamma)$ existiert nach dem inversen Spursatz eine beschränkte Fortsetzung $\mathcal{E}w \in H^1(\Omega)$ mit

$$\|\mathcal{E}w\|_{H^1(\Omega)} \le c_{IT}\,\|w\|_{H^{1/2}(\Gamma)}.$$

Andererseits gilt die erste Greensche Formel,

$$\langle \gamma_1^{\text{int}} u, w\rangle_\Gamma = \int_\Omega \nabla u(x) \nabla \mathcal{E}w(x) dx - \langle f, \mathcal{E}w\rangle_\Omega.$$

Mit Satz 6.1 ergibt sich

$$\begin{aligned} \left|\langle \gamma_1^{\text{int}} u, w\rangle_\Gamma\right| &\le \left\{\|u\|_{H^1(\Omega)} + \|f\|_{\widetilde{H}^{-1}(\Omega)}\right\} \|\mathcal{E}w\|_{H^1(\Omega)} \\ &\le (c+1)c_{IT}\,\|f\|_{\widetilde{H}^{-1}(\Omega)} \|w\|_{H^{-1/2}(\Gamma)}, \end{aligned}$$

woraus die Behauptung folgt. ∎

6.2 Einfachschichtpotential

Für eine gegebene Dichte $w \in H^{-1/2}(\Gamma)$ wird die durch das **Einfachschichtpotential** beschriebene Funktion

$$u(x) := (\widetilde{V}w)(x) := \int_\Gamma U^*(x,y) w(y) ds_y \quad \text{für } x \in \Omega \cup \Omega^c \tag{6.7}$$

betrachtet.

Lemma 6.3 *Die durch* (6.7) *dargestellte Funktion* $u(x) = (\widetilde{V}w)(x)$, $x \in \Omega \cup \Omega^c$, *ist eine Lösung der homogenen partiellen Differentialgleichung,*

$$-\Delta u(x) = 0 \quad \text{für } x \in \Omega \cup \Omega^c.$$

Für $w \in H^{-1/2}(\Gamma)$ *gilt* $u \in H^1(\Omega)$ *mit*

$$\|u\|_{H^1(\Omega)} = \|\widetilde{V}w\|_{H^1(\Omega)} \le c\,\|w\|_{H^{-1/2}(\Gamma)}.$$

Beweis: Für $x \in \Omega \cup \Omega^c$ und $y \in \Gamma$ ist $U^*(x,y)$ unendlich oft differenzierbar. Damit können Differentiation und Integration vertauscht werden, und die erste Behauptung folgt aus der Anwendung des Differentialoperators auf die Fundamentallösung $U^*(x,y)$.
Für $\varphi \in C^\infty(\Omega)$ ist

$$\begin{aligned} \int_\Omega u(x)\varphi(x) dx &= \int_\Omega \int_\Gamma U^*(x,y) w(y) ds_y\, \varphi(x) dx \\ &= \int_\Gamma w(y) \int_\Omega U^*(x,y)\varphi(x) dx\, ds_y = \int_\Gamma w(y)(N_0\varphi)(y) ds_y \end{aligned}$$

mit

$$(N_0\varphi)(y) = \gamma_0^{\text{int}} \int_\Omega U^*(x,y)\varphi(x)dx \quad \text{für } y \in \Gamma.$$

Mit der Abschätzung (6.6) folgt damit

$$\begin{aligned}\int_\Omega u(x)\varphi(x)dx &= \int_\Gamma w(y)(N_0\varphi)(y)ds_y \\ &\le \|w\|_{H^{-1/2}(\Gamma)}\|N_0\varphi\|_{H^{1/2}(\Gamma)} \le c_2^N \|w\|_{H^{-1/2}(\Gamma)}\|\varphi\|_{\widetilde{H}^{-1}(\Omega)},\end{aligned}$$

und durch Vervollständigung von $C^\infty(\Omega)$ bezüglich der $\widetilde{H}^{-1}(\Omega)$–Norm ergibt sich die zweite Behauptung. ■

Damit ist das durch (6.7) gegebene Einfachschichtpotential eine beschränkte lineare Abbildung

$$\widetilde{V} : H^{-1/2}(\Gamma) \to H^1(\Omega).$$

Für $\widetilde{V}w \in H^1(\Omega)$ ist die Anwendung des inneren Spuroperators wohldefiniert und erklärt einen beschränkten linearen Operator

$$V := \gamma_0^{\text{int}}\widetilde{V} : H^{-1/2}(\Gamma) \to H^{1/2}(\Gamma)$$

mit

$$\|Vw\|_{H^{1/2}(\Gamma)} \le c_2^V \|w\|_{H^{-1/2}(\Gamma)} \quad \text{für alle } w \in H^{-1/2}(\Gamma). \tag{6.8}$$

Lemma 6.4 *Sei $w \in L_\infty(\Gamma)$. Dann gilt für $x \in \Gamma$ die Darstellung*

$$(Vw)(x) = \gamma_0^{\text{int}}(\widetilde{V}w)(x) = \int_\Gamma U^*(x,y)w(y)ds_y$$

als schwach singuläres Integral.

Beweis: Für beliebiges $\varepsilon > 0$ seien $\widetilde{x} \in \Omega$ und $x \in \Gamma$ mit $|x - \widetilde{x}| < \varepsilon$. Dann ist

$$\begin{aligned}&\left|\int_\Gamma U^*(\widetilde{x},y)w(y)ds_y - \int_{y\in\Gamma:|y-x|>\varepsilon} U^*(x,y)w(y)ds_y\right| \\ &\le \left|\int_{y\in\Gamma:|y-x|>\varepsilon} [U^*(\widetilde{x},y) - U^*(x,y)]w(y)ds_y\right| + \left|\int_{y\in\Gamma:|y-x|\le\varepsilon} U^*(\widetilde{x},y)w(y)ds_y\right|,\end{aligned}$$

und für den ersten Term gilt

$$\lim_{\Omega\ni\widetilde{x}\to x\in\Gamma} \left|\int_{y\in\Gamma:|y-x|>\varepsilon} [U^*(\widetilde{x},y) - U^*(x,y)]w(y)ds_y\right| = 0\,.$$

Für den verbleibenden Summanden ist

$$\begin{aligned}\left|\int\limits_{y\in\Gamma:|y-x|\le\varepsilon} U^*(\widetilde{x},y)w(y)ds_y\right| &\le \|w\|_{L_\infty(\Gamma\cap B_\varepsilon(x))} \int\limits_{\Gamma\cap B_\varepsilon(x)} |U^*(\widetilde{x},y)|ds_y \\ &\le \|w\|_{L_\infty(\Gamma)} \int\limits_{\Gamma\cap B_\varepsilon(\widetilde{x})} |U^*(\widetilde{x},y)|ds_y.\end{aligned}$$

Die Behauptung folgt jetzt wie im Beweis von Lemma 6.1 für $\widetilde{x} \to x$ und $\varepsilon \to 0$. ∎

Analog folgt für die äußere Spurbildung

$$(Vw)(x) = \gamma_0^{\text{ext}}(\widetilde{V}w)(x) := \lim_{\Omega^c\ni\widetilde{x}\to x\in\Gamma} (\widetilde{V}w)(\widetilde{x}) \quad \text{für } x \in \Gamma.$$

Damit ergibt sich die **Sprungbedingung** für das Einfachschichtpotential als

$$[\gamma_0\widetilde{V}w] := \gamma_0^{\text{ext}}(\widetilde{V}w)(x) - \gamma_0^{\text{int}}(\widetilde{V}w)(x) = 0 \quad \text{für } x \in \Gamma. \tag{6.9}$$

6.3 Adjungiertes Doppelschichtpotential

Für $w \in H^{-1/2}(\Gamma)$ ist $\widetilde{V}w \in H^1(\Omega)$ nach Lemma 6.3 Lösung der homogenen Differentialgleichung. Nach Lemma 4.3 definiert dann die innere Konormalenableitung einen beschränkten linearen Operator

$$\gamma_1^{\text{int}}\widetilde{V} : H^{-1/2}(\Gamma) \to H^{-1/2}(\Gamma)$$

mit

$$\|\gamma_1^{\text{int}}\widetilde{V}w\|_{H^{-1/2}(\Gamma)} \le c\,\|w\|_{H^{-1/2}(\Gamma)} \quad \text{für alle } w \in H^{-1/2}(\Gamma).$$

Lemma 6.5 *Für $w \in H^{-1/2}(\Gamma)$ gilt*

$$\gamma_1^{\text{int}}(\widetilde{V}w)(x) = \sigma(x)w(x) + (K'w)(x) \quad \textit{für } x \in \Gamma$$

im Sinne von $H^{-1/2}(\Gamma)$. Dabei ist

$$(K'w)(x) := \lim_{\varepsilon\to 0} \int\limits_{y\in\Gamma:|y-x|\ge\varepsilon} \gamma_{1,x}^{\text{int}} U^*(x,y)w(y)ds_y \tag{6.10}$$

und

$$\sigma(x) := \lim_{\varepsilon\to 0} \frac{1}{2(d-1)\pi}\frac{1}{\varepsilon^{d-1}} \int\limits_{y\in\Omega:|y-x|=\varepsilon} ds_y \quad \textit{für } x \in \Gamma. \tag{6.11}$$

Beweis: Für $w \in H^{-1/2}(\Gamma)$ ist $\widetilde{V}w \in H^1(\Omega)$ Lösung der homogenen Differentialgleichung. Sei $\varphi \in C^\infty(\Omega)$, dann folgt mit der ersten Greenschen Formel

$$\begin{aligned}\int_\Gamma \gamma_1^{\text{int}} u(x)\gamma_0^{\text{int}}\varphi(x)ds_x &= \int_\Omega \nabla_x u(x)\nabla_x\varphi(x)dx \\ &= \int_\Omega \nabla_x \int_\Gamma U^*(x,y)w(y)ds_y \nabla_x\varphi(x)dx.\end{aligned}$$

Die Interpretation der auftretenden Integrale als schwach singuläre Integrale und Vertauschen der Integrationsreihenfolge ergeben

$$\begin{aligned}\int_\Gamma \gamma_1^{\text{int}} u(x)\gamma_0^{\text{int}}\varphi(x)ds_x &= \int_\Omega \nabla_x \left(\lim_{\varepsilon\to 0} \int_{y\in\Gamma:|y-x|\geq\varepsilon} U^*(x,y)w(y)ds_y\right)\nabla_x\varphi(x)dx \\ &= \int_\Gamma w(y)\lim_{\varepsilon\to 0}\int_{x\in\Omega:|x-y|\geq\varepsilon} \nabla_x U^*(x,y)\nabla_x\varphi(x)dxds_y\,.\end{aligned}$$

Erneutes Anwenden der ersten Greenschen Formel liefert für $y \in \Gamma$

$$\begin{aligned}\int_{x\in\Omega:|x-y|\geq\varepsilon} \nabla_x U^*(x,y)\nabla_x\varphi(x)dx &= \int_{x\in\Gamma:|x-y|\geq\varepsilon} \gamma_{1,x}^{\text{int}} U^*(x,y)\gamma_0^{\text{int}}\varphi(x)ds_x \\ &\quad + \int_{x\in\Omega:|x-y|=\varepsilon} \gamma_{1,x}^{\text{int}} U^*(x,y)\varphi(x)ds_x.\end{aligned}$$

Der erste Summand entspricht dem in (6.10) definiertem Operator K'. Der zweite Summand läßt sich zunächst aufteilen in

$$\begin{aligned}\int_{x\in\Omega:|x-y|=\varepsilon} \gamma_{1,x}^{\text{int}} U^*(x,y)\varphi(x)ds_x &= \int_{x\in\Omega:|x-y|=\varepsilon} \gamma_{1,x}^{\text{int}} U^*(x,y)[\varphi(x)-\varphi(y)]ds_x \\ &\quad + \varphi(y)\int_{x\in\Omega:|x-y|=\varepsilon} \gamma_{1,x}^{\text{int}} U^*(x,y)ds_x\end{aligned}$$

mit

$$\left|\int_{x\in\Omega:|x-y|=\varepsilon} \gamma_{1,x}^{\text{int}} U^*(x,y)[\varphi(x)-\varphi(y)]ds_x\right| \leq \max_{x\in\Omega:|x-y|=\varepsilon}|\varphi(x)-\varphi(y)|\int_{x\in\Omega:|x-y|=\varepsilon}|\gamma_{1,x}^{\text{int}} U^*(x,y)|ds_x.$$

Für $d=2$ ist

$$\begin{aligned}\int_{x\in\Omega:|x-y|=\varepsilon} |\gamma_{1,x}^{\text{int}} U^*(x,y)|ds_x &\leq \int_{x\in\mathbb{R}^2:|x-y|=\varepsilon} |\gamma_{1,x}^{\text{int}} U^*(x,y)|ds_x \\ &= \frac{1}{2\pi}\int_{x\in\mathbb{R}^2:|x-y|=\varepsilon} \frac{1}{|x-y|}ds_x = 1.\end{aligned}$$

Für $d = 3$ ergibt sich analog

$$\int\limits_{x\in\Omega:|x-y|=\varepsilon} |\gamma_{1,x}^{\text{int}} U^*(x,y)| ds_x \;\leq\; \int\limits_{x\in\mathbb{R}^3:|x-y|=\varepsilon} |\gamma_{1,x}^{\text{int}} U^*(x,y)| ds_x = \frac{1}{4\pi} \int\limits_{x\in\mathbb{R}^3:|x-y|=\varepsilon} \frac{1}{|x-y|^2} ds_x = 1.$$

Grenzwertbildung liefert somit

$$\lim_{\varepsilon\to 0} \left| \int\limits_{x\in\Omega:|x-y|=\varepsilon} \gamma_{1,x}^{\text{int}} U^*(x,y)[\varphi(x)-\varphi(y)] ds_x \right| = 0 .$$

Das verbleibende Integral läßt sich mit $n_x = \dfrac{y-x}{|y-x|}$ für $x \in \Omega$, $|y-x| = \varepsilon$ umformen zu

$$\begin{aligned}
\int\limits_{x\in\Omega:|x-y|=\varepsilon} \gamma_{1,x}^{\text{int}} U^*(x,y) ds_x &= -\frac{1}{2(d-1)\pi} \int\limits_{x\in\Omega:|x-y|=\varepsilon} \frac{(n_x, x-y)}{|x-y|^d} ds_x \\
&= \frac{1}{2(d-1)\pi} \int\limits_{x\in\Omega:|x-y|=\varepsilon} \frac{1}{|x-y|^{d-1}} ds_x \\
&= \frac{1}{2(d-1)\pi} \frac{1}{\varepsilon^{d-1}} \int\limits_{x\in\Omega:|x-y|=\varepsilon} ds_x .
\end{aligned}$$

Die Berücksichtigung der Definitionen (6.10) und (6.11) ergibt schließlich

$$\begin{aligned}
&\int\limits_\Gamma \gamma_1^{\text{int}} u(x) \gamma_0^{\text{int}} \varphi(x) ds_x \\
&= \int\limits_\Gamma w(y) \left[\lim_{\varepsilon\to 0} \int\limits_{x\in\Gamma:|x-y|\geq\varepsilon} \gamma_{1,x}^{\text{int}} U^*(x,y) \gamma_0^{\text{int}} \varphi(x) ds_x + \gamma_0^{\text{int}} \varphi(y) \sigma(y) \right] ds_y \\
&= \int\limits_\Gamma \gamma_0^{\text{int}} \varphi(x) \lim_{\varepsilon\to 0} \int\limits_{y\in\Gamma:|y-x|\geq\varepsilon} \gamma_{1,x}^{\text{int}} U^*(x,y) w(y) ds_y ds_x + \int\limits_\Gamma w(y)\sigma(y)\varphi(y) ds_y \\
&= \int\limits_\Gamma [\sigma(x) w(x) + (K'w)(x)] \gamma_0^{\text{int}} \varphi(x) ds_x
\end{aligned}$$

und damit die behauptete Darstellung. ■

Sei der Rand Γ in einer Umgebung des Punktes $x \in \Gamma$ glatt, d.h. wenigstens differenzierbar. Aus der Definition (6.11) folgt dann

$$\sigma(x) = \frac{1}{2} \quad \text{für fast alle } x \in \Gamma.$$

Der in der Konormalenableitung des Einfachschichtpotentials auftretende Randintegraloperator K' wird als **adjungierter Doppelschichtpotentialoperator** bezeichnet. Der Operator K' ist eine lineare und beschränkte Abbildung mit

$$\|K'w\|_{H^{-1/2}(\Gamma)} \leq c_2^{K'} \|w\|_{H^{-1/2}(\Gamma)} \quad \text{für alle } w \in H^{-1/2}(\Gamma).$$

Analog zum Beweis von Lemma 6.5 ergibt sich für die äußere Konormalenableitung die Darstellung

$$\gamma_1^{\text{ext}}(\widetilde{V}w)(x) = [\sigma(x)-1]w(x) + (K'w)(x) \quad \text{für } x \in \Gamma$$

im Sinne von $H^{-1/2}(\Gamma)$.

Lemma 6.6 *Für die Konormalenableitung des Einfachschichtpotentials gilt die* **Sprungbedingung**

$$[\gamma_1 \widetilde{V}w] := \gamma_1^{\text{ext}}(\widetilde{V}w)(x) - \gamma_1^{\text{int}}(\widetilde{V}w)(x) = -w(x) \quad \textit{für } x \in \Gamma \tag{6.12}$$

im Sinne von $H^{-1/2}(\Gamma)$.

Beweis: Für die durch das Einfachschichtpotential definierte Funktion $u(x) = (\widetilde{V}w)(x)$, $x \in \mathbb{R}^d$, und $\varphi \in C_0^\infty(\mathbb{R}^d)$ gilt zunächst

$$\begin{aligned}
\int_{\mathbb{R}^d} [-\Delta u(x)]\varphi(x)dx &= \int_{\mathbb{R}^d} -\Delta_x \int_\Gamma U^*(x,y)w(y)ds_y \varphi(x)dx \\
&= \int_\Gamma w(y) \int_{\mathbb{R}^d} -\Delta_x U^*(x,y)\varphi(x)dxds_y \\
&= \int_\Gamma w(y) \int_{\mathbb{R}^d} \delta_0(x-y)\varphi(x)dxds_y = \int_\Gamma w(y)\gamma_0^{\text{int}}\varphi(y)ds_y.
\end{aligned}$$

Andererseits ist

$$\begin{aligned}
\int_{\mathbb{R}^d} [-\Delta u(x)]\varphi(x)dx &= a_{\mathbb{R}^d}(u,\varphi) = a_\Omega(u,\varphi) + a_{\Omega^c}(u,\varphi) \\
&= \int_\Gamma \gamma_1^{\text{int}} u(x)\gamma_0^{\text{int}}\varphi(x)ds_x - \int_\Gamma \gamma_1^{\text{ext}} u(x)\gamma_0^{\text{ext}}\varphi(x)ds_x
\end{aligned}$$

und somit

$$\int_\Gamma w(x)\varphi(x)ds_x = \int_\Gamma [\gamma_1^{\text{int}}u(x) - \gamma_1^{\text{ext}}u(x)]\gamma_0^{\text{int}}\varphi(x)ds_x$$

für alle $\varphi \in C_0^\infty(\mathbb{R}^d)$. Die Vervollständigung von $C_0^\infty(\mathbb{R}^d)$ bezüglich der $\|\cdot\|_{H^{1/2}(\Gamma)}$ und ein Dualitätsargument liefern die Behauptung. ■

6.4 Doppelschichtpotential

Betrachtet wird für $v \in H^{1/2}(\Gamma)$ die durch das **Doppelschichtpotential** gegebene Funktion

$$u(x) = (Wv)(x) := \int_\Gamma [\gamma_{1,y}^{\text{int}} U^*(x,y)] v(y) ds_y \quad \text{für } x \in \Omega \cup \Omega^c. \tag{6.13}$$

Lemma 6.7 *Für $v \in H^{1/2}(\Gamma)$ ist $u(x) = (Wv)(x)$ für $x \in \Omega \cup \Omega^c$ Lösung der homogenen partiellen Differentialgleichung*

$$-\Delta_x u(x) = 0 \quad \textit{für } x \in \Omega \cup \Omega^c.$$

Weiterhin ist $u \in H^1(\Omega)$ mit

$$\|u\|_{H^1(\Omega)} = \|Wv\|_{H^1(\Omega)} \le c\, \|v\|_{H^{1/2}(\Gamma)}.$$

Beweis: Wegen $x \in \Omega \cup \Omega^c$ und $y \in \Gamma$ ist $x \neq y$. Damit können Anwendung des Differentialoperators und Integration bzw. Bildung der Konormalenableitung vertauscht werden, und die erste Aussage folgt aus den Eigenschaften der Fundamentallösung $U^*(x,y)$.
Für $\varphi \in C_0^\infty(\Omega)$ ist zunächst

$$\begin{aligned} \langle Wv, \varphi\rangle_\Omega &= \int_\Omega \int_\Gamma [\gamma_{1,y}^{\text{int}} U^*(x,y)] v(y) ds_y \varphi(x) dx \\ &= \int_\Gamma v(y) \gamma_{1,y}^{\text{int}} \int_\Omega U^*(x,y)\varphi(x) dx ds_y \\ &= \int_\Gamma v(y) \gamma_{1,y}^{\text{int}} (\widetilde{N}_0 \varphi)(y) ds_y = \langle v, \gamma_{1,y}^{\text{int}} \widetilde{N}_0 \varphi\rangle_\Gamma. \end{aligned}$$

Für $f \in \widetilde{H}^{-1}(\Omega)$ gilt dann

$$\langle Wv, f\rangle_\Omega = \langle v, \gamma_{1,y}^{\text{int}} \widetilde{N}_0 f\rangle_\Gamma$$

und $\widetilde{N}_0 f \in H^1(\Omega)$ ist nach Satz 6.2 Lösung der inhomogenen partiellen Differentialgleichung

$$-\Delta_x (\widetilde{N}_0 f)(x) = f(x) \quad \text{für } x \in \Omega,$$

und mit Lemma 4.3 folgt $\gamma_1^{\text{int}} \widetilde{N}_0 f \in H^{-1/2}(\Gamma)$. Damit gilt

$$\begin{aligned} \|Wv\|_{H^1(\Omega)} &= \sup_{0 \neq f \in \widetilde{H}^{-1}(\Omega)} \frac{\langle Wv, f\rangle_\Omega}{\|f\|_{\widetilde{H}^{-1}(\Omega)}} \\ &= \sup_{0 \neq f \in \widetilde{H}^{-1}(\Omega)} \frac{\langle v, \gamma_1^{\text{int}} \widetilde{N}_0 f\rangle_\Gamma}{\|f\|_{\widetilde{H}^{-1}(\Omega)}} \le c\, \|v\|_{H^{1/2}(\Gamma)}. \end{aligned}$$

■

Somit ist das durch (6.13) definierte Doppelschichtpotential eine beschränkte lineare Abbildung

$$W \, : \, H^{1/2}(\Gamma) \to H^1(\Omega).$$

Für $u = Wv \in H^1(\Omega)$ ergibt die Anwendung des inneren Spuroperators einen beschränkten linearen Operator

$$\gamma_0^{\text{int}} W \, : \, H^{1/2}(\Gamma) \to H^{1/2}(\Gamma)$$

mit

$$\|\gamma_0^{\text{int}} Wv\|_{H^{1/2}} \leq c\,\|v\|_{H^{1/2}(\Gamma)} \quad \text{für alle } v \in H^{1/2}(\Gamma).$$

Lemma 6.8 *Für $v \in H^{1/2}(\Gamma)$ gilt*

$$\gamma_0^{\text{int}}(Wv)(x) = [-1 + \sigma(x)]v(x) + (Kv)(x) \quad \textit{für } x \in \Gamma \tag{6.14}$$

mit der durch (6.11) *definierten Größe $\sigma(x)$ und*

$$(Kv)(x) := \lim_{\varepsilon \to 0} \int\limits_{y \in \Gamma : |y-x| \geq \varepsilon} [\gamma_1^{\text{int}} U^*(x,y)] v(y) ds_y \quad \textit{für } x \in \Gamma.$$

Beweis: Für zunächst festes $\varepsilon > 0$ wird für

$$(K_\varepsilon v)(x) = \int\limits_{y \in \Gamma : |y-x| \geq \varepsilon} [\gamma_1^{\text{int}} U^*(x,y)] v(y) ds_y$$

der Grenzübergang $\Omega \ni \widetilde{x} \to x \in \Gamma$ betrachtet. Ohne Einschränkung der Allgemeinheit sei also $|\widetilde{x} - x| < \varepsilon$. Dann ist

$$\begin{aligned}
(Wv)(\widetilde{x}) - (K_\varepsilon v)(x) &= \int\limits_{y \in \Gamma : |y-x| \geq \varepsilon} \left[\gamma_1^{\text{int}} U^*(\widetilde{x},y) - \gamma_1^{\text{int}} U^*(x,y)\right] v(y) ds_y \\
&\quad + \int\limits_{y \in \Gamma : |y-x| < \varepsilon} [\gamma_1^{\text{int}} U^*(\widetilde{x},y)] v(y) ds_y \\
&= \int\limits_{y \in \Gamma : |y-x| \geq \varepsilon} \left[\gamma_1^{\text{int}} U^*(\widetilde{x},y) - \gamma_1^{\text{int}} U^*(x,y)\right] v(y) ds_y \\
&\quad + \int\limits_{y \in \Gamma : |y-x| < \varepsilon} [\gamma_1^{\text{int}} U^*(\widetilde{x},y)][v(y) - v(x)] ds_y \\
&\quad + v(x) \int\limits_{y \in \Gamma : |y-x| < \varepsilon} \gamma_1^{\text{int}} U^*(\widetilde{x},y) ds_y.
\end{aligned}$$

Für alle $\varepsilon > 0$ ist

$$\lim_{\Omega \ni \widetilde{x} \to x \in \Gamma} \int\limits_{y \in \Gamma : |y-x| \geq \varepsilon} \left[\gamma_1^{\text{int}} U^*(\widetilde{x},y) - \gamma_1^{\text{int}} U^*(x,y)\right] v(y) ds_y = 0.$$

Der zweite Term kann durch

$$\left| \int\limits_{y\in\Gamma:|y-x|<\varepsilon} [\gamma_1^{\text{int}} U^*(\widetilde{x},y)][v(y)-v(x)]ds_y \right|$$
$$\leq \sup_{y\in\Gamma:|y-x|<\varepsilon} |v(x)-v(y)| \int\limits_{y\in\Gamma:|y-x|<\varepsilon} |\gamma_1^{\text{int}} U^*(\widetilde{x},y)|ds_y$$

abgeschätzt werden. Für $\widetilde{x} \in \Omega$ gilt außerdem

$$\int\limits_{\Gamma} |\gamma_1^{\text{int}} U^*(\widetilde{x},y)|ds_y \leq M\,.$$

Somit verschwindet der zweite Term beim Grenzübergang $\varepsilon \to 0$. Für die Berechnung des dritten Terms sei

$$B_\varepsilon(x) = \{y \in \Omega : |y-x| < \varepsilon\}\,.$$

Dann gilt

$$\int\limits_{y\in\Gamma:|y-x|<\varepsilon} \gamma_1^{\text{int}} U^*(\widetilde{x},y)ds_y = \int\limits_{\partial B_\varepsilon(x)} \gamma_1^{\text{int}} U^*(\widetilde{x},y)ds_y - \int\limits_{y\in\Omega:|y-x|=\varepsilon} \gamma_1^{\text{int}} U^*(\widetilde{x},y)ds_y.$$

Wegen $\widetilde{x} \in B_\varepsilon(x)$ folgt aus der Darstellungsformel (6.1) für $u=1$

$$\int\limits_{\partial B_\varepsilon(x)} \gamma_1^{\text{int}} U^*(\widetilde{x},y)ds_y = -1.$$

Weiterhin ist mit $n_y = \frac{1}{\varepsilon}(y-x)$

$$\begin{aligned}
\lim_{\varepsilon\to 0} \lim_{\Omega\ni\widetilde{x}\to x\in\Gamma} \int\limits_{y\in\Omega:|y-x|=\varepsilon} \gamma_1^{\text{int}} U^*(\widetilde{x},y)ds_y &= \lim_{\varepsilon\to 0} \int\limits_{y\in\Omega:|y-x|=\varepsilon} \gamma_1^{\text{int}} U^*(x,y)ds_y \\
&= -\lim_{\varepsilon\to 0} \frac{1}{2(d-1)\pi} \int\limits_{y\in\Omega:|y-x|=\varepsilon} \frac{(n_y, y-x)}{|x-y|^d} ds_y \\
&= -\lim_{\varepsilon\to 0} \frac{1}{2(d-1)\pi} \frac{1}{\varepsilon^{d-1}} \int\limits_{y\in\Omega:|y-x|=\varepsilon} ds_y = -\sigma(x)\,.
\end{aligned}$$

■

Analog ergibt sich für die äußere Spurbildung

$$\gamma_0^{\text{ext}}(Wv)(x) = \sigma(x)v(x) + (Kv)(x) \quad \text{für } x\in\Gamma$$

und somit die **Sprungbedingung** für das Doppelschichtpotential,

$$[\gamma_0 Wv] := \gamma_0^{\text{ext}}(Wv)(x) - \gamma_0^{\text{int}}(Wv)(x) = v(x) \quad \text{für } x\in\Gamma.$$

Lemma 6.9 *Für den Sprung der Konormalenableitung des Doppelschichtpotentials gilt*

$$[\gamma_1 W v] = \gamma_1^{\text{ext}}(Wv)(x) - \gamma_1^{\text{int}}(Wv)(x) = 0 \quad \textit{für } x \in \Gamma.$$

Beweis: Die durch $u(x) = (Wv)(x)$, $x \in \mathbb{R}^n$, definierte Funktion ist Lösung der homogenen partiellen Differentialgleichung. Unter Verwendung der ersten Greenschen Formel gilt für alle $\varphi \in C_0^\infty(\mathbb{R}^d)$

$$\begin{aligned} 0 = \int_{\mathbb{R}^n} Lu(x)\varphi(x)dx &= a_{\mathbb{R}^n}(u,\varphi) = a_\Omega(u,\varphi) + a_{\Omega^c}(u,\varphi) \\ &= \int_\Gamma \gamma_1^{\text{int}} u(x)\gamma_0^{\text{int}}\varphi(x)ds_x - \int_\Gamma \gamma_1^{\text{ext}} u(x)\gamma_0^{\text{ext}}\varphi(x) \end{aligned}$$

und durch Vervollständigung von $C_0^\infty(\mathbb{R}^d)$ bezüglich der $\|\cdot\|_{H^1(\mathbb{R}^d)}$–Norm folgt mit $\gamma_0^{\text{int}}\varphi = \gamma_0^{\text{ext}}\varphi$ die Behauptung. ■

6.5 Hypersingulärer Integraloperator

Die Konormalenableitung des Doppelschichtpotentials definiert einen beschränkten Operator

$$\gamma_1^{\text{int}} W : H^{1/2}(\Gamma) \to H^{-1/2}(\Gamma).$$

Für

$$(Dv)(x) := -\gamma_1^{\text{int}}(Wv)(x) = - \lim_{\Omega \ni \widetilde{x} \to x \in \Gamma} n_x \cdot \nabla_{\widetilde{x}}(Wv)(\widetilde{x}) \quad \text{für } x \in \Gamma \tag{6.15}$$

gilt

$$\|Dv\|_{H^{-1/2}(\Gamma)} \le c_2^D \|v\|_{H^{1/2}(\Gamma)} \quad \text{für alle } v \in H^{1/2}(\Gamma). \tag{6.16}$$

Für $d = 2$ lautet die Darstellung des Doppelschichtpotentials

$$(Wv)(\widetilde{x}) = \frac{1}{2\pi} \lim_{\varepsilon \to 0} \int_{y \in \Gamma : |y-x| \ge \varepsilon} \frac{(\widetilde{x} - y, n_y)}{|\widetilde{x} - y|^2} v(y) ds_y \quad \text{für } \widetilde{x} \in \Omega.$$

Für festes $\varepsilon > 0$ können Grenzwertbildung und Bildung der Konormalenableitung vertauscht werden, man erhält für $d = 2$

$$(D_\varepsilon v)(x) = -\frac{1}{2\pi} \int_{y \in \Gamma : |y-x| \ge \varepsilon} \left[\frac{(n_x, n_y)}{|x-y|^2} - 2\frac{(x-y,n_x)(x-y,n_y)}{|x-y|^3} \right] v(y) ds_y$$

und analog für $d = 3$

$$(D_\varepsilon v)(x) = \frac{1}{4\pi} \int_{y \in \Gamma : |y-x| \ge \varepsilon} \left[\frac{(n_x, n_y)}{|x-y|^3} - 3\frac{(y-x,n_y)(y-x,n_x)}{|x-y|^5} \right] v(y) ds_y$$

und $x \in \Gamma$.

Für den Grenzübergang $\varepsilon \to 0$ existieren die Integrale in $x \in \Gamma$ jedoch **nicht** als Cauchy–Hauptwertintegral. In Verallgemeinerung des Cauchyschen Integralbegriffes bezeichnet man D daher als **hypersingulären Randintegraloperator**. Dieser kann nur mittels einer geeigneten Regularisierung explizit dargestellt werden. Aus der Darstellungsformel (6.1) folgt mit $u_0(x) \equiv 1$

$$1 = -\int_\Gamma \gamma_{1,y}^{\text{int}} U^*(\widetilde{x}, y) ds_y \quad \text{für } \widetilde{x} \in \Omega.$$

Daher gilt

$$\nabla_{\widetilde{x}}(W u_0)(\widetilde{x}) = \underline{0} \quad \text{für } \widetilde{x} \in \Omega,$$

und es folgt

$$(D u_0)(x) = 0 \quad \text{für } x \in \Gamma. \tag{6.17}$$

Weiterhin ergibt sich

$$(Dv)(x) = -\lim_{\Omega \ni \widetilde{x} \to x \in \Gamma} n_x \cdot \nabla_{\widetilde{x}} \int_\Gamma \gamma_1^{\text{int}} U^*(\widetilde{x}, y)[v(y) - v(x)] ds_y \quad \text{für } x \in \Gamma.$$

Für eine stetige Dichtefunktion v folgt nun für den hypersingulären Integraloperator D die Darstellung

$$(Dv)(x) = -\int_\Gamma \gamma_{1,x}^{\text{int}} \gamma_{1,y}^{\text{int}} U^*(x, y)[v(y) - v(x)] ds_y \quad \text{für } x \in \Gamma$$

als Cauchy–Hauptwertintegral.

Im folgenden werden alternative Darstellungen für die durch den hypersingulären Integraloperator D erklärte Bilinearform

$$\langle Du, v \rangle_\Gamma = -\int_\Gamma v(x) \gamma_{1,x}^{\text{int}} \int_\Gamma \gamma_{1,y}^{\text{int}} U^*(x, y) u(y) ds_y ds_x$$

hergeleitet. Für $d = 2$ werde eine stückweise glatte Randkurve

$$\Gamma = \bigcup_{k=1}^{p} \Gamma_k,$$

mit lokalen Parametrisierungen

$$y \in \Gamma_k : y = y(t) = \begin{pmatrix} y_1(t) \\ y_2(t) \end{pmatrix} \quad \text{für } t \in (t_k, t_{k+1}) \tag{6.18}$$

betrachtet. Dabei ist

$$ds_y = \sqrt{[y_1'(t)]^2 + [y_2'(t)]^2}\, dt$$

und für den äußeren Normalenvektor gelte die Darstellung

$$n(y) = \frac{1}{\sqrt{[y_1'(t)]^2 + [y_2'(t)]^2}} \begin{pmatrix} y_2'(t) \\ -y_1'(t) \end{pmatrix} \quad \text{für } y \in \Gamma_k.$$

Für $x \in I\!R^2$ ist die **Rotation** einer skalaren Funktion v erklärt als

$$\operatorname{curl} v(x) := \begin{pmatrix} \frac{\partial}{\partial x_2} v(x) \\ -\frac{\partial}{\partial x_1} v(x) \end{pmatrix}.$$

Für eine auf Γ_k definierte Funktion v wird eine geeignet gewählte Fortsetzung $\widetilde{v}$ in die zweidimensionale Umgebung von Γ_k betrachtet. Dann definiert

$$\operatorname{curl}_{\Gamma_k} v(x) := n(x) \cdot \operatorname{curl} \widetilde{v}(x) = n_1(x) \frac{\partial}{\partial x_2} \widetilde{v}(x) - n_2(x) \frac{\partial}{\partial x_1} \widetilde{v}(x)$$

für $x \in \Gamma_k$ wegen

$$\begin{aligned} \int_{\Gamma_k} \operatorname{curl}_{\Gamma_k} v(y) ds_y &= \int_{\Gamma_k} \left[n_1(y) \frac{\partial}{\partial y_2} \widetilde{v}(y) - n_2(y) \frac{\partial}{\partial y_1} \widetilde{v}(y) \right] ds_y \\ &= \int_{t_k}^{t_{k+1}} \left[y_2'(t) \frac{\partial}{\partial y_2} v(y(t)) + y_1'(t) \frac{\partial}{\partial y_1} v(y(t)) \right] dt = \int_{t_k}^{t_{k+1}} \frac{d}{dt} v(y(t))\, dt \end{aligned}$$

die Ableitung nach der Bogenlänge. Insbesondere ist $\operatorname{curl}_{\Gamma_k} v$ unabhängig von der gewählten Fortsetzung $\widetilde{v}$.

Lemma 6.10 *Sei Γ_k ein offenes Kurvenstück, welches durch eine Parametrisierung* (6.18) *mit stetig differenzierbaren Funktionen y_i, $i = 1, 2$, dargestellt werden kann. Für stetig differenzierbare Funktionen v und w gilt dann die Formel der partiellen Integration,*

$$\int_{\Gamma_k} v(y)\, \operatorname{curl}_{\Gamma_k} w(y)\, ds_y = - \int_{\Gamma_k} \operatorname{curl}_{\Gamma_k} v(y)\, w(y)\, ds_y + v(y(t)) w(y(t))|_{t_k}^{t_{k+1}}.$$

Beweis: Die Behauptung folgt sofort aus

$$\int_{\Gamma_k} \operatorname{curl}_{\Gamma_k} [v(y) w(y)] ds_y = \int_{t_k}^{t_{k+1}} \frac{d}{dt} [v(y(t)) w(y(t))] dt = [v(y(t)) w(y(t))]_{t=t_k}^{t=t_{k+1}}$$

durch Differentiation nach der Produktregel. ■

Für eine auf der geschlossenen Kurve Γ definierte Funktion v sei

$$\operatorname{curl}_\Gamma v(x) := \operatorname{curl}_{\Gamma_k} v(x) \quad \text{für } x \in \Gamma_k,\ k = 1, \ldots, p.$$

Als Konsequenz von Lemma 6.10 gilt dann:

Folgerung 6.2 *Sei Γ eine stückweise glatte geschlossene Kurve. Für stückweise differenzierbare Funktionen v und w gilt*

$$\int_\Gamma v(y)\, curl_\Gamma w(y)\, ds_y = -\int_\Gamma curl_\Gamma v(y)\, w(y)\, ds_y + \sum_{k=1}^{p} v(y(t))w(y(t))|_{t_k}^{t_{k+1}}.$$

Sind die Funktionen v und w global stetig, so folgt

$$\int_\Gamma v(y)\, curl_\Gamma w(y)\, ds_y = -\int_\Gamma curl_\Gamma v(y)\, w(y)\, ds_y.$$

Durch partielle Integration kann nun die Bilinearform des hypersingulären Integraloperators D auf eine durch das Einfachschichtpotential V induzierte Bilinearform zurückgeführt werden. Für den hier betrachteten Fall des Laplace–Operators geht dies zurück auf [58].

Satz 6.3 *Sei Γ eine stückweise glatte Kurve und seien u und v global stetige Funktionen auf Γ, welche auf den Kurvenstücken Γ_k differenzierbar seien. Dann gilt für die Bilinearform des hypersingulären Integraloperators D die Darstellung*

$$\langle Du, v\rangle_\Gamma = -\frac{1}{2\pi}\int_\Gamma curl_\Gamma v(x)\int_\Gamma \log|x-y|\, curl_\Gamma u(y) ds_y ds_x\,. \tag{6.19}$$

Beweis: Der hypersinguläre Integraloperator D ist nach (6.15) definiert als die negative Konormalenableitung des Doppelschichtpotentials W. Für $\widetilde{x} \in \Omega$ ist

$$w(\widetilde{x}) = (Wu)(\widetilde{x}) = -\frac{1}{2\pi}\int_\Gamma u(y)\frac{\partial}{\partial n_y}\log|\widetilde{x}-y| ds_y.$$

Wegen $\widetilde{x} \in \Omega$ und $y \in \Gamma$ ist $\widetilde{x} \neq y$. Mit

$$\frac{\partial}{\partial y_i}\log|\widetilde{x}-y| = \frac{y_i-\widetilde{x}_i}{|\widetilde{x}-y|^2} = -\frac{\widetilde{x}_i-y_i}{|\widetilde{x}-y|^2} = -\frac{\partial}{\partial \widetilde{x}_i}\log|\widetilde{x}-y|$$

folgt

$$\frac{\partial}{\partial \widetilde{x}_i}\left[\frac{\partial}{\partial n_y}\log|\widetilde{x}-y|\right] = -n_y\cdot\nabla_y\left[\frac{\partial}{\partial y_i}\log|\widetilde{x}-y|\right].$$

Weiterhin ist, unter Ausnutzung von $\Delta_y \log|\widetilde{x}-y| = 0$,

$$\begin{aligned}
\mathrm{curl}_{\Gamma,y}\left(\frac{\partial}{\partial y_1}\log|\widetilde{x}-y|\right) &= n_1(y)\frac{\partial}{\partial y_2}\frac{\partial}{\partial y_1}\log|\widetilde{x}-y| - n_2(y)\frac{\partial}{\partial y_1}\frac{\partial}{\partial y_1}\log|\widetilde{x}-y| \\
&= n_1(y)\frac{\partial}{\partial y_2}\frac{\partial}{\partial y_1}\log|\widetilde{x}-y| + n_2(y)\frac{\partial}{\partial y_2}\frac{\partial}{\partial y_2}\log|\widetilde{x}-y| \\
&= n(y)\cdot\nabla_y\left[\frac{\partial}{\partial y_2}\log|\widetilde{x}-y|\right],
\end{aligned}$$

bzw.

$$\operatorname{curl}_{\Gamma,y}\left(\frac{\partial}{\partial y_2}\log|\widetilde{x}-y|\right) = -n(y)\cdot\nabla_y\left[\frac{\partial}{\partial y_1}\log|\widetilde{x}-y|\right].$$

Damit läßt sich nun die Ableitung des Doppelschichtpotentials für eine global stetige Funktion u durch partielle Integration umformen zu

$$\begin{aligned}
\frac{\partial}{\partial\widetilde{x}_1}w(x) &= -\frac{1}{2\pi}\int\limits_\Gamma u(y)\frac{\partial}{\partial\widetilde{x}_1}\frac{\partial}{\partial n_y}\log|\widetilde{x}-y|ds_y \\
&= \frac{1}{2\pi}\int\limits_\Gamma u(y)n(y)\cdot\nabla_y\left[\frac{\partial}{\partial y_1}\log|\widetilde{x}-y|\right]ds_y \\
&= -\frac{1}{2\pi}\int\limits_\Gamma u(y)\operatorname{curl}_{\Gamma,y}\left(\frac{\partial}{\partial y_2}\log|\widetilde{x}-y|\right)ds_y \\
&= \frac{1}{2\pi}\int\limits_\Gamma \operatorname{curl}_\Gamma u(y)\frac{\partial}{\partial y_2}\log|\widetilde{x}-y|ds_y,
\end{aligned}$$

sowie

$$\frac{\partial}{\partial\widetilde{x}_2}w(x) = -\frac{1}{2\pi}\int\limits_\Gamma \operatorname{curl}_\Gamma u(y)\frac{\partial}{\partial y_1}\log|\widetilde{x}-y|ds_y.$$

Nun läßt sich die Normalenableitung des Doppelschichtpotentials schreiben als

$$\begin{aligned}
n(x)\cdot\nabla_{\widetilde{x}}w(\widetilde{x}) &= \frac{1}{2\pi}\int\limits_\Gamma \operatorname{curl}_\Gamma u(y)\left[n_1(x)\frac{\partial}{\partial y_2}\log|\widetilde{x}-y| - n_2(x)\frac{\partial}{\partial y_1}\log|\widetilde{x}-y|\right]ds_y \\
&= \frac{1}{2\pi}\lim_{\varepsilon\to 0}\int\limits_{y\in\Gamma,|y-x|\geq\varepsilon} \operatorname{curl}_\Gamma u(y)\left[n_1(x)\frac{\partial}{\partial y_2}\log|\widetilde{x}-y| - n_2(x)\frac{\partial}{\partial y_1}\log|\widetilde{x}-y|\right]ds_y
\end{aligned}$$

und der Grenzübergang $\Omega \ni \widetilde{x} \to x \in \Gamma$ liefert

$$\begin{aligned}
\frac{\partial}{\partial n_x}w(x) &= \frac{1}{2\pi}\lim_{\varepsilon\to 0}\int\limits_{y\in\Gamma:|y-x|\geq\varepsilon} \operatorname{curl}_\Gamma u(y)\left[n_1(x)\frac{\partial}{\partial y_2}\log|x-y| - n_2(x)\frac{\partial}{\partial y_1}\log|x-y|\right]ds_y \\
&= -\frac{1}{2\pi}\lim_{\varepsilon\to 0}\int\limits_{y\in\Gamma:|y-x|\geq\varepsilon} \operatorname{curl}_\Gamma u(y)\left[n_1(x)\frac{\partial}{\partial x_2}\log|x-y| - n_2(x)\frac{\partial}{\partial x_1}\log|x-y|\right]ds_y \\
&= -\frac{1}{2\pi}\lim_{\varepsilon\to 0}\int\limits_{y\in\Gamma:|y-x|\geq\varepsilon} \operatorname{curl}_\Gamma u(y)\operatorname{curl}_{\Gamma,x}\log|x-y|\,ds_y.
\end{aligned}$$

Damit ist

$$\begin{aligned}\int_\Gamma \frac{\partial}{\partial n_x} w(x)v(x)ds_x &= -\frac{1}{2\pi}\int_{x\in\Gamma}\lim_{\varepsilon\to 0}\int_{y\in\Gamma:|y-x|\geq\varepsilon} \mathrm{curl}_\Gamma u(y)\,\mathrm{curl}_{\Gamma,x}\log|x-y|\,ds_y\,v(x)\,ds_x\\ &= -\frac{1}{2\pi}\int_{y\in\Gamma}\lim_{\varepsilon\to 0}\int_{x\in\Gamma:|x-y|\geq\varepsilon} v(x)\,\mathrm{curl}_{\Gamma,x}\log|x-y|\,ds_x\,\mathrm{curl}_\Gamma u(y)\,ds_y\\ &= \frac{1}{2\pi}\int_{y\in\Gamma}\lim_{\varepsilon\to 0}\int_{x\in\Gamma:|x-y|\geq\varepsilon} \mathrm{curl}_\Gamma v(x)\,\log|x-y|\,ds_x\,\mathrm{curl}_\Gamma u(y)\,ds_y,\end{aligned}$$

woraus schließlich die Behauptung (6.19) folgt. ■

Die Formel der partiellen Integration für den hypersingulären Integraloperator D kann entsprechend auf den dreidimensionalen Fall übertragen werden [28]. Sei

$$\Gamma = \bigcup_{k=1}^{p} \Gamma_k$$

eine stückweise glatte Oberfläche, wobei jede der Teilfächen durch eine Parametrisierung

$$y \in \Gamma_k \,:\, y(s,t) = \begin{pmatrix} y_1(s,t)\\ y_2(s,t)\\ y_3(s,t)\end{pmatrix} \quad \text{für } (s,t)\in\tau$$

über einem Referenzelement τ dargestellt werden kann. Die **Rotation** einer vektorwertigen Funktion $\underline{v}$ ist definiert durch

$$\underline{\mathrm{curl}}\,\underline{v} := \nabla\times\underline{v}(x) \quad \text{für } x\in\mathbb{R}^3.$$

Für eine auf dem Randstück Γ_k erklärte skalare Funktion u ist

$$\underline{\mathrm{curl}}_{\Gamma_k} u(x) := n(x)\times\nabla\tilde{u}(x) \quad \text{für } x\in\Gamma_k,$$

die **Oberflächenrotation**, wobei $\tilde{u}$ eine geeignet gewählte Fortsetzung von u auf Γ_k in eine dreidimensionale Umgebung von Γ_k ist. Schließlich ist

$$\mathrm{curl}_{\Gamma_k}\underline{v}(x) := n(x)\cdot\underline{\mathrm{curl}}\,\tilde{\underline{v}}(x) \quad \text{für } x\in\Gamma_k.$$

Lemma 6.11 *Sei Γ eine stückweise glatte, geschlossene Lipschitz–Fläche im $\mathbb{R}^3$. Jede Teilfläche Γ_k sei glatt und besitze eine stückweise glatte Randkurve $\partial\Gamma_k$. Die Funktionen u und $\underline{v}$ seien global stetig und auf jedem Kurvenstück glatt und beschränkt. Dann gilt die Formel der partiellen Integration*

$$\int_\Gamma \underline{curl}_\Gamma u(x)\cdot\underline{v}(x)\,ds_x = -\int_\Gamma u(x)\,curl_\Gamma\underline{v}(x)ds_x\,.$$

Beweis: Mit der Produktregel

$$\nabla \times [\widetilde{u}(x)\underline{v}(x)] = \nabla\widetilde{u}(x) \times \underline{v}(x) + \widetilde{u}(x)\,[\nabla \times \underline{v}(x)]$$

folgt

$$\begin{aligned}
\int\limits_{\Gamma_k} \underline{\operatorname{curl}}_{\Gamma_k} u(x) \cdot \underline{v}(x) ds_x &= \int\limits_{\Gamma_k} [n(x) \times \nabla\widetilde{u}(x)] \cdot \underline{v}(x) ds_x \\
&= \int\limits_{\Gamma_k} [\nabla\widetilde{u}(x) \times \underline{v}(x)] \cdot n(x)\, ds_x \\
&= \int\limits_{\Gamma_k} [\nabla \times [\widetilde{u}(x)\underline{v}(x)] - \widetilde{u}(x)\,[\nabla \times \underline{v}(x)]] \cdot n(x)\, ds_x \\
&= \int\limits_{\partial\Gamma_k} u(x)\underline{v}(x)\underline{t}(x) d\sigma - \int\limits_{\Gamma_k} u(x) \operatorname{curl}_{\Gamma_k} \underline{v}(x) ds_x
\end{aligned}$$

durch die Anwendung des Integralsatzes von Stokes. ■

Satz 6.4 *Sei Γ eine stückweise glatte geschlossene Oberfläche und seien u und v global stetige Funktionen auf Γ, welche auf den Kurvenstücken Γ_k differenzierbar seien. Dann gilt für die Bilinearform des hypersingulären Integraloperators D die Darstellung*

$$\langle Du, v\rangle_\Gamma = \frac{1}{4\pi} \int\limits_\Gamma \int\limits_\Gamma \frac{\underline{curl}_\Gamma u(y) \cdot \underline{curl}_\Gamma v(x)}{|x-y|} ds_x ds_y.$$

Beweis: Der Beweis folgt im wesentlichen dem zweidimensionalen Fall. Für $\widetilde{x} \in \Omega$ ist nach (6.15) das Doppelschichtpotential

$$w(\widetilde{x}) := -\frac{1}{4\pi} \int\limits_\Gamma u(y) \frac{\partial}{\partial n_y} \frac{1}{|\widetilde{x}-y|} ds_y.$$

zu betrachten. Mit

$$\frac{\partial}{\partial y_i} \frac{1}{|\widetilde{x}-y|} = \frac{\widetilde{x}_i - y_i}{|\widetilde{x}-y|^3} = -\frac{y_i - \widetilde{x}_i}{|\widetilde{x}-y|} = -\frac{\partial}{\partial \widetilde{x}_i} \frac{1}{|\widetilde{x}-y|}$$

folgt für die Ableitungen des Kernes

$$\frac{\partial}{\partial \widetilde{x}_i} \left[\frac{\partial}{\partial n_y} \frac{1}{|\widetilde{x}-y|} \right] = -n_y \cdot \nabla_y \left[\frac{\partial}{\partial y_i} \frac{1}{|\widetilde{x}-y|} \right].$$

Sei $\underline{e}_i$ der i–te Basisvektor des $\mathbb{R}^3$. Wegen $\widetilde{x} \neq y$ gilt mit der Entwicklungsregel des Vektorproduktes

$$\begin{aligned}
\underline{\mathrm{curl}}_y \left[\underline{e}_i \times \nabla_y \frac{1}{|\widetilde{x}-y|}\right] &= \nabla_y \times \left[\underline{e}_i \times \nabla_y \frac{1}{|\widetilde{x}-y|}\right] \\
&= \left[\nabla_y \cdot \nabla_y \frac{1}{|\widetilde{x}-y|}\right] \underline{e}_i - (\nabla_y \cdot \underline{e}_i)\, \nabla_y \frac{1}{|\widetilde{x}-y|} \\
&= \Delta_y \frac{1}{|\widetilde{x}-y|}\, \underline{e}_i - \frac{\partial}{\partial y_i} \left[\nabla_y \frac{1}{|\widetilde{x}-y|}\right] \\
&= -\frac{\partial}{\partial y_i} \left[\nabla_y \frac{1}{|\widetilde{x}-y|}\right].
\end{aligned}$$

Zusammen mit einer Vertauschung von Differentiation und Integration erhält man dann für die partiellen Ableitungen des Doppelschichtpotentials

$$\begin{aligned}
\frac{\partial}{\partial \widetilde{x}_i} w(\widetilde{x}) &= -\frac{1}{4\pi} \int_\Gamma u(y) \frac{\partial}{\partial \widetilde{x}_i} \left[\frac{\partial}{\partial n_y} \frac{1}{|\widetilde{x}-y|}\right] ds_y \\
&= \frac{1}{4\pi} \int_\Gamma u(y)\, n_y \cdot \nabla_y \left[\frac{\partial}{\partial y_i} \frac{1}{|\widetilde{x}-y|}\right] ds_y \\
&= -\frac{1}{4\pi} \int_\Gamma u(y)\, n_y \cdot \underline{\mathrm{curl}}_y \left[\underline{e}_i \times \nabla_y \frac{1}{|\widetilde{x}-y|}\right] ds_y \\
&= -\frac{1}{4\pi} \int_\Gamma u(y) \mathrm{curl}_{\Gamma,y} \left[\underline{e}_i \times \nabla_y \frac{1}{|\widetilde{x}-y|}\right] ds_y.
\end{aligned}$$

Mit Lemma 6.11 gilt

$$\begin{aligned}
\frac{\partial}{\partial \widetilde{x}_i} w(\widetilde{x}) &= \frac{1}{4\pi} \int_\Gamma \underline{\mathrm{curl}}_{\Gamma,y} u(y) \cdot \left[\underline{e}_i \times \nabla_y \frac{1}{|\widetilde{x}-y|}\right] ds_y \\
&= -\frac{1}{4\pi} \int_\Gamma \underline{e}_i \cdot \left[\underline{\mathrm{curl}}_{\Gamma,y} u(y) \times \nabla_y \frac{1}{|\widetilde{x}-y|}\right] ds_y,
\end{aligned}$$

und somit läßt sich der Gradient des Doppelschichtpotentials schreiben als

$$\begin{aligned}
\nabla_{\widetilde{x}} w(\widetilde{x}) &= -\frac{1}{4\pi} \int_\Gamma \left[\underline{\mathrm{curl}}_{\Gamma,y} u(y) \times \nabla_y \frac{1}{|\widetilde{x}-y|}\right] ds_y \\
&= \frac{1}{4\pi} \int_\Gamma \left[\underline{\mathrm{curl}}_{\Gamma,y} u(y) \times \nabla_{\widetilde{x}} \frac{1}{|\widetilde{x}-y|}\right] ds_y.
\end{aligned}$$

Die Multiplikation mit dem Normalenvektor n_x liefert

$$\begin{aligned}
n_x \cdot \nabla_{\widetilde{x}} w(\widetilde{x}) &= \frac{1}{4\pi} \int\limits_\Gamma \left[\underline{\operatorname{curl}}_{\Gamma,y} u(y) \times \nabla_{\widetilde{x}} \frac{1}{|\widetilde{x}-y|} \right] \cdot n_x \, ds_y \\
&= -\frac{1}{4\pi} \int\limits_\Gamma \underline{\operatorname{curl}}_{\Gamma,y} u(y) \cdot \left[n_x \times \nabla_{\widetilde{x}} \frac{1}{|\widetilde{x}-y|} \right] ds_y \\
&= -\frac{1}{4\pi} \lim_{\varepsilon \to 0} \int\limits_{y\in\Gamma:|y-x|\geq\varepsilon} \underline{\operatorname{curl}}_{\Gamma,y} u(y) \cdot \left[n_x \times \nabla_{\widetilde{x}} \frac{1}{|\widetilde{x}-y|} \right] ds_y .
\end{aligned}$$

Durch Grenzwertbildung $\Omega \ni \widetilde{x} \to x \in \Gamma$ folgt

$$\begin{aligned}
(Du)(x) &= -\frac{1}{4\pi} \lim_{\varepsilon \to 0} \int\limits_{y\in\Gamma:|y-x|\geq\varepsilon} \underline{\operatorname{curl}}_{\Gamma,y} u(y) \cdot \left[n_x \times \nabla_x \frac{1}{|x-y|} \right] ds_y \\
&= -\frac{1}{4\pi} \lim_{\varepsilon \to 0} \int\limits_{y\in\Gamma:|y-x|\geq\varepsilon} \underline{\operatorname{curl}}_{\Gamma,y} u(y) \cdot \underline{\operatorname{curl}}_{\Gamma,x} \frac{1}{|x-y|} ds_y .
\end{aligned}$$

Für die Bilinearform des hypersingulären Integraloperators ergibt sich daraus

$$\begin{aligned}
\langle Du, v\rangle_\Gamma &= -\frac{1}{4\pi} \int\limits_\Gamma v(x) \lim_{\varepsilon \to 0} \int\limits_{y\in\Gamma:|y-x|\geq\varepsilon} \underline{\operatorname{curl}}_{\Gamma,y} u(y) \cdot \underline{\operatorname{curl}}_{\Gamma,x} \frac{1}{|x-y|} ds_y ds_x \\
&= -\frac{1}{4\pi} \int\limits_\Gamma \lim_{\varepsilon \to 0} \int\limits_{x\in\Gamma:|x-y|\geq\varepsilon} [v(x) \underline{\operatorname{curl}}_{\Gamma,y} u(y)] \cdot \underline{\operatorname{curl}}_{\Gamma,x} \frac{1}{|x-y|} ds_x ds_y \\
&= \frac{1}{4\pi} \int\limits_\Gamma \lim_{\varepsilon \to 0} \int\limits_{x\in\Gamma:|x-y|\geq\varepsilon} \operatorname{curl}_{\Gamma,x} [v(x) \underline{\operatorname{curl}}_{\Gamma,y} u(y)] \frac{1}{|x-y|} ds_x ds_y .
\end{aligned}$$

Mit

$$\begin{aligned}
\operatorname{curl}_{\Gamma,x}[v(x)\underline{\operatorname{curl}}_{\Gamma,y} u(y)] &= n_x \cdot \left[\nabla_x \times [v(x) \underline{\operatorname{curl}}_{\Gamma,y} u(y)] \right] \\
&= n_x \cdot \left[\nabla_x v(x) \times \underline{\operatorname{curl}}_{\Gamma,y} u(y) \right] \\
&= [n_x \times \nabla_x v(x)] \cdot \underline{\operatorname{curl}}_{\Gamma,y} u(y) \\
&= \underline{\operatorname{curl}}_{\Gamma,x} v(x) \cdot \underline{\operatorname{curl}}_{\Gamma,y} u(y)
\end{aligned}$$

folgt schließlich die Behauptung. ■

6.6 Eigenschaften der Randintegraloperatoren

Bevor die Elliptizität des Einfachschichtpotentials V und des hypersingulären Integraloperators D untersucht wird, sollen einige grundlegende Beziehungen der Randintegraloperatoren untereinander hergeleitet werden. Ausgangspunkt hierfür ist die Darstellungsformel (6.1),

$$u(\tilde{x}) = \int_\Gamma U^*(\tilde{x},y)\gamma_1^{\text{int}}u(y)ds_y - \int_\Gamma \gamma_1^{\text{int}}U^*(\tilde{x},y)\gamma_0^{\text{int}}u(y)ds_y + \int_\Omega U^*(\tilde{x},y)f(y)dy$$

für $\tilde{x} \in \Omega$. Beim Grenzübergang $\Omega \ni \tilde{x} \to x \in \Gamma$ ergibt sich daraus mit den in diesem Kapitel hergeleiteten Eigenschaften der Rand- und Volumenpotentiale die Randintegralgleichung

$$\gamma_0^{\text{int}}u(x) = (V\gamma_1^{\text{int}}u)(x) + [1-\sigma(x)]\gamma_0^{\text{int}}u(x) - (K\gamma_0^{\text{int}}u)(x) + N_0f(x) \qquad (6.20)$$

für $x \in \Gamma$. Die Anwendung der Konormalenableitung auf die durch die Darstellungsformel definierte Funktion liefert eine zweite Randintegralgleichung, $x \in \Gamma$,

$$\gamma_1^{\text{int}}u(x) = \sigma(x)\gamma_1^{\text{int}}u(x) + (K'\gamma_1^{\text{int}}u)(x) + (D\gamma_0^{\text{int}}u)(x) + N_1f(x). \qquad (6.21)$$

Für $x \in \Gamma$ beschreiben (6.20) und (6.21) ein System von Randintegralgleichungen,

$$\begin{pmatrix} \gamma_0^{\text{int}}u \\ \gamma_1^{\text{int}}u \end{pmatrix} = \begin{pmatrix} (1-\sigma)I - K & V \\ D & \sigma I + K' \end{pmatrix} \begin{pmatrix} \gamma_0^{\text{int}}u \\ \gamma_1^{\text{int}}u \end{pmatrix} + \begin{pmatrix} N_0f \\ N_1f \end{pmatrix}. \qquad (6.22)$$

Hierbei wird

$$\mathcal{C} = \begin{pmatrix} (1-\sigma)I - K & V \\ D & \sigma I + K' \end{pmatrix} \qquad (6.23)$$

als **Calderón–Projektor** bezeichnet.

Lemma 6.12 *Der durch* (6.23) *definierte Operator* $\mathcal{C}$ *ist ein Projektionsoperator, d.h. es gilt* $\mathcal{C} = \mathcal{C}^2$.

Beweis: Seien $(\psi, \varphi) \in H^{-1/2}(\Gamma) \times H^{1/2}(\Gamma)$ beliebig gegeben. Dann definiert

$$u(\tilde{x}) := (\widetilde{V}\psi)(\tilde{x}) - (W\varphi)(\tilde{x}) \quad \text{für } \tilde{x} \in \Omega$$

eine Lösung der homogenen partiellen Differentialgleichung. Für die Spur und die Konormalenableitung von u ergibt sich aus den Eigenschaften der Randpotentiale

$$\begin{aligned} \gamma_0^{\text{int}}u(x) &= (V\psi)(x) + (1-\sigma(x))\varphi(x) - (K\varphi)(x), \\ \gamma_1^{\text{int}}u(x) &= \sigma\psi(x) + (K'\psi)(x) + (D\varphi)(x) \end{aligned}$$

für $x \in \Gamma$. Die Funktion u ist also Lösung der homogenen partiellen Differentialgleichung, wobei die zugehörigen Cauchy–Daten durch $[\gamma_0^{\text{int}}u(x), \gamma_1^{\text{ext}}u(x)]$ für

$x \in \Gamma$ bestimmt sind. Diese sind somit Lösungen der Randintegralgleichungen (6.20) und (6.21), d.h.

$$\begin{aligned}(V\gamma_1^{\text{int}}u)(x) &= (\sigma I + K)\gamma_0^{\text{int}}u(x),\\ (D\gamma_0^{\text{int}}u)(x) &= ((1-\sigma)I - K')\gamma_1^{\text{int}}u(x)\end{aligned}$$

für $x \in \Gamma$. Dies ist gleichbedeutend mit

$$\begin{pmatrix}\gamma_0^{\text{int}}u(x)\\ \gamma_1^{\text{int}}u(x)\end{pmatrix} = \begin{pmatrix}(1-\sigma)I - K & V\\ D & \sigma I + K'\end{pmatrix}\begin{pmatrix}\gamma_0^{\text{int}}u(x)\\ \gamma_1^{\text{int}}u(x)\end{pmatrix}$$

für $x \in \Gamma$. Einsetzen von

$$\begin{pmatrix}\gamma_0^{\text{int}}u(x)\\ \gamma_1^{\text{int}}u(x)\end{pmatrix} = \begin{pmatrix}(1-\sigma)I - K & V\\ D & \sigma I + K'\end{pmatrix}\begin{pmatrix}\varphi(x)\\ \psi(x)\end{pmatrix}$$

liefert die Behauptung. ■

Durch Ausnutzen der Projektionseigenschaft $\mathcal{C} = \mathcal{C}^2$ können sofort die folgenden Beziehungen zwischen den Randintegraloperatoren abgeleitet werden.

Folgerung 6.3 *Für die Randintegraloperatoren gelten die folgenden Relationen:*

$$VD = (\sigma I + K)((1-\sigma)I - K), \tag{6.24}$$

$$DV = (\sigma I + K')((1-\sigma)I - K'), \tag{6.25}$$

$$VK' = KV, \tag{6.26}$$

$$K'D = DK. \tag{6.27}$$

Die Beziehung (6.26) besagt, daß der nichtselbstadjungierte Operator K des Doppelschichtpotentials durch das Einfachschichtpotential V symmetrisiert werden kann. Diese Eigenschaft wurde bereits 1911 von J. Plemelj für den Fall des zweidimensionalen Laplace–Operators erkannt [66].

Aus den Randintegralgleichungen (6.22) kann auch eine Darstellung für die Konormalenableitung des Newton–Potentials gewonnen werden, wenn die Invertierbarkeit des Einfachschichtpotentials V benutzt werden kann, vergleiche hierzu Abschnitt 6.6.1.

Lemma 6.13 *Für das Volumenpotential $(N_1 f)(x)$, $x \in \Gamma$, gilt die Darstellung*

$$(N_1 f)(x) = ([\sigma - 1]I + K')V^{-1}(N_0 f)(x)\,.$$

Beweis: Aus der ersten Randintegralgleichung in (6.22) folgt mit der Invertierbarkeit des Einfachschichtpotentials V

$$\gamma_1^{\text{int}} u(x) = V^{-1}(\sigma I + K)\gamma_0^{\text{int}} u(x) - V^{-1}(N_0 f)(x) \quad \text{für } x \in \Gamma.$$

Durch Einsetzen dieser Beziehung in die zweite Gleichung von (6.22) erhält man

$$\begin{aligned}
\gamma_1^{\text{int}} u(x) &= (D\gamma_0^{\text{int}} u)(x) + (\sigma I + K')\gamma_1^{\text{int}} u(x) + (N_1 f)(x) \\
&= (D\gamma_0^{\text{int}} u)(x) + (\sigma I + K')[V^{-1}(\sigma(x) + K)\gamma_0^{\text{int}} u(x) - V^{-1}(N_0 f)(x)] \\
&\quad +(N_1 f)(x) \\
&= \left[D + (\sigma I + K')V^{-1}(\sigma I + K)\right] \gamma_0^{\text{int}} u(x) \\
&\quad -(\sigma I + K')V^{-1}(N_0 f)(x) + (N_1 f)(x)
\end{aligned}$$

und somit die Gleichheit

$$-V^{-1}(N_0 f)(x) = -(\sigma I + K')V^{-1}(N_0 f)(x) + (N_1 f)(x) \quad \text{für } x \in \Gamma.$$

Daraus folgt unmittelbar die Behauptung. ■

6.6.1 Elliptizität des Einfachschichtpotentials

Die Invertierbarkeit des Einfachschichtpotentialoperators $V : H^{-1/2}(\Gamma) \to H^{1/2}(\Gamma)$ kann durch die Anwendung von Satz 3.2 (Lemma von Lax–Milgram) gewährleistet werden. Zu überprüfen ist deshalb die $H^{-1/2}(\Gamma)$–Elliptizität von V.

Die Funktion

$$u(x) = (\widetilde{V}w)(x) \quad \text{für } x \in \Omega$$

ist Lösung des inneren Dirichlet–Randwertproblems

$$-\Delta u(x) = 0 \quad \text{für } x \in \Omega, \quad u(x) = \gamma_0^{\text{int}}(\widetilde{V}w)(x) = (Vw)(x) \quad \text{für } x \in \Gamma.$$

Für $w \in H^{-1/2}(\Gamma)$ ist $u = \widetilde{V}w \in H^1(\Omega)$ und für $v \in H^1(\Omega)$ gilt die erste Greensche Formel (1.5),

$$a_\Omega(u, v) := \int_\Omega \nabla u(x) \nabla v(x) ds_x = \langle \gamma_1^{\text{int}} u, \gamma_0^{\text{int}} v \rangle_\Gamma \tag{6.28}$$

sowie nach Ungleichung (4.17)

$$c_1^{\text{int}} \, \|\gamma_1^{\text{int}} u\|^2_{H^{-1/2}(\Gamma)} \le a_\Omega(u, u). \tag{6.29}$$

Für die Herleitung einer entsprechenden Formel für die äußere Konormalenableitung $\gamma_1^{\text{ext}} u \in H^{-1/2}(\Gamma)$ spielt das Fernfeldverhalten des Einfachschichtpotentials $(\widetilde{V}w)(x)$ für $|x| \to \infty$ eine wesentliche Rolle. Hierfür wird zunächst der Teilraum

$$\mathbf{H}_*^{-1/2}(\mathbf{\Gamma}) := \left\{ w \in H^{-1/2}(\Gamma) \, : \, \langle w, 1 \rangle_\Gamma = 0 \right\} \tag{6.30}$$

definiert.

Lemma 6.14 *Für $y_0 \in \Omega$ und $x \in \mathbb{R}^d$ sei*

$$|x - y_0| \;>\; \max\{1, 2\, diam(\Omega)\}$$

erfüllt. Sei $w \in H^{-1/2}(\Gamma)$ für $d = 3$ bzw. $w \in H_*^{-1/2}(\Gamma)$ für $d = 2$. Für $u = \widetilde{V}w$ gilt dann

$$|u(x)| \;=\; |(\widetilde{V}w)(x)| \;\leq\; c_1(w)\,\frac{1}{|x-y_0|} \tag{6.31}$$

sowie

$$|\nabla u(x)| \;=\; |\nabla(\widetilde{V}w)(x)| \;\leq\; c_2(w)\,\frac{1}{|x-y_0|^2}. \tag{6.32}$$

Beweis: Mit der Dreiecksungleichung ist

$$|x-y_0| \;\leq\; |x-y| + |y-y_0| \;\leq\; |x-y| + \text{diam}(\Omega) \;\leq\; |x-y| + \frac{1}{2}\,|x-y_0|$$

und somit

$$|x-y| \;\geq\; \frac{1}{2}\,|x-y_0|\,.$$

Für $d = 3$ folgt die Abschätzung (6.31) aus

$$\begin{aligned}
|u(x)| \;&=\; \left|\langle\gamma_0^{\text{int}}U^*(x,\cdot), w\rangle_\Gamma\right| \\
&\leq\; ||\gamma_0^{\text{int}}U^*(x,\cdot)||_{H^{1/2}(\Gamma)}||w||_{H^{-1/2}(\Gamma)} \\
&\leq\; c_T\,||U^*(x,\cdot)||_{H^1(\Omega)}||w||_{H^{-1/2}(\Gamma)}
\end{aligned}$$

und

$$\begin{aligned}
||U^*(x,\cdot)||^2_{H^1(\Omega)} \;&=\; \frac{1}{16\pi^2}\int_\Omega \frac{1}{|x-y|^2}dy + \frac{1}{16\pi^2}\int_\Omega \frac{1}{|x-y|^4}dy \\
&\leq\; \frac{1}{4\pi^2}\int_\Omega \frac{1}{|x-y_0|^2}dy + \frac{1}{\pi^2}\int_\Omega \frac{1}{|x-y_0|^4}dy \;\leq\; \frac{5}{4}\,\frac{|\Omega|}{\pi^2}\,\frac{1}{|x-y_0|^2}.
\end{aligned}$$

Die Abschätzung (6.32) ergibt sich entsprechend aus

$$\frac{\partial}{\partial x_i}u(x) \;=\; \frac{1}{4\pi}\int_\Gamma \frac{y_i - x_i}{|x-y|^3}w(y)ds_y.$$

Für $d = 2$ gilt bei Entwicklung in eine Taylor–Reihe

$$\log|y-x| \;=\; \log|y_0 - x| \;+\; \frac{(y-y_0, \bar{y}-x)}{|\bar{y}-x|^2}$$

mit geeignet gewähltem $\bar{y} \in \Omega$. Wegen $w \in H_*^{-1/2}(\Gamma)$ folgt

$$u(x) \;=\; -\frac{1}{2\pi}\int_\Gamma \frac{(y-y_0, \bar{y}-x)}{|\bar{y}-x|^2}w(y)ds_y,$$

woraus sich wie im Fall $d = 3$ die Behauptung (6.31) ableiten läßt.
Die Abschätzung (6.32) ergibt sich schließlich analog. ∎

Für $y_0 \in \Omega$ und $R > 2\,\mathrm{diam}(\Omega)$ sei

$$B_R(y_0) := \left\{ x \in I\!R^d : |x - y_0| < R \right\}.$$

Dann ist $u(x) = (\widetilde{V}w)(x)$ für $x \in \Omega^c$ Lösung des Dirichlet–Randwertproblems

$$\begin{array}{rcll} -\Delta u(x) &=& 0 & \text{für } x \in B_R(y_0)\backslash\overline{\Omega}, \\ u(x) &=& \gamma_0^{\text{ext}}(\widetilde{V}w)(x) = (Vw)(x) & \text{für } x \in \Gamma, \\ u(x) &=& (\widetilde{V}w)(x) & \text{für } x \in \partial B_R(y_0). \end{array}$$

Die zugehörige erste Greensche Formel für das beschränkte Gebiet $B_R(y_0)\backslash\overline{\Omega}$ lautet

$$a_{B_R(y_0)\backslash\overline{\Omega}}(u, v) = -\langle \gamma_1^{\text{ext}} u, \gamma_0^{\text{ext}} v\rangle_\Gamma + \langle \gamma_1^{\text{int}} u, \gamma_0^{\text{int}} v\rangle_{\partial B_R(y_0)},$$

wobei die umgekehrte Richtung des Normalenvektors auf Γ zu beachten ist. Für $v = u$ gilt nach Lemma 6.14

$$\left| \langle \gamma_1^{\text{int}} u, \gamma_0^{\text{int}} v\rangle_{\partial B_R(y_0)} \right| \le c_1(w) c_2(w) \int\limits_{|x-y_0|=R} \frac{1}{|x-y_0|^3} ds_x \le c\, R^{1-d}.$$

Damit folgt für $R \to \infty$ und $u = \widetilde{V}w$ die erste Greensche Formel im Außenraum,

$$a_{\Omega^c}(u, u) := \int\limits_{\Omega^c} \nabla u(x) \nabla u(x) dx = -\langle \gamma_1^{\text{ext}} u, \gamma_0^{\text{ext}} u\rangle_\Gamma . \tag{6.33}$$

Hierbei ist für $d = 2$ die Voraussetzung $w \in H_*^{-1/2}(\Gamma)$ wesentlich. Analog zur Abschätzung (4.17) des inneren Dirichlet–Problems gilt

$$c_1^{\text{ext}}\, \|\gamma_1^{\text{ext}} u\|^2_{H^{-1/2}(\Gamma)} \le a_{\Omega^c}(u, u). \tag{6.34}$$

Satz 6.5 *Sei $w \in H^{-1/2}(\Gamma)$ für $d = 3$ bzw. $w \in H_*^{-1/2}(\Gamma)$ für $d = 2$. Dann gilt*

$$\langle Vw, w\rangle_\Gamma \ge c_1^V\, \|w\|^2_{H^{-1/2}(\Gamma)}$$

mit einer positiven Konstanten c_1^V.

Beweis: Für $u = \widetilde{V}w$ gelten die beiden ersten Greenschen Formeln (6.28) und (6.33),

$$\begin{array}{rcl} a_\Omega(u, u) &=& \langle \gamma_1^{\text{int}} u, \gamma_0^{\text{int}} u\rangle_\Gamma, \\ a_{\Omega^c}(u, u) &=& -\langle \gamma_1^{\text{ext}} u, \gamma_0^{\text{ext}} u\rangle_\Gamma. \end{array}$$

Addition der beiden Gleichungen ergibt mit der Sprungbedingung (6.9) des Einfachschichtpotentials

$$a_\Omega(u, u) + a_{\Omega^c}(u, u) = \langle [\gamma_1^{\text{int}} u - \gamma_1^{\text{ext}} u], \gamma_0 u\rangle_\Gamma.$$

Mit der Sprungbedingung (6.12) der Konormalenableitung des Einfachschichtpotentials gilt

$$\gamma_1^{\text{int}} u(x) - \gamma_1^{\text{ext}} u(x) \;=\; w(x) \quad \text{für } x \in \Gamma$$

und somit folgt

$$a_\Omega(u,u) + a_{\Omega^c}(u,u) \;=\; \langle Vw, w\rangle_\Gamma .$$

Mit den Ungleichungen (6.29) und (6.34) ergibt sich

$$\begin{aligned}
\langle Vw, w\rangle_\Gamma &= a_\Omega(u,u) + a_{\Omega^c}(u,u)\\
&\geq c_1^{\text{int}}\, \|\gamma_1^{\text{int}} u\|^2_{H^{-1/2}(\Gamma)} + c_1^{\text{ext}}\, \|\gamma_1^{\text{ext}} u\|^2_{H^{-1/2}(\Gamma)}\\
&\geq \min\{c_1^{\text{int}}, c_1^{\text{ext}}\}\, \left[\|\gamma_1^{\text{int}} u\|^2_{H^{-1/2}(\Gamma)} + \|\gamma_1^{\text{ext}} u\|^2_{H^{-1/2}(\Gamma)}\right].
\end{aligned}$$

Dies läßt sich durch die $H^{-1/2}(\Gamma)$–Norm von w abschätzen,

$$\begin{aligned}
\|w\|^2_{H^{-1/2}(\Gamma)} &= \|\gamma_1^{\text{int}} u - \gamma_1^{\text{ext}} u\|^2_{H^{-1/2}(\Gamma)}\\
&\leq \left[\|\gamma_1^{\text{int}} u\|_{H^{-1/2}(\Gamma)} + \|\gamma_1^{\text{ext}} u\|_{H^{-1/2}(\Gamma)}\right]^2\\
&\leq 2\left[\|\gamma_1^{\text{int}} u\|^2_{H^{-1/2}(\Gamma)} + \|\gamma_1^{\text{ext}} u\|^2_{H^{-1/2}(\Gamma)}\right].
\end{aligned}$$

■

Für $d = 2$ enthält der vorherige Satz nur eine Aussage zur $H_*^{-1/2}(\Gamma)$–Elliptizität des Einfachschichtpotentials V. Für die Herleitung eines allgemeineren Resultates wird zunächst das folgende Sattelpunktproblem für $d = 2, 3$ betrachtet:
Gesucht ist $(t, \lambda) \in H^{-1/2}(\Gamma) \times I\!R$, so daß

$$\begin{aligned}
\langle Vt, \tau\rangle_\Gamma \;-\; \lambda\langle 1, \tau\rangle_\Gamma &= 0 \quad \text{für alle } \tau \in H^{-1/2}(\Gamma),\\
\langle t, 1\rangle_\Gamma &= 1.
\end{aligned} \tag{6.35}$$

Mit dem Ansatz $t := \tilde{t} + 1/|\Gamma|$ ist für beliebiges $\tilde{t} \in H_*^{-1/2}(\Gamma)$ die zweite Gleichung stets erfüllt. Zur Bestimmung von $\tilde{t} \in H_*^{-1/2}(\Gamma)$ lautet dann die erste Gleichung

$$\langle V\tilde{t}, \tau\rangle_\Gamma \;=\; -\frac{1}{|\Gamma|}\langle V1, \tau\rangle_\Gamma \quad \text{für alle } \tau \in H_*^{-1/2}(\Gamma).$$

Die eindeutige Lösbarkeit dieses Variationsproblems folgt aus der $H_*^{-1/2}(\Gamma)$–Elliptizität des Einfachschichtpotentials V, siehe Satz 6.5. Die daraus resultierende Lösung $w_{\text{eq}} := \tilde{t} + 1/|\Gamma|$ wird als **natürliche Dichte** bezeichnet. Mit $\tau = w_{\text{eq}}$ folgt schließlich für den Lagrange–Parameter

$$\lambda \;=\; \langle V w_{\text{eq}}, w_{\text{eq}}\rangle_\Gamma .$$

Für $d = 3$ folgt mit Satz 6.5 $\lambda > 0$. Der Lagrange–Parameter λ wird in diesem Fall als **Kapazität** bezeichnet. Für $d = 2$ wird durch

$$\text{cap}_\Gamma \;:=\; e^{-2\pi\lambda}$$

die **logarithmische Kapazität** definiert. Für $r \in I\!R_+$ kann durch

$$U_r^*(x,y) := \frac{1}{2\pi}\log r - \frac{1}{2\pi}\log|x-y|$$

eine parameterabhängige Fundamentallösung erklärt werden, welche durch

$$(V_r w)(x) := \int\limits_\Gamma U_r^*(x,y)w(y)ds_y \quad \text{für } x \in \Gamma$$

einen zugehörigen Integraloperator induziert. Es gilt

$$(V_r w_{\mathrm{eq}})(x) = \frac{1}{2\pi}\log r + \lambda = \frac{1}{2\pi}\log\frac{r}{\mathrm{cap}_\Gamma}.$$

Insbesondere für $r = 1$ folgt

$$\lambda := \frac{1}{2\pi}\log\frac{1}{\mathrm{cap}_\Gamma}.$$

Ist für die logarithmische Kapazität $\mathrm{cap}_\Gamma < 1$ erfüllt, so folgt $\lambda > 0$. Ein hinreichendes Kriterium für $\mathrm{cap}_\Gamma < 1$ ist $\mathrm{diam}\,\Omega < 1$ [49, 90]. Diese Voraussetzung kann durch eine geeignete Skalierung des Gebietes $\Omega \subset I\!R^2$ stets gewährleistet werden.

Satz 6.6 *Für $d = 2$ sei $diam(\Omega) < 1$ und somit $\lambda > 0$. Dann ist das Einfachschichtpotential $H^{-1/2}(\Gamma)$-elliptisch,*

$$\langle Vw, w\rangle_\Gamma \geq \tilde{c}_1^V \|w\|^2_{H^{-1/2}(\Gamma)} \quad \textit{für alle } w \in H^{-1/2}(\Gamma).$$

Beweis: Für beliebig gegebenes $w \in H^{-1/2}(\Gamma)$ existiert die eindeutige Zerlegung

$$w = \widetilde{w} + \alpha\, w_{\mathrm{eq}}, \quad \widetilde{w} \in H_*^{-1/2}(\Gamma), \quad \alpha = \langle w, 1\rangle_\Gamma$$

mit

$$\begin{aligned}
\|w\|^2_{H^{-1/2}(\Gamma)} &= \|\widetilde{w} + \alpha w_{\mathrm{eq}}\|^2_{H^{-1/2}(\Gamma)} \\
&\leq \left[\|\widetilde{w}\|_{H^{-1/2}(\Gamma)} + \alpha\,\|w_{\mathrm{eq}}\|_{H^{-1/2}(\Gamma)}\right]^2 \\
&\leq 2\left[\|\widetilde{w}\|^2_{H^{-1/2}(\Gamma)} + \alpha^2\,\|w_{\mathrm{eq}}\|^2_{H^{-1/2}(\Gamma)}\right] \\
&\leq 2\max\{1, \|w_{\mathrm{eq}}\|^2_{H^{-1/2}(\Gamma)}\}\left[\|\widetilde{w}\|^2_{H^{-1/2}(\Gamma)} + \alpha^2\right].
\end{aligned}$$

Andererseits ist mit $\langle V w_{\mathrm{eq}}, \widetilde{w}\rangle_\Gamma = 0$

$$\begin{aligned}
\langle Vw, w\rangle_\Gamma &= \langle V(\widetilde{w} + \alpha w_{\mathrm{eq}}), \widetilde{w} + \alpha w_{\mathrm{eq}}\rangle_\Gamma \\
&= \langle V\widetilde{w}, \widetilde{w}\rangle_\Gamma + 2\alpha\,\langle V w_{\mathrm{eq}}, \widetilde{w}\rangle_\Gamma + \alpha^2\,\langle V w_{\mathrm{eq}}, w_{\mathrm{eq}}\rangle_\Gamma \\
&\geq c_1^V\,\|\widetilde{w}\|^2_{H^{-1/2}(\Gamma)} + \alpha^2\,\lambda \\
&\geq \min\{c_1^V, \lambda\}\left[\|\widetilde{w}\|^2_{H^{-1/2}(\Gamma)} + \alpha^2\right],
\end{aligned}$$

woraus die Behauptung folgt. ■

Die natürliche Dichte $w_{\text{eq}} \in H^{-1/2}(\Gamma)$ ist offensichtlich Lösung einer Operatorgleichung mit Nebenbedingung,

$$(Vw_{\text{eq}})(x) = \lambda \quad \text{für } x \in \Gamma, \quad \langle w_{\text{eq}}, 1\rangle_\Gamma = 1.$$

Mit der Skalierung

$$w_{\text{eq}} := \lambda\, \widetilde{w}_{\text{eq}}$$

folgt

$$(V\widetilde{w}_{\text{eq}})(x) = 1 \quad \text{für } x \in \Gamma, \quad \frac{1}{\lambda} = \langle \widetilde{w}_{\text{eq}}, 1\rangle_\Gamma . \tag{6.36}$$

Anstelle des Sattelpunktproblems (6.35) kann somit zur Bestimmung der natürlichen Dichte w_{eq} eine Randintegralgleichung mit dem Einfachschichtpotential V gelöst werden, wobei zur Berechnung der Kapazität anschließend ein Oberflächenintegral über die berechnete Dichte auszuwerten ist.

Der Randintegraloperator $V : H^{-1/2}(\Gamma) \to H^{1/2}(\Gamma)$ ist wegen (6.8) beschränkt und $H^{-1/2}(\Gamma)$–elliptisch, siehe Satz 6.5 für $d = 3$ sowie Satz 6.6 für $d = 2$ unter der zusätzlichen Voraussetzung $\operatorname{diam}(\Omega) < 1$. Nach dem Lemma von Lax–Milgram (Satz 3.2) ist somit das Einfachschichtpotential invertierbar, d.h. der Operator $V^{-1} : H^{1/2}(\Gamma) \to H^{-1/2}(\Gamma)$ ist beschränkt mit, vergleiche (3.13),

$$\|V^{-1}v\|_{H^{-1/2}(\Gamma)} \le \frac{1}{c_1^V}\, \|v\|_{H^{1/2}(\Gamma)} \quad \text{für alle } v \in H^{1/2}(\Gamma).$$

Für $w \in H_*^{-1/2}(\Gamma)$ ist wegen

$$\langle Vw, w_{\text{eq}}\rangle_\Gamma = \langle w, Vw_{\text{eq}}\rangle_\Gamma = \langle w, 1\rangle_\Gamma = 0$$

und somit $Vw \in H_*^{1/2}(\Gamma)$ mit

$$\mathbf{H_*^{1/2}(\Gamma)} := \left\{ v \in H^{1/2}(\Gamma) \, : \, \langle v, w_{\text{eq}}\rangle_\Gamma = 0 \right\}.$$

Damit ist $V : H_*^{-1/2}(\Gamma) \to H_*^{1/2}(\Gamma)$ ein **Isomorphismus**.

6.6.2 Elliptizität des hypersingulären Integraloperators

Wegen (6.17) gilt $(Du_0)(x) = 0$ mit der Eigenlösung $u_0(x) \equiv 1$ für $x \in \Gamma$. Deshalb kann der hypersinguläre Randintegraloperator D nicht elliptisch auf ganz $H^{1/2}(\Gamma)$ sein, sondern die Elliptizität von D kann nur auf entsprechend definierten Faktorräumen gelten.

Satz 6.7 *Der hypersinguläre Integraloperator ist $H_*^{1/2}(\Gamma)$–elliptisch, d.h. es gilt*

$$\langle Dv, v\rangle_\Gamma \ge c_1^D\, \|v\|^2_{H^{1/2}(\Gamma)} \quad \textit{für alle } v \in H_*^{1/2}(\Gamma).$$

Beweis: Für $v \in H_*^{1/2}(\Gamma)$ ist die durch das Doppelschichtpotential definierte Funktion

$$u(x) := -(Wv)(x) \quad \text{für } x \in \Omega \cup \Omega^c$$

Lösung der homogenen partiellen Differentialgleichung. Die Anwendung der Spuroperatoren ergibt

$$\gamma_0^{\text{int}} u(x) = (1-\sigma(x))v(x) - (Kv)(x), \quad \gamma_1^{\text{int}} u(x) = (Dv)(x) \quad \text{für } x \in \Gamma$$

sowie

$$\gamma_0^{\text{ext}} u(x) = -\sigma(x)v(x) - (Kv)(x), \quad \gamma_1^{\text{ext}} u(x) = (Dv)(x) \quad \text{für } x \in \Gamma.$$

Die Funktion $u = -Wv$ ist also Lösung des inneren Dirichlet–Randwertproblems

$$-\Delta u(x) = 0 \quad \text{für } x \in \Omega, \quad \gamma_0^{\text{int}} u(x) = (1-\sigma(x))v(x) - (Kv)(x) \quad \text{für } x \in \Gamma$$

und es gilt die zugehörige erste Greensche Formel (1.5),

$$\int_\Omega \nabla u(x) \nabla w(x) dx = \langle \gamma_1^{\text{int}} u, \gamma_0^{\text{int}} w \rangle_\Gamma$$

für alle $w \in H^1(\Omega)$.

Für $y_0 \in \Omega$ sei $B_R(y_0)$ eine Kugel vom Radius $R > 2\,\text{diam}(\Omega)$, welche Ω enthält. Dann ist $u = -Wv$ Lösung des Dirichlet–Randwertproblems

$$\begin{aligned} -\Delta u(x) &= 0 && \text{für } x \in B_R(y_0) \backslash \overline{\Omega}, \\ \gamma_0^{\text{ext}} u(x) &= -\sigma(x)v(x) - (Kv)(x) && \text{für } x \in \Gamma = \partial\Omega, \\ \gamma_0 u(x) &= -(Wv)(x) && \text{für } x \in \partial B_R(y_0) \end{aligned}$$

und die zugehörige erste Greensche Formel lautet

$$\int_{B_R(y_0)\backslash\overline{\Omega}} \nabla u(x) \nabla w(x) dx = -\langle \gamma_1^{\text{ext}} u, \gamma_0^{\text{ext}} w \rangle_\Gamma + \langle \gamma_1 u, \gamma_0 w \rangle_{\partial B_R(y_0)}$$

für alle $w \in H^1(B_R(y_0)\backslash\overline{\Omega})$. Für $x \notin \Gamma$ gilt nach Definition die Darstellung

$$u(x) = \frac{1}{2(d-1)\pi} \int_\Gamma \frac{(y-x, n_y)}{|x-y|^d} v(y) ds_y .$$

Insbesondere für $x \in \partial B_R(y_0)$ folgen daraus die Abschätzungen

$$|u(x)| \leq c_1(v)\, R^{1-d}, \quad |\nabla u(x)| \leq c_2(v)\, R^{-d}.$$

Mit $w = u = -Wv$ folgt für $R \to \infty$ die erste Greensche Formel im Außenraum,

$$\int_{\Omega^c} |\nabla u(x)|^2 dx = -\langle \gamma_1^{\text{ext}} u, \gamma_0^{\text{ext}} u \rangle_\Gamma.$$

Durch Summation der ersten Greenschen Formeln im Innen- und Außenraum ergibt sich unter Berücksichtigung der Sprungbedingungen für die Bilinearform des hypersingulären Integraloperators D

$$\begin{aligned}\langle Dv, v\rangle_\Gamma &= \langle\gamma_1^{\text{int}}u, [\gamma_0^{\text{int}}u - \gamma_0^{\text{ext}}u]\rangle_\Gamma \\ &= \langle\gamma_1^{\text{int}}u, \gamma_0^{\text{int}}u\rangle_\Gamma - \langle\gamma_1^{\text{ext}}u, \gamma_0^{\text{ext}}u\rangle_\Gamma \\ &= \int_\Omega |\nabla u(x)|^2 dx + \int_{\Omega^c} |\nabla u(x)|^2 dx \\ &= |u|^2_{H^1(\Omega)} + |u|^2_{H^1(\Omega^c)}\,.\end{aligned}$$

Für den Außenraum Ω^c folgt aus dem Abklingverhalten von $u(x) = -(Wv)(x)$ für $|x| \to \infty$ die Normäquivalenz

$$c_1\,\|u\|^2_{H^1(\Omega^c)} \le |u|^2_{H^1(\Omega^c)} \le c_2\,\|u\|^2_{H^1(\Omega^c)}.$$

Für $v \in H_*^{1/2}(\Gamma)$ gilt mit der Symmetrie (6.26) und der natürlichen Dichte $w_{\text{eq}} \in H^{-1/2}(\Gamma)$ mit $Vw_{\text{eq}} = 1$

$$\begin{aligned}\langle\gamma_0^{\text{int}}u, w_{\text{eq}}\rangle_\Gamma &= \langle(\tfrac{1}{2}I - K)v, w_{\text{eq}}\rangle_\Gamma \\ &= \langle v, w_{\text{eq}}\rangle_\Gamma - \langle(\tfrac{1}{2}I + K)v, w_{\text{eq}}\rangle_\Gamma \\ &= -\langle(\tfrac{1}{2}I + K)v, V^{-1}1\rangle_\Gamma \\ &= -\langle V^{-1}(\tfrac{1}{2}I + K)v, 1\rangle_\Gamma \\ &= -\langle(\tfrac{1}{2}I + K')V^{-1}v, 1\rangle_\Gamma \\ &= -\langle V^{-1}v, (\tfrac{1}{2}I + K)1\rangle_\Gamma = 0\end{aligned}$$

und somit $\gamma_0^{\text{int}}u \in H_*^{1/2}(\Gamma)$. Durch Anwendung des Normierungssatzes von Sobolev (Satz 2.2) folgt, daß

$$\|u\|_{H^1_*(\Omega)} := \left\{[\langle\gamma_0^{\text{int}}u, w_{\text{eq}}\rangle_\Gamma]^2 + \|\nabla u\|^2_{L_2(\Omega)}\right\}^{1/2}$$

eine äquivalente Norm in $H^1(\Omega)$ definiert. Für $v \in H_*^{1/2}(\Gamma)$ ist $\gamma_0^{\text{int}}u \in H_*^{1/2}(\Gamma)$ und somit

$$|u|^2_{H^1(\Omega)} = [\langle\gamma_0^{\text{int}}u, w_{\text{eq}}\rangle_\Gamma]^2 + \|\nabla u\|^2_{L_2(\Omega)} = \|u\|^2_{H^1_*(\Omega)} \ge c\,\|u\|^2_{H^1(\Omega)}\,.$$

Mit dem Spursatz und der Sprungbedingung für das Doppelschichtpotential folgt mit

$$\begin{aligned}
\langle Dv, v\rangle_\Gamma &\geq c\left\{\|u\|^2_{H^1(\Omega)} + \|u\|^2_{H^1(\Omega^c)}\right\} \\
&\geq \widetilde{c}\left\{\|\gamma_0^{\text{int}} u\|^2_{H^{1/2}(\Gamma)} + \|\gamma_0^{\text{ext}} u\|^2_{H^{1/2}(\Gamma)}\right\} \\
&\geq \frac{1}{2}\widetilde{c}\,\|\gamma_0^{\text{int}} u - \gamma_0^{\text{ext}} u\|^2_{H^{1/2}(\Gamma)} = c_1^D\,\|v\|^2_{H^{1/2}(\Gamma)}
\end{aligned}$$

für alle $v \in H_*^{1/2}(\Gamma)$ die behauptete $H_*^{1/2}(\Gamma)$–Elliptizität des hypersingulären Integraloperators D. ∎

Der Nachweis der Elliptizität des hypersingulären Integraloperators beruht auf der Definition eines geeigneten Faktorraumes zur Festlegung des konstanten Anteils. Die Definition jeweils anderer Faktorräume zieht somit die Elliptizität des hypersingulären Integraloperators in jeweils anderen Funktionenräumen nach sich. Analog zum Normierungssatz von Sobolev (Satz 2.2) definiert

$$\|v\|_{H_*^{1/2}(\Gamma)} := \left\{\Big[\langle v, w_{\text{eq}}\rangle_\Gamma\Big]^2 + |v|^2_{H^{1/2}(\Gamma)}\right\}$$

eine äquivalente Norm in $H^{1/2}(\Gamma)$. Dabei ist $w_{\text{eq}} \in H^{-1/2}(\Gamma)$ die durch (6.36) definierte natürliche Dichte.

Folgerung 6.4 *Der hypersinguläre Integraloperator D ist $H^{1/2}(\Gamma)$–semi–elliptisch, d.h. es gilt*

$$\langle Dv, v\rangle_\Gamma \geq \bar{c}_1^D\,|v|^2_{H^{1/2}(\Gamma)} \quad \textit{für alle}\; v \in H^{1/2}(\Gamma). \tag{6.37}$$

Die Definition von $H_*^{1/2}(\Gamma)$ beinhaltet die natürliche Dichte $w_{\text{eq}} \in H^{-1/2}(\Gamma)$ als Lösung der Randintegralgleichung (6.36). Da dies für eine praktische Umsetzung als wenig geeignet erscheint, kann ein einfacher zu realisierender Faktorraum, der Raum der auf Eins orthogonalen $H^{1/2}(\Gamma)$–Funktionen, eingeführt werden:

$$\mathbf{H}_{**}^{1/2}(\mathbf{\Gamma}) := \left\{v \in H^{1/2}(\Gamma) : \langle v, 1\rangle_\Gamma = 0\right\}.$$

Für $v \in H_{**}^{1/2}(\Gamma)$ folgt aus (6.37) mit

$$\begin{aligned}
\langle Dv, v\rangle_\Gamma &\geq \bar{c}_1^D\,|v|^2_{H^{1/2}(\Gamma)} \\
&= \bar{c}_1^D\,\left\{|v|^2_{H^{1/2}(\Gamma)} + [\langle v, 1\rangle_\Gamma]^2\right\} \geq \widetilde{c}_1^D\,\|v\|^2_{H^{1/2}(\Gamma)}
\end{aligned} \tag{6.38}$$

die $H_{**}^{1/2}(\Gamma)$–Elliptizität von D, wobei wiederum vom Normierungssatz von Sobolev (Satz 2.2) Gebrauch gemacht wurde.

Sei nun $\Gamma_0 \subset \Gamma$ ein offenes in Γ enthaltenes Randstück. Zu einer gegebenen Funktion $v \in \widetilde{H}^{1/2}(\Gamma_0)$ sei $\widetilde{v} \in H^{1/2}(\Gamma)$ die durch

$$\widetilde{v}(x) = \begin{cases} v(x) & \text{für } x \in \Gamma_0, \\ 0 & \text{sonst} \end{cases}$$

erklärte Fortsetzung. Analog zum Normierungssatz von Sobolev (Satz 2.2) folgt, daß durch

$$\|w\|_{H^{1/2}(\Gamma),\Gamma_0} := \left\{ \|w\|^2_{L_2(\Gamma\setminus\Gamma_0)} + |w|^2_{H^{1/2}(\Gamma)} \right\}$$

eine äquivalente Norm in $H^{1/2}(\Gamma)$ definiert wird. Für $v \in \widetilde{H}^{1/2}(\Gamma_0)$ ergibt sich somit

$$\begin{aligned} \langle Dv, v\rangle_{\Gamma_0} &= \langle D\widetilde{v}, \widetilde{v}\rangle_\Gamma \geq \bar{c}_1^D \, |\widetilde{v}|^2_{H^{1/2}(\Gamma)} = \bar{c}_1^D \left[\|\widetilde{v}\|^2_{L_2(\Gamma\setminus\Gamma_0)} + |\widetilde{v}|^2_{H^{1/2}(\Gamma)} \right] \\ &= \bar{c}_1^D \, \|\widetilde{v}\|^2_{H^{1/2}(\Gamma),\Gamma_0} \geq \hat{c}_1^D \, \|\widetilde{v}\|^2_{H^{1/2}(\Gamma)} = \hat{c}_1^D \, \|v\|^2_{\widetilde{H}^{1/2}(\Gamma_0)} \end{aligned} \tag{6.39}$$

und somit die $\widetilde{H}^{1/2}(\Gamma_0)$–Elliptizität des hypersingulären Integraloperators D.

6.6.3 Steklov–Poincaré–Operator

Bei der Lösung von Randwertproblemen spielt die Beziehung der Cauchy–Daten $\gamma_0^{\text{int}}u$ und $\gamma_1^{\text{int}}u$ untereinander eine wichtige Rolle. Ausgangspunkt ist das System (6.22) von Randintegralgleichungen für eine homogene rechte Seite der partiellen Differentialgleichung, d.h. $f \equiv 0$:

$$\begin{pmatrix} \gamma_0^{\text{int}}u \\ \gamma_1^{\text{int}}u \end{pmatrix} = \begin{pmatrix} (1-\sigma)I - K & V \\ D & \sigma I + K' \end{pmatrix} \begin{pmatrix} \gamma_0^{\text{int}}u \\ \gamma_1^{\text{int}}u \end{pmatrix}.$$

Mit der Invertierbarkeit des Einfachschichtpotentials V folgt aus der ersten Randintegralgleichung die Darstellung

$$\gamma_1^{\text{int}}u(x) = V^{-1}(\sigma I + K)\gamma_0^{\text{int}}u(x) \quad \text{für } x \in \Gamma. \tag{6.40}$$

Der Operator

$$S := V^{-1}(\sigma I + K) : H^{1/2}(\Gamma) \to H^{-1/2}(\Gamma) \tag{6.41}$$

ist beschränkt und wird als **Steklov–Poincaré–Operator** bezeichnet. Durch Einsetzen der Darstellung (6.40) in die zweite Zeile des Calderón–Projektors folgt

$$\begin{aligned} \gamma_1^{\text{int}}u(x) &= (D\gamma_0^{\text{int}}u)(x) + (\sigma I + K')\gamma_0^{\text{int}}u(x) \\ &= \left[D + (\sigma I + K')V^{-1}(\sigma I + K) \right] \gamma_0^{\text{int}}u(x) \quad \text{für } x \in \Gamma. \end{aligned} \tag{6.42}$$

Damit gilt die zu (6.41) äquivalente symmetrische Darstellung des Steklov–Poincaré–Operators

$$S := D + (\sigma I + K')V^{-1}(\sigma I + K) : H^{1/2}(\Gamma) \to H^{-1/2}(\Gamma). \tag{6.43}$$

Durch (6.40) und (6.42) wird die **Dirichlet–Neumann–Abbildung**

$$\gamma_1^{\text{int}} u(x) = (S\gamma_0^{\text{int}})u(x) \quad \text{für } x \in \Gamma \tag{6.44}$$

von gegebenen Dirichlet–Daten $\gamma_0^{\text{int}} u \in H^{1/2}(\Gamma)$ auf die zugehörigen Neumann–Daten $\gamma_1^{\text{int}} u \in H^{-1/2}(\Gamma)$ der harmonischen Funktion $u \in H^1(\Omega)$ mit $Lu = 0$ beschrieben.
Mit der $H^{1/2}(\Gamma)$–Elliptizität des inversen Einfachschichtpotentials V^{-1} gilt

$$\begin{aligned} \langle Sv, v\rangle_\Gamma &= \langle Dv, v\rangle_\Gamma + \langle V^{-1}(\sigma I + K)v, (\sigma I + K)v\rangle_\Gamma \\ &\geq \langle Dv, v\rangle_\Gamma \end{aligned} \tag{6.45}$$

für alle $v \in H^{1/2}(\Gamma)$ und somit besitzt der Steklov–Poincaré–Operator S die gleichen Elliptizitätseigenschaften wie der hypersinguläre Integraloperator D. Insbesondere gilt also

$$\langle Sv, v\rangle_\Gamma \geq c_1^D \, \|v\|^2_{H^{1/2}(\Gamma)} \quad \text{für alle } v \in H_*^{1/2}(\Gamma) \tag{6.46}$$

sowie

$$\langle Sv, v\rangle_\Gamma \geq \tilde{c}_1^D \, \|v\|^2_{H^{1/2}(\Gamma)} \quad \text{für alle } v \in H_{**}^{1/2}(\Gamma) \tag{6.47}$$

und für $\Gamma_0 \subset \Gamma$

$$\langle Sv, v\rangle_{\Gamma_0} \geq \hat{c}_1 \, \|v\|^2_{\widetilde{H}^{1/2}(\Gamma_0)} \quad \text{für alle } v \in \widetilde{H}^{1/2}(\Gamma_0). \tag{6.48}$$

6.6.4 Kontraktionseigenschaft des Doppelschichtpotentials

Die Elliptiziät des Einfachschichtpotentials V sowie des hypersingulären Integraloperators D kann in gewisser Weise auf das Doppelschichtpotential $\sigma I + K : H^{1/2}(\Gamma) \to H^{1/2}(\Gamma)$ übertragen werden [83]. Aus der Beschränktheit des Einfachschichtpotentials $V : H^{-1/2}(\Gamma) \to H^{1/2}(\Gamma)$ und der $H^{-1/2}(\Gamma)$–Elliptizität von V folgt, daß durch

$$\|u\|_{V^{-1}} := \sqrt{\langle V^{-1}u, u\rangle_\Gamma} \quad \text{für alle } u \in H^{1/2}(\Gamma)$$

eine in $H^{1/2}(\Gamma)$ äquivalente Norm erklärt wird.

Satz 6.8 *Für alle $u \in H_*^{1/2}(\Gamma)$ gilt*

$$(1 - c_K)\, \|u\|_{V^{-1}} \leq \|(\sigma I + K)u\|_{V^{-1}} \leq c_K \, \|u\|_{V^{-1}} \tag{6.49}$$

mit

$$c_K = \frac{1}{2} + \sqrt{\frac{1}{4} - c_1^V c_1^D} < 1. \tag{6.50}$$

Hierbei sind c_1^V und c_1^D die Elliptizitätskonstanten des Einfachschichtpotentials V und des hypersingulären Integraloperators D.

Beweis: Mit der symmetrischen Darstellung (6.43) des Steklov–Poincaré–Operators S ist

$$\begin{aligned} \|(\sigma I + K)u\|^2_{V^{-1}} &= \langle V^{-1}(\sigma I + K)u, (\sigma I + K)u\rangle_\Gamma \\ &= \langle Su, u\rangle_\Gamma - \langle Du, u\rangle_\Gamma. \end{aligned}$$

Sei $J : H^{-1/2}(\Gamma) \to H^{1/2}(\Gamma)$ die durch

$$\langle Jw, v\rangle_{H^{1/2}(\Gamma)} = \langle w, v\rangle_\Gamma \quad \text{für alle } v \in H^{1/2}(\Gamma)$$

definierte Riesz–Abbildung. Dann ist $A := JV^{-1} : H^{1/2}(\Gamma) \to H^{1/2}(\Gamma)$ selbstadjungiert und $H^{1/2}(\Gamma)$–elliptisch. Die Verwendung der nichtsymmetrischen Darstellung (6.41) für S liefert dann mit der Aufspaltung $A = A^{1/2}A^{1/2}$ die Ungleichung

$$\begin{aligned} \langle Su, u\rangle_\Gamma &= \langle V^{-1}(\sigma I + K)u, u\rangle_\Gamma \\ &= \langle JV^{-1}(\sigma I + K)u, u\rangle_{H^{1/2}(\Gamma)} \\ &= \langle A^{1/2}(\sigma I + K)u, A^{1/2}u\rangle_{H^{1/2}(\Gamma)} \\ &\leq \|A^{1/2}(\sigma I + K)u\|_{H^{1/2}(\Gamma)} \|A^{1/2}u\|_{H^{1/2}(\Gamma)} \end{aligned}$$

und mit

$$\begin{aligned} \|A^{1/2}v\|^2_{H^{1/2}(\Gamma)} &= \langle A^{1/2}v, A^{1/2}v\rangle_{H^{1/2}(\Gamma)} \\ &= \langle JV^{-1}v, v\rangle_{H^{1/2}(\Gamma)} \\ &= \langle V^{-1}v, v\rangle_\Gamma \\ &= \|v\|^2_{V^{-1}} \end{aligned}$$

folgt

$$\langle Su, u\rangle_\Gamma \leq \|(\sigma I + K)u\|_{V^{-1}} \|u\|_{V^{-1}}.$$

Andererseits ist für $u \in H^{1/2}_*(\Gamma)$ der hypersinguläre Integraloperator D elliptisch bezüglich der durch das inverse Einfachschichtpotential induzierten Norm,

$$\langle Du, u\rangle_\Gamma \;\geq\; c_1^D \, \|u\|^2_{H^{1/2}(\Gamma)} \geq c_1^D c_1^V \, \langle V^{-1}u, u\rangle_\Gamma = c_1^D c_1^V \, \|u\|^2_{V^{-1}}.$$

Insgesamt gilt also

$$\begin{aligned} \|(\sigma I + K)u\|^2_{V^{-1}} &= \langle Su, u\rangle_\Gamma - \langle Du, u\rangle_\Gamma \\ &\leq \|(\sigma I + K)u\|_{V^{-1}} \|u\|_{V^{-1}} - c_1^V c_1^D \, \|u\|^2_{V^{-1}}. \end{aligned}$$

Mit

$$a := \|(\sigma I + K)u\|_{V^{-1}} \geq 0, \quad b := \|u\|_{V^{-1}} > 0$$

folgt

$$\left(\frac{a}{b}\right)^2 - \frac{a}{b} + c_1^V c_1^D \leq 0.$$

Dies ist gleichbedeutend mit

$$\frac{1}{2} - \sqrt{\frac{1}{4} - c_1^V c_1^D} \leq \frac{a}{b} \leq \frac{1}{2} + \sqrt{\frac{1}{4} - c_1^V c_1^D}$$

und somit mit der Behauptung. ■

Die Kontraktionseigenschaft von $\sigma I + K$, d.h. die obere Abschätzung in (6.49), läßt sich auf ganz $H^{1/2}(\Gamma)$ erweitern.

Folgerung 6.5 *Für* $u \in H^{1/2}(\Gamma)$ *gilt*

$$\|(\sigma I + K)u\|_{V^{-1}} \leq c_K \, \|u\|_{V^{-1}} \tag{6.51}$$

mit der durch (6.50) *gegebenen Kontraktionskonstanten* $c_K < 1$.

Beweis: Eine beliebige Funktion $u \in H^{1/2}(\Gamma)$ kann zunächst dargestellt werden als

$$u = \tilde{u} + \frac{\langle u, w_{\rm eq}\rangle_\Gamma}{\langle 1, w_{\rm eq}\rangle_\Gamma} u_0$$

mit $\tilde{u} \in H_*^{1/2}(\Gamma)$ und $u_0 \equiv 1$. Wegen $(\sigma I + K)u_0 = 0$ gilt nach Satz 6.8

$$\|(\sigma I + K)u\|_{V^{-1}} = \|(\sigma I + K)\tilde{u}\|_{V^{-1}} \leq c_K \, \|\tilde{u}\|_{V^{-1}}.$$

Andererseits ist

$$\|u\|_{V^{-1}}^2 = \|\tilde{u}\|_{V^{-1}}^2 + \frac{[\langle u, w_{\rm eq}\rangle_\Gamma]^2}{\langle 1, w_{\rm eq}\rangle_\Gamma} \geq \|\tilde{u}\|_{V^{-1}}^2,$$

woraus die Behauptung folgt. ■

Die Aussage von Satz 6.8 für den Operator $\sigma I + K$ kann übertragen werden auf den verschobenen Operator $(1 - \sigma)I - K$.

Folgerung 6.6 *Für* $v \in H_*^{1/2}(\Gamma)$ *gilt*

$$(1 - c_K) \, \|v\|_{V^{-1}} \leq \|([1 - \sigma]I - K)v\|_{V^{-1}} \leq c_K \, \|v\|_{V^{-1}} \tag{6.52}$$

mit der durch (6.50) *definierten Kontraktionskonstanten* $c_K < 1$.

Beweis: Mit der Dreiecksungleichung und der Kontraktionseigenschaft von $\sigma I + K$ folgt mit

$$\begin{aligned}\|v\|_{V^{-1}} &= \|([1-\sigma]I - K)v + (\sigma I + K)v\|_{V^{-1}} \\ &\leq \|([1-\sigma]I - K)v\|_{V^{-1}} + \|(\sigma I + K)v\|_{V^{-1}} \\ &\leq \|([1-\sigma]I - K)v\|_{V^{-1}} + c_K\,\|v\|_{V^{-1}}\end{aligned}$$

die untere Abschätzung in (6.52). Weiterhin ist, bei Verwendung der Darstellungen (6.41) und (6.43) für den Steklov–Poincaré–Operator S,

$$\begin{aligned}\|((1-\sigma)I - K)v\|^2_{V^{-1}} &= \|[I - (\sigma I + K)]v\|^2_{V^{-1}} \\ &= \|v\|^2_{V^{-1}} + \|(\sigma I + K)v\|^2_{V^{-1}} - 2\langle V^{-1}(\sigma I + K)v, v\rangle_{L_2(\Gamma)} \\ &= \|v\|^2_{V^{-1}} + \|(\sigma I + K)v\|^2_{V^{-1}} - 2\langle Sv, v\rangle_{L_2(\Gamma)} \\ &= \|v\|^2_{V^{-1}} - \|(\sigma I + K)v\|^2_{V^{-1}} - 2\langle Dv, v\rangle_{L_2(\Gamma)} \\ &\leq \left[1 - (1-c_K)^2 - 2c_1^V c_1^D\right] \|v\|^2_{V^{-1}} = c_K^2\,\|v\|^2_{V^{-1}}.\end{aligned}$$

Dies liefert nun die obere Abschätzung in (6.52). ■

Sei $H_*^{-1/2}(\Gamma)$ der in (6.30) erklärte Faktorraum. Wegen $V : H_*^{-1/2}(\Gamma) \to H_*^{1/2}(\Gamma)$ lassen sich die Abschätzungen (6.49) von $\sigma I + K : H^{1/2}(\Gamma) \to H^{1/2}(\Gamma)$ sofort auf den Operator $\sigma I + K' : H^{-1/2}(\Gamma) \to H^{-1/2}(\Gamma)$ übertragen.

Folgerung 6.7 *Für $w \in H_*^{-1/2}(\Gamma)$ gilt für das adjungierte Doppelschichtpotential*

$$(1-c_K)\,\|w\|_V \leq \|(\sigma I + K')w\|_V \leq c_K\,\|w\|_V \tag{6.53}$$

mit der durch (6.50) definierten Kontraktionskonstanten $c_K < 1$ und der durch das Einfachschichtpotential V induzierten Norm $\|\cdot\|_V$.

Beweis: Für $w \in H_*^{-1/2}(\Gamma)$ existiert ein eindeutig bestimmtes $v \in H_*^{1/2}(\Gamma)$ mit $v = Vw$ bzw. $w = V^{-1}v$. Mit der Symmetrieeigenschaft (6.26) gilt zunächst

$$\begin{aligned}\|(\sigma I + K')w\|^2_V &= \langle V(\sigma I + K')V^{-1}v, (\sigma I + K')V^{-1}v\rangle_\Gamma \\ &= \langle V^{-1}(\sigma I + K)v, (\sigma I + K)v\rangle_\Gamma = \|(\sigma I + K)v\|^2_{V^{-1}},\end{aligned}$$

sowie

$$\|w\|^2_V = \langle Vw, w\rangle_\Gamma = \langle V^{-1}v, v\rangle_\Gamma = \|v\|^2_{V^{-1}}.$$

Damit ist (6.53) äquivalent zu (6.49). ■

Analog zu Folgerung 6.5 läßt sich auch für $\sigma I + K'$ die Kontraktionseigenschaft auf ganz $H^{1/2}(\Gamma)$ übertragen.

Folgerung 6.8 *Für* $w \in H^{-1/2}(\Gamma)$ *gilt die Kontraktionsabschätzung*

$$\|(\sigma I + K')w\|_V \leq c_K \|w\|_V. \tag{6.54}$$

Für die entsprechenden Eigenschaften des verschobenen Operators $(1-\sigma)I - K'$ sind wiederum die zugehörigen Faktorräume zu beachten.

Folgerung 6.9 *Für* $w \in H_*^{-1/2}(\Gamma)$ *gilt*

$$(1 - c_K)\|w\|_V \leq \|((1-\sigma)I - K')w\|_V \leq c_K \|w\|_V \tag{6.55}$$

mit der durch (6.50) *definierten Kontraktionskonstanten* $c_K < 1$.

6.6.5 Abbildungseigenschaften

Die bisher abgeleiteten Abbildungseigenschaften der Randintegraloperatoren beruhen auf denen des Newton–Potentials $\widetilde{N}_0 : \widetilde{H}^{-1}(\Omega) \to H^1(\Omega)$ und der Anwendung des Spursatzes bzw. Dualitätsargumenten für die Konormalenableitung. Schon für Lipschitz–Gebiete Ω können jedoch allgemeinere Resultate gezeigt werden.

Satz 6.9 *Für* $s \in [-2, 0]$ *ist das Newton–Potential* $\widetilde{N}_0 : \widetilde{H}^s(\Omega) \to H^{s+2}(\Omega)$ *stetig, d.h. es gilt*

$$\|\widetilde{N}_0 f\|_{H^{s+2}(\Omega)} \leq c\,\|f\|_{\widetilde{H}^s(\Omega)} \quad \textit{für alle } f \in \widetilde{H}^s(\Omega).$$

Beweis: Sei $s \in (-1, 0]$ und $\widetilde{f}$ sei die durch (6.2) erklärte Fortsetzung von $f \in H^s(\Omega)$. Dann gilt

$$\|\widetilde{f}\|_{H^s(\mathbb{R}^d)} = \sup_{0 \neq v \in H^{-s}(\mathbb{R}^d)} \frac{\langle \widetilde{f}, v\rangle_{\mathbb{R}^d}}{\|v\|_{H^{-s}(\mathbb{R}^d)}} \leq \sup_{0 \neq v \in H^{-s}(\Omega)} \frac{\langle f, v\rangle_\Omega}{\|v\|_{H^{-s}(\Omega)}} = \|f\|_{H^s(\Omega)}$$

und die Behauptung folgt wie im Beweis von Satz 6.1, d.h. es gilt

$$\|\widetilde{N}_0 f\|_{H^{s+2}(\Omega)} \leq c\,\|f\|_{\widetilde{H}^s(\Omega)} \quad \text{für alle } f \in \widetilde{H}^s(\Omega).$$

Aus der Selbstadjungiertheit von $\widetilde{N}_0$ folgt durch Dualität für $s \in [-2, -1)$

$$\begin{aligned}
\|\widetilde{N}_0 f\|_{H^{s+2}(\Omega)} &= \sup_{0 \neq g \in \widetilde{H}^{-2-s}(\Omega)} \frac{\langle \widetilde{N}_0 f, g\rangle_\Omega}{\|g\|_{\widetilde{H}^{-2-s}(\Omega)}} = \sup_{0 \neq g \in \widetilde{H}^{-2-s}(\Omega)} \frac{\langle f, \widetilde{N}_0 g\rangle_\Omega}{\|g\|_{\widetilde{H}^{-2-s}(\Omega)}} \\
&\leq \|f\|_{\widetilde{H}^s(\Omega)} \sup_{0 \neq g \in \widetilde{H}^{-2-s}(\Omega)} \frac{\|\widetilde{N}_0 g\|_{H^{-s}(\Omega)}}{\|g\|_{\widetilde{H}^{-2-s}(\Omega)}} \leq c\,\|f\|_{\widetilde{H}^s(\Omega)}.
\end{aligned}$$

■

Durch Anwendung von Satz 6.9 folgen entsprechende Abbildungseigenschaften für das durch (6.7) erklärte Einfachschichtpotential $\widetilde{V}$ sowie den durch Spurbildung resultierenden Randintegraloperator $V := \gamma_0^{\text{int}} \widetilde{V}$.

Satz 6.10 *Für* $|s| < \frac{1}{2}$ *ist das Einfachschichtpotential* $V : H^{-\frac{1}{2}+s}(\Gamma) \to H^{\frac{1}{2}+s}(\Gamma)$ *beschränkt, d.h. es gilt*

$$\|Vw\|_{H^{1/2+s}(\Gamma)} \leq c\,\|w\|_{H^{-1/2+s}(\Gamma)}$$

für alle $w \in H^{-1/2+s}(\Gamma)$.

Beweis: Für $\varphi \in C^\infty(\Omega)$ ist zunächst

$$\begin{aligned} \langle \widetilde{V}w, \varphi\rangle_\Omega &= \int_\Omega \varphi(x) \int_\Gamma U^*(x,y)w(y)ds_y dx = \int_\Gamma w(y) \int_\Omega U^*(x,y)\varphi(x)dxds_y \\ &= \langle w, \gamma_0^{\text{int}}\widetilde{N}_0\varphi\rangle_\Gamma \leq \|w\|_{H^{-1/2+s}(\Gamma)}\|\gamma_0^{\text{int}}\widetilde{N}_0\varphi\|_{H^{1/2-s}(\Gamma)} \\ &\leq c_T\,\|w\|_{H^{-1/2+s}(\Gamma)}\|\widetilde{N}_0\varphi\|_{H^{1-s}(\Omega)}, \end{aligned}$$

wobei die Anwendung des Spursatzes $\frac{1}{2} - s > 0$ voraussetzt, siehe Satz 2.9. Nach Satz 6.9 folgt

$$\langle \widetilde{V}w, \varphi\rangle_\Omega \leq c\,\|w\|_{H^{-1/2+s}(\Gamma)}\|\varphi\|_{\widetilde{H}^{-1-s}(\Omega)} \quad \text{für alle } \varphi \in C^\infty(\Omega).$$

Mit einem Dichteargument ergibt sich daraus $\widetilde{V}w \in H^{1+s}(\Omega)$. Ein erneutes Anwenden des Spuroperators liefert $Vw := \gamma_0^{\text{int}}\widetilde{V}w \in H^{1/2+s}(\Gamma)$, wenn $\frac{1}{2} + s > 0$ vorausgesetzt wird. ∎

Im Falle eines Lipschitz–Gebietes Ω können wie in Satz 6.10 entsprechende Abbildungseigenschaften für alle Randintegraloperatoren gezeigt werden.

Satz 6.11 [24] *Sei* $\Gamma := \partial\Omega$ *der Rand eines Lipschitz–Gebietes* Ω. *Dann sind die Randintegraloperatoren*

$$\begin{aligned} V &: H^{-1/2+s}(\Gamma) \to H^{1/2+s}(\Gamma), \\ K &: H^{1/2+s}(\Gamma) \to H^{1/2+s}(\Gamma), \\ K' &: H^{-1/2+s}(\Gamma) \to H^{-1/2+s}(\Gamma), \\ D &: H^{1/2+s}(\Gamma) \to H^{-1/2+s}(\Gamma) \end{aligned}$$

für alle $s \in [-\frac{1}{2}, \frac{1}{2}]$ *beschränkt.*

Beweis: Für $|s| < \frac{1}{2}$ wurden die Abbildungseigenschaften für das Einfachschichtpotential V in Satz 6.10 gezeigt. Nach [86] bleibt dies auch für den Grenzfall $|s| = \frac{1}{2}$ gültig, siehe hierzu auch die Diskussion in [59].
Für die anderen Randintegraloperatoren folgt die Behauptung aus den Abbildungseigenschaften der Konormalenableitung.
Zunächst werden die Abbildungseigenschaften für das adjungierte Doppelschichtpotential untersucht. Die Funktion $u(x) = (\widetilde{V}w)(x)$ ist für $x \in \Omega$ Lösung der homogenen Differentialgleichung mit den Dirichlet–Randdaten $\gamma_0^{\text{int}}u(x) = (Vw)(x)$

für $x \in \Gamma$. Mit Satz 4.2 und der Stetigkeit des Einfachschichtpotentials $V : L_2(\Gamma) \to H^1(\Gamma)$ gilt

$$\|\gamma_1^{\text{int}} u\|_{L_2(\Gamma)} \leq c\,\|Vw\|_{H^1(\Gamma)} \leq \tilde{c}\,\|w\|_{L_2(\Gamma)}$$

und somit die Stetigkeit von $\gamma_1^{\text{int}}\widetilde{V} = \sigma I + K' : L_2(\Gamma) \to L_2(\Gamma)$. Andererseits ist

$$\|\gamma_1^{\text{int}} u\|_{H^{-1}(\Gamma)} = \sup_{0 \neq \varphi \in H^1(\Gamma)} \frac{\langle \gamma_1^{\text{int}} u, \varphi\rangle_\Gamma}{\|\varphi\|_{H^1(\Gamma)}}.$$

Für ein beliebiges $\varphi \in H^1(\Gamma)$ sei $v \in H^{3/2}(\Omega)$ Lösung des homogenen Dirichlet–Problems $Lv(x) = 0$ für $x \in \Omega$ und $\gamma_0^{\text{int}} v(x) = \varphi(x)$ für $x \in \Gamma$. Mit Satz 4.2 gilt

$$\|\gamma_1^{\text{int}} v\|_{L_2(\Gamma)} \leq c\,\|\gamma_0^{\text{int}} v\|_{H^1(\Gamma)} = c\,\|\varphi\|_{H^1(\Gamma)}.$$

Da sowohl $u = \widetilde{V}w$ als auch v Lösungen der homogenen partiellen Differentialgleichung sind, folgt durch zweimalige Anwendung der ersten Greenschen Formel (1.5) und der Symmetrie der Bilinearform

$$\begin{aligned}\langle \gamma_1^{\text{int}} u, \varphi\rangle_\Gamma &= a(u,v) = a(v,u) = \langle \gamma_1^{\text{int}} v, \gamma_0^{\text{int}} u\rangle_\Gamma \\ &\leq \|\gamma_1^{\text{int}} v\|_{L_2(\Gamma)} \|\gamma_0^{\text{int}} u\|_{L_2(\Gamma)} \leq c\,\|\varphi\|_{H^1(\Gamma)} \|Vw\|_{L_2(\Gamma)}.\end{aligned}$$

Mit der Stetigkeit des Einfachschichtpotentials $V : H^{-1}(\Gamma) \to L_2(\Gamma)$ folgt nun

$$\|\gamma_1^{\text{int}} u\|_{H^{-1}(\Gamma)} \leq c\,\|Vw\|_{L_2(\Gamma)} \leq \tilde{c}\,\|w\|_{H^{-1}(\Gamma)}$$

und somit die Stetigkeit von $\gamma_1^{\text{int}}\widetilde{V} = \sigma I + K' : H^{-1}(\Gamma) \to H^{-1}(\Gamma)$. Ein Interpolationsargument liefert nun die Behauptung für das adjungierte Doppelschichtpotential $K' : H^{-1/2+s}(\Gamma) \to H^{-1/2+s}(\Gamma)$ für alle $|s| \leq \frac{1}{2}$. Wegen

$$\begin{aligned}\|Kv\|_{H^{1/2+s}(\Gamma)} &= \sup_{0 \neq w \in H^{-1/2-s}(\Gamma)} \frac{\langle Kv, w\rangle_\Gamma}{\|w\|_{H^{-1/2-s}(\Gamma)}} = \sup_{0 \neq w \in H^{-1/2-s}(\Gamma)} \frac{\langle v, K'w\rangle_\Gamma}{\|w\|_{H^{-1/2-s}(\Gamma)}} \\ &= \|v\|_{H^{1/2+s}(\Gamma)} \sup_{0 \neq w \in H^{-1/2-s}(\Gamma)} \frac{\|K'w\|_{H^{-1/2-s}(\Gamma)}}{\|w\|_{H^{-1/2-s}(\Gamma)}} \leq c\,\|v\|_{H^{1/2+s}(\Gamma)}\end{aligned}$$

folgt sofort $K : H^{1/2+s}(\Gamma) \to H^{1/2+s}(\Gamma)$ für $|s| \leq \frac{1}{2}$.
Zu zeigen bleibt die Behauptung für den hypersingulären Randintegraloperator D. Der Doppelschichtpotentialansatz $u(x) = (Wv)(x)$ für $x \in \Omega$ liefert durch Anwendung von Satz 4.2

$$\|Dv\|_{L_2(\Gamma)} = \|\gamma_1^{\text{int}} u\|_{L_2(\Gamma)} \leq c\,\|\gamma_0^{\text{int}} u\|_{H^1(\Gamma)} = c\,\|([\sigma - 1]I + K)v\|_{H^1(\Gamma)}$$

und somit die Stetigkeit von $D : H^1(\Gamma) \to L_2(\Gamma)$. Wie oben ergibt ein Dualitätsargument die Stetigkeit von $D : L_2(\Gamma) \to H^{-1}(\Gamma)$, und Interpolation liefert schließlich die Behauptung. ∎

Ist der Rand $\Gamma = \partial\Omega$ des beschränkten Gebietes $\Omega \subset \mathbb{R}^d$ stückweise glatt, so gilt Satz 6.11 auch für größere Werte von $|s|$. Zum Beispiel für ein polygonal beschränktes Gebiet $\Omega \subset \mathbb{R}^2$ mit J Eckpunkten und zugehörigen Innenwinkeln α_j sei

$$\sigma_0 := \min_{j=1,\ldots,J} \left\{ \min \left[\frac{\pi}{\alpha_j}, \frac{\pi}{2\pi - \alpha_j} \right] \right\}.$$

Dann gilt Satz 6.11 für $|s| < \sigma_0$ [25]. Für eine unendlich oft differenzierbare Randkurve Γ gilt Satz 6.11 sogar für alle $s \in \mathbb{R}$.

6.7 Lineare Elastostatik

Die bisher für das Modellproblem des Laplace–Operators hergeleiteten Abbildungseigenschaften können auf allgemeine elliptische partielle Differentialoperatoren übertragen werden. Hier wird nun insbesondere der Fall des Systems der linearen Elastostatik betrachtet. Für $d = 2, 3$ und $x \in \Omega \subset \mathbb{R}^d$ lautet dieses

$$-\frac{E}{2(1+\nu)}\Delta\underline{u}(x) - \frac{E}{2(1+\nu)(1-2\nu)}\operatorname{grad}\operatorname{div}\underline{u}(x) = \underline{f}(x). \tag{6.56}$$

Die zugehörige Fundamentallösung ist der **Kelvinsche Lösungstensor** (5.9)

$$U^*_{ij}(x,y) = \frac{1}{4(d-1)\pi}\,\frac{1}{E}\,\frac{1+\nu}{1-\nu}\left[(3-4\nu)E(x,y)\delta_{ij} + \frac{(x_i-y_i)(x_j-y_j)}{|x-y|^d}\right]$$

für $i, j = 1, \ldots, d$ mit

$$E(x,y) = \begin{cases} -\log|x-y| & \text{für } d = 2, \\ \dfrac{1}{|x-y|} & \text{für } d = 3. \end{cases}$$

Für die Lösung des partiellen Differentialgleichungssystems gilt die komponentenweise Darstellungsformel (5.10) (**Somigliana–Identität**),

$$\begin{aligned} u_i(\tilde{x}) &= \int_\Gamma \sum_{j=1}^d U^*_{ij}(\tilde{x},y)t_j(y)ds_y - \int_\Gamma \sum_{j=1}^d T^*_{ij}(\tilde{x},y)u_j(y)ds_y \\ &\quad + \int_\Omega \sum_{j=1}^d U^*_{ij}(\tilde{x},y)f_j(y)dy \end{aligned} \tag{6.57}$$

für $\tilde{x} \in \Omega$ und $i = 1, \ldots, d$. Analog zu (6.1) wird mit

$$(\widetilde{N}_0 f)_i(\tilde{x}) = \int_\Omega \sum_{j=1}^d U^*_{ij}(\tilde{x},y)f_j(y)dy \quad \text{für } \tilde{x} \in \Omega, i = 1, \ldots, d$$

das **Newton–Potential** der gegebenen Funktion f bezeichnet. Dieses ist verallgemeinerte Lösung des Systems (6.56) und analog zu Satz 6.1 gilt

$$\|\widetilde{N}_0 \underline{f}\|_{[H^1(\Omega)]^d} \leq c\, \|\underline{f}\|_{[\widetilde{H}^{-1}(\Omega)]^d}.$$

Die komponentenweise Anwendung des inneren Spuroperators

$$(N_0 \underline{f})_i(x) := \gamma_0^{\text{int}} (\widetilde{N}_0 \underline{f})_i(x) = \lim_{\Omega \ni \widetilde{x} \to x \in \Gamma} (\widetilde{N}_0 \underline{f})_i(\widetilde{x}) \quad \text{für } i = 1, \ldots, d$$

definiert einen linearen beschränkten Operator

$$N_0 := \gamma_0^{\text{int}} \widetilde{N}_0 : [\widetilde{H}^{-1}(\Omega)]^d \to [H^{1/2}(\Gamma)]^d.$$

Durch die Anwendung des Randspannungsoperators (1.23),

$$(\gamma_1^{\text{int}} \widetilde{N}_0 \underline{f})_i(x) = \lim_{\Omega \ni \widetilde{x} \to x \in \Gamma} \sum_{j=1}^d \sigma_{ij}(\widetilde{N}_0 \underline{f}, \widetilde{x}) n_j(x) \quad \text{für } i = 1, \ldots, d,$$

wird ein linearer beschränkter Operator

$$N_1 := \gamma_1^{\text{int}} \widetilde{N}_0 : [\widetilde{H}^{-1}(\Omega)]^d \to [H^{-1/2}(\Gamma)]^d$$

erklärt.

Für $\widetilde{x} \in \Omega \cup \Omega^c$ ist das **Einfachschichtpotential**

$$(\widetilde{V} \underline{w})_i(\widetilde{x}) = \int_\Gamma \sum_{j=1}^d U_{ij}^*(\widetilde{x}, y) w_j(y) ds_y \quad \text{für } i = 1, \ldots, d$$

Lösung der homogenen linearen Elastizitätsgleichungen (6.56) mit $\underline{f} = \underline{0}$, und es gilt

$$\widetilde{V} : [H^{1/2}(\Gamma)]^d \to [H^1(\Omega)]^d.$$

Die komponentenweise Anwendung des inneren bzw. äußeren Spuroperators erklärt einen beschränkten linearen Operator

$$V := \gamma_0^{\text{int}} \widetilde{V} = \gamma_0^{\text{ext}} \widetilde{V} : [H^{-1/2}(\Gamma)]^d \to [H^{1/2}(\Gamma)]^d$$

mit der Darstellung

$$(V \underline{w})_i(x) = \int_\Gamma \sum_{j=1}^d U_{ij}^*(x, y) w_j(y) ds_y \quad \text{für } x \in \Gamma, i = 1, \ldots, d, \tag{6.58}$$

als schwach–singuläres Integral. Für $\underline{w} \in [H^{-1/2}(\Gamma)]^d$ ist $\widetilde{V} \underline{w} \in [H^1(\Omega)]^d$ Lösung des homogenen Differentialgleichungssystems (6.56). Dann definiert die Anwendung des inneren Randspannungsoperators (1.23),

$$(\gamma_1^{\text{int}} \widetilde{V} \underline{w})_i(x) = \lim_{\Omega \ni \widetilde{x} \to x \in \Gamma} \sum_{j=1}^d \sigma_{ij}(\widetilde{V} \underline{w}, \widetilde{x}) n_j(x) \quad \text{für } i = 1, \ldots, d,$$

einen beschränkten linearen Operator

$$\gamma_1^{\text{int}}\widetilde{V} \,:\, [H^{-1/2}(\Gamma)]^d \to [H^{-1/2}(\Gamma)]^d$$

mit der Darstellung

$$(\gamma_1^{\text{int}}\widetilde{V}\underline{w})_i(x) \;=\; \frac{1}{2}w_i(x) + (K'\underline{w})_i(x) \quad \text{für fast alle } x \in \Gamma, i = 1, \ldots, d,$$

und dem **adjungierten Doppelschichtpotential**

$$(K'\underline{w})_k(x) \;=\; \lim_{\varepsilon \to 0} \int\limits_{y\in\Gamma:|y-x|\geq\varepsilon} \sum_{j=1}^{d}\sum_{\ell=1}^{d} \sigma_{k\ell}(\underline{U}_j^*(x,y), x)n_\ell(x)w_j(y)ds_y$$

für $k = 1, \ldots, d$. Der Einfachheit halber wird hier stets angenommen, daß sich $x \in \Gamma$ auf einem glatten Randstück befindet, d.h. Ecken und Kanten werden ausgenommen. Entsprechend ergibt sich für die äußere Anwendung des Randspannungsoperators

$$(\gamma_1^{\text{ext}}\widetilde{V}\underline{w})_i(x) \;=\; -\frac{1}{2}w_i(x) + (K'\underline{w})_i(x) \quad \text{für fast alle } x \in \Gamma, i = 1, \ldots, d$$

und somit die **Sprungbedingung** für die Randspannung des Einfachschichtpotentials,

$$[\gamma_1\widetilde{V}\underline{w}] := (\gamma_1^{\text{ext}}\widetilde{V}\underline{w})(x) - (\gamma_1^{\text{int}}\widetilde{V}\underline{w})(x) \;=\; -\underline{w}(x) \quad \text{für } x \in \Gamma$$

im Sinne von $[H^{-1/2}(\Gamma)]^d$.

Für die Untersuchung der Elliptizitätseigenschaften des Einfachschichtpotentials V spielt wie im Fall des Laplace–Operators das Fernfeldverhalten eine wesentliche Rolle. Der Zugang, der beim Laplace–Operator verfolgt wurde, kann direkt auf den Fall der linearen Elastostatik übertragen werden.
Im Gegensatz zum Laplace–Operator wird aber der zugehörige Faktorraum nicht durch die Starrkörperbewegungen induziert. Für $d = 2$ sei deshalb

$$[H_+^{-1/2}(\Gamma)]^2 := \left\{\underline{w} \in [H^{-1/2}(\Gamma)]^2 \,:\, \langle w_i, 1\rangle_\Gamma = 0 \quad \text{für } i = 1,2\right\}.$$

Lemma 6.15 *Für $y_0 \in \Omega$ und $x \in \mathbb{R}^3$ sei $|x - y_0| > 2\,diam(\Omega)$ erfüllt. Sei $\underline{w} \in [H^{-1/2}(\Gamma)]^3$ für $d = 3$ bzw. $\underline{w} \in [H_+^{-1/2}(\Gamma)]^2$ für $d = 2$. Für $\underline{u}(x) = (\widetilde{V}\underline{w})(x)$ gilt dann*

$$|u_i(x)| \leq c\frac{1}{|x-y_0|}, \; i = 1, \ldots, d.$$

Beweis: Sei $d = 3$. Wegen

$$\begin{aligned}|u_i(x)| &= \frac{1}{4\pi}\frac{1}{E}\frac{1+\nu}{1-\nu}\left|\int\limits_\Gamma\left[(3-4\nu)\frac{\delta_{ij}}{|x-y|}+\frac{(x_i-y_i)(x_j-y_j)}{|x-y|^3}\right]w_j(y)ds_y\right|\\ &\le \frac{1}{4\pi}\frac{1}{E}\frac{1+\nu}{1-\nu}\int\limits_\Gamma\left[(3-4\nu)\frac{\delta_{ij}}{|x-y|}+\frac{1}{|x-y|}\right]|w_j(y)|ds_y\end{aligned}$$

folgt die Behauptung wie im Beweis von Lemma 6.14. Für $d = 2$ folgt die Behauptung durch Betrachtung der Taylor–Reihen der Fundamentallösung, vergleiche hierzu wiederum den Beweis von Lemma 6.14. ■

Wie im Fall des Laplace–Operators (Satz 6.5) ergibt sich das folgende Resultat.

Satz 6.12 *Sei* $\underline{w} \in [H^{-1/2}(\Gamma)]^d$ *für* $d = 3$ *bzw.* $\underline{w} \in [H_+^{-1/2}(\Gamma)]^d$ *für* $d = 2$. *Dann gilt*

$$\langle V\underline{w}, \underline{w}\rangle_\Gamma \ge c_1^V \, \|\underline{w}\|^2_{[H^{-1/2}(\Gamma)]^d}$$

mit einer positiven Konstante c_1^V.

Beweis: Die Behauptung folgt wie im Beweis von Satz 6.5 unter Verwendung von Lemma 4.8. ■

Für den Nachweis der $[H^{-1/2}(\Gamma)]^2$–Elliptizität des Einfachschichtpotentials V für $d = 2$ wird zunächst die verallgemeinerte Fundamentallösung

$$U_{ij}^\alpha(x,y) = \frac{1}{4\pi}\frac{1}{E}\frac{1+\nu}{1-\nu}\left[(4\nu-3)\log(\alpha|x-y|)\delta_{ij}+\frac{(x_i-y_i)(x_j-y_j)}{|x-y|^2}\right]$$

für $i, j = 1, 2$ in Abhängigkeit von einem reellen Parameter $\alpha \in \mathbb{R}_+$ und das zugehörige Einfachschichtpotential $V_\alpha : [H^{-1/2}(\Gamma)]^2 \to [H^{-1/2}(\Gamma)]^2$ betrachtet. Dies entspricht einer Skalierung des Gebietes $\Omega \subset \mathbb{R}^2$ bzw. der Randkurve Γ. Für $\underline{w} \in [H_+^{-1/2}(\Gamma)]^2$ gilt nach Satz 6.12 offensichtlich die Elliptizitätsabschätzung

$$\langle V_\alpha\underline{w}, \underline{w}\rangle_\Gamma = \langle V\underline{w}, \underline{w}\rangle_\Gamma \ge c_1^V \, \|\underline{w}\|^2_{[H^{-1/2}(\Gamma)]^2}.$$

Das weitere Vorgehen entspricht dem Fall des Einfachschichtpotentials für den skalaren Laplace–Operator. Gesucht ist $(\underline{w}^1, \underline{\lambda}^1) \in [H^{-1/2}(\Gamma)]^2 \times \mathbb{R}^2$ als Lösung des Sattelpunktproblems

$$\begin{aligned}\langle V_\alpha\underline{w}^1, \underline{\tau}\rangle_\Gamma - \lambda_1^1\langle 1, \tau_1\rangle_\Gamma - \lambda_2^1\langle 1, \tau_2\rangle_\Gamma &= 0\\ \langle w_1^1, 1\rangle_\Gamma &= 1\\ \langle w_2^1, 1\rangle_\Gamma &= 0\end{aligned}$$

für alle $\underline{\tau} \in [H^{-1/2}(\Gamma)]^2$. Mit $w_1^1 := \widetilde{w}_1^1 + 1/|\Gamma|$, $w_2^1 := \widetilde{w}_2^1$ bleibt $\underline{\widetilde{w}}^1 \in [H_+^{-1/2}(\Gamma)]^2$ als eindeutige Lösung des Variationsproblems

$$\langle V_\alpha\underline{\widetilde{w}}^1, \underline{\tau}\rangle_\Gamma = -\frac{1}{|\Gamma|}\langle V_\alpha(1,0)^\top, \underline{\tau}\rangle_\Gamma \quad \text{für alle } \underline{\tau} \in [H_+^{-1/2}(\Gamma)]^2$$

zu bestimmen. Mit bekanntem $\underline{\widetilde{w}}^1 \in [H_+^{-1/2}(\Gamma)]^2$ bzw. $\underline{w}^1 \in [H^{-1/2}(\Gamma)]^2$ folgt dann

$$\lambda_1^1 = \langle V_\alpha \underline{w}^1, \underline{w}^1 \rangle_\Gamma .$$

In gleicher Weise ist $(\underline{w}^2, \underline{\lambda}^2) \in [H^{-1/2}(\Gamma)]^2 \times \mathbb{R}^2$ Lösung des Sattelpunktproblems

$$\begin{aligned}
\langle V_\alpha \underline{w}^2, \underline{\tau} \rangle_\Gamma - \lambda_1^2 \langle 1, \tau_1 \rangle_\Gamma - \lambda_2^2 \langle 1, \tau_2 \rangle_\Gamma &= 0 \\
\langle w_1^2, 1 \rangle_\Gamma &= 0 \\
\langle w_2^2, 1 \rangle_\Gamma &= 1
\end{aligned}$$

für alle $\underline{\tau} \in [H^{-1/2}(\Gamma)]^2$, und es gilt

$$\lambda_2^2 = \langle V_\alpha \underline{w}^2, \underline{w}^2 \rangle_\Gamma .$$

Weiterhin ergibt sich

$$\lambda_2^1 = \lambda_1^2 = \langle V_\alpha \underline{w}^1, \underline{w}^2 \rangle_\Gamma .$$

Lemma 6.16 *Für die Lagrange–Parameter λ_i^1 $(i = 1, 2)$ gilt die Darstellung*

$$\lambda_i^i = \langle V \underline{w}^i, \underline{w}^i \rangle_\Gamma + \frac{1}{4\pi} \frac{1}{E} \frac{1+\nu}{1-\nu} (4\nu - 3) \log \alpha ,$$

während die Lagrange–Parameter $\lambda_2^1 = \lambda_1^2$ unabhängig von $\alpha \in \mathbb{R}_+$ sind,

$$\lambda_2^1 = \lambda_1^2 = \langle V \underline{w}^1, \underline{w}^2 \rangle_\Gamma .$$

Beweis: Eine direkte Berechnung für $i = 1$ ergibt durch Aufspaltung von $\log(\alpha|x-y|)$

$$\begin{aligned}
\lambda_1^1 &= \langle V_\alpha \underline{w}^1, \underline{w}^1 \rangle_\Gamma \\
&= \frac{1}{4\pi} \frac{1}{E} \frac{1+\nu}{1-\nu} \int_\Gamma \int_\Gamma \sum_{i=1}^2 (4\nu - 3) \log(\alpha|x-y|) w_i^1(y) w_i^1(x) ds_x ds_y \\
&\quad + \frac{1}{4\pi} \frac{1}{E} \frac{1+\nu}{1-\nu} \int_\Gamma \int_\Gamma \sum_{i,j=1}^2 \frac{(x_i - y_i)(x_j - y_j)}{|x-y|^2} w_i^1(y) w_j^1(x) ds_x ds_y \\
&= \frac{1}{4\pi} \frac{1}{E} \frac{1+\nu}{1-\nu} \int_\Gamma \int_\Gamma \sum_{i=1}^2 (4\nu - 3) \log|x-y| w_i^1(y) w_i^1(x) ds_x ds_y \\
&\quad + \frac{1}{4\pi} \frac{1}{E} \frac{1+\nu}{1-\nu} \int_\Gamma \int_\Gamma \sum_{i,j=1}^2 \frac{(x_i - y_i)(x_j - y_j)}{|x-y|^2} w_i^1(y) w_j^1(x) ds_x ds_y \\
&\quad + \frac{1}{4\pi} \frac{1}{E} \frac{1+\nu}{1-\nu} (4\nu - 3) \log \alpha \sum_{i=1}^2 \left[\langle w_i^1, 1 \rangle_\Gamma \right]^2 \\
&= \langle V_1 \underline{w}^1, \underline{w}^1 \rangle_\Gamma + \frac{1}{4\pi} \frac{1}{E} \frac{1+\nu}{1-\nu} (4\nu - 3) \log \alpha
\end{aligned}$$

wegen $\langle w_1^1, 1\rangle_\Gamma = 1$ und $\langle w_2^1, 1\rangle_\Gamma = 0$. Für λ_2^2 folgt die Behauptung analog. Für $\lambda_1^2 = \lambda_2^1$ ist

$$\begin{aligned}
\lambda_1^2 &= \langle V_\alpha \underline{w}^1, \underline{w}^2\rangle_\Gamma \\
&= \langle V_1 \underline{w}^1, \underline{w}^2\rangle_\Gamma + \frac{1}{4\pi}\frac{1}{E}\frac{1+\nu}{1-\nu}(4\nu-3)\log\alpha \sum_{i=1}^{2} \langle w_i^1, 1\rangle_\Gamma \langle w_i^2, 1\rangle_\Gamma \\
&= \langle V_1 \underline{w}^1, \underline{w}^2\rangle_\Gamma,
\end{aligned}$$

da $\langle w_1^2, 1\rangle_\Gamma = \langle w_2^1, 1\rangle_\Gamma = 0$ gilt. ■

Nun kann der Skalierungsparameter $\alpha \in \mathbb{R}_+$ so gewählt werden, daß

$$\min\{\lambda_1^1, \lambda_2^2\} \geq 2\,|\lambda_2^1| \tag{6.59}$$

erfüllt ist. Ein beliebig gegebenes $\underline{w} \in [H^{-1/2}(\Gamma)]^2$ kann dargestellt werden als

$$\underline{w} = \underline{\widetilde{w}} + \alpha_1 \underline{w}^1 + \alpha_2 \underline{w}^2, \quad \alpha_i = \langle w_i, 1\rangle_\Gamma \quad (i = 1, 2) \tag{6.60}$$

mit $\underline{\widetilde{w}} \in [H_+^{-1/2}(\Gamma)]^2$.

Satz 6.13 *Sei der Skalierungsparameter $\alpha \in \mathbb{R}_+$ so gewählt, daß die Bedingung (6.59) erfüllt ist. Dann ist das Einfachschichtpotential V_α $[H^{-1/2}(\Gamma)]^2$–elliptisch, d.h. es gilt*

$$\langle V_\alpha \underline{w}, \underline{w}\rangle_\Gamma \geq \tilde{c}_1^V \, \|\underline{w}\|^2_{[H^{-1/2}(\Gamma)]^2} \quad \textit{für alle } \underline{w} \in [H^{-1/2}(\Gamma)]^2.$$

Beweis: Für $\underline{w} \in [H^{-1/2}(\Gamma)]^2$ gilt die Zerlegung (6.60). Mit der Dreiecksungleichung und der Cauchy–Schwarz–Ungleichung folgt

$$\begin{aligned}
\|\underline{w}\|^2_{[H^{-1/2}(\Gamma)]^2} &= \|\underline{\widetilde{w}} + \alpha_1 \underline{w}^1 + \alpha_2 \underline{w}^2\|^2_{[H^{-1/2}(\Gamma)]^2} \\
&\leq \left[\|\underline{\widetilde{w}}\|_{[H^{-1/2}(\Gamma)]^2} + |\alpha_1|\,\|\underline{w}^1\|^2_{[H^{-1/2}(\Gamma)]^2} + |\alpha_2|\,\|\underline{w}^2\|^2_{[H^{-1/2}(\Gamma)]^2}\right]^2 \\
&\leq 3\,\left[\|\underline{\widetilde{w}}\|^2_{[H^{-1/2}(\Gamma)]^2} + \alpha_1^2\,\|\underline{w}^1\|^2_{[H^{-1/2}(\Gamma)]^2} + \alpha_2^2\,\|\underline{w}^2\|^2_{[H^{-1/2}(\Gamma)]^2}\right] \\
&\leq 3\,\max\left\{1, \|\underline{w}^1\|^2_{[H^{-1/2}(\Gamma)]^2}, \|\underline{w}^2\|^2_{[H-1/2(\Gamma)]^2}\right\}\left[\|\underline{\widetilde{w}}\|^2_{[H^{-1/2}(\Gamma)]^2} + \alpha_1^2 + \alpha_2^2\right].
\end{aligned}$$

Andererseits ist nach Konstruktion von $\underline{w}^1$ und $\underline{w}^2$

$$\begin{aligned}
\langle V_\alpha \underline{w}, \underline{w}\rangle_\Gamma &= \langle V_\alpha[\underline{\widetilde{w}} + \alpha_1 \underline{w}^1 + \alpha_2 \underline{w}^2], \underline{\widetilde{w}} + \alpha_1 \underline{w}^1 + \alpha_2 \underline{w}^2\rangle_\Gamma \\
&= \langle V_\alpha \underline{\widetilde{w}}, \underline{\widetilde{w}}\rangle_\Gamma + \alpha_1^2\,\langle V_\alpha \underline{w}^1, \underline{w}^1\rangle_\Gamma + \alpha_2^2\,\langle V_\alpha \underline{w}^2, \underline{w}^2\rangle_\Gamma \\
&\quad + 2\alpha_1 \langle V_\alpha \underline{w}^1, \underline{\widetilde{w}}\rangle_\Gamma + 2\alpha_2 \langle V_\alpha \underline{w}^2, \underline{\widetilde{w}}\rangle_\Gamma + 2\alpha_1\alpha_2 \langle V_\alpha \underline{w}^1, \underline{w}^2\rangle_\Gamma \\
&= \langle V_\alpha \underline{\widetilde{w}}, \underline{\widetilde{w}}\rangle_\Gamma + \alpha_1^2\,\lambda_1^1 + \alpha_2^2\,\lambda_2^2 + 2\alpha_1\alpha_2\,\lambda_1^2.
\end{aligned}$$

Mit der $[H_+^{-1/2}(\Gamma)]^2$–Elliptizität von V_α und der Skalierungsbedingung (6.59) ergibt sich

$$\begin{aligned}\langle V_\alpha \underline{w}, \underline{w}\rangle_\Gamma &\geq c_1^V \, \|\underline{\widetilde{w}}\|^2_{[H^{-1/2}(\Gamma)]^2} + \alpha_1^2\,\lambda_1^1 + \alpha_2^2\,\lambda_2^2 - 2|\alpha_1|\,|\alpha_2|\,|\lambda_1^2| \\ &\geq c_1^V \, \|\underline{\widetilde{w}}\|^2_{[H^{-1/2}(\Gamma)]^2} + \min\{\lambda_1^1, \lambda_2^2\} \, \left[\alpha_1^2 + \alpha_2^2 - |\alpha_1|\,|\alpha_2|\right] \\ &\geq c_1^V \, \|\underline{\widetilde{w}}\|^2_{[H^{-1/2}(\Gamma)]^2} + \frac{1}{2} \, \min\{\lambda_1^1, \lambda_2^2\} \, \left[\alpha_1^2 + \alpha_2^2\right] \\ &\geq \min\left\{c_1^V, \frac{1}{2}\lambda_1^1, \frac{1}{2}\lambda_2^2\right\} \, \left[\|\underline{\widetilde{w}}\|^2_{[H^{-1/2}(\Gamma)]^2} + \alpha_1^2 + \alpha_2^2\right].\end{aligned}$$

Damit ist der Satz bewiesen. ■

Das Einfachschichtpotential $V : [H^{-1/2}(\Gamma)]^d \to [H^{1/2}(\Gamma)]^d$ ist also beschränkt und $[H^{-1/2}(\Gamma)]^d$–elliptisch, wobei für $d = 2$ eine geeignete Skalierung des Gebietes Ω vorausgesetzt werden muß, vergleiche (6.59). Nach dem Lemma von Lax–Milgram (Satz 3.2) existiert somit der inverse Operator $V^{-1} : [H^{1/2}(\Gamma)]^d \to [H^{-1/2}(\Gamma)]^d$.

Mit $\mathcal{R}$ sei die Menge der Starrkörperbewegungen bezeichnet, siehe (1.36) für $d = 2$ sowie (1.29) für $d = 3$. Sei

$$[H_*^{-1/2}(\Gamma)]^d := \left\{\underline{w} \in [H^{-1/2}(\Gamma)]^d \, : \, \langle \underline{w}, \underline{v}_k\rangle_\Gamma = 0 \quad \text{für } \underline{v}_k \in \mathcal{R}\right\},$$

sowie

$$[H_*^{1/2}(\Gamma)]^d := \left\{\underline{v} \in [H^{1/2}(\Gamma)]^d \, : \, \langle V^{-1}\underline{v}, \underline{v}_k\rangle_\Gamma = 0 \quad \text{für } \underline{v}_k \in \mathcal{R}\right\}.$$

Offensichtlich definiert $V : [H_*^{-1/2}(\Gamma)]^d \to [H_*^{1/2}(\Gamma)]^d$ einen **Isomorphismus**.

Für $\widetilde{x} \in \Omega \cup \Omega^c$ bezeichnet

$$(W\underline{v})_i(\widetilde{x}) := \int_\Gamma \sum_{j=1}^d T_{ij}^*(\widetilde{x}, y) u_j(y) ds_y, \quad i = 1, \ldots, d,$$

das **Doppelschichtpotential** der linearen Elastostatik mit

$$W : [H^{1/2}(\Gamma)]^d \to [H^1(\Gamma)]^d.$$

Die komponentenweise Anwendung des inneren Spuroperators ergibt einen beschränkten linearen Operator

$$\gamma_0^{\text{int}} W : [H^{1/2}(\Gamma)]^d \to [H^{1/2}(\Gamma)]^d$$

mit der Darstellung

$$(\gamma_0^{\text{int}} W\underline{v})_i(x) = -\frac{1}{2} v_i(x) + (K\underline{v})_i(x) \quad \text{für fast alle } x \in \Gamma, i = 1, \ldots, d, \tag{6.61}$$

und dem **Doppelschichtpotential**

$$(K\underline{v})_i(x) := \lim_{\varepsilon\to 0} \int_{y\in\Gamma:|y-x|\geq\varepsilon} \sum_{j=1}^{d} T^*_{ij}(\widetilde{x},y)u_j(y)ds_y, \quad i=1,\ldots,d.$$

Entsprechend ergibt die Anwendung des äußeren Spuroperators

$$(\gamma_0^{\text{ext}} W\underline{v})_i(x) = \frac{1}{2}v_i(x) + (K\underline{v})_i(x) \quad \text{für fast alle } x\in\Gamma, i=1,\ldots,d$$

und somit die **Sprungbedingung** für das Doppelschichtpotential

$$[\gamma_0 W\underline{v}] = \gamma_0^{\text{ext}}(W\underline{v})(x) - \gamma_0^{\text{ext}}(W\underline{v})(x) = \underline{v}(x) \quad \text{für } x\in\Gamma.$$

Aus der Somigliana–Identität (6.57) folgt für $\Omega \ni \widetilde{x} \to x \in \Gamma$ mit (6.58) und (6.61) die Randintegralgleichung

$$(V\underline{t})(x) = \left(\frac{1}{2}I + K\right)\underline{u}(x) - (N_0\underline{f})(x) \quad \text{für fast alle } x\in\Gamma. \tag{6.62}$$

Einsetzen der Starrkörperbewegungen (1.36) für $d=2$ bzw. (1.29) für $d=3$ liefert

$$\left(\frac{1}{2}I + K\right)\underline{v}_k(x) = \underline{0} \quad \text{für } x\in\Gamma \quad \text{und alle } \underline{v}_k \in \mathcal{R}.$$

Die Anwendung des Randspannungsoperators γ_1^{int} auf die durch das Doppelschichtpotential $W\underline{v}$ definierte Funktion erklärt einen beschränkten linearen Operator

$$\gamma_1^{\text{int}}W = \gamma_1^{\text{ext}}W : [H^{1/2}(\Gamma)]^d \to [H^{-1/2}(\Gamma)]^d$$

und wie im skalaren Fall des Laplace–Operators wird $D := -\gamma_1^{\text{int}}W$ als **hypersingulärer Randintegraloperator** bezeichnet. Die Anwendung des Randspannungsoperators γ_1^{int} auf die Somigliana–Identität (6.57) ergibt die hypersinguläre Randintegralgleichung

$$(D\underline{u})(x) = \left(\frac{1}{2}I - K'\right)\underline{t}(x) - (N_1\underline{f})(x) \quad \text{für } x\in\Gamma \tag{6.63}$$

im Sinne von $[H^{-1/2}(\Gamma)]^d$.

Wie in (6.22) können die Randintegralgleichungen (6.62) und (6.63) zu einem System mit dem Calderón–Projektor (6.23) zusammengefaßt werden. Die Projektionseigenschaft des Calderón–Projektors (Lemma 6.12) sowie die Gleichheiten in Folgerung 6.3 gelten wie im Fall des skalaren Laplace–Operators.

Analog zum Fall des Laplace–Operators kann die durch den hypersingulären Integraloperator induzierte Bilinearform durch partielle Integration auf Formen mit schwach singulären Integraloperatoren zurückgeführt werden.

Für $d = 2$ ergibt sich die Darstellung [63]

$$\langle D\underline{u}, \underline{v}\rangle_\Gamma = \sum_{i,j=1}^{2} \int_\Gamma \mathrm{curl}_\Gamma v_j(x) \int_\Gamma G_{ij}(x,y)\mathrm{curl}_\Gamma u_i(y) ds_y ds_x$$

für alle $\underline{u}, \underline{v} \in [H^{1/2}(\Gamma) \cap C(\Gamma)]^2$ mit

$$G_{ij}(x,y) = \frac{1}{4\pi}\frac{E}{1-\nu^2}\left[-\log|x-y|\,\delta_{ij} + \frac{(x_i-y_i)(x_j-y_j)}{|x-y|^2}\right]$$

für $i, j = 1, 2$. Hierbei bezeichnet curl_Γ die Ableitung nach der Bogenlänge. Die Komponenten der Kernfunktion $G_{ij}(x, y)$ entsprechen dabei bis auf Konstanten denen der Kelvinschen Fundamentallösung (5.9).

Für $d = 3$ und $i, j = 1, \ldots, 3$ sei

$$M_{ij}(\partial_x, n(x)) := n_j(x)\frac{\partial}{\partial x_i} - n_i(x)\frac{\partial}{\partial x_j}$$

sowie

$$\frac{\partial}{\partial S_1(x)} := M_{32}(\partial_x, n(x)), \quad \frac{\partial}{\partial S_2(x)} := M_{13}(\partial_x, n(x)), \quad \frac{\partial}{\partial S_3(x)} := M_{21}(\partial_x, n(x)).$$

Für die durch den hypersingulären Integraloperator D induzierte Bilinearform gilt dann die Darstellung [44]

$$\begin{aligned}\langle D\underline{u}, \underline{v}\rangle_\Gamma &= \frac{\mu}{4\pi}\int_\Gamma\int_\Gamma \frac{1}{|x-y|}\left(\sum_{k=1}^{3}\frac{\partial}{\partial S_k(y)}\underline{u}(y)\cdot\frac{\partial}{\partial S_k(x)}\underline{v}(x)\right) ds_y ds_x \\ &+ \int_\Gamma\int_\Gamma (M(\partial_x, n(x))\underline{v}(x))^\top \left(\frac{\mu}{2\pi}\frac{I}{|x-y|} - 4\mu^2 U^*(x,y)\right) M(\partial_y, n(y))\underline{u}(y) ds_y ds_x \\ &+ \frac{\mu}{4\pi}\int_\Gamma\int_\Gamma \sum_{i,j,k=1}^{3} M_{kj}(\partial_x, n(x))v_i(x)\frac{1}{|x-y|}M_{ki}(\partial_y, n(y))v_j(y) ds_y ds_x. \qquad (6.64)\end{aligned}$$

Damit kann die Bilinearform des hypersingulären Integraloperators D wiederum durch Komponenten des Einfachschichtpotentials V ausgedrückt werden.
Für $d = 3$ ergibt sich auch eine entsprechende Darstellung für das Doppelschichtpotential K [52],

$$\begin{aligned}(K\underline{u})(x) &= \frac{1}{4\pi}\int_\Gamma \frac{\partial}{\partial n(y)}\frac{1}{|x-y|}\underline{u}(y) ds_y - \frac{1}{4\pi}\int_\Gamma \frac{1}{|x-y|}M(\partial_y, n(y))\underline{u}(y) ds_y \\ &+ \frac{E}{1+\nu}(V(M(\partial., n(\cdot))\underline{u}(\cdot)))(x),\end{aligned}$$

wobei die Auswertung des Einfach– und Doppelschichtpotentials des Laplace–Operators komponentenweise zu verstehen ist.

Insgesamt können also alle Randintegraloperatoren der linearen Elastostatik auf das Einfach– und Doppelschichtpotential des Laplace–Operators zurückgeführt werden. Dies kann später für die Galerkin–Diskretisierung ausgenutzt werden, sind somit doch nur schwach–singuläre Oberflächenintegrale auszuwerten.

Einsetzen der Starrkörperbewegungen (1.36) für $d = 2$ bzw. (1.29) für $d = 3$ in die Darstellungsformel (6.57) ergibt

$$\underline{v}_k(\widetilde{x}) \;=\; -(W\underline{v}_k)(\widetilde{x}) \quad \text{für } \widetilde{x} \in \Omega \quad \text{und alle } \underline{v}_k \in \mathcal{R}.$$

Die Anwendung des Randspannungsoperators γ_1^{int} liefert nun

$$(D\underline{v}_k)(x) \;=\; \underline{0} \quad \text{für } x \in \Gamma \quad \text{und alle } \underline{v}_k \in \mathcal{R}.$$

Analog zu Satz 6.7 ergibt sich die $[H_*^{1/2}(\Gamma)]^d$–Elliptizität des hypersingulären Integraloperators D,

$$\langle D\underline{v}, \underline{v}\rangle_\Gamma \;\geq\; c_1^D \, \|\underline{v}\|^2_{[H^{1/2}(\Gamma)]^d} \quad \text{für alle } \underline{v} \in [H_*^{1/2}(\Gamma)]^d.$$

Die Elliptizität des hypersingulären Integraloperators D läßt sich außerdem noch mit dem Raum

$$[H_{**}^{1/2}(\Gamma)]^d := \left\{ \underline{v} \in [H^{1/2}(\Gamma)]^d : \langle \underline{v}, \underline{v}_k\rangle_\Gamma = 0 \quad \text{für } \underline{v}_k \in \mathcal{R} \right\},$$

der auf den Starrkörperbewegungen orthogonalen Funktionen erfassen. Dann gilt wie in (6.38)

$$\langle D\underline{v}, \underline{v}\rangle_\Gamma \;\geq\; \widetilde{c}_1^D \, \|\underline{v}\|^2_{[H^{1/2}(\Gamma)]^d} \quad \text{für alle } \underline{v} \in [H_{**}^{1/2}(\Gamma)]^d.$$

Wie in Abschnitt 6.6.3 kann die Dirichlet–Neumann–Abbildung von gegebenen Randverschiebungen auf die zugehörigen Randspannungen mittels des Steklov–Poincaré–Operators erklärt werden. Darüberhinaus bleiben die Aussagen über die Kontraktionseigenschaft des Doppelschichtpotentials aus Abschnitt 6.6.4 sowie die Abbildungseigenschaften der Randintegraloperatoren aus Abschnitt 6.6.5 auch für den Fall der linearen Elastostatik richtig.

6.8 Stokes–System

Abschließend wird nun das homogene Stokes–System (1.38) mit $\mu = 1$ betrachtet,

$$-\Delta \underline{u}(x) + \nabla p(x) \;=\; \underline{0}, \quad \operatorname{div} \underline{u}(x) = 0 \quad \text{für } x \in \Omega.$$

Da sowohl die Fundamentallösung als auch die zugehörige Randspannung des Stokes–System mit den entsprechenden Größen der linearen Elastizität für $\nu = \frac{1}{2}$

und $E = 3$ zusammenfallen und nicht degenieren, können sowohl die Darstellungsformel (6.57) als auch die daraus resultierenden Randintegraloperatoren der linearen Elastostatik für $\nu = \frac{1}{2}$ und $E = 3$ für den Fall des Stokes–Systems angewandt werden. Nicht direkt übertragen werden können jedoch die Beschränktheits- und Elliptizititätsabschätzungen für die Randintegraloperatoren, da die entsprechenden Aussagen im Fall der linearen Elastizität zunächst nur für $\nu \in (0, \frac{1}{2})$ gelten. Am Beispiel des Einfachschichtpotentials soll in diesem Abschnitt gezeigt werden, wie diese Aussagen auch auf das Stokes–System bzw. den dazu analogen Fall der inkompressiblen Elastizität ($\nu = \frac{1}{2}$) übertragen werden können.

Sei $\Omega \subset I\!R^d$ ein einfach zusammenhängendes Gebiet mit Rand $\Gamma = \partial\Omega$. Die durch das Einfachschichtpotential $\widetilde{V} : [H^{-1/2}(\Gamma)]^d \to [H^1(\Omega)]^d$ definierte Funktion

$$u_i(\widetilde{x}) := (\widetilde{V}\underline{w})_i(\widetilde{x}) = \int_\Gamma \sum_{j=1}^d U^*_{ij}(\widetilde{x}, y) w_j(y) ds_y \quad \text{für } \widetilde{x} \in \Omega, i = 1, \ldots, d$$

ist in Ω divergenzfrei und erfüllt die erste Greensche Formel

$$2\mu \int_\Omega \sum_{i,j=1}^d e_{ij}(\underline{u}, \underline{v}) e_{ij}(\underline{v}, x) dx = \int_\Gamma \underline{v}(x)^\top (T\underline{u})(x) ds_x \tag{6.65}$$

für alle Funktionen $\underline{v} \in [H^1(\Omega)]^d$ mit $\operatorname{div} \underline{v} = 0$. Die Anwendung des Spuroperators erklärt dann das Einfachschichtpotential

$$V := \gamma_0^{\text{int/ext}} \widetilde{V} : [H^{-1/2}(\Gamma)]^d \to [H^{1/2}(\Gamma)]^d$$

mit der Darstellung wie in (6.58) angegeben. Zur Untersuchung der Elliptizität des Einfachschichtpotentials V bemerkt man zunächst, daß $\underline{u}^* = \underline{0}$ und $p = -1$ Lösung des homogenen Stokes–Systems ist. Aus der Randintegralgleichung (6.62) folgt dann

$$(V\underline{t}^*)(x) = (\frac{1}{2}I + K)\underline{u}^*(x) = \underline{0} \quad \text{für } x \in \Gamma$$

mit der zugehörigen Randspannung

$$\underline{t}^*(x) = -p^*(x)\,\underline{n}(x) + 2\left(\sum_{j=1}^d e_{ij}(\underline{u}^*, x) n_j(x)\right)_{i=1}^d = \underline{n}(x) \quad \text{für } x \in \Gamma.$$

Damit kann die Elliptizität des Einfachschichtpotentials V für das Stokes–System nur in einem zum Normalenvektor $\underline{n}$ orthogonalen Teilraum gelten.

Mit $V^L : H^{-1/2}(\Gamma) \to H^{1/2}(\Gamma)$ wird das $H^{-1/2}(\Gamma)$–elliptische Einfachschichtpotential des Laplace–Operators bezeichnet, weiterhin definiert

$$\langle \underline{w}, \underline{\tau} \rangle_{V^L} := \sum_{i=1}^d \langle V^L w_i, \tau_i \rangle_\Gamma$$

ein Skalarprodukt in $[H^{-1/2}(\Gamma)]^d$. Sei der Teilraum

$$[H^{-1/2}_{V^L}(\Gamma)]^d := \left\{ \underline{w} \in [H^{-1/2}(\Gamma)]^d : \langle \underline{w}, \underline{n} \rangle_{V^L} = 0 \right\},$$

dann gilt [28, 92]:

Satz 6.14 *Das Einfachschichtpotential V des Stokes–Systems ist $[H^{-1/2}_{V^L}(\Gamma)]^d$–elliptisch, d.h. es gilt*

$$\langle V\underline{w}, \underline{w} \rangle_\Gamma \geq c_1^V \, \|\underline{w}\|^2_{[H^{-1/2}(\Gamma)]^d} \quad \textit{für alle } \underline{w} \in [H^{-1/2}_{V^L}(\Gamma)]^d.$$

Wie für das homogene Neumann–Randwertproblem kann nun durch

$$\langle \widetilde{V}\underline{w}, \underline{\tau} \rangle_\Gamma := \langle V\underline{w}, \underline{\tau} \rangle_\Gamma + \langle \underline{w}, \underline{n} \rangle_{V^L} \langle \underline{\tau}, \underline{n} \rangle_{V^L}$$

eine beschränkter und $[H^{-1/2}(\Gamma)]^d$–elliptischer Randintegraloperator erklärt werden. Für ein mehrfach zusammenhängendes Gebiet ist die Dimension des Kernes des Einfachschichtpotentials gleich der Anzahl der zusammenhängenden Randkurven. Dann ist die Stabilisierung des Einfachschichtpotentials entsprechend zu modifizieren [69].

Kapitel 7

Randintegralgleichungen

In diesem Kapitel werden Randwertprobleme für die skalare homogene partielle Differentialgleichung

$$(Lu)(x) = 0 \quad \text{für } x \in \Omega \tag{7.1}$$

mit einem elliptischen und selbstadjungierten partiellen Differentialoperator L in einem beschränkten und einfach zusammenhängenden Gebiet Ω mit Lipschitz–Rand $\Gamma = \partial\Omega$ betrachtet. Für die Behandlung inhomogener Randwertprobleme müssen zusätzlich die entsprechenden Newton–Potentiale berücksichtigt werden. Durch die Bestimmung von partiellen Lösungen der inhomogenen partiellen Differentialgleichung können diese jedoch wieder auf Randpotentiale zurückgeführt werden [51, 78].

Jede Lösung u der homogenen partiellen Differentialgleichung (7.1) kann für $\widetilde{x} \in \Omega$ durch die Darstellungsformel

$$u(\widetilde{x}) = \int\limits_\Gamma U^*(\widetilde{x}, y)\gamma_1^{\text{int}}u(y)ds_y - \int\limits_\Gamma \gamma_1^{\text{int}}U^*(\widetilde{x}, y)\gamma_0^{\text{int}}u(y)ds_y \tag{7.2}$$

beschrieben werden. Zu bestimmen sind also nur die vollständigen Cauchy–Daten $\gamma_0^{\text{int}}u(x)$ und $\gamma_1^{\text{int}}u(x)$ für $x \in \Gamma$, die durch Randbedingungen nicht oder nur teilweise gegeben sind. In diesem Kapitel werden hierfür geeignete Randintegralgleichungen hergeleitet. Ein Ausgangspunkt ist das aus der Darstellungsformel (7.2) resultierende System (6.22) von Randintegralgleichungen,

$$\begin{pmatrix} \gamma_0^{\text{int}}u \\ \gamma_1^{\text{int}}u \end{pmatrix} = \begin{pmatrix} [1-\sigma]I - K & V \\ D & \sigma I + K' \end{pmatrix} \begin{pmatrix} \gamma_0^{\text{int}}u \\ \gamma_1^{\text{int}}u \end{pmatrix}. \tag{7.3}$$

Dieser Zugang wird als **direkte Methode** bezeichnet. Hierbei sind die Dichtefunktionen der auftretenden Randintegraloperatoren gerade die Cauchy–Daten $[\gamma_0^{\text{int}}u(x), \gamma_1^{\text{int}}u(x)]$, $x \in \Gamma$. Bestimmt man die Lösung des Randwertproblems hingegen aus geeigneten Potentialansätzen, so spricht man von einer **indirekten**

Methode. Lösungen der homogenen partiellen Differentialgleichung (7.1) sind zum Beispiel durch den **Einfachschichtpotentialansatz**

$$u(\widetilde{x}) = \int_\Gamma U^*(\widetilde{x}, y) w(y) ds_y \quad \text{für } \widetilde{x} \in \Omega, \tag{7.4}$$

bzw. den **Doppelschichtpotentialansatz**

$$u(\widetilde{x}) = -\int_\Gamma \gamma_1^{\text{int}} U^*(\widetilde{x}, y) v(y) ds_y \quad \text{für } \widetilde{x} \in \Omega \tag{7.5}$$

gegeben. Anders als bei der direkten Methode haben in diesem Fall die zu bestimmenden Dichtefunktionen w und v in der Regel jedoch **keine** physikalische Bedeutung.

In diesem Kapitel werden für verschiedene Randwertprobleme unterschiedliche Randintegralgleichungen zur Bestimmung der fehlenden Cauchy–Daten hergeleiteit und auf ihre eindeutige Lösbarkeit untersucht.

7.1 Dirichlet–Randwertproblem

Betrachtet wird zunächst das **Dirichlet–Randwertproblem**

$$(Lu)(x) = 0 \quad \text{für } x \in \Omega, \qquad \gamma_0^{\text{int}} u(x) = g(x) \quad \text{für } x \in \Gamma. \tag{7.6}$$

Aus dem **direkten** Ansatz (7.2) folgt die Lösungsformel

$$u(\widetilde{x}) = \int_\Gamma U^*(\widetilde{x}, y) \gamma_1^{\text{int}} u(y) ds_y - \int_\Gamma \gamma_1^{\text{int}} U^*(\widetilde{x}, y) g(y) ds_y \quad \text{für } \widetilde{x} \in \Omega. \tag{7.7}$$

Zu bestimmen ist somit das unbekannte Neumann–Datum $\gamma_1^{\text{int}} u \in H^{-1/2}(\Gamma)$. Aus der ersten Gleichung in (7.3) ergibt sich mit

$$(V\gamma_1^{\text{int}} u)(x) = \sigma(x) g(x) + (Kg)(x) \quad \text{für } x \in \Gamma \tag{7.8}$$

eine **Fredholmsche Randintegralgleichung 1. Art**. Da das Einfachschichtpotential $V : H^{-1/2}(\Gamma) \to H^{1/2}(\Gamma)$ nach (6.8) beschränkt und nach Satz 6.5 für $d = 3$ bzw. nach Satz 6.6 unter der zusätzlichen Voraussetzung $\text{diam}(\Omega) < 1$ für $d = 2$ $H^{-1/2}(\Gamma)$–elliptisch ist, besitzt die Randintegralgleichung (7.8) nach dem Lemma von Lax–Milgram (Satz 3.2) eine eindeutige Lösung $\gamma_1^{\text{int}} u \in H^{-1/2}(\Gamma)$ mit

$$\|\gamma_1^{\text{int}} u\|_{H^{-1/2}(\Gamma)} \leq \frac{1}{c_1^V} \|(\sigma I + K) g\|_{H^{1/2}(\Gamma)} \leq \frac{c_2^W}{c_1^V} \|g\|_{H^{1/2}(\Gamma)}.$$

Die zur Randintegralgleichung (7.8) äquivalente Variationsformulierung lautet bei Beachtung der Definition von $\sigma(x)$ für $x \in \Gamma$:

Gesucht ist $\gamma_1^{\text{int}} u \in H^{-1/2}(\Gamma)$, so daß

$$\langle V\gamma_1^{\text{int}} u, \tau\rangle_\Gamma = \langle (\frac{1}{2}I + K)g, \tau\rangle_\Gamma \tag{7.9}$$

für alle Testfunktionen $\tau \in H^{-1/2}(\Gamma)$ erfüllt ist.

Wird an Stelle von (7.8) die zweite Randintegralgleichung in (7.3) verwendet, so führt dies mit

$$([1-\sigma]I - K')\gamma_1^{\text{int}} u(x) = (Dg)(x) \quad \text{für } x \in \Gamma \tag{7.10}$$

auf eine **Fredholmsche Randintegralgleichung 2. Art** zur Bestimmung der unbekannten Konormalenableitung $\gamma_1^{\text{int}} u(x)$ für $x \in \Gamma$. Die Lösung dieser Randintegralgleichung kann durch die **Neumannsche Reihe**

$$\gamma_1^{\text{int}} u(x) = \sum_{\ell=0}^{\infty} (\sigma I + K')^\ell (Dg)(x) \quad \text{für } x \in \Gamma \tag{7.11}$$

angegeben werden. Die Konvergenz der Reihe (7.11) in $H^{-1/2}(\Gamma)$ folgt aus der Kontraktionseigenschaft (6.54) von $\sigma I + K'$ in der durch das Einfachschichtpotential V induzierten Norm $\|\cdot\|_V$.

Die Verwendung des **indirekten** Einfachschichtpotentialansatzes (7.4) zur Bestimmung der unbekannten Dichtefunktion $w \in H^{-1/2}(\Gamma)$ führt auf die Randintegralgleichung

$$(Vw)(x) = g(x) \quad \text{für } x \in \Gamma. \tag{7.12}$$

Diese unterscheidet sich offensichtlich nur in der Definition der rechten Seite von der beim direkten Zugang gewonnenen Randintegralgleichung (7.8). Wie dort folgt somit die eindeutige Lösbarkeit der Randintegralgleichung (7.12).

Der Doppelschichtpotentialsatz (7.5) führt unter Beachtung der Sprungbedingung (6.14) auf die Randintegralgleichung

$$[1-\sigma(x)]v(x) - (Kv)(x) = g(x) \quad \text{für } x \in \Gamma \tag{7.13}$$

zur Bestimmung der Dichtefunktion $v \in H^{1/2}(\Gamma)$. Diese kann wiederum durch eine **Neumannsche Reihe** bestimmt werden,

$$v(x) = \sum_{\ell=0}^{\infty} (\sigma I + K)^\ell g(x) \quad \text{für } x \in \Gamma. \tag{7.14}$$

Die Konvergenz der Reihe (7.14) in $H^{1/2}(\Gamma)$ folgt nun aus der Kontraktionseigenschaft (6.51) von $\sigma I + K$ in der durch das inverse Einfachschichtpotential induzierten Norm $\|\cdot\|_{V^{-1}}$.

Die Formulierung der Randintegralgleichung (7.13) in $H^{1/2}(\Gamma)$ führt wegen

$$0 = \|[1-\sigma]v - Kv - g\|_{H^{1/2}(\Gamma)} = \sup_{0\neq\tau\in H^{-1/2}(\Gamma)} \frac{\langle[1-\sigma]v - Kv - g, \tau\rangle_\Gamma}{\|\tau\|_{H^{-1/2}(\Gamma)}}$$

auf das folgende Variationsproblem, wobei $\sigma(x) = \frac{1}{2}$ für fast alle $x \in \Gamma$ berücksichtigt wird:
Gesucht ist $v \in H^{1/2}(\Gamma)$, so daß

$$\langle(\frac{1}{2}I - K)v, \tau\rangle_\Gamma = \langle g, \tau\rangle_\Gamma \tag{7.15}$$

für alle $\tau \in H^{-1/2}(\Gamma)$ erfüllt ist.

Lemma 7.1 *Es gilt die Stabilitätsbedingung*

$$c_S \|v\|_{H^{1/2}(\Gamma)} \leq \sup_{0\neq\tau\in H^{-1/2}(\Gamma)} \frac{\langle(\frac{1}{2}I - K)v, \tau\rangle_\Gamma}{\|\tau\|_{H^{-1/2}(\Gamma)}} \quad \textit{für alle } v \in H^{1/2}(\Gamma)$$

mit einer positiven Konstanten $c_S > 0$.

Beweis: Sei $v \in H^{1/2}(\Gamma)$ beliebig aber fest gewählt. Für $\tau_v := V^{-1}v \in H^{-1/2}(\Gamma)$ gilt dann

$$\|\tau_v\|_{H^{-1/2}(\Gamma)} = \|V^{-1}v\|_{H^{-1/2}(\Gamma)} \leq \frac{1}{c_1^V} \|v\|_{H^{1/2}(\Gamma)}.$$

Mit der Kontraktionsabschätzung (6.51) und den Abbildungseigenschaften des Einfachschichtpotentials V folgt

$$\begin{aligned}
\langle(\frac{1}{2}I - K)v, \tau_v\rangle_\Gamma &= \langle(\frac{1}{2}I - K)v, V^{-1}v\rangle_\Gamma \\
&= \langle V^{-1}v, v\rangle_\Gamma - \langle V^{-1}(\frac{1}{2}I + K)v, v, \rangle_\Gamma \\
&\geq \|v\|_{V^{-1}}^2 - \|(\frac{1}{2}I + K)v\|_{V^{-1}} \|v\|_{V^{-1}} \\
&\geq (1 - c_K) \|v\|_{V^{-1}}^2 \\
&= (1 - c_K) \langle V^{-1}v, v\rangle_{L_2(\Gamma)} \\
&\geq (1 - c_K) \frac{1}{c_2^V} \|v\|_{H^{-1/2}(\Gamma)}^2 \\
&\geq (1 - c_K) \frac{c_1^V}{c_2^V} \|v\|_{H^{1/2}(\Gamma)} \|\tau_v\|_{H^{-1/2}(\Gamma)}.
\end{aligned}$$

Daraus ergibt sich sofort die Gültigkeit der behaupteten Stabilitätsbedingung. ■

Damit folgt die eindeutige Lösbarkeit des Variationsproblems (7.15) durch Anwendung von Satz 3.4.

Bemerkung 7.1 *Für die Lösung des Dirichlet–Randwertproblems* (7.6) *wurden letztendlich vier verschiedene Randintegralgleichungen hergeleitet und deren eindeutige Lösbarkeit nachgewiesen. Abhängig von der jeweiligen Aufgabenstellung kann sich jeder dieser vier Zugänge als vorteilhaft herausstellen. Die in diesem Buch später beschriebenen numerischen Näherungsverfahren werden sich jedoch im wesentlichen auf die Randintegralgleichung* (7.8) *beziehen.*

7.2 Neumann–Randwertproblem

Für die Lösung des **Neumann–Randwertproblems**

$$(Lu)(x) = 0 \quad \text{für } x \in \Omega, \qquad \gamma_1^{\text{int}} u(x) = g(x) \quad \text{für } x \in \Gamma \tag{7.16}$$

ist zunächst die Lösbarkeitsbedingung (1.17) vorauszusetzen,

$$\int\limits_\Gamma g(x) ds_x = 0 . \tag{7.17}$$

Die Darstellungsformel (7.2) liefert

$$u(\tilde{x}) = \int\limits_\Gamma U^*(\tilde{x}, y) g(y) ds_y - \int\limits_\Gamma \gamma_1^{\text{int}} U^*(\tilde{x}, y) \gamma_0^{\text{int}} u(y) ds_y \quad \text{für } \tilde{x} \in \Omega. \tag{7.18}$$

Zu bestimmen ist das unbekannte Dirichlet–Datum $\gamma_0^{\text{int}} u(x)$ für $x \in \Gamma$. Aus der zweiten Gleichung des Systems (7.3) ergibt sich mit

$$(D\gamma_0^{\text{int}} u)(x) = (1 - \sigma(x)) g(x) - (K'g)(x) \quad \text{für } x \in \Gamma \tag{7.19}$$

eine **Fredholmsche Randintegralgleichung 1. Art**. Wegen (6.17) ist $u_0 \equiv 1$ Eigenlösung des hypersingulären Integraloperators, $(Du_0)(x) = 0$. Damit ist $\ker D = \text{span}\,\{u_0\}$, und für die Lösbarkeit der Randintegralgleichung (7.19) muß nach Satz 3.3 die Lösbarkeitsbedingung

$$(1 - \sigma) g - K'g \in \text{Im}(D) = (\ker D)^0$$

erfüllt sein, wobei $(\ker D)^0$ den durch $\ker D$ induzierten Orthogonalraum bezeichnet, vergleiche dazu (3.15). Wegen

$$\begin{aligned} \langle [1 - \sigma] g - K'g, u_0 \rangle_\Gamma &= \langle g, 1 \rangle_\Gamma - \langle (\sigma I + K') g, u_0 \rangle_\Gamma \\ &= \langle g, 1 \rangle_\Gamma - \langle g, (\sigma I + K) u_0 \rangle_\Gamma = 0 \end{aligned} \tag{7.20}$$

folgt dann die Lösbarkeit der Randintegralgleichung (7.19). Der hypersinguläre Randintegraloperator $D : H^{1/2}(\Gamma) \to H^{-1/2}(\Gamma)$ ist nach (6.16) beschränkt und nach Satz 6.7 $H_*^{1/2}(\Gamma)$–elliptisch. Nach dem Lemma von Lax–Milgram (Satz 3.2) existiert somit eine eindeutige Lösung $\gamma_0^{\text{int}}u \in H_*^{1/2}(\Gamma)$ der Randintegralgleichung (7.19). Die zu (7.19) äquivalente Variationsformulierung lautet dann:

Gesucht ist $\gamma_0^{\text{int}}u \in H_*^{1/2}(\Gamma)$, so daß

$$\langle D\gamma_0^{\text{int}}u, v\rangle_\Gamma = \langle(\frac{1}{2}I - K')g, v\rangle_\Gamma \quad \text{für alle } v \in H_*^{1/2}(\Gamma) \tag{7.21}$$

erfüllt ist.

Der Übergang von dem Variationsproblem (7.21) in einem Ansatzraum mit Nebenbedingungen zu einem Sattelpunktproblem liefert die folgende Variationsformulierung:

Gesucht sind $(\gamma_0^{\text{int}}u, \lambda) \in H^{1/2}(\Gamma) \times I\!\!R$, so daß

$$\begin{aligned} \langle D\gamma_0^{\text{int}}u, v\rangle_\Gamma + \lambda\,\langle v, w_{\text{eq}}\rangle_\Gamma &= \langle(\tfrac{1}{2}I - K')g, v\rangle_\Gamma \\ \langle \gamma_0^{\text{int}}u, w_{\text{eq}}\rangle_\Gamma &= 0 \end{aligned} \tag{7.22}$$

für alle $v \in H^{1/2}(\Gamma)$ erfüllt ist.

Einsetzen der Testfunktion $v = u_0 \in H^{1/2}(\Gamma)$ in die erste Gleichung des Sattelpunktproblems (7.22) ergibt wegen $Du_0 = 0$ und der Orthogonalität (7.20)

$$0 = \lambda\,\langle 1, w_{\text{eq}}\rangle_\Gamma = \lambda\,\langle 1, V^{-1}1\rangle_\Gamma$$

und somit $\lambda = 0$ wegen der Elliptizität des inversen Einfachschichtpotentials V^{-1}. Das Sattelpunktproblem (7.22) ist folglich äquivalent zu:

Gesucht sind $(\gamma_0^{\text{int}}u, \lambda) \in H^{1/2}(\Gamma) \times I\!\!R$, so daß

$$\begin{aligned} \langle D\gamma_0^{\text{int}}u, v\rangle_\Gamma &+ \lambda\,\langle v, w_{\text{eq}}\rangle_\Gamma &= \langle(\tfrac{1}{2}I - K')g, v\rangle_\Gamma \\ \langle \gamma_0^{\text{int}}u, w_{\text{eq}}\rangle_\Gamma &- \lambda/\alpha &= 0 \end{aligned} \tag{7.23}$$

für alle $v \in H^{1/2}(\Gamma)$ gilt. Dabei ist $\alpha \in I\!\!R_+$ ein noch zu wählender beliebiger Parameter.

Damit kann der Lagrange–Parameter $\lambda \in I\!\!R$ eliminiert werden, und man erhält schließlich eine modifizierte Variationsformulierung:

Gesucht ist $\gamma_0^{\text{int}}u \in H^{1/2}(\Gamma)$, so daß

$$\langle D\gamma_0^{\text{int}}u, v\rangle_\Gamma + \alpha\,\langle \gamma_0^{\text{int}}u, w_{\text{eq}}\rangle_\Gamma \langle v, w_{\text{eq}}\rangle_\Gamma = \langle(\frac{1}{2}I - K')g, v\rangle_\Gamma \tag{7.24}$$

für alle $v \in H^{1/2}(\Gamma)$ erfüllt ist.

Der durch die Bilinearform

$$\langle \widetilde{D}w, v\rangle_\Gamma := \langle Dw, v\rangle_\Gamma + \alpha\,\langle w, w_{\text{eq}}\rangle_\Gamma \langle v, w_{\text{eq}}\rangle_\Gamma$$

erklärte modifizierte hypersinguläre Integraloperator $\widetilde{D} : H^{1/2}(\Gamma) \to H^{-1/2}(\Gamma)$ ist beschränkt und wegen

$$\begin{aligned}
\langle \widetilde{D}v, v\rangle_\Gamma &= \langle Dv, v\rangle_\Gamma + \alpha\,[\langle v, w_{\rm eq}\rangle_\Gamma]^2 \\
&\geq \bar{c}_1^D\,|v|^2_{H^{1/2}(\Gamma)} + \alpha\,[\langle v, w_{\rm eq}\rangle_\Gamma]^2 \\
&\geq \min\{\bar{c}_1^D, \alpha\}\,\left\{|v|^2_{H^{1/2}(\Gamma)} + [\langle v, w_{\rm eq}\rangle_\Gamma]^2\right\} \\
&= \min\{\bar{c}_1^D, \alpha\}\,\|v\|^2_{H_*^{1/2}(\Gamma)} \;\geq\; \hat{c}_1^D\,\|v\|^2_{H^{1/2}(\Gamma)}
\end{aligned}$$

für alle $v \in H^{1/2}(\Gamma)$ auch $H^{1/2}(\Gamma)$–elliptisch. Damit folgt neben der Wahl des Parameters $\alpha \in \mathbb{R}_+$ auch die eindeutige Lösbarkeit des modifizierten Variationsproblems (7.24) in $H^{1/2}(\Gamma)$ für eine beliebige rechte Seite und somit beliebig gegebenes $g \in H^{-1/2}(\Gamma)$. Erfüllt das gegebene Neumann–Datum g jedoch die Lösbarkeitsbedingung (7.17), so folgt durch Einsetzen der Testfunktion $v = u_0 \equiv 1$ in das Variationsproblem (7.24)

$$\alpha\,\langle\gamma_0^{\rm int}u, w_{\rm eq}\rangle_\Gamma\langle 1, w_{\rm eq}\rangle_\Gamma = 0, \qquad \langle 1, w_{\rm eq}\rangle_\Gamma = \langle 1, V^{-1}1\rangle_\Gamma > 0$$

und somit $\gamma_0^{\rm int}u \in H_*^{1/2}(\Gamma)$. Damit ist das modifizierte Variationsproblem (7.24) äquivalent zur ursprünglichen Variationsformulierung (7.21).

Da der hypersinguläre Integraloperator D nach (6.38) auch $H_{**}^{1/2}(\Gamma)$–elliptisch ist, existiert auch eine eindeutig bestimmte Lösung $\gamma_0^{\rm int}u \in H_{**}^{1/2}(\Gamma)$ der Randintegralgleichung (7.19). Ein zum obigen Fall analoges Vorgehen führt dann zu dem in $H^{1/2}(\Gamma)$ eindeutig lösbaren Variationsproblem:
Gesucht ist $\gamma_0^{\rm int}u \in H^{1/2}(\Gamma)$, so daß

$$\langle D\gamma_0^{\rm int}u, v\rangle_\Gamma + \bar{\alpha}\langle\gamma_0^{\rm int}u, 1\rangle_\Gamma\langle v, 1\rangle_\Gamma = \langle(\frac{1}{2}I - K')g, v\rangle_\Gamma \tag{7.25}$$

für alle $v \in H^{1/2}(\Gamma)$ gilt. Dabei ist $\bar{\alpha} \in \mathbb{R}_+$ ein geeignet zu wählender Parameter.

Die Voraussetzung der Lösbarkeitsbedingung (7.17) führt hier zu $\gamma_0^{\rm int}u \in H_{**}^{1/2}(\Gamma)$. Der durch die Bilinearform

$$\langle\hat{D}w, v\rangle_\Gamma := \langle Dw, v\rangle_\Gamma + \bar{\alpha}\,\langle w, 1\rangle_\Gamma\langle v, 1\rangle_\Gamma \tag{7.26}$$

für alle $w, v \in H^{1/2}(\Gamma)$ erklärte modifizierte hypersinguläre Integraloperator $\hat{D} : H^{1/2}(\Gamma) \to H^{-1/2}(\Gamma)$ ist beschränkt und $H^{1/2}(\Gamma)$–elliptisch.

Der **indirekte** Doppelschichtpotentialansatz (7.5) führt auf die hypersinguläre Randintegralgleichung

$$(Dv)(x) = g(x) \quad \text{für } x \in \Gamma, \tag{7.27}$$

welche analog zur Randintegralgleichung (7.19) behandelt werden kann.

Wird beim **direkten** Zugang über die Darstellungsformel (7.18) die erste Gleichung des Systems (7.3) verwendet, so ergibt sich das unbekannte Dirichlet–Datum als Lösung der Randintegralgleichung

$$(\sigma I + K)\gamma_0^{\text{int}} u(x) = (Vg)(x) \quad \text{für } x \in \Gamma. \tag{7.28}$$

Die Lösung der Randintegralgleichung (7.28) kann wiederum mittels einer **Neumannschen Reihe** bestimmt werden,

$$\gamma_0^{\text{int}} u(x) = \sum_{\ell=0}^{\infty} ([1-\sigma]I - K)^\ell (Vg)(x) \quad \text{für } x \in \Gamma. \tag{7.29}$$

Die Konvergenz der Reihe (7.29) folgt aus der Kontraktionseigenschaft (6.52) von $([1-\sigma]I - K)$ in $H_*^{1/2}(\Gamma)$ bezüglich der durch das inverse Einfachschichtpotential induzierten Norm $\|\cdot\|_{V^{-1}}$. Die Variationsformulierung ist demnach in einem zum $H^{1/2}(\Gamma)$–Skalarprodukt äquivalenten inneren Produkt aufzustellen.

Zur Herleitung einer Variationsformulierung der Randintegralgleichung (7.28) ist zu berücksichtigen, daß diese im Sinne von $H^{1/2}(\Gamma)$ formuliert ist. Aufgrund der Eigenschaften des Einfachschichtpotentials $V : H^{-1/2}(\Gamma) \to H^{1/2}(\Gamma)$ definiert

$$\langle w, v\rangle_{V^{-1}} := \langle V^{-1}w, v\rangle_\Gamma \quad \text{für } w, v \in H^{1/2}(\Gamma)$$

ein solches inneres Produkt. Die Variationsformulierung von (7.28) bezüglich $\langle\cdot,\cdot\rangle_{V^{-1}}$ lautet dann:

Gesucht ist $\gamma_0^{\text{int}} u \in H_*^{1/2}(\Gamma)$, so daß

$$\langle(\sigma I + K)\gamma_0^{\text{int}} u, v\rangle_{V^{-1}} = \langle Vg, v\rangle_{V^{-1}} \tag{7.30}$$

für alle $v \in H_*^{1/2}(\Gamma)$ erfüllt ist.

Offensichtlich ist (7.30) äquivalent zur Bestimmung von $\gamma_0^{\text{int}} u \in H_*^{1/2}(\Gamma)$, so daß

$$\langle S\gamma_0^{\text{int}} u, v\rangle_\Gamma = \langle V^{-1}(\sigma I + K)\gamma_0^{\text{int}} u, v\rangle_\Gamma = \langle g, v\rangle_\Gamma \tag{7.31}$$

für alle $v \in H_*^{1/2}(\Gamma)$ gilt. Da der Steklov–Poincaré–Operator S über die gleichen Abbildungseigenschaften wie der hypersinguläre Integraloperator D verfügt, kann die eindeutige Lösbarkeit des Variationsproblems (7.31) analog zum Variationsproblem (7.21) untersucht werden.

Die Verwendung des **indirekten** Einfachschichtpotentialansatzes (7.4) führt schließlich zu der Randintegralgleichung

$$(\sigma I + K')w(x) = g(x) \quad \text{für } x \in \Gamma \tag{7.32}$$

zur Bestimmung der Dichtefunktion $w \in H^{-1/2}(\Gamma)$. Die Lösung der Randintegralgleichung (7.32) kann wiederum mittels einer **Neumannschen Reihe** bestimmt werden,

$$w(x) = \sum_{\ell=0}^{\infty}((1-\sigma)I - K')^{\ell} g(x) \quad \text{für } x \in \Gamma. \tag{7.33}$$

Die Konvergenz der Reihe (7.33) folgt aus der Kontraktionseigenschaft (6.55) von $((1-\sigma)I - K')$ in $H_*^{-1/2}(\Gamma)$ bezüglich der durch das Einfachschichtpotential induzierten Norm $\|\cdot\|_V$.

Bemerkung 7.2 *Für die Lösung des Neumann–Randwertproblems* (7.16) *wurden wiederum vier verschiedene Randintegralgleichungen hergeleitet und deren Lösbarkeit untersucht. Wie beim Dirichlet–Problem kann sich jeder dieser Zugänge in Abhängigkeit der Aufgabenstellung als vorteilhaft erweisen. Die später hier beschriebenen Näherungsverfahren werden sich aber im wesentlichen auf die modifizierte Variationsformulierung* (7.25) *beziehen.*

7.3 Gemischte Randbedingungen

Neben den klassischen Randwertproblemen (7.6) und (7.16) interessieren insbesondere **Randwertprobleme mit gemischten Randbedingungen**,

$$\begin{aligned} (Lu)(x) &= 0 && \text{für } x \in \Omega, \\ \gamma_0^{\text{int}} u(x) &= g_D(x) && \text{für } x \in \Gamma_D, \\ \gamma_1^{\text{int}} u(x) &= g_N(x) && \text{für } x \in \Gamma_N. \end{aligned} \tag{7.34}$$

Aus der Darstellungsformel (7.2) folgt

$$\begin{aligned} u(\tilde{x}) = & \int_{\Gamma_N} U^*(\tilde{x},y) g_N(y) ds_y + \int_{\Gamma_D} U^*(\tilde{x},y)\gamma_1^{\text{int}} u(y) ds_y \\ & - \int_{\Gamma_D} \gamma_1^{\text{int}} U^*(\tilde{x},y) g_D(y) ds_y - \int_{\Gamma_N} \gamma_1^{\text{int}} U^*(\tilde{x},y)\gamma_0^{\text{int}} u(y) ds_y, \quad \tilde{x} \in \Omega. \end{aligned} \tag{7.35}$$

Zu bestimmen sind das unbekannte Dirichlet–Datum $\gamma_0^{\text{int}} u(x)$ für $x \in \Gamma_N$ sowie das unbekannte Neumann–Datum $\gamma_1^{\text{int}} u(x)$ für $x \in \Gamma_D$. Ausgehend von den Betrachtungen sowohl für das Dirichlet– als auch das Neumann–Randwertproblem bietet sich für die Lösung des gemischten Randwertproblems (7.34) eine Vielzahl verschiedener Kombinationen von Randintegralgleichungen an. Hier soll sich auf zwei verschiedene Zugänge für den **direkten** Ansatz (7.35) beschränkt werden.

Die symmetrische Formulierung basiert auf der Verwendung der ersten Randintegralgleichung in (7.3) für $x \in \Gamma_D$ sowie der zweiten Randintegralgleichung in

(7.3) für $x \in \Gamma_N$,

$$\begin{aligned}(V\gamma_1^{\text{int}}u)(x) &= (\sigma I + K)\gamma_0^{\text{int}}u(x) && \text{für } x \in \Gamma_D,\\ (D\gamma_0^{\text{int}}u)(x) &= ((1-\sigma)I - K')\gamma_1^{\text{int}}u(x) && \text{für } x \in \Gamma_N.\end{aligned} \tag{7.36}$$

Seien $\widetilde{g}_D \in H^{1/2}(\Gamma)$ und $\widetilde{g}_N \in H^{-1/2}(\Gamma)$ geeignet gewählte Fortsetzungen der gegebenen Randdaten $g_D \in H^{1/2}(\Gamma_D)$ und $g_N \in H^{-1/2}(\Gamma_N)$ mit

$$\widetilde{g}_D(x) = g_D(x) \quad \text{für } x \in \Gamma_D, \qquad \widetilde{g}_N(x) = g_N(x) \quad \text{für } x \in \Gamma_N.$$

Einsetzen in das System (7.36) ergibt die **symmetrische Formulierung**, gesucht sind Funktionen

$$\widetilde{u} := \gamma_0^{\text{int}}u - \widetilde{g}_D \in \widetilde{H}^{1/2}(\Gamma_N), \quad \widetilde{t} := \gamma_1^{\text{int}}u - \widetilde{g}_N \in \widetilde{H}^{-1/2}(\Gamma_D)$$

mit

$$\begin{aligned}(V\widetilde{t})(x) - (K\widetilde{u})(x) &= (\sigma I + K)\widetilde{g}_D(x) - (V\widetilde{g}_N)(x) && \text{für } x \in \Gamma_D,\\ (D\widetilde{u})(x) + (K'\widetilde{t})(x) &= ((1-\sigma)I - K')\widetilde{g}_N(x) - (D\widetilde{g}_D)(x) && \text{für } x \in \Gamma_N.\end{aligned} \tag{7.37}$$

Die zugehörige Variationsformulierung lautet:
Gesucht sind $(\widetilde{t}, \widetilde{u}) \in \widetilde{H}^{-1/2}(\Gamma_D) \times \widetilde{H}^{1/2}(\Gamma_N)$ so daß

$$a(\widetilde{t}, \widetilde{u}; \tau, v) = F(\tau, v) \tag{7.38}$$

für alle $(\tau, v) \in \widetilde{H}^{-1/2}(\Gamma_D) \times \widetilde{H}^{1/2}(\Gamma_N)$ erfüllt ist.
Hierbei sind

$$\begin{aligned}a(\widetilde{t}, \widetilde{u}; \tau, v) &= \langle V\widetilde{t}, \tau\rangle_{\Gamma_D} - \langle K\widetilde{u}, \tau\rangle_{\Gamma_D} + \langle K'\widetilde{t}, v\rangle_{\Gamma_N} + \langle D\widetilde{u}, v\rangle_{\Gamma_N},\\ F(\tau, v) &= \langle(\frac{1}{2}I + K)\widetilde{g}_D - V\widetilde{g}_N, \tau\rangle_{\Gamma_D} + \langle(\frac{1}{2}I - K')\widetilde{g}_N - D\widetilde{g}_D, v\rangle_{\Gamma_N}.\end{aligned}$$

Lemma 7.2 *Die Bilinearform $a(\cdot;\cdot)$ ist beschränkt und $\widetilde{H}^{-1/2}(\Gamma_D) \times \widetilde{H}^{1/2}(\Gamma_N)$-elliptisch, d.h. es gilt*

$$a(t, u; \tau, v) \leq c_2^A \, \|(t, u)\|_{\widetilde{H}^{-1/2}(\Gamma_D)\times\widetilde{H}^{1/2}(\Gamma_N)} \|(\tau, v)\|_{\widetilde{H}^{-1/2}(\Gamma_D)\times\widetilde{H}^{1/2}(\Gamma_N)}$$

sowie

$$a(\tau, v; \tau, v) \geq \min\{c_1^V, \hat{c}_1^D\} \cdot \|(\tau, v)\|^2_{\widetilde{H}^{-1/2}(\Gamma_D)\times\widetilde{H}^{1/2}(\Gamma_N)}$$

für alle $(t, u), (\tau, v) \in \widetilde{H}^{-1/2}(\Gamma_D) \times \widetilde{H}^{1/2}(\Gamma_N)$ bezüglich der durch

$$\|(\tau, v)\|^2_{\widetilde{H}^{-1/2}(\Gamma_D)\times\widetilde{H}^{1/2}(\Gamma_N)} := \|\tau\|^2_{\widetilde{H}^{-1/2}(\Gamma_D)} + \|v\|^2_{\widetilde{H}^{1/2}(\Gamma_N)}$$

definierten Norm.

Beweis: Mit

$$\begin{aligned} a(\tau, v; \tau, v) &= \langle V\tau, \tau\rangle_{\Gamma_D} - \langle Kv, \tau\rangle_{\Gamma_D} + \langle K'\tau, v\rangle_{\Gamma_N} + \langle Dv, v\rangle_{\Gamma_N} \\ &= \langle V\tau, \tau\rangle_{\Gamma_D} + \langle Dv, v\rangle_{\Gamma_N} \\ &\geq c_1^V \,\|\tau\|^2_{\widetilde{H}^{-1/2}(\Gamma_D)} + \hat{c}_1^D \,\|v\|^2_{\widetilde{H}^{1/2}(\Gamma_N)} \end{aligned}$$

folgt die Elliptizität der Bilinearform $a(\cdot, \cdot; \cdot, \cdot)$ aus der Elliptizität der Randintegraloperatoren V und D, siehe Satz 6.5 für $d = 3$ bzw. Satz 6.6 für $d = 2$, sowie (6.39). Die Beschränktheit der Bilinearform $a(\cdot, \cdot; \cdot, \cdot)$ ergibt sich aus der Beschränktheit der einzelnen Randintegraloperatoren. ∎

Andererseits ist die Linearform $F(\tau, v)$ für $(\tau, v) \in \widetilde{H}^{-1/2}(\Gamma_D) \times \widetilde{H}^{1/2}(\Gamma_N)$ beschränkt, so daß die eindeutige Lösbarkeit der Variationsformulierung (7.38) aus dem Lemma von Lax–Milgram (Satz 3.2) folgt.

Ausgangspunkt für eine zweite Randintegralgleichung zur Lösung des gemischten Randwertproblems (7.34) ist die **Dirichlet–Neumann–Abbildung** (6.44). Gesucht ist $\gamma_0^{\text{int}} u \in H^{1/2}(\Gamma)$ mit

$$\begin{aligned} \gamma_0^{\text{int}} u(x) &= g_D(x) && \text{für } x \in \Gamma_D, \\ \gamma_1^{\text{int}} u(x) = (S\gamma_0^{\text{int}} u)(x) &= g_N(x) && \text{für } x \in \Gamma_N. \end{aligned}$$

Sei $\widetilde{g}_D \in H^{1/2}(\Gamma)$ wieder eine beliebige aber feste Fortsetzung der gegebenen Dirichlet–Daten $g_D \in H^{1/2}(\Gamma_D)$. Zu bestimmen bleibt $\widetilde{u} := \gamma_0^{\text{int}} u - \widetilde{g}_D \in \widetilde{H}^{1/2}(\Gamma_N)$, so daß

$$\langle S\widetilde{u}, v\rangle_{\Gamma_N} = \langle g_N - S\widetilde{g}_D, v\rangle_{\Gamma_N} \tag{7.39}$$

für alle $v \in \widetilde{H}^{1/2}(\Gamma_N)$ erfüllt ist. Mit der $\widetilde{H}^{1/2}(\Gamma_N)$–Elliptizität (6.48) des Steklov–Poincaré–Operators $S : H^{1/2}(\Gamma) \to H^{-1/2}(\Gamma)$ folgt die eindeutige Lösbarkeit des Variationsproblems (7.39) aus dem Lemma von Lax–Milgram (Satz 3.2). Ist das Dirichlet–Datum $\gamma_0^{\text{int}} u \in H^{-1/2}(\Gamma)$ bekannt, kann durch die Lösung eines Dirichlet–Randwertproblems das zugehörige Neumann–Datum $\gamma_1^{\text{int}} u \in H^{-1/2}(\Gamma)$ bestimmt werden.

7.4 Robin–Randbedingungen

Abschließend wird das **Robin–Randwertproblem**

$$(Lu)(x) = 0 \quad \text{für } x \in \Omega, \quad \gamma_1^{\text{int}} u(x) + \kappa(x)\gamma_0^{\text{int}} u(x) = g(x) \quad \text{für } x \in \Gamma$$

betrachtet. Zur Herleitung einer Randintegralgleichung für die Bestimmung des Dirichlet–Datums $\gamma_0^{\text{int}} u \in H^{1/2}(\Gamma)$ kann wieder die Dirichlet–Neumann–Abbildung (6.44) verwendet werden,

$$\gamma_1^{\text{int}} u(x) = (S\gamma_0^{\text{int}} u)(x) = g(x) - \kappa(x)\gamma_0^{\text{int}} u(x) \quad \text{für } x \in \Gamma.$$

Die zugehörige Variationsformulierung lautet:
Gesucht ist $\gamma_0^{\rm int} u \in H^{1/2}(\Gamma)$ so daß

$$\langle S\gamma_0^{\rm int}u, v\rangle_\Gamma + \langle \kappa\gamma_0^{\rm int}u, v\rangle_\Gamma = \langle g, v\rangle_\Gamma \tag{7.40}$$

für alle $v \in H^{1/2}(\Gamma)$ erfüllt ist.
Mit (6.45) und der $H^{1/2}(\Gamma)$–Semi–Elliptizität des hypersingulären Integraloperators D sowie der Voraussetzung $\kappa(x) \geq \kappa_0$ für $x \in \Gamma$ folgt

$$\begin{aligned} a(v,v) &:= \langle Sv, v\rangle_\Gamma + \langle \kappa v, v\rangle_\Gamma \\ &\geq \bar{c}_1^D\, |v|^2_{H^{1/2}(\Gamma)} + \kappa_0\, \|v\|^2_\Gamma = \min\{\bar{c}_1^D, \kappa_0\}\, \|v\|^2_{H^{1/2}(\Gamma)} \end{aligned}$$

und somit die $H^{1/2}(\Gamma)$–Elliptizität der Bilinearform $a(\cdot,\cdot)$. Damit ergibt sich die eindeutige Lösbarkeit des Variationsproblems (7.40) wiederum aus dem Lemma von Lax–Milgram (Satz 3.2).

7.5 Randwertprobleme im Außenraum

Ein Vorteil von Randintegralgleichungen liegt in der Behandlung von Randwertproblemen im Außenraum $\Omega^c := I\!R^d \backslash \overline{\Omega}$, da hier die Fernfeld–Randbedingungen explizit in die Formulierung der zugehörigen Randintegralgleichungen einfließen. Als Modellproblem diene das äußere Dirichlet–Randwertproblem für den Laplace–Operator,

$$-\Delta u(x) = 0 \quad \text{für } x \in \Omega, \quad \gamma_0^{\rm ext}u(x) = g(x) \quad \text{für } x \in \Gamma \tag{7.41}$$

mit der **Abklingbedingung** für einen vorgegebenen Wert $u_0 \in I\!R$

$$|u(x) - u_0| = \mathcal{O}\left(\frac{1}{|x|}\right) \quad \text{für } |x| \to \infty. \tag{7.42}$$

Zunächst wird die erste Greensche Formel für das Außenraumproblem hergeleitet. Für $y_0 \in \Omega$ und $R \geq 2\,\mathrm{diam}(\Omega)$ sei $B_R(y_0)$ eine Kugel um y_0, welche Ω enthält. Dann lautet die Darstellungsformel (6.1) für $x \in B_R(y_0)\backslash\overline{\Omega}$

$$\begin{aligned} u(x) &= -\int_\Gamma U^*(x,y)\gamma_1^{\rm ext}u(y)ds_y + \int_\Gamma \gamma_1^{\rm ext}U^*(x,y)\gamma_0^{\rm ext}u(y)ds_y \\ &\quad + \int_{\partial B_R(y_0)} U^*(x,y)\gamma_1^{\rm int}u(y)ds_y - \int_{\partial B_R(y_0)} \gamma_{1,y}^{\rm int}U^*(x,y)\gamma_0^{\rm int}u(y)ds_y. \end{aligned}$$

Einsetzen der Abklingbedingung (7.42) und Grenzübergang $R \to \infty$ führt auf die Darstellungsformel

$$u(x) = u_0 - \int_\Gamma U^*(x,y)\gamma_1^{\rm ext}u(y)ds_y + \int_\Gamma \gamma_1^{\rm ext}U^*(x,y)\gamma_0^{\rm ext}u(y)ds_y$$

für $x \in \Omega^c$. Zur Bestimmung der unbekannten Cauchy–Daten sind nun wieder entsprechende Randintegralgleichungen abzuleiten. Die Anwendung des äußeren Spuroperators ergibt

$$\gamma_0^{\text{ext}} u(x) = u_0 - (V\gamma_1^{\text{ext}} u)(x) + \sigma(x)\gamma_0^{\text{ext}} u(x) + (K\gamma_0^{\text{ext}} u)(x) \quad \text{für } x \in \Gamma,$$

während die Bildung der äußeren Konormalenableitung

$$\gamma_1^{\text{ext}} u(x) = [1-\sigma(x)]\gamma_1^{\text{ext}} u(x) - (K'\gamma_1^{\text{ext}} u)(x) - (D\gamma_0^{\text{ext}} u)(x) \quad \text{für } x \in \Gamma$$

ergibt. Dies liefert analog zu (6.22) ein System von Randintegralgleichungen,

$$\begin{pmatrix} \gamma_0^{\text{ext}} u \\ \gamma_1^{\text{ext}} u \end{pmatrix} = \begin{pmatrix} \sigma I + K & -V \\ -D & [1-\sigma]I - K' \end{pmatrix} \begin{pmatrix} \gamma_0^{\text{ext}} u \\ \gamma_1^{\text{ext}} u \end{pmatrix} + \begin{pmatrix} u_0 \\ 0 \end{pmatrix}.$$

Ausgehend von diesem System lassen sich nun wie im Fall der inneren Randwertprobleme verschiedene Randintegralgleichungen für unterschiedliche Randwertprobleme zur Bestimmung der unbekannten Cauchy–Daten ableiten. Insbesondere für das äußere Dirichlet–Randwertproblem (7.41) und (7.42) kann das unbekannte Neumann–Datum $\gamma_1^{\text{ext}} u \in H^{-1/2}(\Gamma)$ als Lösung der Randintegralgleichung

$$(V\gamma_1^{\text{ext}} u)(x) = -[1-\sigma(x)]g_D(x) + (Kg_D)(x) + u_0 \quad \text{für } x \in \Gamma \tag{7.43}$$

bestimmt werden. Aus der $H^{-1/2}(\Gamma)$–Elliptizität von $V : H^{-1/2}(\Gamma) \to H^{1/2}(\Gamma)$ folgt wie beim inneren Dirichlet–Problem die eindeutige Lösbarkeit der Randintegralgleichung (7.43).

Kapitel 8

Näherungsmethoden für Variationsprobleme

Für die in Kapitel 3 beschriebenen Variationsmethoden zur Lösung von Operatorgleichungen werden nun Näherungsverfahren hergeleitet und analysiert. Dabei werden die kontinuierlichen Ansatz- und Testräume durch Familien endlichdimensionaler Räume ersetzt. Dies führt auf lineare Gleichungssysteme, deren Lösung die zugehörige Näherungslösung des Variationsproblems definiert.

8.1 Galerkin–Bubnov–Verfahren

Für einen beschränkten und X–elliptischen Operator $A : X \to X'$ mit

$$\langle Av, v\rangle \geq c_1^A \, \|v\|_X^2, \quad \|Av\|_{X'} \leq c_2^A \, \|v\|_X \quad \text{für alle } v \in X$$

und gegebenes $f \in X'$ ist $u \in X$ als Lösung der Variationsformulierung (3.4),

$$\langle Au, v\rangle = \langle f, v\rangle \quad \text{für alle } v \in X, \tag{8.1}$$

zu bestimmen. Nach dem Lemma von Lax–Milgram (Satz 3.2) besitzt das Variationsproblem (8.1) eine eindeutig bestimmte Lösung $u \in X$ mit

$$\|u\|_X \leq \frac{1}{c_1^A} \|f\|_{X'}.$$

Für $M \in I\!N$ sei mit

$$X_M := \operatorname{span}\{\varphi_k\}_{k=1}^M \subset X$$

eine **Familie** von **konformen Ansatzräumen** bezeichnet. Durch den **Ansatz**

$$u_M := \sum_{k=1}^M u_k \varphi_k \in X_M \tag{8.2}$$

kann eine Näherungslösung des Variationsproblems (8.1) als Lösung der **Galerkin–Bubnov–Variationsformulierung**

$$\langle Au_M, v_M\rangle = \langle f, v_M\rangle \quad \text{für alle } v_M \in X_M \tag{8.3}$$

erklärt werden, wobei beim Galerkin–Bubnov–Verfahren die gleichen Ansatz- und Testräume verwendet werden. Zu untersuchen bleibt die **eindeutige Lösbarbeit** der Variationsformulierung (8.3), die **Stabilität** der Näherungslösungen $u_M \in X_M$ sowie deren **Konvergenz** für $M \to \infty$ gegen die eindeutige Lösung $u \in X$ der Variationsformulierung (8.1). Wegen $X_M \subset X$ kann in (8.1) auch $v = v_M \in X_M$ gewählt werden. Dann ergibt die Differenz der Galerkin-Bubnov–Variationsformulierung (8.3) von der kontinuierlichen Variationsformulierung (8.1) die **Galerkin–Orthogonalität**

$$\langle A(u - u_M), v_M\rangle = 0 \quad \text{für alle } v_M \in X_M. \tag{8.4}$$

Einsetzen des Ansatzes (8.2) in die Galerkin–Bubnov–Variationsformulierung (8.3) ergibt wegen der Linearität des Operators A und der Darstellung des Ansatz- und Testraumes X_M das endlichdimensionale Variationsproblem

$$\sum_{k=1}^{M} u_k \langle A\varphi_k, \varphi_\ell\rangle = \langle f, \varphi_\ell\rangle \quad \text{für alle } \ell = 1, \ldots, M.$$

Mit

$$A_M[\ell, k] := \langle A\varphi_k, \varphi_\ell\rangle, \quad f_\ell := \langle f, \varphi_\ell\rangle$$

für $k, \ell = 1, \ldots, M$ ist dies äquivalent zur Lösung des linearen Gleichungssystems

$$A_M \underline{u} = \underline{f} \tag{8.5}$$

zur Bestimmung des Koeffizientenvektors $\underline{u} \in I\!R^M$. Einem beliebigen Vektor $\underline{v} \in I\!R^M$ kann durch

$$v_M = \sum_{k=1}^{M} v_k \varphi_k \in V_M$$

umkehrbar eindeutig eine Funktion zugeordnet werden. Für beliebige Vektoren $\underline{u}, \underline{v} \in I\!R^M$ gilt dann

$$\begin{aligned}(A_M \underline{u}, \underline{v}) &= \sum_{k=1}^{M}\sum_{\ell=1}^{M} A[\ell, k] u_k v_\ell = \sum_{k=1}^{M}\sum_{\ell=1}^{M} \langle A\varphi_k, \varphi_\ell\rangle u_k v_\ell \\ &= \langle A \sum_{k=1}^{M} u_k \varphi_k, \sum_{\ell=1}^{M} v_\ell \varphi_\ell\rangle = \langle Au_M, v_M\rangle.\end{aligned}$$

Damit werden die Eigenschaften des Operators $A : X \to X'$ auf die Matrix $A_M \in I\!R^{M \times M}$ übertragen. Aus der Selbstadjungiertheit des Operators A folgt die

Symmetrie der Matrix A_M. Aus der X–Elliptizität des Operators A ergibt sich wegen

$$(A_M \underline{v}, \underline{v}) = \langle A v_M, v_M \rangle \geq c_1^A \, \|\underline{v}\|_X^2$$

für alle $\underline{v} \in I\!R^M \leftrightarrow v_M \in X_M$ die positive Definitheit der Matrix A_M. Damit folgt aus der X–Elliptizität des Operators A neben der Lösbarkeit des kontinuierlichen Variationsproblems (8.1) auch die eindeutige Lösbarkeit des zur Galerkin–Bubnov–Variationsformulierung (8.3) äquivalenten linearen Gleichungssystems (8.5).

Satz 8.1 (Cea's Lemma) *Sei $A : X \to X'$ beschränkt und X-elliptisch. Für die eindeutige Lösung $u_M \in X_M$ der Variationsformulierung* (8.3) *gilt die* **Stabilitätsabschätzung**

$$\|u_M\|_X \leq \frac{1}{c_1^A} \, \|f\|_{X'}, \tag{8.6}$$

sowie die **Fehlerabschätzung**

$$\|u - u_M\|_X \leq \frac{c_2^A}{c_1^A} \inf_{v_M \in V_M} \|u - v_M\|_X. \tag{8.7}$$

Beweis: Die eindeutige Lösbarkeit ist bereits bei der Herleitung des endlich-dimensionalen Variationsproblems besprochen worden.
Für die Näherungslösung $u_M \in X_M$ von (8.3) folgt aus der X–Elliptizität von A

$$c_1^A \, \|u_M\|_X^2 \leq \langle A u_M, u_M \rangle = \langle f, u_M \rangle \leq \|f\|_{X'} \|u_M\|_X$$

und somit die Stabilitätsabschätzung (8.6). Für beliebiges $v_M \in V_M$ ergibt sich aus der X–Elliptizität und Beschränktheit von A unter Benutzung der Galerkin–Orthogonalität (8.4)

$$\begin{aligned}
c_1^A \, \|u - u_M\|_X^2 &\leq \langle A(u - u_M), u - u_M \rangle \\
&= \langle A(u - u_M), u - v_M \rangle + \langle A(u - u_h), v_M - u_M \rangle \\
&= \langle A(u - u_M), u - v_M \rangle \\
&\leq c_2^A \, \|u - u_M\|_X \|u - v_h\|_X
\end{aligned}$$

und damit (8.7). ∎

Die Konvergenz der Näherungslösung $u_M \to u \in X$ für $M \to \infty$ ergibt sich somit aus der **Approximationseigenschaft** des Ansatzraumes X_M,

$$\lim_{M \to \infty} \sup_{v \in X} \inf_{v_M \in X_M} \|v - v_M\|_X = 0. \tag{8.8}$$

Die Familie von konformen Ansatzräumen $\{X_M\}_{M \in I\!N} \subset X$ muß also so konstruiert werden, daß die Approximationseigenschaft (8.8) nachgewiesen werden kann. In Kapitel 9 bzw. in Kapitel 10 werden für finite Elemente bzw. für Randelemente lokal polynomiale Ansatzräume konstruiert und unter zusätzlichen Regularitätsvoraussetzungen entsprechende Approximationseigenschaften bewiesen.

8.2 Approximation der Linearform

In verschiedenen Anwendungen gilt für $f \in X'$ die Darstellung $f = Bg$ mit einem gegebenen $g \in Y$ und einem beschränkten Operator $B : Y \to X'$ mit

$$\|Bg\|_{X'} \leq c_2^B \, \|g\|_Y \quad \text{für alle } g \in Y.$$

Gesucht ist also $u \in X$ als Lösung der Variationsformulierung

$$\langle Au, v\rangle = \langle Bg, v\rangle \quad \text{für alle } v \in X. \tag{8.9}$$

Die Näherungslösung $u_M \in X_M$ ergibt sich wie in (8.3) als eindeutige Lösung der Variationsformulierung

$$\langle Au_M, v_M\rangle = \langle Bg, v_M\rangle \quad \text{für alle } v_M \in X_M. \tag{8.10}$$

Das Aufstellen des linearen Gleichungssystems (8.5) erfordert bei der Berechnung von

$$f_\ell = \langle Bg, \varphi_\ell\rangle = \langle g, B'\varphi_\ell\rangle \quad \text{für } \ell = 1, \ldots, M$$

die Auswertung des Operators $B : Y \to X'$ bzw. des adjungierten Operators $B' : X \to Y'$. Im folgenden soll die gegebene Funktion g durch eine Approximation

$$g_N = \sum_{i=1}^{N} g_i \psi_i \in Y_N = \text{span}\{\psi_i\}_{i=1}^N \subset Y$$

ersetzt werden. Zu bestimmen ist dann die Lösung $\tilde{u}_M \in X_M$ des **gestörten** Variationsproblems

$$\langle A\tilde{u}_M, v_M\rangle = \langle Bg_N, v_M\rangle \quad \text{für alle } v_M \in X_M. \tag{8.11}$$

Dies ist äquivalent zu dem linearen Gleichungssystem

$$A_M \underline{\tilde{u}} = B_N \underline{g} \tag{8.12}$$

mit

$$A_M[\ell, k] = \langle A\varphi_k, \varphi_\ell\rangle, \quad B_N[\ell, i] = \langle B\psi_i, \varphi_\ell\rangle$$

für $i = 1, \ldots, N$ und $k, \ell = 1, \ldots, M$ sowie dem Vektor $\underline{g}$ der Zerlegungskoeffizienten von g_N. Die Matrix B_N kann dabei unabhängig von der konkret gegebenen Funktion g bzw. ihrer Approximation g_N aufgestellt werden. Aus der X–Elliptizität des Operators A folgt wieder die positive Definitheit der Matrix A_M und somit die eindeutige Lösbarkeit des linearen Gleichungssystems (8.12) bzw. des dazu äquivalenten Variationsproblems (8.11). Zu berücksichtigen bleibt der Fehler, der durch die Approximation der gegeben Linearform gemacht wird.

Satz 8.2 (Strang–Lemma) *Sei $A : X \to X'$ beschränkt und X-elliptisch. Sei $u \in X$ Lösung der kontinuierlichen Variationsformulierung* (8.9), *$u_M \in X_M$ Lösung der Galerkin–Variationsformulierung* (8.10) *sowie $\widetilde{u}_M \in X_M$ die eindeutig bestimmte Lösung des gestörten Variationsproblems* (8.11). *Dann gilt die Fehlerabschätzung*

$$\|u - \widetilde{u}_M\|_X \le \frac{1}{c_1^A} \left\{ c_2^A \inf_{v_M \in X_M} \|u - v_M\|_X + c_2^B \|g - g_N\|_Y \right\}.$$

Beweis: Subtraktion des gestörten Variationsproblems (8.11) von der Galerkin–Variationsformulierung (8.10) ergibt

$$\langle A(u_M - \widetilde{u}_M), v_M \rangle = \langle B(g - g_N), v_M \rangle \quad \text{für alle } v_M \in X_M.$$

Speziell mit der Testfunktion $v_M := u_M - \widetilde{u}_M \in X_M$ folgt aus der X–Elliptizität von A und der Beschränktheit von B,

$$\begin{aligned} c_1^A \|u_M - \widetilde{u}_M\|_X^2 &\le \langle A(u_M - \widetilde{u}_M), u_M - \widetilde{u}_M \rangle \\ &= \langle B(g - g_N), u_M - \widetilde{u}_M \rangle \\ &\le \|B(g - g_N)\|_{X'} \|u_M - \widetilde{u}_M\|_X \\ &\le c_2^B \|g - g_N\|_Y \|u_M - \widetilde{u}_M\|_X, \end{aligned}$$

und somit die Abschätzung

$$\|u_M - \widetilde{u}_M\|_X \le \frac{c_2^B}{c_1^A} \|g - g_N\|_Y .$$

Damit folgt die Behauptung aus der Dreiecksungleichung

$$\|u - \widetilde{u}_M\|_X \le \|u - u_M\|_X + \|u_h - \widetilde{u}_M\|_X$$

und der Anwendung von Satz 8.1 (Cea's Lemma). ∎

8.3 Approximation des Operators

Neben der Approximation der gegebenen Linearform wird häufig, zum Beispiel durch numerische Integration, auch eine Approximation des Operators verwendet. Anstelle der Galerkin–Bubnov–Variationsformulierung (8.3) wird also ein gestörtes Variationsproblem zur Bestimmung von $\widetilde{u}_M \in X_M$ betrachtet, so daß

$$\langle \widetilde{A}\widetilde{u}_M, v_M \rangle = \langle f, v_M \rangle \tag{8.13}$$

für alle $v_M \in X_M$ erfüllt ist. Hierbei sei $\widetilde{A} : X \to X'$ ein beschränkter Operator mit

$$\|\widetilde{A}v\|_{X'} \le \widetilde{c}_2^A \|v\|_X \quad \text{für alle } v \in X. \tag{8.14}$$

Durch Subtraktion der gestörten Variationsformulierung (8.13) von der Variationsgleichung (8.3) folgt

$$\langle Au_M - \widetilde{A}\widetilde{u}_M, v_M\rangle = 0 \quad \text{für alle } v_M \in X_M. \tag{8.15}$$

Für die eindeutige Lösbarkeit des gestörten Variationsproblems (8.13) muß die diskrete Stabilität des gestörten Operators vorausgesetzt werden. Dann folgt auch eine Fehlerabschätzung für die eindeutig bestimmte Lösung $\widetilde{u}_M \in X_M$ von (8.13).

Satz 8.3 (Strang–Lemma) *Der gestörte Operator $\widetilde{A}$ sei X_M-elliptisch, d.h. es gelte*

$$\langle \widetilde{A}v_M, v_M\rangle \geq \widetilde{c}_1^A \, \|v_M\|_X^2 \quad \textit{für alle } v_M \in V_M. \tag{8.16}$$

Dann ist das gestörte Variationsproblem (8.13) *eindeutig lösbar, und es gilt die Fehlerabschätzung*

$$\|u - \widetilde{u}_M\|_M \leq \left[1 + \frac{1}{\widetilde{c}_1^A}(c_2^A + \widetilde{c}_2^A)\right] \frac{c_2^A}{c_1^A} \inf_{v_M \in V_M} \|u - v_M\|_X + \frac{1}{\widetilde{c}_1^A} \, \|(A - \widetilde{A})u\|_{X'}. \tag{8.17}$$

Beweis: Die eindeutige Lösbarkeit von (8.13) folgt aus der X_M-Elliptizität des gestörten Operators $\widetilde{A}$ und der damit verbundenen positiven Definitheit der zugehörigen Galerkin–Matrix $\widetilde{A}_M$.
Sei $u_M \in X_M$ die eindeutige Lösung der Variationsformulierung (8.3). Aus der Voraussetzung der X_M-Elliptizität von $\widetilde{A}$ und der Orthogonalität (8.15) folgt

$$\begin{aligned}
\widetilde{c}_1^A \, \|u_M - \widetilde{u}_M\|_X^2 &\leq \langle \widetilde{A}(u_M - \widetilde{u}_M), u_M - \widetilde{u}_M\rangle \\
&= \langle (\widetilde{A} - A)u_M, u_M - \widetilde{u}_M\rangle \\
&\leq \|(\widetilde{A} - A)u_M\|_{X'} \|u_M - \widetilde{u}_M\|_X
\end{aligned}$$

und somit

$$\|u_M - \widetilde{u}_M\|_X \leq \frac{1}{\widetilde{c}_1^A} \, \|(A - \widetilde{A})u_M\|_{X^*}.$$

Aus der Beschränktheit der Operatoren A und $\widetilde{A}$ folgt

$$\begin{aligned}
\|(A - \widetilde{A})u_M\|_{X'} &\leq \|(A - \widetilde{A})u\|_{X'} + \|(A - \widetilde{A})(u - u_M)\|_{X'} \\
&\leq \|(A - \widetilde{A})u\|_{X'} + [c_2^A + \widetilde{c}_2^A] \, \|u - u_M\|_X.
\end{aligned}$$

Mit der Dreiecksungleichung ergibt sich

$$\begin{aligned}
\|u - \widetilde{u}_M\|_X &\leq \|u - u_M\|_X + \|u_M - \widetilde{u}_M\|_X \\
&\leq \|u - u_M\|_X + \frac{1}{\widetilde{c}_1^A} \, \|(A - \widetilde{A})u_M\|_{X'} \\
&\leq \|u - u_M\|_X + \frac{1}{\widetilde{c}_1^A} \, \|(A - \widetilde{A})u\|_{X'} + \frac{1}{\widetilde{c}_1^A}[c_2^A + \widetilde{c}_2^A] \, \|u - u_M\|_X
\end{aligned}$$

und damit die Behauptung aus Satz 8.1 (Cea's Lemma). ∎

8.4 Galerkin–Petrov–Verfahren

Sei $B : X \to \Pi'$ ein beschränkter Operator, und es gelte die Stabilitätsbedingung

$$c_S \, \|v\|_X \le \sup_{0 \neq q \in \Pi} \frac{\langle Bv, q\rangle}{\|q\|_\Pi} \quad \text{für alle } v \in (\ker B)^\perp. \tag{8.18}$$

Für $g \in \mathrm{Im}_X(B)$ besitzt die Operatorgleichung $Bu = g$ nach Satz 3.4 eine eindeutige Lösung $u \in (\ker B)^\perp$ mit

$$\langle Bu, q\rangle = \langle g, q\rangle \quad \text{für alle } q \in \Pi.$$

Für $M \in \mathbb{N}$ seien mit

$$X_M = \mathrm{span}\{\varphi_k\}_{k=1}^M \subset (\ker B)^\perp, \quad \Pi_M = \mathrm{span}\{\psi_k\}_{k=1}^M \subset \Pi$$

zwei Familien konformer Ansatzräume gegeben. Mit dem Ansatz (8.2) kann eine Näherungslösung $u_M \in X_M$ definiert werden als Lösung der **Galerkin–Petrov–Variationsformulierung**

$$\langle Bu_M, q_M\rangle = \langle g, q_M\rangle \quad \text{für alle } q_M \in \Pi_M. \tag{8.19}$$

Im Gegensatz zur Galerkin–Bubnov–Formulierung (8.3) werden bei einem Galerkin–Petrov–Verfahren die Ansatz– und Testräume verschieden gewählt.
Aus $\Pi_M \subset \Pi$ folgt dann die **Galerkin–Orthogonalität**

$$\langle B(u - u_M), q_M\rangle = 0 \quad \text{für alle } q_M \in \Pi_M.$$

Äquivalent zur Variationsformulierung (8.19) ist das lineare Gleichungssystem $B_M \underline{u}_M = \underline{g}$ mit der durch

$$B_M[\ell, k] = \langle B\varphi_k, \psi_\ell\rangle$$

für $k, \ell = 1, \ldots, M$ erklärten Steifigkeitsmatrix B_M und dem durch

$$g_\ell = \langle g, \psi_\ell\rangle$$

für $\ell = 1, \ldots, M$ gegebenen Lastvektor. Wie im kontinuierlichen Fall ergibt sich die eindeutige Lösbarkeit des linearen Gleichungssystems aus der **diskreten Stabilitätsbedingung**

$$\widetilde{c}_S \, \|v_M\|_X \le \sup_{0 \neq q_M \in \Pi_M} \frac{\langle Bv_M, q_M\rangle}{\|q_M\|_\Pi} \quad \text{für alle } v_M \in X_M, \tag{8.20}$$

und es gilt die folgende Fehlerabschätzung.

Satz 8.4 *Seien $u \in (\ker B)^{\perp}$ die eindeutige Lösung von $Bu = g$ und $u_M \in X_M$ die eindeutige Lösung des Variationsproblems* (8.19). *Ferner gelte die diskrete Stabilitätsbedingung* (8.20). *Dann gilt die Fehlerabschätzung*

$$\|u - u_M\|_X \le \left(1 + \frac{c_2^B}{\widetilde{c}_B}\right) \inf_{v_M \in X_M} \|u - v_M\|_X .$$

Beweis: Für beliebiges $v \in (\ker B)^{\perp} \subset X$ existiert ein eindeutig bestimmtes $v_M = P_M v \in X_M$ als Lösung des Variationsproblems

$$\langle B v_M, q_M \rangle = \langle Bv, q_M \rangle \quad \text{für alle } q_M \in \Pi_M .$$

Für die Lösung $v_M \in X_M$ folgt aus der diskreten Stabilitätsbedingung

$$\widetilde{c}_S \|v_M\|_X \le \sup_{0 \ne q_M \in \Pi_M} \frac{\langle B v_M, q_M \rangle}{\|q_M\|_\Pi} = \sup_{0 \ne q_M \in \Pi_M} \frac{\langle Bv, q_M \rangle}{\|q_M\|_\Pi} \le c_2^B \|v\|_X .$$

Jedem $v \in (\ker B)^{\perp}$ wird also eindeutig ein $v_M = P_M v \in \Pi_M$ zugeordnet mit

$$\|P_M v\|_X \le \frac{c_2^B}{\widetilde{c}_S} \|v\|_X \quad \text{für alle } v \in (\ker B)^{\perp}.$$

Insbesondere gilt für die eindeutige Lösung $u_M \in X_M$ des Variationsproblems (8.19) $u_M = P_M u$. Andererseits gilt $v_M = P_M v_M$ für alle $v_M \in X_M$. Somit folgt für beliebiges $v_M \in X_M$

$$\begin{aligned} \|u - u_M\|_X &= \|u - v_M + v_M - u_M\|_X = \|u - v_M - P_M(u - v_M)\|_X \\ &\le \|u - v_M\|_X + \|P_M(u - v_M)\|_X \le \left(1 + \frac{c_2^B}{\widetilde{c}_S}\right) \|u - v_M\|_X \end{aligned}$$

und damit die Behauptung. ∎

Die Konvergenz der Näherungslösung $u_M \to u \in X$ für $M \to \infty$ ergibt sich damit wie beim Galerkin–Bubnov–Verfahren aus einer Approximationseigenschaft des Ansatzraumes X_M.

Zu klären bleibt die Gültigkeit der diskreten Stabilitätsbedingung (8.20). Ein hilfreiches Kriterium dafür ist das folgende Resultat [31].

Lemma 8.1 (Kriterium von Fortin) *Der Operator $B : X \to \Pi'$ sei beschränkt und es gelte die kontinuierliche Stabilitätsbedingung* (8.18).
Sei $R_M : \Pi \to \Pi_M$ ein beschränkter Projektionsoperator mit

$$\langle B v_M, q - R_M q \rangle = 0 \quad \textit{für alle } v_M \in X_M$$

und

$$\|R_M q\|_\Pi \le c_R \|q\|_\Pi \quad \textit{für alle } q \in \Pi.$$

Dann gilt die diskrete Stabilitätsbedingung (8.20) *mit $\widetilde{c}_S = c_S / c_R$.*

Beweis: Mit der Stabilitätsbedingung (8.18) ist für $q_N \in \Pi_N \subset \Pi$

$$\begin{aligned} c_S \, \|v_M\|_X &\leq \sup_{0 \neq q \in \Pi} \frac{\langle Bv_M, q\rangle}{\|q\|_\Pi} = \sup_{0 \neq q \in \Pi} \frac{\langle Bv_M, R_M q\rangle}{\|q\|_\Pi} \\ &\leq c_R \sup_{0 \neq q \in \Pi} \frac{\langle Bv_M, R_M q\rangle}{\|R_M q\|_\Pi} \leq c_R \sup_{0 \neq q_M \in \Pi_M} \frac{\langle Bv_M, q_M\rangle}{\|q_M\|_\Pi}, \end{aligned}$$

und somit gilt die diskrete Stabilitätsbedingung (8.20). ∎

8.5 Sattelpunktprobleme

Betrachtet wird nun die näherungsweise Lösung des Sattelpunktproblems (3.22): Gesucht ist $(u, p) \in X \times \Pi$, so daß

$$\begin{aligned} \langle Au, v\rangle + \langle Bv, p\rangle &= \langle f, v\rangle \\ \langle Bu, q\rangle &= \langle g, q\rangle \end{aligned} \tag{8.21}$$

für alle $(v, q) \in X \times \Pi$ erfüllt ist.
Die Operatoren $A : X \to X'$ und $B : X \to \Pi'$ seien beschränkt, und A sei X–elliptisch. Die letzte Voraussetzung ist insbesondere für die gemischte Formulierung des Stokes–Systems als auch für die modifizierte Variationsformulierung (4.22) und (4.23) des Dirichlet–Randwertproblems mit Lagrange–Multiplikatoren erfüllt. Weiter gelte die Stabilitätsbedingung (8.18). Damit sind die Voraussetzungen von Satz 3.7 bzw. von Satz 3.8 erfüllt, und das Sattelpunktproblem (8.21) besitzt eine eindeutige Lösung $(u, p) \in X \times \Pi$. Für $N, M \in \mathbb{N}$ seien

$$X_M = \operatorname{span}\{\varphi_k\}_{k=1}^M \subset X, \quad \Pi_N = \operatorname{span}\{\psi_i\}_{i=1}^N \subset \Pi$$

zwei **Familien** von **konformen** Ansatzräumen. Dann lautet die Galerkin–Variationsformulierung des Sattelpunktproblems (8.21):
Gesucht ist $(u_M, p_N) \in X_M \times \Pi_N$, so daß

$$\begin{aligned} \langle Au_M, v_M\rangle + \langle Bv_M, p_N\rangle &= \langle f, v_M\rangle \\ \langle Bu_M, q_N\rangle &= \langle g, q_N\rangle \end{aligned} \tag{8.22}$$

für alle $(v_M, q_N) \in X_M \times \Pi_N$ erfüllt ist.
Mit

$$A_M[\ell, k] = \langle A\varphi_k, \varphi_\ell\rangle, \quad B_N[j, k] = \langle B\varphi_k, \psi_j\rangle$$

für $k, \ell = 1, \ldots, M$ und $j = 1, \ldots, N$, sowie

$$f_\ell = \langle f, \varphi_\ell\rangle, \quad g_j = \langle g, \psi_j\rangle$$

für $\ell = 1, \ldots, M$ und $j = 1, \ldots, N$ ist (8.22) äquivalent zu dem linearen Gleichungssystem

$$\begin{pmatrix} A_M & B_N^\top \\ B_N & 0 \end{pmatrix} \begin{pmatrix} \underline{u} \\ \underline{p} \end{pmatrix} = \begin{pmatrix} \underline{f} \\ \underline{g} \end{pmatrix}. \tag{8.23}$$

Die Lösbarkeit des linearen Gleichungssystems (8.23) soll zunächst aus algebraischer Sicht untersucht werden. Die Dimension der Systemmatrix K in (8.23) ist $N + M$. Mit

$$\operatorname{rang} A_M \leq M, \quad \operatorname{rang} B_N \leq \min\{M, N\}$$

folgt

$$\operatorname{rang} K \leq M + \min\{M, N\}.$$

Insbesondere für $M < N$ gilt

$$\operatorname{rang} K \leq 2M < M + N = \dim K,$$

woraus die Nichtlösbarkeit bzw. die nichteindeutige Lösbarkeit (bei Vorliegen der zugehörigen Lösbarkeitsbedingungen) des linearen Gleichungssystems (8.23) folgt. Dies zeigt, daß bei der Definition der Ansatzräume X_M und Π_N äußerste Sorgfalt geboten ist. Die notwendige Bedingung $M \geq N$ zeigt, daß der Ansatzraum X_M **reich genug** gegenüber dem Ansatzraum Π_N gewählt werden muß.

Zur Untersuchung der eindeutigen Lösbarkeit der Galerkin–Variationsformulierung (8.22) soll hier auf Satz 3.8 zurückgegriffen werden. Für den konformen Ansatzraum $X_M \subset X$ ergibt sich aus der X–Elliptiziät von A sofort die positive Definitheit von A_M, d.h.

$$(A_M \underline{v}, \underline{v}) = \langle A v_M, v_M \rangle \geq c_1^A \, \|v_M\|_X^2 > 0$$

für alle $\underline{0} \neq \underline{v} \in \mathbb{R}^M \leftrightarrow v_M \in X_M$. Damit ist die Matrix A invertierbar und das lineare Gleichungssystem (8.23) kann umgeformt werden in das **Schur–Komplement–System**

$$B_N A_M^{-1} B_N^\top \underline{p} = B_N A_M^{-1} \underline{f} - \underline{g}. \tag{8.24}$$

Zu untersuchen bleibt also die Lösbarkeit des linearen Gleichungssystems (8.24). Hierfür wird vorausgesetzt, daß die diskrete Stabilitätsbedingung[1]

$$\widetilde{c}_S \, \|q_N\|_\Pi \leq \sup_{0 \neq v_M \in X_M} \frac{\langle B v_M, q_N \rangle}{\|v_M\|_X} \quad \text{für alle } q_N \in \Pi_N \tag{8.25}$$

gilt. Es ist zu bemerken, daß die diskrete Stabilitätsbedingung (8.25) in der Regel **nicht unmittelbar** aus der Gültigkeit der kontinuierlichen Stabilitätsbedingung (3.25) folgt.

[1]Babuška–Brezzi–Ladyshenskaya (BBL) Bedingung

Lemma 8.2 *Sei der Operator $A : X \to X'$ beschränkt und X–elliptisch. Für den beschränkten Operator $B : X \to \Pi'$ und die konformen Ansatzräume $X_M \subset X$ bzw. $\Pi_N \subset \Pi$ gelte die diskrete Stabilitätsbedingung* (8.25). *Dann ist die symmetrische Matrix $S_N := B_N A_M^{-1} B_N^\top$ des Schur–Komplement–Systems* (8.24) *positiv definit, d.h. es gilt*

$$(S_N \underline{q}, \underline{q}) \geq c_1^{S_N} \, \|q_N\|_\Pi^2$$

für alle $\underline{0} \neq \underline{q} \in \Pi_N \leftrightarrow q_N \in \Pi_N$.

Beweis: Für ein beliebiges aber fest gewähltes $\underline{q} \in I\!R^N$ sei $\underline{\bar{u}} := A_M^{-1} B_N^\top \underline{q}$, d.h. für die zugeordneten Funktionen $q_N \in \Pi_N$ und $\bar{u}_M \in X_M$ gilt

$$\langle A\bar{u}_M, v_M \rangle = \langle Bv_M, q_N \rangle \quad \text{für alle } v_M \in X_M.$$

Aus der X–Elliptizität von A ergibt sich dann

$$c_1^A \, \|\bar{u}_M\|_X^2 \leq \langle A\bar{u}_M, \bar{u}_M \rangle = \langle B\bar{u}_M, q_N \rangle = (B_N \underline{\bar{u}}, \underline{q}) = (B_N A_M^{-1} B_N^\top \underline{q}, \underline{q}).$$

Mit der diskreten Stabilitätsbedingung (8.25) folgt andererseits

$$c_S \, \|q_N\|_\Pi \leq \sup_{\underline{0} \neq \underline{v}_M \in I\!R^M} \frac{\langle Bv_M, q_N \rangle}{\|v_M\|_X} = \sup_{\underline{0} \neq \underline{v}_M \in I\!R^M} \frac{\langle A\bar{u}_M, v_M \rangle}{\|v_M\|_X} \leq c_2^A \, \|\bar{u}_M\|_X$$

und aus

$$\|q_N\|_\Pi^2 \leq \left(\frac{c_2^A}{c_S} \right)^2 \|\bar{u}_M\|_X^2 \leq \frac{1}{c_1^A} \left(\frac{c_2^A}{c_S} \right)^2 (B_N A_M^{-1} B_N^\top \underline{q}, \underline{q})$$

ergibt sich die Behauptung. ■

Damit folgt die eindeutige Lösbarkeit des Schur–Komplement–Systems (8.24) bzw. des linearen Gleichungssystems (8.23) und es gilt die folgende Stabilitätsabschätzung.

Satz 8.5 *Sei $A : X \to X'$ beschränkt und X–elliptisch. Für den beschränkten Operator $B : X \to \Pi'$ und die konformen Ansatzräume $X_M \subset X$ bzw. $\Pi_N \subset \Pi$ gelte die diskrete Stabilitätsbedingung* (8.25). *Für die eindeutig bestimmte Lösung $(u_M, p_N) \in X_M \times \Pi_N$ des Sattelpunktproblems* (8.22) *gelten dann die Stabilitätsabschätzungen*

$$\|p_N\|_\Pi \leq \frac{1}{c_1^{S_N}} \frac{c_2^B}{c_1^A} \|f\|_{X'} + \frac{1}{c_1^{S_N}} \|g\|_{\Pi'} \tag{8.26}$$

und

$$\|u_M\|_X \leq \left(1 + \frac{c_2^B}{c_1^{S_N}} \frac{c_2^B}{c_1^A} \right) \|f\|_{X'} + \frac{1}{c_1^{S_N}} \frac{c_2^B}{c_1^A} \|g\|_{\Pi'}. \tag{8.27}$$

Beweis: Sei $(\underline{u}, \underline{p}) \in I\!R^M \times I\!R^N \leftrightarrow (u_M, p_N) \in X_M \times \Pi_N$ die eindeutige Lösung des linearen Gleichungssystems (8.23) bzw. des Sattelpunktproblems (8.22). Mit Lemma 8.2 gilt

$$\begin{aligned} c_1^{S_N} \, \|p_N\|_\Pi^2 &\leq (S_N \underline{p}, \underline{p}) = (B_N A_M^{-1} B_N^\top \underline{p}, \underline{p}) = (B_N A_M^{-1} \underline{f} - \underline{g}, \underline{p}) \\ &= \langle B\bar{u}_M - g, p_N \rangle \leq \left[c_2^B \, \|\bar{u}_M\|_X + \|g\|_{\Pi'} \right] \|p_N\|_\Pi \end{aligned}$$

und somit

$$\|p_N\|_\Pi \leq \frac{1}{c_1^{S_N}} \left[c_2^B \, \|\bar{u}_M\|_X + \|g\|_{\Pi'} \right] .$$

Dabei ist $\bar{\underline{u}} = A_M^{-1} \underline{f} \in I\!R^M \leftrightarrow \bar{u}_M \in X_M$ eindeutige Lösung des Variationsproblems

$$\langle A\bar{u}_M, v_M \rangle = \langle f, v_M \rangle \quad \text{für alle } v_M \in X_M .$$

Aus der X–Elliptizität von A folgt dann

$$\|\bar{u}_M\|_X \leq \frac{1}{c_1^A} \, \|f\|_{X'} .$$

Weiter ist

$$\begin{aligned} c_1^A \, \|u_M\|_X^2 &\leq \langle Au_M, u_M \rangle \\ &= \langle f, u_M \rangle - \langle Bu_M, p_N \rangle \leq \left[\|f\|_{X'} + c_2^B \, \|p_N\|_\Pi \right] \|u_M\|_X \end{aligned}$$

und somit

$$\|u_M\|_X \leq \frac{1}{c_1^A} \left[\|f\|_{X'} + c_2^B \, \|p_N\|_\Pi \right] .$$

Mit (8.26) folgt daraus (8.27). ∎

Aus den Stabilitätsabschätzungen (8.26) und (8.27) kann nun sofort eine Fehlerabschätzung für die berechnete Näherungslösung $(u_M, p_N) \in X_M \times \Pi_N$ abgeleitet werden.

Satz 8.6 *Seien die Voraussetzungen von Satz* 8.5 *erfüllt. Für die eindeutig bestimmte Näherungslösung* $(u_M, p_N) \in X_M \times \Pi_N$ *von* (8.22) *gilt die Fehlerabschätzung*

$$\|u - u_M\|_X + \|p - p_N\|_\Pi \leq c \left\{ \inf_{v_M \in X_M} \|u - v_M\|_X + \inf_{q_N \in \Pi_N} \|p - q_N\|_\Pi \right\} .$$

Beweis: Aus der Differenz der kontinuierlichen Sattelpunktformulierung (8.21) und der Galerkin–Variationsformulierung (8.22) für die konformen Ansatzräume $X_M \times \Pi_N \subset X \times \Pi$ folgen die Galerkin–Orthogonalitäten

$$\begin{aligned} \langle A(u - u_M), v_M \rangle + \langle Bv_M, p - p_N \rangle &= 0 \\ \langle B(u - u_M), q_N \rangle &= 0 \end{aligned}$$

für alle $(v_M, q_N) \in X_M \times \Pi_N$. Für beliebiges $(\bar{u}_M, \bar{p}_N) \in X_M \times \Pi_N$ folgt daraus

$$\begin{aligned}\langle A(\bar{u}_M - u_M), v_M\rangle + \langle Bv_M, \bar{p}_N - p_N\rangle &= \langle A(\bar{u}_M - u) + B'(\bar{p}_N - p), v_M\rangle \\ \langle B(\bar{u}_M - u_M), q_N\rangle &= \langle B(\bar{u}_M - u), q_N\rangle\end{aligned}$$

für alle $(v_M, q_N) \in X_M \times \Pi_N$. Nach Satz 8.5 existiert die eindeutig bestimmte Lösung $(\bar{u}_M - u_M, \bar{p}_N - p_M) \in X_M \times \Pi_N$, und es gelten die Stabilitätsabschätzungen

$$\begin{aligned}\|\bar{p}_N - p_N\|_\Pi &\leq c_1\|A(\bar{u}_M - u) + B'(\bar{p}_N - p)\|_{X'} + c_2\|B(\bar{u}_M - u)\|_{\Pi'}, \\ \|\bar{u}_M - u_M\|_X &\leq c_3\|A(\bar{u}_M - u) + B'(\bar{p}_N - p)\|_{X'} + c_4\|B(\bar{u}_M - u)\|_{\Pi'}\end{aligned}$$

für beliebiges $(\bar{u}_M, \bar{p}_N) \in X_M \times \Pi_N$. Aus den Abbildungseigenschaften der beschränkten Operatoren A, B und B' ergibt sich mit der Dreiecksungleichung

$$\begin{aligned}\|p - p_N\|_\Pi &\leq \|p - \bar{p}_N\|_\Pi + \|\bar{p}_N + p_N\|_\Pi \\ &\leq (1 + c_1c_2^B)\,\|p - \bar{p}_N\|_\Pi + (c_1c_2^A + c_2c_2^B)\,\|u - \bar{u}_M\|_X\end{aligned}$$

für beliebiges $(\bar{u}_M, \bar{p}_N) \in X_M \times \Pi_N$. Die Abschätzung für $\|u - u_M\|_X$ folgt analog. ∎

Zu klären bleibt die Gültigkeit der diskreten Stabilitätsbedingung (8.25). Analog zu Lemma 8.1 kann das folgende Lemma zur Überprüfung von (8.25) verwendet werden.

Lemma 8.3 (Kriterium von Fortin) *Sei $B : X \to \Pi'$ beschränkt und es gelte die kontinuierliche Stabilitätsbedingung* (3.25). *Sei $P_M : X \to X_M$ beschränkt mit*

$$\langle B(v - P_M v), q_N\rangle = 0 \quad \textit{für alle } q_N \in \Pi_N$$

und

$$\|P_M v\|_X \leq c_P\,\|v\|_X \quad \textit{für alle } v \in X.$$

Dann gilt die diskrete Stabilitätsbedingung (8.25) *mit $\tilde{c}_S = c_S/c_P$.*

Kapitel 9

Finite Elemente

Für die näherungsweise Lösung der in Kapitel 4 beschriebenen Variationsformulierungen von Randwertproblemen werden in diesem Kapitel geeignete endlich–dimensionale Ansatzräume konstruiert und deren Approximationseigenschaften nachgewiesen. Mit lokal polynomialen Ansatzfunktionen niedrigster Ordnung wird sich hier auf die einfachsten finiten Elemente beschränkt. Für eine allgemeinere Darstellung von Ansatzfunktionen polynomial höherer Ordnung bzw. anderer finiter Elemente sei zum Beispiel auf [18, 21, 50] verwiesen.

9.1 Referenzelemente

Sei $\Omega \subset \mathbb{R}^d$ $(d = 1,2,3)$ ein beschränktes Gebiet mit zunächst polygonalem $(d=2)$ bzw. polyhedralem $(d=3)$ Rand. Betrachtet werde eine Folge $\{\mathcal{T}_N\}_{N\in\mathbb{N}}$ von **Unterteilungen**

$$\overline{\Omega} = \overline{\mathcal{T}}_N = \bigcup_{\ell=1}^{N} \overline{\tau}_\ell \tag{9.1}$$

mit **finiten Elementen** τ_ℓ. Diese seien im einfachsten Fall für $d = 1$ durch Intervalle, für $d = 2$ durch Dreiecke bzw. für $d = 3$ durch Tetraeder gegeben. Ferner bezeichne $\{x_k\}_{k=1}^{M}$ die Menge aller **Knoten** der Unterteilung $\mathcal{T}_N$ sowie für $d = 2,3$ ist $\{k_j\}_{j=1}^{K}$ die Menge aller **Kanten**, siehe Abbildung 9.1 für die finiten Elemente τ_ℓ und die zugehörigen Knoten x_k.

Mit $I(k)$ wird die **Indexmenge** aller Elemente τ_ℓ mit dem Knoten $x_k \in \overline{\tau}_\ell$ bezeichnet,

$$I(k) := \{\ell \in \mathbb{N} \,:\, x_k \in \overline{\tau}_\ell\} \quad \text{für } k = 1,\ldots,M.$$

Weiterhin bezeichnet

$$J(\ell) := \{k \in \mathbb{N} \,:\, x_k \in \overline{\tau}_\ell\} \quad \text{für } \ell = 1,\ldots,N$$

die **Indexmenge** aller Knoten x_k mit $x_k \in \overline{\tau}_\ell$. Bei den hier betrachteten finiten Elementen τ_ℓ gilt offensichtlich $\dim J(\ell) = d+1$. Schließlich ist

$$K(j) := \{\ell \in \mathbb{N} \,:\, k_j \in \overline{\tau}_\ell\} \quad \text{für } j = 1,\ldots,K$$

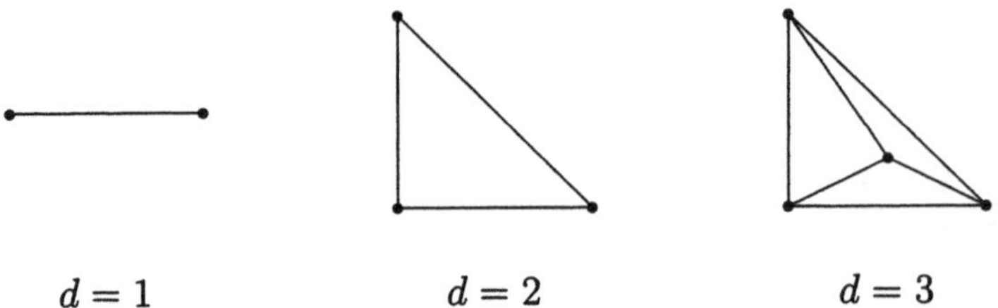

Abbildung 9.1: Finite Elemente τ_ℓ und zugehörige Knoten.

die **Indexmenge** aller Elemente τ_ℓ mit der Kante k_j.

Die Unterteilung (9.1) heißt **zulässig**, falls zwei benachbarte Elemente entweder einen Knoten ($d = 1, 2, 3$), eine Kante (d=2,3) oder ein Dreieck ($d = 3$) gemeinsam haben, siehe Abbildung 9.2. Die nicht zulässige Unterteilung zeichnet sich dabei durch einen **hängenden Knoten** aus.

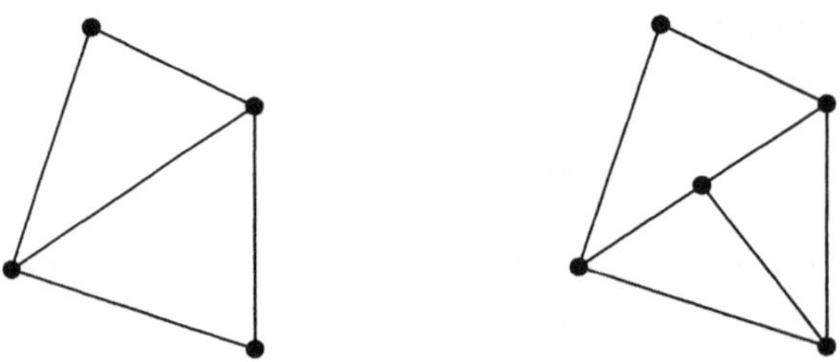

Abbildung 9.2: Zulässige und nicht zulässige Triangulierung (d=2).

Im folgenden werden **nur** zulässige Unterteilungen betrachtet. Für jedes finite Element τ_ℓ ist

$$\Delta_\ell := \int_{\tau_\ell} dx \tag{9.2}$$

das **Volumen**, sowie

$$h_\ell := \Delta_\ell^{1/d}$$

die **lokale Maschenweite**. Weiterhin bezeichnet

$$d_\ell := \sup_{x,y \in \tau_\ell} |x - y|$$

den **Durchmesser** des finiten Elementes τ_ℓ, welcher durch die längste Kante des Elementes τ_ℓ angenommen wird. Für $d = 1$ gilt offensichtlich

$$\Delta_\ell = h_\ell = d_\ell.$$

Schließlich bezeichnet r_ℓ den **Radius** des größten im finiten Element τ_ℓ enthaltenen Kreises ($d = 2$) bzw. Kugel ($d = 3$). Die finiten Elemente τ_ℓ der Unterteilung (9.1) heißen **formregulär**, falls die Durchmesser d_ℓ der finiten Elemente τ_ℓ durch ein festes Vielfaches der Radien r_ℓ gleichmäßig abgeschätzt werden können, d.h.

$$d_\ell \leq c_F \, r_\ell \quad \text{für alle } \ell = 1, \ldots, N$$

mit einer nicht von $\mathcal{T}_N$ abhängigen Konstanten c_F erfüllt ist. Für $d = 2$ gilt damit offensichtlich

$$\pi r_\ell^2 \leq \Delta_\ell = h_\ell^2 \leq d_\ell^2 \leq c_F^2 r_\ell^2,$$

woraus die Äquivalenzungleichungen

$$\sqrt{\pi}\, r_\ell \leq h_\ell \leq d_\ell \leq c_F \, r_\ell$$

folgen. Entsprechend gilt für $d = 3$

$$\frac{4}{3}\pi r_\ell^3 \leq \Delta_\ell = h_\ell^3 \leq d_\ell^3 \leq c_F^3 r_\ell^3$$

bzw.

$$\sqrt[3]{\frac{4}{3}\pi}\, r_\ell \leq h_\ell \leq d_\ell \leq c_F \, r_\ell .$$

Die **globale Maschenweite** ist definiert durch

$$h = h_{\max} := \max_{\ell=1,\ldots,N} h_\ell \, .$$

Sei weiterhin

$$h_{\min} := \min_{\ell=1,\ldots,N} h_\ell$$

das Minimum der lokalen Maschenweiten h_ℓ. Die Familie von Unterteilungen $\mathcal{T}_N$ heißt **global gleichmäßig**, falls

$$\frac{h_{\max}}{h_{\min}} \leq c_G$$

mit einer globalen Konstanten $c_G \geq 1$ unabhängig von $N \in \mathbb{N}$ gilt. Die Familie $\mathcal{T}_N$ heißt **lokal gleichmäßig**, falls

$$\frac{h_\ell}{h_j} \leq c_L \quad \text{für } \ell = 1, \ldots, N$$

für alle benachbarten Elemente τ_j von τ_ℓ gilt. Hierbei heißen zwei Elemente τ_ℓ und τ_j **benachbart**, falls der Durchschnitt $\overline{\tau}_\ell \cap \overline{\tau}_j$ d.h. entweder aus einem Knoten, einer Kante oder einer Fläche besteht.

Für $d = 1$ kann jedes finite Element τ_ℓ durch eine lokale Parametrisierung dargestellt werden, für $x \in \tau_\ell$ und $\ell_1, \ell_2 \in J(\ell)$ ist

$$x = x_{\ell_1} + \xi\,(x_{\ell_2} - x_{\ell_1}) = x_{\ell_1} + \xi\, h_\ell \quad \text{für } \xi \in (0,1).$$

Das Element

$$\tau := (0,1) \tag{9.3}$$

wird dabei als **Referenzelement** bezeichnet. Für eine in $x \in \tau_\ell$ betrachtete Funktion ist

$$v(x) = v(x_{\ell_1} + \xi\, h_\ell) =: \widetilde{v}_\ell(\xi) \quad \text{für } \xi \in \tau$$

und es folgt

$$\|v\|^2_{L_2(\tau_\ell)} = \int\limits_{\tau_\ell} |v(x)|^2 dx = \int\limits_{\tau} |\widetilde{v}_\ell(\xi)|^2\, h_\ell\, d\xi = h_\ell\, \|\widetilde{v}_\ell\|^2_{L_2(\tau)}.$$

Für die Ableitung ergibt sich durch Anwendung der Kettenregel

$$\frac{d}{d\xi}\widetilde{v}_\ell(\xi) = h_\ell\, \frac{d}{dx} v(x) \quad \text{für } x \in \tau_\ell, \xi \in \tau$$

und somit

$$\frac{d}{dx} v(x) = \frac{1}{h_\ell}\frac{d}{d\xi}\widetilde{v}_\ell(\xi) \quad \text{für } x \in \tau_\ell, \xi \in \tau.$$

Für $m \in I\!N$ ergibt die rekursive Anwendung dieser Ableitung

$$\frac{d^m}{dx^m} v(x) = h_\ell^{-m}\, \frac{d^m}{d\xi^m}\widetilde{v}_\ell(\xi) \quad \text{für } x \in \tau_\ell, \xi \in \tau.$$

Damit folgt für die lokalen Normen der Funktion v bzw. $\widetilde{v}_\ell$ die Gleichheit

$$\left\| \frac{d^m}{dx^m} v \right\|^2_{L_2(\tau_\ell)} = h_\ell^{1-2m} \left\| \frac{d^m}{d\xi^m}\widetilde{v}_\ell \right\|^2_{L_2(\tau)} \quad \text{für } m \in I\!N_0\,. \tag{9.4}$$

Für $d = 2$ sei das **Referenzelement** τ gegeben durch das Dreieck

$$\tau = \left\{ \xi \in I\!R^2 \,:\, 0 \le \xi_1 \le 1,\ 0 \le \xi_2 \le 1 - \xi_1 \right\}. \tag{9.5}$$

Für einen Punkt $x \in \tau_\ell$ gilt dann die Darstellung

$$x = x_{\ell_1} + \sum_{i=1}^{2} \xi_i (x_{\ell_{i+1}} - x_{\ell_1}) = x_{\ell_1} + J_\ell \xi \quad \text{für } \xi \in \tau$$

mit

$$J_\ell = \begin{pmatrix} x_{\ell_2,1} - x_{\ell_1,1} & x_{\ell_3,1} - x_{\ell_1,1} \\ x_{\ell_2,2} - x_{\ell_1,2} & x_{\ell_3,2} - x_{\ell_1,2} \end{pmatrix}.$$

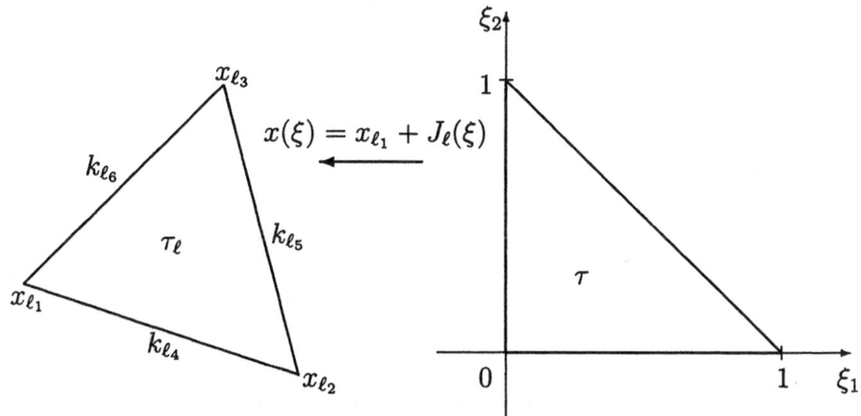

Abbildung 9.3: Finites Element und Referenzelement ($d = 2$).

Für den Flächeninhalt des finiten Elementes τ_ℓ ergibt sich

$$\Delta_\ell = \int\limits_{\tau_\ell} ds_x = \int\limits_{\tau} |\det J_\ell| \, d\xi = |\det J_\ell| \int\limits_0^1 \int\limits_0^{1-\xi_1} d\xi_2 d\xi_1 = \frac{1}{2} |\det J_\ell|$$

und somit

$$|\det J_\ell| = 2\,\Delta_\ell. \tag{9.6}$$

Für eine in $x \in \tau_\ell$ gegebene Funktion gilt die Darstellung

$$v(x) = v(x_{\ell_1} + J_\ell \xi) = \widetilde{v}_\ell(\xi) \quad \text{für } \xi \in \tau.$$

Dann folgt durch Anwendung der Kettenregel

$$\nabla_\xi \widetilde{v}_\ell(\xi) = J_\ell^\top \nabla_x v(x)$$

bzw.

$$\nabla_x v(x) = J_\ell^{-\top} \nabla_\xi \widetilde{v}_\ell(\xi)$$

und analog zur Normäquivalenz (9.4) für $d = 1$ gilt nun:

Lemma 9.1 *Für $d = 2$ und $m \in I\!N_0$ gelten die Normäquivalenzungleichungen*

$$\frac{1}{c_m}(2\Delta_\ell)^{1-m} \, \|\nabla_\xi^m \widetilde{v}_\ell\|^2_{L_2(\tau)} \le \|\nabla_x^m v\|^2_{L_2(\tau_\ell)} \le c_m (2\Delta_\ell)^{1-m} \, \|\nabla_\xi^m \widetilde{v}_\ell\|^2_{L_2(\tau)} \tag{9.7}$$

mit der Konstanten

$$c_m = \left(\frac{c_F^2}{\pi}\right)^m.$$

Beweis: Für $m = 0$ folgt die Behauptung direkt aus

$$\|v\|^2_{L_2(\tau_\ell)} = \int_{\tau_\ell} |v(x)|^2 dx = \int_{\tau} |\widetilde{v}_\ell(\xi)|^2 |\det J_\ell| \, d\xi = 2\,\Delta_\ell \, \|\widetilde{v}_\ell\|^2_{L_2(\tau)}.$$

Sei nun $m = 1$. Dann ist

$$\begin{aligned} \|\nabla_x v\|^2_{L_2(\tau_\ell)} &= \int_{\tau_\ell} |\nabla_x v(x)|^2 dx = \int_{\tau} |J_\ell^{-\top} \nabla_\xi \widetilde{v}(\xi)|^2 \, |\det J_\ell| \, d\xi \\ &= 2\Delta_\ell \int_{\tau} (J_\ell^{-1} J_\ell^{-\top} \nabla_\xi \widetilde{v}(\xi), \nabla_\xi \widetilde{v}(\xi)) \, d\xi \\ &\leq 2\Delta_\ell \, \lambda_{\max}(J_\ell^{-1} J_\ell^{-\top}) \int_{\tau} |\nabla_\xi \widetilde{v}(\xi)|^2 d\xi \\ &= 2\Delta_\ell \, \lambda_{\max}(J_\ell^{-1} J_\ell^{-\top}) \, \|\nabla_\xi \widetilde{v}\|^2_{L_2(\tau)} \end{aligned}$$

und analog gilt

$$\|\nabla_x v\|^2_{L_2(\tau_\ell)} \geq 2\Delta_\ell \, \lambda_{\min}(J_\ell^{-1} J_\ell^{-\top}) \, \|\nabla_\xi \widetilde{v}\|^2_{L_2(\tau)}.$$

Es ist also ausreichend, die Eigenwerte der Matrix $J_\ell^\top J_\ell$ zu betrachten. Mit

$$a := |x_{\ell_2} - x_{\ell_1}|, \quad b := |x_{\ell_3} - x_{\ell_1}|, \quad \cos\alpha = (x_{\ell_3} - x_{\ell_1}, x_{\ell_2} - x_{\ell_1})$$

ergibt sich

$$J_\ell^\top J_\ell = \begin{pmatrix} a^2 & a\,b\,\cos\alpha \\ a\,b\,\cos\alpha & b^2 \end{pmatrix},$$

und für die Eigenwerte von $J_\ell^\top J_\ell$ folgt

$$\lambda_{1/2} = \frac{1}{2}\left[a^2 + b^2 \pm \sqrt{(a^2 - b^2)^2 + 4a^2 b^2 \cos^2\alpha}\right].$$

Offensichtlich gilt für den maximalen Eigenwert λ_1 die Einschließung

$$\frac{1}{2}(a^2 + b^2) \leq \lambda_1 \leq a^2 + b^2$$

und für das Produkt der Eigenwerte ergibt sich mit (9.6)

$$\lambda_1 \, \lambda_2 = \det(J_\ell^\top J_\ell) = |\det J_\ell|^2 = 4\Delta_\ell^2.$$

Der minimale Eigenwert genügt der Abschätzung

$$\lambda_2 = \frac{4\Delta_\ell^2}{\lambda_1} \geq \frac{4\Delta_\ell^2}{a^2 + b^2}$$

und somit folgt

$$\frac{4\Delta_\ell^2}{a^2+b^2} \leq \lambda_{\min}(J_\ell^\top J_\ell) \leq \lambda_{\max}(J_\ell^\top J_\ell) \leq a^2+b^2.$$

Weiterhin ist

$$a^2+b^2 \leq 2\, d_\ell^2 \leq 2\, c_F^2\, r_\ell^2 \leq \frac{2c_F^2}{\pi}\,\Delta_\ell.$$

Damit gilt

$$\frac{2\pi}{c_F^2}\,\Delta_\ell \leq \lambda_{\min}(J_\ell^\top J_\ell) \leq \lambda_{\max}(J_\ell^\top J_\ell) \leq \frac{2c_F^2}{\pi}\,\Delta_\ell$$

bzw. für die extremalen Eigenwerte der inversen Matrix $J_\ell^{-1}J_\ell^{-\top}$ ist

$$\frac{\pi}{c_F^2}(2\Delta_\ell)^{-1} \leq \lambda_{\min}(J_\ell^{-1}J_\ell^{-\top}) \leq \lambda_{\max}(J_\ell^{-1}J_\ell^{-\top}) \leq \frac{c_F^2}{\pi}.$$

Damit folgt die Behauptung für $m=1$. Rekursive Anwendung ergibt die Behauptung für $m>1$. ∎

Für $d=3$ ist das **Referenzelement** τ gegeben durch das Tetraeder

$$\tau = \left\{\xi \in \mathbb{R}^3 : 0 \leq \xi_1 \leq 1, 0 \leq \xi_2 \leq 1-\xi_1, 0 \leq \xi_3 \leq 1-\xi_1-\xi_2\right\}. \tag{9.8}$$

Für $x \in \tau_\ell$ gilt dann die lokale Parameterdarstellung

$$x = x_{\ell_1} + \sum_{i=1}^{3} \xi_i (x_{\ell_{i+1}} - x_{\ell_1}) = x_{\ell_1} + J_\ell \xi \quad \text{für } \xi \in \tau$$

mit

$$J_\ell = \begin{pmatrix} x_{\ell_2,1}-x_{\ell_1,1} & x_{\ell_3,1}-x_{\ell_1,1} & x_{\ell_4,1}-x_{\ell_1,1} \\ x_{\ell_2,2}-x_{\ell_1,2} & x_{\ell_3,2}-x_{\ell_1,2} & x_{\ell_4,2}-x_{\ell_1,2} \\ x_{\ell_2,3}-x_{\ell_1,3} & x_{\ell_3,3}-x_{\ell_1,3} & x_{\ell_4,3}-x_{\ell_1,3} \end{pmatrix}.$$

Für das Volumen des finiten Elementes τ_ℓ ergibt sich

$$\begin{aligned} \Delta_\ell &= \int_{\tau_\ell} ds_x = \int_\tau |\det J_\ell|\, d\xi \\ &= |\det J_\ell| \int_0^1 \int_0^{1-\xi_1} \int_0^{1-\xi_1-\xi_2} d\xi_3 d\xi_2 d\xi_1 = \frac{1}{6}\,|\det J_\ell| \end{aligned} \tag{9.9}$$

bzw.

$$|\det J_\ell| = 6\,\Delta_\ell. \tag{9.10}$$

Analog zum Fall $d=2$ gilt für eine in $x \in \tau_\ell$ gegebene Funktion die Darstellung

$$v(x) = v(x_{\ell_1} + J_\ell \xi) = \widetilde{v}_\ell(\xi) \quad \text{für } \xi \in \tau.$$

Für die Ableitungen folgt wiederum durch Anwendung der Kettenregel

$$\nabla_\xi \widetilde{v}_\ell(\xi) = J_\ell^\top \nabla_x v(x), \quad \nabla_x v(x) = J_\ell^{-\top} \nabla_\xi \widetilde{v}_\ell(\xi).$$

Analog zu Lemma 9.1 gilt:

Lemma 9.2 *Für $d = 3$ und $m \in \mathbb{N}_0$ gilt die Normäquivalenz*

$$c_1 \, \Delta_\ell \, h_\ell^{-2m} \, \|\nabla_\xi^m \widetilde{v}_\ell\|^2_{L_2(\tau)} \leq \|\nabla_x^m v\|^2_{L_2(\tau_\ell)} \leq c_2 \, \Delta_\ell \, h_\ell^{-2m} \, \|\nabla_\xi^m \widetilde{v}_\ell\|^2_{L_2(\tau)}$$

mit positiven Konstanten c_1 und c_2, die sowohl von m als auch von c_F abhängen.

Beweis: Für $m = 0$ ergibt sich die Behauptung aus

$$\|v(x)\|^2_{L_2(\tau_\ell)} = \int\limits_{\tau_\ell} |v(x)|^2 dx = \int\limits_{\tau} |\widetilde{v}_\ell(\xi)|^2 |\det J_\ell| \, d\xi = 6\Delta_\ell \, \|\widetilde{v}_\ell\|^2_{L_2(\tau)}.$$

Für $m = 1$ folgen wie im Beweis von Lemma 9.1 die Äquivalenzungleichungen

$$6\Delta_\ell \, \lambda_{\min}(J_\ell^{-1} J_\ell^{-\top}) \, \|\nabla_\xi \widetilde{v}_\ell\|^2_{L_2(\tau)} \leq \|\nabla_x v\|^2_{L_2(\tau_\ell)} \leq 6\Delta_\ell \, \lambda_{\max}(J_\ell^{-1} J_\ell^{-\top}) \, \|\nabla_\xi \widetilde{v}_\ell\|^2_{L_2(\tau)}.$$

Zu untersuchen sind also wiederum die Eigenwerte der symmetrischen und positiv definiten Matrix

$$J_\ell^\top J_\ell = \begin{pmatrix} a^2 & ab\cos\alpha & ac\cos\beta \\ ab\cos\alpha & b^2 & bc\cos\gamma \\ ac\cos\beta & bc\cos\gamma & c^2 \end{pmatrix}$$

mit

$$a := |x_{\ell_2} - x_{\ell_1}|, \quad b := |x_{\ell_3} - x_{\ell_1}|, \quad c := |x_{\ell_4} - x_{\ell_1}|$$

sowie den Winkeln

$$\begin{aligned} \alpha &:= \sphericalangle(x_{\ell_2} - x_{\ell_1}, x_{\ell_3} - x_{\ell_1}), \\ \beta &:= \sphericalangle(x_{\ell_2} - x_{\ell_1}, x_{\ell_4} - x_{\ell_1}), \\ \gamma &:= \sphericalangle(x_{\ell_3} - x_{\ell_1}, x_{\ell_4} - x_{\ell_1}). \end{aligned}$$

Aus $0 < \lambda_i$ für $i = 1, 2, 3$ und

$$\lambda_1 + \lambda_2 + \lambda_3 = a^2 + b^2 + c^2$$

läßt sich der größte Eigenwert abschätzen mit

$$\lambda_{\max}(J_\ell^\top J_\ell) \leq a^2 + b^2 + c^2 .$$

Für das Produkt der Eigenwerte folgt mit (9.10)

$$\lambda_1 \lambda_2 \lambda_3 = \det(J_\ell^\top J_\ell) = |\det J_\ell|^2 = 36 \, \Delta_\ell^2$$

und somit die Abschätzung für den kleinsten Eigenwert

$$\lambda_{\min}(J_\ell^\top J_\ell) \geq \frac{36\Delta_\ell^2}{[\lambda_{\max}(J_\ell^\top J_\ell)]^2} \geq \frac{36\Delta_\ell^2}{[a^2+b^2+c^2]^2}.$$

Damit gilt insgesamt

$$\frac{36\Delta_\ell^2}{[a^2+b^2+c^2]^2} \leq \lambda_{\min}(J_\ell^\top J_\ell) \leq \lambda_{\max}(J_\ell^\top J_\ell) \leq a^2+b^2+c^2.$$

Für ein formreguläres finites Element τ_ℓ läßt sich die Summe der Kantenlängen abschätzen durch

$$a^2+b^2+c^2 \leq 3d_\ell^2 \leq 3c_F^2 r_\ell^2 \leq 3\sqrt[3]{\frac{9}{16\pi^2}} c_F^2 h_\ell^2$$

und somit erhält man

$$\frac{4}{c_F^4}\sqrt[3]{\frac{256\pi^4}{81}}\, h_\ell^2 \leq \lambda_{\min}(J_\ell^\top J_\ell) \leq \lambda_{\max}(J_\ell^\top J_\ell) \leq 3\sqrt[3]{\frac{9}{16\pi^2}} c_F^2 h_\ell^2.$$

Wie im Beweis von Lemma 9.1 folgt nun die Behauptung. ■

Mit der Normäquivalenz (9.4) für $d=1$ sowie Lemma 9.1 für $d=2$ bzw. Lemma 9.2 für $d=3$ gilt zusammenfassend:

Satz 9.1 *Sei $\tau_\ell \subset \mathbb{R}^d$ ein finites Element einer formregulären zulässigen Unterteilung $\mathcal{T}_N$. Für eine hinreichend oft differenzierbare Funktion und $m \in \mathbb{N}_0$ gilt*

$$c_1\,\Delta_\ell\, h_\ell^{-2m}\,\|\nabla_\xi^m \tilde{v}_\ell\|^2_{L_2(\tau)} \leq \|\nabla_x^m v\|^2_{L_2(\tau_\ell)} \leq c_2\,\Delta_\ell\, h_\ell^{-2m}\,\|\nabla_\xi^m \tilde{v}_\ell\|^2_{L_2(\tau)}$$

mit positiven Konstanten c_1 und c_2, die sowohl von m als auch von c_F abhängen.

9.2 Formfunktionen

Bezüglich der durch (9.1) definierten Unterteilung $\mathcal{T}_N$ werden nun Ansatzräume stückweise polynomialer Funktionen erklärt. Diese werden **lokal** durch **Formfunktionen** auf den einzelnen Elementen τ_ℓ definiert und **globalen Freiheitsgraden** zugeordnet.

Für $d=1$ ist das Referenzelement τ das Einheitsintervall (9.3), für $d=2$ das Einheitsdreieck (9.5) sowie für $d=3$ das Einheitstetraeder (9.8).

Die einfachsten **Formfunktionen** sind die **konstanten** Funktionen

$$\psi_1^0(\xi) = 1 \quad \text{für } \xi \in \tau.$$

Für eine im finiten Element τ_ℓ gegebene konstante Funktion $v_h(x)$ gilt die Darstellung

$$v_h(x) = v_h(x_{\ell_1} + J_\ell\xi) = v_\ell\,\psi_1^0(\xi) \quad \text{für } x \in \tau_\ell, \xi \in \tau, \tag{9.11}$$

mit einem zugehörigen Koeffizienten v_ℓ und es folgt

$$\|v_h\|^2_{L_2(\tau_\ell)} = \Delta_\ell\, v_\ell^2\,. \tag{9.12}$$

Eine im Referenzelement τ betrachtete lineare Funktion ist eindeutig durch ihre Funktionswerte $\widetilde{v}_k$ in den Knoten des Referenzelementes gegeben,

$$\widetilde{v}_h(\xi) = \sum_{k=1}^{d+1} \widetilde{v}_k \psi_k^1(\xi) \quad \text{für } \xi \in \tau. \tag{9.13}$$

Dabei lauten die **linearen Formfunktionen** für $d = 1$

$$\psi_1^1(\xi) := 1 - \xi, \quad \psi_2^1(\xi) := \xi,$$

für $d = 2$

$$\psi_1^1(\xi) := 1 - \xi_1 - \xi_2, \quad \psi_2^1(\xi) := \xi_1, \quad \psi_3^1(\xi) := \xi_2$$

und für $d = 3$

$$\psi_1^1(\xi) := 1 - \xi_1 - \xi_2 - \xi_3, \quad \psi_2^1(\xi) := \xi_1, \quad \psi_3^1(\xi) := \xi_2, \quad \psi_4^1(\xi) := \xi_3.$$

Sei τ_ℓ ein beliebig gegebenes finites Element mit den Knoten x_{ℓ_k}, $\ell_k \in J(\ell)$. Für eine in τ_ℓ gegebene lineare Funktion gilt dann die Darstellung

$$v_h(x) = v_h(x_{\ell_1} + J_\ell\xi) = \sum_{k=1}^{d+1} v_{\ell_k}\psi_k^1(\xi) \quad \text{für } x \in \tau_\ell, \xi \in \tau. \tag{9.14}$$

Wie in (9.12) kann die L_2–Norm $\|v_h\|_{L_2(\tau_\ell)}$ durch die Euklidische Norm der Knotenwerte abgeschätzt werden.

Lemma 9.3 *Für die im finiten Element τ_ℓ erklärte lineare Funktion* (9.14) *gilt*

$$\frac{\Delta_\ell}{(d+1)(d+2)} \sum_{k=1}^{d+1} v_{\ell_k}^2 \le \|v_h\|^2_{L_2(\tau_\ell)} \le \frac{\Delta_\ell}{d+1} \sum_{k=1}^{d+1} v_{\ell_k}^2.$$

Beweis: Die lokale L_2–Norm der linearen Funktion v_h läßt sich berechnen als

$$\|v_h\|^2_{L_2(\tau_\ell)} = \langle v_h, v_h\rangle_{L_2(\tau_\ell)} = \sum_{i=1}^{d+1}\sum_{j=1}^{d+1} v_i v_j \int_\tau \psi_i(\xi)\psi_j(\xi)|\det J_\ell| d\xi = (G_\ell \underline{v}^\ell, \underline{v}^\ell)$$

mit der lokalen Massematrix

$$G_\ell = \frac{\Delta_\ell}{(d+1)(d+2)}\,(I_{d+1} + \underline{e}_{d+1}\,\underline{e}_{d+1}^\top)$$

und $\underline{e}_{d+1} = \underline{1} \in \mathbb{R}^{d+1}$. Die Matrix $I_{d+1} + \underline{e}_{d+1}\underline{e}_{d+1}^\top$ besitzt die Eigenwerte

$$\lambda_1 = d + 2, \quad \lambda_2 = \ldots = \lambda_{d+1} = 1,$$

woraus die Behauptung folgt. ∎

Folgerung 9.1 *Für die im finiten Element τ_ℓ erklärte lineare Funktion* (9.14) *gilt*

$$\frac{\Delta_\ell}{(d+1)(d+2)}\,\|v_h\|^2_{L_\infty(\tau_\ell)} \le \|v_h\|^2_{L_2(\tau_\ell)} \le \Delta_\ell\,\|v_h\|^2_{L_\infty(\tau_\ell)}.$$

Beweis: Offensichtlich wird das Maximum von v_h und somit $\|v_h\|_{L_\infty(\tau_\ell)}$ in einem Knoten x_{k^*} mit $v_h(x_{k^*}) = v_{k^*}$ angenommen. Damit folgt die Behauptung sofort aus Lemma 9.3. ■

In vielen Anwendungen ist es wichtig, die Norm des Gradienten einer stückweise polynomialen Funktion durch die Norm der Funktion abzuschätzen.

Lemma 9.4 *Für die im finiten Element τ_ℓ erklärte lineare Funktion* (9.14) *gilt die* **lokale inverse Ungleichung**

$$\|\nabla_x v_h\|_{L_2(\tau_\ell)} \le c_I\,h_\ell^{-1}\,\|v_h\|_{L_2(\tau_\ell)} \tag{9.15}$$

mit einer positiven Konstanten c_I.

Beweis: Die Anwendung von Satz 9.1 ergibt zunächst

$$\|\nabla_x v_h\|^2_{L_2(\tau_\ell)} \le c_2\,\Delta_\ell\,h_\ell^{-2}\,\|\nabla_\xi \widetilde{v}_\ell\|^2_{L_2(\tau)}.$$

Für den Gradienten der im Referenzelement erklärten linearen Funktion

$$\widetilde{v}_\ell(\xi) = \sum_{k=1}^{d+1} v_{\ell_k}\psi_k^1(\xi)$$

ergibt sich im Fall $d = 1$

$$\nabla_\xi \widetilde{v}_\ell = v_{\ell_2} - v_{\ell_1}$$

und somit folgt für die lokale Norm

$$\|\nabla_\xi \widetilde{v}_\ell\|^2_{L_2(\tau)} = (v_{\ell_2} - v_{\ell_1})^2 \le 2\,[v_{\ell_1}^2 + v_{\ell_2}^2] \le 4\,\|v_h\|^2_{L_\infty(\tau_\ell)}.$$

Für $d = 2$ ist der Gradient

$$\nabla_\xi \widetilde{v}_\ell = \begin{pmatrix} v_{\ell_2} - v_{\ell_1} \\ v_{\ell_3} - v_{\ell_1} \end{pmatrix}$$

und damit

$$\begin{aligned} \|\nabla_\xi \widetilde{v}_\ell\|^2_{L_2(\tau)} &= \frac{1}{2}\left[(v_{\ell_2} - v_{\ell_1})^2 + (v_{\ell_3} - v_{\ell_1})^2\right] \\ &\le \frac{1}{2}\left[2v_{\ell_2}^2 + 2v_{\ell_3}^2 + 4v_{\ell_1}^2\right] \le 4\,\|v_h\|^2_{L_\infty(\tau_\ell)}. \end{aligned}$$

Für $d = 3$ ist schließlich

$$\nabla_\xi \widetilde{v}_\ell = \begin{pmatrix} v_{\ell_2} - v_{\ell_1} \\ v_{\ell_3} - v_{\ell_1} \\ v_{\ell_4} - v_{\ell_1} \end{pmatrix}$$

und somit

$$\begin{aligned} \|\nabla_\xi \widetilde{v}_\ell\|^2_{L_2(\tau)} &= \frac{1}{6}\left[(v_{\ell_2} - v_{\ell_1})^2 + (v_{\ell_3} - v_{\ell_1})^2 + (v_{\ell_4} - v_{\ell_1})^2\right] \\ &\leq \frac{1}{6}\left[2v_{\ell_2}^2 + 2v_{\ell_3}^2 + 2v_{\ell_4}^2 + 6v_{\ell_1}^2\right] \leq 2\,\|v_h\|^2_{L_\infty(\tau_\ell)}. \end{aligned}$$

Insgesamt gilt also

$$\|\nabla_x v_h\|^2_{L_2(\tau_\ell)} \leq 4\,c_2\,\Delta_\ell\,h_\ell^{-2}\,\|v_h\|^2_{L_\infty(\tau_\ell)}$$

und die Behauptung ergibt sich aus Folgerung 9.1. ■

Formfunktionen **höheren Polynomgrads** werden auf der Grundlage der linearen Formfunktionen **hierarchisch definiert**. Für $d = 1$ sind die **quadratischen Formfunktionen** gegeben durch

$$\psi_1^2(\xi) = 1 - \xi, \quad \psi_2^2(\xi) = \xi, \quad \psi_3^2(\xi) = 4\xi(1-\xi)\,.$$

Für $d = 2$ ist

$$\begin{aligned} \psi_1^2(\xi) &= 1 - \xi_1 - \xi_2, & \psi_2^2(\xi) &= \xi_1, & \psi_3^2(\xi) &= \xi_2, \\ \psi_4^2(\xi) &= 4\xi_1(1 - \xi_1 - \xi_2), & \psi_5^2(\xi) &= 4\xi_1\xi_2, & \psi_6^2(\xi) &= 4\xi_2(1 - \xi_1 - \xi_2) \end{aligned}$$

und für $d = 3$ lauten die Formfunktionen

$$\begin{aligned} \psi_1^2(\xi) &= 1 - \xi_1 - \xi_2 - \xi_3, & \psi_5^2(\xi) &= 4\xi_1(1 - \xi_1 - \xi_2 - \xi_3), \\ \psi_2^2(\xi) &= \xi_1, & \psi_6^2(\xi) &= 4\xi_1\xi_2, \\ \psi_3^2(\xi) &= \xi_2, & \psi_7^2(\xi) &= 4\xi_2(1 - \xi_1 - \xi_2 - \xi_3), \\ \psi_4^2(\xi) &= \xi_3, & \psi_8^2(\xi) &= 4\xi_3(1 - \xi_1 - \xi_2 - \xi_3), \\ && \psi_9^2(\xi) &= 4\xi_3\xi_1, \\ && \psi_{10}^2(\xi) &= 4\xi_2\xi_3. \end{aligned}$$

Die linearen Formfunktionen sind dabei Freiheitsgraden in den Konten $x_k \in \overline{\tau}_\ell$ zugeordnet, während die quadratischen Formfunktionen den Kantenmittelpunkten $x^*_{k_j}$ entsprechen. Für eine im finiten Element τ_ℓ gegebene quadratische Funktion gilt dann die Darstellung

$$v_h(x) = v_h(x_{\ell_1} + J_\ell\xi) = \sum_{k=1}^{\frac{1}{2}(d+1)(d+2)} v_{\ell_k}\psi_k^2(\xi) \quad \text{für } x \in \tau_\ell, \xi \in \tau. \tag{9.16}$$

Wie im Beweis von Lemma 9.3 ist

$$\|v_h\|^2_{L_2(\tau_\ell)} = \sum_{i,j=1}^{\frac{1}{2}(d+1)(d+2)} v_i v_j \int_\tau \psi_i^2(\xi)\psi_j^2(\xi)|\det J_\ell| d\xi = (G_\ell \underline{v}^\ell, \underline{v}^\ell).$$

Insbesondere für $d=1$ ist

$$G_\ell = \Delta_\ell \begin{pmatrix} 1/3 & 1/6 & 1/3 \\ 1/6 & 1/3 & 1/3 \\ 1/3 & 1/3 & 8/15 \end{pmatrix}$$

mit den Eigenwerten

$$\lambda_1 = \frac{\Delta_\ell}{6}, \quad \lambda_{2/3} = \Delta_\ell \left[\frac{31}{60} \pm \frac{\sqrt{89}}{20}\right].$$

Entsprechendes Vorgehen im Fall $d=2$ bzw. $d=3$ zeigt die zu Lemma 9.3 analogen Abschätzungen

$$c_1 \Delta_\ell \sum_{k=1}^{\frac{1}{2}(d+1)(d+2)} v_{\ell_k}^2 \le \|v_h\|^2_{L_2(\tau_\ell)} \le c_2 \Delta_\ell \sum_{k=1}^{\frac{1}{2}(d+1)(d+2)} v_{\ell_k}^2 \tag{9.17}$$

für die durch (9.16) erklärte quadratische Funktion. Weiterhin folgt wie im Fall linearer Formfunktionen die Gültigkeit der lokalen inversen Ungleichung (9.15).

Abschließend sollen die z.B. bei der Diskretisierung des Stokes–Problems auftretenden **Bubble**–Funktionen φ_ℓ^B und die zugehörigen Formfunktionen ψ_B behandelt werden. Die im finiten Element τ_ℓ polynomialen Ansatzfunktionen φ_ℓ^B verschwinden auf dem Rand $\partial\tau_\ell$ und können somit durch Null stetig fortgesetzt werden. Später benötigt wird insbesondere eine lokale inverse Ungleichung des durch die Bubble–Funktionen aufgespannten Ansatzraumes $\mathcal{S}_h^B(\mathcal{T}_N)$.
Für $d=1$ ist

$$\psi_B(\xi) = \xi(1-\xi) \quad \text{für } \xi \in \tau$$

und für die zugehörige Ansatzfunktion φ_ℓ^B folgt

$$\|\varphi_\ell^B\|^2_{L_2(\tau_\ell)} = \Delta_\ell \int_0^1 [\xi(1-\xi)]^2 d\xi = \frac{1}{30} h_\ell.$$

Andererseits ist

$$\|\nabla_x \varphi_\ell^B\|^2_{L_2(\tau_\ell)} = h_\ell^{-1} \int_0^1 \left[\frac{d}{d\xi}[\xi(1-\xi)]\right]^2 d\xi = \frac{1}{3} h_\ell^{-1}.$$

Somit gilt für die eindimensionale Bubble–Funktion die lokale inverse Ungleichung

$$\|\nabla_x \varphi_\ell^B\|_{L_2(\tau_\ell)} = \sqrt{10}\, h_\ell^{-1} \|\varphi_\ell^B\|_{L_2(\tau_\ell)}.$$

Die zweidimensionale Formfunktion ψ_B lautet

$$\psi_B = \xi_1\xi_2(1-\xi_1-\xi_2) \quad \text{für } \xi \in \tau$$

und für die zugehörige Ansatzfunktion folgt

$$\|\varphi_\ell^B\|^2_{L_2(\tau_\ell)} = 2\Delta_\ell \int_\tau [\xi_1\xi_2(1-\xi_1-\xi_2)]^2 d\xi = \frac{1}{2520}\Delta_\ell.$$

Andererseits gilt mit Lemma 9.1

$$\|\nabla_x\varphi_\ell^B\|^2_{L_2(\tau_\ell)} \leq c\,\|\nabla_\xi\psi_B\|^2_{L_2(\tau)} = c\int_\tau \left|\begin{pmatrix} \xi_2(1-\xi_2-2\xi_1) \\ \xi_1(1-\xi_1-2\xi_2) \end{pmatrix}\right|^2 d\xi = \frac{c}{90}.$$

Damit folgt die lokale inverse Ungleichung

$$\|\nabla_x\varphi_\ell^B\|_{L_2(\tau_\ell)} \leq \tilde{c}\,h_\ell^{-1}\,\|\varphi_\ell^B\|_{L_2(\tau_\ell)}. \tag{9.18}$$

Für $d=3$ ist schließlich

$$\psi(\xi) = \xi_1\xi_2\xi_3(1-\xi_1-\xi_2-\xi_3)$$

und es ist

$$\|v_\ell^B\|_{L_2(\tau_\ell)} = 6\Delta_\ell \int_\tau [\psi_B(\xi)]^2 d\xi = \frac{1}{415800}\Delta_\ell,$$

bzw.

$$\|\nabla_x v_\ell^B\|^2_{L_2(\tau_\ell)} \leq c\,\Delta_\ell\, h_\ell^{-2}\,\|\nabla_\xi\psi_B\|^2_{L_2(\tau)} = \frac{c}{15120}\,\Delta_\ell\, h_\ell^{-2}$$

und somit folgt auch für $d=3$ die lokale inverse Ungleichung (9.18).

9.3 Ansatzräume

Der klassische Ansatzraum zur näherungsweisen Lösung von Randwertproblemen zweiter Ordnung ist der Raum $\mathcal{S}_h^1(\mathcal{T}_N)$ der **stückweise linearen** und **global stetigen** Funktionen. Bei einer **zulässigen** Unterteilung (9.1) sind diese gerade durch die Funktionswerte $v_k = v_h(x_k)$ in den Knoten x_k der Unterteilung bestimmt. Im finiten Element τ_ℓ gilt dann die lokale Darstellung mittels der Formfunktionen. Offensichtlich ist $\dim \mathcal{S}_h^1(\mathcal{T}_N) = M$ gleich der Anzahl der Knoten der Unterteilung. Eine Basis des Ansatzraumes $\mathcal{S}_h^1(\mathcal{T}_N)$ ist gegeben durch, siehe Abbildung 9.4,

$$\varphi_k^1(x) := \begin{cases} 1 & \text{für } x = x_k, \\ 0 & \text{für } x = x_\ell \neq x_k, \\ \text{linear} & \text{sonst.} \end{cases}$$

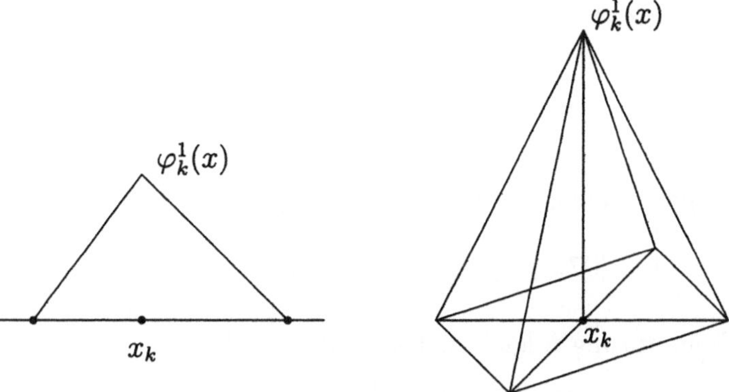

Abbildung 9.4: Lineare Basisfunktionen für $d = 1, 2$.

Für eine beliebige Funktion $v_h \in \mathcal{S}_h^1(\mathcal{T}_N)$ gilt dann die Darstellung

$$v_h(x) = \sum_{k=1}^{M} v_k \varphi_k^1(x).$$

Lemma 9.5 *Für $v_h \in \mathcal{S}_h^1(\mathcal{T}_N)$ gelten die Spektraläquivalenzungleichungen*

$$\frac{1}{(d+1)(d+2)} \sum_{k=1}^{M} \left(\sum_{\ell \in I(k)} \Delta_\ell \right) v_k^2 \le \|v_h\|_{L_2(\mathcal{T}_N)}^2 \le \frac{1}{d+1} \sum_{k=1}^{M} \left(\sum_{\ell \in I(k)} \Delta_\ell \right) v_k^2 .$$

Beweis: Mit Lemma 9.3 ergibt sich

$$\|v_h\|_{L_2(\mathcal{T}_N)}^2 = \sum_{\ell=1}^{N} \|v_h\|_{L_2(\tau_\ell)}^2 \le \sum_{\ell=1}^{N} \frac{\Delta_\ell}{d+1} \sum_{k=1}^{d+1} v_{\ell_k}^2 = \frac{1}{d+1} \sum_{k=1}^{M} \left(\sum_{\ell \in I(k)} \Delta_\ell \right) v_k^2$$

und somit die obere Abschätzung. Die untere Ungleichung folgt analog. ■

Lemma 9.6 *Für eine stückweise lineare Funktion gilt die* **inverse Ungleichung**

$$\|\nabla_x v_h\|^2_{L_2(\mathcal{T}_N)} \leq c_I \sum_{\ell=1}^{N} h_\ell^{-2} \|v_h\|^2_{L_2(\tau_\ell)}.$$

Bei einer global gleichmäßigen Unterteilung $\mathcal{T}_N$ gilt

$$\|\nabla_x v_h\|_{L_2(\mathcal{T}_N)} \leq c\, h^{-1} \|v_h\|_{L_2(\mathcal{T}_N)}. \tag{9.19}$$

Beweis: Die Behauptung folgt sofort aus Lemma 9.4. ∎

Der Nachweis von Approximationseigenschaften des Ansatzraumes $\mathcal{S}_h^1(\mathcal{T}_N)$ erfolgt über Fehlerabschätzungen von verschiedenen Interpolations– und Projektionsoperatoren. Für eine global stetige Funktion $v \in C(\mathcal{T}_N)$ wird durch

$$I_h v(x) := \sum_{k=1}^{M} v(x_k)\varphi_k(x) \in \mathcal{S}_h^1(\mathcal{T}_N) \tag{9.20}$$

die **Interpolierende** im Raum der stückweise linearen Funktionen erklärt.

Lemma 9.7 *Sei $v_{|\tau_\ell} \in H^2(\tau_\ell)$. Dann gilt die* **lokale** *Fehlerabschätzung*

$$\|v - I_h v\|_{L_2(\tau_\ell)} \leq c\, h_\ell^2\, |v|_{H^2(\tau_\ell)}.$$

Beweis: Für die linear Interpolierende gilt mit der Normäquivalenz aus Satz 9.1 zunächst

$$\|v - I_h v\|_{L_2(\tau_\ell)} \leq c\, \Delta_\ell\, \|\widetilde{v}_\ell - I_\tau \widetilde{v}_\ell\|_{L_2(\tau)},$$

wobei I_τ den Interpolationsoperator im Referenzelement τ bezeichnet. Weiterhin ist

$$\|I_\tau \widetilde{v}_\ell\|_{L_2(\tau)} \leq \operatorname{meas}(\tau)\, \|\widetilde{v}_\ell\|_{L_\infty(\tau)}$$

und mit dem Sobolevschen Einbettungssatz (Satz 2.1) folgt

$$\|\widetilde{v}_\ell\|_{L_\infty(\tau)} \leq c\, \|\widetilde{v}_\ell\|_{H^2(\tau)}\,.$$

Somit ist der lineare Operator

$$I_\tau \,:\, H^2(\tau) \to L_2(\tau)$$

beschränkt. Für ein beliebig aber fest gewähltes $w \in L_2(\tau)$ definiert

$$f(u) := \int_\tau [(I - I_\tau)u(\xi)]w(\xi)d\xi$$

ein lineares Funktional. Für $u \in H^2(\tau)$ gilt dann

$$\begin{aligned} |f(u)| &= \left| \int_\tau [(I - I_\tau)u(\xi)]w(\xi)d\xi \right| \\ &\leq \|(I - I_\tau)u\|_{L_2(\tau)} \|w\|_{L_2(\tau)} \leq c\, \|u\|_{H^2(\tau)} \|w\|_{L_2(\tau)} . \end{aligned}$$

Für lineare Funktionen $q \in \Pi_1(\tau)$ ist $I_\tau q = q$ und somit $f(q) = 0$ für alle $q \in \Pi_1(\tau)$. Damit sind die Voraussetzungen von Satz 2.3 (Bramble–Hilbert–Lemma) erfüllt, und es gilt daher

$$|f(u)| \leq \widetilde{c}\, \|w\|_{L_2(\tau)} |u|_{H^2(\tau)} .$$

Für $u := \widetilde{v}_\ell$ und $w := (I - I_\tau)\widetilde{v}_\ell$ ergibt sich

$$\begin{aligned} \|(I - I_\tau)\widetilde{v}_\ell\|^2_{L_2(\tau)} &= \int_\tau [(I - I_\ell)\widetilde{v}_\ell(\xi)]^2 d\xi = \int_\tau [(I - I_\ell)\widetilde{v}_\ell] w(\xi) d\xi \\ &= |f(\widetilde{v}_\ell)| \leq \widetilde{c}\, \|w\|_{L_2(\tau)} |\widetilde{v}_\ell|_{H^2(\tau)} \leq \widetilde{c}\, \|(I - I_\tau)\widetilde{v}_\ell\|_{L_2(\tau)} |\widetilde{v}_\ell|_{H^2(\tau)} \end{aligned}$$

und somit die Abschätzung

$$\|(I - I_\tau)\widetilde{v}_\ell\|_{L_2(\tau)} \leq \widetilde{c}\, |\widetilde{v}_\ell|_{H^2(\tau)} .$$

Insgesamt gilt also

$$\|v - I_h v\|_{L_2(\tau)} \leq c\, \Delta_\ell\, |\widetilde{v}_\ell|_{H^2(\tau)} \leq \hat{c}\, h_\ell^2\, |v|_{H^2(\tau_\ell)}$$

durch Anwendung von Satz 9.1. ■

Als direkte Folgerung ergibt sich nun die **globale** Fehlerabschätzung

$$\|v - I_h v\|^2_{L_2(\mathcal{T}_N)} \leq c \sum_{\ell=1}^N h_\ell^4\, |v|^2_{H^2(\tau_\ell)} . \tag{9.21}$$

In gleicher Weise folgt die Fehlerabschätzung

$$\|v - I_h v\|^2_{H^1(\mathcal{T}_N)} \leq c \sum_{\ell=1}^N h_\ell^2\, |v|^2_{H^2(\tau_\ell)} . \tag{9.22}$$

Die Anwendung des Interpolationsoperators setzt die globale Stetigkeit der zu interpolierenden Funktion voraus. Um diese starke Voraussetzung abschwächen zu können, werden nun durch Variationsprobleme erklärte Projektionsoperatoren betrachtet. Für $u \in L_2(\mathcal{T}_N)$ ist die $\boldsymbol{L_2}$**–Projektion** $Q_h u \in S_h^1(\mathcal{T}_N)$ erklärt als eindeutige Lösung des Variationsproblems

$$\langle Q_h u, v_h \rangle_{L_2(\mathcal{T}_N)} = \langle u, v_h \rangle_{L_2(\mathcal{T}_N)} \quad \text{für alle } v_h \in S_h^1(\mathcal{T}_N). \tag{9.23}$$

Mit der Testfunktion $v_h = Q_h u$ folgt sofort die Stabilitätsabschätzung

$$\|Q_h u\|_{L_2(\mathcal{T}_N)} \leq \|u\|_{L_2(\mathcal{T}_N)} \quad \text{für alle } u \in L_2(\mathcal{T}_N), \tag{9.24}$$

und mit der Galerkin–Orthogonalität

$$\langle u - Q_h u, v_h \rangle_{L_2(\mathcal{T}_N)} = 0 \quad \text{für alle } v_h \in S_h^1(\mathcal{T}_N) \tag{9.25}$$

ergibt sich

$$\begin{aligned} \|u - Q_h u\|^2_{L_2(\mathcal{T}_N)} &= \langle u - Q_h u, u - Q_h u \rangle_{L_2(\mathcal{T}_N)} \\ &= \langle u - Q_h u, u \rangle_{L_2(\mathcal{T}_N)} \\ &\leq \|u - Q_h u\|_{L_2(\mathcal{T}_N)} \|u\|_{L_2(\mathcal{T}_N)} \end{aligned}$$

und somit

$$\|u - Q_h u\|_{L_2(\mathcal{T}_N)} \leq \|u\|_{L_2(\mathcal{T}_N)} \quad \text{für alle } u \in L_2(\mathcal{T}_N). \tag{9.26}$$

Andererseits ist mit der Galerkin–Orthogonalität (9.25)

$$\begin{aligned} \|u - Q_h u\|^2_{L_2(\mathcal{T}_N)} &= \langle u - Q_h u, u - Q_h u \rangle_{L_2(\mathcal{T}_N)} \\ &= \langle u - Q_h u, u - I_h u \rangle_{L_2(\mathcal{T}_N)} \\ &\leq \|u - Q_h u\|_{L_2(\mathcal{T}_N)} \|u - I_h u\|_{L_2(\mathcal{T}_N)} \end{aligned}$$

und somit gilt die Fehlerabschätzung

$$\|u - Q_h u\|^2_{L_2(\mathcal{T}_N)} \leq \|u - I_h u\|^2_{L_2(\mathcal{T}_N)} \leq c \sum_{\ell=1}^{N} h_\ell^4 \, |v|^2_{H^2(\tau_\ell)} \tag{9.27}$$

bzw.

$$\|u - Q_h u\|_{L_2(\mathcal{T}_N)} \leq c\, h^2 \, \|v\|_{H^2(\mathcal{T}_N)}.$$

Durch Interpolation mit der Fehlerabschätzung (9.26) ergibt sich dann die Fehlerabschätzung

$$\|u - Q_h u\|_{L_2(\mathcal{T}_N)} \leq c\, h \, \|v\|_{H^1(\mathcal{T}_N)}. \tag{9.28}$$

Bezeichnet $Q_h^1 : H^1(\mathcal{T}_N) \to S_h^1(\mathcal{T}_N)$ die durch

$$\langle Q_h^1 u, v_h \rangle_{H^1(\mathcal{T}_N)} = \langle u, v_h \rangle_{H^1(\mathcal{T}_N)} \quad \text{für alle } v_h \in S_h^1(\mathcal{T}_N) \tag{9.29}$$

erklärte $\boldsymbol{H^1}$**–Projektion**, so folgt analog die Stabilitätsabschätzung

$$\|Q_h^1 u\|_{H^1(\mathcal{T}_N)} \leq \|u\|_{H^1(\mathcal{T}_N)} \quad \text{für alle } u \in H^1(\mathcal{T}_N) \tag{9.30}$$

und

$$\|u - Q_h^1 u\|_{H^1(\mathcal{T}_N)} \leq \|u\|_{H^1(\mathcal{T}_N)}, \tag{9.31}$$

sowie die Fehlerabschätzung

$$\|u - Q_h^1 u\|^2_{H^1(\mathcal{T}_N)} \leq \|u - I_h u\|^2_{H^1(\mathcal{T}_N)} \leq c \sum_{\ell=1}^{N} h_\ell^2 \, |v|^2_{H^2(\tau_\ell)} \,. \tag{9.32}$$

Damit ergibt sich die Approximationseigenschaft des Ansatzraumes $S_h^1(\mathcal{T}_N)$ der stückweise linearen stetigen Funktionen.

Satz 9.2 *Sei $u \in H^s(\mathcal{T}_N)$ mit $s \in [\sigma, 2]$ mit $\sigma = 0, 1$. Dann gilt die* **Approximationseigenschaft**

$$\inf_{v_h \in S_h^1(\mathcal{T}_N)} \|u - v_h\|_{H^\sigma(\mathcal{T}_N)} \leq c\, h^{s-\sigma} \, |u|_{H^s(\mathcal{T}_N)}. \tag{9.33}$$

Beweis: Für $\sigma = 0$ und $s = 2$ folgt die Behauptung unmittelbar aus der Fehlerabschätzung (9.27). Für $s = 0$ ist die Behauptung gerade die Abschätzung (9.26). Für $s \in (0,2)$ ergibt schließlich die Anwendung des Interpolationssatzes (Satz 2.8) die behauptete Approximationseigenschaft. Für $\sigma = 1$ folgt die Behauptung analog durch Verwendung der Fehlerabschätzung (9.32) sowie von (9.31). ∎

Im folgenden sollen weitere Eigenschaften des H^1–Projektionsoperators Q_h^1 hergeleitet werden, die später benötigt werden.

Lemma 9.8 *Für $s \in (0,1]$ sei $w \in H_0^1(\mathcal{T}_N)$ die eindeutig bestimmte Lösung des Variationsproblems*

$$\langle w, v \rangle_{H^1(\mathcal{T}_N)} = \langle u - Q_h^1 u, v \rangle_{H^{1-s}(\mathcal{T}_N)} \quad \text{für alle } v \in H^1(\mathcal{T}_N). \tag{9.34}$$

Gilt zusätzlich $w \in H^{1+s}(\mathcal{T}_N)$ mit

$$\|w\|_{H^{1+s}(\mathcal{T}_N)} \leq c\,\|u - Q_h^1 u\|_{H^{1-s}(\mathcal{T}_N)},$$

dann folgt die Fehlerabschätzung

$$\|u - Q_h^1 u\|_{H^{1-s}(\mathcal{T}_N)} \leq c\, h^s \, \|u - Q_h^1 u\|_{H^1(\mathcal{T}_N)} \,. \tag{9.35}$$

Beweis: Aus den Voraussetzungen ergibt sich

$$\begin{aligned}
\|u - Q_h^1 u\|^2_{H^{1-s}(\mathcal{T}_N)} &= \langle u - Q_h^1 u, u - Q_h^1 u \rangle_{H^{1-s}(\mathcal{T}_N)} \\
&= \langle w, u - Q_h^1 u \rangle_{H^1(\mathcal{T}_N)} \\
&= \langle w - Q_h^1 w, u - Q_h^1 u \rangle_{H^1(\mathcal{T}_N)} \\
&\leq \|w - Q_h^1 w\|_{H^1(\mathcal{T}_N)} \|u - Q_h^1 u\|_{H^1(\mathcal{T}_N)} \\
&\leq c\, h^s \, |w|_{H^{1+s}(\mathcal{T}_N)} \, \|u - Q_h^1 u\|_{H^1(\mathcal{T}_N)} \\
&\leq \tilde{c}\, h^s \, \|u - Q_h^1 u\|_{H^{1-s}(\mathcal{T}_N)} \|u - Q_h^1 u\|_{H^1(\mathcal{T}_N)}
\end{aligned}$$

und somit die Behauptung. ∎

Bemerkung 9.1 *Der in Lemma 9.8 maximal zulässige Wert $s \in (0,1]$ hängt ab von der Regularität der Unterteilung $\mathcal{T}_N$. Zum Beispiel für eine konvexe Unterteilung $\mathcal{T}_N$ ergibt sich $s = 1$ [37].*

Wegen $S_h^1(\mathcal{T}_N) \subset H^{1+s}(\mathcal{T}_N)$ für $s \in (0, \frac{1}{2})$ ist die H^1–Projektion $Q_h^1 u$ auch für Funktionen $u \in H^{1-s}(\mathcal{T}_N)$ und $s \in (0, \frac{1}{2})$ wohldefiniert. Wie im Beweis von Lemma 9.8 ergibt sich dann die Stabilitätsabschätzung

$$\|Q_h^1 u\|_{H^{1-s}(\mathcal{T}_N)} \leq c\,\|u\|_{H^{1-s}(\mathcal{T}_N)} \quad \text{für alle } u \in H^{1-s}(\mathcal{T}_N). \tag{9.36}$$

Aus der Fehlerabschätzung in Lemma 9.8 für $s = 1$ kann auf die Stabilität der L_2–Projektion in $H^1(\mathcal{T}_N)$ geschlossen werden.

Lemma 9.9 *Seien die Voraussetzungen von Lemma 9.8 für $s = 1$ erfüllt. Dann ist die L_2-Projektion $Q_h : H^1(\mathcal{T}_N) \to S_h^1(\mathcal{T}_N) \subset H^1(\mathcal{T}_N)$ beschränkt, d.h. es gilt*

$$\|Q_h v\|_{H^1(\mathcal{T}_N)} \leq c\,\|v\|_{H^1(\mathcal{T}_N)} \quad \textit{für alle } v \in H^1(\mathcal{T}_N).$$

Beweis: Sei $Q_h^1 : H^1(\mathcal{T}_N) \to S_h^1(\mathcal{T}_N) \subset H^1(\mathcal{T}_N)$ die durch (9.29) erklärte H^1–Projektion. Mit der Dreiecksungleichung, der Stabilitätsabschätzung (9.30), der globalen inversen Ungleichung (9.19) sowie der Projektionseigenschaft $Q_h v_h = v_h$ für alle $v_h \in S_h^1(\mathcal{T}_N)$ folgt

$$\begin{aligned}
\|Q_h v\|_{H^1(\mathcal{T}_N)} &\leq \|Q_h^1 v\|_{H^1(\mathcal{T}_N)} + \|Q_h v - Q_h^1 v\|_{H^1(\mathcal{T}_N)} \\
&\leq \|v\|_{H^1(\mathcal{T}_N)} + c_I\, h^{-1}\, \|Q_h v - Q_h^1 v\|_{L_2(\mathcal{T}_N)} \\
&= \|v\|_{H^1(\mathcal{T}_N)} + c_I\, h^{-1}\, \|Q_h(u - Q_h^1 u)\|_{L_2(\mathcal{T}_N)}.
\end{aligned}$$

Mit der Stabilitätsabschätzung (9.24) für Q_h ergibt sich

$$\|Q_h v\|_{H^1(\mathcal{T}_N)} \leq \|v\|_{H^1(\mathcal{T}_N)} + c_I\, h^{-1}\, \|v - Q_h^1 v\|_{L_2(\mathcal{T}_N)}$$

und die Behauptung folgt aus der Fehlerabschätzung (9.35) für Q_h^1 und der Stabilitätsabschätzung (9.30). ■

Bemerkung 9.2 *Die L_2-Projektion $Q_h : H^1(\mathcal{T}_N) \to S_h^1(\mathcal{T}_N) \subset H^1(\mathcal{T}_N)$ ist auch für lokal adaptiv verfeinerte Unterteilungen beschränkt, wenn das Verhältnis der lokalen Maschenweiten benachbarter Elemente nicht zu stark variiert [15].*

Im folgenden kann stets vorausgesetzt werden, daß die L_2–Projektion stabil in $H^1(\mathcal{T}_N)$ ist. Ein Interpolationsargument liefert dann die Fehlerabschätzung

$$\|u - Q_h u\|_{H^s(\mathcal{T}_N)} \leq c\,h^{1-s}\,\|u\|_{H^1(\mathcal{T}_N)} \quad \text{für alle } u \in H^1(\mathcal{T}_N). \tag{9.37}$$

Aufbauend auf dem Raum der stückweise linearen und global stetigen Funktionen können Ansatzräume **lokal höheren Polynomgrades** eingeführt werden, wobei hier auf eine höhere globale Regularität verzichtet wird.

Für $d = 1$ werden die quadratischen Ansatzfunktionen lokal durch

$$\varphi_\ell^2(x) \;=\; 4\xi(1-\xi) \quad \text{für } x = x_{\ell_1} + \xi\, h_\ell \in \tau_\ell$$

definiert. Für eine beliebige Funktion $v_h \in S_h^2(\mathcal{T}_N)$ gilt dann die Darstellung

$$v_h(x) \;=\; \sum_{k=1}^{M} v_k \varphi_k^1(x) + \sum_{\ell=1}^{N} v_{M+\ell}\varphi_\ell^2(x)$$

und somit $\dim S_h^2(\mathcal{T}_N) = M + N$. Für $d = 2,3$ ist die globale Stetigkeit der quadratischen Ansatzfunktionen φ_ℓ^2 zu gewährleisten. Da die lokal quadratischen Formfunktionen bezüglich den Kanten des Referenzelementes erklärt sind, besteht der Träger der globalen Basisfunktion aus den an die entsprechende Kante angrenzenden finiten Elementen. Sei K die Anzahl aller Kanten der Unterteilung (9.1), dann gilt für $d = 2,3$ die globale Darstellung

$$v_h(x) \;=\; \sum_{k=1}^{M} v_k \varphi_k^1(x) + \sum_{j=1}^{K} v_{M+j}\varphi_j^2(x),$$

sowie die lokale Darstellung

$$v_h(x) \;=\; \sum_{i=1}^{\frac{1}{2}(d+1)(d+2)} v_{\ell_i}\psi_i^2(\xi) \quad \text{für } x = x_{\ell_1} + J_\ell\xi,\ \xi \in \tau.$$

Dabei bezeichnen $\ell_1, \ldots, \ell_{d+1}$ wie zuvor die Indizes der zugehörigen globalen Knoten, während $\ell_{d+2}, \ldots, \ell_{\frac{1}{2}(d+1)(d+2)}$ die Indizes der zugehörigen globalen Kanten beschreiben, vergleiche für $d = 2$ Abbildung 9.3.

Lemma 9.10 *Für $v_h \in S_h^2(\mathcal{T}_N)$ gelten die Spektraläquivalenzungleichungen*

$$c_1 \sum_{k=1}^{\dim S_h^2(\mathcal{T}_N)} d_k v_k^2 \;\le\; \|v_h\|^2_{L_2(\mathcal{T}_N)} \;\le\; c_2 \sum_{k=1}^{\dim S_h^2(\mathcal{T}_N)} d_k v_k^2$$

mit

$$d_k \;:=\; \begin{cases} \sum\limits_{\ell\in I(k)} \Delta_\ell & \text{für } k = 1,\ldots,M, \\ \Delta_{k-M} & \text{für } k = M+1,\ldots,M+N \end{cases}$$

für $d = 1$, sowie

$$d_k \;:=\; \begin{cases} \sum\limits_{\ell\in I(k)} \Delta_\ell & \text{für } k = 1,\ldots,M, \\ \sum\limits_{\ell\in K(k-M)} \Delta_\ell & \text{für } k = M+1,\ldots,M+K \end{cases}$$

für $d = 2,3$.

Beweis: Grundlage sind die lokalen Spektraläquivalenzungleichungen (9.17). Für $d = 1$ ist zunächst[1]

$$\|v_h\|^2_{L_2(\mathcal{T}_N)} = \sum_{\ell=1}^N \|v_h\|^2_{L_2(\tau_\ell)} \simeq \sum_{\ell=1}^N \Delta_\ell \sum_{i=1}^3 v^2_{\ell_i} = \sum_{k=1}^M \left(\sum_{\ell \in I(k)} \Delta_\ell \right) v_k^2 + \sum_{\ell=1}^N \Delta_\ell v^2_{M+\ell}.$$

Für $d = 2, 3$ folgt analog

$$\sum_{\ell=1}^N \|v_h\|^2_{L_2(\tau_\ell)} \simeq \sum_{\ell=1}^N \Delta_\ell \sum_{k=1}^3 v^2_{\ell_k} = \sum_{k=1}^M \left(\sum_{\ell \in I(k)} \Delta_\ell \right) v_k^2 + \sum_{j=1}^K \left(\sum_{\ell \in K(j)} \Delta_\ell \right) v^2_{M+j}.$$

■

Mit $I_h : C(\mathcal{T}_N) \to S^2_h(\mathcal{T}_N)$ wird der **Interpolationsoperator** in den Raum der lokal quadratischen Funktionen bezeichnet. Die Interpolationsknoten sind dabei die M Knoten der Unterteilung (9.1) sowie die N Elementmittelpunkte im Fall $d = 1$ bzw. die K Kantenmittelpunkte im Fall $d = 2, 3$. Lokal quadratische Funktion werden somit durch den Interpolationsoperator I_h exakt dargestellt. Analog zu Lemma 9.7 sowie den globalen Fehlerabschätzungen (9.21) und (9.22) folgen für $u \in H^3(\mathcal{T}_N)$ die Fehlerabschätzungen

$$\|u - I_h u\|_{L_2(\mathcal{T}_N)} \leq c \sum_{\ell=1}^N h_\ell^6 \, |u|^2_{H^3(\tau_\ell)},$$

sowie

$$\|u - I_h u\|_{H^1(\mathcal{T}_N)} \leq c \sum_{\ell=1}^N h_\ell^4 \, |u|^2_{H^3(\tau_\ell)}.$$

Wie im Fall der stückweise linearen Basisfunktion kann schließlich eine globale **Approximationseigenschaft** gezeigt werden.

Satz 9.3 *Sei $u \in H^s(\mathcal{T}_N)$ mit $s \in [\sigma, 3]$ mit $\sigma = 0, 1$. Dann gilt*

$$\inf_{v_h \in S^2_h(\mathcal{T}_N)} \|u - v_h\|_{H^\sigma(\mathcal{T}_N)} \leq c\, h^{s-\sigma} \, |u|_{H^s(\mathcal{T}_N)}.$$

Mit $S^B_h(\mathcal{T}_N) = \text{span}\{\varphi^B_\ell\}^N_{\ell=1}$ wird der globale Ansatzraum der lokalen Bubble–Funktionen bezeichnet. Für eine beliebig gegebene Funktion $v_h \in S^B_h(\mathcal{T}_N)$ gilt die Darstellung

$$v_h(x) = \sum_{\ell=1}^N v^B_\ell \varphi^B_\ell(x)$$

und für eine global gleichmäßige Unterteilung $\mathcal{T}_N$ folgt aus den lokalen inversen Ungleichungen (9.18) die globale inverse Ungleichung

$$\|\nabla v_h\|_{L_2(\mathcal{T}_N)} \leq c_I \, h^{-1} \, \|v_h\|_{L_2(\mathcal{T}_N)} \quad \text{für alle } v_h \in S^B_h(\mathcal{T}_N). \tag{9.38}$$

[1]Die Äquivalenzrelation $A \simeq B$ bedeutet, daß positive Konstanten c_1 und c_2 existieren mit $c_1 A \leq B \leq c_2 A$.

Für eine gegeben Funktion $u \in L_2(\mathcal{T}_N)$ bezeichnet $Q_h^B : L_2(\mathcal{T}_N) \to S_h^B(\mathcal{T}_N)$ die durch

$$\int_{\tau_\ell} Q_h^B v(x)dx = \int_{\tau_\ell} v(x)dx \quad \text{für alle } \ell = 1,\ldots,N \tag{9.39}$$

definierte Projektion in den Ansatzraum $S_h^B(\mathcal{T}_N)$ der Bubble–Funktionen, und es gilt das folgende Stabilitätsergebnis:

Lemma 9.11 *Für $v \in L_2(\mathcal{T}_N)$ sei $Q_h^B v \in S_h^B(\mathcal{T}_N)$ die durch* (9.39) *definierte Projektion. Dann gilt*

$$\|Q_h^B v\|_{L_2(\mathcal{T}_N)} \leq \sqrt{2}\,\|v\|_{L_2(\mathcal{T}_N)}.$$

Beweis: Für die Koeffizienten von $v_h \in S_h^B(\mathcal{T}_N)$ ergibt sich aus (9.39)

$$v_\ell = \frac{c_d}{\Delta_\ell}\int_{\tau_\ell} v(x)dx, \quad c_d = \begin{cases} 6 & \text{für } d=1, \\ 60 & \text{für } d=2, \\ 840 & \text{für } d=3. \end{cases}$$

Daraus folgt

$$\|Q_h^B v\|_{L_2(\tau_\ell)} = |v_\ell|^2\,\|\varphi_\ell^B\|^2_{L_2(\tau_\ell)} = \frac{c_d^2}{\Delta_\ell^2}\frac{\Delta_\ell}{c_d^B}\left[\int_{\tau_\ell} v(x)dx\right]^2$$

mit

$$c_d^B = \begin{cases} 30 & \text{für } d=1, \\ 2520 & \text{für } d=2, \\ 415800 & \text{für } d=3. \end{cases}$$

Mit $\frac{c_d^2}{c_d^B} < 2$ für $d = 1,2,3$ gilt nach Anwendung der Cauchy–Schwarz–Ungleichung somit

$$\|Q_h^B v\|_{L_2(\tau_\ell)} \leq \frac{2}{\Delta_\ell}\left[\int_{\tau_\ell} v(x)dx\right]^2 \leq \frac{2}{\Delta_\ell}\int_{\tau_\ell} dx \int_{\tau_\ell} [v(x)]^2 dx = 2\,\|v\|^2_{L_2(\tau_\ell)}.$$

Die Summation über alle finiten Elemente liefert die Behauptung. ∎

9.4 Quasi–Interpolationsoperatoren

Für eine gegebene Funktion $v \in H^1(\mathcal{T}_N)$ wird durch (9.20) die Interpolierende im Raum der stückweise linearen Funktionen definiert. Nach Lemma 9.7 gilt für $v \in H^2(\mathcal{T}_N)$ die **lokale** Fehlerabschätzung

$$\|v - I_h v\|_{L_2(\tau_\ell)} \leq c\,h_\ell^2\,|v|_{H^2(\tau_\ell)}.$$

Dabei muß die Stetigkeit der zu interpolierenden Funktion vorausgesetzt werden. Insbesondere ist der Interpolationsoperator I_h für allgemeines $v \in H^1(\mathcal{T}_N)$ und $d = 2,3$ nicht definiert und erklärt somit keine stetige Abbildung in $H^1(\mathcal{T}_N)$. Andererseits definiert die in (9.23) erklärte L_2–Projektion

$$Q_h : L_2(\mathcal{T}_N) \to \mathcal{S}_h^1(\mathcal{T}_N) \subset L_2(\mathcal{T}_N)$$

wegen (9.24) eine beschränkte Abbildung, und es gilt die **globale** Fehlerabschätzung (9.27),

$$\|u - Q_h u\|_{L_2(\mathcal{T}_N)} \leq c\, h^2\, |u|_{H^2(\mathcal{T}_N)}.$$

Nach Bemerkung 9.2 ist die L_2–Projektion $Q_h : H^1(\mathcal{T}_N) \to \mathcal{S}_h^1(\mathcal{T}_N) \subset H^1(\mathcal{T}_N)$ beschränkt, aber es kann keine lokale Fehlerabschätzung abgeleitet werden. Ziel ist deshalb die Konstruktion eines beschränkten Projektionsoperators $P_h : H^1(\mathcal{T}_N) \to \mathcal{S}_h^1(\mathcal{T}_N) \subset H^1(\mathcal{T}_N)$, welcher einer lokalen Fehlerabschätzung genügt. Dies führt auf das Konzept von **Quasi–Interpolationsoperatoren** [22].
Für jeden Knoten x_k der **lokal** gleichmäßigen Unterteilung $\mathcal{T}_N$ ist

$$\overline{\omega}_k := \bigcup_{\ell \in I(k)} \overline{\tau}_\ell$$

der konvexe Träger der zugehörigen stückweise linearen Basisfunktion $\varphi_k^1 \in \mathcal{S}_h^1(\mathcal{T}_N)$. Mit $\hat{h}_k$ wird die mittlere Maschenweite von ω_k bezeichnet, welche für eine lokal gleichmäßige Unterteilung äquivalent zur lokalen Maschenweite der finiten Elemente τ_ℓ mit $\ell \in I(k)$ ist. Dann bezeichnet $Q_h^k : L_2(\omega_k) \to \mathcal{S}_h^1(\omega_k)$ die **lokale L_2–Projektion** definert durch

$$\langle Q_h^k u, v_h \rangle_{L_2(\omega_k)} = \langle u, v_h \rangle_{L_2(\omega_k)} \quad \text{für alle } v_h \in \mathcal{S}_h^1(\omega_k)$$

und nach (9.27) gilt die Fehlerabschätzung

$$\|u - Q_h^k u\|_{L_2(\omega_k)} \leq c\, \hat{h}_k\, |u|_{H^1(\omega_k)}$$

Wie in (9.24) gilt die Stabilitätsabschätzung

$$\|Q_h^k u\|_{L_2(\omega_k)} \leq \|u\|_{L_2(\omega_k)} \quad \text{für alle } u \in L_2(\omega_k)$$

und nach Lemma 9.9 gilt

$$\|Q_h^k u\|_{H^1(\omega_k)} \leq c\, \|u\|_{H^1(\omega_k)} \quad \text{für alle } u \in H^1(\omega_k).$$

Mit Hilfe der lokalen Projektionsoperatoren Q_h^k wird durch

$$(P_h u)(x) = \sum_{k=1}^{M} (Q_h^k u)(x_k)\, \varphi_k^1(x)$$

eine **Quasi–Interpolationsoperator** oder **Clement–Operator** definiert. Man prüft leicht nach, daß $P_h v_h = v_h \in \mathcal{S}_h^1(\mathcal{T}_N)$ gilt.

Satz 9.4 [15, 22, 81] *Für $u \in H^1(\mathcal{T}_N)$ gilt die lokale Fehlerabschätzung*

$$\|u - P_h u\|_{L_2(\tau_\ell)} \leq c \sum_{k \in J(\ell)} \hat{h}_k \, |u|_{H^1(\omega_k)} \quad \text{für alle } \ell = 1, \ldots, N, \tag{9.40}$$

sowie die globale Stabilitätsabschätzung

$$\|P_h u\|_{H^1(\mathcal{T}_N)} \leq c \, \|u\|_{H^1(\mathcal{T}_N)}. \tag{9.41}$$

Beweis: Sei τ_ℓ ein beliebig aber fest gewähltes finites Element und sei $\widetilde{k} \in J(\ell)$ ein beliebig fixierter Index. Für $x \in \tau_\ell$ gilt die Darstellung

$$(P_h)(x) = (Q_h^{\widetilde{k}} u)(x) + \sum_{k \in J(\ell), k \neq \widetilde{k}} [(Q_h^k u)(x_k) - (Q_h^{\widetilde{k}})(x_k)] \varphi_k^1(x).$$

Mit Lemma 9.3 gilt

$$\|\varphi_k\|_{L_2(\tau_\ell)} \leq \frac{\Delta_\ell}{d+1},$$

und somit folgt

$$\|u - P_h u\|_{L_2(\tau_\ell)} \leq c_1 \, \hat{h}_{\bar{k}} \, |u|_{H^1(\omega_{\bar{k}})} + c_2 \, h_\ell^{d/2} \sum_{k \in J(\ell), k \neq \bar{k}} |(Q_h^k u)(x_k) - (Q_h^{\bar{k}} u)(x_k)| \, .$$

Für beliebiges $v_h \in S_h^1(\mathcal{T}_N)$ ergibt sich mit Folgerung 9.1

$$\|v_h\|_{L_\infty(\tau_\ell)} \leq c \, h_\ell^{-d/2} \, \|v_h\|_{L_2(\tau_\ell)}.$$

Damit ist

$$\begin{aligned}
|(Q_h^k u)(x_k) - (Q_h^{\bar{k}} u)(x_k)| &\leq \|Q_h^k u - Q_h^{\bar{k}} u\|_{L_\infty(\tau_\ell)} \\
&\leq c \, h_\ell^{-d/2} \, \|Q_h^k u - Q_h^{\bar{k}} u\|_{L_2(\tau_\ell)} \\
&\leq c \, h_\ell^{-d/2} \left\{ \|Q_h^k u - u\|_{L_2(\tau_\ell)} + \|u - Q_h^{\bar{k}}\|_{L_2(\tau_\ell)} \right\} \\
&\leq c \, h_\ell^{-d/2} \left\{ h_k \, |u|_{H^1(\omega_k)} + h_{\bar{k}} \, |u|_{H^1(\omega_{\bar{k}})} \right\},
\end{aligned}$$

woraus unmittelbar (9.40) folgt. Die Stabilitätsabschätzung (9.41) ergibt sich analog. ∎

Kapitel 10

Randelemente

Zur Diskretisierung der in Kapitel 7 aufgestellten Randintegralgleichungen werden nun geeignete endlich–dimensionale Ansatzräume eingeführt. Dies basiert auf einer Parameter–Darstellung des Randes $\Gamma = \partial\Omega$ und der Verwendung finiter Elemente im Parametergebiet. Damit können Randelemente als finite Elemente auf dem Rand interpretiert werden.

10.1 Referenzelemente

Sei $\Gamma = \partial\Omega$ ein stückweise glatter Lipschitz–Rand mit $\overline{\Gamma} = \bigcup_{j=1}^{J} \overline{\Gamma}_j$, wobei jedes Randstück Γ_j durch eine lokale Parameterdarstellung $\Gamma_j = \chi_j(\mathcal{Q})$ bezüglich eines Referenzbereiches $\mathcal{Q} \subset \mathbb{R}^{d-1}$ gegeben sei. Dabei gelte

$$c_1^\chi \leq |\det\chi_j(\xi)| \leq c_2^\chi \quad \text{für alle } \xi \in \mathcal{Q}, j = 1, \ldots, J. \tag{10.1}$$

Betrachtet wird eine **Folge** $\{\Gamma_N\}_{N\in\mathbb{N}}$ von **Unterteilungen**

$$\Gamma_N = \bigcup_{\ell=1}^{N} \overline{\tau}_\ell \tag{10.2}$$

mit **Randelementen** τ_ℓ. Für jedes τ_ℓ existiere dabei genau ein j mit $\tau_\ell \subset \Gamma_j$. Eine Zerlegung des Randstückes Γ_j in Randelemente τ_ℓ impliziert dabei eine Zerlegung des Parameterbereiches $\mathcal{Q}$ in Elemente q_ℓ^j mit $\tau_\ell = \chi_j(q_\ell^j)$. Im einfachsten Fall seien die Randelemente τ_ℓ für $d = 2$ durch Geradenstücke bzw. für $d = 3$ durch ebene Dreiecke gegeben, siehe Abbildung 10.1.

Beispiel 10.1 *Die Randkurve des in Abbildung* 10.1 *für* $d = 2$ *dargestellten L–Gebietes kann durch folgende Parameterdarstellung für* $\xi \in \mathcal{Q} = (0,1)$ *dargestellt*

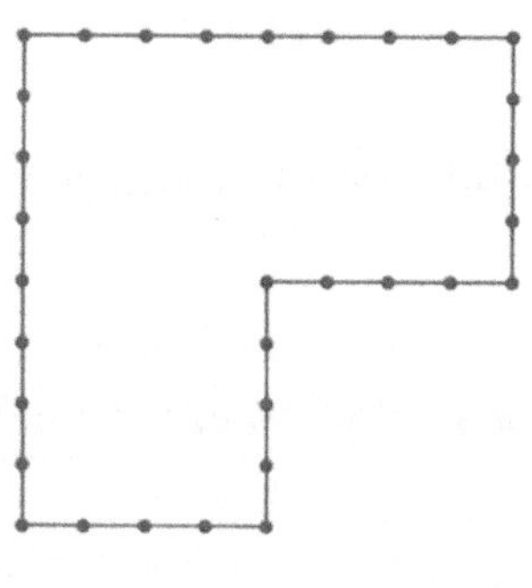

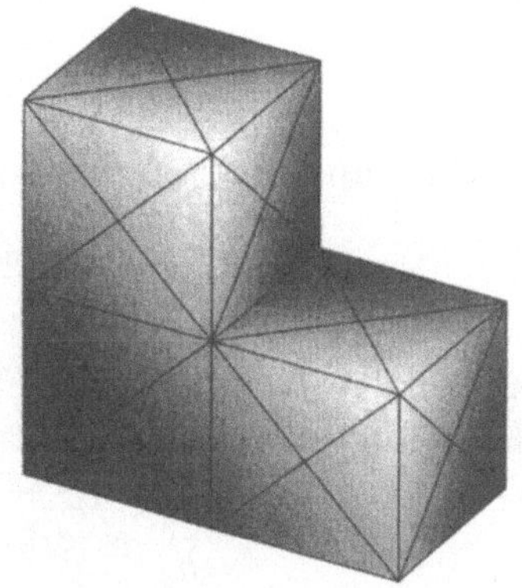

Abbildung 10.1: Randdiskretisierung mit 32 bzw. 56 Randelementen.

werden:

$$\chi_1(\xi) = \begin{pmatrix} \frac{\xi}{4} \\ 0 \end{pmatrix}, \quad \chi_2(\xi) = \begin{pmatrix} \frac{1}{4} \\ \frac{\xi}{4} \end{pmatrix}, \quad \chi_3(\xi) = \begin{pmatrix} \frac{1-2\xi}{4} \\ \frac{1}{4} \end{pmatrix},$$

$$\chi_4(\xi) = \begin{pmatrix} -\frac{1}{4} \\ \frac{1-2\xi}{4} \end{pmatrix}, \quad \chi_5(\xi) = \begin{pmatrix} \frac{\xi-1}{4} \\ -\frac{1}{4} \end{pmatrix}, \quad \chi_6(\xi) = \begin{pmatrix} 0 \\ \frac{\xi-1}{4} \end{pmatrix}.$$

Für $j = 1, 2, 5, 6$ ist der Parameterbereich $\mathcal{Q} = (0,1)$ zum Beispiel in 4 gleich große Elemente q_ℓ^j aufgeteilt, während für $j = 3, 4$ jeweils 8 Elemente q_ℓ^j auftreten.

Mit $\{x_k\}_{k=1}^M$ wird die Menge aller **Knoten** der Randdiskretisierung Γ_h bezeichnet. Die Indexmenge $I(k)$ beschreibt alle Randelemente τ_ℓ mit dem Knoten x_k, während $J(\ell)$ die Indexmenge aller zum Randelement τ_ℓ gehörenden Knoten x_k kennzeichnet. Für $d = 3$ heißt die Randdiskretisierung (10.2) **zulässig**, falls zwei benachbarte Randelemente entweder einen Knoten oder eine Kante gemeinsam haben, vergleiche auch Abbildung 9.2. Analog zu (9.2) ist

$$\Delta_\ell := \int_{\tau_\ell} ds_x$$

das **Volumen** sowie

$$h_\ell := \Delta_\ell^{1/(d-1)}$$

die **lokale Maschenweite** des Randelements τ_ℓ. Dann definiert

$$h := \max_{\ell=1,\ldots,N} h_\ell$$

die **globale Maschenweite** der Randzerlegung (10.2). Weiterhin bezeichnet

$$d_\ell := \sup_{x,y\in\tau_\ell} |x-y|$$

den **Durchmesser** des Randelements τ_ℓ. Sei schließlich

$$h_{\min} := \min_{\ell=1,\ldots,N} h_\ell.$$

Die Familie von Randiskretisierungen (10.2) heißt **global gleichmäßig**, falls

$$\frac{h_{\max}}{h_{\min}} \leq c_G$$

mit einer globalen Konstanten $c_G \geq 1$ unabhängig von $N \in I\!N$ gilt. Die Familie heißt **lokal gleichmäßig**, falls

$$\frac{h_\ell}{h_j} \leq c_L \quad \text{für } \ell = 1, \ldots, N$$

für alle zu τ_ℓ benachbarten Elemente τ_j gilt. Hierbei heißen zwei Elemente τ_ℓ und τ_j **benachbart**, falls ihr Durchschnitt $\overline{\tau}_\ell \cap \overline{\tau}_j$ entweder aus einem Knoten oder einer Kante besteht.
Für $d = 2$ ist das Randelement τ_ℓ mit den Knoten x_{ℓ_1} und x_{ℓ_2} gegeben durch die Parameterdarstellung

$$x(\xi) \;=\; x_{\ell_1} + \xi(x_{\ell_2} - x_{\ell_1}) \quad \text{für } \xi \in \tau = (0,1)$$

mit dem **Referenzelement** $\tau = (0,1)$, und es gilt

$$d_\ell = h_\ell = \Delta_\ell \;=\; \int\limits_{\tau_\ell} ds_x \;=\; \int\limits_0^1 \sqrt{[x_1'(\xi)]^2 + [x_2'(\xi)]^2} d\xi \;=\; |x_{\ell_2} - x_{\ell_1}|\,.$$

Für $d = 3$ sind die Randelemente τ_ℓ als Dreiecke durch die Eckpunkte x_{ℓ_1}, x_{ℓ_2} und x_{ℓ_3} gegeben. Die Parameterdarstellung bezüglich dem **Referenzelement**

$$\tau \;:=\; \left\{\xi \in I\!R^2 \,:\, 0 < \xi_1 < 1, 0 < \xi_2 < 1 - \xi_1\right\}$$

lautet

$$x(\xi) \;=\; x_{\ell_1} + \xi_1(x_{\ell_2} - x_{\ell_1}) + \xi_2(x_{\ell_3} - x_{\ell_1}) \quad \text{für } \xi \in \tau.$$

Für den Flächeninhalt folgt

$$\Delta_\ell \;=\; \int\limits_{\tau_\ell} ds_x \;=\; \int\limits_\tau \sqrt{EG - F^2} d\xi \;=\; \frac{1}{2}\sqrt{EG - F^2}$$

mit

$$\begin{aligned}
E &= \sum_{i=1}^3 \left[\frac{\partial}{\partial \xi_1} x_i(\xi)\right]^2 = |x_{\ell_2} - x_{\ell_1}|^2, \\
G &= \sum_{i=1}^3 \left[\frac{\partial}{\partial \xi_2} x_i(\xi)\right]^2 = |x_{\ell_3} - x_{\ell_1}|^2, \\
F &= \sum_{i=1^3} \frac{\partial}{\partial \xi_1} x_i(\xi) \frac{\partial}{\partial \xi_2} x_i(\xi) \;=\; (x_{\ell_2} - x_{\ell_1}, x_{\ell_3} - x_{\ell_1})\,.
\end{aligned}$$

Für $d = 3$ wird die **Formregularität** der Randelemente τ_ℓ vorausgesetzt, d.h. es existiert eine nicht von der Randzerlegung abhängige Konstante c_B mit

$$d_\ell \leq c_B h_\ell \quad \text{für alle } \ell = 1, \ldots, N. \tag{10.3}$$

Mit

$$J_\ell = \begin{pmatrix} x_{\ell_2,1} - x_{\ell_1,1} & x_{\ell_3,1} - x_{\ell_1,1} \\ x_{\ell_2,2} - x_{\ell_1,2} & x_{\ell_3,2} - x_{\ell_1,2} \\ x_{\ell_2,3} - x_{\ell_1,3} & x_{\ell_3,3} - x_{\ell_1,3} \end{pmatrix}$$

gilt für eine in $x \in \tau_\ell$ definierte Funktion $v(x)$ die Darstellung

$$v(x) = v(x_{\ell_1} + J_\ell \xi) =: \widetilde{v}_\ell(\xi) \quad \text{für } \xi \in \tau.$$

Umgekehrt kann eine in $\xi \in \tau$ definierte Funktion $\widetilde{v}(\xi)$ durch

$$v_\ell(x) := v(x_{\ell_1} + J_\ell \xi) = \widetilde{v}(\xi) \quad \text{für } \xi \in \tau$$

auf das Randelement τ_ℓ übertragen werden. Für $d = 2$ ist

$$\|v\|^2_{L_2(\tau_\ell)} = \int_{\tau_\ell} |v(x)|^2 ds_x = \int_\tau |\widetilde{v}_\ell(\xi)|^2 h_\ell d\xi = \Delta_\ell \, \|\widetilde{v}_\ell\|^2_{L_2(\tau)}$$

und für $d = 3$ gilt entsprechend

$$\|v\|^2_{L_2(\tau_\ell)} = \int_{\tau_\ell} |v(x)|^2 ds_x = 2\Delta_\ell \int_\tau |\widetilde{v}_\ell(\xi)|^2 d\xi = 2\Delta_\ell \, \|\widetilde{v}_\ell\|^2_{L_2(\tau)}.$$

Für die Definition von Sobolev–Räumen $H^s(\Gamma)$ für $s \geq 1$ ist gemäß Kapitel 2.5 auf die Parameterdarstellung $\Gamma_j = \chi_j(Q)$ zurückzugreifen. Insbesondere ist

$$|v|^2_{H^1(\tau_\ell)} := \int_{q^j_\ell} |\nabla_\xi v(\chi_j(\xi))|^2 d\xi$$

und es gilt

$$\Delta_\ell = \int_{\tau_\ell} ds_x = \int_{q^j_\ell} \det|\chi_j(\xi)| \, d\xi.$$

10.2 Ansatzräume

Bezüglich der Randzerlegung (10.2) werden nun Ansatzräume lokal polynomialer Funktionen eingeführt. Dabei wird sich im wesentlichen auf den Raum $S^0_h(\Gamma)$ der stückweise konstanten Funktionen, bzw. auf den Raum $S^1_h(\Gamma)$ der stückweise linearen, global stetigen Funktionen beschränkt. Durch die Betrachtung geeigneter Interpolations- und Projektionsoperatoren werden Approximationseigenschaften dieser Ansatzräume abgeleitet.

Sei

$$S_h^0(\Gamma) := \text{span}\{\varphi_k^0\}_{k=1}^N.$$

der Raum der bezüglich der Randzerlegung (10.2) **stückweise konstanten** Basisfunktionen

$$\varphi_k^0(x) = \begin{cases} 1 & \text{für } x \in \tau_k, \\ 0 & \text{sonst.} \end{cases}$$

Für eine auf Γ definierte Funktion $u \in L_2(\Gamma)$ ist die **L_2–Projektion** $Q_h u \in S_h^0(\Gamma)$ definiert als eindeutige Lösung des Variationsproblems

$$\langle Q_h u, v_h \rangle_{L_2(\Gamma)} = \langle u, v_h \rangle_{L_2(\Gamma)} \quad \text{für alle } v_h \in S_h^0(\Gamma). \tag{10.4}$$

Dies ist äquivalent zur Bestimmung des Koeffizientenvektors $\underline{u} \in I\!R^N$ als Lösung von

$$\sum_{k=1}^N u_k \langle \varphi_k^0, \varphi_\ell^0 \rangle_{L_2(\Gamma)} = \langle u, \psi_\ell \rangle_{L_2(\Gamma)} \quad \text{für } \ell = 1, \ldots, N.$$

Wegen

$$\langle \varphi_k^0, \varphi_\ell^0 \rangle_{L_2(\Gamma)} = \int_{\Gamma_h} \varphi_k^0(x) \varphi_\ell^0(x) ds_x = \begin{cases} \Delta_k & \text{für } k = \ell, \\ 0 & \text{für } k \neq \ell \end{cases}$$

folgt zur Bestimmung der Koeffizienten

$$u_k = \frac{1}{\Delta_k} \int_{\tau_k} u(x) ds_x \quad \text{für } k = 1, \ldots, N.$$

Satz 10.1 *Sei $u \in H^s(\Gamma)$ mit $s \in [0,1]$ beliebig gegeben. Für die durch* (10.4) *erklärte L_2–Projektion $Q_h u \in S_h^0(\Gamma)$ gelten die Fehlerabschätzungen*

$$\|u - Q_h u\|_{L_2(\Gamma)}^2 \leq c \sum_{k=1}^N h_k^{2s} \, |u|_{H^s(\tau_k)}^2 \tag{10.5}$$

bzw.

$$\|u - Q_h u\|_{L_2(\Gamma)} \leq c\, h^s \, |u|_{H^s(\Gamma)}. \tag{10.6}$$

Beweis: Aus der Galerkin–Orthogonalität

$$\langle u - Q_h u, v_h \rangle_{L_2(\Gamma)} = 0 \quad \text{für alle } v_h \in S_h^0(\Gamma)$$

ergibt sich wegen

$$\begin{aligned} \|u - Q_h u\|_{L_2(\Gamma)}^2 &= \langle u - Q_h u, u - Q_h u \rangle_{L_2(\Gamma)} \\ &= \langle u - Q_h u, u \rangle_{L_2(\Gamma)} \leq \|u - Q_h u\|_{L_2(\Gamma)} \|u\|_{L_2(\Gamma)} \end{aligned}$$

mit

$$\|u - Q_h u\|_{L_2(\Gamma)} \leq \|u\|_{L_2(\Gamma)}$$

die behauptete Fehlerabschätzung für $s = 0$.

Sei nun $s \in (0,1)$. Für $x \in \tau_k$ ist $Q_h u(x) = u_k$ und somit gilt

$$u(x) - Q_h u(x) = \frac{1}{\Delta_k} \int_{\tau_k} [u(x) - u(y)] ds_y \quad \text{für } x \in \tau_k.$$

Quadrieren und Anwendung der Cauchy–Schwarz–Ungleichung ergibt

$$\begin{aligned}
|u(x) - Q_h u(x)|^2 &= \frac{1}{\Delta_k^2} \left(\int_{\tau_k} [u(x) - u(y)] ds_y \right)^2 \\
&= \frac{1}{\Delta_k^2} \left(\int_{\tau_k} \frac{[u(x) - u(y)]}{|x-y|^{\frac{d-1}{2}+s}} |x-y|^{\frac{d-1}{2}+s} ds_y \right)^2 \\
&\leq \frac{1}{\Delta_k^2} \int_{\tau_k} \frac{[u(x) - u(y)]^2}{|x-y|^{d-1+2s}} ds_y \int_{\tau_k} |x-y|^{d-1+2s} ds_y \\
&\leq d_k^{d-1+2s} \frac{1}{\Delta_k} \int_{\tau_k} \frac{|u(x) - u(y)|^2}{|x-y|^{d-1+2s}} ds_y.
\end{aligned}$$

Mit der Formregularität (10.3) und $\Delta_k = h_k^{d-1}$ lassen sich d_k und Δ_k durch h_k ersetzen,

$$|u(x) - Q_h u(x)|^2 \leq c_B^{d-1+2s} h_k^{2s} \int_{\tau_k} \frac{[u(x) - u(y)]^2}{|x-y|^{d-1+2s}} ds_y.$$

Durch Integration bezüglich $x \in \tau_k$ ergibt sich

$$\|u - Q_h u\|^2_{L_2(\tau_k)} \leq c_B^{d-1+2s} h_k^{2s} |u|^2_{H^s(\tau_k)},$$

und durch Summation folgt die Behauptung für $s \in (0,1)$.
Ausgangspunkt für $s = 1$ ist die oben abgeleitete Beziehung

$$u(x) - Q_h u(x) = \frac{1}{\Delta_k} \int_{\tau_k} [u(x) - u(y)] ds_y \quad \text{für } x \in \tau_k.$$

Mit $\tau_k = \chi_j(q_k^j)$ ergibt sich daraus

$$u(x) - Q_h u(x) = \frac{1}{\Delta_k} \int_{q_k^j} [u(\chi_j(\xi)) - u(\chi_j(\eta))] |\det \chi_j(\eta)| \, d\eta. \tag{10.7}$$

Für $d = 2$ gilt

$$u(x) - Q_h u(x) = \frac{1}{\Delta_k} \int_{q_k^j} \int_{\eta}^{\xi} \nabla_t u(\chi_j(t)) dt |\det \chi_j(\eta)| \, d\eta$$

und in der Folge

$$\begin{aligned} |u(x) - Q_h u(x)| &\leq \frac{1}{\Delta_k} \int\limits_{q_k^j} \int\limits_{q_k^j} |\nabla_t u(\chi_j(t))| dt |\det \chi_j(\eta)| \, d\eta \\ &= \frac{1}{\Delta_k} \int\limits_{q_k^j} |\det \chi_j(\eta)| \, d\eta \int\limits_{q_k^j} |\nabla_t u(\chi_j(t))| dt \\ &= \int\limits_{q_k^j} |\nabla_\xi u(\chi_j(\xi))| d\xi . \end{aligned}$$

Quadrieren und Anwendung der Cauchy–Schwarz–Ungleichung liefert unter Berücksichtigung von (10.1)

$$\begin{aligned} |u(x) - Q_h u(x)|^2 &= \left| \int\limits_{q_k^j} |\nabla_\xi u(\chi_j(\xi))| d\xi \right|^2 \leq \int\limits_{q_k^j} d\xi \int\limits_{q_k^j} |\nabla_\xi u(\chi_j(\xi))|^2 d\xi \\ &\leq \frac{1}{c_1^\chi} \int\limits_{q_k^j} |\det \chi_j(\xi)| d\xi \, |u|^2_{H^1(\tau_\ell)} = \frac{1}{c_1^\chi} \Delta_k \, |u|^2_{H^1(\tau_k)} . \end{aligned}$$

Integration über τ_k liefert mit $\Delta_k = h_k$ für $d = 2$

$$\int\limits_{\tau_k} [u(x) - Q_h u(x)]^2 ds_x \leq \frac{1}{c_1^\chi} h_k^2 \, |u|^2_{H^1(\tau_k)}$$

und Summation über alle Randelemente τ_k ergibt dann die Behauptung für $s = 1$ und $d = 2$.

Für $d = 3$ gilt die Taylor–Entwicklung

$$u(\chi_j(\xi)) - u(\chi_j(\eta)) = \nabla_\eta u(\chi_j(\eta^*)) \cdot (\xi - \eta)$$

mit einer Zwischenstelle $\eta^* = \eta + t(\xi - \eta)$, $t \in (0, 1)$. Dann folgt aus der Darstellung (10.7)

$$\begin{aligned} u(x) - Q_h u(x) &= \frac{1}{\Delta_k} \int\limits_{q_k^j} [u(\chi_j(\xi)) - u(\chi_j(\eta))] |\det \chi_j(\eta)| \, d\eta \\ &= \frac{1}{\Delta_k} \int\limits_{q_k^j} \nabla_\eta u(\chi_j(\eta^*)) \cdot (\xi - \eta) \, |\det \chi_j(\eta)| \, d\eta . \end{aligned}$$

Quadrieren ergibt

$$|u(x) - Q_h u(x)|^2 \leq \frac{1}{\Delta_k^2} \left(\int\limits_{q_k^j} \nabla_\eta u(\chi_j(\eta^*)) \cdot (\xi - \eta) |\det \chi_j(\eta)| \, d\eta \right)^2 ,$$

und die Anwendung der Cauchy–Schwarz–Ungleichung liefert

$$\begin{aligned} |u(x) - Q_h u(x)|^2 &\leq \frac{1}{\Delta_k^2} \int\limits_{q_k^j} |\nabla_\eta u(\chi_j(\eta^*))|^2 d\eta \int\limits_{q_k^j} |\xi - \eta|^2 |\det \chi_j(\eta)|^2 d\eta \\ &\leq c \int\limits_{q_k^j} |\nabla_\eta u(\chi_j(\eta))|^2 d\eta. \end{aligned}$$

Durch Integration über Δ_k folgt

$$\int\limits_{\tau_k} [u(x) - Q_h u(x)]^2 ds_x \leq c\,\Delta_k\, |u|^2_{H^1(\tau_k)}$$

und wegen $\Delta_k = h_k^2$ für $d = 3$ ist

$$\|u - Q_h u\|^2_{L_2(\tau_k)} \leq c\, h_k^2\, |u|^2_{H^1(\tau_k)}.$$

Die Summation über alle Randelemente τ_k liefert schließlich die Behauptung. ∎

Folgerung 10.1 *Sei $u \in H^s(\Gamma)$ mit $s \in [0,1]$ beliebig gegeben. Für $\sigma \in [-1,0)$ gilt die Fehlerabschätzung*

$$\|u - Q_h u\|_{H^\sigma(\Gamma)} \leq c\, h^{-2\sigma} \sum_{k=1}^N h_k^{2s}\, |u|^2_{H^s(\tau_k)}$$

bzw.

$$\|u - Q_h u\|_{H^\sigma(\Gamma)} \leq c\, h^{s-\sigma}\, |u|_{H^s(\Gamma)}. \tag{10.8}$$

Beweis: Für $\sigma \in [-1,0)$ gilt wegen der Dualität, der Definition (10.4) der L_2–Projektion und durch Anwendung der Cauchy–Schwarz–Ungleichung

$$\begin{aligned} \|u - Q_h u\|_{H^\sigma(\Gamma)} &= \sup_{0 \neq v \in H^{-\sigma}(\Gamma)} \frac{|\langle u - Q_h u, v\rangle_{L_2(\Gamma)}|}{\|v\|_{H^{-\sigma}(\Gamma)}} \\ &= \sup_{0 \neq v \in H^{-\sigma}(\Gamma)} \frac{|\langle u - Q_h u, v - Q_h v\rangle_{L_2(\Gamma)}|}{\|v\|_{H^{-\sigma}(\Gamma)}} \\ &\leq \|u - Q_h u\|_{L_2(\Gamma)} \sup_{0 \neq v \in H^{-\sigma}(\Gamma)} \frac{\|v - Q_h v\|_{L_2(\Gamma)}}{\|v\|_{H^{-\sigma}(\Gamma)}}. \end{aligned}$$

Mit der Fehlerabschätzung (10.5) für $\|u - Q_h u\|_{L_2(\Gamma)}$ bzw. der Abschätzung (10.6) für $\|v - Q_h v\|_{L_2(\Gamma)}$ folgen die Behauptungen. ∎

Zusammenfassend gilt die **Approximationseigenschaft** des Ansatzraumes $S_h^0(\Gamma)$ der stückweise konstanten Basisfunktionen.

Satz 10.2 *Sei $\sigma \in [-1,0]$. Für $u \in H^s(\Gamma)$ mit $s \in [\sigma,1]$ gilt die Approximationseigenschaft*

$$\inf_{v_h \in S_h^0(\Gamma)} \|u - v_h\|_{H^\sigma(\Gamma)} \leq c\, h^{s-\tau}\, |u|_{H^s(\Gamma)}. \tag{10.9}$$

Beweis: Für $\sigma \in [-1,0]$ und $s \in [0,1]$ ist die Behauptung gerade die Aussage von Satz 10.1 und Folgerung 10.1. Zu zeigen bleibt die Behauptung für $\sigma \in [-1,0)$ und $s \in [\sigma,0)$. Für $u \in H^\sigma(\Gamma)$ sei $Q_h^\sigma u \in S_h^0(\Gamma) \subset H^\sigma(\Gamma) \subset L_2(\Gamma)$ die durch die Variationsformulierung

$$\langle Q_h^\sigma u, v_h\rangle_{H^\sigma(\Gamma)} = \langle u, v_h\rangle_{H^\sigma(\Gamma)} \quad \text{für alle } v_h \in S_h^0(\Gamma)$$

definierte ***$H^\sigma(\Gamma)$*–Projektion**. Wie im Fall der L_2–Projektion folgt die Fehlerabschätzung für $s = \sigma$,

$$\|u - Q_h^\sigma u\|_{H^\sigma(\Gamma)} \leq \|u\|_{H^\sigma(\Gamma)}.$$

Damit ist $I - Q_h^\sigma : H^\sigma(\Gamma) \to H^\sigma(\Gamma)$ ein beschränkter Operator mit der Norm

$$\|I - Q_h^\sigma\|_{H^\sigma(\Gamma)\to H^\sigma(\Gamma)} \leq 1.$$

Andererseits gilt mit (10.6) und $s = 0$

$$\|u - Q_h^\sigma u\|_{H^\sigma(\Gamma)} \leq \|u - Q_h u\|_{H^\sigma(\Gamma)} \leq c\, h^{-\sigma}\, \|u\|_{L_2(\Gamma)}.$$

Somit ist $I - Q_h^\sigma : L_2(\Gamma) \to H^\sigma(\Gamma)$ beschränkt mit

$$\|I - Q_h^\sigma\|_{L_2(\Gamma)\to H^\sigma(\Gamma)} \leq c\, h^{-\sigma}.$$

Nach dem Interpolationssatz (Satz 2.8 und Bemerkung 2.1) ist der Operator $I - Q_h^\sigma : H^s(\Gamma) \to H^\sigma(\Gamma)$ beschränkt für alle $s \in [\sigma, 0]$ und für die zugehörige Operatornorm gilt

$$\begin{aligned}\|I - Q_h^\sigma\|_{H^s(\Gamma)\to H^\sigma(\Gamma)} &\leq \left(\|I - Q_h^\sigma\|_{H^\sigma(\Gamma)\to H^\sigma(\Gamma)}\right)^{\frac{s-0}{\sigma-0}} \left(\|I - Q_h^\sigma\|_{L_2(\Gamma)\to H^\sigma(\Gamma)}\right)^{\frac{s-\sigma}{-\sigma}} \\ &\leq \left(c\, h^{-\sigma}\right)^{\frac{s-\sigma}{-\sigma}} = c(s,\sigma)\, h^{s-\sigma}.\end{aligned}$$

Daraus folgt die Behauptung für $\sigma \in [-1,0)$ und $s \in [\sigma,0)$. ■

Sei nun $\Gamma_j \subset \Gamma$ ein **offenes** Randstück von $\Gamma = \partial\Omega$ und $S_h^0(\Gamma_j)$ der zugehörige Ansatzraum der stückweise konstanten Basisfunktionen. Wie in (10.6) gilt die Fehlerabschätzung

$$\|u - Q_h u\|_{L_2(\Gamma_j)} \leq c\, h^s\, |u|_{H^s(\Gamma_j)}$$

für die entsprechend definierte L_2–Projektion $Q_h : L_2(\Gamma_j) \to S_h^0(\Gamma_j)$. Analog zu Folgerung 10.1 ergibt sich für $\sigma \in [-1,0)$ die Fehlerabschätzung

$$\|u - Q_h u\|_{\widetilde{H}^\sigma(\Gamma_j)} \leq c\, h^{s-\sigma}\, |u|_{H^s(\Gamma_j)}$$

Somit folgt die Approximationseigenschaft

$$\inf_{v_h \in S_h^0(\Gamma_j)} \|u - v_h\|_{\widetilde{H}^\sigma(\Gamma_j)} \leq c\, h^{s-\tau}\, |u|_{H^s(\Gamma_j)} \tag{10.10}$$

für $u \in H^s(\Gamma_j)$ und $-1 \leq \sigma \leq 0 \leq s \leq 1$.

Neben dem Ansatzraum $S_h^0(\Gamma)$ der stückweise konstanten Basisfunktionen ψ_k soll nun der Ansatzraum $S_h^1(\Gamma)$ der **stückweise linearen** und **global stetigen** Basisfunktionen φ_i^1 betrachtet werden. Bei einer zulässigen Randdiskretisierung (10.2) sind diese gerade durch die Funktionswerte in den M Knoten x_k bestimmt und eine Basis von $S_h^1(\Gamma)$ ist dann gegeben durch

$$\varphi_i^1(x) = \begin{cases} 1 & \text{für } x = x_i, \\ 0 & \text{für } x = x_j \neq x_i, \\ \text{linear} & \text{sonst.} \end{cases}$$

Eine im Randelement τ_ℓ betrachtete stückweise lineare Funktion $v_h(x)$ ist somit durch die Werte $v_h(x_k)$ in den zugehörigen Knoten eindeutig bestimmt. Wegen der Parameterdarstellung $\tau_\ell = \chi_j(q_\ell^j)$ gilt

$$v_h(x) = v_h(\chi_j(\xi)) = \widetilde{v}_\ell^j(\xi) \quad \text{für } \xi \in q_\ell^j \subset \mathcal{Q} \subset \mathbb{R}^{d-1}.$$

Dies bedeutet, daß ein **Randelement** $\tau_\ell \subset \Gamma$ mit $\Gamma = \partial\Omega$ und $\Omega \subset \mathbb{R}^d$ gerade einem **finiten Element** q_ℓ^j im Parameterbereich $\mathcal{Q} \subset \mathbb{R}^{d-1}$ entspricht. Damit können alle lokalen Abschätzungen für stückweise lineare Ansatzfunktionen aus Kapitel 9 auf das finite Element q_ℓ^j und somit auf das Randelement τ_ℓ übertragen werden.

Lemma 10.1 *Für eine im Randelement τ_ℓ erklärte lineare Funktion v_h gilt*

$$\frac{\Delta_\ell}{d(d+1)} \sum_{k=1}^{d} v_{\ell_k}^2 \leq \|v_h\|_{L_2(\tau_\ell)}^2 \leq \frac{\Delta_\ell}{d} \sum_{k=1}^{d} v_{\ell_k}^2$$

Beweis: Die Abbildung auf das Referenzelement ergibt

$$\|v_h\|_{L_2(\tau_\ell)} = \langle v_h, v_h\rangle_{L_2(\tau_\ell)} = \sum_{i=1}^{d}\sum_{j=1}^{d} v_i v_j \int_\tau \varphi_i^1(\xi)\varphi_j^1(\xi)|\det J_\ell|\, d\xi = (G_\ell \underline{v}^\ell, \underline{v}^\ell)$$

mit der lokalen Massematrix

$$G_\ell = \frac{\Delta_\ell}{d(d+1)}(I_d + \underline{e}_d \underline{e}_d^\top)$$

und $\underline{e}_d = \underline{1} \in \mathbb{R}^d$. Die Matrix $I_d + \underline{e}_d \underline{e}_d^\top$ besitzt die Eigenwerte

$$\lambda_1 = d+1, \lambda_2 = \ldots = \lambda_d = 1,$$

woraus die Behauptung folgt. ∎

Folgerung 10.2 *Für eine im Randelement τ_ℓ erklärte lineare Funktion gilt*

$$\frac{\Delta_\ell}{d(d+1)} \|v_h\|^2_{L_\infty(\tau_\ell)} \leq \|v_h\|^2_{L_2(\tau_\ell)} \leq \Delta_\ell \|v_h\|^2_{L_\infty(\tau_\ell)}.$$

Beweis: Offenbar wird das Maximum von v_h und somit $\|v_h\|_{L_\infty(\tau_\ell)}$ in einem Konten x_{k^*} mit $v_h(x_{k^*}) = v_{k^*}$ angenommen. Damit folgt die Behauptung sofort aus Lemma 10.1. ∎

Lemma 10.2 *Für eine im Randelement τ_ℓ erklärte lineare Funktion v_h gilt die* **lokale inverse Ungleichung**

$$|v_h|_{H^1(\tau_\ell)} \leq c_I\, h_\ell^{-1} \|v_h\|_{L_2(\tau_\ell)}.$$

Beweis: Zunächst ist

$$|v_h|^2_{H^1(\tau_\ell)} = \int\limits_{q_\ell^j} |\nabla_\xi v_h(\chi_j(\xi))|^2 |\det \chi_j(\xi)| d\xi \leq \Delta_\ell \|\nabla_\xi v_h(\chi_j(\cdot))\|^2_{L_\infty(q_\ell^j)}.$$

Durch die Abbildung des finiten Elementes q_ℓ^j auf das zugehörige Referenzelement folgt

$$\|\nabla_\xi v_h(\chi_j(\cdot))\|^2_{L_\infty(q_\ell^j)} \leq c\, h_\ell^{-2} \|v_h(\chi_j(\cdot))\|^2_{L_\infty(q_\ell^j)} = c\, h_\ell^{-2} \|v_h\|^2_{L_\infty(\tau_\ell)}$$

und mit Folgerung 10.2 ergibt sich die Behauptung. ∎

Damit folgt auch die Gültigkeit der **globalen inversen Ungleichung**

$$|v_h|^2_{H^1(\Gamma)} = \sum_{\ell=1}^N |v_h|^2_{H^1(\tau_\ell)} \leq c \sum_{\ell=1}^N h_\ell^{-2} \|v_h\|^2_{L_2(\tau_\ell)}$$

bzw. für eine global gleichmäßige Randdiskretisierung

$$|v_h|_{H^1(\Gamma)} \leq c\, h^{-1} \|v_h\|_{L_2(\Gamma)}.$$

Insbesondere für $h < 1$ folgt

$$\|v_h\|_{H^1(\Gamma)} \leq c\, h^{-1} \|v_h\|_{L_2(\Gamma)},$$

und ein Interpolationsargument liefert

$$\|v_h\|_{H^s(\Gamma)} \leq c\, h^{-s} \|v_h\|_{L_2(\Gamma)} \quad \text{für } s \in [0,1].$$

Analog zu den Fehlerabschätzungen (9.21) und (9.22) kann der Fehler des stückweise linearen Interpolationsoperators $I_h : H^2(\Gamma) \to S_h^1(\Gamma)$ wie folgt abgeschätzt werden.

Lemma 10.3 *Sei $v \in H^2(\Gamma)$ und eine hinreichend glatte Randkurve $\Gamma = \partial\Omega$ mit $\Omega \subset \mathbb{R}^d$ gegeben. Sei $I_h v$ die linear Interpolierende mit $I_h v(x_k) = v(x_k)$ für alle Knoten x_k der zulässigen Randdiskretisierung* (10.2)*. Dann gelten die Fehlerabschätzungen*

$$\|v - I_h v\|^2_{L_2(\Gamma)} \leq c \sum_{\ell=1}^{N} h_\ell^4 \, |v|^2_{H^2(\tau_\ell)} \leq c \, h^4 \, |v|^2_{H^2(\Gamma)}$$

sowie

$$\|v - I_h v\|^2_{H^1(\Gamma)} \leq c \sum_{\ell=1}^{N} h_\ell^2 \, |v|^2_{H^2(\tau_\ell)} \leq c \, h^2 \, |v|^2_{H^2(\Gamma)}.$$

Durch Anwendung des Interpolationssatzes (Satz 2.8, Bemerkung 2.1) folgt die Fehlerabschätzung

$$\|v - I_h v\|_{H^\sigma(\Gamma)} \leq c \, h^{2-\sigma} \, |v|_{H^2(\Gamma)}, \quad \sigma \in [0,1].$$

Wie im Fall der finiten Elemente verlangt die lineare Interpolation die globale Stetigkeit der zu interpolierenden Funktion. Für $s \in (\frac{d-1}{2}, 2]$ ist $v \in H^s(\Gamma)$ stetig und es gilt die Fehlerabschätzung

$$\|v - I_h v\|_{H^\sigma(\Gamma)} \leq c \, h^{s-\sigma} \, |v|_{H^s(\Gamma)}, \quad 0 \leq \sigma \leq \min\{1, s\}. \tag{10.11}$$

Für allgemeinere Fehlerabschätzungen werden nun durch Variationsprobleme erklärte Projektionsoperatoren betrachtet. Für $u \in L_2(\Gamma)$ ist die L_2–Projektion $Q_h u \in S_h^1(\Gamma)$ erklärt als eindeutige Lösung des Variationsproblems

$$\langle Q_h u, v_h \rangle_{L_2(\Gamma)} = \langle u, v_h \rangle_{L_2(\Gamma)} \quad \text{für alle } v_h \in S_h^1(\Gamma),$$

und es gilt

$$\|u - Q_h u\|_{L_2(\Gamma)} \leq \|u\|_{L_2(\Gamma)}.$$

Andererseits gilt nach Lemma 10.3 die Fehlerabschätzung

$$\|u - Q_h u\|_{L_2(\Gamma)} \leq \|u - I_h u\|_{L_2(\Gamma)} \leq c \sum_{\ell=1}^{N} h_\ell^4 \, |u|^2_{H^2(\Gamma)} \leq c \, h^2 \, |u|^2_{H^2(\Gamma)}$$

und durch Anwendung des Interpolationssatzes (Satz 2.8, Bemerkung 2.1) folgt die Fehlerabschätzung

$$\|u - Q_h u\|_{L_2(\Gamma)} \leq c \, h^s \, |u|_{H^s(\Gamma)} \quad \text{für } u \in H^s(\Gamma), \quad s \in [0,2]. \tag{10.12}$$

Entsprechend kann für $u \in H^\sigma(\Gamma)$ und $\sigma \in (0,1]$ der H^σ–Projektionsoperator $Q_h^\sigma : H^\sigma(\Gamma) \to S_h^1(\Gamma)$ durch

$$\langle Q_h^\sigma u, v_h \rangle_{H^\sigma(\Gamma)} = \langle u, v_h \rangle_{H^\sigma(\Gamma)} \quad \text{für alle } v_h \in S_h^1(\Gamma)$$

erklärt werden, und es folgt die Fehlerabschätzung

$$\|u - Q_h^\sigma u\|_{H^\sigma(\Gamma)} \leq c \, h^{s-\sigma} \, |u|_{H^s(\Gamma)} \quad \text{für } u \in H^s(\Gamma), \quad s \in [1,2]. \tag{10.13}$$

Satz 10.3 *Sei* $\Gamma = \partial\Omega$ *hinreichend glatt. Für* $\sigma \in [0,1]$ *und* $s \in [\sigma, 2]$ *sei* $u \in H^s(\Gamma)$ *erfüllt. Dann gilt die* **Approximationseigenschaft** *für* $S_h^1(\Gamma)$,

$$\inf_{v_h \in S_h^1(\Gamma)} \|u - v_h\|_{H^\sigma(\Gamma)} \leq c\, h^{s-\sigma}\, |u|_{H^s(\Gamma)}. \tag{10.14}$$

Beweis: Für $\sigma = 0$ bzw. $\sigma \in (0,1]$ sowie $s \in [\sigma, 2]$ sind die Behauptungen gerade die Fehlerabschätzungen (10.12) und (10.13). ∎

Wie in Lemma 9.9 definiert die L_2–Projektion $Q_h : H^{1/2}(\Gamma) \to S_h^1(\Gamma) \subset H^{1/2}(\Gamma)$ einen beschränkten Operator mit

$$\|Q_h v\|_{H^{1/2}(\Gamma)} \leq c\, \|v\|_{H^{1/2}(\Gamma)} \quad \text{für alle } v \in H^{1/2}(\Gamma). \tag{10.15}$$

Für lokal adaptive Unterteilungen ist dabei vorauszusetzen, daß das Verhältnis der lokalen Maschenweiten benachbarter Elemente nicht zu stark variiert [79].

Zu zeigen bleibt eine inverse Ungleichung für den Ansatzraum $S_h^0(\Gamma)$ der stückweise konstanten Basisfunktionen. Hierzu wird zunächst der globale Ansatzraum $S_h^B(\Gamma)$ der auf den Randelementen τ_ℓ erklärten lokalen Bubble–Funktionen φ_ℓ^B benötigt. Im Referenzelement $\tau \subset \mathbb{R}^{d-1}$ lauten die zugehörigen Formfunktionen

$$\psi_B(\xi) = \begin{cases} \xi(1-\xi) & \text{für } d = 2, \\ \xi_1\xi_2(1-\xi_1-\xi_2) & \text{für } d = 3. \end{cases}$$

Analog zu (9.38) gilt für eine global gleichmäßige Randdiskretisierung die globale inverse Ungleichung

$$\|v_h\|_{H^1(\Gamma)} \leq c_I\, h^{-1}\, \|v_h\|_{L_2(\Gamma)} \quad \text{für alle } v_h \in S_h^B(\Gamma).$$

Durch ein Interpolationsargument ergibt sich daraus auch

$$\|v_h\|_{H^{1/2}(\Gamma)} \leq c_I\, h^{-1/2}\, \|v_h\|_{L_2(\Gamma)} \quad \text{für alle } v_h \in S_h^B(\Gamma). \tag{10.16}$$

Für eine gegebene Funktion $u \in L_2(\Gamma)$ bezeichnet $Q_h^B : L_2(\Gamma) \to S_h^B(\Gamma)$ die durch

$$\int_\Gamma (Q_h^B u)(x) w_h(x) ds_x = \int_\Gamma u(x) w_h(x) ds_x \quad \text{für alle } w_h \in S_h^0(\Gamma) \tag{10.17}$$

definierte Projektion in den Ansatzraum $S_h^B(\Gamma)$. Für stückweise konstante Testfunktionen ist dies äquivalent zu

$$\int_{\tau_\ell} (Q_h^B u)(x) ds_x = \int_{\tau_\ell} u(x) ds_x \quad \text{für alle } \ell = 1, \ldots, N.$$

Analog zu Lemma 9.11 gilt die Stabilitätsabschätzung

$$\|Q_h^B u\|_{L_2(\Gamma)} \leq \sqrt{2}\, \|u\|_{L_2(\Gamma)} \quad \text{für alle } u \in L_2(\Gamma). \tag{10.18}$$

Damit kann jetzt eine inverse Ungleichung für den Ansatzraum $S_h^0(\Gamma)$ der stückweise konstanten Funktionen gezeigt werden.

Lemma 10.4 *Sei eine global gleichmäßige Randdiskretisierung* (10.2) *gegeben. Dann gilt die globale inverse Ungleichung*

$$\|w_h\|_{L_2(\Gamma)} \leq c_I\, h^{-1/2}\, \|w_h\|_{H^{-1/2}(\Gamma)} \quad \text{für alle } w_h \in S_h^0(\Gamma).$$

Beweis: Für $w_h \in S_h^0(\Gamma)$ ergibt sich mit (10.17)

$$\begin{aligned}
\|w_h\|_{L_2(\Gamma)} &= \sup_{0\neq v\in L_2(\Gamma)} \frac{\langle w_h, v\rangle_{L_2(\Gamma)}}{\|v\|_{L_2(\Gamma)}} = \sup_{0\neq v\in L_2(\Gamma)} \frac{\langle w_h, Q_h^B v\rangle_{L_2(\Gamma)}}{\|v\|_{L_2(\Gamma)}} \\
&\leq \|w_h\|_{H^{-1/2}(\Gamma)} \sup_{0\neq v\in L_2(\Gamma)} \frac{\|Q_h^B v\|_{H^{1/2}(\Gamma)}}{\|v\|_{L_2(\Gamma)}}.
\end{aligned}$$

Aus der inversen Ungleichung (10.16) und der Stabilitätsabschätzung (10.18) folgt dann die Behauptung. ■

Kapitel 11

Finite Element Methoden

Für die näherungsweise Lösung der in Kapitel 4 beschriebenen Variationsprobleme werden die in Kapitel 9 konstruierten Ansatzräume verwendet. Dabei wird sich im wesentlichen auf Elemente niedrigster Ordnung beschränkt. Die Stabilitäts– und Fehleranalysis folgt dabei der allgemeinen Darstellung in Kapitel 8. Einige numerische Beispiele illustrieren die theoretischen Ergebnisse.

11.1 Dirichlet–Randwertproblem

Betrachtet wird das Dirichlet–Randwertproblem (1.10) und (1.11) für die Laplace–Gleichung,

$$-\Delta u(x) \;=\; f(x) \quad \text{für } x \in \Omega, \quad \gamma_0^{\text{int}} u(x) \;=\; g(x) \quad \text{für } x \in \Gamma = \partial\Omega. \tag{11.1}$$

Sei $u_g \in H^1(\Omega)$ eine beschränkte Fortsetzung der gegebenen Dirichlet–Daten $g \in H^{1/2}(\Gamma)$. Dann lautet die zugehörige Variationsformulierung:

Gesucht ist $u_0 := u - u_g \in H_0^1(\Omega)$, so daß

$$\int_\Omega \nabla u_0(x) \nabla v(x) dx \;=\; \int_\Omega f(x) v(x) dx - \int_\Omega \nabla u_g(x) \nabla v(x) dx \tag{11.2}$$

für alle $v \in H_0^1(\Omega)$ erfüllt ist.

Nach Satz 4.1 ist diese Variationsformulierung eindeutig lösbar.

Sei

$$X_h \;:=\; S_h^1(\Omega) \cap H_0^1(\Omega) \;=\; \text{span}\{\varphi_i^1\}_{i=1}^{\widetilde{M}}$$

der konforme Ansatzraum der stückweise linearen, global stetigen Basisfunktionen φ_k^1, die auf dem Rand $\partial\Omega$ verschwinden, bezüglich einer zulässigen Unterteilung $\overline{\Omega} \;=\; \cup_{\ell=1}^N \overline{\tau}_\ell$ von Ω in finite Elemente τ_ℓ. Dann lautet die Galerkin–Variationsformulierung von (11.2):

Gesucht ist $u_{0,h} \in X_h$, so daß

$$\int_\Omega \nabla u_{0,h}(x) \nabla v_h(x) dx = \int_\Omega f(x) v_h(x) dx - \int_\Omega \nabla u_g(x) \nabla v_h(x) dx \tag{11.3}$$

für alle $v_h \in X_h$ erfüllt ist.

Nach Satz 8.1 (Cea's Lemma) existiert eine eindeutig bestimmte Lösung des Galerkin–Variationsproblems (11.3), und es gilt die Fehlerabschätzung (8.7),

$$\|u_0 - u_{0,h}\|_{H^1(\Omega)} \leq \frac{c_2^A}{c_1^A} \inf_{v_h \in X_h} \|u_0 - v_h\|_{H^1(\Omega)} .$$

Gilt für die Lösung u des Dirichlet–Randwertproblems (11.1) $u \in H^s(\Omega)$ mit $s \in [1,2]$, so folgt aus dem Spursatz $g = \gamma_0^{\text{int}} u \in H^{s-1/2}(\Gamma)$, d.h. für die Fortsetzung der gegebenen Randdaten g kann $u_g \in H^s(\Omega)$ gewählt werden. Dann ist $u_0 = u - u_g \in H^s(\Omega)$ und mit der Approximationseigenschaft (9.33) folgt die Fehlerabschätzung

$$\|u_0 - u_{0,h}\|_{H^1(\Omega)} \leq c\, h^{s-1} \, |u|_{H^s(\Omega)} \quad \text{für } u \in H^s(\Omega),\ s \in [1,2]. \tag{11.4}$$

Unter gewissen Voraussetzungen an das Gebiet Ω kann mit einem Dualitätsargument eine Fehlerabschätzung in $L_2(\Omega)$ gezeigt werden.

Satz 11.1 (Aubin–Nitsche Trick) *Sei Ω entweder glatt berandet oder konvex. Für $f \in L_2(\Omega)$ und $g = \gamma_0^{\text{int}} u_g$ mit $u_g \in H^2(\Omega)$ sei $u_0 \in H_0^1(\Omega)$ die eindeutig bestimmte Lösung von*

$$\int_\Omega \nabla u_0(x) \nabla v(x) dx = \int_\Omega f(x) v(x) dx - \int_\Omega \nabla u_g(x) \nabla v(x) dx$$

für alle $v \in H_0^1(\Omega)$, und es gelte

$$\|u_0\|_{H^2(\Omega)} \leq c \left\{ \|f\|_{L_2(\Omega)} + \|u_g\|_{H^2(\Omega)} \right\} .$$

Für die Näherungslösung $u_{0,h} \in X_h$ der Variationsformulierung (11.3) *gilt dann die Fehlerabschätzung*

$$\|u_0 - u_{0,h}\|_{L_2(\Omega)} \leq c\, h^2 \left[\|f\|_{L_2(\Omega)} + \|u_g\|_{H^2(\Omega)} \right] .$$

Beweis: Nach Voraussetzung ist $u_0 \in H^2(\Omega)$, und für die Näherungslösung $u_{0,h} \in X_h$ gilt mit (11.4) die Fehlerabschätzung

$$\|u_0 - u_{0,h}\|_{H^1(\Omega)} \leq c\, h \, |u_0|_{H^2(\Omega)} \leq c\, h \left[\|f\|_{L_2(\Omega)} + \|u_g\|_{H^2(\Omega)} \right] . \tag{11.5}$$

Sei $w \in H_0^1(\Omega)$ die eindeutig bestimmte Lösung des Variationsproblems

$$\int\limits_\Omega \nabla w(x) \nabla v(x) dx = \int\limits_\Omega [u_0(x) - u_{0,h}(x)] v(x) dx$$

für alle $v \in H_0^1(\Omega)$. Aus den Voraussetzungen an Ω folgt $w \in H^2(\Omega)$, und es gilt

$$\|w\|_{H^2(\Omega)} \leq c \, \|u_0 - u_{0,h}\|_{L_2(\Omega)}.$$

Wegen $u_0 - u_{0,h} \in H_0^1(\Omega)$ und unter Ausnutzung der Galerkin–Orthogonalität

$$\int\limits_\Omega \nabla [u_0(x) - u_{0,h}(x)] \nabla v_h(x) dx = 0 \quad \text{für alle } v_h \in X_h$$

folgt

$$\begin{aligned}
\|u_0 - u_{0,h}\|_{L_2(\Omega)}^2 &= \int\limits_\Omega [u_0(x) - u_{0,h}(x)][u_0(x) - u_{0,h}(x)] dx \\
&= \int\limits_\Omega \nabla w(x) \nabla [u_0(x) - u_{0,h}(x)] dx \\
&= \int\limits_\Omega \nabla [w(x) - Q_h^1 w(x)] \nabla [u_0(x) - u_{0,h}(x)] dx \\
&\leq \|w - Q_h^1 w\|_{H^1(\Omega)} \|u_0 - u_{0,h}\|_{H^1(\Omega)}
\end{aligned}$$

mit der analog zu (9.29) erklärten $H_0^1(\Omega)$–Projektion $Q_h^1 : H_0^1(\Omega) \to X_h \subset H_0^1(\Omega)$. Für $w \in H^2(\Omega)$ folgt mit der Approximationseigenschaft (9.32) in X_h die Fehlerabschätzung

$$\|w - Q_h^1 w\|_{H^1(\Omega)} \leq c\, h \, \|w\|_{H^2(\Omega)} \leq c\, h \, \|u_0 - u_{0,h}\|_{L_2(\Omega)}.$$

Insgesamt gilt also

$$\|u_0 - u_{0,h}\|_{L_2(\Omega)} \leq c\, h \, \|u_0 - u_{0,h}\|_{H^1(\Omega)},$$

woraus mit (11.5) die Behauptung folgt. ∎

Ein praktisches Problem bei der Realisierung der Galerkin–Variationsformulierung (11.3) stellt jedoch die Bestimmung der Fortsetzung $u_g \in H^2(\Omega)$ der gegebenen Dirichlet–Daten g dar. Für $u_g \in H^2(\Omega)$ sei $I_h u_g \in S_h^1(\Omega)$ die stückweise linear Interpolierende,

$$I_h u_g(x) = \sum_{i=1}^M u_g(x_i) \varphi_i^1(x).$$

Anstelle der exakten Galerkin–Variationsformulierung (11.3) wird nun ein gestörtes Variationsproblem betrachtet:

Gesucht ist $\widetilde{u}_{0,h} \in X_h$, so daß

$$\int\limits_\Omega \nabla \widetilde{u}_{0,h}(x) \nabla v_h(x) dx = \int\limits_\Omega f(x) v_h(x) dx - \int\limits_\Omega \nabla I_h u_g(x) \nabla v_h(x) dx \tag{11.6}$$

für alle $v_h \in X_h$ erfüllt ist.

Für die eindeutig bestimmte Lösung $\widetilde{u}_{0,h} \in X_h$ gilt nach Satz 8.2 (Strang–Lemma) die Fehlerabschätzung

$$\|u_0 - \widetilde{u}_{0,h}\|_{H^1(\Omega)} \leq \frac{c_2^A}{c_1^A} \left[\inf_{v_h \in X_h} \|u_0 - v_h\|_{H^1(\Omega)} + \|u_g - I_h u_g\|_{H^1(\Omega)} \right].$$

Für $u \in H^s(\Omega)$ mit $s \in [1,2]$ und $u_g \in H^2(\Omega)$ ergibt sich mit der Approximationseigenschaft in X_h und der Abschätzung (9.22) des Interpolationsfehlers

$$\begin{aligned} \|u_0 - \widetilde{u}_{0,h}\|_{H^1(\Omega)} &\leq c_1 h^{s-1} |u_0|_{H^s(\Omega)} + c_2 h |u_g|_{H^2(\Omega)} \\ &\leq c h^{s-1} \left[|u_0|_{H^s(\Omega)} + \|g\|_{H^{3/2}(\Gamma)} \right]. \end{aligned}$$

Für $I_h u_g \in S_h^1(\Omega)$ gilt gemäß der Aufspaltung in innere Knoten $\{x_i\}_{i=1}^{\widetilde{M}}$, $x_i \in \Omega$, und in Randknoten $\{x_i\}_{i=\widetilde{M}+1}^{M}$, $x_i \in \Gamma$, die Darstellung

$$I_h u_g(x) = \sum_{i=1}^{\widetilde{M}} u_g(x_i) \varphi_i^1(x) + \sum_{i=\widetilde{M}+1}^{M} g(x_i) \varphi_i^1(x).$$

Damit ist die gestörte Galerkin–Variationsformulierung (11.6) äquivalent zur Bestimmung von

$$\bar{u}_{0,h} := \widetilde{u}_{0,h}(x) + \sum_{i=1}^{\widetilde{M}} I_h u_g(x_i) \varphi_i^1(x) =: \sum_{i=1}^{\widetilde{M}} \bar{u}_i \varphi_i^1(x) \in X_h$$

als eindeutig bestimmte Lösung von

$$\int_\Omega \nabla \bar{u}_{0,h}(x) \nabla v_h(x) dx = \int_\Omega f(x) v_h(x) dx - \sum_{i=\widetilde{M}+1}^{M} g(x_i) \int_\Omega \nabla \varphi_i^1(x) \nabla v_h(x) dx \quad (11.7)$$

für alle $v_h \in X_h$. Die resultierende Näherungslösung des Dirichlet–Randwertproblems (11.1) ist dann gegeben durch

$$u_h(x) := \sum_{i=1}^{\widetilde{M}} \bar{u}_k \varphi_i^1(x) + \sum_{i=\widetilde{M}+1}^{M} g(x_i) \varphi_i^1(x) \in S_h^1(\Omega) \quad (11.8)$$

und es gilt die folgende Fehlerabschätzung:

Satz 11.2 *Sei* $u \in H^s(\Omega)$ *mit* $s \in [1,2]$ *die eindeutig bestimmte Lösung des Dirichlet–Randwertproblems* (11.1). *Sei* $u_g \in H^2(\Omega)$ *eine geeignet gewählte Fortsetzung der gegebenen Dirichlet–Daten* g. *Für die durch* (11.8) *erklärte Näherungslösung von* (11.1) *gilt die Fehlerabschätzung*

$$\|u - u_h\|_{H^1(\Omega)} \leq c h^{s-1} \left[|u_0|_{H^s(\Omega)} + \|u_g\|_{H^2(\Omega)} \right] \quad (11.9)$$

Beweis: Mit der Dreiecksungleichung ist

$$\begin{aligned}\|u-u_h\|_{H^1(\Omega)} &= \|u_0+u_g-(\widetilde{u}_{0,h}+I_hu_g)\|_{H^1(\Omega)}\\ &\leq \|u_0-\widetilde{u}_{0,h}\|_{H^1(\Omega)}+\|u_g-I_hu_g\|_{H^1(\Omega)},\end{aligned}$$

so daß die Behauptung unmittelbar aus Satz 8.2, der Abschätzung des Interpolationsfehlers und dem inversen Spursatz folgt. ■

Für eine hinreichend reguläre Lösung $u \in H^2(\Omega)$ folgt somit die Fehlerabschätzung

$$\|u-u_h\|_{H^1(\Omega)} \leq c\,h\,|u|_{H^2(\Omega)}. \tag{11.10}$$

Analog zu Satz 11.1 (Aubin–Nitsche Trick) kann auch eine Abschätzung für den Fehler $\|u_0-\widetilde{u}_{0,h}\|_{L_2(\Omega)}$ hergeleitet werden.

Lemma 11.1 *Es gelten die Voraussetzungen von Satz* 11.1, *insbesondere sei* $u \in H^2(\Omega)$ *die eindeutig bestimmte Lösung des Dirichlet–Randwertproblems* (11.1). *Dann gilt die Fehlerabschätzung*

$$\|u_0-\widetilde{u}_{0,h}\|_{L_2(\Omega)} \leq c\,h^2\left[|u_0|_{H^2(\Omega)}+|u_g|_{H^2(\Omega)}\right]. \tag{11.11}$$

Beweis: Sei $w \in H_0^1(\Omega)$ die eindeutig bestimmte Lösung von

$$\int\limits_\Omega \nabla w(x)\nabla v(x)dx = \int\limits_\Omega [u_0(x)-\widetilde{u}_{0,h}(x)]v(x)dx$$

für alle $v \in H_0^1(\Omega)$. Für $u_0-\widetilde{u}_{0,h} \in L_2(\Omega)$ und nach der Voraussetzung an das Gebiet Ω ist $w \in H^2(\Omega)$, und es gilt

$$\|w\|_{H^2(\Omega)} \leq c\,\|u_0-\widetilde{u}_{0,h}\|_{L_2(\Omega)}.$$

Subtraktion der gestörten Variationsformulierung (11.6) von der Variationsformulierung (11.2) ergibt die Gleichheit

$$\int\limits_\Omega \nabla[u_0(x)-\widetilde{u}_{0,h}(x)]\nabla v_h(x)dx = \int\limits_\Omega \nabla[I_hu_g(x)-u_g(x)]\nabla v_h(x)dx$$

für alle $v_h \in X_h$. Damit ist

$$\begin{aligned}\|u_0-\widetilde{u}_{0,h}\|^2_{L_2(\Omega)} &= \int\limits_\Omega [u_0(x)-\widetilde{u}_{0,h}(x)][u_0(x)-\widetilde{u}_{0,h}(x)]dx\\ &= \int\limits_\Omega \nabla w(x)\nabla[u_0(x)-\widetilde{u}_{0,h}(x)]dx\\ &= \int\limits_\Omega \nabla[w(x)-Q_h^1w(x)]\nabla[u_0(x)-\widetilde{u}_{0,h}(x)]dx\\ &\quad +\int\limits_\Omega \nabla Q_h^1w(x)\nabla[I_hu_g(x)-u_g(x)]dx.\end{aligned}$$

Der erste Summand kann wie im Beweis von Satz 11.1 abgeschätzt werden,

$$\int_\Omega \nabla[w(x) - Q_h^1 w(x)]\nabla[u_0(x) - \widetilde{u}_{0,h}(x)]dx \le c\,h\,\|u_0 - \widetilde{u}_{0,h}\|_{L_2(\Omega)}\|u_0 - \widetilde{u}_{0,h}\|_{H^1(\Omega)}.$$

Für den zweiten Summanden ergibt sich zunächst

$$\begin{aligned}\int_\Omega \nabla Q_h^1 w(x)\nabla[I_h u_g(x) - u_g(x)]dx &= \int_\Omega \nabla[Q_h^1 w(x) - w(x)]\nabla[I_h u_g(x) - u_g(x)]dx \\ &\quad + \int_\Omega \nabla w(x)\nabla[I_h u_g(x) - u_g(x)]dx.\end{aligned}$$

Der erste Summand läßt sich abschätzen durch

$$\begin{aligned}&\left|\int_\Omega \nabla[Q_h^1 w(x) - w(x)]\nabla[I_h u_g(x) - u_g(x)]dx\right| \\ &\qquad\le c_2^A\,\|w - Q_h^1 w\|_{H^1(\Omega)}\|u_g - I_h u_g\|_{H^1(\Omega)} \\ &\qquad\le c\,h\,\|w\|_{H^2(\Omega)}\|u_g - I_h u_g\|_{H^1(\Omega)} \\ &\qquad\le c\,h\,\|u_0 - \widetilde{u}_{0,h}\|_{L_2(\Omega)}\|u_g - I_h u_g\|_{H^1(\Omega)}.\end{aligned}$$

Für den zweiten Term ergibt sich mit partieller Integration für $w \in H_0^1(\Omega)\cap H^2(\Omega)$

$$\begin{aligned}\left|\int_\Omega \nabla w(x)\nabla[I_h u_g(x) - u_g(x)]dx\right| &= \left|-\int_\Omega \Delta w(x)[I_h u_g(x) - u_g(x)]dx\right| \\ &\le \|w\|_{H^2(\Omega)}\|u_g - I_h u_g\|_{L_2(\Omega)} \\ &\le c\,\|u_0 - \widetilde{u}_{0,h}\|_{L_2(\Omega)}\|u_g - I_h u_g\|_{L_2(\Omega)}.\end{aligned}$$

Insgesamt gilt also

$$\|u_0 - \widetilde{u}_{0,h}\|_{L_2(\Omega)} \le c_1\,h\,\Big[\|u_0 - \widetilde{u}_{0,h}\|_{H^1(\Omega)} + \|u_g - I_h u_g\|_{H^1(\Omega)}\Big] + \|u_g - I_h u_g\|_{L_2(\Omega)}.$$

Für $u_0, u_g \in H^2(\Omega)$ folgt nun die Behauptung aus den Fehlerabschätzungen für $\|u_0 - \widetilde{u}_{0,h}\|_{H^1(\Omega)}$ sowie für den Interpolationsfehler $\|u_g - I_h u_g\|_{L_2(\Omega)}$ bzw. $\|u_g - I_h u_g\|_{H^1(\Omega)}$. ■

Das Galerkin–Variationsproblem (11.7) zur Bestimmung der Zerlegungskoeffizienten $\bar{u}_i$, $i = 1, \ldots, \widetilde{M}$, ist äquivalent zu dem linearen Gleichungssystem $A_h\underline{\bar{u}} = \underline{f}$ mit der durch

$$A_h[j,i] = \int_\Omega \nabla\varphi_i^1(x)\nabla\varphi_j^1(x)dx$$

für $i, j = 1, \ldots, \widetilde{M}$ erklärten **Steifigkeitsmatrix** A_h und dem durch

$$f_j = \int_\Omega f(x)\varphi_j^1(x) - \sum_{i=\widetilde{M}+1}^{M} g(x_i)\int_\Omega \nabla\varphi_i^1(x)\nabla\varphi_j^1(x)dx$$

für $j = 1, \ldots, \widetilde{M}$ definierten **Lastvektor** $\underline{f}$. Die Steifigkeitsmatrix A_h ist **symmetrisch** und wegen

$$(A_h\underline{v}, \underline{v}) = \int_\Omega \nabla v_h(x)\nabla v_h(x)dx \geq c_1^A \|v_h\|_{H^1}^2$$

für alle $\underline{v} \in I\!R^{\widetilde{M}} \leftrightarrow v_h \in X_h \subset H_0^1(\Omega)$ **positiv definit**. Es gilt sogar:

Lemma 11.2 *Für alle $\underline{v} \in I\!R^{\widetilde{M}} \leftrightarrow v_h \in X_h \subset H_0^1(\Omega)$ gelten die Spektraläquivalenzungleichungen*

$$c_1\, h_{\min}^d \|\underline{v}\|_2^2 \leq (A_h\underline{v}, \underline{v}) \leq c_2\, h_{\max}^{d-2} \|\underline{v}\|_2^2 \tag{11.12}$$

Beweis: Für $\underline{v} \in I\!R^{\widetilde{M}} \leftrightarrow v_h \in X_h \subset H_0^1(\Omega)$ folgt durch Lokalisierung und Anwendung der lokalen inversen Ungleichung (9.15)

$$\begin{aligned}
(A_h\underline{v}, \underline{v}) &= \sum_{i=1}^{\widetilde{M}}\sum_{j=1}^{\widetilde{M}} A_h[j,i]v_iv_j = \sum_{i=1}^{\widetilde{M}}\sum_{j=1}^{\widetilde{M}} a(\varphi_i^1, \varphi_j^1)v_iv_j = a(\sum_{i=1}^{\widetilde{M}} v_i\varphi_i^1, \sum_{j=1}^{\widetilde{M}} v_j\varphi_j^1) \\
&= a(v_h, v_h) = \int_\Omega |\nabla v_h(x)|^2 dx = \sum_{\ell=1}^{N}\int_{\tau_\ell} |\nabla v_h(x)|^2 dx \\
&= \sum_{\ell=1}^{N} \|\nabla v_h\|_{L_2(\tau_\ell)}^2 \leq c_I \sum_{\ell=1}^{N} h_\ell^{-2}\|v_h\|_{L_2(\tau_\ell)}^2 \\
&\leq c\sum_{\ell=1}^{N} h_\ell^{-2}\Delta_\ell \sum_{k\in J(\ell)} v_k^2 = c\sum_{k=1}^{\widetilde{M}}\left(\sum_{\ell\in I(k)} h_\ell^{d-2}\right) v_k^2
\end{aligned}$$

und somit die Abschätzung nach oben. Andererseits ergibt sich aus der $H_0^1(\Omega)$–Elliptizität der Bilinearform $a(\cdot,\cdot)$ und Übergang zur $L_2(\Omega)$–Norm

$$\begin{aligned}
(A_h\underline{v}, \underline{v}) &= a(v_h, v_h) \geq c_1^A \|v_h\|_{H^1(\Omega)}^2 \geq c_1^A \|v_h\|_{L_2(\Omega)}^2 \\
&= c_1^A \sum_{\ell=1}^{N} \|v_h\|_{L_2(\tau_\ell)}^2 \geq c\sum_{\ell=1}^{N} \Delta_\ell \sum_{k\in J(\ell)} v_k^2 = c\sum_{k=1}^{\widetilde{M}}\left(\sum_{\ell\in I(k)} h_\ell^{d}\right) v_k^2
\end{aligned}$$

und damit die untere Abschätzung. ■

Man kann zeigen, daß die Konstanten in den Spektraläquivalenzungleichungen (11.12) scharf sind, d.h. nicht verbessert werden können. Damit folgt für die spektrale Konditionszahl der Steifigkeitsmatrix A_h bei einer global gleichmäßigen Unterteilung die Abschätzung

$$\kappa_2(A_h) \leq c\, h^{-2}, \tag{11.13}$$

d.h. die Konditionszahl verschlechtert sich bei einer Verfeinerung der Unterteilung und der damit verbundenen Vergrößerung des Ansatzraumes X_h. Als Beispiel wird ein Dirichlet–Randwertproblem für das Gebiet $\Omega = (0, 0.5)^2$ betrachtet. Die Anfangsvernetzung besteht aus vier finiten Elementen mit fünf Knoten, welche sukzessive in vier zueinander ähnliche finite Elemente unterteilt werden, siehe Abbildung 11.1 für die Verfeinerungsstufen $L = 0$ und $L = 3$.

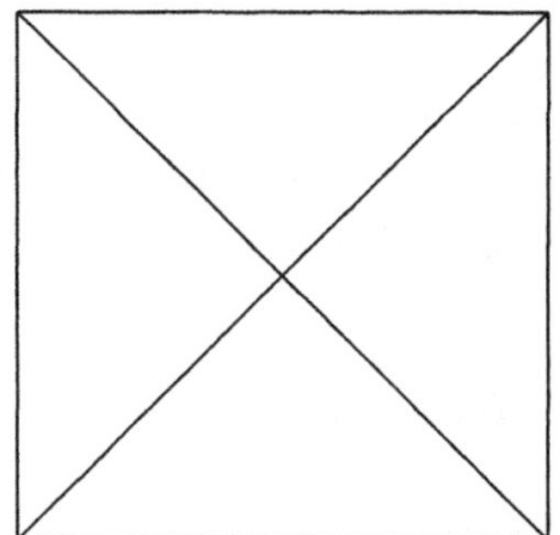
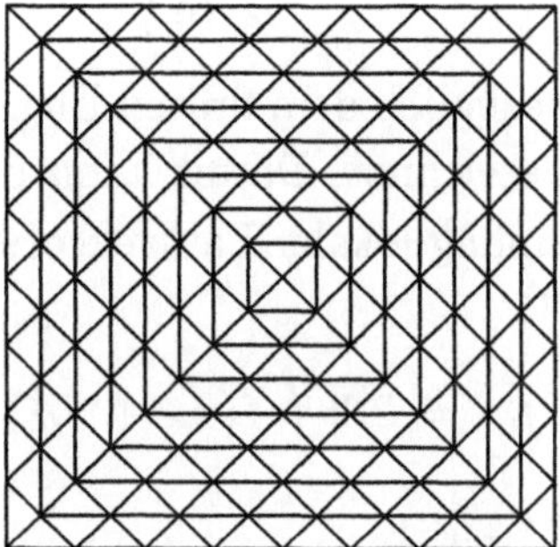

Abbildung 11.1: Anfangsvernetzung ($L = 0$) und Netz für $L = 3$.

Die extremalen Eigenwerte und die resultierende spektrale Konditionszahl der zugehörigen Steifigkeitsmatrix sind in Tabelle 11.1 dargestellt. Mit $d = 2$ und $h = \mathcal{O}(N^{-2})$ werden die Ergebnisse von Lemma 11.2 bestätigt. Bei Einsatz des konjugierten Gradientenverfahrens zur Lösung des linearen Gleichungssystems $A_h\underline{u} = \underline{f}$ mit der symmetrischen und positiv definiten Systemmatrix A_h muß deshalb eine geeignete **Vorkonditionierung** verwendet werden, um die Anzahl der notwendigen Iteration zum Erreichen einer vorgegebenen relativen Genauigkeit unabhängig von der Größe des Ansatzraumes beschränken zu können. Vorkonditionierte Iterationsverfahren werden in Kapitel 13 behandelt.

L	N	$\lambda_{\min}(A_h)$	$\lambda_{\max}(A_h)$	$\kappa_2(A_h)$
2	64	5.86 –1	7.41	12.66
3	256	1.52 –1	7.85	51.55
4	1024	3.84 –2	7.96	207.17
5	4096	9.63 –3	7.99	829.69
6	16384	2.41 –3	8.00	3319.76
7	65536	6.02 –4	8.00	13280.04
8	262144	1.52 –4	8.00	52592.92
Theorie:		$\mathcal{O}(h^2)$	$\mathcal{O}(1)$	$\mathcal{O}(h^{-2})$

Tabelle 11.1: Spektrale Konditionszahl der Steifigkeitsmatrix A_h.

Abschließend soll die Berechnung des Lastvektors $\underline{f}$ und die Realisierung einer Matrix–Vektor–Multiplikation mit der Steifigkeitsmatrix A_h betrachtet werden. Für $j = 1, \ldots, \widetilde{M}$ ergibt sich durch Lokalisierung und der Darstellung bezüglich des Referenzelementes τ, siehe Kapitel 9,

$$\widetilde{f}_j = \int_\Omega f(x)\varphi_j^1(x)dx = \sum_{\ell \in I(j)} \int_{\tau_\ell} f(x)\varphi_j^1(x)dx = \sum_{\ell \in \tau_j} 2\Delta_\ell \int_\tau f(x_{\ell_1} + J_\ell\xi)\psi_{\ell_j}^1 \xi dx,$$

wobei ℓ_j die bezüglich dem finiten Element τ_ℓ **lokale** Nummerierung des **globalen** Knotens x_j bezeichnet. Damit kann die Berechnung des globalen Lastvektors $\underline{\widetilde{f}}$ auf die Berechnung lokaler Lastvektoren $\underline{\widetilde{f}}_\ell$ zurückgeführt werden. Für jedes finite Element τ_ℓ ist

$$\widetilde{f}_{\ell,\iota} = 2\Delta \int_\tau f(x_{\ell_1} + J_\ell\xi)\psi_\iota^1(\xi)d\xi \quad \text{für } \iota = 1, \ldots, d+1$$

zu berechnen. Für $\iota = 1, \ldots, d+1$ bezeichnet ℓ_ι die zugehörige globale Knotennummer, dann ergibt sich der globale Lastvektor $\underline{\widetilde{f}}$ durch **Assemblierung** der lokalen Vektoren $\underline{\widetilde{f}}_\ell$, d.h. $\widetilde{f}_{\ell_\iota} := \widetilde{f}_{\ell_\iota} + \widetilde{f}_{\ell,\iota}$.

Für einen gegebenen Vektor $\underline{u} \in I\!R^{\widetilde{M}} \leftrightarrow u_h \in X_h$ ist das Ergebnis $\underline{v} = A_h\underline{u}$ einer Matrix–Vektormultiplikation mit der globalen Steifigkeitsmatrix A_h zu bestimmen. Für $j = 1, \ldots, \widetilde{M}$ ergibt sich

$$\begin{aligned} v_j &= \sum_{i=1}^{\widetilde{M}} A_h[j,i]u_i = a(u_h, \varphi_j^1) = \sum_{\ell \in I(j)} \int_{\tau_\ell} \int_{\tau_\ell} \nabla u_h(x)\nabla\varphi_j^1(x)dx \\ &= \sum_{\ell \in I(j)} \sum_{i \in J(\ell)} u_i \int_{\tau_\ell} \nabla\varphi_i^1(x)\nabla\varphi_j^1(x)dx\,. \end{aligned}$$

Zu berechnen sind somit die **lokalen Steifigkeitsmatrizen** A_h^ℓ, welche durch

$$A_h^\ell[\iota', \iota] = 2\Delta_\ell \int_\tau J_\ell^{-\top}\nabla_\xi\psi_\iota^1(\xi)J_\ell^{-\top}\nabla_\xi\psi_{\iota'}^1(\xi)d\xi$$

für $\iota, \iota' = 1, \ldots, d+1$ gegeben sind. Damit kann die Matrix–Vektor–Multiplikation mit der globalen Steifigkeitsmatrix A_h zurückgeführt werden auf eine Lokalisierung der globalen Freiheitsgrade $\underline{u} \in I\!R^{\widetilde{M}}$ in die lokalen Freiheitsgrade $\underline{u}_\ell \in I\!R^{d+1}$ mit $u_{\ell,\iota} = u_{\ell_\iota}$, die Multiplikation mit den lokalen Steifigkeitsmatrizen, $\underline{v}_\ell = A_h^\ell \underline{u}_\ell$, sowie der Assemblierung des globalen Ergebnisvektors $\underline{v}$ aus den lokalen Vektoren $\underline{v}_\ell$, d.h. $v_{\ell_\iota} := v_{\ell_\iota} + v_{\ell,\iota}$. Die Berücksichtigung der gegebenen Dirichlet–Randbedingungen zur Berechnung des Lastvektors $\underline{f}$ erfolgt in analoger Weise. Für die Matrix–Vektor–Multiplikation der globalen Steifigkeitsmatrix A_h sind somit nur die lokalen Steifigkeitsmatrizen A_h^ℓ mit einem Aufwand von $\mathcal{O}(N)$ aufzustellen. Für andere Speichertechniken zur Beschreibung der Steifigkeitsmatrix A_h, siehe zum Beispiel [50].

Zur Überprüfung der theoretischen Konvergenzaussagen (11.9) und (11.11) wird nun das Dirichlet–Problem (11.1) für das Gebiet $\Omega = (0, 0.5)^2$ und $f = 0$ mit der exakten Lösung

$$u(x) = -\frac{1}{2}\log|x - x^*|, \quad x^* = (-0.1, -0.1)^\top \tag{11.14}$$

betrachtet. Die Fehler für verschiedene Vernetzungen mit unterschiedlichen Maschenweiten sind in Tabelle 11.2 dargestellt. Dabei bezeichnet L die Verfeinerungsstufe, N ist die Anzahl der finiten Elemente, M ist die Knotenzahl mit den Freiheitsgraden DoF, die der Zahl der inneren Knoten entspricht.

L	N	M	DoF	$\lvert u - u_h\rvert_{H^1(\Omega)}$	eoc	$\lVert u - u_h\rVert_{L_2(\Omega)}$	eoc
2	64	41	25	1.370 -1		2.460 -3	
3	256	145	113	6.954 -2	0.98	5.717 -4	2.11
4	1024	545	481	3.494 -2	0.99	1.408 -4	2.02
5	4096	2113	1985	1.749 -2	1.00	3.511 -5	2.00
6	16384	8321	8065	8.748 -3	1.00	8.771 -6	2.00
7	65536	33025	32513	4.374 -3	1.00	2.192 -6	2.00
8	262144	131585	130561	2.187 -3	1.00	5.481 -7	2.00
9	1048576	525313	523265	1.094 -3	1.00	1.370 -7	2.00
Theorie:					1		2

Tabelle 11.2: Fehler und Konvergenzordnung für Dirichlet–Problem.

Da die Lösung (11.14) unendlich oft differenzierbar ist, können Satz 11.2 und Lemma 11.1 jeweils für $s = 2$ angewendet werden. Damit ergibt sich in der Norm $|u - u_h|_{H^1(\Omega)}$ eine Konvergenzrate von eins, während durch Anwendung des Aubin–Nitsche–Tricks in der L_2–Norm $\|u - u_h\|_{L_2(\Omega)}$ eine Konvergenzrate von zwei folgt. Mit eoc wird dabei die numerisch erhaltene Konvergenzrate

$$\text{eoc} := \frac{\|u - u_{h_\ell}\| - \|u - u_{h_{\ell+1}}\|}{\log h_\ell - \log h_{\ell+1}}$$

bezeichnet. Die theoretischen Aussagen werden durch die numerischen Ergebnisse in Tabelle 11.2 bestätigt.

11.2 Neumann–Randwertproblem

Gegeben sei nun das Neumann–Randwertproblem (1.10) und (1.12) für die Laplace–Gleichung,

$$-\Delta u(x) = f(x) \quad \text{für } x \in \Omega, \quad \gamma_1^{\text{int}} u(x) = g(x) \quad \text{für } x \in \Gamma = \partial\Omega. \tag{11.15}$$

Dabei muß die Lösbarkeitsbedingung (1.17)

$$\int_\Omega f(x)\,dx + \int_\Gamma g(x)\,ds_x = 0 \tag{11.16}$$

vorausgesetzt werden. Ausgangspunkt für eine Diskretisierung mit finiten Elementen ist die modifizierte Variationsformulierung (4.31), welche nach Abschnitt 4.1.3 eindeutig lösbar ist.

Gesucht ist $u \in H^1(\Omega)$, so daß

$$\int_\Omega \nabla u(x)\nabla v(x)dx + \int_\Omega u(x)dx \int_\Omega v(x)dx = \int_\Omega f(x)v(x)dx + \int_\Gamma g(x)\gamma_0^{\text{int}}v(x)ds_x \tag{11.17}$$

für alle $v \in H^1(\Omega)$ erfüllt ist.

Aus der Lösbarkeitsbedingung (11.16) folgt dann die Skalierungsbedingung $u \in H^1_*(\Omega)$, d.h. $u \in H^1(\Omega)$ und $\langle u, 1\rangle_{L_2(\Omega)} = 0$.

Sei

$$X_h := S_h^1(\Omega) = \text{span}\{\varphi_k^1\}_{k=1}^M \subset H^1(\Omega)$$

der konforme Ansatzraum der stückweise linearen und global stetigen Basisfunktionen φ_k^1 bezüglich einer zulässigen Unterteilung $\overline{\Omega} = \cup_{\ell=1}^N \overline{\tau}_\ell$ von Ω in finite Elemente τ_ℓ. Nach Konstruktion bildet die Basis $\{\varphi_k^1\}_{k=1}^M$ eine **Zerlegung der Eins**, d.h. es gilt

$$\sum_{k=1}^M \varphi_k^1(x) = 1 \quad \text{für alle } x \in \Omega. \tag{11.18}$$

Die Galerkin–Variationsformulierung von (11.17) lautet:

Gesucht ist $u_h \in X_h$, so daß

$$\int_\Omega \nabla u_h(x)\nabla v_h(x)dx + \int_\Omega u_h(x)dx \int_\Omega v_h(x)dx = \int_\Omega f(x)v_h(x)dx + \int_\Gamma g(x)v_h(x)ds_x \tag{11.19}$$

für alle $v_h \in X_h$ erfüllt ist.

Nach Satz 8.1 (Cea's Lemma) existiert eine eindeutig bestimmte Lösung des Variationsproblems (11.19), und es gilt die Fehlerabschätzung (8.7),

$$\|u - u_h\|_{H^1(\Omega)} \le \frac{\hat{c}_1^A}{c_2^A} \inf_{v_h \in X_h} \|u - v_h\|_{H^1(\Omega)}\,.$$

Gilt für die Lösung des Neumann–Randwertproblems (11.15) $u \in H^s(\Omega)$ mit $s \in [1, 2]$, so folgt aus der Approximationseigenschaft (9.33) die Fehlerabschätzung

$$\|u - u_h\|_{H^1(\Omega)} \le c\,h^{s-1}\,|u|_{H^s(\Omega)} \quad \text{für } u \in H^s(\Omega), \quad s \in [1, 2].$$

Wegen (11.18) kann in der Galerkin–Variationsformulierung (11.19) als Testfunktion $v_h \equiv 1$ gewählt werden. Mit der Lösbarkeitsbedingung (11.16) folgt dann

$$\int_\Omega u_h(x)dx \int_\Omega dx = 0$$

und somit $u_h \in H^1_*(\Omega)$, d.h. die Skalierungsbedingung wird durch die berechnete Galerkin–Näherungslösung $u_h \in X_h$ automatisch erfüllt.

Das Galerkin–Variationsproblem (11.19) zur Bestimmung des Vektors $\underline{u} \in \mathbb{R}^M$ der Zerlegungskoeffizienten ist äquivalent dem linearen Gleichungssystem

$$\left[A_h + \underline{a}\,\underline{a}^\top\right]\underline{u} = \underline{f}$$

mit der durch

$$A_h[j,i] = \int_\Omega \nabla\varphi_i^1(x)\nabla\varphi_j^1(x)dx$$

für $i,j = 1,\ldots,M$ erklärten **Steifigkeitsmatrix** A_h und dem durch

$$f_j := \int_\Omega f(x)\varphi_j^1(x)dx + \int_\Gamma g(x)\varphi_j^1(x)ds_x$$

für $j = 1,\ldots,M$ erklärten **Lastvektor** $\underline{f}$. Weiterhin ist $\underline{a} \in \mathbb{R}^M$ durch

$$a_i = \int_\Omega \varphi_i^1(x)\,dx$$

für $i = 1,\ldots,M$ definiert. Die modifizierte Steifigkeitsmatrix $A_h + \underline{a}\,\underline{a}^\top$ ist wiederum symmetrisch und positiv definit. Weiterhin bleiben die Spektraläquivalenzungleichungen (11.12) entsprechend gültig, so daß beim Einsatz des konjugierten Gradientenverfahrens zur Lösung des linearen Gleichungssystems eine geeignete Vorkonditionierung anzuwenden ist. Die Berechnung des Lastvektors $\underline{f}$ bzw. die Anwendung einer Matrix–Vektor–Multiplikation mit der Steifigkeitsmatrix A_h kann wie beim Dirichlet–Problem realisiert werden.

Die näherungsweise Lösung gemischter Randwertprobleme sowie von Randwertproblemen mit Robin–Randbedingungen mittels finiter Elemente kann wie für das Dirichlet– bzw. Neumann–Randwertproblem formuliert und analysiert werden. Deshalb soll an dieser Stelle auf eine genaue Beschreibung verzichtet werden. Gleiches gilt für die Behandlung von Randwertproblemen der linearen Elastizitätstheorie mit nichtentartendem Materialverhalten, wobei beim Neumann–Randwertproblem die Starrkörperbewegungen sowohl bei den Lösbarkeitsbedingungen wie auch bei der Definition des modifizierten Variationsproblems zu berücksichtigen sind.

11.3 FEM mit Lagrange–Multiplikatoren

Ausgangspunkt für eine alternative Behandlung des Dirichlet–Randwertproblems (11.1) ist das modifizierte Sattelpunktproblem (4.22) und (4.23) zur Bestimmung von $(u, \lambda) \in H^1(\Omega) \times H^{-1/2}(\Gamma)$, so daß

$$\begin{aligned}\int\limits_\Gamma \gamma_0^{\text{int}} u(x) ds_x \int\limits_\Gamma \gamma_0^{\text{int}} v(x) ds_x + \int\limits_\Omega \nabla u(x) \nabla v(x) dx - \int\limits_\Gamma \gamma_0^{\text{int}} v(x) \lambda(x) ds_x \\ = \langle f, v \rangle_\Omega + \int\limits_\Gamma g(x) ds_x \int\limits_\Gamma \gamma_0^{\text{int}} v(x) ds_x \qquad (11.20)\end{aligned}$$

$$\begin{aligned}\int\limits_\Gamma \gamma_0^{\text{int}} u(x) \mu(x) ds_x + \int\limits_\Gamma \lambda(x) ds_x \int\limits_\Gamma \mu(x) ds_x \\ = \langle g, \mu \rangle_\Gamma - \int\limits_\Omega f(x) dx \int\limits_\Gamma \mu(x) ds_x\end{aligned}$$

für alle $(v, \mu) \in H^1(\Omega) \times H^{-1/2}(\Gamma)$ erfüllt ist.

Für das polygonal berandete Gebiet $\Omega \subset \mathbb{R}^d$ sei $\overline{\Omega} = \cup_{\ell=1}^{N_\Omega} \overline{\tau}_\ell$ eine zulässige Unterteilung von Ω in finite Elemente τ_ℓ. Die Einschränkung der Gebietsvernetzung auf den Rand $\Gamma = \partial\Omega$ definiert eine zugehörige Randzerlegung, $\Gamma = \cup_{\ell=1}^{N_\Gamma} \overline{\Gamma}_\ell$. Sei

$$X_h(\Omega) := S_h^1(\Omega) = \text{span}\{\varphi_i^1\}_{i=1}^M \subset H^1(\Omega)$$

der durch die Gebietsvernetzung erklärte konforme Ansatzraum der stückweise linearen Basisfunktionen. Dessen Einschränkung auf den Rand $\Gamma = \partial\Omega$ definiert den Ansatzraum

$$X_h(\Gamma) := S_h^1(\Gamma) = \text{span}\{\phi_k^1\}_{i=1}^{M_\Gamma} \subset H^{1/2}(\Gamma)$$

der bezüglich der Randvernetzung stückweise linearen, stetigen Basisfunktionen. Bezeichnet M_Ω die Anzahl der inneren Knoten $x_i \in \Omega$, so gilt $M = M_\Omega + M_\Gamma$ und

$$X_h(\Omega) = \text{span}\{\varphi_i^1\}_{i=1}^{M_\Omega} \cup \text{span}\{\varphi_i^1\}_{i=M_\Omega+1}^{M} .$$

Insbesondere ist

$$\phi_i^1 = \gamma_0^{\text{int}} \varphi_{M_\Omega+i}^1 \quad \text{für } i = 1, \ldots, M_\Gamma.$$

Weiterhin ist

$$\Pi_H := \text{span}\{\psi_k\}_{k=1}^N \subset H^{-1/2}(\Gamma)$$

ein noch geeignet zu wählender Ansatzraum zur Approximation der Lagrange–Multiplikatoren.

Die Galerkin–Diskretisierung des Sattelpunktproblems (11.20) lautet dann:

Gesucht sind $(u_h, \lambda_H) \in X_h \times \Pi_H$, so daß

$$\begin{aligned}\int_\Gamma \gamma_0^{\text{int}} u_h(x)ds_x \int_\Gamma \gamma_0^{\text{int}} v_h(x)ds_x + \int_\Omega \nabla u_h(x)\nabla v_h(x)dx - \int_\Gamma \gamma_0^{\text{int}} v_h(x)\lambda_H(x)ds_x \\ = \langle f, v_h\rangle_\Omega + \int_\Gamma g(x)ds_x \int_\Gamma \gamma_0^{\text{int}} v_h(x)ds_x \qquad (11.21)\end{aligned}$$

$$\begin{aligned}\int_\Gamma \gamma_0^{\text{int}} u_h(x)\mu_H(x)ds_x + \int_\Gamma \lambda_H(x)ds_x \int_\Gamma \mu_H(x)ds_x \\ = \langle g, \mu_H\rangle_\Gamma - \int_\Omega f(x)dx \int_\Gamma \mu_H(x)ds_x\end{aligned}$$

für alle $(v_h, \mu_H) \in X_h \times \Pi_H$ erfüllt ist.
Mit

$$\begin{aligned}A_h[j,i] &:= \int_\Omega \nabla\varphi_i^1(x)\nabla\varphi_j^1(x)dx, \\ B_h[\ell,i] &:= \int_\Gamma \psi_\ell(x)\gamma_0^{\text{int}}\varphi_i^1(x)ds_x, \\ a_i &:= \int_\Gamma \gamma_0^{\text{int}}\varphi_i^1(x)ds_x, \\ b_\ell &:= \int_\Gamma \psi_\ell(x)ds_x\end{aligned}$$

für $i, j = 1, \ldots, M$ und $\ell = 1, \ldots, N$, sowie

$$\begin{aligned}f_j &:= \int_\Omega f(x)\varphi_j^1(x)dx + \int_\Gamma g(x)ds_x \int_\Gamma \gamma_0^{\text{int}}\varphi_j^1(x)ds_x, \\ g_\ell &:= \int_\Gamma g(x)\psi_\ell(x)ds_x - \int_\Omega f(x)dx \int_\Gamma \psi_\ell(x)ds_x\end{aligned}$$

für $j = 1, \ldots, M$ und $\ell = 1, \ldots, N$ ist das diskrete Sattelpunktproblem (11.21) äquivalent zu dem linearen Gleichungssystem

$$\begin{pmatrix} \underline{a}\,\underline{a}^\top + A_h & -B_h^\top \\ B_h & \underline{b}\,\underline{b}^\top \end{pmatrix} \begin{pmatrix} \underline{u} \\ \underline{\lambda} \end{pmatrix} = \begin{pmatrix} \underline{f} \\ \underline{g} \end{pmatrix}. \qquad (11.22)$$

Offensichtlich ist

$$B_h[\ell,i] = \begin{cases} 0 & \text{für } i = 1, \ldots, M_\Omega, \\ \bar{B}_h[\ell, i - M_\Omega] & \text{für } i = M_\Omega + 1, \ldots, M \end{cases}$$

mit

$$\bar{B}_h[\ell,i] = \int_\Gamma \psi_\ell(x)\phi_i^1(x)ds_x$$

für $i = 1, \ldots, M_\Gamma$ und $\ell = 1, \ldots, N$.

Nach Konstruktion ist die Matrix $\underline{a}\,\underline{a}^\top + A_h$ symmetrisch und positiv definit und somit invertierbar, d.h. die erste Gleichung in (11.22) kann nach $\underline{u}$ aufgelöst werden,

$$\underline{u} = \left[\underline{a}\,\underline{a}^\top + A_h\right]^{-1}\left[\underline{f} + B_h^\top \underline{\lambda}\right].$$

Einsetzen in die zweite Gleichung ergibt das Schur–Komplement–System

$$\left[B_h\left[\underline{a}\,\underline{a}^\top + A_h\right]^{-1} B_h^\top + \underline{b}\,\underline{b}^\top\right]\underline{\lambda} = \underline{g} - B_h\left[\underline{a}\,\underline{a}^\top + A_h\right]^{-1}\underline{f}. \tag{11.23}$$

Die eindeutige Lösbarkeit des Schur–Komplement–Systems (11.23) und somit des linearen Gleichungssystems (11.22), bzw. des diskreten Sattelpunktproblems (11.21) ergibt sich nun aus Lemma 8.2, wobei die diskrete Stabilitätsbedingung (8.25) zu gewährleisten ist, d.h.

$$\widetilde{c}_S\,\|\mu_H\|_{H^{-1/2}(\Gamma)} \le \sup_{0\neq v_h\in X_h(\Omega)} \frac{\langle \mu_H, \gamma_0^{\text{int}} v_h\rangle_\Gamma}{\|v_h\|_{H^1(\Omega)}} \quad \text{für alle } \mu_H \in \Pi_H. \tag{11.24}$$

Zunächst wird die Stabilitätsbedingung für die Ansatzräume Π_H und $X_h(\Gamma)$ betrachtet.

Satz 11.3 *Die Maschenweite h des Ansatzraumes $X_h(\Gamma)$ sei gegenüber der Maschenweite H von Π_H hinreichend klein, d.h. es gelte $h \le c_0 H$. Weiterhin gelte im Ansatzraum Π_H die globale inverse Ungleichung. Dann gilt die Stabilitätsbedingung*

$$\bar{c}_S\,\|\mu_H\|_{H^{-1/2}(\Gamma)} \le \sup_{0\neq w_h\in X_h(\Gamma)} \frac{\langle \mu_H, w_h\rangle_\Gamma}{\|w_h\|_{H^{1/2}(\Gamma)}} \quad \textit{für alle } \mu_H \in \Pi_H. \tag{11.25}$$

Beweis: Sei $\mu_H \in \Pi_H \subset H^{-1/2}(\Gamma)$ beliebig aber fest gegeben. Nach dem Darstellungssatz von Riesz (Satz 3.1) existiert dann ein eindeutig bestimmtes $J\mu_H \in H^{1/2}(\Gamma)$ mit

$$\langle J\mu_H, w\rangle_{H^{1/2}(\Gamma)} = \langle \mu_H, w\rangle_\Gamma \quad \text{für alle } w \in H^{1/2}(\Gamma)$$

und $\|J\mu_H\|_{H^{1/2}(\Gamma)} = \|\mu_H\|_{H^{-1/2}(\Gamma)}$. Sei $Q_h^{1/2} J\mu_H \in X_h(\Gamma)$ die eindeutig bestimmte Lösung von

$$\langle Q_h^{1/2} J\mu_H, w_h\rangle_{H^{1/2}(\Gamma)} = \langle \mu_H, w_h\rangle_\Gamma \quad \text{für alle } w_h \in X_h(\Gamma).$$

Dann gilt die Fehlerabschätzung

$$\|(I - Q_h^{1/2})J\mu_H\|_{H^{1/2}(\Gamma)} \le \inf_{w_h\in X_h(\Gamma)} \|J\mu_H - w_h\|_{H^{1/2}(\Gamma)}.$$

Wegen $\mu_H \in L_2(\Gamma)$ gilt mit der Dualitätsabschätzung

$$\|J\mu_H\|_{H^1(\Gamma)} = \sup_{0\neq v\in L_2(\Gamma)} \frac{\langle J\mu_H, v\rangle_{H^{1/2}(\Gamma)}}{\|v\|_{L_2(\Gamma)}} = \sup_{0\neq v\in L_2(\Gamma)} \frac{\langle \mu_H, v\rangle_\Gamma}{\|v\|_{L_2(\Gamma)}} \leq \|\mu_H\|_{L_2(\Gamma)}$$

und somit $J\mu_H \in H^1(\Gamma)$. Aus der Approximationseigenschaft des Ansatzraumes $X_h(\Gamma)$, vergleiche hierzu die Fehlerabschätzung (10.13), ergibt sich somit

$$\|(I - Q_h^{1/2})J\mu_H\|_{H^{1/2}(\Gamma)} \leq c_A\, h^{1/2}\, \|J\mu_H\|_{H^1(\Gamma)} \leq c_A\, h^{1/2}\, \|\mu_H\|_{L_2(\Gamma)}.$$

Mit der inversen Ungleichung im Ansatzraum Π_H folgt daraus

$$\|(I - Q_h^{1/2})J\mu_H\|_{H^{1/2}(\Gamma)} \leq c_A c_I \left(\frac{h}{H}\right)^{1/2} \|\mu_H\|_{H^{-1/2}(\Gamma)}.$$

Sei c_0 aus $h \leq c_0 H$ nun so gewählt, daß

$$\|(I - Q_h^{1/2})J\mu_H\|_{H^{1/2}(\Gamma)} \leq \frac{1}{2}\, \|\mu_H\|_{H^{-1/2}(\Gamma)}$$

gilt. Dann folgt

$$\begin{aligned} \|\mu_H\|_{H^{-1/2}(\Gamma)} &= \|J\mu_H\|_{H^{1/2}(\Gamma)} \\ &\leq \|Q_h^{1/2} J\mu_H\|_{H^{1/2}(\Gamma)} + \|J\mu_H - Q_h J\mu_H\|_{H^{1/2}(\Gamma)} \\ &\leq \|Q_h^{1/2} J\mu_H\|_{H^{1/2}(\Gamma)} + \frac{1}{2}\, \|\mu_H\|_{H^{-1/2}(\Gamma)} \end{aligned}$$

und somit

$$\|Q_h^{1/2} J\mu_H\|_{H^{1/2}(\Gamma)} \geq \frac{1}{2}\, \|\mu_H\|_{H^{-1/2}(\Gamma)}.$$

Mit der Definition von $Q_h J\mu_H$ gilt jetzt

$$\begin{aligned} \langle \mu_H, Q_h^{1/2} J\mu_H\rangle_\Gamma &= \langle Q_h^{1/2} J\mu_H, Q_h^{1/2} J\mu_H\rangle_{H^{1/2}(\Gamma)} \\ &= \|Q_h^{1/2} J\mu_H\|^2_{H^{1/2}(\Gamma)} \\ &\geq \frac{1}{2}\, \|Q_h^{1/2} J\mu_H\|_{H^{1/2}(\Gamma)} \|\mu_H\|_{H^{-1/2}(\Gamma)} \end{aligned}$$

und daraus folgt die Stabilitätsbedingung (11.25). ∎

Bemerkung 11.1 *Zum Nachweis der Stabilitätsbedingung* (11.25) *kann auch das Kriterium von Fortin (Lemma* 8.3*) verwendet werden. Dann ist die Beschränktheit des durch*

$$\langle \widetilde{Q}_h u, \mu_H\rangle_\Gamma = \langle u, \mu_H\rangle_\Gamma \quad \textit{für alle } \mu_H \in \Pi_H$$

erklärten Projektionsoperators $\widetilde{Q}_h : H^{1/2}(\Gamma) \to X_h(\Gamma) \subset H^{1/2}(\Gamma)$ *nachzuweisen. Gilt im Ansatzraum* $X_h(\Gamma)$ *eine globale inverse Ungleichung, so folgt die* $H^{1/2}(\Gamma)$*–Beschränktheit von* $\widetilde{Q}_h$ *aus den Fehlerabschätzungen von* $I - \widetilde{Q}_h$ *und* $I - Q_h^{1/2}$ *in* $L_2(\Gamma)$ *sowie der Stabilität von* $Q_h^{1/2}$ *in* $H^{1/2}(\Gamma)$*. Für Ansatzräume, die bezüglich adaptiv verfeinerter Unterteilungen definiert sind, und in denen folglich keine globale inverse Ungleichung gilt, sei hier auf* [79, 80] *verwiesen.*

Mit dem inversen Spursatz (Satz 2.10) folgt nun aus der Stabilitätsbedingung (11.25) die Gültigkeit von

$$\bar{c}_S \, \|\mu_H\|_{H^{-1/2}(\Gamma)} \leq c_{IT} \sup_{0 \neq w_h \in X_h(\Gamma)} \frac{\langle \mu_H, w_h \rangle_\Gamma}{\|\mathcal{E} w_h\|_{H^1(\Omega)}} \quad \text{für alle } \mu_H \in \Pi_H.$$

Schließlich sei $R_h : H^1(\Omega) \to X_h(\Omega) \subset H^1(\Omega)$ ein die Randbedingungen erhaltender beschränkter Quasi–Interpolationsoperator [77] mit

$$\|R_h v\|_{H^1(\Omega)} \leq c_R \, \|v\|_{H^1(\Omega)}.$$

Dann ergibt sich

$$\bar{c}_S \, \|\mu_H\|_{H^{-1/2}(\Gamma)} \leq c_{IT} c_R \sup_{0 \neq w_h \in X_h(\Gamma)} \frac{\langle \mu_H, w_h \rangle_\Gamma}{\|R_h \mathcal{E} w_h\|_{H^1(\Omega)}} \quad \text{für alle } \mu_H \in \Pi_H.$$

und mit $v_h = R_h \mathcal{E} w_h \in X_h(\Omega)$ folgt die Gültigkeit der Stabilitätsbedingung (11.24). Diese liefert die eindeutige Lösbarkeit des Schur–Komplement–Systems (11.23) bzw. des linearen Gleichungssystems (11.22). Die Anwendung von Satz 8.6 ergibt für $u \in H^2(\Omega)$ und $\lambda \in H^1_{\mathrm{pw}}(\Gamma)$ die Fehlerabschätzung

$$\|u - u_h\|^2_{H^1(\Omega)} + \|\lambda - \lambda_H\|^2_{H^{-1/2}(\Gamma)} \leq c_1 \, h^2 \, |u|^2_{H^2(\Omega)} + c_2 \, H^3 \, \|\lambda\|^2_{H^1_{\mathrm{pw}}(\Gamma)}. \tag{11.26}$$

Die Gewährleistung der diskreten Stabilitätsbedingung (11.25) erfordert die Bedingung $h \leq c_0 H$ mit einer hinreichend kleinen Konstanten $c_0 < 1$.

Betrachtet wird jetzt das numerische Beispiel aus Abschnitt 11.1 mit $h = \frac{1}{2}H$, für $L = 3$ ist die Unterteilung des Gebietes Ω und die zugehörige Randunterteilung in Abbildung 11.2 dargestellt.

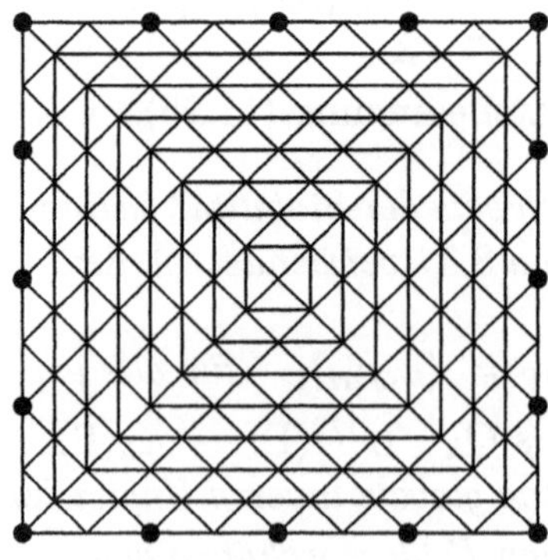

Abbildung 11.2: Vernetzung des Gebietes Ω $(L = 3)$ und zugehöriges Randnetz.

Die Fehler der berechneten Näherungslösungen $(u_h, \lambda_H) \in S_h^1(\Omega) \times S_H^0(\Gamma)$ sind in Tabelle 11.3 angegeben. Die numerischen Ergebnisse für die Approximation u_h der primalen Variablen u bestätigen die Fehlerabschätzung (11.26).

L	N_Ω	N_Γ	$\|u-u_h\|_{H^1(\Omega)}$	eoc	$\|\lambda-\lambda_h\|_{L_2(\Gamma)}$	eoc
1	16	4	5.051 −1		1.198 ±0	
2	64	8	2.248 −1	1.17	9.350 −1	0.36
3	256	16	9.897 −2	1.18	5.662 −1	0.72
4	1024	32	4.133 −2	1.26	2.970 −1	0.93
5	4096	64	1.851 −2	1.16	1.457 −1	1.03
6	16384	128	8.889 −3	1.06	7.093 −2	1.04
7	65536	256	4.393 −3	1.02	3.482 −2	1.03
8	262144	512	2.190 −3	1.00	1.723 −2	1.01
9	1048576	1024	1.094 −3	1.00	8.569 −3	1.01
Theorie:				1		0.5

Tabelle 11.3: Ergebnisse für FEM mit Lagrange–Multiplikatoren.

Der Fehler der Approximation λ_H des Lagrange–Multiplikators λ wird in der leichter berechenbaren L_2–Norm angegeben.

Lemma 11.3 *In $S_H^0(\Gamma)$ gelte die inverse Ungleichung. Für $u \in H^2(\Omega)$ und $\lambda \in H^1_{\text{pw}}(\Gamma)$ gilt die Fehlerabschätzung*

$$\|\lambda - \lambda_H\|^2_{L_2(\Gamma)} \le c_1\, h^2\, H^{-1}\, |u|^2_{H^2(\Omega)} + c_2\, H^2\, \|\lambda\|^2_{H^1_{\text{pw}}(\Gamma)}.$$

Beweis: Für $\lambda \in H^1_{\text{pw}}(\Gamma)$ sei $Q_H\lambda \in S_H^0(\Gamma)$ die durch (10.4) erklärte L_2–Projektion. Mit der Dreiecksungleichung und der inversen Ungleichung ergibt sich

$$\begin{aligned}
\|\lambda - \lambda_H\|^2_{L_2(\Gamma)} &\le 2\,\|\lambda - Q_H\lambda\|^2_{L_2(\Gamma)} + 2\,\|Q_H\lambda - \lambda_H\|^2_{L_2(\Gamma)} \\
&\le 2\,\|\lambda - Q_H\lambda\|^2_{L_2(\Gamma)} + 2\,c_I^2\, H^{-1}\|Q_H\lambda - \lambda_H\|^2_{H^{-1/2}(\Gamma)} \\
&\le 2\,\|\lambda - Q_H\lambda\|^2_{L_2(\Gamma)} + 4\,c_I^2\, H^{-1}\left[\|Q_H\lambda - \lambda\|^2_{H^{-1/2}(\Gamma)} + \|\lambda - \lambda_H\|^2_{H^{-1/2}(\Gamma)}\right]
\end{aligned}$$

Die Behauptung folgt nun aus Satz 10.1, Folgerung 10.1 und der Fehlerabschätzung (11.26). ■

Für $h = \frac{1}{2}H$ folgt aus Lemma 11.3 die Fehlerabschätzung

$$\|\lambda - \lambda_H\|^2_{L_2(\Gamma)} \leq \frac{1}{4} c_1 \, H \, |u|^2_{H^2(\Omega)} + c_2 \, H^2 \, \|\lambda\|^2_{H^1_{\mathrm{pw}}(\Gamma)}$$

und somit eine asymptotische Konvergenzrate von 0.5 in der L_2–Norm. Die numerischen Ergebnisse in Tabelle 11.3 weisen jedoch die höhere Konvergenzrate 1 auf. Dieses präasymptotische Verhalten kann durch eine unterschiedliche Größenordnung von $\frac{1}{4}c_1\|u\|^2_{H^1(\Omega)}$ und $c_2\|t\|^2_{H^1_{\mathrm{pw}}(\Gamma)}$ erklärt werden.

Kapitel 12

Randelementmethoden

Die Lösung der skalaren homogenen partiellen Differentialgleichung

$$Lu(x) = 0 \quad \text{für } x \in \Omega$$

ist gegeben durch die Darstellungsformel

$$u(x) = (\widetilde{V}\gamma_1^{\text{int}}u)(x) - (W\gamma_0^{\text{int}}u)(x) \quad \text{für } x \in \Omega.$$

Da die Cauchy–Daten $[\gamma_0^{\text{int}}u(x), \gamma_1^{\text{int}}u(x)]$ für $x \in \Gamma$ durch die Randbedingungen nur teilweise gegeben sind, müssen die fehlenden Daten durch die Lösung einer zugehörigen Randintegralgleichung bestimmt werden. Randelementmethoden als **numerische Diskretisierungsverfahren** zur näherungsweisen Lösung dieser Randintegralgleichungen sind Gegenstand dieses Kapitels.

12.1 Dirichlet–Randwertproblem

Betrachtet wird zunächst das Dirichlet–Randwertproblem (7.6),

$$Lu(x) = 0 \quad \text{für } x \in \Omega, \qquad \gamma_0^{\text{int}}u(x) = g(x) \quad \text{für } x \in \Gamma. \tag{12.1}$$

Die Lösung u ist gegeben durch die Darstellungsformel (6.1),

$$u(\tilde{x}) = \int_\Gamma U^*(\tilde{x}, y)\gamma_1^{\text{int}}u(y)ds_y - \int_\Gamma \gamma_1^{\text{int}}U^*(\tilde{x}, y)g(y)ds_y, \quad \tilde{x} \in \Omega. \tag{12.2}$$

Zu bestimmen ist die unbekannte Konormalenableitung $t := \gamma_1^{\text{int}}u \in H^{-1/2}(\Gamma)$ als eindeutige Lösung der Variationsformulierung (7.9),

$$\langle Vt, \tau\rangle_\Gamma = \langle(\frac{1}{2}I + K)g, \tau\rangle_\Gamma \quad \text{für alle } \tau \in H^{-1/2}(\Gamma). \tag{12.3}$$

Sei

$$S_h^0(\Gamma) = \text{span}\{\varphi_k^0\}_{k=1}^N \subset H^{-1/2}(\Gamma)$$

der Ansatzraum der stückweise konstanten Basisfunktionen φ_k^0. Mit dem Ansatz

$$t_h(x) = \sum_{k=1}^{N} t_k \varphi_k^0(x) \in S_h^0(\Gamma) \tag{12.4}$$

lautet die Galerkin–Variationsformulierung von (12.3):
Gesucht ist $t_h \in S_h^0(\Gamma)$, so daß

$$\langle Vt_h, \tau_h\rangle_\Gamma = \langle(\frac{1}{2}I + K)g, \tau_h\rangle_\Gamma \quad \text{für alle } \tau_h \in S_h^0(\Gamma) \tag{12.5}$$

erfüllt ist.
Das Einfachschichtpotential $V : H^{-1/2}(\Gamma) \to H^{1/2}(\Gamma)$ ist nach (6.8) beschränkt sowie nach Satz 6.5 für $d = 3$, bzw. nach Satz 6.6 für $d = 2$ und $\operatorname{diam}\Omega < 1$ $H^{-1/2}(\Gamma)$–elliptisch. Weiterhin ist $S_h^0(\Gamma) \subset H^{-1/2}(\Gamma)$ ein konformer Ansatzraum. Damit sind die Voraussetzungen von Satz 8.1 (Cea's Lemma) erfüllt, d.h. es existiert eine eindeutige Lösung $t_h \in S_h^0(\Gamma)$ der Galerkin–Variationsformulierung (12.5), und es gelten die Stabilitätsabschätzung

$$\|t_h\|_{H^{-1/2}(\Gamma)} \leq \frac{1}{c_1^V} \|(\frac{1}{2}I + K)g\|_{H^{1/2}(\Gamma)} \leq \frac{c_2^W}{c_1^V} \|g\|_{H^{1/2}(\Gamma)},$$

sowie die Fehlerabschätzung

$$\|t - t_h\|_{H^{-1/2}(\Gamma)} \leq \frac{c_2^V}{c_1^V} \inf_{\tau_h \in S_h^0(\Gamma)} \|t - \tau_h\|_{H^{-1/2}(\Gamma)}. \tag{12.6}$$

Im Fall eines stückweise glatten Lipschitz–Randes $\Gamma = \partial\Omega$ mit $\overline{\Gamma} = \cup_{j=1}^J \overline{\Gamma}_j$ ergibt sich mit Lemma 2.3 aufgrund der lokalen Definition des Ansatzraumes $S_h^0(\Gamma)$ die Fehlerabschätzung

$$\|t - t_h\|_{H^{-1/2}(\Gamma)} \leq \frac{c_2^V}{c_1^V} \sum_{j=1}^{J} \inf_{\tau_h^j \in S_h^0(\Gamma_j)} \|t_{|\Gamma_j} - \tau_h^j\|_{\widetilde{H}^{-1/2}(\Gamma_j)}. \tag{12.7}$$

Mit der Approximationseigenschaft (10.10) folgt daraus die Fehlerabschätzung

$$\|t - t_h\|_{H^{-1/2}(\Gamma)} \leq c\, h^{s+\frac{1}{2}}\, |t|_{H^s_{\text{pw}}(\Gamma)} \tag{12.8}$$

für $t \in H^s_{\text{pw}}(\Gamma)$ und $s \in [-\frac{1}{2}, 1]$. Für eine hinreichend glatte Lösung $t \in H^1_{\text{pw}}(\Gamma)$ ergibt sich für die Approximation mit stückweise konstanten Ansatzfunktionen die Fehlerabschätzung

$$\|t - t_h\|_{H^{-1/2}(\Gamma)} \leq c\, h^{\frac{3}{2}}\, |t|_{H^1_{\text{pw}}(\Gamma)}.$$

Bemerkung 12.1 *Bei der Laplace–Gleichung gilt für die Lösung* $t \in H^{-1/2}(\Gamma)$ *bei der direkten Randelementmethode die Darstellung* $t(x) = \underline{n}(x) \cdot \nabla u(x)$ *für* $x \in \Gamma$. *Bei Gebieten mit Ecken oder Kanten ist der Normalenvektor* $\underline{n}(x)$ *unstetig und somit ist im allgemeinen auch die Normalenableitung* $t(x)$ *eine unstetige Funktion. Damit gilt höchstens* $t \in H^{\frac{d-1}{2}-\varepsilon}(\Gamma)$ *für beliebig kleines* $\varepsilon > 0$. *Bei Verwendung des global stetigen Ansatzraumes* $S_h^1(\Gamma)$ *mit stückweise linearen Ansatzfunktionen kann aufgrund des globalen Charakters von* $S_h^1(\Gamma)$ *nicht die Fehlerabschätzung* (12.7), *sondern nur die globale Fehlerabschätzung* (12.6) *mit* $s < \frac{1}{2}(d-1)$ *benutzt werden. Bei Verwendung von Ansatzfunktionen höherer Ordnung zur Approximation der Neumann–Daten sind deshalb grundsätzlich lokal definierte, aber global* **unstetige** *Ansatzfunktionen zu verwenden.*

Bisher wurden die Fehlerabschätzungen nur in der Energienorm $\|t - t_h\|_{H^{-1/2}(\Gamma)}$ betrachtet. Für eine global gleichmäßige Randdiskretisierung kann jedoch auch eine Fehlerabschätzung in $L_2(\Gamma)$ angegeben werden.

Lemma 12.1 *Für eine global gleichmäßige Randdiskretisierung* (10.2) *sei* $t_h \in S_h^0(\Gamma)$ *die eindeutig bestimmte Lösung des Galerkin–Variationsproblems* (12.5). *Für* $t \in H^s_{\text{pw}}(\Gamma)$ *und* $s \in [0,1]$ *gilt die Fehlerabschätzung*

$$\|t - t_h\|_{L_2(\Gamma)} \leq c\, h^s\, |t|_{H^s_{\text{pw}}(\Gamma)}. \tag{12.9}$$

Beweis: Für $t \in L_2(\Gamma)$ ist $Q_h t \in S_h^0(\Gamma)$ durch die L_2–Projektion (10.4) gegeben. Durch zweifaches Anwenden der Dreiecksungleichung und Verwendung der globalen inversen Ungleichung (Lemma 10.4) ist

$$\begin{aligned} \|t - t_h\|_{L_2(\Gamma)} &\leq \|t - Q_h t\|_{L_2(\Gamma)} + \|Q_h t - t_h\|_{L_2(\Gamma)} \\ &\leq \|t - Q_h t\|_{L_2(\Gamma)} + c\, h^{-1/2}\, \|Q_h t - t_h\|_{H^{-1/2}(\Gamma)} \\ &\leq \|t - Q_h t\|_{L_2(\Gamma)} + c\, h^{-1/2} \left[\|t - Q_h t\|_{H^{-1/2}(\Gamma)} + \|t - t_h\|_{H^{-1/2}(\Gamma)} \right]. \end{aligned}$$

Die Behauptung folgt nun aus den Fehlerabschätzungen (10.6), (10.8) und (12.8).

∎

Ist die Näherungslösung $t_h \in S_h^0(\Gamma)$ als eindeutige Lösung der Galerkin–Variationsformulierung (12.5) bestimmt, so kann durch Einsetzen in die Darstellungsformel (12.2) eine Näherungslösung für das Dirichlet–Randwertproblem (12.1) gefunden werden,

$$\tilde{u}(\tilde{x}) = \int_\Gamma U^*(\tilde{x}, y) t_h(y) ds_y - \int_\Gamma \gamma_1^{\text{int}} U^*(\tilde{x}, y) g(y) ds_y, \quad \tilde{x} \in \Omega. \tag{12.10}$$

Für den Fehler ergibt sich

$$|u(\tilde{x}) - \tilde{u}(\tilde{x})| = \left| \int_\Gamma U^*(\tilde{x}, y)[t(y) - t_h(y)] ds_y \right|, \quad \tilde{x} \in \Omega.$$

Für $\widetilde{x} \in \Omega$ und $y \in \Gamma$ ist die Fundamentallösung $U^*(\widetilde{x}, y)$ unendlich oft differenzierbar und somit gilt $U^*(\widetilde{x}, \cdot) \in H^{-\sigma}(\Gamma)$ für beliebiges $\sigma \in I\!R$. Damit folgt

$$|u(\widetilde{x}) - \widetilde{u}(\widetilde{x})| \leq \|U^*(\widetilde{x}, \cdot)\|_{H^{-\sigma}(\Gamma)} \|t - t_h\|_{H^{\sigma}(\Gamma)}. \tag{12.11}$$

Um eine bestmögliche Fehlerabschätzung für $|u(\widetilde{x}) - \widetilde{u}(\widetilde{x})|$ und $\widetilde{x} \in \Omega$ zu erhalten, wird eine optimale Fehlerabschätzung für $\|t - t_h\|_{H^\sigma(\Gamma)}$ und minimales $\sigma \in I\!R$ benötigt.

Satz 12.1 (Aubin–Nitsche Trick) *Sei $t \in H^s_{\text{pw}}(\Gamma)$ Lösung der Randintegralgleichung (7.8) mit $s \in [-\frac{1}{2}, 1]$ und sei $t_h \in S^0_h(\Gamma)$ die Lösung der Galerkin–Variationsformulierung (12.5). Für $-2 \leq \sigma \leq -\frac{1}{2}$ sei das Einfachschichtpotential $V : H^{-1-\sigma}(\Gamma) \to H^{-\sigma}(\Gamma)$ stetig und bijektiv. Dann gilt die Fehlerabschätzung*

$$\|t - t_h\|_{H^\sigma(\Gamma)} \leq c\, h^{s-\sigma}\, |t|_{H^s_{\text{pw}}(\Gamma)}. \tag{12.12}$$

Beweis: Für $\sigma < -\frac{1}{2}$ ergibt sich aus der Dualität der Sobolev–Normen

$$\|t - t_h\|_{H^\sigma(\Gamma)} = \sup_{0 \neq v \in H^{-\sigma}(\Gamma)} \frac{\langle t - t_h, v\rangle_\Gamma}{\|v\|_{H^{-\sigma}(\Gamma)}}.$$

Nach Voraussetzung ist $V : H^{-1-\sigma}(\Gamma) \to H^{-\sigma}(\Gamma)$ bijektiv. Deshalb existiert für jedes $v \in H^{-\sigma}(\Gamma)$ genau ein $w \in H^{-1-\sigma}(\Gamma)$ mit $v = Vw$. Damit folgt

$$\begin{aligned}\|t - t_h\|_{H^\sigma(\Gamma)} &= \sup_{0 \neq w \in H^{-1-\sigma}(\Gamma)} \frac{\langle t - t_h, Vw\rangle_\Gamma}{\|Vw\|_{H^{-\sigma}(\Gamma)}} \\ &= \sup_{0 \neq w \in H^{-1-\sigma}(\Gamma)} \frac{\langle V(t - t_h), w - Q_h w\rangle_\Gamma}{\|Vw\|_{H^{-\sigma}(\Gamma)}}\end{aligned}$$

durch Ausnutzen der Galerkin–Orthogonalität

$$\langle V(t - t_h), \tau_h\rangle_{L_2(\Gamma)} \quad \text{für alle } \tau_h \in S^0_h(\Gamma).$$

Mit der Beschränktheit des Einfachschichtpotentials $V : H^{-1/2}(\Gamma) \to H^{1/2}(\Gamma)$ und $\|Vw\|_{H^{-\sigma}(\Gamma)} \geq c\, \|w\|_{H^{-1-\sigma}(\Gamma)}$ ergibt sich

$$\|t - t_h\|_{H^\sigma(\Gamma)} \leq \widetilde{c}\, \|t - t_h\|_{H^{-1/2}(\Gamma)} \sup_{0 \neq w \in H^{-1-\sigma}(\Gamma)} \frac{\|w - Q_h w\|_{H^{-1/2}(\Gamma)}}{\|w\|_{H^{-1-\sigma}(\Gamma)}}.$$

Für $-1 - \sigma \leq 1$, bzw. $\sigma \geq -2$, gilt mit der Fehlerabschätzung (10.8)

$$\sup_{0 \neq w \in H^{-1-\sigma}(\Gamma)} \frac{\|w - Q_h w\|_{H^{-1/2}(\Gamma)}}{\|w\|_{H^{-1-\sigma}(\Gamma)}} \leq c\, h^{-1/2-\sigma}$$

und somit

$$\|t - t_h\|_{H^\sigma(\Gamma)} \leq \hat{c}\, h^{-1/2-\sigma}\, \|t - t_h\|_{H^{-1/2}(\Gamma)}.$$

Die Behauptung folgt nun aus der Fehlerabschätzung (12.8). ■

Bei hinreichender Regularität der Lösung $t \in H^1_{\rm pw}(\Gamma)$ liefert (12.12) die optimale Fehlerabschätzung

$$\|t - t_h\|_{H^{-2}(\Gamma)} \le c\, h^3\, |t|_{H^1_{\rm pw}(\Gamma)},$$

und somit folgt aus (12.11) die **punktweise Fehlerabschätzung**

$$|u(\widetilde{x}) - \widetilde{u}(\widetilde{x})| \le c\, h^3\, \|U^*(\widetilde{x}, \cdot)\|_{H^2(\Gamma)} |t|_{H^1_{\rm pw}(\Gamma)}.$$

Zur Herleitung einer globalen Fehlerabschätzung für $\|u - \widetilde{u}\|_{H^1(\Omega)}$ wird zunächst die Spur $\widetilde{g}$ der durch die Darstellunsgformel (12.10) definierten Funktion $\widetilde{u} \in H^1(\Omega)$ bestimmt. Für $x \in \Gamma$ ist

$$\widetilde{g}(x) := (Vt_h)(x) + \frac{1}{2}g(x) - (Kg)(x).$$

Andererseits liefert die Randintegralgleichung (7.8) die Darstellung

$$g(x) = (Vt)(x) + \frac{1}{2}g(x) - (Kg)(x).$$

Damit folgt durch Subtraktion

$$g(x) - \widetilde{g}(x) = (V[t - t_h])(x).$$

Satz 12.2 *Sei $u \in H^1(\Omega)$ die schwache Lösung des Dirichlet–Randwertproblems* (12.1), *und sei $\widetilde{u} \in H^1(\Omega)$ die durch die Darstellungsformel* (12.10) *erklärte Funktion. Dann gilt die* **globale Fehlerabschätzung**

$$\|u - \widetilde{u}\|_{H^1(\Omega)} \le c\, \|t - t_h\|_{H^{-1/2}(\Gamma)}. \tag{12.13}$$

Beweis: Für die schwache Lösung $u = u_0 + \mathcal{E}g \in H^1(\Omega)$ des Dirichlet–Randwertproblems (12.1) lautet die Variationsformulierung

$$a(u_0 + \mathcal{E}g, v) = 0 \quad \text{für alle } v \in H^1_0(\Omega).$$

Entsprechend gilt für die durch die Darstellungsformel (12.10) erklärte Funktion $\widetilde{u} = \widetilde{u}_0 + \mathcal{E}\widetilde{g} \in H^1(\Omega)$

$$a(\widetilde{u}_0 + \mathcal{E}\widetilde{g}, v) = 0 \quad \text{für alle } v \in H^1_0(\Omega).$$

Somit ist

$$a(u_0 - \widetilde{u}_0, v) = a(\mathcal{E}(\widetilde{g} - g), v) \quad \text{für alle } v \in H^1_0(\Omega).$$

Mit $v := u_0 - \widetilde{u}_0 \in H^1_0(\Omega)$ folgt aus der $H^1_0(\Omega)$–Elliptizität der Bilinearform $a(\cdot, \cdot)$

$$\begin{aligned} c_1^A\, \|u_0 - \widetilde{u}_0\|^2_{H^1(\Omega)} &\le a(u_0 - \widetilde{u}_0, u_0 - \widetilde{u}_0) = a(\mathcal{E}(\widetilde{g} - g), u_0 - \widetilde{u}_0) \\ &\le c_2^A\, \|\mathcal{E}(\widetilde{g} - g)\|_{H^1(\Omega)} \|u_0 - \widetilde{u}_0\|_{H^1(\Omega)}, \end{aligned}$$

und damit

$$\|u_0 - \widetilde{u}_0\|_{H^1(\Omega)} \leq \frac{c_2^A}{c_1^A} \|\mathcal{E}(\widetilde{g} - g)\|_{H^1(\Omega)}.$$

Die Anwendung der Dreiecksungleichung und der inversen Ungleichung ergibt mit

$$\begin{aligned}
\|u - \widetilde{u}\|_{H^1(\Omega)} &\leq \|u_0 - \widetilde{u}_0\|_{H^1(\Omega)} + \|\mathcal{E}(\widetilde{g} - g)\|_{H^1(\Omega)} \\
&\leq \left(1 + \frac{c_2^A}{c_1^A}\right) \|\mathcal{E}(\widetilde{g} - g)\|_{H^1(\Omega)} \\
&\leq c_{IT} \left(1 + \frac{c_2^A}{c_1^A}\right) \|\widetilde{g} - g\|_{H^{1/2}(\Gamma)} \\
&\leq c_{IT} \left(1 + \frac{c_2^A}{c_1^A}\right) c_2^V \|t - t_h\|_{H^{-1/2}(\Gamma)}
\end{aligned}$$

die Behauptung. ■

Für $t \in H^1_{\text{pw}}(\Gamma)$, bzw. $u \in H^{5/2}(\Omega)$ folgt aus (12.13) die H^1–Fehlerabschätzung für die Näherungslösung $\widetilde{u}$,

$$\|u - \widetilde{u}\|_{H^1(\Omega)} \leq c\, h^{3/2}\, |t|_{H^1_{\text{pw}}(\Gamma)}. \tag{12.14}$$

Bemerkung 12.2 *Für die durch die Darstellungsformel* (12.10) *erklärte Näherungslösung $\widetilde{u}$ erhält man bei Verwendung von Randelementen niedrigster Ordnung für eine hinreichend reguläre Lösung $u \in H^{5/2}(\Omega)$ eine Konvergenzrate von* 1.5. *Für eine vergleichbare Näherungslösung mit finiten Elementen niedrigster Ordnung, d.h. stückweise linearen Ansatzfunktionen, folgt aus der Fehlerabschätzung* (11.10) *die Konvergenzrate von* 1.0, *wobei hier nur $u \in H^2(\Omega)$ vorausgesetzt wird.*

Das Einsetzen des Ansatzes (12.4) in die Galerkin–Variationsformulierung (12.5) führt mit den Testfunktionen $\tau_h = \varphi_\ell^0$ zu

$$\sum_{k=1}^N t_k \langle V\varphi_k^0, \varphi_\ell^0\rangle_\Gamma = \langle (\frac{1}{2}I + K)g, \varphi_\ell^0\rangle_\Gamma \quad \text{für } \ell = 1, \ldots, N.$$

Mit

$$V_h[\ell, k] = \langle V\varphi_k^0, \varphi_\ell^0\rangle_\Gamma, \quad f_\ell = \langle (\frac{1}{2}I + K)g, \varphi_\ell^0\rangle_\Gamma$$

für $k, \ell = 1, \ldots, N$ ist dies äquivalent zu dem linearen Gleichungssystem

$$V_h \underline{t} = \underline{f} \tag{12.15}$$

mit einer symmetrischen und positiv definiten **Steifigkeitsmatrix** V_h, vergleiche Abschnitt 8.1.

Lemma 12.2 *Für alle* $\underline{w} \in I\!R^N \leftrightarrow w_h \in S_h^0(\Gamma)$ *mit einer global gleichmäßigen Randdiskretisierung gelten die Spektraläquivalenzungleichungen*

$$c_1\, h^d\, \|\underline{w}\|_2^2 \;\le\; (V_h\underline{w},\underline{w}) \;\le\; c_2\, h^{d-1}\, \|\underline{w}\|_2^2\,.$$

Beweis: Die obere Abschätzung ergibt sich direkt aus

$$(V_h\underline{w},\underline{w}) \;=\; \langle V w_h, w_h\rangle_\Gamma \;\le\; c_2^V\, \|w_h\|^2_{H^{-1/2}(\Gamma)} \;\le\; c_2^V\, \|w_h\|^2_{L_2(\Gamma)} \;=\; c_2^V \sum_{\ell=1}^N w_\ell^2 \Delta_\ell$$

und $\Delta_\ell = h_\ell^{d-1}$.
Für den Beweis der unteren Abschätzung sei $\underline{w} \in I\!R^N \leftrightarrow w_h \in S_h^0(\Gamma)$ beliebig aber fest gegeben. Dann ist die L_2–Projektion $Q_h^B w_h \in S_h^B(\Gamma)$ auf den Raum der Bubble–Funktionen die eindeutig bestimmte Lösung des Variationsproblems (10.17),

$$\langle Q_h^B w_h, \tau_h\rangle_{L_2(\Gamma)} \;=\; \langle w_h, \tau_h\rangle_{L_2(\Gamma)} \quad \text{für alle } \tau_h \in S_h^0(\Gamma).$$

Mit der $H^{-1/2}(\Gamma)$–Elliptizität des Einfachschichtpotentials ist zunächst

$$(V_h\underline{w},\underline{w}) \;=\; \langle V w_h, w_h\rangle_{L_2(\Gamma)} \;\ge\; c_1^V\, \|w_h\|^2_{H^{-1/2}(\Gamma)}\,.$$

Aus der Dualität, der inversen Ungleichung (10.16) in $S_h^B(\Gamma)$ und der Stabilitätsabschätzung (10.18) ergibt sich

$$\begin{aligned}
\|w_h\|_{H^{-1/2}(\Gamma)} \;&=\; \sup_{0\neq v\in H^{1/2}(\Gamma)} \frac{\langle w_h, v\rangle_\Gamma}{\|v\|_{H^{1/2}(\Gamma)}} \;\ge\; \frac{\langle w_h, Q_h^B w_h\rangle_{L_2(\Gamma)}}{\|Q_h^B w_h\|_{H^{1/2}(\Gamma)}}\\
&=\; \frac{\langle w_h, w_h\rangle_{L_2(\Gamma)}}{\|Q_h^B w\|_{H^{1/2}(\Gamma)}} \;=\; \frac{\|w_h\|^2_{L_2(\Gamma)}}{\|Q_h^B w_h\|_{H^{1/2}(\Gamma)}} \;\ge\; c\, h^{1/2}\, \|w_h\|_{L_2(\Gamma)}
\end{aligned}$$

und somit

$$(V_h\underline{w},\underline{w}) \;\ge\; c\, h\, \|w_h\|^2_{L_2(\Gamma)} \;=\; c\, h \sum_{\ell=1}^N w_\ell^2 \Delta_\ell.$$

Daraus folgt nun unmittelbar die Behauptung. ∎

Für die spektrale Konditionszahl der Steifigkeitsmatrix V_h ergibt sich daraus die Abschätzung

$$\kappa_2(V_h) \;\le\; c\, h^{-1}\,.$$

Für eine gleichmäßige Diskretisierung der Randkurve $\Gamma = \partial\Omega$ von $\Omega = (0, 0.5)^2$ in N Randelemente τ_ℓ der Maschenweite $h = \mathcal{O}(N^{-1})$ sind in Tabelle 12.1 die extremalen Eigenwerte und die resultierende spektrale Konditionszahl der Steifigkeitsmatrix V_h angegeben.
Das Aufstellen des **Lastvektors** $\underline{f}$ erfordert bei der Berechnung von

$$f_\ell \;=\; \int_{\tau_\ell} (\frac{1}{2}I + K) g(x) ds_x \quad \text{für } \ell = 1, \ldots, N$$

L	N	$\lambda_{\min}(V_h)$	$\lambda_{\max}(V_h)$	$\kappa_2(V_h)$
2	16	2.04 -3	4.92 -2	24.14
3	32	5.14 -4	2.46 -2	47.86
4	64	1.29 -4	1.23 -2	95.64
5	128	3.22 -5	6.15 -3	191.01
6	256	8.06 -6	3.07 -3	381.32
7	512	2.02 -6	1.54 -3	760.73
8	1024	5.07 -7	7.68 -4	1516.02
Theorie:		$\mathcal{O}(h^2)$	$\mathcal{O}(h)$	$\mathcal{O}(h^{-1})$

Tabelle 12.1: Spektrale Konditionszahl der Steifigkeitsmatrix V_h.

die Auswertung des Doppelschichtpotentials K für die gegebenen Dirichlet–Daten g. Sind diese durch eine Approximation $g_h \in S_h^1(\Gamma)$ gegeben, so folgt

$$\widetilde{f}_\ell = \sum_{i=1}^{M} g_i \langle (\frac{1}{2}I + K)\varphi_i^1, \varphi_\ell^0 \rangle_\Gamma$$

bzw.

$$\underline{\widetilde{f}} = (\frac{1}{2}M_h + K_h)\underline{g}$$

mit

$$M_h[\ell, i] = \langle \varphi_i^1, \varphi_\ell^0 \rangle_\Gamma, \quad K_h[\ell, i] = \langle K\varphi_i^1, \varphi_\ell^0 \rangle_\Gamma$$

für $i = 1, \ldots, M$ und $\ell = 1, \ldots, N$. Berechnet wird also ein Lösungsvektor $\underline{\widetilde{t}} \in \mathbb{R}^N$ des linearen Gleichungssystems

$$V_h \underline{\widetilde{t}} = (\frac{1}{2}M_h + K_h)\underline{g}.$$

Die zugehörige Näherungslösung $\widetilde{t} \in S_h^0(\Gamma)$ ist eindeutige Lösung des gestörten Variationsproblems

$$\langle V\widetilde{t}_h, \tau_h \rangle_\Gamma = \langle (\frac{1}{2}I + K)g_h, \tau_h \rangle_\Gamma \quad \text{für alle } \tau_h \in S_h^0(\Gamma). \tag{12.16}$$

Die Anwendung von Satz 8.2 (Strang–Lemma) liefert die Fehlerabschätzung

$$\begin{aligned} \|t - \widetilde{t}_h\|_{H^{-1/2}(\Gamma)} &\le \frac{1}{c_1^V} \left\{ c_2^V \inf_{\tau_h \in S_h^0(\Gamma)} \|t - \tau_h\|_{H^{-1/2}(\Gamma)} + c_2^W \|g - g_h\|_{H^{1/2}(\Gamma)} \right\} \\ &\le c_1 h^{s+\frac{1}{2}} |t|_{H^s_{\mathrm{pw}}(\Gamma)} + c_2 \|g - g_h\|_{H^{1/2}(\Gamma)} \end{aligned} \tag{12.17}$$

für $t \in H^s_{\mathrm{pw}}(\Gamma)$ und $s \in [-\frac{1}{2}, 1]$. Zu untersuchen bleibt der Einfluß des Fehlers der Approximation g_h.

Für die stückweise linear Interpolierende

$$g_h(x) = I_h g(x) = \sum_{i=1}^{M} g(x_i)\varphi_i^1(x) \in S_h^1(\Gamma)$$

gilt die Fehlerabschätzung (10.11)

$$\|g - I_h g\|_{H^\sigma(\Gamma)} \leq c\, h^{s-\sigma}\, |g|_{H^s(\Gamma)} \tag{12.18}$$

für $g \in H^s(\Gamma)$ mit $s \in (\frac{d-1}{2}, 2]$ und $0 \leq \sigma \leq \min\{1, s\}$.
Alternativ zur Interpolation kann die L_2–Projektion $Q_h g \in S_h^1(\Gamma)$ als eindeutige Lösung des Variationsproblems

$$\langle Q_h g, v_h\rangle_{L_2(\Gamma)} = \langle g, v_h\rangle_{L_2(\Gamma)} \quad \text{für alle } v_h \in S_h^1(\Gamma)$$

erklärt werden, und es gilt die Fehlerabschätzung (10.8),

$$\|g - Q_h g\|_{H^\sigma(\Gamma)} \leq c\, h^{s-\sigma}\, |g|_{H^s(\Gamma)} \tag{12.19}$$

für $g \in H^s(\Gamma)$ mit $0 \leq s \leq 2$ und $-1 \leq \sigma \leq \min\{1, s\}$. In beiden Fällen folgt aus (12.17) die Fehlerabschätzung

$$\|t - \widetilde{t}_h\|_{H^{-1/2}(\Gamma)} \leq c_1\, h^{s+\frac{1}{2}}\, |t|_{H^s_{\text{pw}}(\Gamma)} + c_2\, h^{\sigma-\frac{1}{2}}\, |g|_{H^\sigma(\Gamma)}$$

für $t \in H^s_{\text{pw}}(\Gamma)$ mit $s \in [-\frac{1}{2}, 1]$ und $g \in H^\sigma(\Gamma)$ mit $\sigma \in [\frac{1}{2}, 2]$ im Fall der L_2–Projektion bzw. $\sigma \in (\frac{d-1}{2}, 2]$ im Fall der Interpolation. Für $t \in H^2_{\text{pw}}(\Gamma)$ und $g \in H^2(\Gamma)$ folgt somit die Fehlerabschätzung

$$\|t - \widetilde{t}_h\|_{H^{-1/2}(\Gamma)} \leq c\, h^{3/2} \left\{ |t|_{H^1_{\text{pw}}(\Gamma)} + |g|_{H^2(\Gamma)} \right\}.$$

Für die Abschätzung des Fehlers $\|t - \widetilde{t}_h\|_{H^{-1/2}(\Gamma)}$ in der Energienorm spielt somit die Art der Approximation keine Rolle. Dies ändert sich jedoch bei der Abschätzungen in niedriegeren Sobolev–Normen, wie diese für die Fehlerabschätzung der näherungsweisen Darstellungsformel (12.10) benötigt wird.

Satz 12.3 *Sei $t \in H^s_{\text{pw}}(\Gamma)$ Lösung der Randintegralgleichung* (7.8) *mit $s \in [-\frac{1}{2}, 1]$ und sei $\widetilde{t}_h \in S_h^0(\Gamma)$ Lösung des gestörten Variationsproblems* (12.16).
Für $\sigma \in [-2, -\frac{1}{2}]$ sei das Einfachschichtpotential $V : H^{-1-\sigma}(\Gamma) \to H^{-\sigma}(\Gamma)$ stetig und bijektiv, sowie $\frac{1}{2}I + K : H^{1+\sigma}(\Gamma) \to H^{1+\sigma}(\Gamma)$ sei beschränkt. Schließlich sei $g \in H^\varrho(\Gamma)$ mit $\varrho \in (1, 2]$. Dann gilt die Fehlerabschätzung

$$\|t - \widetilde{t}_h\|_{H^\sigma(\Gamma)} \leq c_1\, h^{s-\sigma}\, |t|_{H^s_{\text{pw}}(\Gamma)} + c_2\, h^{\varrho-\sigma-1}\, |g|_{H^\varrho(\Gamma)}.$$

mit $\sigma \geq -1$ für $g_h = I_h g$ und $\sigma \geq -2$ für $g_h = Q_h g$.

Beweis: Wie im Beweis von Satz 12.1 ist für $\sigma \in [-2, -\frac{1}{2})$

$$\|t - \widetilde{t}_h\|_{H^\sigma(\Gamma)} = \sup_{0 \neq w \in H^{-1-\sigma}(\Gamma)} \frac{\langle V(t - \widetilde{t}_h), w \rangle_\Gamma}{\|Vw\|_{H^{-\sigma}(\Gamma)}}.$$

Die Subtraktion der gestörten Variationsformulierung (12.16) von der exakten Formulierung (12.3) liefert die Gleichheit

$$\langle V(t - \widetilde{t}_h), \tau_h \rangle_\Gamma = \langle (\frac{1}{2} I + K)(g - g_h), \tau_h \rangle_\Gamma \quad \text{für alle } \tau_h \in S_h^0(\Gamma).$$

Damit folgt

$$\begin{aligned} \|t - \widetilde{t}_h\|_{H^\sigma(\Gamma)} \leq & \sup_{0 \neq w \in H^{-1-\sigma}(\Gamma)} \frac{\langle V(t - \widetilde{t}_h), w - Q_h w \rangle_\Gamma}{\|Vw\|_{H^{-\sigma}(\Gamma)}} \\ & + \sup_{0 \neq w \in H^{-1-\sigma}(\Gamma)} \frac{\langle (\frac{1}{2} I + K)(g - g_h), Q_h w \rangle_\Gamma}{\|Vw\|_{H^{-\sigma}(\Gamma)}}. \end{aligned}$$

Wie im Beweis von Satz 12.1 ergibt sich

$$\sup_{0 \neq w \in H^{-1-\sigma}(\Gamma)} \frac{\langle V(t - \widetilde{t}_h), w - Q_h w \rangle_\Gamma}{\|Vw\|_{H^{-\sigma}(\Gamma)}} \leq c\, h^{s-\sigma}\, |t|_{H^s_{\mathrm{pw}}(\Gamma)}$$

für $\sigma \geq -2$. Für den zweiten Summanden ist

$$\begin{aligned} |\langle (\frac{1}{2} I + K)(g - g_h), Q_h w \rangle_\Gamma| &= |\langle (\frac{1}{2} I + K)(g - g_h), w \rangle_\Gamma| \\ &\quad + |\langle (\frac{1}{2} I + K)(g - g_h), w - Q_h w \rangle_\Gamma| \\ &\leq c_1\, \|g - g_h\|_{H^{1+\sigma}(\Gamma)} \|w\|_{H^{-1-\sigma}(\Gamma)} + c_2\, \|g - g_h\|_{H^1(\Gamma)} \|w - Q_h w\|_{H^{-1}(\Gamma)} \\ &\leq c_1\, \|g - g_h\|_{H^{1+\sigma}(\Gamma)} \|w\|_{H^{-1-\sigma}(\Gamma)} + c_2\, h^{\varrho - 1}\, |g|_{H^\varrho(\Gamma)} h^{-\sigma}\, \|w\|_{H^{-1-\sigma}(\Gamma)} \end{aligned}$$

und somit

$$\|t - \widetilde{t}_h\|_{H^\sigma(\Gamma)} \leq c_1\, h^{s-\sigma}\, |t|_{H^s_{\mathrm{pw}}(\Gamma)} + c_2\, h^{\varrho-\sigma-1}\, |g|_{H^\varrho(\Gamma)} + c_3\, \|g - g_h\|_{H^{1+\sigma}(\Gamma)}.$$

Schließlich gilt für $\varrho \in (1, 2]$

$$\|g - g_h\|_{H^{1+\sigma}(\Gamma)} \leq c\, h^{\varrho-\sigma-1}\, |g|_{H^\varrho(\Gamma)}$$

mit $1 + \sigma \geq 0$ im Fall der Interpolation $g_h = I_h g$ und $1 + \sigma \geq -1$ im Fall der L_2–Projektion $g_h = Q_h g$, siehe hierzu auch die Fehlerabschätzungen (12.18) und (12.19). Damit ist der Satz bewiesen. ∎

Für $t \in H^1_{\mathrm{pw}}(\Gamma)$ und $g \in H^2(\Gamma)$ gilt somit die Fehlerabschätzung

$$\|t - \widetilde{t}_h\|_{H^\sigma(\Gamma)} \leq c\, h^{1-\sigma} \left\{ |t|_{H^1_{\mathrm{pw}}(\Gamma)} + |g|_{H^2(\Gamma)} \right\}.$$

Im Fall der Interpolation $g_h = I_h g$ folgt mit $\sigma = -1$ die optimale Fehlerabschätzung

$$\|t - \widetilde{t}_h\|_{H^{-1}(\Gamma)} \leq c\,h^2 \left\{|t|_{H^1_{\text{pw}}(\Gamma)} + |g|_{H^2(\Gamma)}\right\},$$

während für die L_2–Projektion $g_h = Q_h g$ mit $\sigma = -2$ die verbesserte Abschätzung

$$\|t - \widetilde{t}_h\|_{H^{-2}(\Gamma)} \leq c\,h^3 \left\{|t|_{H^1_{\text{pw}}(\Gamma)} + |g|_{H^2(\Gamma)}\right\},$$

gilt. Damit ergibt sich für die durch

$$\hat{u}(\widetilde{x}) = \int_\Gamma U^*(\widetilde{x}, y)\widetilde{t}_h(y)ds_y - \int_\Gamma \gamma_1^{\text{int}} U^*(\widetilde{x}, y) g_h(y) ds_y \quad \text{für } \widetilde{x} \in \Omega \tag{12.20}$$

berechnete Näherungslösung des Dirichlet–Randwertproblems die Fehlerabschätzung

$$|u(\widetilde{x}) - \hat{u}(\widetilde{x})| \leq c\,h^2 \left\{|t|_{H^1_{\text{pw}}(\Gamma)} + |g|_{H^2(\Gamma)}\right\} \tag{12.21}$$

im Fall der Interpolation $g_h = I_h g$ und

$$|u(\widetilde{x}) - \hat{u}(\widetilde{x})| \leq c\,h^3 \left\{|t|_{H^1_{\text{pw}}(\Gamma)} + |g|_{H^2(\Gamma)}\right\} \tag{12.22}$$

im Fall der L_2–Projektion $g_h = Q_h g$.

	FEM	Interpolation		L_2–Projektion	
N	$\|\lambda - \lambda_h\|_{L_2(\Gamma)}$	$\|t - t_h\|_{L_2(\Gamma)}$	eoc	$\|t - t_h\|_{L_2(\Gamma)}$	eoc
8	9.350 –1	8.774 –1		8.525 –1	
16	5.662 –1	5.217 –1	0.75	5.180 –1	0.72
32	2.970 –1	2.745 –1	0.93	2.751 –1	0.91
64	1.457 –1	1.384 –1	0.99	1.387 –1	0.99
128	7.093 –2	6.897 –2	1.00	6.905 –2	1.01
256	3.482 –2	3.433 –2	1.01	3.434 –2	1.01
512	1.723 –2	1.711 –2	1.00	1.711 –2	1.01
1024	8.569 –3	8.539 –3	1.00	8.539 –3	1.00
2048		4.265 –3	1.00	4.265 –3	1.00
4096		2.131 –3	1.00	2.131 –3	1.00
Theorie:			1		1

Tabelle 12.2: Fehler und Konvergenzordnung für Dirichlet–Problem.

Zur Überprüfung der theoretischen Konvergenzergebnisse und zum Vergleich mit der Methode der finiten Elemente wird nun das Dirichlet–Randwertproblem (12.1) für das Gebiet $\Omega = (0, 0.5)^2$ mit der exakten Lösung (11.14),

$$u(x) = -\frac{1}{2}\log|x - x^*|, \quad x^* = (-0.1, -0.1)^\top,$$

betrachtet. Zur Diskretisierung ist die Randkurve $\Gamma = \partial\Omega$ in N Randelemente τ_ℓ gleicher Maschenweite h unterteilt. Die in Tabelle 12.2 dargestellten Ergebnisse für den Fehler $\|t - t_h\|_{L_2(\Gamma)}$ bestätigen die Fehlerabschätzung (12.9). Zum Vergleich sind auch die Fehler $\|\lambda - \lambda_h\|_{L_2(\Gamma)}$ der FEM mit Lagrange–Multiplikatoren aus Tabelle 11.3 angegeben.

Abschließend wird der Fehler der durch die Darstellungsformel (12.20) gegebenen Näherungslösung des Dirichlet–Randwertproblems (12.1) untersucht. Die numerischen Ergebnisse zur Berechnung der Lösung in $\hat{x} = (1/7, 2/7)^\top$ in Tabelle 12.3 sind in Einklang mit den Fehlerabschätzungen (12.21) und (12.22).

	Interpolation		L_2–Projektion	
N	$\|u(\hat{x}) - \hat{u}(\hat{x})\|$	eoc	$\|u(\hat{x}) - \hat{u}(\hat{x})\|$	eoc
8	2.752 -2		6.818 -3	
16	5.463 -3	2.33	5.233 -4	3.70
32	1.291 -3	2.08	6.197 -5	3.08
64	3.147 -4	2.04	6.753 -6	3.20
128	7.780 -5	2.02	7.587 -7	3.15
256	1.935 -5	2.01	8.878 -8	3.10
512	4.827 -6	2.00	1.070 -8	3.05
1024	1.205 -6	2.00	1.312 -9	3.03
2048	3.012 -7	2.00	1.620 -10	3.02
4096	7.528 -8	2.00	1.921 -11	3.08
Theorie:		2		3

Tabelle 12.3: Fehler und Konvergenzordnung für Innenpunktauswertung.

12.2 Neumann–Randwertproblem

Vorgelegt sei nun das Neumann–Randwertproblem (7.16),

$$Lu(x) = 0 \quad \text{für } x \in \Omega, \quad \gamma_1^{\text{int}} u(x) = g(x) \quad \text{für } x \in \Gamma,$$

wobei die Lösbarkeitsbedingung

$$\int_\Gamma g(x) ds_x = 0$$

vorausgesetzt wird, vergleiche (1.17). Die Lösung ist gegeben durch die Darstellungsformel (6.1),

$$u(\widetilde{x}) = \int_\Gamma U^*(\widetilde{x},y)g(y)ds_y - \int_\Gamma \gamma_1^{\text{int}} U^*(\widetilde{x},y)\gamma_0^{\text{int}} u(y)ds, \quad \widetilde{x} \in \Omega. \tag{12.23}$$

Zu bestimmen ist das unbekannte Dirichlet–Datum $\gamma_0^{\text{int}} u \in H^{1/2}(\Gamma)$ als eindeutige Lösung der stabilisierten Variationsformulierung (7.24),

$$\langle D\gamma_0^{\text{int}} u, v\rangle_\Gamma + \langle \gamma_0^{\text{int}} u, w_{\text{eq}}\rangle_\Gamma \langle v, w_{\text{eq}}\rangle_\Gamma = \langle (\frac{1}{2}I - K')g, v\rangle_\Gamma \tag{12.24}$$

für alle $v \in H^{1/2}(\Gamma)$. Sei

$$S_h^1(\Gamma) = \text{span}\{\varphi_i^1\}_{i=1}^M \subset H^{1/2}(\Gamma)$$

der Ansatzraum der stückweise linearen und stetigen Basisfunktionen φ_i^1. Mit dem Ansatz

$$u_h(x) = \sum_{i=1}^M u_i \varphi_i^1(x) \in S_h^1(\Gamma)$$

lautet die Galerkin–Variationsformulierung von (12.24):
Gesucht ist $u_h \in S_h^1(\Gamma)$, so daß

$$\langle Du_h, v_h\rangle_\Gamma + \langle u_h, w_{\text{eq}}\rangle_\Gamma \langle v_h, w_{\text{eq}}\rangle_\Gamma = \langle (\frac{1}{2}I - K')g, v_h\rangle_\Gamma \tag{12.25}$$

für alle $v_h \in S_h^1(\Gamma)$ erfüllt ist.
Offenbar sind die Voraussetzungen von Satz 8.1 (Cea's Lemma) erfüllt, d.h. es existiert eine eindeutige Lösung $u_h \in S_h^1(\Gamma)$ der Galerkin–Variationsformulierung (12.25) und es gilt die Stabilitätsabschätzung

$$\|u_h\|_{H^{1/2}(\Gamma)} \leq c\,\|g\|_{H^{-1/2}(\Gamma)}$$

sowie die Fehlerabschätzung

$$\|\gamma_0^{\text{int}} u - u_h\|_{H^{1/2}(\Gamma)} \leq c \inf_{v_h \in S_h^1(\Gamma)} \|\gamma_0^{\text{int}} u - v_h\|_{H^{1/2}(\Gamma)}.$$

Wegen

$$\ker D = \ker(\frac{1}{2}I + K) = \text{span}\{1\} \subset S_h^1(\Gamma)$$

folgt aus der Lösbarkeitsbedingung (1.17) die Orthogonalität

$$\langle u_h, w_{\text{eq}}\rangle_\Gamma = 0$$

und somit $u_h \in H_*^{1/2}(\Gamma)$.

Mit der Approximationseigenschaft (10.14) folgt die Fehlerabschätzung

$$\|\gamma_0^{\text{int}}u - u_h\|_{H^{1/2}(\Gamma)} \le c\,h^{s-1/2}\,|\gamma_0^{\text{int}}u|_{H^s(\Gamma)} \tag{12.26}$$

für $\gamma_0^{\text{int}}u \in H^s(\Gamma)$ und $s \in [\frac{1}{2}, 2]$. Für $\gamma_0^{\text{int}}u \in H^2(\Gamma)$ ergibt sich somit

$$\|\gamma_0^{\text{int}}u - u_h\|_{H^{1/2}(\Gamma)} \le c\,h^{3/2}\,|\gamma_0^{\text{int}}u|_{H^2(\Gamma)}.$$

Satz 12.4 (Aubin–Nitsche Trick) *Sei $\gamma_0^{\text{int}}u \in H^s(\Gamma)$ Lösung des Variationsproblems (7.24) mit $s \in [\frac{1}{2}, 2]$ und sei $u_h \in S_h^1(\Gamma)$ Lösung der Galerkin–Variationsformulierung (12.25). Für $\sigma \in [-1, \frac{1}{2}]$ sei der stabilisierte hypersinguläre Integraloperator $\widetilde{D} : H^{1-\sigma}(\Gamma) \to H^{-\sigma}(\Gamma)$ stetig und bijektiv. Dann gilt die Fehlerabschätzung*

$$\|\gamma_0^{\text{int}}u - u_h\|_{H^\sigma(\Gamma)} \le c\,h^{s-\sigma}\,|\gamma_0^{\text{int}}u|_{H^s(\Gamma)}.$$

Beweis: Für $\sigma \le 0$ ergibt sich aus der Dualität der Sobolev–Normen

$$\|\gamma_0^{\text{int}}u - u_h\|_{H^\sigma(\Gamma)} = \sup_{0\ne w\in H^{-\sigma}(\Gamma)} \frac{\langle \gamma_0^{\text{int}}u - u_h, w\rangle_\Gamma}{\|w\|_{H^{-\sigma}(\Gamma)}}.$$

Nach Voraussetzung ist $\widetilde{D} : H^{1-\sigma}(\Gamma) \to H^{-\sigma}(\Gamma)$ bijektiv. Deshalb existiert für jedes $w \in H^{-\sigma}(\Gamma)$ genau ein $v \in H^{1-\sigma}(\Gamma)$ mit $w = \hat{D}v$. Damit folgt

$$\begin{aligned}\|\gamma_0^{\text{int}}u - u_h\|_{H^\sigma(\Gamma)} &= \sup_{0\ne v\in H^{1-\sigma}(\Gamma)} \frac{\langle \gamma_0^{\text{int}}u - u_h, \widetilde{D}v\rangle_\Gamma}{\|\hat{D}v\|_{H^{-\sigma}(\Gamma)}} \\ &= \sup_{0\ne v\in H^{1-\sigma}(\Gamma)} \frac{\langle \hat{D}(\gamma_0^{\text{int}}u - u_h), v - Q_h^{1/2}v\rangle_\Gamma}{\|\widetilde{D}v\|_{H^{-\sigma}(\Gamma)}}\end{aligned}$$

unter Ausnutzung der Galerkin–Orthogonalität

$$\langle \widetilde{D}(\gamma_0^{\text{int}}u - u_h), v_h\rangle_{L_2(\Gamma)} = 0 \quad \text{für alle } v_h \in S_h^1(\Gamma).$$

Dabei ist $Q_h^{1/2} : H^{1/2}(\Gamma) \to S_h^1(\Gamma)$ der durch

$$\langle Q_h^{1/2}v, z_h\rangle_{H^{1/2}(\Gamma)} = \langle v, z_h\rangle_{H^{1/2}(\Gamma)}$$

für alle $z_h \in S_h^1(\Gamma)$ erklärte Projektionsoperator. Dieser erfüllt für $s \in [1, 2]$ die Fehlerabschätzung (10.13),

$$\|v - Q_h^{1/2}v\|_{H^{1/2}(\Gamma)} \le c\,h^{s-1/2}\,|v|_{H^s(\Gamma)}, \quad s \in [1, 2].$$

Mit der Beschränktheit $\widetilde{D} : H^{1/2}(\Gamma) \to H^{-1/2}(\Gamma)$ des modifizierten hypersingulären Operators und $\|\widetilde{D}v\|_{H^{-\sigma}(\Gamma)} \ge c\,\|v\|_{H^{1-\sigma}(\Gamma)}$ ergibt sich

$$\|\gamma_0^{\text{int}}u - u_h\|_{H^\sigma(\Gamma)} \le \frac{1}{c}\,\|\gamma_0^{\text{int}}u - u_h\|_{H^{1/2}(\Gamma)} \sup_{0\ne v\in H^{1-\sigma}(\Gamma)} \frac{\|v - Q_h^{1/2}v\|_{H^{1/2}(\Gamma)}}{\|v\|_{H^{1-\sigma}(\Gamma)}}.$$

Für $1-\sigma \leq 2$, bzw. $\sigma \geq -1$, folgt

$$\sup_{0\neq v\in H^{1-\sigma}(\Gamma)} \frac{\|v-Q_h^{1/2}v\|_{H^{1/2}(\Gamma)}}{\|v\|_{H^{1-\sigma}(\Gamma)}} \leq c\,h^{1/2-\sigma}$$

und somit

$$\|\gamma_0^{\rm int}u-u_h\|_{H^\sigma(\Gamma)} \leq c\,h^{1/2-\sigma}\,\|\gamma_0^{\rm int}u-u_h\|_{H^{1/2}(\Gamma)}.$$

Damit ergibt sich die Behauptung aus (12.26). ∎

Für $\gamma_0^{\rm int}u\in H^2(\Gamma)$ gilt die optimale Fehlerabschätzung

$$\|\gamma_0^{\rm int}u-u_h\|_{H^{-1}(\Gamma)} \leq c\,h^3\,|\gamma_0^{\rm int}u|_{H^2(\Gamma)}.$$

Einsetzen der Näherungslösung u_h in die Darstellungsformel (12.23) ergibt die Näherungslösung

$$\widetilde{u}(\widetilde{x}) = \int_\Gamma U^*(\widetilde{x},y)g(y)ds_y - \int_\Gamma \gamma_1^{\rm int}U^*(\widetilde{x},y)u_h(y)ds_y \quad \text{für } \widetilde{x}\in\Omega,$$

welche für $\gamma_0^{\rm int}u\in H^2(\Gamma)$ der Fehlerabschätzung

$$\begin{aligned}|u(\widetilde{x})-\widetilde{u}(\widetilde{x})| &= \left|\int_\Gamma \gamma_1^{\rm int}U^*(\widetilde{x},y)[\gamma_0^{\rm int}u(y)-u_h(y)]ds_y\right|\\ &\leq \|\gamma_1^{\rm int}U^*(\widetilde{x},\cdot)\|_{H^1(\Gamma)}\|\gamma_0^{\rm int}u-u_h\|_{H^{-1}(\Gamma)}\\ &\leq c\,h^3\,\|\gamma_1^{\rm int}U^*(\widetilde{x},\cdot)\|_{H^1(\Gamma)}\,|\gamma_0^{\rm int}u|_{H^2(\Gamma)}\end{aligned}$$

genügt.

Das Galerkin–Variationsproblem (12.25) ist äquivalent zu dem linearen Gleichungssystem

$$(D_h+\alpha\,\underline{a}\,\underline{a}^\top)\underline{u} = \underline{f} \tag{12.27}$$

mit

$$D_h[j,i]=\langle D\varphi_i^1,\varphi_j^1\rangle_\Gamma,\quad a_j=\langle\varphi_j^1,w_{\rm eq}\rangle_\Gamma,\quad f_j=\langle(\frac{1}{2}I-K')g,\varphi_j^1\rangle_\Gamma$$

für $i,j=1,\ldots,M$. Die stabilisierte Steifigkeitsmatrix $\widetilde{D}_h := D_h+\alpha\,\underline{a}\,\underline{a}^\top$ ist symmetrisch und positiv definit, vergleiche hierzu auch die allgemeine Diskussion in Abschnitt 8.1.

Lemma 12.3 *Für alle $\underline{v}\in\mathbb{R}^M \leftrightarrow v_h\in S_h^1(\Gamma)$ mit einer global gleichmäßigen Randdiskretisierung gelten die Spektraläquivalenzungleichungen*

$$c_1\,h^{d-1}\,\|\underline{v}\|_2^2 \leq (\widetilde{D}_h\underline{v},\underline{v}) \leq c_2\,h^{d-2}\,\|\underline{v}\|_2^2.$$

Beweis: Aus der $H^{1/2}(\Gamma)$–Elliptizität des beschränkten modifizierten hypersingulären Operators $\widetilde{D} : H^{1/2}(\Gamma) \to H^{-1/2}(\Gamma)$ folgen zunächst die Spektraläquivalenzungleichungen

$$c_1^D \, \|v_h\|^2_{H^{1/2}(\Gamma)} \leq (\widetilde{D}_h \underline{v}, \underline{v}) \leq c_2^D \, \|v_h\|^2_{H^{1/2}(\Gamma)} \quad \text{für alle } v_h \in S_h^1(\Gamma).$$

Mit der inversen Ungleichung in $S_h^1(\Gamma)$ und mit Lemma 10.1 ergibt sich dann

$$\|v_h\|^2_{H^{1/2}(\Gamma)} \leq c_I \, h^{-1} \, \|v_h\|^2_{L_2(\Gamma)} = c \, h^{-1} \sum_{\ell=1}^{N} \Delta_\ell \sum_{k \in J(\ell)} v_k^2$$

und mit $\Delta_\ell = h_\ell^{d-1}$ folgt die Abschätzung nach oben. Die Abschätzung nach unten ergibt sich aus

$$\|v_h\|^2_{H^{1/2}(\Gamma)} \geq \|v_h\|^2_{L_2(\Gamma)} \geq c \sum_{\ell=1}^{N} \Delta_\ell \sum_{k \in J(\ell)} v_k^2 .$$

■

Für die spektrale Konditionszahl der Steifigkeitsmatrix $\widetilde{D}_h$ erhält man die Abschätzung

$$\kappa_2(\widetilde{D}_h) \leq c \, h^{-1} .$$

Zur Berechnung des Lastvektors $\underline{f}$ kann wie beim Dirichlet–Problem wieder eine Projektion der gegebenen Neumann–Daten $g \in H^{-1/2}(\Gamma)$ eingeführt werden. Unter der stärkeren Voraussetzung $g \in L_2(\Gamma)$ ist die L_2–Projektion $Q_h g \in S_h^0(\Gamma)$ erklärt als eindeutige Lösung von

$$\langle Q_h g, \tau_h \rangle_{L_2(\Gamma)} = \langle g, \tau_h \rangle_{L_2(\Gamma)} \quad \text{für alle } \tau_h \in S_h^0(\Gamma)$$

und es gilt die Fehlerabschätzung

$$\|g - Q_h g\|_{H^\sigma(\Gamma)} \leq c \, h^{s-\sigma} \, |g|_{H^s_{\text{pw}}(\Gamma)}$$

für $\sigma \in [-1, 0]$, falls $g \in H^s_{\text{pw}}(\Gamma)$ für $s \in [0, 1]$ erfüllt ist. Mit $g_h = Q_h g$ lautet das gestörte Variationsproblem:

Gesucht ist $\widetilde{u}_h \in S_h^1(\Gamma)$, so daß

$$\langle D\widetilde{u}_h, v_h \rangle_\Gamma + \alpha \, \langle \widetilde{u}_h, w_{\text{eq}} \rangle_\Gamma \langle v_h, w_{\text{eq}} \rangle_\Gamma = \langle (\frac{1}{2} I - K') g_h, v_h \rangle_\Gamma \tag{12.28}$$

für alle $v_h \in S_h^1(\Gamma)$ erfüllt ist.

Dies ist äquivalent zu dem eindeutig lösbaren linearen Gleichungssystem

$$(D_h + \alpha \, \underline{a} \, \underline{a}^\top) \underline{\widetilde{u}} = (\frac{1}{2} M_h - K_h^\top) \underline{g} .$$

Ist $\mathcal{R} \subset S_h^0(\Gamma)$ erfüllt, so folgt wegen

$$\langle Q_h g, v_k\rangle_{L_2(\Gamma)} \; = \; \langle g, v_k\rangle_{L_2(\Gamma)} \; = \; 0 \quad \text{für alle } v_k \in \mathcal{R}$$

die Lösbarkeitsbedingung

$$\int\limits_\Gamma Q_h g(x) v_k(x) ds_x \; = \; 0 \quad \text{für alle } v_k \in \mathcal{R}$$

und somit auch $\widetilde{u}_h \in H_*^{-1/2}(\Gamma)$.
Die Anwendung von Satz 8.2 (Strang–Lemma) liefert für $\gamma_0^{\text{int}} u \in H^s(\Gamma)$ und $g \in H^\varrho_{\text{pw}}(\Gamma)$ die Fehlerabschätzung

$$\begin{aligned} \|\gamma_0^{\text{int}} u - \widetilde{u}_h\|_{H^{1/2}(\Gamma)} &\le \frac{c_2^{\widetilde{D}}}{c_1^{\widetilde{D}}} \inf_{v_h \in S_h^1(\Gamma)} \|\gamma_0^{\text{int}} u - v_h\|_{H^{1/2}(\Gamma)} + \frac{c_2^W}{c_1^{\widetilde{D}}} \|g - g_h\|_{H^{-1/2}(\Gamma)} \\ &\le c_1 \, h^{s-1/2} \, |\gamma_0^{\text{int}} u|_{H^s(\Gamma)} + c_2 \, h^{\varrho + \frac{1}{2}} \, |g|_{H^\varrho(\Gamma)} \end{aligned} \tag{12.29}$$

mit $s \in [\frac{1}{2}, 2]$ und $\varrho \in [0,1]$. Für $\gamma_0^{\text{int}} u \in H^2(\Gamma)$ und $g \in H^1_{\text{pw}}(\Gamma)$ folgt somit

$$\|\gamma_0^{\text{int}} u - \widetilde{u}_h\|_{H^{1/2}(\Gamma)} \le c \, h^{3/2} \left\{ |\gamma_0^{\text{int}} u|_{H^2(\Gamma)} + |g|_{H^1(\Gamma)} \right\}.$$

Satz 12.4 kann wiederum auf den Fall der gestörten Neumann–Randbedingungen übertragen werden.

Satz 12.5 *Sei $\gamma_0^{\text{int}} u \in H^s(\Gamma)$, $s \in [\frac{1}{2}, 2]$, Lösung des Variationsproblems (7.24) und sei $\widetilde{u}_h \in S_h^1(\Gamma)$ Lösung der gestörten Galerkin–Variationsformulierung (12.28). Für $\sigma \in [-1, \frac{1}{2}]$ sei der stabilisierte hypersinguläre Integraloperator $\widetilde{D} : H^{1-\sigma}(\Gamma) \to H^{-\sigma}(\Gamma)$ stetig und bijektiv sowie $\frac{1}{2} I - K' : H^{-1+\sigma}(\Gamma) \to H^{-1+\sigma}(\Gamma)$ sei beschränkt. Dann gilt die Fehlerabschätzung*

$$\|\gamma_0^{\text{int}} u - \widetilde{u}_h\|_{H^\sigma(\Gamma)} \le c_1 \, h^{s-\sigma} \, |\gamma_0^{\text{int}} u|_{H^s(\Gamma)} + c_2 \, h^{\varrho + 1 - \sigma} \, |g|_{H^\varrho_{\text{pw}}(\Gamma)}$$

mit $\sigma \in [0, \frac{1}{2}]$.

Beweis: Wie im Beweis von Satz 12.4 ist für $\sigma \in [-1, \frac{1}{2}]$

$$\|\gamma_0^{\text{int}} u - \widetilde{u}_h\|_{H^\sigma(\Gamma)} \; = \; \sup_{0 \neq v \in H^{1-\sigma}(\Gamma)} \frac{\langle \widetilde{D}(\gamma_0^{\text{int}} u - \widetilde{u}_h), v\rangle_\Gamma}{\|\widetilde{D} v\|_{H^{-\sigma}(\Gamma)}}.$$

Die Subtraktion der gestörten Variationsformulierung (12.28) von der exakten Formulierung (12.25) ergibt die Gleichheit

$$\langle \widetilde{D}(\gamma_0^{\text{int}} u - \widetilde{u}_h), v_h\rangle_\Gamma \; = \; \langle (\frac{1}{2} I - K')(g - g_h), v_h\rangle_\Gamma \quad \text{für alle } v_h \in S_h^1(\Gamma).$$

Damit folgt

$$\begin{aligned}\|\gamma_0^{\text{int}}u - \widetilde{u}_h\|_{H^\sigma(\Gamma)} &\leq \sup_{0\neq v\in H^{1-\sigma}(\Gamma)} \frac{\langle \widetilde{D}(\gamma_0^{\text{int}}u - \widetilde{u}_h), v - Q_h^{1/2}v\rangle_\Gamma}{\|\widetilde{D}v\|_{H^{-\sigma}(\Gamma)}} \\ &\quad + \sup_{0\neq v\in H^{1-\sigma}(\Gamma)} \frac{\langle (\frac{1}{2}I - K')(g-g_h), Q_h^{1/2}v\rangle_\Gamma}{\|\widetilde{D}v\|_{H^{-\sigma}(\Gamma)}}\end{aligned}$$

Wie im Beweis von Satz 12.4 ist

$$\sup_{0\neq v\in H^{1-\sigma}(\Gamma)} \frac{\langle \widetilde{D}(\gamma_0^{\text{int}}u - \widetilde{u}_h), v - Q_h^{1/2}v\rangle_\Gamma}{\|\widetilde{D}v\|_{H^{-\sigma}(\Gamma)}} \leq c_1\, h^{s-\sigma}\, |\gamma_0^{\text{int}}u|_{H^s(\Gamma)}$$

für $\sigma \geq -1$. Für den zweiten Summanden ist

$$\begin{aligned}|\langle (\frac{1}{2}I - K')(g-g_h), Q_h^{1/2}v\rangle_\Gamma| &\leq |\langle (\frac{1}{2}I - K')(g-g_h), v\rangle_\Gamma| \\ &\quad + |\langle (\frac{1}{2}I - K')(g-g_h), v - Q_h^{1/2}v\rangle_\Gamma| \\ &\leq c_2\|g-g_h\|_{H^{-1+\sigma}(\Gamma)}\|v\|_{H^{1-\sigma}(\Gamma)} + c_3\|g-g_h\|_{L_2(\Gamma)}\|v - Q_h^{1/2}v\|_{L_2(\Gamma)} \\ &\leq c_2\|g-g_h\|_{H^{-1+\sigma}(\Gamma)}\|v\|_{H^{1-\sigma}(\Gamma)} + c_3 h^\varrho\, |g|_{H^\varrho_{\text{pw}}(\Gamma)} h^{1-\sigma}\, \|v\|_{H^{1-\sigma}(\Gamma)}\end{aligned}$$

und somit

$$\|\gamma_0^{\text{int}}u - \widetilde{u}_h\|_{H^\sigma(\Gamma)} \leq c_1 h^{s-\sigma}|\gamma_0^{\text{int}}u|_{H^s(\Gamma)} + c_2 h^{\varrho+1-\sigma}\, |g|_{H^\varrho_{\text{pw}}(\Gamma)} + c_3\|g-g_h\|_{H^{-1+\sigma}(\Gamma)}.$$

Schließlich gilt für $\varrho \in [0,1]$ und $g_h = Q_h g$

$$\|g - Q_h g\|_{H^{-1+\sigma}(\Gamma)} \leq c\, h^{\varrho+1-\sigma}\, |g|_{H^\varrho_{\text{pw}}(\Gamma)}$$

für $-1+\sigma \geq -1$ bzw. $\sigma \geq 0$. Damit ist der Satz bewiesen. ■

Für $\gamma_0^{\text{int}}u \in H^2(\Gamma)$ und $g \in H^1_{\text{pw}}(\Gamma)$ gilt somit die Fehlerabschätzung

$$\|\gamma_0^{\text{int}}u - \widetilde{u}_h\|_{L_2(\Gamma)} \leq c\, h^2\, \left\{|\gamma_0^{\text{int}}u|_{H^2(\Gamma)} + |g|_{H^1_{\text{pw}}(\Gamma)}\right\},$$

und in der Folge ergibt sich für die durch

$$\hat{u}(\widetilde{x}) = \int_\Gamma U^*(\widetilde{x},y)g_h(x) - \int_\Gamma \gamma_1^{\text{int}}U^*(\widetilde{x},y)u_h(y)ds_y \quad \text{für } x \in \Omega$$

erklärte Näherungslösung die Fehlerabschätzung

$$|u(\widetilde{x}) - \hat{u}(\widetilde{x})| \leq c\, h^2\, \left\{|\gamma_0^{\text{int}}u|_{H^2(\Gamma)} + |g|_{H^1_{\text{pw}}(\Gamma)}\right\}.$$

Die Verwendung approximativer Randbedingungen, insbesonderer der stückweise konstanten L_2–Projektion $Q_h g \in S_h^0(\Gamma)$, führt beim Neumann–Problem also im Vergleich zur Verwendung exakter Randbedingungen zu nicht optimalen Fehlerabschätzungen.

Wird statt der stabilisierten Variationsformulierung (7.24) das modifizierte Variationsproblem (7.25) betrachtet, so lautet die zugehörige Galerkin–Variationsformulierung:

Gesucht ist $u_h \in S_h^1(\Gamma)$, so daß

$$\langle Du_h, v_h\rangle_\Gamma + \bar{\alpha}\,\langle u_h, 1\rangle_\Gamma \langle v_h, 1\rangle_\Gamma = \langle (\frac{1}{2}I - K')g, v_h\rangle_\Gamma \qquad (12.30)$$

für alle $v_h \in S_h^1(\Gamma)$ erfüllt ist.

Für die eindeutig bestimmte Lösung $u_h \in S_h^1(\Gamma)$ folgt nun aus der Lösbarkeitsbedingung (1.17) $u_h \in H_{**}^{1/2}(\Gamma)$. Die Fehlerabschätzungen für die Näherungslösung u_h ergeben sich wie in Satz 12.4. Das Variationsproblem (12.30) ist äquivalent zu dem linearen Gleichungssystem

$$\left(D_h + \bar{\alpha}\,\underline{\bar{a}}\,\underline{\bar{a}}^\top\right)\underline{u} = \underline{f},$$

wobei

$$\bar{a}_j = \langle \varphi_j^1, 1\rangle_\Gamma \quad \text{für } j = 1, \ldots, M.$$

12.3 Gemischte Randbedingungen

Die Lösung des gemischten Randwertproblems (7.34),

$$\begin{aligned} Lu(x) &= 0 && \text{für } x \in \Omega \\ \gamma_0^{\text{int}} u(x) &= g_D(x) && \text{für } x \in \Gamma_D, \\ \gamma_1^{\text{int}} u(x) &= g_N(x) && \text{für } x \in \Gamma_N \end{aligned}$$

ist gegeben durch die Darstellungsformel (7.35).

Sind $\widetilde{g}_D \in H^{1/2}(\Gamma)$ und $\widetilde{g}_N \in H^{-1/2}(\Gamma)$ geeignet gewählte Fortsetzungen der gegebenen Randdaten $g_D \in H^{1/2}(\Gamma_D)$ und $g_N \in H^{-1/2}(\Gamma_N)$, so ergeben sich bei Verwendung der **symmetrischen Formulierung** die unbekannten Cauchy–Daten $(\widetilde{u}, \widetilde{t}\,) \in \widetilde{H}^{1/2}(\Gamma_N) \times \widetilde{H}^{-1/2}(\Gamma_D)$ als eindeutige Lösung der Variationsformulierung (7.38),

$$a(\widetilde{t}, \widetilde{u}; \tau, v) = F(\tau, v)$$

für alle $(\tau, v) \in \widetilde{H}^{-1/2}(\Gamma_D) \times \widetilde{H}^{1/2}(\Gamma_N)$. Mit den Ansätzen

$$\widetilde{t}_h(x) = \sum_{k=1}^{N_D} \widetilde{t}_k \varphi_k^0(x) \subset S_h^0(\Gamma_D), \quad \widetilde{u}_h(x) = \sum_{i=1}^{M_N} \widetilde{u}_i \varphi_i^1(x) \in S_h^1(\Gamma_N) \cap \widetilde{H}^{1/2}(\Gamma_N)$$

ergeben sich die Näherungen $(\widetilde{u}_h, \widetilde{t}_h)$ als Lösung der Galerkin–Variationsformulierung

$$a(\widetilde{t}_h, \widetilde{u}_h; \tau_h, v_h) = F(\tau_h, v_h) \qquad (12.31)$$

für alle $(\tau_h, v_h) \in S_h^0(\Gamma_D) \times S_h^1(\Gamma_N) \cap \widetilde{H}^{1/2}(\Gamma_N)$. Mit Lemma 7.2 sind die Voraussetzungen von Satz 8.1 (Cea's Lemma) erfüllt, so daß neben der eindeutigen Lösbarkeit der Galerkin–Variationsformulierung (12.31) auch die Fehlerabschätzung

$$\begin{aligned} &\|\widetilde{u} - \widetilde{u}_h\|^2_{H^{1/2}(\Gamma)} + \|\widetilde{t} - \widetilde{t}_h\|^2_{H^{-1/2}(\Gamma)} \\ &\leq c \left\{ \inf_{v_h \in S_h^1(\Gamma_N) \cap \widetilde{H}^{1/2}(\Gamma_N)} \|\widetilde{u} - v_h\|^2_{H^{1/2}(\Gamma)} + \inf_{\tau_h \in S_h^0(\Gamma_D)} \|\widetilde{t} - \tau_h\|^2_{H^{-1/2}(\Gamma)} \right\} \end{aligned} \tag{12.32}$$

folgt. Für die Lösung u des gemischten Randwertproblems (7.34) gelte $u \in H^s(\Omega)$ und $s > \frac{3}{2}$. Die Anwendung des Spursatzes ergibt dann $\gamma_0^{\text{int}} u \in H^{s-1/2}(\Gamma)$ bzw. $\gamma_1^{\text{int}} u \in H^{s-3/2}_{\text{pw}}(\Gamma)$. Aus den Approximationseigenschaften der Ansatzräume $S_h^0(\Gamma_D)$ und $S_h^1(\Gamma_N)$ folgt bei Verwendung hinreichend regulärer Fortsetzungen $\widetilde{g}_D \in H^{s-1/2}(\Gamma)$ bzw. $\widetilde{g}_N \in H^{s-3/2}_{\text{pw}}(\Gamma)$ aus (12.32) die Fehlerabschätzung

$$\|\widetilde{u} - \widetilde{u}_h\|^2_{H^{1/2}(\Gamma)} + \|\widetilde{t} - \widetilde{t}_h\|^2_{H^{-1/2}(\Gamma)} \leq c_1 h^{2\sigma_1 - 1} |\widetilde{u}|^2_{H^{\sigma_1}(\Gamma)} + c_2 h^{2\sigma_2+1} |\widetilde{t}|^2_{H^{\sigma_2}_{\text{pw}}(\Gamma)}$$

mit

$$\frac{1}{2} \leq \sigma_1 \leq \min\left\{2, s - \frac{1}{2}\right\}, \quad -\frac{1}{2} \leq \sigma_2 \leq \min\left\{1, s - \frac{3}{2}\right\}.$$

Insbesondere für $\sigma_1 = \sigma$ und $\sigma_2 = \sigma - 1$ gilt also die Fehlerabschätzung

$$\|\widetilde{u} - \widetilde{u}_h\|^2_{H^{1/2}(\Gamma)} + \|\widetilde{t} - \widetilde{t}_h\|^2_{H^{-1/2}(\Gamma)} \leq c\, h^{2\sigma-1} \left\{ |\widetilde{u}|^2_{H^{\sigma}(\Gamma)} + |\widetilde{t}|^2_{H^{\sigma-1}_{\text{pw}}(\Gamma)} \right\}$$

für $\frac{1}{2} \leq \sigma \leq \max\{2, s - \frac{1}{2}\}$. Für eine hinreichend glatte Lösung $u \in H^{5/2}(\Omega)$ ist also

$$\|\widetilde{u} - \widetilde{u}_h\|^2_{H^{1/2}(\Gamma)} + \|\widetilde{t} - \widetilde{t}_h\|^2_{H^{-1/2}(\Gamma)} \leq c\, h^3 \left\{ |\widetilde{u}|^2_{H^2(\Gamma)} + |\widetilde{t}|^2_{H^1_{\text{pw}}(\Gamma)} \right\},$$

d.h. die Konvergenzordnung für die Näherungslösungen des gemischten Randwertproblems entsprechen denen des Dirichlet–, bzw. des Neumann–Randwertproblems. Fehlerabschätzungen in anderen Normen können ebenfalls wie beim Dirichlet–, bzw. beim Neumann–Randwertproblem abgeleitet werden. Wie in Satz 12.5 (Aubin–Nitsche–Trick) folgt für $\widetilde{u} \in H^2(\Gamma)$ die Fehlerabschätzung

$$\|\widetilde{u} - \widetilde{u}_h\|_{L_2(\Gamma)} \leq c\, h^2 \left[|\widetilde{u}|^2_{H^2(\Gamma)} + |\widetilde{t}|^2_{H^1_{\text{pw}}(\Gamma)} \right]^{1/2}. \tag{12.33}$$

Analog zu Lemma 12.1 gilt schließlich

$$\|\widetilde{t} - \widetilde{t}_h\|_{L_2(\Gamma)} \leq c\, h \left[|\widetilde{u}|^2_{H^2(\Gamma)} + |\widetilde{t}|^2_{H^1_{\text{pw}}(\Gamma)} \right]^{1/2}. \tag{12.34}$$

Die Galerkin–Variationsformulierung (12.31) ist äquivalent zu dem linearen Gleichungssystem

$$\begin{pmatrix} V_h & -K_h \\ K_h^\top & D_h \end{pmatrix} \begin{pmatrix} \underline{\widetilde{t}} \\ \underline{\widetilde{u}} \end{pmatrix} = \begin{pmatrix} \underline{f}_1 \\ \underline{f}_2 \end{pmatrix} \tag{12.35}$$

mit den durch

$$V_h[\ell,k] = \langle V\varphi_k^0, \varphi_\ell^0\rangle_{\Gamma_D}, \; D_h[j,i] = \langle D\varphi_i^1, \varphi_j^1\rangle_{\Gamma_N}, \; K_h[\ell,i] = \langle K\varphi_i^1, \varphi_\ell^0\rangle_{\Gamma_D}$$

erklärten Blöcken und

$$f_{1,\ell} = \langle(\frac{1}{2}I + K)\widetilde{g}_D - V\widetilde{g}_N, \varphi_\ell^0\rangle_{\Gamma_D}, \; f_{2,j} = \langle(\frac{1}{2}I - K')\widetilde{g}_N - D\widetilde{g}_D, \varphi_j^1\rangle_{\Gamma_N}$$

für $k,\ell = 1,\ldots,N_D$; $i,j = 1,\ldots,M_N$.
Die Steifigkeitsmatrix in (12.35) ist **block–schiefsymmetrisch** und **positiv definit** oder aber **symmetrisch** und **indefinit**. Aus der $H^{-1/2}(\Gamma_D)$–Elliptizität des Einfachschichtpotentials V folgt die positive Definitheit der Galerkin–Matrix V_h. Damit kann die erste Gleichung in (12.35) nach $\underline{\widetilde{t}}$ aufgelöst werden,

$$\underline{\widetilde{t}} = V_h^{-1}K_h\underline{\widetilde{u}} + V_h^{-1}\underline{f}_1.$$

Einsetzen in die zweite Gleichung von (12.35) ergibt das **Schur–Komplement–System**

$$\left[D_h + K_h^\top V_h^{-1}K_h\right]\underline{\widetilde{u}} = \underline{f}_2 - K_h^\top V_h^{-1}\underline{f}_1$$

mit dem symmetrischen und positiv definiten **Schur–Komplement**

$$\widetilde{S}_h = D_h + K_h^\top V_h^{-1}K_h\,. \tag{12.36}$$

Werden bei der Berechnung der rechten Seite in (12.35) Approximationen der gegebenen Randdaten eingesetzt, so folgen durch Anwendung von Satz 8.2 die entsprechenden Fehlerabschätzungen.

Im folgenden soll eine alternative Randelementmethode zur Lösung des gemischten Randwertproblems (7.34) betrachtet werden. Ausgangspunkt hierfür ist die Variationsformulierung (7.39):
Gesucht ist $\widetilde{u} \in \widetilde{H}^{1/2}(\Gamma_N)$, so daß

$$\langle S\widetilde{u}, v\rangle_\Gamma = \langle g_N - S\widetilde{g}_D, v\rangle_{\Gamma_N}$$

für alle $v \in \widetilde{H}^{1/2}(\Gamma_N)$ erfüllt ist.
Hierbei ist $S := D + (\frac{1}{2}I + K')V^{-1}(\frac{1}{2}I + K) : H^{1/2}(\Gamma) \to H^{-1/2}(\Gamma)$ der **Steklov–Poincaré Operator**.
Für den Ansatz

$$\widetilde{u}_h(x) = \sum_{i=1}^{M_N} \widetilde{u}_i\varphi_i^1(x) \in S_h^1(\Gamma) \cap \widetilde{H}^{1/2}(\Gamma_N)$$

führt die zugehörige Galerkin–Variationsformulierung auf das lineare Gleichungssystem $S_h\underline{\widetilde{u}} = \underline{f}$ mit

$$S_h[j,i] = \langle S\varphi_i^1, \varphi_j^1\rangle_{\Gamma_N}, \quad f_j = \langle g_N - S\widetilde{g}_D, \varphi_j\rangle_{\Gamma_N}$$

für $i,j = 1,\ldots,M_N$. Die symmetrische Darstellung des Steklov–Poincaré Operators S erlaubt jedoch keine direkte Berechnung der Steifigkeitsmatrix S_h. Deshalb muß zunächst eine **symmetrische Approximation** des kontinuierlichen Steklov–Poincaré Operators S erklärt werden.

Für eine gegebene Funktion $v \in H^{1/2}(\Gamma)$ lautet die Anwendung des Steklov–Poincaré Operators in der symmetrischen Darstellung (6.43)

$$Sv = Dv + (\frac{1}{2}I + K')V^{-1}(\frac{1}{2}I + K)v = Dv + (\frac{1}{2}I + K')w$$

mit $w = V^{-1}(\frac{1}{2}I + K)v \in H^{-1/2}(\Gamma)$, d.h. $w \in H^{-1/2}(\Gamma)$ ist die eindeutig bestimmte Lösung des Variationsproblems

$$\langle Vw, \tau\rangle_\Gamma = \langle(\frac{1}{2}I + K)v, \tau\rangle_\Gamma \quad \text{für alle } \tau \in H^{-1/2}(\Gamma).$$

Sei $S_h^0(\Gamma) = \operatorname{span}\{\varphi_k^0\}_{k=1}^N \subset H^{-1/2}(\Gamma)$ der konforme Ansatzraum der stückweise konstanten Basisfunktionen, dann kann die Galerkin–Variationsformulierung

$$\langle Vw_h, \tau_h\rangle_\Gamma = \langle(\frac{1}{2}I + K)v, \tau_h\rangle_\Gamma \quad \text{für alle } \tau_h \in S_h^0(\Gamma) \tag{12.37}$$

eine zugehörige Näherungslösung $w_h \in S_h^0(\Gamma)$ bestimmt werden. Durch

$$\widetilde{S}v = Dv + (\frac{1}{2}I + K')w_h \tag{12.38}$$

kann dann eine Approximation $\widetilde{S}$ des Steklov–Poincaré–Operators definiert werden.

Lemma 12.4 *Der durch* (12.38) *definierte Operator* $\widetilde{S} : H^{1/2}(\Gamma) \to H^{-1/2}(\Gamma)$ *ist beschränkt,*

$$\|\widetilde{S}v\|_{H^{-1/2}(\Gamma)} \leq c_2^{\widetilde{S}}\,\|v\|_{H^{1/2}(\Gamma)} \quad \textit{für alle } v \in H^{1/2}(\Gamma)$$

und $\widetilde{H}^{1/2}(\Gamma_N)$*-elliptisch,*

$$\langle\widetilde{S}v, v\rangle_\Gamma \geq c_1^D\,\|v\|^2_{H^{1/2}(\Gamma)} \quad \textit{für alle } v \in \widetilde{H}^{1/2}(\Gamma_N).$$

Weiterhin gilt die Fehlerabschätzung

$$\|(S - \widetilde{S})v\|_{H^{-1/2}(\Gamma)} \leq c \inf_{\tau_h \in S_h^0(\Gamma)} \|Sv - \tau_h\|_{H^{-1/2}(\Gamma)}.$$

Beweis: Für die Lösung $w_h \in S_h^0(\Gamma)$ von (12.37) folgt aus der $H^{-1/2}(\Gamma)$–Elliptizität des Einfachschichtpotentials V

$$\begin{aligned} c_1^V \, \|w_h\|^2_{H^{-1/2}(\Gamma)} &\leq \langle V w_h, w_h\rangle_\Gamma \,=\, \langle (\frac{1}{2}I + K)v, w_h\rangle_\Gamma \\ &\leq (\frac{1}{2} + c_2^K) \, \|v\|_{H^{1/2}(\Gamma)} \|w_h\|_{H^{-1/2}(\Gamma)} \end{aligned}$$

und somit

$$\|w_h\|_{H^{-1/2}(\Gamma)} \leq \frac{1}{c_1^V}(\frac{1}{2} + c_2^K) \, \|v\|_{H^{1/2}(\Gamma)}.$$

Dann ergibt sich die Beschränktheit von $\widetilde{S}$ aus

$$\begin{aligned} \|\widetilde{S}v\|_{H^{-1/2}(\Gamma)} &= \|Dv + (\frac{1}{2}I + K')w_h\|_{H^{-1/2}(\Gamma)} \\ &\leq c_2^D \, \|v\|_{H^{1/2}(\Gamma)} + (\frac{1}{2} + c_2^K) \, \|w_h\|_{H^{-1/2}(\Gamma)} \\ &\leq \left[c_2^D + \frac{1}{c_1^V}(\frac{1}{2} + c_2^K)^2 \right] \|v\|_{H^{1/2}(\Gamma)}. \end{aligned}$$

Die $\widetilde{H}^{1/2}(\Gamma_N)$–Elliptizität von $\widetilde{S}$ folgt wegen

$$\begin{aligned} \langle \widetilde{S}v, v\rangle_\Gamma &= \langle Dv, v\rangle_\Gamma + \langle (\frac{1}{2}I + K')w_h, v\rangle_\Gamma \\ &= \langle Dv, v\rangle_\Gamma + \langle w_h, (\frac{1}{2}I + K)v\rangle_\Gamma \\ &= \langle Dv, v\rangle_\Gamma + \langle V w_h, w_h\rangle_\Gamma \,\geq\, c_1^D \, \|v\|^2_{H^{1/2}(\Gamma)} \end{aligned}$$

aus der $H^{-1/2}(\Gamma)$–Elliptizität von V und der $\widetilde{H}^{1/2}(\Gamma_N)$–Elliptizität von D. Aus der Differenz $(S - \widetilde{S})v = (\frac{1}{2}I + K')(w - w_h)$ ergibt sich schließlich

$$\|(S - \widetilde{S})v\|_{H^{-1/2}(\Gamma)} = \|(\frac{1}{2}I + K')(w - w_h)\|_{H^{-1/2}(\Gamma)} \leq (\frac{1}{2} + c_2^K)\|w - w_h\|_{H^{-1/2}(\Gamma)}$$

und aus der Fehlerabschätzung (12.6) des Dirichlet–Randwertproblems folgt nun die dritte Behauptung. ∎

Betrachtet wird nun das modifizierte Galerkin–Verfahren zur Bestimmung einer Näherungslösung $\hat{u}_h \in S_h^1(\Gamma) \cap \widetilde{H}^{1/2}(\Gamma_N)$, so daß

$$\langle \widetilde{S}\hat{u}_h, \varphi_j^1\rangle_{\Gamma_N} = \langle g_N - \widetilde{S}\widetilde{g}_D, \varphi_j^1\rangle_{\Gamma_N} \quad \text{für } j = 1, \ldots, M_N \tag{12.39}$$

erfüllt ist. Nach Satz 8.3 (Strang–Lemma) ist das gestörte Variationsproblem (12.39) eindeutig lösbar, und es gilt die Fehlerabschätzung

$$\|\widetilde{u} - \hat{u}_h\|_{H^{1/2}(\Gamma)} \leq c \left\{ \inf_{v_h \in S_h^1(\Gamma) \cap \widetilde{H}^{1/2}(\Gamma_N)} \|\widetilde{u} - v_h\|_{H^{1/2}(\Gamma)} + \inf_{\tau_h \in S_h^0(\Gamma)} \|Su - \tau_h\|_{H^{-1/2}(\Gamma)} \right\}.$$

Für $u \in H^2(\Gamma)$ und $Su \in H^1_{\text{pw}}(\Gamma)$ folgt daraus

$$\|\widetilde{u} - \hat{u}_h\|_{H^{1/2}(\Gamma)} \leq c\, h^{3/2} \left\{ \|u\|_{H^2(\Gamma)} + \|Su\|_{H^1_{\text{pw}}(\Gamma)} \right\}.$$

Wie in Satz 12.5 ergibt sich die Fehlerabschätzung

$$\|\widetilde{u} - \hat{u}_h\|_{L_2(\Gamma)} \leq c\, h^2 \left\{ \|u\|_{H^2(\Gamma)} + \|Su\|_{H^1_{\text{pw}}(\Gamma)} \right\}. \tag{12.40}$$

Ist das Dirichlet–Datum $u_h := \hat{u}_h + \widetilde{g}_D$ vollständig bestimmt, kann durch das Lösen eines Dirichlet–Randwertproblems das Neumann–Datum $t_h \in S^0_h(\Gamma)$ berechnet werden. Insbesondere ergibt sich die Fehlerabschätzung

$$\|t - t_h\|_{L_2(\Gamma)} \leq c\, h \left\{ \|u\|_{H^2(\Gamma)} + \|Su\|_{H^1_{\text{pw}}(\Gamma)} \right\}. \tag{12.41}$$

Die Galerkin–Variationsformulierung (12.39) ist äquivalent zum linearen Gleichungssystem $\widetilde{S}_h \underline{\hat{u}} = \underline{f}$ mit dem diskreten Steklov–Poincaré–Operator

$$\widetilde{S}_h = D_h + (\frac{1}{2} M_h^\top + K_h^\top) V_h^{-1} (\frac{1}{2} M_h + K_h) \tag{12.42}$$

und

$$\begin{aligned} D_h[j,i] &= \langle D\varphi^1_i, \varphi^1_j \rangle_{\Gamma_N}, & K_h[\ell,i] &= \langle K\varphi^1_i, \varphi^0_\ell \rangle_\Gamma, \\ V_h[\ell,k] &= \langle V\varphi^0_k, \varphi^0_\ell \rangle_\Gamma, & M_h[\ell,i] &= \langle \varphi^1_i, \varphi^0_\ell \rangle_\Gamma \end{aligned}$$

für $i,j = 1,\ldots,M_N$ und $k,\ell = 1,\ldots,N$. Mit

$$\underline{w} = V_h^{-1} (\frac{1}{2} M_h + K_h) \underline{\hat{u}}$$

ist das lineare Gleichungssystem $\widetilde{S}_h \underline{\hat{u}} = \underline{f}$ äquivalent zu

$$\begin{pmatrix} V_h & -\frac{1}{2} M_h - K_h \\ \frac{1}{2} M_h^\top + K_h^\top & D_h \end{pmatrix} \begin{pmatrix} \underline{w} \\ \underline{\hat{u}} \end{pmatrix} = \begin{pmatrix} \underline{0} \\ \underline{f} \end{pmatrix}. \tag{12.43}$$

Für einen Vergleich der symmetrischen Formulierung (12.31) mit der symmetrischen Approximation (12.38) des Steklov–Poincaré–Operators sowie zur Überprüfung der theoretischen Konvergenzaussagen wird wieder ein einfaches numerisches Beispiel betrachtet. Der Rand $\Gamma = \partial\Omega$ des Gebietes $\Omega = (0, 0.5)^2$ sei aufgeteilt in den Dirichlet–Rand $\Gamma_D = \Gamma \cap \{x \in I\!R^2 : x_2 = 0\}$ und den verbleibenden Neumann–Rand $\Gamma_N = \Gamma \backslash \Gamma_D$. Die gegebenen Daten g_D und g_N seien so gewählt, daß die Lösung des gemischten Randwertproblems (7.34) wieder durch die Funktion

$$u(x) = -\frac{1}{2} \log |x - x^*|, \quad x^* = (-0.1, -0.1)^\top$$

gegeben ist. Zur Diskretisierung ist die Randkurve wieder in N Randelemente τ_ℓ gleicher Maschenweite h unterteilt. Die Randbedingungen werden auf den entsprechenden Teilrändern interpoliert. In Tabelle 12.4 sind die Fehler und Konvergenzordnungen für die symmetrische Formulierung (12.31) angegeben, die die theoretischen Fehlerabschätzungen (12.33) und (12.34) bestätigen. Gleiches gilt für die Fehlerabschätzungen (12.40) und (12.41) der symmetrischen Approximation, deren numerischen Ergebnisse in Tabelle 12.5 angegeben sind.

N	$\|t-t_h\|_{L_2(\Gamma)}$	eoc	$\|u-u_h\|_{L_2(\Gamma)}$	eoc
8	9.151 -1		7.623 -2	
16	5.304 -1	0.79	2.305 -2	1.73
32	2.767 -1	0.94	6.166 -3	1.90
64	1.389 -1	0.99	1.544 -3	2.00
128	6.913 -2	1.01	3.776 -4	2.03
256	3.438 -2	1.01	9.180 -5	2.04
512	1.713 -2	1.01	2.234 -5	2.04
1024	8.544 -3	1.00	5.451 -6	2.04
2048	4.266 -3	1.00	1.328 -6	2.04
Theorie:		1		2

Tabelle 12.4: Fehler und Konvergenzordnung, symmetrische Formulierung.

N	$\|t-t_h\|_{L_2(\Gamma)}$	eoc	$\|u-u_h\|_{L_2(\Gamma)}$	eoc
8	8.725 -1		6.437 -2	
16	5.140 -1	0.76	1.832 -2	1.81
32	2.710 -1	0.92	4.851 -3	1.92
64	1.370 -1	0.98	1.244 -3	1.96
128	6.855 -2	1.00	3.143 -4	1.98
256	3.422 -2	1.00	7.893 -5	1.99
512	1.708 -2	1.00	1.977 -5	2.00
1024	8.531 -3	1.00	4.948 -6	2.00
2048	4.263 -3	1.00	1.239 -6	2.00
Theorie:		1		2

Tabelle 12.5: Fehler und Konvergenzordnung, symmetrische Approximation.

12.4 Robin–Randbedingungen

Abschließend wird die Variationsformulierung (7.40) des homogenen Robin–Randwertproblems (1.10) und (1.13) betrachtet.
Gesucht ist $\gamma_0^{\text{int}}u \in H^{1/2}(\Gamma)$, so daß

$$\langle S\gamma_0^{\text{int}}u, v\rangle_\Gamma + \langle \kappa\gamma_0^{\text{int}}u, v\rangle_\Gamma = \langle g, v\rangle_\Gamma$$

für alle $v \in H^{1/2}(\Gamma)$ erfüllt ist.

Mit dem Ansatz

$$u_h(x) = \sum_{i=1}^{M} u_i \varphi_i^1(x) \in S_h^1(\Gamma)$$

ist die zugehörige Variationsformulierung äquivalent zu dem linearen Gleichungssystem

$$\left[\bar{M}_h^\kappa + S_h\right] \underline{u} = \underline{f} \tag{12.44}$$

mit

$$S_h[j,i] = \langle S\varphi_i^1, \varphi_j^1 \rangle_\Gamma, \quad \bar{M}_h^\kappa[j,i] = \langle \kappa\varphi_i^1, \varphi_j^1 \rangle_\Gamma, \quad f_j = \langle g, \varphi_j^1 \rangle_\Gamma$$

für alle $i, j = 1, \ldots, M$. Wie im Fall des gemischten Randwertproblems muß die Steifigkeitsmatrix S_h des Steklov–Poincaré–Operators S durch eine geeignete Approximation ersetzt werden. Dann ergibt sich anstelle von (12.44) das lineare Gleichungssystem

$$\left[\bar{M}_h^\kappa + D_h + (\frac{1}{2}M_h^\top + K_h^\top)V_h^{-1}(\frac{1}{2}M_h + K_h)\right] \underline{\hat{u}} = \underline{f},$$

bzw. das dazu äquivalente System

$$\begin{pmatrix} V_h & -\frac{1}{2}M_h - K_h \\ \frac{1}{2}M_h^\top + K_h^\top & \bar{M}_h^\kappa + D_h \end{pmatrix} \begin{pmatrix} \underline{w} \\ \underline{\hat{u}} \end{pmatrix} = \begin{pmatrix} \underline{0} \\ \underline{f} \end{pmatrix}.$$

Kapitel 13

Vorkonditionierte Iterationsverfahren

Die in Kapitel 8 beschriebenen Näherungsmethoden für Variationsprobleme führen auf großdimensionierte lineare Gleichungssysteme. Im Fall eines elliptischen Variationsproblems ist die Systemmatrix symmetrisch und positiv definit, so daß das Verfahren der konjugierten Gradienten zur Lösung des linearen Gleichungssystems angewendet werden kann. Im Gegensatz dazu führt die Diskretisierung von Sattelpunktproblemen auf block–schiefsymmetrische und positiv definite, bzw. symmetrische und indefinite Matrizen. Durch eine geeignete Transformation kann dieses Gleichungssystem auf ein symmetrisches und positiv definites System zurückgeführt werden, so daß wiederum das konjugierte Gradientenverfahren angewendet werden kann. Für effiziente Lösungsverfahren, deren Konvergenzverhalten möglichst unabhängig von den Diskretisierungsparametern ist, müssen auch geeignete Vorkonditionierungstechniken eingesetzt werden. Hierfür soll ein allgemeiner Zugang beschrieben und analysiert werden. Zur Theorie allgemeiner Iterationsverfahren zur effizienten Lösung linearer Gleichungssysteme sei hier auf [2, 6, 39] verwiesen.

13.1 Das Verfahren konjugierter Gradienten

Zu berechnen sind die Lösungsvektoren $\underline{u} \in \mathbb{R}^M$ der Folge von linearen Gleichungssystemen (8.5), $A_M\underline{u} = \underline{f}$, mit einer symmetrischen und positiv definiten Matrix $A_M \in \mathbb{R}^{M\times M}$, wobei $M \in \mathbb{N}$ die Dimension des zu Grunde gelegten Ansatzraumes zur Diskretisierung des elliptischen Variationsproblems (8.1) beschreibt.

Ausgangspunkt für die Herleitung des Verfahrens konjugierter Gradienten ist ein System **konjugierter** oder **A_M–orthogonaler** Vektoren $\{\underline{p}^k\}_{k=0}^{M-1}$ mit

$$(A_M\underline{p}^k, \underline{p}^\ell) = 0 \quad \text{für alle } k, \ell = 0, \ldots, M-1, k \neq \ell.$$

Aus der positiven Definitheit von A_M folgt

$$(A_M\underline{p}^k, \underline{p}^k) > 0 \quad \text{für alle } k = 0, 1, \ldots, M-1.$$

Für einen beliebig gegebenen Vektor $\underline{u}^0 \in I\!R^M$ kann die eindeutig bestimmte Lösung $\underline{u} \in I\!R^M$ des linearen Gleichungssystems $A_M\underline{u} = \underline{f}$ dargestellt werden durch die Linearkombination der A_M–orthogonalen Vektoren

$$\underline{u} = \underline{u}^0 - \sum_{\ell=0}^{M-1} \alpha_\ell \underline{p}^\ell.$$

Dann ist

$$A_M\underline{u} = A_M\underline{u}^0 - \sum_{\ell=0}^{M-1} \alpha_\ell A_M\underline{p}^\ell = \underline{f},$$

und aus der A_M–Orthogonalität der Basisvektoren $\underline{p}^\ell$ folgt für die Zerlegungskoeffizienten

$$\alpha_\ell = \frac{(A_M\underline{u}^0 - \underline{f}, \underline{p}^\ell)}{(A_M\underline{p}^\ell, \underline{p}^\ell)} \quad \text{für } \ell = 0, 1, \ldots, M-1.$$

Für $k = 0, 1, \ldots, M$ wird durch

$$\underline{u}^k := \underline{u}^0 - \sum_{\ell=0}^{k-1} \alpha_\ell \underline{p}^\ell$$

eine Näherungslösung $\underline{u}^k \in I\!R^M$ des linearen Gleichungssystems $A_M\underline{u} = \underline{f}$ definiert. Offensichtlich ist $\underline{u}^M = \underline{u}$ gerade die exakte Lösung. Nach Konstruktion ist

$$\underline{u}^{k+1} := \underline{u}^k - \alpha_k \underline{p}^k \quad \text{für } k = 0, 1, \ldots, M-1,$$

und wegen der A_M–Orthogonalität der Suchrichtungen $\{\underline{p}^\ell\}_{\ell=0}^{M-1}$ ergibt sich

$$\alpha_k = \frac{(A_M\underline{u}^0 - \underline{f}, \underline{p}^k)}{(A_M\underline{p}^k, \underline{p}^k)} = \frac{\left(A_M\underline{u}^0 - \sum\limits_{\ell=0}^{k-1} \alpha_\ell A_M\underline{p}^\ell - \underline{f}, \underline{p}^k\right)}{(A_M\underline{p}^k, \underline{p}^k)} = \frac{(A_M\underline{u}^k - \underline{f}, \underline{p}^k)}{(A_M\underline{p}^k, \underline{p}^k)}.$$

Bezeichnet

$$\underline{r}^k := A_M\underline{u}^k - \underline{f}$$

das **Residuum** der Näherungslösung $\underline{u}^k$, so gilt für die Koeffizienten

$$\alpha_k = \frac{(\underline{r}^k, \underline{p}^k)}{(A_M\underline{p}^k, \underline{p}^k)}. \tag{13.1}$$

Andererseits läßt sich das Residuum $\underline{r}^{k+1}$ für $k = 0, 1, \ldots, M-1$ berechnen mit

$$\underline{r}^{k+1} = A_M\underline{u}^{k+1} - \underline{f} = A_M(\underline{u}^k - \alpha_k\underline{p}^k) - \underline{f} = \underline{r}^k - \alpha_k A_M\underline{p}^k.$$

Ausgangspunkt für das bisher beschriebene Verfahren ist das System $\{\underline{p}^\ell\}_{\ell=0}^{M_1}$ von A_M–orthogonalen Vektoren. Diese können durch das **Orthogonalisierungsverfahren** nach **Gram–Schmidt** aus einem System $\{\underline{w}^\ell\}_{\ell=0}^{M-1}$ von linear unabhängigen Basisvektoren erzeugt werden, siehe Algorithmus 13.1. Für $k = 0, 1, \ldots, M-1$ gilt nach Konstruktion

$$\operatorname{span}\{\underline{p}^\ell\}_{\ell=0}^k = \operatorname{span}\{\underline{w}^\ell\}_{\ell=0}^k .$$

Setze für $k = 0$:

$\underline{p}^0 := \underline{w}^0$

Berechne für $k = 0, 1, \ldots, M-2$:

$$\underline{p}^{k+1} := \underline{w}^{k+1} - \sum_{\ell=0}^{k} \beta_{k\ell}\underline{p}^\ell, \quad \beta_{k\ell} = \frac{(A_M\underline{w}^{k+1}, \underline{p}^\ell)}{(A\underline{p}^\ell, \underline{p}^\ell)}$$

Algorithmus 13.1: Das Orthogonalisierungsverfahren nach Gram–Schmidt.

Zu wählen bleibt das Ausgangssystem $\{\underline{w}^\ell\}_{\ell=0}^{M-1}$. Die einfachste Möglicheit besteht dabei in der Wahl $\underline{w}^k := \underline{e}^k = (\delta_{k+1,\ell})_{\ell=1}^M$ [32]. Eine alternative Wahl für den Ausgangsvektor $\underline{w}^{k+1}$ ergibt sich aus den Eigenschaften der bisher erzeugten Vektorsysteme $\{\underline{p}^\ell\}_{\ell=0}^k$ und $\{\underline{r}^\ell\}_{\ell=0}^k$.

Lemma 13.1 *Für $k = 0, 1, \ldots, M-2$ gilt*

$$(\underline{r}^{k+1}, \underline{p}^\ell) = 0 \quad \textit{für alle } \ell = 0, 1, \ldots, k.$$

Beweis: Für $\ell = k = 1, \ldots, M-1$ folgt mit der Definition (13.1) der Zerlegungskoeffizienten α_k aus der Rekursionsvorschrift des Residuums $\underline{r}^{k+1}$ die Orthogonalität

$$(\underline{r}^{k+1}, \underline{p}^k) = (\underline{r}^k, \underline{p}^k) - \alpha_k(A_M\underline{p}^k, \underline{p}^k) = 0 .$$

Für $\ell = k-1$ erhält man

$$(\underline{r}^{k+1}, \underline{p}^{k-1}) = (\underline{r}^k, \underline{p}^{k-1}) - \alpha_k(A_M\underline{p}^k, \underline{p}^{k-1}) = 0$$

unter Ausnutzung der A_M–Orthogonalität der Vektoren $\underline{p}^k$ und $\underline{p}^{k-1}$, und die Behauptung folgt nun durch vollständige Induktion. ■

Die Orthogonalität der Residuen $\underline{r}^{k+1}$ auf den Suchrichtungen $\underline{p}^\ell$ kann sofort auf die Orthogonalität mit den Ausgangsvektoren $\underline{w}^\ell$ übertragen werden.

Folgerung 13.1 *Für $k = 0, 1, \ldots, M-2$ gilt*

$$(\underline{r}^{k+1}, \underline{w}^\ell) = 0 \quad \textit{für alle } \ell = 0, 1, \ldots, k.$$

Beweis: Nach Konstruktion der Suchrichtung $\underline{p}^\ell$ gilt für den Ausgangsvektor $\underline{w}^\ell$ die Darstellung

$$\underline{w}^\ell = \underline{p}^\ell + \sum_{j=0}^{\ell-1} \beta_{\ell-1,j}\underline{p}^j .$$

Damit ist

$$(\underline{r}^{k+1}, \underline{w}^\ell) = (\underline{r}^{k+1}, \underline{p}^\ell) + \sum_{j=0}^{\ell-1} \beta_{\ell-1,j}(\underline{r}^{k+1}, \underline{p}^j),$$

und die Behauptung folgt aus Lemma 13.1. ∎

Die Vektoren

$$\underline{w}^0, \underline{w}^1, \ldots, \underline{w}^k, \underline{r}^{k+1}$$

sind also zueinander orthogonal und somit linear unabhängig. Da zur Konstruktion der Näherungslösung $\underline{u}^{k+1}$ und damit des Residuums $\underline{r}^{k+1}$ nur die Suchrichtungen $\underline{p}^0, \ldots, \underline{p}^k$ und somit auch nur die Ausgangsvektoren $\underline{w}^0, \ldots, \underline{w}^k$ benötigt werden, kann als neuer Ausgangsvektor

$$\underline{w}^{k+1} := \underline{r}^{k+1} \quad \text{für alle } k = 0, \ldots, M-2$$

gewählt werden. Dabei ist $\underline{w}^0 := \underline{r}^0$ zu setzen. Mit Folgerung 13.1 ergibt sich somit die Orthogonalitätsbeziehung

$$(\underline{r}^{k+1}, \underline{r}^\ell) = 0 \quad \text{für alle } \ell = 0, \ldots, k; k = 0, \ldots, M-2.$$

Weiterhin ergibt sich für den Zähler des Zerlegungskoeffizienten α_k,

$$(\underline{r}^k, \underline{p}^k) = (\underline{r}^k, \underline{r}^k) + \sum_{\ell=0}^{k-1} \beta_{k-1,\ell}(\underline{r}^k, \underline{p}^\ell) = (\underline{r}^k, \underline{r}^k),$$

und somit die zu (13.1) äquivalente Darstellung

$$\alpha_k = \frac{(\underline{r}^k, \underline{r}^k)}{(A_M \underline{p}^k, \underline{p}^k)} \quad \text{für } k = 0, \ldots, M-1.$$

Für den Fortgang der Iteration kann ohne Einschränkung der Allgemeinheit angenommen werden, daß die berechnete Näherungslösung $\underline{u}^k$ nicht mit der exakten Lösung $\underline{u}$ des linearen Gleichungssystems $A_M \underline{u} = \underline{f}$ zusammenfällt. Dann ist

$$\alpha_\ell > 0 \quad \text{für alle } \ell = 0, \ldots, k.$$

Aus der Rekursionsvorschrift des Residuums $\underline{r}^{\ell+1}$ ergibt sich dann

$$A_M \underline{p}^\ell = \frac{1}{\alpha_\ell}\left(\underline{r}^\ell - \underline{r}^{\ell+1}\right) \quad \text{für } \ell = 0, \ldots, k.$$

Für den Zähler der Koeffizienten $\beta_{k\ell}$ folgt nun mit der Wahl $\underline{w}^{k+1} = \underline{r}^{k+1}$ und der Symmetrie der Matrix $A_M = A_M^\top$

$$(A_M\underline{w}^{k+1}, \underline{p}^\ell) = (\underline{r}^{k+1}, A_M\underline{p}^\ell) = \frac{1}{\alpha_\ell}(\underline{r}^{k+1}, \underline{r}^\ell - \underline{r}^{\ell+1}) = \begin{cases} 0 & \text{für } \ell < k, \\ -\dfrac{(\underline{r}^{k+1}, \underline{r}^{k+1})}{\alpha_k} & \text{für } \ell = k. \end{cases}$$

Damit vereinfacht sich die Iterationsvorschrift des Orthogonalisierungsverfahrens nach Gram–Schmidt zu

$$\underline{p}^{k+1} = \underline{r}^{k+1} - \beta_{kk}\underline{p}^k \quad \text{mit } \beta_{kk} = -\frac{1}{\alpha_k}\frac{(\underline{r}^{k+1}, \underline{r}^{k+1})}{(A_M\underline{p}^k, \underline{p}^k)}.$$

Andererseits ist

$$\alpha_k(A_M\underline{p}^k, \underline{p}^k) = (\underline{r}^k - \underline{r}^{k+1}, \underline{p}^k) = (\underline{r}^k, \underline{p}^k) = (\underline{r}^k, \underline{r}^k - \beta_{k-1,k-1}\underline{p}^{k-1}) = (\underline{r}^k, \underline{r}^k),$$

und somit folgt

$$\underline{p}^{k+1} = \underline{r}^{k+1} + \beta_k\underline{p}^k \quad \text{mit } \beta_k = \frac{(\underline{r}^{k+1}, \underline{r}^{k+1})}{(\underline{r}^k, \underline{r}^k)}.$$

Zusammenfassend erhält man die in Algorithmus 13.2 angegebene Iterationsvorschrift des **konjugierten Gradientenverfahrens (CG)** [46].

Sei $\underline{u}^0$ eine beliebig gegebene Näherungslösung. Berechne:

$\underline{r}^0 := A_M\underline{u}^0 - \underline{f}$, $\underline{p}^0 := \underline{r}^0$, $\varrho_0 := (\underline{r}^0, \underline{r}^0)$.

Für $k = 0, 1, 2, \ldots, M-1$:

$\underline{s}^k := A_M\underline{p}^k$, $\sigma_k := (\underline{s}^k, \underline{p}^k)$, $\alpha_k := \varrho_k/\sigma_k$;

$\underline{u}^{k+1} := \underline{u}^k - \alpha_k\underline{p}^k$, $\underline{r}^{k+1} := \underline{r}^k - \alpha_k\underline{s}^k$;

$\varrho_{k+1} := (\underline{r}^{k+1}, \underline{r}^{k+1})$.

Stoppe, falls $\varrho_{k+1} \le \varepsilon\varrho_0$ mit einem vorgegebenen ε erfüllt ist. Andernfalls, bestimme die neue Suchrichtung:

$\beta_k := \varrho_{k+1}/\varrho_k$, $\underline{p}^{k+1} := \underline{r}^{k+1} + \beta_k\underline{p}^k$.

Algorithmus 13.2: Konjugiertes Gradientenverfahren.

Für eine symmetrische und positiv definite Matrix A_M definiert $\|\cdot\|_{A_M} := \sqrt{(A_M\cdot, \cdot)}$ eine zur Eukidischen Norm in $\mathbb{R}^M$ äquivalente Norm. Weiter bezeichnet

$$\kappa_2(A_M) := \|A_M\|_2\|A_M^{-1}\|_2 = \frac{\lambda_{\max}(A_M)}{\lambda_{\min}(A_M)}$$

die **spektrale Konditionszahl** der Matrix A_M. Hierbei bezeichnet $\|\cdot\|_2$ die durch das Euklidische Skalarprodukt induzierte Matrix–Norm. Für die durch den Algorithmus 13.2 erzeugten Näherungslösungen $\underline{u}^k$ gilt die folgende Konvergenzabschätzung, siehe zum Beispiel [39].

Satz 13.1 *Sei $A_M = A_M^\top > 0$ eine symmetrische und positiv definite Matrix, und sei $\underline{u} \in \mathbb{R}^M$ die eindeutig bestimmte Lösung des linearen Gleichungssystems $A_M\underline{u} = \underline{f}$. Dann konvergiert das konjugierte Gradientenverfahren (Algorithmus 13.2) für jede beliebige Startnäherung $\underline{u}^0 \in \mathbb{R}^M$ gegen die exakte Lösung $\underline{u}$, und es gilt die Fehlerabschätzung*

$$\|\underline{u}^k - \underline{u}\|_A \leq \frac{2q^k}{1+q^{2k}} \|\underline{u}^0 - \underline{u}\|_A \quad mit\ q := \frac{\sqrt{\kappa_2(A_M)} - 1}{\sqrt{\kappa_2(A_M)} + 1} < 1 .$$

Zum Erreichen einer vorgegebenen relativen Fehlergenauigkeit $\varepsilon \in (0,1)$ ergibt sich die Anzahl $k_\varepsilon \in \mathbb{N}$ der dafür notwendigen Iterationsschritte aus

$$\frac{\|\underline{u}^k - \underline{u}\|_A}{\|\underline{u}^0 - \underline{u}\|_A} \leq \frac{2q^k}{1+q^{2k}} \leq \varepsilon$$

mit

$$k_\varepsilon > \frac{\ln[1 - \sqrt{1-\varepsilon^2}] - \ln \varepsilon}{\ln q} .$$

Daraus erkennt man die Abhängigkeit der Anzahl der notwendigen Iterationen von q und somit von der spektralen Konditionszahl $\kappa_2(A_M)$ der Matrix A_M. Bei der Diskretisierung elliptischer Variationsprobleme mit finiten Elementen oder Randelementen ergibt sich eine Abhängigkeit der spektralen Konditionszahl $\kappa_2(A_M)$ von der Dimension $M \in \mathbb{N}$ des endlichdimensionalen Ansatzraumes bzw. von dem zugehörigen Diskretisierungsparameter h.
Für finite Elemente folgt mit der Abschätzung (11.13) für die spektrale Konditionszahl $\kappa_2(A_h^{\text{FEM}}) = \mathcal{O}(h^{-2})$ bzw. $\kappa_2(A_{h/2}^{\text{FEM}}) \approx 4\,\kappa_2(A_h^{\text{FEM}})$ bei Verwendung einer global gleichmäßigen Verfeinerungsstrategie. Asymptotisch ergibt sich dann für große Konditionszahlen $\kappa_2(A_h^{\text{FEM}})$ die Beziehung

$$\begin{aligned} \ln q_{h/2} = \ln \frac{\sqrt{\kappa_2(A_{h/2}^{\text{FEM}})} - 1}{\sqrt{\kappa_2(A_{h/2}^{\text{FEM}})} + 1} &\approx \ln \frac{2\sqrt{\kappa_2(A_h^{\text{FEM}})} - 1}{2\sqrt{\kappa_2(A_h^{\text{FEM}})} + 1} \\ &\approx \frac{1}{2} \ln \frac{\sqrt{\kappa_2(A_h^{\text{FEM}})} - 1}{\sqrt{\kappa_2(A_h^{\text{FEM}})} + 1} = \frac{1}{2} \ln q_h \end{aligned}$$

Bei einem gleichmäßigen Verfeinerungsschritt verdoppelt sich somit die Anzahl der notwendigen Iterationen zum Erreichen einer vorgegebenen relativen Genauigkeit ε. Für $\varepsilon = 10^{-10}$ sind in Tabelle 13.1 die notwendigen Iterationszahlen des

	FEM			BEM		
L	N	$\kappa_2(A_h)$	Iter	N	$\kappa_2(V_h)$	Iter
2	64	12.66	13	16	24.14	8
3	256	51.55	38	32	47.86	18
4	1024	207.17	79	64	95.64	28
5	4096	829.69	157	128	191.01	39
6	16384	3319.76	309	256	381.32	52
7	65536	13280.04	607	512	760.73	69
8	262144	52592.92	1191	1024	1516.02	91
Theorie:		$\mathcal{O}(h^{-2})$	$\mathcal{O}(h^{-1})$		$\mathcal{O}(h^{-1})$	$\mathcal{O}(h^{-1/2})$

Tabelle 13.1: Anzahl von CG Iterationen für $\varepsilon = 10^{-10}$.

konjugierten Gradientenverfahrens zur Lösung des in Tabelle 11.2 dokumentierten Dirichlet–Problems angegeben.
Bei einer vergleichbaren Diskretisierung mit Randelementen (siehe Tabelle 12.2) erhält man für die spektrale Konditionszahl entsprechend $\kappa_2(A_h^{\text{BEM}}) = \mathcal{O}(h^{-1})$ bzw. $\kappa_2(A_{h/2}^{\text{BEM}}) \approx 2\,\kappa_2(A_h^{\text{BEM}})$. Die Anzahl der notwendigen Iterationen zum Erreichen einer relativen Genauigkeit von $\varepsilon = 10^{-10}$ erhöht sich dann bei einem Verfeinerungsschritt mit einem Faktor von $\sqrt{2}$, siehe Tabelle 13.1.
Ziel ist deshalb die Herleitung von Iterationsverfahren, deren Konvergenzverhalten sich möglichst unabhängig von der konkreten Wahl des Ansatzraumes, insbesondere unabhängig von den globalen Diskretisierungsparametern h, verhält.
Allgemein kann dies durch eine **Vorkonditionierung** des linearen Gleichungssystems $A_M\underline{u} = \underline{f}$ erreicht werden. Sei dazu $C_A \in \mathbb{R}^{M\times M}$ eine symmetrische und positiv definite Matrix. Dann existiert eine Matrix $C_A^{1/2}$ mit $C_A = C_A^{1/2}C_A^{1/2}$ und der inversen Matrix $C_A^{-1/2} := (C_A^{1/2})^{-1}$. Anstelle des ursprünglichen linearen Gleichungssystems $A_M\underline{u} = \underline{f}$ wird nun das dazu äquivalente Gleichungssystem

$$\widetilde{A}\widetilde{\underline{u}} := C_A^{-1/2}A_M C_A^{-1/2}C_A^{1/2}\underline{u} = C_A^{-1/2}\underline{f} =: \widetilde{\underline{f}}$$

mit der symmetrischen und positiv definiten Matrix

$$\widetilde{A} := C_A^{-1/2}A_M C_A^{-1/2}$$

zur Bestimmung des transformierten Lösungsvektors $\widetilde{\underline{u}} = C_A^{1/2}\underline{u}$ mittels des konjugierten Gradientenverfahrens (Algorithmus 13.2) gelöst. Die Rücktransformation in die ursprünglichen Größen ergibt schließlich das **vorkonditionierte konjugierte Gradientenverfahren (PCG)**, siehe Algorithmus 13.3.
Der Algorithmus 13.3 des vorkonditionierten CG–Verfahrens beinhaltet neben der Matrix–Vektor–Multiplikation $\underline{s}^k = A_M\underline{p}^k$ pro Iterationsschritt auch jeweils eine Anwendung der inversen Vorkonditionierungsmatrix $\underline{v}^{k+1} = C_A^{-1}\underline{r}^{k+1}$.

Sei $\underline{x}^0$ eine beliebige Näherungslösung. Berechne:

$\underline{r}^0 := A_M\underline{x}^0 - \underline{f},\ \underline{v}^0 := C_A^{-1}\underline{r}^0,\ \underline{p}^0 := \underline{v}^0,\ \varrho_0 := (\underline{v}^0, \underline{r}^0).$

Für $k = 0, 1, 2, \ldots, M-1$:

$\underline{s}^k := A_M\underline{p}^k,\ \sigma_k := (\underline{s}^k, \underline{p}^k),\ \alpha_k := \varrho_k/\sigma_k;$

$\underline{x}^{k+1} := \underline{x}^k - \alpha_k\underline{p}^k,\ \underline{r}^{k+1} := \underline{r}^k - \alpha_k\underline{s}^k;$

$\underline{v}^{k+1} := C_A^{-1}\underline{r}^{k+1},\ \varrho_{k+1} := (\underline{v}^{k+1}, \underline{r}^{k+1})\ .$

Stoppe, falls $\varrho_{k+1} \le \varepsilon\varrho_0$ mit einem vorgegebenen ε erfüllt ist. Andernfalls, bestimme die neue Suchrichtung:

$\beta_k := \varrho_{k+1}/\varrho_k,\ \underline{p}^{k+1} := \underline{v}^{k+1} + \beta_k\underline{p}^k\ .$

Algorithmus 13.3: Vorkonditioniertes konjugiertes Gradientenverfahren.

Aus Satz 13.1 ergibt sich für die Näherungslösung $\underline{\widetilde{u}}^k$ die Fehlerabschätzung

$$\|\underline{\widetilde{u}}^k - \underline{\widetilde{u}}\|_{\widetilde{A}} \le \frac{2\widetilde{q}}{1+\widetilde{q}^{2k}}\|\underline{\widetilde{u}}^0 - \underline{\widetilde{u}}\|_{\widetilde{A}} \quad \text{mit } \widetilde{q} = \frac{\sqrt{\kappa_2(\widetilde{A})}-1}{\sqrt{\kappa_2(\widetilde{A})}+1}.$$

Für $\underline{\widetilde{z}} = C_A^{1/2}\underline{z}$ ist

$$\|\underline{\widetilde{z}}\|_{\widetilde{A}}^2 = (\widetilde{A}C_A^{1/2}\underline{z}, C_A^{1/2}\underline{z}) = (A_M\underline{z}, \underline{z}) = \|\underline{z}\|_{A_M}^2,$$

und somit ergibt sich für die Näherungslösung $\underline{u}^k = C_A^{-1/2}\underline{\widetilde{u}}^k$ des vorkonditionierten konjugierten Gradientenverfahrens die Fehlerabschätzung

$$\|\underline{u}^k - \underline{u}\|_{A_M} \le \frac{2\widetilde{q}}{1+\widetilde{q}^{2k}}\|\underline{u}^0 - \underline{u}\|_{A_M}.$$

Für die extremalen Eigenwerte der transformierten Matrix $\widetilde{A}$ ergibt sich unter Verwendung des Rayleigh–Quotienten

$$\lambda_{\min}(\widetilde{A}) = \min_{\underline{\widetilde{z}}\in\mathbb{R}^M}\frac{(\widetilde{A}\underline{\widetilde{z}}, \underline{\widetilde{z}})}{(\underline{\widetilde{z}}, \underline{\widetilde{z}})} \le \max_{\underline{\widetilde{z}}\in\mathbb{R}^M}\frac{(\widetilde{A}\underline{\widetilde{z}}, \underline{\widetilde{z}})}{(\underline{\widetilde{z}}, \underline{\widetilde{z}})} = \lambda_{\max}(\widetilde{A}),$$

bzw. durch Einsetzen der Transformationen $\widetilde{A} = C_A^{-1/2}A_MC_A^{-1/2}$ und $\underline{\widetilde{z}} = C_A^{1/2}\underline{z}$

$$\lambda_{\min}(\widetilde{A}) = \min_{\underline{z}\in\mathbb{R}^M}\frac{(A_M\underline{z}, \underline{z})}{(C_A\underline{z}, \underline{z})} \le \max_{\underline{z}\in\mathbb{R}^M}\frac{(A_M\underline{z}, \underline{z})}{(C_A\underline{z}, \underline{z})} = \lambda_{\max}(\widetilde{A}).$$

Damit müssen für die Vorkonditionierungsmatrix C_A die **Spektraläquivalenzungleichungen**

$$c_1^A\,(C_A\underline{z}, \underline{z}) \le (A_M\underline{z}, \underline{z}) \le c_2^A\,(C_A\underline{z}, \underline{z}) \quad \text{für alle } \underline{z} \in \mathbb{R}^M \tag{13.2}$$

unabhängig von M vorausgesetzt werden. Daraus ergibt sich für die spektrale Konditionszahl der vorkonditionierten Matrix $C_A^{-1}A_M$ die Abschätzung

$$\kappa_2(C_A^{-1}A_M) \le \frac{c_2^A}{c_1^A}.$$

Kann die spektrale Konditionszahl $\kappa_2(C_A^{-1}A_M)$ des vorkonditionierten Gleichungssystems unabhängig von der Dimension M, bzw. von dem Diskretisierungsparameter h, abgeschätzt werden, so ergibt sich eine feste Anzahl k_ε von notwendigen Iterationsschritten zum Erreichen einer fest vorgegebenen relativen Fehlergenauigkeit ε.

13.2 Eine allgemeine Vorkonditionierungsstrategie

Zu konstruieren ist eine Matrix C_A zur Vorkonditionierung einer gegebenen Matrix A_M, so daß neben der Gültigkeit der Spektraläquivalenzungleichungen (13.2) auch eine effiziente Realisierung von $\underline{v}^k = C_A^{-1}\underline{r}^k$ gewährleistet ist. Hierbei wird im wesentlichen die Herkunft der Matrix A_M aus der Diskretisierung eines beschränkten und X–elliptischen selbstadjungierten Operators $A : X \to X'$ mit

$$\langle Av, v\rangle \ge c_1^A\,\|v\|_X^2, \quad \|Av\|_{X'} \le c_2^A\,\|v\|_X \quad \text{für alle } v \in X. \tag{13.3}$$

ausgenutzt, d.h. die Matrix A_M sei gegeben durch die Einträge

$$A_M[\ell, k] = \langle A\varphi_k, \varphi_\ell\rangle \quad \text{für alle } k, \ell = 1, \ldots, M.$$

Dabei ist $X_M := \operatorname{span}\{\varphi_k\}_{k=1}^M \subset X$ ein konformer Ansatzraum.

Mit $B : X' \to X$ sei ein beschränkter und X'–elliptischer selbstadjungierter Operator gegeben,

$$\langle Bf, f\rangle \ge c_1^B\,\|f\|_{X'}^2, \quad \|Bf\|_X \le c_2^B\,\|f\|_{X'} \quad \text{für alle } f \in X'.$$

Nach Satz 3.2 existiert dann der inverse Operator $B^{-1} : X \to X'$. Insbesondere gilt mit (3.13) und Lemma 3.3

$$\|B^{-1}v\|_{X'} \le \frac{1}{c_1^B}\,\|v\|_X, \quad \langle B^{-1}v, v\rangle \ge \frac{1}{c_2^B}\,\|v\|_X^2 \quad \text{für alle } v \in X. \tag{13.4}$$

Aus den Voraussetzungen (13.3) und (13.4) ergibt sich sofort:

Folgerung 13.2 *Für alle $v \in X$ gelten die Spektraläquivalenzungleichungen*

$$c_1^A c_1^B\,\langle B^{-1}v, v\rangle \le \langle Av, v\rangle \le c_2^A c_2^B\,\langle B^{-1}v, v\rangle.$$

Für die durch

$$C_A[\ell,k] = \langle B^{-1}\varphi_k, \varphi_\ell\rangle \quad \text{für alle } k,\ell = 1,\ldots,M \tag{13.5}$$

erklärte Vorkonditionierungsmatrix C_A ergeben sich mit Folgerung 13.2 unter Ausnutzung des Isomorphismus

$$\underline{v} \in \mathbb{R}^M \quad \leftrightarrow \quad v_M = \sum_{k=1}^{M} v_k \varphi_k \in X_M \subset X$$

die gewünschten Spektraläquivalenzungleichungen

$$c_1^A c_1^B \,(C_A\underline{v},\underline{v}) \leq (A_M\underline{v},\underline{v}) \leq c_2^A c_2^B \,(C_A\underline{v},\underline{v}) \quad \text{für alle } \underline{v} \in \mathbb{R}^M. \tag{13.6}$$

Da in der Regel aber nur der Operator B explizit gegeben ist, kann die Vorkonditionierungsmatrix C_A in dieser Form weder berechnet noch angewendet werden. Deshalb sei mit

$$X'_M := \text{span}\{\psi_k\}_{k=1}^M \subset X'$$

ein konformer Ansatzraum im Dualraum X' gegeben, und seien

$$B_M[\ell,k] = \langle B\psi_k, \psi_\ell\rangle, \quad M_M[\ell,k] = \langle \varphi_k, \psi_\ell\rangle \quad \text{für alle } k,\ell = 1,\ldots,M.$$

Insbesondere ist B_M symmetrisch und positiv definit und daher invertierbar. Dann ist eine Approximation der Vorkonditionierungsmatrix C_A gegeben durch

$$\widetilde{C}_A := M_M^\top B_M^{-1} M_M\,. \tag{13.7}$$

Zu klären bleibt die Spektraläquivalenz der approximierten Vorkonditionierungsmatrix $\widetilde{C}_A$ mit C_A und damit mit A_M.

Lemma 13.2 *Sei C_A die durch* (13.5) *definierte Galerkin–Diskretisierung von B^{-1}, und sei $\widetilde{C}_A$ die durch* (13.7) *erklärte Approximation. Dann gilt*

$$(\widetilde{C}_A\underline{v},\underline{v}) \leq (C_A\underline{v},\underline{v}) \quad \textit{für alle } \underline{v} \in \mathbb{R}^M.$$

Beweis: Für ein beliebig aber fest gewähltes $\underline{v} \in \mathbb{R}^M \leftrightarrow v_M \in X_M \subset X$ ist $w = B^{-1}v_M \in X'$ die eindeutig bestimmte Lösung des Variationsproblems

$$\langle Bw, z\rangle = \langle v_M, z\rangle \quad \text{für alle } z \in X',$$

und es gilt

$$(C_A\underline{v}_M,\underline{v}_M) = \langle B^{-1}v_M, v_M\rangle = \langle w, v_M\rangle = \langle Bw, w\rangle. \tag{13.8}$$

Entsprechend ist $\underline{w} = B_M^{-1}M_M\underline{v} \leftrightarrow w_M \in X'_M$ die eindeutig bestimmte Lösung des Galerkin–Variationsproblems

$$\langle Bw_M, z_M\rangle = \langle v_M, z_M\rangle \quad \text{für alle } z_M \in X'_M,$$

und es gilt

$$(\widetilde{C}_A \underline{v}, \underline{v}) = (B_M^{-1} M_M \underline{v}, M_M \underline{v}) = (\underline{w}, M_M \underline{v}) = \langle w_M, v_M \rangle = \langle B w_M, w_M \rangle. \quad (13.9)$$

Andererseits gilt die Galerkin–Orthogonalität

$$\langle B(w - w_M), z_M \rangle = 0 \quad \text{für alle } z_M \in X'_M.$$

Aus der X'–Elliptizität von B folgt nun

$$\begin{aligned} 0 \leq c_1^B \, \|w - w_M\|^2_{X'} &\leq \langle B(w - w_M), w - w_M \rangle \\ &= \langle B(w - w_M), w \rangle = \langle Bw, w \rangle - \langle B w_M, w_M \rangle \end{aligned}$$

und somit

$$\langle B w_M, w_M \rangle \leq \langle Bw, w \rangle.$$

Wegen (13.8) und (13.9) ist dies gerade die Behauptung. ∎

Lemma 13.2 gilt für **beliebige** konforme Ansatzräume $X_M \subset X$ und $X'_M \subset X'$. Für die umgekehrte Abschätzung ist jedoch eine geeignete Bedingung an den Ansatzraum $X'_M \subset X'$ zu formulieren.

Lemma 13.3 *Zusätzlich zu den Voraussetzungen von Lemma* 13.2 *gelte die Stabilitätsbedingung*

$$c_S \, \|v_M\|_X \leq \sup_{0 \neq z_M \in X'_M} \frac{\langle v_M, z_M \rangle}{\|z_M\|_{X'}} \quad \textit{für alle } v_M \in X_M. \quad (13.10)$$

Dann ist

$$\left(c_S \, \frac{c_1^B}{c_2^B} \right)^2 (C_A \underline{v}, \underline{v}) \leq (\widetilde{C}_A \underline{v}, \underline{v}) \quad \textit{für alle } \underline{v} \in I\!R^M.$$

Beweis: Für ein beliebig aber fest gewähltes $\underline{v} \in I\!R^M \leftrightarrow v_M \in X_M$ folgt aus den Eigenschaften (13.4)

$$(C_A \underline{v}, \underline{v}) = \langle B^{-1} v_M, v_M \rangle \leq \|B^{-1} v_M\|_{X'} \|v_M\|_X \leq \frac{1}{c_1^B} \, \|v_M\|^2_X.$$

Wie im Beweis von Lemma 13.2 sei $\underline{w} = B_M^{-1} M_M \underline{v} \leftrightarrow w_M \in X'_M$. Dann ergibt sich aus der Stabilitätsvoraussetzung (13.10)

$$c_S \, \|v_M\|_X \leq \sup_{0 \neq z_M \in X'_M} \frac{\langle v_M, z_M \rangle}{\|z_M\|_{X'}} = \sup_{0 \neq z_M \in X'_M} \frac{\langle B w_M, z_M \rangle}{\|z_M\|_{X'}} \leq c_2^B \, \|w_M\|_{X'}$$

und somit

$$(C_A \underline{v}, \underline{v}) \leq \frac{1}{c_1^B} \left(\frac{c_2^B}{c_S} \right)^2 \|w_M\|^2_{X'} \leq \left(\frac{1}{c_S} \frac{c_2^B}{c_1^B} \right)^2 \langle B w_M, w_M \rangle.$$

Mit (13.9) folgt nun die Behauptung. ∎

Zusammen mit (13.6) ergibt sich nun die Spektraläquivalenz der approximierten Vorkonditionierungsmatrix $\widetilde{C}_A$ mit A_M.

Folgerung 13.3 *Seien die Voraussetzungen von Lemma* 13.3 *erfüllt, insbesondere gelte die Stabilitätsbedingung* (13.10). *Dann gelten die Spektraläquivalenzungleichungen*

$$c_1^A c_1^B\,(\widetilde{C}_A\underline{v},\underline{v}) \le (A_M\underline{v},\underline{v}) \le c_2^A c_2^B \left(\frac{1}{c_S}\frac{c_2^B}{c_1^B}\right)^2 (\widetilde{C}_A\underline{v},\underline{v}) \quad \textit{für alle}\ \underline{v}\in \mathbb{R}^M.$$

Die diskrete Stabilitätsbedingung (13.10) gewährleistet wegen $\dim X_M = \dim X'_M$ die Invertierbarkeit der Matrix M_M. Für die Anwendung der approximierten Vorkonditionierungsmatrix $\widetilde{C}_A$ ergibt sich somit

$$\widetilde{C}_A^{-1} = M_M^{-1} B_M M_M^{-\top}.$$

Der Aufwand besteht also in je einer Invertierung der schwach besetzten Matrizen M_M und $M_M^\top$ sowie einer Matrix–Vektor–Multiplikation mit B_M.

13.2.1 Eine Anwendung bei Randelementmethoden

Die im Abschnitt 13.2 beschriebene allgemeine Vorkonditionierungsstrategie kann wegen der Abbildungseigenschaften der Randintegraloperatoren sofort zur Vorkonditionierung der bei Randelementmethoden auftretenden Gleichungssysteme eingesetzt werden. Mit dem Einfachschichtpotential $V : H^{-1/2}(\Gamma) \to H^{1/2}(\Gamma)$ und dem hypersingulären Integraloperator $D : H^{1/2}(\Gamma) \to H^{-1/2}(\Gamma)$ ist ein geeignetes Paar von Operatoren entgegengesetzter Ordnung gegeben [60, 61, 82]. Zu beachten ist dabei jedoch die Semi–Elliptizität des hypersingulären Randintegraloperatores D. Wie in Abschnitt 6.6.1 sind $H_*^{\pm 1/2}(\Gamma)$ die bezüglich der natürlichen Dichte w_{eq} definierten Faktorräume. Dann gilt zunächst:

Lemma 13.4 *Für das Einfachschichtpotential V und den hypersingulären Randintegraloperator D gelten die Spektraläquivalenzungleichungen*

$$c_1^V c_1^D\,\langle V^{-1}\widetilde{v},\widetilde{v}\rangle_\Gamma \le \langle D\widetilde{v},\widetilde{v}\rangle_\Gamma \le \frac{1}{4}\,\langle V^{-1}\widetilde{v},\widetilde{v}\rangle_\Gamma$$

für alle $\widetilde{v}\in H_*^{1/2}(\Gamma) = \{v\in H^{1/2}(\Gamma) : \langle v, w_{\mathrm{eq}}\rangle_\Gamma = 0\}$.

Beweis: Das Einfachschichtpotential $V : H_*^{-1/2}(\Gamma) \to H_*^{1/2}(\Gamma)$ definiert einen Isomorphismus. Dann existiert für ein beliebig gegebenes $\widetilde{v} \in H_*^{1/2}(\Gamma)$ ein eindeutig bestimmtes $\widetilde{w} \in H_*^{-1/2}(\Gamma)$ mit $\widetilde{v} = V\widetilde{w}$. Mit den Symmetrieeigenschaften

(6.25) und (6.26) der Randintegraloperatoren folgt die Abschätzung nach oben,

$$\begin{aligned}
\langle D\widetilde{v},\widetilde{v}\rangle_\Gamma &= \langle DV\widetilde{w},V\widetilde{w}\rangle_\Gamma \\
&= \langle(\frac{1}{2}I-K')(\frac{1}{2}I+K')\widetilde{w},V\widetilde{w}\rangle_\Gamma \\
&= \langle(\frac{1}{2}I+K')\widetilde{w},(\frac{1}{2}I-K)V\widetilde{w}\rangle_\Gamma \\
&= \langle(\frac{1}{2}I+K')\widetilde{w},V(\frac{1}{2}I-K')\widetilde{w}\rangle_\Gamma \\
&= \frac{1}{4}\langle V\widetilde{w},\widetilde{w}\rangle_\Gamma - \langle VK'\widetilde{w},K'\widetilde{w}\rangle_\Gamma \\
&\le \frac{1}{4}\langle V\widetilde{w},\widetilde{w}\rangle_\Gamma = \frac{1}{4}\langle V^{-1}\widetilde{v},\widetilde{v}\rangle_\Gamma .
\end{aligned}$$

Aus der $H^{-1/2}(\Gamma)$–Elliptizität des Einfachschichtpotentials V (Satz 6.5 für $d=3$, bzw. Satz 6.6 für $d=2$) folgt mit der Abschätzung (3.13) die Beschränktheit des inversen Operators,

$$\langle V^{-1}v,v\rangle_\Gamma \le \frac{1}{c_1^V}\,\|v\|^2_{H^{1/2}(\Gamma)} \quad \text{für alle } v\in H^{1/2}(\Gamma).$$

Mit der $H^{1/2}_*(\Gamma)$–Elliptizität des hypersingulären Integraloperators D (Satz 6.7) ergibt sich dann

$$\langle D\widetilde{v},\widetilde{v}\rangle_\Gamma \ge \widetilde{c}_1^D\,\|\widetilde{v}\|^2_{H^{1/2}(\Gamma)} \ge c_1^Dc_1^V\,\langle V^{-1}\widetilde{v},\widetilde{v}\rangle_\Gamma$$

für alle $\widetilde{v}\in H^{1/2}_*(\Gamma)$ und somit die Behauptung. ∎

Für den durch die Bilinearform

$$\langle \widetilde{D}u,v\rangle_\Gamma := \langle Du,v\rangle_\Gamma + \alpha\,\langle u,w_{\rm eq}\rangle_\Gamma\langle v,w_{\rm eq}\rangle_\Gamma$$

für alle $u,v\in H^{1/2}(\Gamma)$ erklärten Randintegraloperator $\widetilde{D}: H^{1/2}(\Gamma)\to H^{-1/2}(\Gamma)$ erhält man das folgende Resultat. Dabei ist $\alpha\in\mathbb{R}_+$ ein geeignet zu wählender Parameter und $w_{\rm eq}=V^{-1}1\in H^{-1/2}(\Gamma)$ die natürliche Dichte.

Satz 13.2 *Für das Einfachschichtpotential V und den modifizierten hypersingulären Randintegraloperator $\widetilde{D}$ gelten die Spektraläquivalenzungleichungen*

$$\gamma_1\,\langle V^{-1}v,v\rangle_\Gamma \le \langle\widetilde{D}v,v\rangle_\Gamma \le \gamma_2\,\langle V^{-1}v,v\rangle_\Gamma \tag{13.11}$$

für alle $v\in H^{1/2}(\Gamma)$ mit den positiven Konstanten

$$\gamma_1 := \min\left\{c_1^Vc_1^D,\alpha\langle 1,w_{\rm eq}\rangle_\Gamma\right\},\quad \gamma_2 := \max\left\{\frac{1}{4},\alpha\langle 1,w_{\rm eq}\rangle_\Gamma\right\}.$$

Beweis: Für ein beliebig gegebenes $v \in H^{1/2}(\Gamma)$ wird die Zerlegung

$$v = \widetilde{v} + \gamma, \quad \gamma := \frac{\langle v, w_{\text{eq}}\rangle_\Gamma}{\langle 1, w_{\text{eq}}\rangle_\Gamma}, \quad \widetilde{v} \in H_*^{1/2}(\Gamma)$$

betrachtet. Die Bilinearform des inversen Einfachschichtpotentials läßt sich dann schreiben als

$$\langle V^{-1}v, v\rangle_\Gamma \;=\; \langle V^{-1}\widetilde{v}, \widetilde{v}\rangle_\Gamma + \frac{[\langle v, w_{\text{eq}}\rangle_\Gamma]^2}{\langle 1, w_{\text{eq}}\rangle_\Gamma}.$$

Mit Lemma 13.4 folgt nun

$$\begin{aligned}
\langle \widetilde{D}v, v\rangle_\Gamma &= \langle D\widetilde{v}, \widetilde{v}\rangle_\Gamma + \alpha\, [\langle v, w_{\text{eq}}\rangle_\Gamma]^2 \\
&\le \frac{1}{4}\langle V^{-1}\widetilde{v}, \widetilde{v}\rangle_\Gamma + \alpha\,\langle 1, w_{\text{eq}}\rangle_\Gamma \frac{[\langle v, w_{\text{eq}}\rangle_\Gamma]^2}{\langle 1, w_{\text{eq}}\rangle_\Gamma} \\
&\le \max\left\{\frac{1}{4}, \alpha\langle 1, w_{\text{eq}}\rangle_\Gamma\right\} \langle V^{-1}v, v\rangle_\Gamma.
\end{aligned}$$

Die untere Abschätzung ergibt sich analog. ■

Mit dem vorhergehenden Satz kann nun eine optimale Wahl für den positiven Parameter $\alpha \in \mathbb{R}_+$ getroffen werden.

Folgerung 13.4 *Für*

$$\alpha := \frac{1}{4\langle 1, w_{\text{eq}}\rangle_\Gamma}$$

gelten die Spektraläquivalenzungleichungen

$$c_1^V c_1^D \,\langle V^{-1}v, v\rangle_\Gamma \;\le\; \langle \widetilde{D}v, v\rangle_\Gamma \;\le\; \frac{1}{4}\,\langle V^{-1}v, v\rangle_\Gamma$$

für alle $v \in H^{1/2}(\Gamma)$.

Mit Folgerung 13.4 kann jetzt jeweils eine Vorkonditionierung für das lineare Gleichungssystem (12.15) des Dirichlet–Randwertproblems, bzw. für das System (12.27) des Neumann–Randwertproblems angegeben werden. Die Steifigkeitsmatrix in (12.27) ist gegeben durch $\widetilde{D}_h := D_h + \alpha\, \underline{a}\,\underline{a}^\top$ mit

$$D_h[j,i] = \langle D\varphi_i^1, \varphi_j^1\rangle_\Gamma, \quad a_j = \langle \varphi_j^1, w_{\text{eq}}\rangle_\Gamma$$

für $i, j = 1, \ldots, M$ und stückweise linearen stetigen Basisfunktionen $\varphi_i^1 \in S_h^1(\Gamma)$. Gegeben seien weiterhin die durch

$$\bar{V}_h[j,i] \;=\; \langle V\varphi_i^1, \varphi_j^1\rangle_\Gamma, \quad \bar{M}_h[j,i] \;=\; \langle \varphi_i^1, \varphi_j^1\rangle_\Gamma$$

für alle $i, j = 1, \ldots, M$ erklärten Matrizen.

Lemma 13.5 *Sei die L_2–Projektion $Q_h : H^{1/2}(\Gamma) \to S_h^1(\Gamma) \subset H^{1/2}(\Gamma)$ beschränkt. Dann gilt die Stabilitätsbedingung*

$$\frac{1}{c_Q} \|v_h\|_{H^{1/2}(\Gamma)} \le \sup_{0 \ne w_h \in S_h^1(\Gamma)} \frac{\langle v_h, w_h \rangle_\Gamma}{\|w_h\|_{H^{-1/2}(\Gamma)}} \quad \textit{für alle } v_h \in S_h^1(\Gamma).$$

Beweis: Die L_2–Projektion $Q_h : H^{1/2}(\Gamma) \to S_h^1(\Gamma) \subset H^{1/2}(\Gamma)$ definiert nach Voraussetzung einen beschränkten Operator, d.h. es gilt

$$\|Q_h v\|_{H^{1/2}(\Gamma)} \le c_Q \|v\|_{H^{1/2}(\Gamma)} \quad \text{für alle } v \in H^{1/2}(\Gamma).$$

Für $w \in H^{-1/2}(\Gamma)$ ist $Q_h w \in S_h^1(\Gamma)$ definiert als eindeutige Lösung des Variationsproblems

$$\langle Q_h w, v_h \rangle_{L_2(\Gamma)} = \langle w, v_h \rangle_\Gamma \quad \text{für alle } v_h \in S_h^1(\Gamma).$$

Dann folgt

$$\begin{aligned} \|Q_h w\|_{H^{-1/2}(\Gamma)} &= \sup_{0 \ne v \in H^{1/2}(\Gamma)} \frac{\langle Q_h w, v \rangle_\Gamma}{\|v\|_{H^{1/2}(\Gamma)}} = \sup_{0 \ne v \in H^{1/2}(\Gamma)} \frac{\langle Q_h w, Q_h v \rangle_{L_2(\Gamma)}}{\|v\|_{H^{1/2}(\Gamma)}} \\ &= \sup_{0 \ne v \in H^{1/2}(\Gamma)} \frac{\langle w, Q_h v \rangle_\Gamma}{\|v\|_{H^{1/2}(\Gamma)}} \le \|w\|_{H^{-1/2}(\Gamma)} \sup_{0 \ne v \in H^{1/2}(\Gamma)} \frac{\|Q_h v\|_{H^{1/2}(\Gamma)}}{\|v\|_{H^{1/2}(\Gamma)}} \\ &\le c_Q \|w\|_{H^{1/2}(\Gamma)} \end{aligned}$$

und somit die Beschränktheit von $Q_h : H^{-1/2}(\Gamma) \to S_h^1(\Gamma) \subset H^{-1/2}(\Gamma)$. Nun ergibt sich die Behauptung aus Lemma 8.1 (Kriterium von Fortin). ∎

Mit Lemma 13.5 sind die Voraussetzungen von Lemma 13.3 erfüllt, d.h.

$$C_{\widetilde{D}} := \bar{M}_h \bar{V}_h^{-1} \bar{M}_h$$

definiert eine Vorkonditionierungsmatrix, welche zu $\widetilde{D}_h$ spektraläquivalent ist. Insbesondere gelten die Spektraläquivalenzungleichungen

$$c_1^V c_1^D \, (C_{\widetilde{D}} \underline{v}, \underline{v}) \le (\widetilde{D}_h \underline{v}, \underline{v}) \le \frac{1}{4} \left(c_Q \frac{c_2^V}{c_1^V} \right)^2 (C_{\widetilde{D}} \underline{v}, \underline{v}) \quad \text{für alle } \underline{v} \in \mathbb{R}^M.$$

In Tabelle 13.2 sind die extremalen Eigenwerte und die spektrale Konditionszahl für die vorkonditionierte Steifigkeitsmatrix $C_{\widetilde{D}}^{-1} \widetilde{D}_h$ für das in Abbildung 10.1 dargestellte dreidimensionale L–Gebiet angegeben. Im Vergleich zur hier angegebenen Vorkonditionierungsstrategie stehen die Ergebnisse einer einfachen Diagonalvorkonditionierung, die eine klare Abhängigkeit vom globalen Diskretisierungsparameter h aufzeigen.

Ausgehend von Folgerung 13.4 kann die Galerkin–Diskretisierung des modifizierten hypersingulären Integraloperators $\widetilde{D}$ zur Vorkonditionierung des diskreten

		$C_{\widetilde{D}} = \operatorname{diag} \widetilde{D}_h$			$C_{\widetilde{D}} = \bar{M}_h \bar{V}_h^{-1} \bar{M}_h$		
L	N	$\lambda_{\min}$	$\lambda_{\max}$	$\kappa(C_{\widetilde{D}}^{-1}\widetilde{D}_h)$	$\lambda_{\min}$	$\lambda_{\max}$	$\kappa(C_{\widetilde{D}}^{-1}\widetilde{D}_h)$
0	28	9.05 –3	2.88 –2	3.18	1.02 –1	2.56 –1	2.50
1	112	4.07 –3	2.82 –2	6.94	9.24 –2	2.66 –1	2.88
2	448	1.98 –3	2.87 –2	14.47	8.96 –2	2.82 –1	3.14
3	1792	9.84 –3	2.90 –2	29.52	8.86 –2	2.89 –1	3.26
4	7168	4.91 –3	2.91 –2	59.35	8.80 –2	2.92 –1	3.31
5	28672	2.46 –4	2.92 –2	118.72	8.79 –2	2.92 –1	3.32
6	114688	1.23 –4	2.92 –2	237.66	8.78 –2	2.92 –1	3.33
Theorie:				$\mathcal{O}(h^{-1})$			$\mathcal{O}(1)$

Tabelle 13.2: Extremale Eigenwerte und spektrale Konditionszahl (BEM).

Einfachschichtpotentials V_h in (12.15) benutzt werden. Werden zur Diskretisierung des Einfachschichtpotentials stückweise konstante Basisfunktionen benutzt, so verlangt die Diskretisierung des hypersingulären Integraloperators D global stetige Ansatzfunktionen. Andererseits muß als Voraussetzung von Lemma 13.3 eine zugehörige Stabilitätsbedingung erfüllt sein. Eine Möglichkeit stellen hier die lokal quadratischen Ansatzfunktionen dar [82]. Zur Herleitung von Vorkonditionierungsmatrizen für offene Randkurven sei schließlich auf [60] verwiesen.

13.2.2 Eine Multilevel–Vorkonditionierung in der FEM

Betrachtet wird die durch

$$a(u,v) = \int\limits_{\Gamma} \gamma_0^{\text{int}} u(x) ds_x \int\limits_{\Gamma} \gamma_0^{\text{int}} v(x) ds_x + \int\limits_{\Omega} \nabla u(x) \nabla v(x) dx$$

für alle $u, v \in H^1(\Omega)$ definierte Bilinearform, welche einen beschränkten und $H^1(\Omega)$–elliptischen Operator $A : H^1(\Omega) \to \widetilde{H}^{-1}(\Omega)$ induziert. Anwendungen dieser Bilinearform finden sich in der stabilisierten Variationsformulierung (4.31) von Neumann–Randwertproblemen, der Variationsformulierung (4.34) von Robin–Randwertproblemen oder der modifizierten Sattelpunktformulierung (4.22) mit Lagrange–Multiplikatoren.

Gegeben sei eine Folge $\{\mathcal{T}_{N_j}\}_{j \in \mathbb{N}_0}$ von global gleichmäßigen Unterteilungen eines beschränkten Gebietes $\Omega \subset \mathbb{R}^d$. Es wird vorausgesetzt, daß sich die globalen Maschenweiten h_j der Unterteilungen $\mathcal{T}_{N_j}$ durch

$$c_1 \, 2^{-j} \;\leq\; h_j \;\leq\; c_2 \, 2^{-j} \tag{13.12}$$

für alle $j = 0, 1, 2, \ldots$ mit globalen Konstanten c_1 und c_2 abschätzen lassen. Ausgehend von einer global gleichmäßigen Unterteilung $\mathcal{T}_{N_0}$ ist diese Voraussetzungen bei einer global gleichmäßigen Verfeinerungsstrategie stets erfüllt.

Für jede Unterteilung $\mathcal{T}_{N_j}$ sei der zugehörige Ansatzraum der stückweise linearen und stetigen Funktionen durch

$$V_j := S^1_{h_j}(\Omega) = \operatorname{span}\{\varphi^j_k\}_{k=1}^{M_j} \subset H^1(\Omega), \quad j \in \mathbb{N}_0,$$

gegeben. Nach Konstruktion gilt

$$V_0 \subset V_1 \subset \ldots \subset V_L = X_h = S^1_{h_L}(\Omega) \subset V_{L+1} \subset \ldots \subset H^1(\Omega).$$

Dabei ist $X_h = S^1_h(\Omega) \subset H^1(\Omega)$ der Ansatzraum zur Diskretisierung des durch die Bilinearform $a(\cdot,\cdot)$ induzierten Operators $A : H^1(\Omega) \to \widetilde{H}^{-1}(\Omega)$ mit

$$A_{h_L}[\ell, k] = a(\varphi^L_k, \varphi^L_\ell) \quad \text{für alle } k, \ell = 1, \ldots, M_L.$$

Zu konstruieren ist nun eine zur Matrix A_h spektraläquivalente Vorkonditionierungsmatrix $\widetilde{C}_A$. Gesucht ist also ein Vorkonditionierungsoperator $B : \widetilde{H}^{-1}(\Omega) \to H^1(\Omega)$, welcher den Spektraläquivalenzungleichungen

$$c^B_1 \, \|f\|^2_{H^{-1}(\Omega)} \leq \langle Bf, f\rangle_\Omega \leq c^B_2 \, \|f\|^2_{H^{-1}(\Omega)} \tag{13.13}$$

für alle $f \in \widetilde{H}^{-1}(\Omega)$ mit positiven Konstanten c^B_1 und c^B_2 genügt. Durch eine geeignet gewichtete Multileveldarstellung von L_2–Projektionsoperatoren kann ein solcher Operator B konstruiert werden [16, 95].

Für jeden Ansatzraum $V_j \subset H^1(\Omega)$ sei $Q_j : L_2(\Omega) \to V_j$ die durch (9.23) erklärte L_2–Projektion, d.h. $Q_j u \in V_j$ ist die eindeutig bestimmte Lösung des Variationsproblems

$$\langle Q_j u, v_j\rangle_{L_2(\Omega)} = \langle u, v_j\rangle_{L_2(\Omega)} \quad \text{für alle } v_j \in V_j,$$

und es gilt die Fehlerabschätzung (9.28),

$$\|(I - Q_j)u\|_{L_2(\Omega)} \leq c\, h_j \, |u|_{H^1(\Omega)} \quad \text{für alle } u \in H^1(\Omega). \tag{13.14}$$

Für die Ansatzräume V_j wird weiterhin die globale inverse Ungleichung (9.19) vorausgesetzt, d.h.

$$\|v_j\|_{H^1(\Omega)} \leq c_I \, h_j^{-1} \, \|v_j\|_{L_2(\Omega)} \quad \text{für alle } v_j \in V_j. \tag{13.15}$$

Für $j = -1$ sei $Q_{-1} := 0$ vereinbart.

Lemma 13.6 *Für die Folge von L_2–Projektionsoperatoren $\{Q_j\}_{j\in\mathbb{N}_0}$ gelten die Eigenschaften*

1. $Q_k Q_j = Q_{\min\{k,j\}}$,
2. $(Q_k - Q_{k-1})(Q_j - Q_{j-1}) = 0$ *für* $k \neq j$,
3. $(Q_j - Q_{j-1})^2 = Q_j - Q_{j-1}$.

Beweis: Für $u_j \in V_j$ ist $Q_j v_j = v_j \in V_j$. Damit folgt $Q_j Q_j v = Q_j v$ für alle $v \in L_2(\Omega)$. Für $j < k$ ist $V_j \subset V_k$. Dann ist $Q_j v \in V_j \subset V_k$ und somit $Q_k Q_j v = Q_j v$. Schließlich sei $j > k$. Dann gilt

$$\langle Q_j v, v_j \rangle_{L_2(\Omega)} = \langle v, v_j \rangle_{L_2(\Omega)} \quad \text{für alle } v_j \in V_j,$$

und es folgt

$$\langle Q_k Q_j v, v_k \rangle_{L_2(\Omega)} = \langle Q_j v, v_k \rangle_{L_2(\Omega)} = \langle v, v_k \rangle_{L_2(\Omega)} = \langle Q_k v, v_k \rangle_{L_2(\Omega)}$$

für alle $v_k \in V_k \subset V_j$. Damit ist 1. vollständig gezeigt.

Für den Nachweis von 2. sei ohne Einschränkung der Allgemeinheit $j < k$ und somit $j \leq k - 1$. Dann folgt mit 1.

$$\begin{aligned}(Q_k - Q_{k-1})(Q_j - Q_{j-1}) &= Q_k Q_j - Q_{k-1} Q_j - Q_k Q_{j-1} + Q_{k-1} Q_{j-1} \\ &= Q_j - Q_j - Q_{j-1} + Q_{j-1} = 0.\end{aligned}$$

Mit 1. ergibt sich schließlich

$$\begin{aligned}(Q_j - Q_{j-1})^2 &= Q_j Q_j - Q_j Q_{j-1} - Q_{j-1} Q_j + Q_{j-1} Q_{j-1} \\ &= Q_j - Q_{j-1} - Q_{j-1} + Q_{j-1} = Q_j - Q_{j-1}.\end{aligned}$$

Damit ist das Lemma vollständig bewiesen. ■

Durch eine gewichtete Linearkombination der L_2–Projektionsoperatoren wird durch

$$B^1 := \sum_{k=0}^{\infty} h_k^{-2} (Q_k - Q_{k-1}) \tag{13.16}$$

ein **Multilevel–Operator** definiert. Zu untersuchen sind die Abbildungseigenschaften von B^1.

Satz 13.3 *Für alle $v \in H^1(\Omega)$ gelten für den in (13.16) definierten Multilevel–Operator B^1 die Spektraläquivalenzungleichungen*

$$c_1^B \, \|v\|^2_{H^1(\Omega)} \leq \langle B^1 v, v \rangle_{L_2(\Omega)} \leq c_2^B \, \|v\|^2_{H^1(\Omega)}.$$

Der Beweis von Satz 13.3 setzt sich aus mehreren Schritten zusammen. Zunächst ergibt sich aus Lemma 13.6:

Folgerung 13.5 *Für $v \in H^1(\Omega)$ gilt die Darstellung*

$$\langle B^1 v, v \rangle_{L_2(\Omega)} = \sum_{k=0}^{\infty} h_k^{-2} \, \|(Q_k - Q_{k-1}) v\|^2_{L_2(\Omega)}.$$

Beweis: Einsetzen der Definition von B^1 ergibt mit Lemma 13.6, 3.,

$$\begin{aligned}\langle B^1 v, v\rangle_{L_2(\Omega)} &= \sum_{k=0}^{\infty} h_k^{-2}\langle (Q_k - Q_{k-1})v, v\rangle_{L_2(\Omega)} \\ &= \sum_{k=0}^{\infty} h_k^{-2}\langle (Q_k - Q_{k-1})^2 v, v\rangle_{L_2(\Omega)} \\ &= \sum_{k=0}^{\infty} h_k^{-2}\langle (Q_k - Q_{k-1})v, (Q_k - Q_{k-1})v\rangle_{L_2(\Omega)} \\ &= \sum_{k=0}^{\infty} h_k^{-2}\|(Q_k - Q_{k-1})v\|^2_{L_2(\Omega)}.\end{aligned}$$

■

In Verbindung mit der inversen Ungleichung in den Ansatzräumen V_k bzw. den Fehlerabschätzungen der L_2–Projektionsoperatoren ergibt sich aus Folgerung 13.5:

Lemma 13.7 *Für alle $v \in H^1(\Omega)$ gelten die Spektraläquivalenzungleichungen*

$$c_1 \sum_{k=0}^{\infty} \|(Q_k - Q_{k-1})v\|^2_{H^1(\Omega)} \le \langle B^1 v, v\rangle_{L_2(\Omega)} \le c_2 \sum_{k=0}^{\infty} \|(Q_k - Q_{k-1})v\|^2_{H^1(\Omega)}\,.$$

Beweis: Mit Lemma 13.6, 3., der Dreiecksungleichung und der Fehlerabschätzung (13.14) sowie der Voraussetzung (13.12) folgt

$$\begin{aligned}\langle B^1 v, v\rangle_{L_2(\Omega)} &= \sum_{k=0}^{\infty} h_k^{-2}\,\|(Q_k - Q_{k-1})v\|^2_{L_2(\Omega)} \\ &= \sum_{k=0}^{\infty} h_k^{-2}\,\|(Q_k - Q_{k-1})(Q_k - Q_{k-1})v\|^2_{L_2(\Omega)} \\ &\le 2\sum_{k=0}^{\infty} h_k^{-2}\,\Big\{\|(Q_k - I)(Q_k - Q_{k-1})v\|^2_{L_2(\Omega)} \\ &\qquad + \|(I - Q_{k-1})(Q_k - Q_{k-1})v\|^2_{L_2(\Omega)}\Big\} \\ &\le 2c\sum_{k=0}^{\infty} h_k^{-2}\,\Big\{h_k^2\,\|(Q_k - Q_{k-1})v\|^2_{H^1(\Omega)} + h_{k-1}^2\,\|(Q_k - Q_{k-1})v\|^2_{H^1(\Omega)}\Big\} \\ &\le c_2\sum_{k=0}^{\infty} \|(Q_k - Q_{k-1})v\|^2_{H^1(\Omega)}.\end{aligned}$$

Die umgekehrte Richtung ergibt sich mit der globalen inversen Ungleichung (13.15) für $(Q_k - Q_{k-1})v \in V_{k-1}$ und der Voraussetzung (13.12),

$$\begin{aligned}\sum_{k=0}^{\infty} \|(Q_k - Q_{k-1})v\|^2_{H^1(\Omega)} &\le c_I^2 \sum_{k=0}^{\infty} h_{k-1}^{-2}\,\|(Q_k - Q_{k-1})v\|^2_{L_2(\Omega)} \\ &\le c\sum_{k=0}^{\infty} h_k^{-2}\,\|(Q_k - Q_{k-1})v\|^2_{L_2(\Omega)} = c\,\langle B^1 v, v\rangle_{L_2(\Omega)}.\end{aligned}$$

■

Die Behauptung von Satz 13.3 folgt nun sofort aus Lemma 13.7 und den folgenden Spektraläquivalenzungleichungen.

Lemma 13.8 *Für alle $v \in H^1(\Omega)$ gelten die Spektraläquivalenzungleichungen*

$$\bar{c}_1 \, \|v\|^2_{H^1(\Omega)} \leq \sum_{k=0}^{\infty} \|(Q_k - Q_{k-1})v\|^2_{H^1(\Omega)} \leq \bar{c}_2 \, \|v\|^2_{H^1(\Omega)}.$$

Für den Beweis von Lemma 13.8 wird ein Hilfsmittel zur Abschätzung von Matrix–Normen benötigt:

Lemma 13.9 (Lemma von Schur) *Für eine abzählbare Indexmenge I seien die Matrix $A = (A[\ell,k])_{k,\ell \in I}$ und der Vektor $\underline{u} = (u_k)_{k\in I}$ gegeben. Dann gilt für beliebiges $\alpha \in \mathbb{R}$*

$$\|A\underline{u}\|_2^2 \leq \left[\sup_{\ell\in I} \sum_{k\in I} |A[\ell,k]| \, 2^{\alpha(k-\ell)}\right] \left[\sup_{k\in I} \sum_{\ell\in I} |A[\ell,k]| \, 2^{\alpha(\ell-k)}\right] \|\underline{u}\|_2^2.$$

Beweis: Sei $\underline{v} = A\underline{u}$. Für ein beliebiges $\ell \in I$ ist dann

$$\begin{aligned} |v_\ell| &= \left|\sum_{k\in I} A[\ell,k] u_k\right| \leq \sum_{k\in I} |A[\ell,k]| \cdot |u_k| \\ &= \sum_{k\in I} \sqrt{|A[\ell,k]|} \, 2^{\alpha(k-\ell)/2} \sqrt{|A[\ell,k]|} \, 2^{\alpha(\ell-k)/2} \, |u_k|. \end{aligned}$$

Mit der Cauchy–Schwarz–Ungleichung folgt

$$|v_\ell|^2 \leq \left[\sum_{k\in I} |A[\ell,k]| \, 2^{\alpha(k-\ell)}\right] \left[\sum_{k\in I} |A[\ell,k]| \, 2^{\alpha(\ell-k)} \, u_k^2\right].$$

Daraus ergibt sich

$$\begin{aligned} \sum_{\ell\in I} |v_\ell|^2 &\leq \sum_{\ell\in I} \left[\sum_{k\in I} |A[\ell,k]| \, 2^{\alpha(k-\ell)}\right] \left[\sum_{k\in I} |A[\ell,k]| \, 2^{\alpha(\ell-k)} \, u_k^2\right] \\ &\leq \sup_{\ell\in I} \left[\sum_{k\in I} |A[\ell,k]| \, 2^{\alpha(k-\ell)}\right] \sum_{\ell\in I} \left[\sum_{k\in I} |A[\ell,k]| \, 2^{\alpha(\ell-k)} \, u_k^2\right] \\ &= \sup_{\ell\in I} \left[\sum_{k\in I} |A[\ell,k]| \, 2^{\alpha(k-\ell)}\right] \sum_{k\in I} \left[\sum_{\ell\in I} |A[\ell,k]| \, 2^{\alpha(\ell-k)}\right] u_k^2 \\ &\leq \sup_{\ell\in I} \left[\sum_{k\in I} |A[\ell,k]| \, 2^{\alpha(k-\ell)}\right] \sup_{k\in I} \left[\sum_{\ell\in I} |A[\ell,k]| \, 2^{\alpha(\ell-k)}\right] \sum_{k\in I} u_k^2. \end{aligned}$$

Damit ist das Lemma bewiesen. ∎

Als Folgerung von Lemma 13.9 ergibt sich sofort die Abschätzung

$$\|A\|_2 \leq \left[\sup_{\ell\in I}\sum_{k\in I}|A[\ell,k]|\,2^{\alpha(k-\ell)}\right]^{1/2}\left[\sup_{k\in I}\sum_{\ell\in I}|A[\ell,k]|\,2^{\alpha(\ell-k)}\right]^{1/2} \tag{13.17}$$

für beliebiges $\alpha \in \mathbb{R}$. Insbesondere folgt für eine symmetrische Matrix A und $\alpha = 0$ die Abschätzung

$$\|A\|_2 \leq \sup_{\ell\in I}\sum_{k\in I}|A[\ell,k]|\,. \tag{13.18}$$

Für die untere Abschätzung in Lemma 13.8 wird eine verschärfte Cauchy–Schwarz–Ungleichung benötigt.

Lemma 13.10 (Verschärfte Cauchy–Schwarz–Ungleichung) *Sei die Voraussetzung* (13.12) *erfüllt. Dann existiert ein $q < 1$, so daß*

$$\begin{aligned}&\left|\langle(Q_i - Q_{i-1})v, (Q_j - Q_{j-1})v\rangle_{H^1(\Omega)}\right| \\ &\qquad\leq c\, q^{|i-j|}\, \|(Q_i - Q_{i-1})v\|_{H^1(\Omega)} \|(Q_j - Q_{j-1})v\|_{H^1(\Omega)}\end{aligned}$$

für alle $v \in H^1(\Omega)$ gilt.

Beweis: Ohne Einschränkung der Allgemeinheit sei $j < i$. Wegen $v_j \in V_j$ gilt für die H^1–Projektion $Q_j^1 v_j = v_j \in V_j$ und somit

$$\begin{aligned}\langle(Q_i - Q_{i-1})v, (Q_j - Q_{j-1})v\rangle_{H^1(\Omega)} &= \langle(Q_i - Q_{i-1})v, Q_j^1(Q_j - Q_{j-1})v\rangle_{H^1(\Omega)} \\ &= \langle Q_j^1(Q_i - Q_{i-1})v, (Q_j - Q_{j-1})v\rangle_{H^1(\Omega)} \\ &\leq \|Q_j^1(Q_i - Q_{i-1})v\|_{H^1(\Omega)} \|(Q_j - Q_{j-1})v\|_{H^1(\Omega)}.\end{aligned}$$

Die durch (9.29) erklärte H^1–Projektion Q_j^1 ist wegen $V_j = S^1_{h_j}(\Omega) \subset H^{1+\sigma}(\Omega)$ auch für $u \in H^{1-\sigma}(\Omega)$ und $\sigma \in (0, \frac{1}{2})$ wohldefiniert. In Abhängigkeit des Gebietes Ω existiert nach Lemma 9.8 ein $s \in (0, \sigma]$, so daß $Q_j^1 : H^{1-s}(\Omega) \to V_j \subset H^{1-s}(\Omega)$ beschränkt ist. Mit der inversen Ungleichung in V_j und der Fehlerabschätzung (9.37) für die L_2–Projektion Q_j folgt dann

$$\begin{aligned}\|Q_j^1(Q_i - Q_{i-1})v\|_{H^1(\Omega)} &\leq c_I\, h_j^{-s}\, \|(Q_i - Q_{i-1})v\|_{H^{1-s}(\Omega)} \\ &= c_I\, h_j^{-s}\, \|(Q_i - Q_{i-1})(Q_i - Q_{i-1})v\|_{H^{1-s}(\Omega)} \\ &\leq c_I\, h_j^{-s} \left[\|(Q_i - I)(Q_i - Q_{i-1})v\|_{H^{1-s}(\Omega)} + \|(I - Q_{i-1})(Q_i - Q_{i-1})v\|_{H^{1-s}(\Omega)}\right] \\ &\leq c\, h_j^{-s} \left[h_i^s + h_{i-1}^s\right] \|(Q_i - Q_{i-1})v\|_{H^1(\Omega)} \\ &\leq \tilde{c}\, 2^{s(j-i)}\, \|(Q_i - Q_{i-1})v\|_{H^1(\Omega)}.\end{aligned}$$

Mit $q := 2^{-s}$ ergibt sich die Behauptung. ∎

Beweis von Lemma 13.8: Sei $Q_j^1 : H^1(\Omega) \to S_{h_j}^1(\Omega) \subset H^1(\Omega)$ die durch das Variationsproblem (9.29) definierte H^1–Projektion, d.h. für gegebenes $u \in H^1(\Omega)$ ist $Q_j^1 u \in V_j$ die eindeutige Lösung von

$$\langle Q_j^1 u, v_j \rangle_{H^1(\Omega)} = \langle u, v_j \rangle_{H^1(\Omega)} \quad \text{für alle } v_j \in V_j.$$

In Abhängigkeit des Gebietes Ω existiert nach Lemma 9.8 ein $s \in (0,1]$, so daß die Fehlerabschätzung

$$\|(I - Q_h^1)u\|_{H^{1-s}(\Omega)} \le c\, h^s \, \|u\|_{H^1(\Omega)}$$

gilt. Analog zu Lemma 13.6 ist weiterhin

$$(Q_j^1 - Q_{j-1}^1)(Q_j^1 - Q_{j-1}^1) = Q_j^1 - Q_{j-1}^1 .$$

Für $v \in H^1(\Omega)$ gilt dann die Darstellung

$$v = \sum_{i=0}^{\infty} (Q_i^1 - Q_{i-1}^1) v = \sum_{i=0}^{\infty} v_i \quad \text{mit } v_i := (Q_i^1 - Q_{i-1}^1) v.$$

Für $i < k$ ist $v_i = (Q_i^1 - Q_{i-1}^1) v \in V_{i-1} \subset V_{k-1}$, woraus $(Q_k - Q_{k-1}) v_i = 0$ folgt. Dann ergibt sich durch Vertauschen der Summationsreihenfolge

$$\begin{aligned}
\sum_{k=0}^{\infty} \|(Q_k - Q_{k-1})v\|_{H^1(\Omega)}^2 &= \sum_{k=0}^{\infty} \sum_{i,j=0}^{\infty} \langle (Q_k - Q_{k-1})v_i, (Q_k - Q_{k-1})v_j \rangle_{H^1(\Omega)} \\
&= \sum_{i,j=0}^{\infty} \sum_{k=0}^{\min\{i,j\}} \langle (Q_k - Q_{k-1})v_i, (Q_k - Q_{k-1})v_j \rangle_{H^1(\Omega)} \\
&\le \sum_{i,j=0}^{\infty} \sum_{k=0}^{\min\{i,j\}} \|(Q_k - Q_{k-1})v_i\|_{H^1(\Omega)} \|(Q_k - Q_{k-1})v_j\|_{H^1(\Omega)}.
\end{aligned}$$

Mit der globalen inversen Ungleichung (13.15), der Stabilität der L_2–Projektion (vgl. Bemerkung 9.2) und einem Interpolationsargument sowie mit der Voraussetzung (13.12) folgt mit dem oben fixierten $s \in (0,1]$

$$\|(Q_k - Q_{k-1})v_i\|_{H^1(\Omega)} \le c\, h_k^{-s} \, \|(Q_k - Q_{k-1})v_i\|_{H^{1-s}(\Omega)} \le c\, h_k^{-s} \, \|v_i\|_{H^{1-s}(\Omega)}.$$

Weiterhin ist

$$\begin{aligned}
\|v_i\|_{H^{1-s}(\Omega)} &= \|(Q_i^1 - Q_{i-1}^1)v\|_{H^{1-s}(\Omega)} \\
&= \|(Q_i^1 - Q_{i-1}^1)(Q_i^1 - Q_{i-1}^1)v\|_{H^{1-s}(\Omega)} \\
&\le \|(Q_i^1 - I)v_i\|_{H^{1-s}(\Omega)} + \|(I - Q_{i-1}^1)v_i\|_{H^{1-s}(\Omega)} \\
&\le c\, h_i^s \, \|v_i\|_{H^1(\Omega)}.
\end{aligned}$$

Insgesamt gilt also

$$\sum_{k=0}^{\infty} \|(Q_k - Q_{k-1})v\|^2_{H^1(\Omega)} \leq c \sum_{i,j=0}^{\infty} \sum_{k=0}^{\min\{i,j\}} h_k^{-2s}\, h_i^s\, h_j^s\, \|v_i\|_{H^1(\Omega)} \|v_j\|_{H^1(\Omega)}.$$

Mit Voraussetzung (13.12) folgt

$$h_k^{-2s} \leq c \left(2^{-k}\right)^{-2s} = c \left(2^{\min\{i,j\}-k}\right)^{-2s} 2^{2s\min\{i,j\}}.$$

Für das oben fixierte $s \in (0,1]$ ist

$$\sum_{k=0}^{\min\{i,j\}} h_k^{-2s} \leq c\, 2^{2s\min\{i,j\}} \sum_{k=0}^{\min\{i,j\}} \left(2^{-2s}\right)^{\min\{i,j\}-k} \leq \tilde{c}\, 2^{2s\min\{i,j\}}.$$

Mit der Voraussetzung (13.12) ergibt sich dann

$$\begin{aligned}
\sum_{k=0}^{\infty} \|(Q_k - Q_{k-1})v\|^2_{H^1(\Omega)} &\leq c \sum_{i,j=0}^{\infty} 2^{2s\min\{i,j\}}\, 2^{-s(i+j)}\, \|v_i\|_{H^1(\Omega)} \|v_j\|_{H^1(\Omega)} \\
&= c \sum_{i,j=0}^{\infty} 2^{-s|i-j|}\, \|v_i\|_{H^1(\Omega)} \|v_j\|_{H^1(\Omega)}
\end{aligned}$$

Wird eine symmetrische Matrix A mit den Einträgen $A[j,i] = 2^{-s|i-j|}$ definiert, so folgt

$$\sum_{k=0}^{\infty} \|(Q_k - Q_{k-1})v\|^2_{H^1(\Omega)} \leq c\, \|A\|_2 \sum_{i=0}^{\infty} \|v_i\|^2_{H^1(\Omega)}$$

Mit der Abschätzung (13.18) (Lemma von Schur) ergibt sich

$$\|A\|_2 \leq \sup_{j \in \mathbb{N}_0} \sum_{i=0}^{\infty} 2^{-s|i-j|}.$$

Für $q := 2^{-s} < 1$ und beliebiges $j \in \mathbb{N}_0$ ist diese Norm beschränkt durch

$$\sum_{i=0}^{\infty} q^{|i-j|} = \sum_{i=0}^{j-1} q^{j-i} + \sum_{i=j}^{\infty} q^{i-j} = \sum_{i=1}^{j} q^i + \sum_{i=0}^{\infty} q^i \leq 2 \sum_{i=0}^{\infty} q^i = \frac{2}{1-q},$$

und deshalb folgt

$$\sum_{k=0}^{\infty} \|(Q_k - Q_{k-1})v\|^2_{H^1(\Omega)} \leq \bar{c} \sum_{i=0}^{\infty} \|v_i\|^2_{H^1(\Omega)}.$$

Schließlich ist

$$\begin{aligned}
\sum_{i=0}^{\infty} \|v_i\|^2_{H^1(\Omega)} &= \sum_{i=0}^{\infty} \langle (Q_i^1 - Q_{i-1}^1)v, (Q_i^1 - Q_{i-1}^1)v \rangle_{H^1(\Omega)} \\
&= \sum_{i=0}^{\infty} \langle (Q_i^1 - Q_{i-1}^1)(Q_i^1 - Q_{i-1}^1)v, v \rangle_{H^1(\Omega)} \\
&= \sum_{i=0}^{\infty} \langle (Q_i^1 - Q_{i-1}^1)v, v \rangle_{H^1(\Omega)} = \langle v, v \rangle_{H^1(\Omega)} = \|v\|^2_{H^1(\Omega)}.
\end{aligned}$$

Damit ist die Abschätzung nach oben gezeigt.

Für die Abschätzung nach unten folgt mit der verschärften Cauchy–Schwarz–Ungleichung (Lemma 13.10) für ein $q < 1$

$$\begin{aligned} \|v\|^2_{H^1(\Omega)} &= \sum_{i,j=0}^{\infty} \langle (Q_i - Q_{i-1})v, (Q_j - Q_{j-1})v \rangle_{H^1(\Omega)} \\ &\leq \sum_{i,j=0}^{\infty} q^{|i-j|} \, \|(Q_i - Q_{i-1})v\|_{H^1(\Omega)} \|(Q_j - Q_{j-1})v\|_{H^1(\Omega)}, \end{aligned}$$

und die Behauptung ergibt sich wie oben durch Anwendung von Lemma 13.9. ∎

Bemerkung 13.1 *Wird für $s \in [0, \frac{3}{2})$ der allgemeine Multilevel–Operator*

$$B^s := \sum_{k=0}^{\infty} h_k^{-2s}(Q_k - Q_{k-1})$$

definiert, so folgen wie im Spezialfall $s = 1$ die Spektraläquivalenzungleichungen

$$c_1 \, \|v\|^2_{H^s(\Omega)} \leq \langle B^s v, v \rangle_{L_2(\Omega)} \leq c_2 \, \|v\|^2_{H^s(\Omega)} \quad \textit{für alle } v \in H^s(\Omega).$$

Die folgenden Betrachtungen für den Spezialfall $s = 1$ können direkt auf den allgemeinen Fall $s \in [0, \frac{3}{2})$ übertragen werden.

Nach Satz 13.3 ist der Operator $B^1 : H^1(\Omega) \to \widetilde{H}^{-1}(\Omega)$ beschränkt und $H^1(\Omega)$–elliptisch. Der inverse Operator $(B^1)^{-1} : \widetilde{H}^{-1}(\Omega) \to H^1(\Omega)$ ist dann beschränkt und $\widetilde{H}^{-1}(\Omega)$–elliptisch, d.h. er erfüllt die geforderten Spektraläquivalenzungleichungen (13.13). Der inverse Operator $(B^1)^{-1}$ genügt wiederum einer Multilevel–Darstellung.

Lemma 13.11 *Für den inversen Operator $(B^1)^{-1}$ gilt die Darstellung*

$$B^{-1} := (B^1)^{-1} = \sum_{k=0}^{\infty} h_k^2(Q_k - Q_{k-1}).$$

Beweis: Die Behauptung ergibt sich sofort aus

$$B^{-1}B^1 = \sum_{k=0}^{\infty}\sum_{j=0}^{\infty} h_k^{-2}h_j^2(Q_k - Q_{k-1})(Q_j - Q_{j-1}) = \sum_{k=0}^{\infty}(Q_k - Q_{k-1}) = I.$$

∎

Bemerkung 13.2 *Werden die L_2–Projektionsoperatoren $Q_j : L_2(\Omega) \to S^0_{h_j}(\Omega)$ auf den Raum der stückweise konstanten Basisfunktionen $\varphi_k^{0,j}$ definiert, so gelten für den zugehörigen Multilevel–Operator B^s entsprechend die Spektraläquivalenzungleichungen*

$$c_1 \, \|v\|^2_{H^s(\Omega)} \leq \langle B^s v, v \rangle_{L_2(\Omega)} \leq c_2 \, \|v\|^2_{H^s(\Omega)} \quad \textit{für alle } v \in H^s(\Omega)$$

und $s \in (-\frac{1}{2}, \frac{1}{2})$.

Mit Folgerung 13.3 ergibt sich nun die Spektraläquivalenz der Steifigkeitsmatrix A_{h_L} mit der diskreten Vorkonditionierungsmatrix

$$\widetilde{C}_A = \bar{M}_{h_L} B_{h_L}^{-1} \bar{M}_{h_L}$$

mit

$$B_{h_L} = \langle B^{-1}\varphi_k^L, \varphi_\ell^L \rangle_{L_2(\Omega)}, \quad \bar{M}_{h_L}[\ell,k] = \langle \varphi_k^L, \varphi_\ell^L \rangle_{L_2(\Omega)}$$

für alle $\varphi_k^L, \varphi_\ell^L \in V_L = S_{h_L}^1(\Omega)$.

Zu untersuchen bleibt die Anwendung $\underline{v} = \widetilde{C}_A^{-1}\underline{r}$ innerhalb des vorkonditionierten Verfahrens der konjugierten Gradienten, siehe Algorithmus 13.3. Zu berechnen ist der Vektor

$$\underline{v} := \widetilde{C}_A^{-1}\underline{r} = M_{h_L}^{-1} B_{h_L} M_{h_L}^{-1}\underline{r},$$

bzw. schrittweise

$$\underline{u} := M_{h_L}^{-1}\underline{r}, \quad \underline{w} := B_{h_L}\underline{u}, \quad \underline{v} := M_{h_L}^{-1}\underline{w}.$$

Mit dem Isomorphismus $\underline{u} \in \mathbb{R}^{M_L} \leftrightarrow u_{h_L} \in V_L$ ergibt sich für die Komponenten von $\underline{w} = B_{h_L}\underline{u}$:

$$w_\ell := \sum_{k=1}^{M_L} B_{h_L}[\ell,k] u_k = \sum_{k=1}^{M_L} \langle B^{-1}\varphi_k^L, \varphi_\ell^L \rangle_{L_2(\Omega)} u_k = \langle B^{-1}u_{h_L}, \varphi_\ell^L \rangle_{L_2(\Omega)}.$$

Dies erfordert für $u_{h_L} \in V_L$ die Auswertung von

$$z_{h_L} := B^{-1}u_{h_L} = \sum_{k=0}^{\infty} h_k^2 (Q_k - Q_{k-1}) u_{h_L} = \sum_{k=0}^{L} h_k^2 (Q_k - Q_{k-1}) u_{h_L} \in V_L.$$

Wegen $Q_k u_{h_L} = u_{h_L}$ für $k \geq L$ ist somit nur eine endliche Summe auszuwerten. Für die Komponenten von $\underline{w} = B_{h_L}\underline{u}$ ergibt sich dann

$$w_\ell = \langle B^{-1}u_{h_L}, \varphi_\ell^L \rangle_{L_2(\Omega)} = \langle z_{h_L}, \varphi_\ell^L \rangle_{L_2(\Omega)} = \sum_{k=1}^{M_L} z_k \langle \varphi_k^L, \varphi_\ell^L \rangle_{L_2(\Omega)}.$$

Dies ist gleichbedeutend mit

$$\underline{w} = M_{h_L}\underline{z},$$

woraus für die Berechnung des vorkonditionierten Residuums die zweite Invertierung der Massematrix M_{h_L} entfällt,

$$\underline{v} = M_{h_L}^{-1}\underline{w} = M_{h_L}^{-1} M_{h_L}\underline{z} = \underline{z}.$$

Zu berechnen bleiben die Zerlegungskoeffizienten von $\underline{z} \in I\!R^{M_L} \leftrightarrow z_{h_L} \in V_L$. Dafür ergibt sich die Darstellung

$$\begin{aligned} z_{h_L} &= \sum_{k=0}^{L} h_k^2 (Q_k - Q_{k-1}) u_{h_L} \\ &= h_L^2 Q_L u_{h_L} + \sum_{k=0}^{L-1} (h_k^2 - h_{k+1}^2) Q_k u_{h_L} \\ &= h_L^2 \bar{u}_{h_L} + \sum_{k=0}^{L-1} (h_k^2 - h_{k+1}^2) \bar{u}_{h_k} \end{aligned}$$

mit der L_2–Projektion von u_{h_L} im Ansatzraum V_k,

$$\bar{u}_{h_k} = Q_k u_{h_L} = \sum_{\ell=1}^{M_k} \bar{u}_\ell^k \varphi_\ell^k \in V_k$$

für $k = 0, 1, \ldots, L$. Wegen

$$c\, h_k^2 \leq h_k^2 - h_{k+1}^2 \leq h_k^2$$

definiert

$$\bar{z}_{h_L} := \sum_{k=0}^{L} h_k^2 \bar{u}_{h_k}$$

eine zu $\widetilde{C}_A^{-1}$ spektraläquivalente Vorkonditionierung. Die Auswertung von $\bar{z}_{h_L}$ erfolgt rekursiv. Ausgehend von $\bar{z}_{h_0} = h_0^2 \bar{u}_{h_0} \in V_0$ ist

$$\bar{z}_{h_k} := \bar{z}_{h_{k-1}} + h_k^2 \bar{u}_{h_k} = \sum_{\ell=1}^{M_{k-1}} \bar{z}_\ell^{k-1} \varphi_\ell^{k-1} + \sum_{\ell=1}^{M_k} h_k^2 \bar{u}_\ell^k \varphi_\ell^k.$$

Aufgrund der Inklusion $V_{k-1} \subset V_k$ kann jede Basisfunktion $\varphi_\ell^{k-1} \in V_{k-1}$ mittels einer Linearkombination von Basisfuinktionen $\varphi_j^k \in V_k$ dargestellt werden,

$$\varphi_\ell^{k-1} = \sum_{j=1}^{M_k} r_{\ell,j}^k \varphi_j^k \quad \text{für alle } \ell = 1, \ldots, M_{k-1}.$$

Somit ist

$$\sum_{\ell=1}^{M_{k-1}} \bar{z}_\ell^{k-1} \varphi_\ell^{k-1} = \sum_{\ell=1}^{M_{k-1}} \bar{z}_\ell^{k-1} \sum_{j=1}^{M_k} r_{\ell,j}^k \varphi_j^k = \sum_{j=1}^{M_k} \sum_{\ell=1}^{M_{k-1}} \bar{z}_\ell^{k-1} r_{\ell,j}^k \varphi_j^k.$$

Mit der Matrix

$$R_{k-1,k}[j,\ell] = r_{\ell,j}^k \quad \text{für } j = 1, \ldots, M_k, \ell = 1, \ldots, M_{k-1}$$

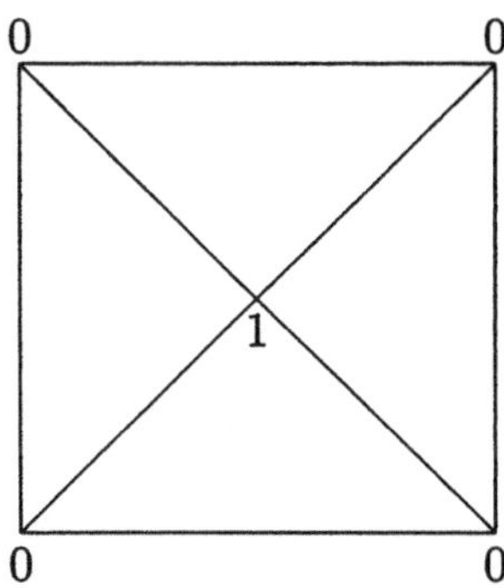

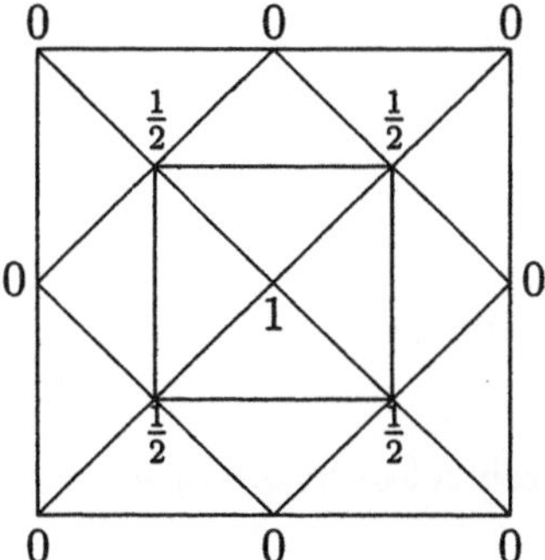

Abbildung 13.1: Basisfunktion φ_ℓ^{k-1} und Koeffizienten $r_{\ell,j}^k$ $(d=2)$.

ergibt sich dann für den zugehörigen Koeffizientenvektor

$$\underline{\bar{z}}^k := R_{k-1,k}\underline{\bar{z}}^{k-1} + h_k^2 \underline{\bar{u}}^k.$$

Bei einer gleichmäßigen Verfeinerungsstrategie ergeben sich die Koeffizienten $r_{\ell,j}^k$ durch Interpolation der Basisfunktion $\varphi_\ell^{k-1} \in V_{k-1}$ auf die Knoten x_j der Unterteilung $\mathcal{T}_{N_k}$, siehe Abbildung 13.1.

Mit den Matrizen

$$R_k := R_{L-1,L}\dots R_{k,k+1} \quad \text{für } k = 0,\dots,L-1, \quad R_L := I$$

folgt durch vollständige Induktion

$$\underline{\bar{z}}^L = \sum_{k=0}^L h_k^2 R_k \underline{\bar{u}}^k .$$

Zu berechnen bleiben die L_2–Projektionen $\bar{u}_{h_k} = Q_k u_{h_L}$ als eindeutig bestimmte Lösung des Variationsproblems

$$\langle \bar{u}_h^k, \varphi_\ell^k \rangle_{L_2(\Omega)} = \langle u_{h_L}, \varphi_\ell^k \rangle_{L_2(\Omega)} \quad \text{für alle } \varphi_\ell^k \in V_k.$$

Dies ist äquivalent zu dem linearen Gleichungssystem

$$M_{h_k}\underline{\bar{u}}^k = \underline{f}^k$$

mit

$$M_{h_k}[\ell,j] = \langle \varphi_j^k, \varphi_\ell^k \rangle_{L_2(\Omega)}, \quad f_\ell^k = \langle u_{h_L}, \varphi_\ell^k \rangle_{L_2(\Omega)}.$$

Speziell für $k = L$ ist

$$\underline{f}^L = M_{h_L}\underline{u} = M_{h_L} M_{h_L}^{-1} \underline{r} = \underline{r}$$

und somit

$$\underline{\bar{u}}^L = M_{h_L}^{-1} \underline{r}.$$

Wegen

$$f_\ell^{k-1} = \langle u_{h_L}, \varphi_\ell^{k-1}\rangle_{L_2(\Omega)} = \sum_{j=1}^{M_k} r_{\ell,j}^k \langle u_{h_L}, \varphi_j^k\rangle_{L_2(\Omega)} = \sum_{j=1}^{M} r_{\ell,j}^k f_j^k$$

gilt die Darstellung

$$\underline{f}^{k-1} = R_{k-1,k}^\top \underline{f}^k = R_{k-1}^\top \underline{r}.$$

Damit ist durch rekursives Einsetzen

$$\underline{\bar{u}}^k = M_{h_k}^{-1} R_k^\top \underline{r},$$

und für die Anwendung der Vorkonditionierung folgt

$$\underline{v} = \sum_{k=0}^{L} h_k^2 R_k M_{h_k}^{-1} R_k^\top \underline{r}\,.$$

Berücksichtigt man nun die Spektraläquivalenz der Massematrizen M_{h_k} zu den Diagonalmatrizen $h_k^d I$, siehe Lemma 9.5, so folgt schließlich für die Multilevel–Vorkonditionierung

$$\underline{v} = \sum_{k=0}^{L} h_k^{2-d} R_k R_k^\top \underline{r}. \tag{13.19}$$

Die Realisierung der Multilevel–Vorkonditionierung (13.19) besteht somit einer Restriktion des auf dem feinsten Level L gegebenen Residuenvektors $\underline{r}$ und einer gewichteten Addition der prolongierten Grobgittervektoren. Damit ist die Vorkonditionierung mit einem Aufwand von $\mathcal{O}(M)$ Operationen realisierbar.

		$C_A = I$			$C_A = \bar{M}_{h_L} B_{h_L}^{-1} \bar{M}_{h_L}$		
L	M	$\lambda_{\min}$	$\lambda_{\max}$	$\kappa(C_A^{-1}A_h)$	$\lambda_{\min}$	$\lambda_{\max}$	$\kappa(C_A^{-1}A_h)$
1	13	2.88 –1	6.65	23.13	16.34	130.33	7.98
2	41	8.79 –2	7.54	85.71	16.69	160.04	9.59
3	145	2.42 –2	7.87	324.90	16.32	179.78	11.02
4	545	6.34 –3	7.96	1255.75	15.47	193.36	12.50
5	2113	1.62 –3	7.99	4925.47	15.48	202.94	13.11
6	8321	4.10 –4	8.00	19496.15	15.58	209.85	13.47
7	33025			≈80000	15.76	214.87	13.63
8	131585			≈320000	15.87	218.78	13.79
9	525313			≈1280000	15.96	221.65	13.89
Theorie:				$\mathcal{O}(h^{-2})$			$\mathcal{O}(1)$

Tabelle 13.3: Extremale Eigenwerte und spektrale Konditionszahl (FEM).

In Tabelle 13.3 sind die extremalen Eigenwerte und die resultierende spektrale Konditionszahl für die vorkonditionierte Steifigkeitsmatrix $C_A^{-1}[\underline{a}\,\underline{a}^\top + A_{h_L}]$ angegeben. Diese Vorkonditionierung wird zur Auflösung des linearen Gleichungssystems (11.22) benötigt, wie dies im nächsten Abschnitt betrachtet werden wird. Die Ergebnisse für das nicht vorkonditionierte System ($C_A = I$) entsprechen der Aussage von Lemma 11.2, während die Beschränktheit der spektralen Konditionszahl des vorkonditionierten Systems die theoretischen Aussagen dieses Abschnitts bestätigen.

13.3 Lösungsverfahren für Sattelpunktprobleme

Die Randelementdiskretisierung der symmetrischen Formulierung von Randintegralgleichungen zur Lösung gemischter Randwertprobleme, sowie die Diskretisierung von Sattelpunktproblemen mit finiten Elementen, führt auf lineare Gleichungssysteme der Gestalt

$$\begin{pmatrix} A & -B \\ B^\top & D \end{pmatrix} \begin{pmatrix} \underline{u}_1 \\ \underline{u}_2 \end{pmatrix} = \begin{pmatrix} \underline{f}_1 \\ \underline{f}_2 \end{pmatrix} \tag{13.20}$$

mit einer symmetrischen und positiv definiten Matrix $A \in \mathbb{R}^{M_1 \times M_1}$, sowie einer symmetrischen und positiv semidefiniten Matrix $D \in \mathbb{R}^{M_2 \times M_2}$. Entsprechend ist $B \in \mathbb{R}^{M_1 \times M_2}$. Da die Matrix A als positiv definit vorausgesetzt wird, kann die erste Gleichung in (13.20) nach $\underline{u}_1$ aufgelöst werden,

$$\underline{u}_1 = A^{-1}B\underline{u}_2 + A^{-1}\underline{f}_1 .$$

Einsetzen in die zweite Gleichung von (13.20) ergibt das **Schur–Komplement–System**

$$\left[D + B^\top A^{-1} B\right] \underline{u}_2 = \underline{f}_2 - B^\top A^{-1} \underline{f}_1 \tag{13.21}$$

mit dem **Schur–Komplement**

$$S = D + B^\top A^{-1} B \in \mathbb{R}^{M_2 \times M_2} . \tag{13.22}$$

Aus den Symmetrie–Eigenschaften der Matrizen A, B und D folgt die Symmetrie von S, während die positive Definitheit von S an dieser Stelle vorausgesetzt wird.

Für die symmetrischen und positiv definiten Matrizen A und $S = D + B^\top A^{-1} B$ seien zwei positiv definite und symmetrische Vorkonditionierungsmatrizen C_A und C_S gegeben, so daß die Spektraläquivalenzungleichungen

$$c_1^A\,(C_A \underline{x}_1, \underline{x}_1) \le (A\underline{x}_1, \underline{x}_1) \le c_2^A\,(C_A \underline{x}_1, \underline{x}_1) \tag{13.23}$$

für alle $\underline{x}_1 \in \mathbb{R}^{M_1}$ sowie

$$c_1^S\,(C_S \underline{x}_2, \underline{x}_2) \le (S\underline{x}_2, \underline{x}_2) \le c_2^S\,(C_S \underline{x}_2, \underline{x}_2) \tag{13.24}$$

für alle $\underline{x}_2 \in I\!R^{M_2}$ erfüllt sind. Zur Lösung des Schur–Komplement–Systems (13.21) kann also das mit C_S vorkonditionierte konjugierte Gradientenverfahren (Algorithmus 13.3) verwendet werden.
Dabei lautet die Matrix–Vektor–Multiplikation $\underline{s}^k = S\underline{p}^k$ für das Schur–Komplement (13.22)

$$\underline{s}^k := D\underline{p}^k + B^\top A^{-1} B\underline{p}^k = D\underline{p}^k + B^\top \underline{w}^k,$$

wobei $\underline{w}^k$ die eindeutige Lösung des linearen Gleichungssystems

$$A\underline{w}^k = B\underline{p}^k$$

ist. Dieses kann entweder mittels eines direkten Verfahrens wie zum Beispiel der Cholesky–Zerlegung oder wiederum mittels des mit C_A vorkonditionierten konjugierten Gradientenverfahrens (Algorithmus 13.3) gelöst werden. Je nach Anwendung kann sich dieses Vorgehen als unvorteilhaft herausstellen, so daß eine iterative Lösung des Ausgangssystems (13.20) zu bevorzugen ist. Mögliche Iterationsverfahren für das nichtsymmetrische Gleichungssystem (13.20) sind das Verfahren des verallgemeinerten minimalen Residuums (GMRES, [71]) oder das stabilisierte Verfahren biorthogonaler Richtungen (BiCGStab, [88]).

Hier soll nun nach [14] eine Transformation des block–schiefsymmetrischen und positiv definiten linearen Gleichungssystems (13.20) betrachtet werden, welche auf ein symmetrisches und positiv definites lineares Gleichungssystem führt, für dessen Lösung dann das vorkonditionierte konjugierte Gradientenverfahren verwendet werden kann.

Für die Vorkonditionierungsmatrix C_A wird dabei vorausgesetzt, daß die Spektraläquivalenzungleichungen (13.23) mit

$$c_1^A > 1 \tag{13.25}$$

erfüllt sind. Dies kann durch eine geeignete Skalierung stets erreicht werden, wobei für eine gegebene Vorkonditionierungsmatrix C_A der minimale Eigenwert des vorkonditionierten Systems $C_A^{-1}A$ zu bestimmen ist. Mit der Voraussetzung (13.25) ist die Matrix $A - C_A$ wegen

$$((A - C_A)\underline{x}_1, \underline{x}_1) \geq (c_1^A - 1)\,(C_A\underline{x}_1, \underline{x}_1) \quad \text{für alle } \underline{x}_1 \in I\!R^{M_1}$$

positiv definit und damit invertierbar. Dann ist auch

$$AC_A^{-1} - I = (A - C_A)C_A^{-1}$$

invertierbar, und

$$T = \begin{pmatrix} AC_A^{-1} - I & 0 \\ -B^\top C_A^{-1} & I \end{pmatrix}$$

erklärt eine invertierbare Matrix. Die Multiplikation des linearen Gleichungssystems (13.20) mit der Matrix T führt nun auf das transformierte lineare System

$$\begin{pmatrix} AC_A^{-1} - I & 0 \\ -B^\top C_A^{-1} & I \end{pmatrix} \begin{pmatrix} A & -B \\ B^\top & D \end{pmatrix} \begin{pmatrix} \underline{u}_1 \\ \underline{u}_2 \end{pmatrix} = \begin{pmatrix} AC_A^{-1} - I & 0 \\ -B^\top C_A^{-1} & I \end{pmatrix} \begin{pmatrix} \underline{f}_1 \\ \underline{f}_2 \end{pmatrix} \tag{13.26}$$

mit der symmetrischen Systemmatrix

$$\begin{aligned} M &= \begin{pmatrix} AC_A^{-1} - I & 0 \\ -B^\top C_A^{-1} & I \end{pmatrix} \begin{pmatrix} A & -B \\ B^\top & D \end{pmatrix} \\ &= \begin{pmatrix} AC_A^{-1}A - A & (I - AC_A^{-1})B \\ B^\top(I - C_A^{-1}A) & D + B^\top C_A^{-1} B \end{pmatrix}. \end{aligned} \tag{13.27}$$

Aus der Spektraläquivalenz der transformierten Systemmatrix M mit der Vorkonditionierungsmatrix

$$C_M := \begin{pmatrix} A - C_A & 0 \\ 0 & C_S \end{pmatrix}$$

folgt dann die positive Definitheit von M. Damit kann zur Lösung des transformierten linearen Gleichungssystems (13.26) das mit C_M vorkonditionierte konjugierte Gradientenverfahren verwendet werden. Für den Nachweis der Spektraläquivalenz von C_M und M wird zunächst das folgende Resultat benötigt.

Lemma 13.12 *Für jede symmetrische und positiv definite Matrix $A \in \mathbb{R}^{M_1 \times M_1}$ und beliebiges $\gamma > 0$ gilt*

$$(A(\underline{x}_1 + \underline{z}_1), \underline{x}_1 + \underline{z}_1) \le (1+\gamma)\,(A\underline{x}_1, \underline{x}_1) + \left(1 + \frac{1}{\gamma}\right)(A\underline{z}_1, \underline{z}_1)$$

für alle $\underline{x}_1, \underline{z}_1 \in \mathbb{R}^{M_1}$.

Beweis: Die Behauptung folgt sofort aus

$$(A(\underline{x}_1 + \underline{z}_1), \underline{x}_1 + \underline{z}_1) = (A\underline{x}_1, \underline{x}_1) + (A\underline{z}_1, \underline{z}_1) + 2\,(A\underline{x}_1, \underline{z}_1)$$

und

$$\begin{aligned} 0 &\le \left(A(\sqrt{\gamma}\underline{x}_1 - \frac{1}{\sqrt{\gamma}}\underline{z}_1), \sqrt{\gamma}\underline{x}_1 - \frac{1}{\sqrt{\gamma}}\underline{z}_1\right) \\ &= \gamma\,(A\underline{x}_1, \underline{x}_1) + \frac{1}{\gamma}\,(A\underline{z}_1, \underline{z}_1) - 2\,(A\underline{x}_1, \underline{z}_1). \end{aligned}$$

■

Satz 13.4 (Bramble/Pasciak [14]) *Für die symmetrischen und positiv definiten Matrizen A und $S = D + B^\top A^{-1}B$ seien zwei spektraläquivalente Vorkonditionierungsmatrizen C_A und C_S gegeben, so daß die Spektraläquivalenzungleichungen (13.23) und (13.24) mit $c_1^A > 1$ erfüllt sind. Weiterhin sei D positiv semi–definit, d.h. es ist $(D\underline{x}_2, \underline{x}_2) \geq 0$ für alle $\underline{x}_2 \in \mathbb{R}^{M_2}$.*
Dann gelten die Spektraläquivalenzungleichungen

$$c_1^M \min\{1, c_1^S\}\,(C_M\underline{x}, \underline{x}) \;\leq\; (M\underline{x}, \underline{x}) \;\leq\; c_2^M \max\{1, c_2^S\}\,(C_M\underline{x}, \underline{x})$$

für alle $\underline{x} \in \mathbb{R}^{M_1+M_2}$ mit

$$\frac{1}{c_1^M} := 1 + \frac{\alpha}{2} + \sqrt{\frac{\alpha^2}{4} + \alpha}, \quad c_2^M := \frac{1+\sqrt{\alpha}}{1-\alpha}, \quad \alpha := 1 - \frac{1}{c_2^A}.$$

Beweis: Sei $\underline{x} = (\underline{x}_1^\top, \underline{x}_2^\top)^\top \in \mathbb{R}^{M_1+M_2}$ beliebig gegeben. Die Zerlegung

$$\underline{\widetilde{x}}_1 := A^{-1}B\underline{x}_2 \in \mathbb{R}^{M_1}, \quad \underline{x}_0 := \underline{x}_1 - \underline{\widetilde{x}}_1 \in \mathbb{R}^{M_1}$$

impliziert eine entsprechende Aufteilung der Bilinearform $(M\underline{x}, \underline{x})$,

$$(M\underline{x}, \underline{x}) = \left(M\begin{pmatrix}\underline{x}_0\\ \underline{0}\end{pmatrix}, \begin{pmatrix}\underline{x}_0\\ \underline{0}\end{pmatrix}\right) + 2\left(M\begin{pmatrix}\underline{x}_0\\ \underline{0}\end{pmatrix}, \begin{pmatrix}\underline{\widetilde{x}}_1\\ \underline{x}_2\end{pmatrix}\right) + \left(M\begin{pmatrix}\underline{\widetilde{x}}_1\\ \underline{x}_2\end{pmatrix}, \begin{pmatrix}\underline{\widetilde{x}}_1\\ \underline{x}_2\end{pmatrix}\right).$$

Für den ersten Summanden ergibt sich

$$\begin{aligned}\left(M\begin{pmatrix}\underline{x}_0\\ \underline{0}\end{pmatrix}, \begin{pmatrix}\underline{x}_0\\ \underline{0}\end{pmatrix}\right) &= ((AC_A^{-1}A - A)\underline{x}_0, \underline{x}_0)\\ &= ((A - C_A)\underline{x}_0, \underline{x}_0) + ((A - C_A)C_A^{-1}(A - C_A)\underline{x}_0, \underline{x}_0),\end{aligned}$$

während für den dritten Summanden

$$\begin{aligned}\left(M\begin{pmatrix}\underline{\widetilde{x}}_1\\ \underline{x}_2\end{pmatrix}, \begin{pmatrix}\underline{\widetilde{x}}_1\\ \underline{x}_2\end{pmatrix}\right) &= ((AC_A^{-1}A - A)\underline{\widetilde{x}}_1, \underline{\widetilde{x}}_1) + ((I - AC_A^{-1})B\underline{x}_2, \underline{\widetilde{x}}_1)\\ &\quad + (B^\top(I - C_A^{-1}A)\underline{\widetilde{x}}_1, \underline{x}_2) + ((D + B^\top C_A^{-1}B)\underline{x}_2, \underline{x}_2)\\ &= ((AC_A^{-1}A - A)A^{-1}B\underline{x}_2, A^{-1}B\underline{x}_2) + 2\,((I - AC_A^{-1})B\underline{x}_2, A^{-1}B\underline{x}_2)\\ &\quad + ((D + B^\top C_A^{-1}B)\underline{x}_2, \underline{x}_2)\\ &= (B^\top(C_A^{-1} - A^{-1})B\underline{x}_2, \underline{x}_2) + 2\,(B^\top(A^{-1} - C_A^{-1})B\underline{x}_2, \underline{x}_2)\\ &\quad + ((D + B^\top C_A^{-1}B)\underline{x}_2, \underline{x}_2)\\ &= ((D + B^\top A^{-1}B)\underline{x}_2, \underline{x}_2) \;=\; (S\underline{x}_2, \underline{x}_2)\end{aligned}$$

folgt. Wegen

$$\begin{aligned}\left(M\begin{pmatrix}\underline{x}_0\\ \underline{0}\end{pmatrix},\begin{pmatrix}\underline{\widetilde{x}}_1\\ \underline{x}_2\end{pmatrix}\right) &= \left(\begin{pmatrix}(AC_A^{-1}A-A)\underline{x}_0\\ B^\top(I-C_A^{-1}A)\underline{x}_0\end{pmatrix},\begin{pmatrix}\underline{\widetilde{x}}_1\\ \underline{x}_2\end{pmatrix}\right)\\ &= ((AC_A^{-1}A-A)\underline{x}_0,\underline{\widetilde{x}}_1) + (B^\top(I-C_A^{-1}A)\underline{x}_0,\underline{x}_2)\\ &= ((AC_A^{-1}A-A)\underline{x}_0,A^{-1}B\underline{x}_2) + (B^\top(I-C_A^{-1}A)\underline{x}_0,\underline{x}_2)\\ &= (B^\top(C_A^{-1}A-I)\underline{x}_0,\underline{x}_2) + (B^\top(I-C_A^{-1}A)\underline{x}_0,\underline{x}_2)\\ &= 0\end{aligned}$$

ergibt sich dann insgesamt

$$(M\underline{x},\underline{x}) = ((AC_A^{-1}A-A)\underline{x}_0,\underline{x}_0) + (S\underline{x}_2,\underline{x}_2).$$

Mit $\underline{x}_1 = \underline{x}_0 + \underline{\widetilde{x}}_1$ und beliebigem $\gamma \in I\!R_+$ erhält man aus Lemma 13.12

$$\begin{aligned}\min\{1,c_1^S\}\,(C_M\underline{x},\underline{x}) &\le ((A-C_A)\underline{x}_1,\underline{x}_1) + c_1^S\,(C_S\underline{x}_2,\underline{x}_2)\\ &\le ((A-C_A)(\underline{x}_0+\underline{\widetilde{x}}_1),\underline{x}_0+\underline{\widetilde{x}}_1) + (S\underline{x}_2,\underline{x}_2)\\ &\le (1+\gamma)\,((A-C_A)\underline{x}_0,\underline{x}_0)\\ &\qquad +(1+\gamma^{-1})\,((A-C_A)\underline{\widetilde{x}}_1,\underline{\widetilde{x}}_1) + (S\underline{x}_2,\underline{x}_2)\\ &\le (1+\gamma)\,((A-C_A)\underline{x}_0,\underline{x}_0) + \left[(1+\gamma^{-1})\,\alpha+1\right]\,(S\underline{x}_2,\underline{x}_2).\end{aligned}$$

Für die letzte Abschätzung wurde dabei

$$((A-C_A)\underline{\widetilde{x}}_1,\underline{\widetilde{x}}_1) \le \left(1-\frac{1}{c_2^A}\right)(A\underline{\widetilde{x}}_1,\underline{\widetilde{x}}_1) = \alpha\,(B^\top A^{-1}B\underline{x}_2,\underline{x}_2) \le \alpha\,(S\underline{x}_2,\underline{x}_2)$$

benutzt. Damit folgt für die Abschätzung nach unten

$$\min\{1,c_1^S\}\,(C_M\underline{x}\,\underline{x}) \le \frac{1}{c_1^M}\,[((A-C_A)\underline{x}_0,\underline{x}_0) + (S\underline{x}_2,\underline{x}_2)] \le \frac{1}{c_1^M}\,(M\underline{x},\underline{x}),$$

falls

$$\frac{1}{c_1^M} := 1+\widetilde{\gamma} = \left(1+\frac{1}{\widetilde{\gamma}}\right)\alpha+1$$

für ein $\widetilde{\gamma} > 0$ erfüllt ist. Explizites Auflösen ergibt

$$\widetilde{\gamma} := \frac{\alpha}{2} + \sqrt{\frac{\alpha^2}{4}+\alpha}$$

und somit die Darstellung für c_1^M.

Aus

$$(A\underline{z}_1, \underline{z}_1) \le c_2^A\,(C_A\underline{z}_1, \underline{z}_1) \quad \text{für alle } \underline{z}_1 \in I\!R^{M_1}$$

folgt

$$((A - C_A)\underline{z}_1, \underline{z}_1) \le (c_2^A - 1)\,(C_A\underline{z}_1, \underline{z}_1)$$

und somit

$$(C_A^{-1}\underline{z}_1, \underline{z}_1) \le (c_2^A - 1)\,((A - C_A)^{-1}\underline{z}_1, \underline{z}_1) \quad \text{für alle } \underline{z}_1 \in I\!R^{M_1}.$$

Damit gilt für eine beliebiges $\gamma \in I\!R_+$ unter Verwendung von Lemma 13.12

$$\begin{aligned}
(M\underline{x}, \underline{x}) &= ((A - C_A)\underline{x}_0, \underline{x}_0) + (C_A^{-1}(A - C_A)\underline{x}_0, (A - C_A)\underline{x}_0) + (S\underline{x}_2, \underline{x}_2) \\
&\le c_2^A\,((A - C_A)\underline{x}_0, \underline{x}_0) + (S\underline{x}_2, \underline{x}_2) \\
&= c_2^A\,((A - C_A)(\underline{x}_1 - \underline{\tilde{x}}_1), \underline{x}_1 - \underline{\tilde{x}}_1) + (S\underline{x}_2, \underline{x}_2) \\
&\le (1 + \gamma)c_2^A\,((A - C_A)\underline{x}_1, \underline{x}_1) \\
&\qquad + (1 + \gamma^{-1})c_2^A\,((A - C_A)\underline{\tilde{x}}_1, \underline{\tilde{x}}_1) + (S\underline{x}_2, \underline{x}_2).
\end{aligned}$$

Aus

$$(A\underline{\tilde{x}}_1, \underline{\tilde{x}}_1) \le c_2^A\,(C_A\underline{\tilde{x}}_1, \underline{\tilde{x}}_1)$$

ergibt sich andererseits

$$\begin{aligned}
c_2^A\,((A - C_A)\underline{\tilde{x}}_1, \underline{\tilde{x}}_1) &\le (c_2^A - 1)\,(A\underline{\tilde{x}}_1, \underline{\tilde{x}}_1) \\
&= (c_2^A - 1)\,(B^\top A^{-1}B\underline{x}_2, \underline{x}_2) \le (c_2^A - 1)\,(S\underline{x}_2, \underline{x}_2).
\end{aligned}$$

Damit erhält man für die Abschätzung nach oben

$$\begin{aligned}
(M\underline{x}, \underline{x}) &\le (1 + \gamma)c_2^A\,((A - C_A)\underline{x}_1, \underline{x}_1) + \left[(1 + \gamma^{-1})(c_2^A - 1) + 1\right]\,(S\underline{x}_2, \underline{x}_2) \\
&= c_2^M\,\left[((A - C_A)\underline{x}_1, \underline{x}_1) + (S\underline{x}_2, \underline{x}_2)\right] \\
&\le c_2^M\,\left[((A - C_A)\underline{x}_1, \underline{x}_1) + c_2^S\,(C_S\underline{x}_2, \underline{x}_2)\right] \\
&\le c_2^M\,\max\{1, c_2^S\}\,(C_M\underline{x}, \underline{x}),
\end{aligned}$$

falls

$$c_2^M := (1 + \tilde{\gamma})c_2^A = \left(1 + \frac{1}{\tilde{\gamma}}\right)(c_2^A - 1) + 1$$

für ein $\tilde{\gamma} > 0$ erfüllt ist. Daraus ergibt sich

$$\tilde{\gamma} := \sqrt{\alpha}$$

und in der Folge

$$c_2^M = (1 + \sqrt{\alpha})c_2^A = \frac{1 + \sqrt{\alpha}}{1 - 1 + \frac{1}{c_2^A}} = \frac{1 + \sqrt{\alpha}}{1 - \alpha}.$$

Damit ist der Satz bewiesen. ■

Sei $\underline{u}^0 \in \mathbb{R}^{M_1+M_2}$ eine beliebig gegebene Startnäherung.

Berechne das Anfangsresiduum

$\bar{\underline{r}}_1^0 := A\underline{u}_1^0 - B\underline{u}_2^0 - \underline{f}_1, \ \bar{\underline{r}}_2^0 := B^\top \underline{u}_1^0 + D\underline{u}_2^0 - \underline{f}_2.$

Berechne das transformierte Anfangsresiduum

$\underline{w}_1^0 := C_A^{-1}\bar{\underline{r}}_1^0, \ \underline{r}_1^0 := A\underline{w}_1^0 - \bar{\underline{r}}_1^0, \ \underline{r}_2^0 := \bar{\underline{r}}_2^0 - B^\top \underline{w}_1^0.$

Initialisierung des CG Verfahrens:

$\underline{v}_1^0 := \underline{w}_1^0, \ \underline{v}_2^0 := C_S^{-1}\underline{r}_2^0, \ \underline{p}^0 := \underline{v}^0, \ \varrho_0 := (\underline{v}^0, \underline{r}^0).$

Für $k = 0, 1, 2, \ldots, n-1$:

Realisiere die ursprüngliche Matrix–Vektor–Multiplikation

$\bar{\underline{s}}_1^k := A\underline{p}_1^k - B\underline{p}_2^k, \ \bar{\underline{s}}_2^k := B^\top \underline{p}_1^k + D\underline{p}_2^k.$

Berechne die Transformation

$\underline{w}_1^k := C_A^{-1}\bar{\underline{s}}_1^k, \ \underline{s}_1^k := A\underline{w}_1^k - \bar{\underline{s}}_1^k, \ \underline{s}_2^k := \bar{\underline{s}}_2^k - B^\top \underline{w}_1^k.$

Berechne die neuen Itererierten

$\sigma_k := (\underline{s}^k, \underline{p}^k), \ \alpha_k := \varrho_k/\sigma_k;$

$\underline{u}^{k+1} := \underline{u}^k - \alpha_k \underline{p}^k, \ \underline{r}^{k+1} := \underline{r}^k - \alpha_k \underline{s}^k;$

$\underline{v}_1^{k+1} := \underline{v}_1^k - \alpha_k \underline{w}_1^{k+1}, \ \underline{v}_2^{k+1} := C_S^{-1}\underline{r}_2^{k+1}, \ \varrho_{k+1} := (\underline{v}^{k+1}, \underline{r}^{k+1}) \ .$

Stoppe, falls $\varrho_{k+1} \leq \varepsilon\varrho_0$ mit einem vorgegebenen ε erfüllt ist.

Andernfalls, bestimme die neue Suchrichtung:

$\beta_k := \varrho_{k+1}/\varrho_k, \ \underline{p}^{k+1} := \underline{v}^{k+1} + \beta_k \underline{p}^k \ .$

Algorithmus 13.4: CG Verfahren mit Bramble/Pasciak Transformation.

Zur Lösung des transformierten Gleichungssystems (13.26) kann jetzt Algorithmus 13.3 des vorkonditionierten konjugierten Gradientenverfahrens angewendet werden. Auf den ersten Blick erscheint dabei die Multiplikation mit der inversen Vorkonditionierunsmatrix, $\underline{v}^{k+1} = C_M^{-1}\underline{r}^{k+1}$, insbesondere die Auswertung von $\underline{v}_1^{k+1} = (A - C_A)^{-1}\underline{r}^{k+1}$, problematisch. Aus der Rekursionsvorschrift des Residuums, $\underline{r}^{k+1} = \underline{r}^k - \alpha_k M\underline{p}^k$, folgt aber die Darstellung

$$\underline{r}_1^{k+1} := \underline{r}_1^k - \alpha_k(AC_A^{-1} - I)(A\underline{p}_1^k - B\underline{p}_2^k).$$

Damit ergibt sich für das vorkonditionierte Residuum $\underline{v}_1^k$ die Rekursionsvorschrift

$$\underline{v}_1^{k+1} := \underline{v}_1^k - \alpha_k C_A^{-1}(A\underline{p}_1^k - B\underline{p}_2^k).$$

Insbesondere für $k = 0$ ist

$$\underline{v}_1^0 := C_A^{-1}\left[A\underline{x}_1^0 - B\underline{x}_2^0 - \underline{f}_1\right].$$

Das resultierende vorkonditionierte Iterationsverfahren ist in Algorithmus 13.4 zusammengefaßt.

L	N	M	Schur CG	BP CG
2	16	11	11	16
3	32	23	13	19
4	64	47	14	21
5	128	95	14	21
6	256	191	15	23
7	512	383	16	23
8	1024	767	16	23
9	2048	1535	16	24

Tabelle 13.4: Vergleich von Schur CG und Bramble/Pasciak CG.

Als Beispiel wird nun die Lösung des linearen Gleichungssystems (12.43) für das in Abschnitt 12.3 beschriebene gemischte Randwertproblem betrachtet,

$$\begin{pmatrix} V_h & -\frac{1}{2}M_h - K_h \\ \frac{1}{2}M_h^\top + K_h^\top & D_h \end{pmatrix} \begin{pmatrix} \underline{w} \\ \underline{\hat{u}} \end{pmatrix} = \begin{pmatrix} \underline{0} \\ \underline{f} \end{pmatrix}. \tag{13.28}$$

Das zugehörige Schur–Komplement–System lautet

$$S_h \underline{\hat{u}} = \Big[D_h + (\frac{1}{2}M_h^\top + K_h^\top) V_h^{-1} (\frac{1}{2}M_h + K_h) \Big] \underline{\hat{u}} = \underline{f}. \tag{13.29}$$

Zur Vorkonditionierung der Schur–Komplement–Matrix S_h kann die in Abschnitt 13.2.1 beschriebene Vorkonditionierungsstrategie verwendet werden. Zu beachten ist jedoch, daß hier die Spektraläquivalenzungleichungen (13.11) zwischen dem hypersingulären Integraloperator $D : \widetilde{H}^{1/2}(\Gamma_N) \to H^{-1/2}(\Gamma)$ und der Inversen des Einfachschichtpotentials $V : \widetilde{H}^{-1/2}(\Gamma_N) \to H^{1/2}(\Gamma_N)$ nicht erfüllt sind. Diese gelten nur für konforme Ansatzräume $S_h^1(\Gamma_N) \subset \widetilde{H}^{1/2}(\Gamma_N)$ [60], d.h. für alle $v_h \in S_h^1(\Gamma_N)$ gilt

$$\gamma_1 \langle V^{-1} v_h, v_h \rangle_\Gamma \leq \langle D v_h, v_h \rangle_\Gamma \leq \gamma_2 \, [1 + \log |h|]^2 \, \langle V^{-1} v_h, v_h \rangle_\Gamma.$$

Für die Vorkonditionierungsmatrix $C_D = \bar{M}_h \bar{V}_h^{-1} \bar{M}_h$ folgt dann

$$\kappa_2(C_D^{-1} D_h) \leq c \, [1 + \log |h|]^2.$$

Analog wie in Abschnitt 13.2.1 kann eine Vorkonditionierungsmatrix C_V für das diskrete Einfachschichtpotential V_h mit Hilfe des modifizierten hypersingulären Integraloperators $\hat{D} : H^{1/2}(\Gamma) \to H^{-1/2}(\Gamma)$ hergeleitet werden [82]. In Tabelle 13.4 sind die Iterationszahlen des mit C_D vorkonditionierten CG–Verfahrens zur Lösung des Schur–Komplement–Systems (13.29) und des nach Bramble/Pasciak transformierten CG–Verfahrens zur Lösung des linearen Gleichungssystems (13.28) angegeben. Als relative Abbruchschranke wurde jeweils $\varepsilon = 10^{-8}$ gewählt und die Vorkonditionierung C_V des diskreten Einfachschichtpotentials V_h wurde so skaliert, daß die Spektraläquivalenzungleichungen (13.23) mit $c_1^A = 1.2$ erfüllt sind.

Kapitel 14

Schnelle Randelementmethoden

Die in Kapitel 12 beschriebenen Randelementmethoden führen auf vollbesetzte Matrizen, so daß der Speicherbedarf und der Aufwand zum Aufstellen der Steifigkeitsmatrizen quadratisch in der Anzahl der Freiheitsgrade ist. Ziel dieses Kapitels ist deshalb die Herleitung und Beschreibung **schneller Randelementmethoden**, deren Aufwand bis auf logarithmische Anteile nur linear von der Anzahl der Freiheitsgrade abhängt. Obwohl der Einsatz schneller Randelementmethoden insbesondere zur Lösung dreidimensionaler Randwertprobleme unerläßlich erscheint, soll hier nur ein einführender Überblick für ein zweidimensionales Modellproblem gegeben werden.

Als Modellproblem wird deshalb zur Lösung des Dirichlet–Randwertproblems

$$-\Delta u(x) = 0 \quad \text{für } x \in \Omega \subset I\!R^2, \quad \gamma_0^{\text{int}} u(x) = g(x) \quad \text{für } x \in \Gamma = \partial\Omega$$

mit $\operatorname{diam}\Omega < 1$ der Einfachschichtpotentialansatz (7.4) betrachtet,

$$u(\tilde{x}) = -\frac{1}{2\pi}\int\limits_{\Gamma} \log|\tilde{x}-y| w(y) ds_y \quad \text{für } \tilde{x} \in \Omega.$$

Die zunächst unbekannte Dichtefunktion $w \in H^{-1/2}(\Gamma)$ ergibt sich als eindeutige Lösung der Randintegralgleichung (7.12),

$$(Vw)(x) = -\frac{1}{2\pi}\int\limits_{\Gamma} \log|x-y| w(y) ds_y = g(x) \quad \text{für } x \in \Gamma.$$

Sei $S_h^0(\Gamma) = \operatorname{span}\{\varphi_k^0\}_{k=1}^N$ der Ansatzraum der stückweise konstanten Basisfunktionen φ_k^0 bezüglich einer global gleichmäßigen Randunterteilung $\{\tau_k\}_{k=1}^N$ mit der globalen Maschenweite h. Dann ergibt sich die Näherungslösung $w_h \in S_h^0(\Gamma)$ als eindeutige Lösung der Galerkin–Variationsformulierung

$$\langle Vw_h, \tau_h\rangle_\Gamma = \langle g, \tau_h\rangle_\Gamma \quad \text{für alle } \tau_h \in S_h^0(\Gamma). \tag{14.1}$$

Diese ist äquivalent zu dem linearen Gleichungssystem $V_h \underline{w} = \underline{f}$ mit der durch

$$V_h[\ell, k] = \langle V\varphi_k^0, \varphi_\ell^0 \rangle_\Gamma = -\frac{1}{2\pi} \int\limits_{\tau_\ell} \int\limits_{\tau_k} \log|x - y| ds_y ds_x \qquad (14.2)$$

für alle $k, \ell = 1, \ldots, N$ definierten Steifigkeitsmatrix V_h. Für die eindeutig bestimmte Näherungslösung $w_h \in S_h^0(\Gamma)$ gilt bei Annahme von $w \in H^1_{\text{pw}}(\Gamma)$ die Fehlerabschätzung

$$\|w - w_h\|_{H^{-1/2}(\Gamma)} \leq c\, h^{3/2}\, |w|_{H^1_{pw}(\Gamma)}. \qquad (14.3)$$

Aufgrund des nichtlokalen Charakters der Fundamentallösung ist die Steifigkeitsmatrix V_h vollbesetzt, d.h. zur Beschreibung der symmetrischen Matrix V_h werden $\frac{1}{2}N(N+1)$ Einträge benötigt. Die Realisierung einer Matrix–Vektor–Multiplikation innerhalb des vorkonditionierten konjugierten Gradientenverfahrens (Algorithmus 13.3) zur näherungsweisen Lösung des linearen Gleichungssystems erfordert offenbar N^2 Multiplikationen. Somit ist der Aufwand sowohl zur Speicherung als auch zur Anwendung der Matrix V_h quadratisch in der Zahl N der Freiheitsgrade. Im Gegensatz zur Standard–Randelementmethode zeichnen sich **schnelle Randelementmethoden** durch einen Aufwand von $\mathcal{O}(N(\log_2 N)^\alpha)$ Speicherplätzen bzw. Operationen bei Gewährleistung der durch die Fehlerabschätzung (14.3) bestimmten Konvergenzordnung der Standard–Randelementmethode aus.

Hier werden zwei verschiedene Zugänge zu schnellen Randelementmethoden verfolgt. Der Einsatz von **Wavelets** [26, 27, 56, 75] als Ansatz– und Testfunktionen führt zwar auf vollbesetzte Steifigkeitsmatrizen V_h, bei denen jedoch viele Einträge vernachlässigt werden können. Dies ergibt dann schwach besetzte Näherungsmatrizen $\widetilde{V}_h$. Im Gegensatz dazu erfolgt bei **Cluster–Methoden** [9, 33, 36, 42, 73] eine hierarchische Clusterung der gegebenen Randelemente, die sich in einer Block–Struktur der Steifigkeitsmatrix V_h niederschlägt. Für paarweise wohlgetrennte Cluster von Randelementen können einzelne Blöcke der Steifigkeitsmatrix V_h durch Niedrigrang–Matrizen approximiert werden.

14.1 Hierarchische Cluster–Methoden

Da die Fundamentallösung $U^*(x,y) = -\frac{1}{2\pi}\log|x-y|$ nur eine Funktion des Abstandes $|x-y|$ ist, sind die Matrix–Einträge $V_h[\ell, k]$ der durch (14.2) definierten Steifigkeitsmatrix V_h im wesentlichen abhängig vom Abstand und der Lage sowie von der Größe und Gestalt der beiden Randelemente τ_k und τ_ℓ. In Abhängigkeit der beiden Parameter **Abstand** und **Größe** können Randelemente zu **Clustern** zusammengefaßt werden. Das Verhältnis zwischen der Größe der Cluster und ihrem Abstand definiert ein Kriterium für die Approximierbarkeit der Fundamentallösung. Ein größerer Abstand zwischen einzelnen Clustern erlaubt dann auch das Zusammenfassen einer größeren Anzahl von Randelementen zu einem Cluster. Dies kann durch eine geeignete **Hierachie** der Cluster berücksichtigt werden. Die Interaktion zwischen einzelnen Randelementen τ_k und τ_ℓ, d.h. die Berechnung der Matrix–Einträge $V_h[\ell,k]$, kann dann auf die Interaktion zwischen den zugehörigen Clustern zurückgeführt werden.

Für eine gegebene global gleichmäßige Randunterteilung $\Gamma = \bigcup_{\ell=1}^N \tau_\ell$ ist zunächst eine geeignete Cluster–Hierarchie zu konstruieren. Wegen $\operatorname{diam}\Omega < 1$ gelte ohne Einschränkung der Allgemeinheit $\Omega \subset (0,1)^2$. Damit sind alle Randelemente τ_ℓ in der einschließenden quadratischen Box $\Omega_1^0 = (0,1)^2$ enthalten. Durch eine wie in Abbildung 14.1 dargestellte rekursive Zerlegung von $\Omega_j^{\lambda-1}$ in jeweils vier Boxen Ω_i^λ kann eine Hierarchie von Boxen Ω_i^λ erzeugt werden, aus der anschließend eine hierarchische Clusterung der Randelemente τ_ℓ abgeleitet werden kann. Die Anzahl λ der rekursiven Verfeinerungsschritte wird dabei als **Level** der Hierarchie bezeichnet.

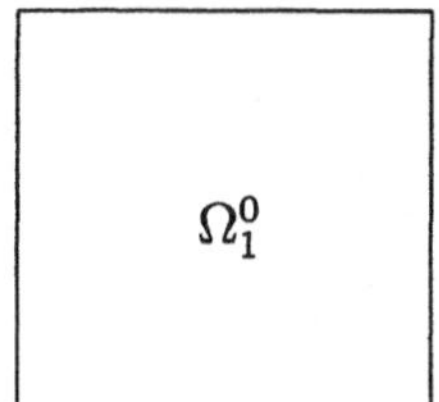

Ω_3^1	Ω_4^1
Ω_1^1	Ω_2^1

Ω_{11}^2	Ω_{12}^2	Ω_{15}^2	Ω_{16}^2
Ω_9^2	Ω_{10}^2	Ω_{13}^2	Ω_{14}^2
Ω_3^2	Ω_4^2	Ω_7^2	Ω_8^2
Ω_1^2	Ω_2^2	Ω_5^2	Ω_6^2

Abbildung 14.1: Hierarchie der Boxen Ω_j^λ für $\lambda = 0,1,2$.

Für $\lambda = 1,\ldots,L$ gilt also die Darstellung

$$\overline{\Omega}_j^{\lambda-1} = \bigcup_{i=4(j-1)+1}^{4j} \overline{\Omega}_i^\lambda, \quad j = 1,\ldots,4^{(\lambda-1)}. \tag{14.4}$$

Für die Kantenlänge d_j^λ der Boxen Ω_j^λ ergibt sich

$$d_j^\lambda = 2^{-\lambda}, \quad j = 1,\ldots,4^\lambda.$$

Die Verfeinerungsstrategie (14.4) wird rekursiv angewendet, bis die Kantenlänge d_j^L der kleinsten Boxen Ω_j^L proportional zur Maschenweite h der global gleichmäßigen Randzerlegung $\{\tau_\ell\}_{\ell=1}^N$ ist, d.h. durch die Forderung

$$d_j^L = 2^{-L} \le c_L\, h$$

wird die maximale Anzahl von Randelementen τ_ℓ pro Box Ω_j^L beschränkt. Daraus ergibt sich für das maximale Verfeinerungslevel L des Clusterbaums

$$L \ge \frac{c_L \ln(1/h)}{\ln 2}.$$

Wegen der globalen Gleichmäßigkeit der Randelementzerlegung ist $|\Gamma|$ proportional zu Nh und somit folgt

$$L = \mathcal{O}(\ln N)\,. \tag{14.5}$$

Die **Clusterung** der Randelemente $\{\tau_\ell\}_{\ell=1}^N$ kann nun zum Beispiel über die Clusterung der zugehörigen Elementmittelpunkte $\hat{x}_\ell \in \tau_\ell$ für $\ell = 1, \ldots, N$ erfolgen. Für $j = 1, \ldots, 4^L$ werden zunächst alle Randelemente τ_ℓ mit Mittelpunkten $\hat{x}_\ell$ in einer Box Ω_j^L zu einem **Cluster** ω_j^L zusammengefaßt,

$$\overline{\omega}_j^L := \bigcup_{\hat{x}_\ell \in \Omega_j^L} \overline{\tau}_\ell.$$

Die Hierarchie (14.4) der Boxen Ω_j^λ überträgt sich nun direkt auf eine Hierarchie der zugehörigen Cluster ω_j^λ, vergleiche Abbildung 14.2,

$$\overline{\omega}_j^{\lambda-1} := \bigcup_{i=4(j-1)+1}^{4j} \overline{\omega}_i^\lambda \quad \text{für } j = 1, \ldots, 4^{(\lambda-1)}, \quad \lambda = L, \ldots, 1. \tag{14.6}$$

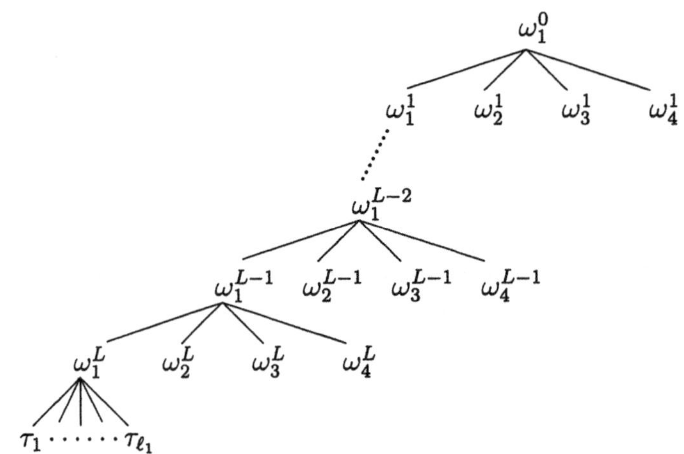

Abbildung 14.2: Baum der Cluster ω_j^λ.

Für jedes Cluster ω_j^λ sei

$$I_j^\lambda := \left\{\ell \in \mathbb{N} \,:\, \tau_\ell \subset \omega_j^\lambda\right\}$$

die Indexmenge aller zugehörigen Randelemente τ_ℓ, wobei

$$P_j^\lambda \,:\, I_1^0 = \{1, 2, \ldots, N\} \to I_j^\lambda$$

gerade die Zuordnung der Randelemente $\{\tau_\ell\}_{\ell=1}^N$ auf das jeweilige Cluster ω_j^λ beschreibt. Schließlich bezeichne

$$N_j^\lambda := \dim \omega_j^\lambda$$

die Anzahl aller Randelemente τ_ℓ im Cluster ω_j^λ. Für jedes $\lambda = 0, 1, 2, \ldots, L$ gilt nach Konstruktion

$$\sum_{j=1}^{4^\lambda} N_j^\lambda = N. \tag{14.7}$$

Mit

$$\operatorname{diam} \omega_j^\lambda := \sup_{x,y \in \omega_j^\lambda} |x - y|$$

wird der **Durchmesser** des Clusters ω_j^λ und mit

$$\operatorname{dist}(\omega_i^\kappa, \omega_j^\lambda) := \inf_{(x,y) \in \omega_i^\kappa \times \omega_j^\lambda} |x - y|$$

wird der **Abstand** zwischen den Clustern ω_i^κ und ω_j^λ bezeichnet. Zwei Cluster ω_i^κ und ω_j^λ heißen zueinander **zulässig**, falls

$$\operatorname{dist}(\omega_i^\kappa, \omega_j^\lambda) \geq \eta \max\left\{\operatorname{diam} \omega_i^\kappa, \operatorname{diam} \omega_j^\lambda\right\} \tag{14.8}$$

mit einer vorgegebenen Konstanten $\eta > 1$ erfüllt ist. Der Einfachheit halber werden im folgenden nur zueinander zulässige Cluster ω_i^κ und ω_j^λ mit dem gleichen Level $\kappa = \lambda$ betrachtet. Für zwei zueinander zulässige Cluster ω_i^λ und ω_j^λ sind offenbar auch alle Teilmengen $\omega_{i'}^{\lambda+1} \subset \omega_i^\lambda$ und $\omega_{j'}^{\lambda+1} \subset \omega_j^\lambda$ zueinander zulässig. Die Cluster ω_i^λ und ω_j^λ heißen daher **maximal zulässig**, falls es keine zueinander zulässigen Cluster $\omega_{i'}^{\lambda-1}$ und $\omega_{j'}^{\lambda-1}$ mit $\omega_i^\lambda \subset \omega_{i'}^{\lambda-1}$ und $\omega_j^\lambda \subset \omega_{j'}^{\lambda-1}$ gibt.
Für die durch (14.2) erklärte Steifigkeitsmatrix V_h ergibt sich dann die durch die hierarchische Clusterung (14.6) gegebene Darstellung

$$V_h = \sum_{\lambda=0}^{L} \underbrace{\sum_{j=1}^{4^\lambda} \sum_{i=1}^{4^\lambda}}_{\omega_i^\lambda, \omega_j^\lambda \text{maximal zulässig}} (P_j^\lambda)^\top V_h^{\lambda,ij} P_i^\lambda + \underbrace{\sum_{j=1}^{4^L} \sum_{i=1}^{4^L}}_{\omega_i^L, \omega_j^L \text{nicht zulässig}} (P_j^L)^\top V_h^{L,ij} P_i^L \tag{14.9}$$

mit den durch

$$V_h^{\lambda,ij}[\ell, k] = -\frac{1}{2\pi} \int_{\tau_\ell} \int_{\tau_k} \log|x - y| ds_y ds_x \quad \text{für } \tau_k \in \omega_i^\lambda, \ \tau_\ell \in \omega_j^\lambda \tag{14.10}$$

definierten Block–Matrizen $V_h^{\lambda,ij} \in I\!R^{N_j^\lambda \times N_i^\lambda}$, vergleiche Abbildung 14.3. Die Summe über die nicht zueinander zulässigen Cluster ω_i^L und ω_j^L beinhaltet insbesondere die Wechselwirkungen der Cluster mit sich selbst und mit den benachbarten Clustern. Dieser Anteil wird als das **Nahfeld** der Steifigkeitsmatrix V_h bezeichnet, während die Summe über alle maximal zulässigen Cluster das **Fernfeld** beschreibt. Eine Box Ω_i^L hat maximal 8 direkte Nachbarn Ω_j^L, so daß das zugehörige Cluster ω_i^L eine durch den Parameter $\eta > 1$ beschriebene Anzahl von nicht zulässigen Clustern ω_j^L besitzt. Alle anderen Cluster sind somit zulässig und damit im

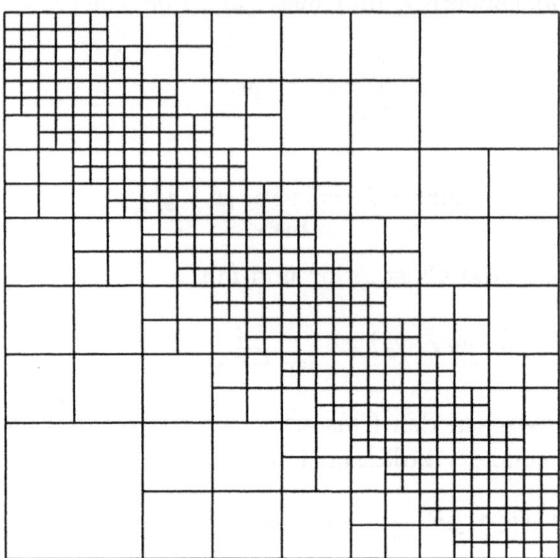

Abbildung 14.3: Hierarchische Partitionierung der Steifigkeitsmatrix V_h.

Fernfeldanteil enthalten. Der Nahfeldanteil enthält somit nur $\mathcal{O}(\eta^2 4^L) = \mathcal{O}(\eta^2 N)$ Summanden. Während die Block–Matrizen des Nahfeld–Anteils wie bei einer Standard–Randelementmethode direkt ausgewertet werden, können die Block–Matrizen des Fernfeld–Anteils durch entsprechende Niedrigrang–Matrizen approximiert und somit effizienter berechnet werden. Die resultierenden Matrizen werden auch als **hierarchische Matrizen**, bzw. **$\mathcal{H}$–Matrizen** bezeichnet [41].

14.2 Approximation der Steifigkeitsmatrix

Seien ω_i^λ und ω_j^λ zwei zueinander maximal zulässige Cluster. Zu berechnen sind die Einträge der Block–Matrix $V_h^{\lambda,ij}$,

$$V_h^{\lambda,ij}[\ell,k] = \int_{\tau_\ell}\int_{\tau_k} U^*(x,y)ds_y ds_x \quad \text{für } \tau_k \in \omega_i^\lambda,\ \tau_\ell \in \omega_j^\lambda.$$

Die Grundlage **schneller Randelementmethoden** ist eine näherungsweise Aufspaltung der Kernfunktion $U^*(x,y) = -\frac{1}{2\pi}\log|x-y|$ in Funktionen, welche nur vom Integrationspunkt $y \in \omega_i^\lambda$ sowie vom Beobachtungspunkt $x \in \omega_j^\lambda$ abhängen,

$$U_\varrho^*(x,y) = \sum_{m=0}^{\varrho} f_m^{\lambda,j}(x) g_m^{\lambda,i}(y) \quad \text{für } (x,y) \in \omega_j^\lambda \times \omega_i^\lambda. \tag{14.11}$$

Dabei gelte eine Fehlerabschätzung der Art

$$|U^*(x,y) - U^*_\varrho(x,y)| \leq c(\eta,\varrho) \quad \text{für } (x,y) \in \omega_j^\lambda \times \omega_i^\lambda, \tag{14.12}$$

wobei die Konstante $c(\eta, \varrho)$ vom Zulässigkeitsparameter η und der Approximationsordnung ϱ abhängt. Mit (14.11) können nun die Einträge der Block–Matrix $V_h^{\lambda,ij}$ durch

$$\widetilde{V}_h^{\lambda,ij}[\ell,k] := \int_{\tau_\ell}\int_{\tau_k} U^*_\varrho(x,y)ds_y ds_x \quad \text{für } \tau_k \in \omega_i^\lambda, \tau_\ell \in \omega_j^\lambda \tag{14.13}$$

approximiert werden. Aus der Fehlerabschätzung (14.12) folgt sofort

$$|V_h^{\lambda,ij}[\ell,k] - \widetilde{V}_h^{\lambda,ij}[\ell,k]| \leq c(\eta,\varrho)\,\Delta_k\Delta_\ell \quad \text{für } \tau_k \in \omega_i^\lambda, \tau_\ell \in \omega_j^\lambda. \tag{14.14}$$

Einsetzen der Reihenentwicklung (14.11) in (14.13) ergibt

$$\widetilde{V}_h^{\lambda,ij}[\ell,k] = \sum_{m=0}^{\varrho} \int_{\tau_\ell} f_m^{\lambda,j}(x)ds_x \int_{\tau_k} g_m^{\lambda,i}(y)ds_y \quad \text{für alle } \tau_k \in \omega_i^\lambda, \tau_\ell \in \omega_j^\lambda.$$

Zu berechnen sind also für alle Randelemente $\tau_k \in \omega_i^\lambda$ und $\tau_\ell \in \omega_j^\lambda$ die Vektoren

$$a_{m,\ell}^{\lambda,j} := \int_{\tau_\ell} f_m^{\lambda,j}(x)ds_x, \quad b_{m,k}^{\lambda,i} := \int_{\tau_k} g_m^{\lambda,i}(y)ds_y,$$

mit $\ell = 1,\ldots,N_j^\lambda$, $k = 1,\ldots,N_i^\lambda$ und $m = 0,\ldots,\varrho$. Der Aufwand zur Speicherung und Anwendung der Approximationsmatrix

$$\widetilde{V}_h^{\lambda,ij} = \sum_{m=0}^{\varrho} \underline{a}_m^{\lambda,j}(\underline{b}_m^{\lambda,i})^\top$$

vom Rang $\varrho + 1$ beträgt somit

$$(\varrho+1)(N_i^\lambda + N_j^\lambda).$$

Analog zu (14.9) kann nun eine Approximation $\widetilde{V}_h$ der globalen Steifigkeitsmatrix V_h erklärt werden,

$$\widetilde{V}_h = \sum_{\lambda=0}^{L} \underbrace{\sum_{j=1}^{4^\lambda}\sum_{i=1}^{4^\kappa}}_{\omega_i^\lambda,\omega_j^\lambda \text{maximal zulässig}} (P_j^\lambda)^\top \widetilde{V}_h^{\lambda,ij} P_i^\lambda + \underbrace{\sum_{j=1}^{4^L}\sum_{i=1}^{4^L}}_{\omega_i^L,\omega_j^L \text{nicht zulässig}} (P_j^L)^\top V_h^{L,ij} P_i^L. \tag{14.15}$$

Wegen (14.7) ist dann der Gesamtaufwand zur Speicherung und Anwendung der Approximationsmatrix $\widetilde{V}_h$ unter Berücksichtigung des Nahfeldanteils proportional zu

$$(\varrho+1)(\eta+1)^2(L+1)N + \eta^2 N. \tag{14.16}$$

An Stelle des exakten linearen Gleichungssystems $V_h \underline{w} = \underline{f}$ wird nun das gestörte System $\widetilde{V}_h \underline{\widetilde{w}} = \underline{f}$ mit einer zugehörigen Näherungslösung $\widetilde{w}_h \in S_h^0(\Gamma)$ betrachtet. Die Stabilitäts– und Fehleranalysis des gestörten Problems basiert auf Satz 8.3 (Strang–Lemma). Zu zeigen ist also die positive Definitheit der approximierten Steifigkeitsmatrix $\widetilde{V}_h$, welche wiederum aus einer Abschätzung des Approximationsfehlers $V_h - \widetilde{V}_h$ gewonnen werden kann.

Lemma 14.1 *Für jedes Paar maximal zulässiger Cluster ω_i^λ und ω_j^λ gelte die Fehlerabschätzung* (14.12). *Für die durch* (14.15) *erklärte Approximation $\widetilde{V}_h$ der Steifigkeitsmatrix V_h gilt die Fehlerabschätzung*

$$|((V_h - \widetilde{V}_h)\underline{w}, \underline{v})| \leq c(\eta, \varrho)\, |\Gamma|\, \|w_h\|_{L_2(\Gamma)} \|v_h\|_{L_2(\Gamma)}.$$

für alle $\underline{w}, \underline{v} \in \mathbb{R}^N \leftrightarrow w_h, v_h \in S_h^0(\Gamma)$.

Beweis: Unter Verwendung der Fehlerabschätzung (14.14) folgt zunächst

$$\begin{aligned}
|((V_h - \widetilde{V}_h)\underline{w}, \underline{v})| &\leq \sum_{\lambda=0}^{L} \underbrace{\sum_{j=1}^{4^\lambda}\sum_{i=1}^{4^\lambda}}_{\omega_i^\lambda, \omega_j^\lambda \text{maximal zulässig}} \sum_{\tau_k \in \omega_i^\lambda} \sum_{\tau_\ell \in \omega_j^\lambda} |V_h^{\lambda,ij}[\ell,k] - \widetilde{V}_h^{\lambda,ij}[\ell,k]|\, |w_k|\, |v_\ell| \\
&\leq c(\eta,\varrho) \sum_{\lambda=0}^{L} \underbrace{\sum_{j=1}^{4^\lambda}\sum_{i=1}^{4^\lambda}}_{\omega_i^\lambda, \omega_j^\lambda \text{maximal zulässig}} \sum_{\tau_k \in \omega_i^\kappa} \sum_{\tau_\ell \in \omega_j^\lambda} \Delta_k\, |w_k|\, \Delta_\ell\, |v_\ell|\,.
\end{aligned}$$

Wegen der Voraussetzung der maximalen Zulässigkeit der Cluster ω_i^λ und ω_j^λ tritt jede Kombination von Randelementen τ_k und τ_ℓ höchstens einmal auf. Somit gilt

$$|((V_h - \widetilde{V}_h)\underline{u}, \underline{v})| \leq c(\eta, \varrho) \sum_{k=1}^{N}\sum_{\ell=1}^{N} \Delta_k\, |w_k|\, \Delta_\ell\, |v_\ell|\,.$$

Mit der Hölder–Ungleichung folgt

$$\sum_{k=1}^{N} \Delta_k\, |w_k| \leq \left(\sum_{k=1}^{N} \Delta_k\right)^{1/2} \left(\sum_{k=1}^{N} \Delta_k\, w_k^2\right)^{1/2} = |\Gamma|^{1/2}\, \|w_h\|_{L_2(\Gamma)},$$

und daraus ergibt sich die Behauptung. ■

Mit der Fehlerabschätzung von Lemma 14.1 folgt mit der inversen Ungleichung in $S_h^0(\Gamma)$ und einer geeigneten Wahl für den Parameter η zur Definition des Nahfelds und für den Entwicklungsgrad ϱ die positive Definitheit der approximierten Steifigkeitsmatrix $\widetilde{V}_h$.

Satz 14.1 *Seien die Voraussetzungen von Lemma* 14.1 *erfüllt. Für eine geeignete Wahl der Parameter* η *und* ϱ *ist die approximierte Steifigkeitsmatrix* $\widetilde{V}_h$ *positiv definit, d.h. es gilt*

$$(\widetilde{V}_h \underline{w}, \underline{w}) \geq \frac{1}{2} c_1^V \, \|w_h\|^2_{H^{-1/2}(\Gamma)} \quad \textit{für alle } w_h \in S_h^0(\Gamma).$$

Beweis: Mit Lemma 14.1, der $H^{-1/2}(\Gamma)$–Elliptizität von V und der inversen Ungleichung in $S_h^0(\Gamma)$ ergibt sich

$$\begin{aligned}
(\widetilde{V}_h \underline{w}, \underline{w}) &= (V_h \underline{w}, \underline{w}) + ((\widetilde{V}_h - V_h)\underline{w}, \underline{w}) \\
&\geq \langle V w_h, w_h \rangle_\Gamma - |((V_h - \widetilde{V}_h)\underline{w}, \underline{w})| \\
&\geq c_1^V \, \|w_h\|^2_{H^{-1/2}(\Gamma)} - c(\eta, \varrho) \, |\Gamma| \, \|w_h\|^2_{L_2(\Gamma)} \\
&\geq \left[c_1^V - c(\eta, \varrho) \, |\Gamma| \, c_I^2 h^{-1} \right] \|w_h\|^2_{H^{-1/2}(\Gamma)} \geq \frac{1}{2} c_1^V \, \|w_h\|^2_{H^{-1/2}(\Gamma)},
\end{aligned}$$

falls

$$c(\eta, \varrho) \leq \frac{c_1^V}{2|\Gamma| c_I^2} h \tag{14.17}$$

erfüllt ist. ■

Analog ergibt sich auch die Beschränktheit der Approximation $\widetilde{V}_h$. Aus der positiven Definitheit der approximierten Steifigkeitsmatrix $\widetilde{V}_h$ folgt dann die eindeutige Lösbarkeit des gestörten linearen Gleichungssystems $\widetilde{V}_h \underline{\widetilde{w}} = \underline{f}$. Wie in Satz 8.3 kann nun eine Abschätzung für den Fehler $\|w - \widetilde{w}_h\|_{H^{-1/2}(\Gamma)}$ der berechneten Näherungslösung $\widetilde{w}_h \in S_h^0(\Gamma)$ angegeben werden.

Satz 14.2 *Die Parameter* η *und* ϱ *seien so gewählt, daß die durch* (14.15) *definierte approximierte Steifigkeitsmatrix* $\widetilde{V}_h$ *positiv definit ist. Für die eindeutig bestimmte Lösung* $\underline{\widetilde{w}} \in \mathbb{R}^N \leftrightarrow \widetilde{w}_h \in S_h^0(\Gamma)$ *des linearen Gleichungssystems* $\widetilde{V}_h \underline{\widetilde{w}} = \underline{f}$ *gilt dann die Fehlerabschätzung*

$$\|w - \widetilde{w}_h\|_{H^{-1/2}(\Gamma)} \leq \|w - w_h\|_{H^{-1/2}(\Gamma)} + \widetilde{c}(\eta, \varrho) \, h^{-1/2} \, \|w\|_{L_2(\Gamma)}.$$

Beweis: Für die eindeutig bestimmten Lösungen $\underline{w}, \underline{\widetilde{w}} \in \mathbb{R}^N$ der linearen Gleichungssysteme $V_h \underline{w} = \underline{f}$ und $\widetilde{V}_h \underline{\widetilde{w}} = \underline{f}$ gilt die Orthogonalität

$$(V_h \underline{w} - \widetilde{V}_h \underline{\widetilde{w}}, \underline{v}) = 0 \quad \text{für alle } \underline{v} \in \mathbb{R}^N.$$

Aus der positiven Definitheit der approximierten Steifigkeitsmatrix $\widetilde{V}_h$ folgt unter Verwendung von Lemma 14.1

$$\begin{aligned}
\frac{1}{2} c_1^V \, \|w_h - \widetilde{w}_h\|^2_{H^{-1/2}(\Gamma)} &\leq (\widetilde{V}_h(\underline{w} - \underline{\widetilde{w}}), \underline{w} - \underline{\widetilde{w}}) = ((\widetilde{V}_h - V_h)\underline{w}, \underline{w} - \underline{\widetilde{w}}) \\
&\leq c(\eta, \varrho) \, \|w_h\|_{L_2(\Gamma)} \|w_h - \widetilde{w}_h\|_{L_2(\Gamma)}.
\end{aligned}$$

Mit Lemma 12.1 folgt die Stabilitätsabschätzung

$$\|w_h\|_{L_2(\Gamma)} \leq \|w\|_{L_2(\Gamma)} + \|w - w_h\|_{L_2(\Gamma)} \leq c\,\|w\|_{L_2(\Gamma)}.$$

Dann ergibt sich mit der inversen Ungleichung in $S_h^0(\Gamma)$

$$\|w_h - \widetilde{w}_h\|_{H^{-1/2}(\Gamma)} \leq \widetilde{c}(\eta, \varrho)\, h^{-1/2}\, \|w\|_{L_2(\Gamma)}.$$

Die Behauptung folgt nun durch Anwendung der Dreiecksungleichung. ∎

Mit der Fehlerabschätzung (14.3) ergibt sich nun für $w \in H_{\text{pw}}^{1/2}(\Gamma)$ die Fehlerabschätzung

$$\|w - \widetilde{w}_h\|_{H^{-1/2}(\Gamma)} \leq c_1\, h^{3/2}\, |w|_{H^1_{\text{pw}}(\Gamma)} + \widetilde{c}(\eta, \varrho)\, h^{-1/2}\, \|w\|_{L_2(\Gamma)}.$$

Zur Gewährleistung einer asymptotisch optimalen Konvergenzordnung muß deshalb die Bedingung

$$\widetilde{c}(\eta, \varrho) \leq c_2\, h^2 \tag{14.18}$$

erfüllt sein, denn dann folgt mit

$$\|w - \widetilde{w}_h\|_{H^{-1/2}(\Gamma)} \leq c_1\, h^{3/2}\, |w|_{H^1_{\text{pw}}(\Gamma)} + c_2\, h^{3/2}\, \|w\|_{L_2(\Gamma)}$$

die gleiche asymptotische Fehlerabschätzung wie für die Standard–Randelementmethode in (14.3). Ein Vergleich mit der Bedingung (14.17) zur Gewährleistung der positiven Definitheit der approximierten Steifigkeitsmatrix $\widetilde{V}_h$ zeigt, daß asymptotisch die Gültigkeit von (14.17) aus (14.18) folgt.

Für die Fundamentallösung $U^*(x,y) = -\frac{1}{2\pi}\log|x-y|$ sind nun Darstellungen der Form (14.11) mit der Fehlerabschätzung (14.12) anzugeben. Aus der Bedingung (14.18) kann dann auf die Wahl der Parameter η und ϱ geschlossen werden.

14.2.1 Darstellung mit Taylor–Reihen

Ein erste Möglichkeit zur Herleitung der Darstellung (14.11) ist die Taylor–Entwicklung der Fundamentallösung $U^*(x,y)$ hinsichtlich der Integrationsvariablen $y \in \omega_i^\lambda$ [42]. Zunächst wird die Taylor–Entwicklung einer skalaren Funktion f betrachtet. Für $p \in \mathbb{N}$ ist

$$f(1) = f(0) + \sum_{n=1}^{p} \frac{1}{n!} \frac{d^n}{dt^n} f(t)_{|t=0} + \frac{1}{p!} \int_0^1 (1-s)^p \frac{d^{p+1}}{ds^{p+1}} f(s)ds.$$

Sei y_i^λ das Zentrum des Clusters ω_i^λ. Für beliebiges $y \in \omega_i^\lambda$ und $t \in [0,1]$ sei

$$f(t) := U^*(x, y_i^\lambda + t(y - y_i^\lambda)).$$

Dann ist

$$\frac{d}{dt}f(t) = \sum_{j=1}^{2}(y_j - y_{i,j}^\lambda)\frac{\partial}{\partial z_j}U^*(x,z)_{|z=y_i^\lambda+t(y-y_i^\lambda)},$$

und durch rekursive Anwendung folgt für $1 \le n \le p$

$$\frac{d^n}{dt^n}f(t) = \sum_{|\alpha|=n}\frac{n!}{\alpha!}(y-y_i^\lambda)^\alpha D_z^\alpha U^*(x,z)_{|z=y_i^\lambda+t(y-y_i^\lambda)}.$$

Durch die Reihenentwicklung der Fundamentallösung $U^*(x,y)$ um das Clusterzentrum y_i^λ ergibt sich die Darstellung

$$U^*(x,y) = U_\varrho^*(x,y) + R_p(x,y)$$

mit der Approximation der Kernfunktion,

$$U_\varrho^*(x,y) = U^*(x,y_i^\lambda) + \sum_{n=1}^{p}\sum_{|\alpha|=n}\frac{1}{\alpha!}(y-y_i^\lambda)^\alpha D_z^\alpha U^*(x,z)]_{z=y_i^\lambda}. \tag{14.19}$$

Mit

$$f_0^{\lambda,j}(x) := U^*(x,y_i^\lambda), \quad g_0^{\lambda,i}(y) := 1$$

und

$$f_{n,\alpha}^{\lambda,j}(x) := D_z^\alpha U^*(x,z)_{|z=y_i^\lambda}, \quad g_{n,\alpha}^{\lambda,i}(y) := \frac{1}{\alpha!}(y-y_i^\lambda)^\alpha$$

für $n = 1,\dots,p$ und $|\alpha| = n$ ergibt sich somit die Darstellung (14.11). Für jedes $n \in [1,p]$ existieren genau $n+1$ Multiindizes $\alpha \in \mathbb{N}^2$ mit $|\alpha| = n$. Dann ergibt sich für Anzahl ϱ der Terme in der Reihenentwicklung (14.11)

$$\varrho = 1 + \sum_{n=1}^{p}(n+1) = \frac{1}{2}(p+1)(p+2).$$

Zur Herleitung der Fehlerabschätzung (14.12) muß das Restglied

$$R_p(y,y_i^\lambda) = \frac{1}{p!}\int_0^1(1-s)^p\sum_{|\alpha|=p+1}(y-y_i^\lambda)^\alpha D_z^\alpha U^*(x,z)_{|z=y_i^\lambda+s(y-y_i^\lambda)}ds$$

abgeschätzt werden. Dies erfordert zunächst Abschätzungen für die Ableitungen der Fundamentallösung $U^*(x,y)$.

Lemma 14.2 *Seien ω_i^λ und ω_j^λ maximal zulässig. Für $|\alpha| = p \in \mathbb{N}$ gilt*

$$\left|D_y^\alpha U^*(x,y)\right| \le \frac{1}{2\pi}\frac{3^{p-1}(p-1)!}{|x-y|^p} \quad \textit{für alle } (x,y) \in \omega_j^\lambda \times \omega_i^\lambda.$$

Beweis: Für die Ableitungen der Funktion $f(x,y) = \log|x-y|$ ist

$$\frac{\partial}{\partial y_i} f(x,y) = \frac{y_i - x_i}{|x-y|^2}, \quad i = 1,2.$$

Für die zweiten Ableitungen ergibt sich

$$\frac{\partial^2}{\partial y_i^2} f(x,y) = \frac{1}{|x-y|^2} - 2\,\frac{(y_i - x_i)^2}{|x-y|^4}, \quad i = 1,2,$$

und

$$\frac{\partial^2}{\partial y_1 \partial y_2} f(x,y) = -2\,\frac{(y_1 - x_1)(y_2 - x_2)}{|x-y|^4}.$$

Allgemein gilt für $|\alpha| = \varrho \in I\!N$

$$D_y^\alpha f(x,y) = \sum_{|\beta| \le \varrho} a_\beta^\varrho \frac{(y-x)^\beta}{|x-y|^{|\beta|+\varrho}} \tag{14.20}$$

mit gewissen Koeffizienten a_β^ϱ. Daraus folgt

$$\left| D_y^\alpha f(x,y) \right| \le \sum_{|\beta| \le \varrho} \left| a_\beta^\varrho \right| \frac{1}{|x-y|^\varrho} = \frac{c_\varrho}{|x-y|^\varrho}.$$

Ein Vergleich mit den ersten und zweiten Ableitungen der Funktion $f(x,y)$ liefert $c_1 = 1$ und $c_2 = 3$. Eine allgemeine Abschätzung der Konstanten c_ϱ für $\varrho \ge 2$ folgt nun durch vollständige Induktion. Aus (14.20) ergibt sich für $i = 1,2$ und $j \ne i$

$$\begin{aligned} \frac{\partial}{\partial y_i} D_y^\alpha f(x,y) &= \sum_{|\beta| \le \varrho} a_\beta^\varrho \frac{\partial}{\partial y_i} \frac{(y-x)^\beta}{|x-y|^{|\beta|+\varrho}} \\ &= \sum_{|\beta| \le \varrho} a_\beta^\varrho \left[\beta_i \frac{(y_i - x_i)^{\beta_i - 1}(y_j - x_j)^{\beta_j}}{|x-y|^{|\beta|+\varrho}} - (|\beta| + \varrho) \frac{(y_i - x_i)^{\beta_i + 1}(y_j - x_j)^{\beta_j}}{|x-y|^{|\beta|+\varrho+2}} \right]. \end{aligned}$$

Mit

$$|y_i - x_i| \le |x-y|, \quad \beta_i \le |\beta| \le \varrho, \quad \beta_i + \beta_j \le |\beta| \quad \text{für } i \ne j$$

folgt daraus die Abschätzung

$$\left| \frac{\partial}{\partial y_i} D_y^\alpha f(x,y) \right| \le \frac{3\varrho}{|x-y|^{\varrho+1}} \sum_{|\beta| \le \varrho} \left| a_\beta^\varrho \right| = \frac{3\varrho c_\varrho}{|x-y|^{\varrho+1}} = \frac{c_{\varrho+1}}{|x-y|^{\varrho+1}}$$

und somit

$$c_{\varrho+1} = 3\varrho c_\varrho = 3^\varrho \varrho!\,.$$

Mit $\varrho = p$ ergibt sich dann die Behauptung. ■

Mit Lemma 14.2 kann nun mit der Abschätzung des Restgliedes $R_p(x,y)$ eine Fehlerabschätzung für die Approximation (14.19) gewonnen werden.

Lemma 14.3 *Seien ω_i^λ und ω_j^λ zwei zueinander zulässige Cluster. Für die durch* (14.19) *erklärte Approximation $U_\varrho^*(x,y)$ der Fundamentallösung $U^*(x,y)$ gilt dann die Fehlerabschätzung*

$$\left|U^*(x,y) - U_\varrho^*(x,y)\right| \le 3^p \left(\frac{1}{\eta}\right)^{p+1} \quad \text{für alle } (x,y) \in \omega_j^\lambda \times \omega_i^\lambda .$$

Beweis: Mit Lemma 14.2 folgt für $(x,y) \in \omega_j^\lambda \times \omega_i^\lambda$ mit der Zulässigkeitsbedingung (14.8)

$$\begin{aligned}
\left|U^*(x,y) - U_\varrho^*(x,y)\right| &= \left|R_p(y, y_i^\lambda)\right| \\
&\le \frac{1}{p!}\,|y - y_i^\lambda|^{p+1} \max_{\bar{y} \in \omega_i^\lambda} \sum_{|\alpha|=p+1} |D_z^\alpha U^*(x,z)_{z=\bar{y}}| \int_0^1 (1-s)^p ds \\
&\le \frac{1}{(p+1)!}|y - y_i^\lambda|^{p+1} \max_{\bar{y} \in \omega_i^\lambda} \sum_{|\alpha|=p+1} \frac{3^p p!}{|x-\bar{y}|^{p+1}} \\
&\le 3^p \frac{[\operatorname{diam} \omega_i^\lambda]^{p+1}}{[\operatorname{dist}(\omega_i^\lambda, \omega_j^\lambda)]^{p+1}} \le 3^p \left(\frac{1}{\eta}\right)^{p+1}
\end{aligned}$$

und somit die Behauptung. ■

Mit der Zerlegung (14.19) wird durch (14.15) eine approximierte Steifigkeitsmatrix $\widetilde{V}_h$ definiert. Für die Beibehaltung der asymptotisch optimalen Fehlerabschätzung (14.3) lautet dann die Bedingung (14.18)

$$3^p \left(\frac{1}{\eta}\right)^{p+1} \le c\, h^2 .$$

Für einen fest gewählten Zulässigkeitsparameter $\eta > 3$ und $h = \mathcal{O}(1/N)$ ergibt sich daraus

$$\frac{1}{3}\left(\frac{3}{\eta}\right)^{p+1} \le \tilde{c}\,\frac{1}{N^2}$$

und somit

$$p = \mathcal{O}(\log_2 N) .$$

Der Gesamtaufwand (14.16) zur Speicherung und Anwendung der approximierten Steifigkeitsmatrix $\widetilde{V}_h$ ist dann proportional zu

$$N\,(\log_2 N)^3 .$$

14.2.2 Reihendarstellung der Fundamentallösung

Für die bei Randelementmethoden auftretenden Fundamentallösungen $U^*(x,y)$ lassen sich meist im Fernfeld gültige Reihendarstellungen für $(x,y) \in \omega_j^\lambda \times \omega_i^\lambda$ herleiten, welche auch Ausgangspunkt für die schnelle Multipomethode [35, 36] sind, bei der die Reihenentwicklungen auf den gröberen Leveln aus denen auf den niedrigeren Leveln gewonnen werden. Auf diese hierarchischen Algorithmen soll an dieser Stelle aber nicht näher eingegangen werden [33, 64].

Sei y_i^λ das Zentrum des Clusters ω_i^λ. Durch Übergang ins Komplexe gilt dann

$$-\frac{1}{2\pi}\log|x-y| = -\frac{1}{2\pi}\log|(x-y_i^\lambda)-(y-y_i^\lambda)| = \operatorname{Re}\left(-\frac{1}{2\pi}\log(z-z_0)\right)$$

mit

$$\begin{aligned} z &:= (x_1-y_{i,1}^\lambda)+i(x_2-y_{i,2}^\lambda) = |x-y_i^\lambda|\,e^{i\varphi(x-y_i^\lambda)}, \\ z_0 &:= (y_1-y_{i,1}^\lambda)+i(y_2-y_{i,2}^\lambda) = |y-y_i^\lambda|\,e^{i\varphi(y-y_i^\lambda)}. \end{aligned}$$

Da die Cluster ω_i^λ und ω_j^λ nach Voraussetzung zueinander zulässig sind, folgt

$$\frac{|z_0|}{|z|} = \frac{|y-y_i^\lambda|}{|x-y_i^\lambda|} \le \frac{\operatorname{diam}\omega_i^\lambda}{\operatorname{dist}(\omega_i^\lambda,\omega_j^\lambda)} \le \frac{1}{\eta} < 1\,.$$

Damit ist nach der Reihendarstellung des Logarithmus

$$-\frac{1}{2\pi}\log(z-z_0) = -\frac{1}{2\pi}\log z - \frac{1}{2\pi}\log\left(1-\frac{z_0}{z}\right) = -\frac{1}{2\pi}\log z + \frac{1}{2\pi}\sum_{n=1}^{\infty}\frac{1}{n}\left(\frac{z_0}{z}\right)^n,$$

und für $p \in \mathbb{N}$ wird durch

$$U_\varrho^*(x,y) := \operatorname{Re}\left(-\frac{1}{2\pi}\log z + \frac{1}{2\pi}\sum_{n=1}^{p}\frac{1}{n}\left(\frac{z_0}{z}\right)^n\right) \tag{14.21}$$

eine Approximation der Fundamentallösung $U^*(x,y)$ erklärt. Wegen

$$\left(\frac{z_0}{z}\right)^n = z_0^n z^{-n} = \frac{|y-y_i^\lambda|^n}{|x-y_i^\lambda|^n}\,e^{in\varphi(y-y_i^\lambda)}e^{-in\varphi(x-y_i^\lambda)}$$

ergibt sich daraus die Darstellung

$$\begin{aligned} U_\varrho^*(x,y) &= -\frac{1}{2\pi}\log|x-y_i^\lambda| + \frac{1}{2\pi}\sum_{n=1}^{p}\frac{1}{n}|y-y_i^\lambda|^n\cos n\varphi(y-y_i^\lambda)\frac{\cos n\varphi(x-y_i^\lambda)}{|x-y_i^\lambda|^n} \\ &\quad + \frac{1}{2\pi}\sum_{n=1}^{p}\frac{1}{n}|y-y_i^\lambda|^n\sin n\varphi(y-y_i^\lambda)\frac{\sin n\varphi(x-y_i^\lambda)}{|x-y_i^\lambda|^n}. \end{aligned}$$

Mit

$$f_0^{\lambda,j}(x) := U^*(x, y_i^\lambda), \quad g_0^{\lambda,i}(y) := 1$$

und

$$f_{2n-1}^{\lambda,j}(x) := \frac{1}{2\pi}\frac{\cos n\varphi(x-y_i^\lambda)}{|x-y_i^\lambda|^n}, \quad g_{2n-1}^{\lambda,i}(y) := \frac{1}{n}|y-y_i^\lambda|^n \cos n\varphi(y-y_i^\lambda),$$

bzw.

$$f_{2n}^{\lambda,j}(x) := \frac{1}{2\pi}\frac{\sin n\varphi(x-y_i^\lambda)}{|x-y_i^\lambda|^n}, \quad g_{2n}^{\lambda,i}(y) := \frac{1}{n}|y-y_i^\lambda|^n \sin n\varphi(y-y_i^\lambda)$$

für $n = 1, \ldots, p$ ergibt sich die Darstellung (14.11) mit $\varrho = 2p+1$.

Lemma 14.4 *Seien ω_i^λ und ω_j^λ zwei zueinander zulässige Cluster. Für die durch* (14.21) *erklärte Approximation $U_\varrho(x,y)$ der Fundamentallösung $U^*(x,y)$ gilt dann die Fehlerabschätzung*

$$|U^*(x,y) - U_\varrho^*(x,y)| \leq \frac{1}{2\pi}\frac{1}{p+1}\frac{1}{\eta-1}\left(\frac{1}{\eta}\right)^p \quad \textit{für alle } (x,y) \in \omega_j^\lambda \times \omega_i^\lambda.$$

Beweis: Aus der Reihenentwicklung

$$-\frac{1}{2\pi}\log(z-z_0) = -\frac{1}{2\pi}\log z + \frac{1}{2\pi}\sum_{n=1}^{\infty}\frac{1}{n}\left(\frac{z_0}{z}\right)^n$$

folgt mit der Zulässigkeitsbedingung (14.8)

$$\begin{aligned} |U^*(x,y) - U_\varrho^*(x,y)| &= \left|\mathrm{Re}\left(\frac{1}{2\pi}\sum_{n=p+1}^{\infty}\frac{1}{n}\left(\frac{z_0}{z}\right)^n\right)\right| \leq \frac{1}{2\pi}\sum_{n=p+1}^{\infty}\frac{1}{n}\left(\frac{1}{\eta}\right)^n \\ &\leq \frac{1}{2\pi}\frac{1}{p+1}\left(\frac{1}{\eta}\right)^{p+1}\sum_{n=0}^{\infty}\left(\frac{1}{\eta}\right)^n \end{aligned}$$

und somit die Behauptung. ∎

Zur Gewährleistung der asymptotisch optimalen Fehlerabschätzung (14.3) lautet nun die Bedingung (14.18)

$$\frac{1}{2\pi}\frac{1}{p+1}\frac{1}{\eta-1}\left(\frac{1}{\eta}\right)^p \leq c h^2.$$

Damit ergibt sich für einen fest gewählten Zulässigkeitsparameter $\eta > 1$

$$p = \mathcal{O}(\log_2 N).$$

Der Gesamtaufwand (14.16) zur Speicherung und Anwendung der approximierten Steifigkeitsmatrix $\widetilde{V}_h$ ist somit proportional zu

$$N\,(\log_2 N)^2 .$$

Sowohl die auf der Taylor–Reihe basierende Approximation (14.19) als auch die hier betrachtete Reihenentwicklung (14.21) führt auf eine nichtsymmetrische Approximation $U^*_\varrho(x,y)$ der Fundamentallösung $U^*(x,y)$ und somit auf eine nichtsymmetrische approximierte Steifigkeitsmatrix $\widetilde{V}_h$. Ziel ist deshalb die Herleitung einer symmetrischen Approximation $U^*_\varrho(x,y)$. Ausgangspunkt hierfür ist die Darstellung (14.21),

$$U^*_\varrho(x,y) \;=\; \operatorname{Re}\left(-\frac{1}{2\pi}\log z + \frac{1}{2\pi}\sum_{n=1}^{p}\frac{1}{n}\left(\frac{z_0}{z}\right)^n\right)$$

mit

$$z \;=\; |x-y_i^\lambda|e^{i\varphi(x-y_i^\lambda)}, \quad z_0 \;=\; |y-y_i^\lambda|e^{i\varphi(y-y_i^\lambda)}.$$

Für das Zentrum y_j^λ des Clusters ω_j^λ sei $z = w - z_1$ mit

$$w \;:=\; |y_j^\lambda - y_i^\lambda|e^{i\varphi(y_j^\lambda - y_i^\lambda)}, \quad z_1 \;:=\; |y_j^\lambda - x|e^{i\varphi(y_j^\lambda - x)}.$$

Aus der Zulässigkeitsbedingung (14.8) folgt dann

$$\frac{|z_1|}{|w|} \;=\; \frac{|y_j^\lambda - x|}{|y_j^\lambda - y_i^\lambda|} \;\le\; \frac{\operatorname{diam}\omega_j^\lambda}{\operatorname{dist}(\omega_i^\lambda,\omega_j^\lambda)} \;\le\; \frac{1}{\eta} \;<\; 1,$$

und somit gilt

$$-\frac{1}{2\pi}\log z \;=\; -\frac{1}{2\pi}\log w + \frac{1}{2\pi}\sum_{n=1}^{\infty}\frac{1}{n}\left(\frac{z_1}{w}\right)^n .$$

Lemma 14.5 *Für komplexe Zahlen w, z_1 mit $|z_1| < |w|$ und $n \in \mathbb{N}$ gilt*

$$\frac{1}{(w-z_1)^n} \;=\; \sum_{m=0}^{\infty}\binom{m+n-1}{n-1}\frac{z_1^m}{w^{m+n}}.$$

Beweis: Für $|z_1| < |w|$ ist

$$\frac{1}{w-z_1} \;=\; \frac{1}{w}\frac{1}{1-\dfrac{z_1}{w}} \;=\; \frac{1}{w}\sum_{m=0}^{\infty}\left(\frac{z_1}{w}\right)^m$$

und somit gilt die Behauptung für $n = 1$. Für $n > 1$ ist

$$\begin{aligned}
\frac{1}{(w-z_1)^n} &= \frac{1}{(n-1)!}\frac{d^{n-1}}{dz_1^{n-1}}\frac{1}{w-z_1} \\
&= \frac{1}{(n-1)!}\frac{d^{n-1}}{dz_1^{n-1}}\left[\frac{1}{w}\sum_{m=0}^{\infty}\left(\frac{z_1}{w}\right)^m\right] \\
&= \frac{1}{(n-1)!}\frac{1}{w}\sum_{m=n-1}^{\infty}\frac{m!}{(m-n+1)!}\frac{z_1^{m-n+1}}{w^m} \\
&= \frac{1}{(n-1)!}\frac{1}{w}\sum_{m=0}^{\infty}\frac{(m+n-1)!}{m!}\frac{z_1^m}{w^{m+n-1}} \\
&= \sum_{m=0}^{\infty}\binom{m+n-1}{n-1}\frac{z_1^m}{w^{m+n}}.
\end{aligned}$$

■

Aus (14.21) kann mit Lemma 14.5 für $p \in \mathbb{N}$ und $z = w - z_1$ durch

$$\begin{aligned}
\widetilde{U}_\varrho^*(x,y) = \operatorname{Re}\Bigg(&-\frac{1}{2\pi}\log w + \frac{1}{2\pi}\sum_{m=1}^{p}\frac{1}{m}\left(\frac{z_1}{w}\right)^m + \frac{1}{2\pi}\sum_{n=1}^{p}\frac{1}{n}\left(\frac{z_0}{w}\right)^n \\
&+\frac{1}{2\pi}\sum_{n=1}^{p}\sum_{m=1}^{p}\frac{1}{n}\binom{m+n-1}{n-1}\frac{z_0^n z_1^m}{w^{m+n}}\Bigg)
\end{aligned} \tag{14.22}$$

eine symmetrische Approximation der Fundamentallösung $U^*(x,y)$ erklärt werden.

Lemma 14.6 *Seien ω_i^λ und ω_j^λ zwei zueinander zulässige Cluster. Für die durch (14.22) definierte Approximation $\widetilde{U}_\varrho^*(x,y)$ der Fundamentallösung $U^*(x,y)$ gilt die Fehlerabschätzung*

$$\left|U^*(x,y) - \widetilde{U}_\varrho^*(x,y)\right| \le \frac{1}{2\pi}\frac{1}{p+1}\frac{1}{\eta-1}\left[2+\frac{1}{\eta-1}\right]\left(\frac{1}{\eta}\right)^p$$

für alle $(x,y) \in \omega_j^\lambda \times \omega_i^\lambda$.

Beweis: Mit der Dreiecksungleichung und Lemma 14.4 ist

$$\begin{aligned}
\left|U^*(x,y) - \widetilde{U}_\varrho^*(x,y)\right| &\le \left|U^*(x,y) - U_\varrho^*(x,y)\right| + \left|U_\varrho^*(x,y) - \widetilde{U}_\varrho^*(x,y)\right| \\
&\le \frac{1}{2\pi}\frac{1}{p+1}\frac{\eta}{\eta-1}\left(\frac{1}{\eta}\right)^{p+1} \\
&\quad + \left|\operatorname{Re}\left(\frac{1}{2\pi}\sum_{m=p+1}^{\infty}\frac{1}{m}\left(\frac{z_1}{w}\right)^m + \frac{1}{2\pi}\sum_{n=1}^{p}\sum_{m=p+1}^{\infty}\frac{1}{n}\binom{m-n-1}{n-1}\frac{z_0^n z_1^m}{w^{m+n}}\right)\right| \\
&\le \frac{1}{\pi}\frac{1}{p+1}\frac{\eta}{\eta-1}\left(\frac{1}{\eta}\right)^{p+1} + \frac{1}{2\pi}\sum_{n=1}^{p}\sum_{m=p+1}^{\infty}\frac{1}{n}\binom{m-n-1}{n-1}\left(\frac{1}{\eta}\right)^{m+n}
\end{aligned}$$

unter Verwendung der Zulässigkeitsbedingung (14.8). Mit

$$\frac{1}{n}\begin{pmatrix} m-n-1 \\ n-1 \end{pmatrix} = \frac{1}{n}\frac{(m-n-1)!}{(n-1)!m!} = \frac{1}{m}\frac{(m-n-1)!}{n!(m-1)!} \leq \frac{1}{m}$$

folgt für den noch abzuschätzenden Summanden

$$\begin{aligned} \frac{1}{2\pi}\sum_{n=1}^{p}\sum_{m=p+1}^{\infty}\frac{1}{n}\begin{pmatrix} m-n-1 \\ n-1 \end{pmatrix}\left(\frac{1}{\eta}\right)^{m+n} &\leq \frac{1}{2\pi}\sum_{n=1}^{p}\sum_{m=p+1}^{\infty}\frac{1}{m}\left(\frac{1}{\eta}\right)^{m+n} \\ &\leq \frac{1}{2\pi}\frac{1}{p+1}\frac{\eta}{(\eta-1)^2}\left(\frac{1}{\eta}\right)^{p+1} \end{aligned}$$

und somit die Behauptung. ■

14.2.3 Adaptive Cross–Approximation

Die bisher beschriebenen Approximationen $U^*_\varrho(x,y)$ der Kernfunktion $U^*(x,y)$ erfordern entweder die Kenntnis einer geeigneten Reihenentwicklung oder die Berechnung von Ableitungen der Fundamentallösung. Ziel ist deshalb die Herleitung von Approximationen, welche nur auf der Auswertung der Fundamentallösung in Interpolationspunkten basieren. Eine Möglichkeit besteht dabei in der Interpolation der Fundamentallösung mit Tschebyscheff–Polynomen. Der hier betrachtete Algorithmus zur Approximation der Kernfunktion $U^*(x,y)$ wurde erstmals von Tyrtyshnikov in [85] beschrieben. Die hier gegebene Darstellung orientiert sich auch an [7, 8].
Seien ω_i^λ und ω_j^λ ein Paar zueinander zulässiger Cluster. Zur Approximation der Kernfunktion $U^*(x,y)$ für $(x,y) \in \omega_j^\lambda \times \omega_i^\lambda$ werden zwei Funktionenfolgen $s_k(x,y)$ und $r_k(x,y)$ konstruiert. Dabei ist $r_k(x,y)$ das jeweilige Residuum der zugehörigen Approximation $s_k(x,y)$. Zur Initialisierung werden zunächst

$$s_0(x,y) := 0, \quad r_0(x,y) := U^*(x,y)$$

gesetzt. Für $k = 1,2,\ldots,\varrho$ sei $(x_k,y_k) \in \omega_j^\lambda \times \omega_i^\lambda$ ein Punktpaar, so daß das Residuum nicht verschwindet, d.h. $\alpha_k := r_{k-1}(x_k,y_k) \neq 0$. Dann ist

$$s_k(x,y) := s_{k-1}(x,y) + \frac{1}{\alpha_k}r_{k-1}(x,y_k)r_{k-1}(x_k,y), \tag{14.23}$$

$$r_k(x,y) := r_{k-1}(x,y) - \frac{1}{\alpha_k}r_{k-1}(x,y_k)r_{k-1}(x_k,y). \tag{14.24}$$

Für $\varrho \in I\!N_0$ definiert schließlich

$$U^*_\varrho(x,y) = s_\varrho(x,y) = \sum_{k=1}^{\varrho}\frac{r_{k-1}(x,y_k)r_{k-1}(x_k,y)}{r_{k-1}(x_k,y_k)} \quad \text{für } (x,y) \in \omega_j^\lambda \times \omega_i^\lambda \tag{14.25}$$

die Approximation der gegebenen Kernfunktion $U^*(x,y)$ bezüglich dem zulässigen Clusterpaar $(\omega_j^\lambda, \omega_i^\lambda)$. Für die durch (14.23) und (14.24) gegebene Rekursion gelten die folgenden Eigenschaften.

Lemma 14.7 *Für alle* $0 \le k \le \varrho$ *und* $(x,y) \in \omega_j^\lambda \times \omega_i^\lambda$ *gilt*

$$U^*(x,y) = s_k(x,y) + r_k(x,y) \tag{14.26}$$

sowie

$$r_k(x,y_i) = 0 \quad \textit{für alle } 1 \le i \le k \tag{14.27}$$

bzw.

$$r_k(x_j,y) = 0 \quad \textit{für alle } 1 \le j \le k. \tag{14.28}$$

Beweis: Die Addition der Entwicklungsvorschriften (14.23) und (14.24) ergibt

$$r_k(x,y) + s_k(x,y) = r_{k-1}(x,y) + s_{k-1}(x,y)$$

für alle $k = 1, \ldots, p$, und somit erhält man durch rekursive Anwendung

$$r_k(x,y) + s_k(x,y) = r_0(x,y) + s_0(x,y) = U^*(x,y).$$

Die zweite Behauptung ergibt sich durch vollständige Induktion nach $k = 1, \ldots, p$. Für $k = 1$ ist

$$r_1(x,y_1) = r_0(x,y_1) - \frac{1}{r_0(x_1,y_1)} r_0(x,y_1) r_0(x_1,y_1) = 0.$$

Somit sei $r_k(x,y_i) = 0$ für $k = 1,2,\ldots,p$ und $i = 1,\ldots,k$ erfüllt. Dann ist

$$r_{k+1}(x,y_i) = r_k(x,y_i) - \frac{1}{\alpha_{k+1}} r_k(x,y_{k+1}) r_k(x_{k+1},y_i) = 0,$$

d.h. es gilt $r_{k+1}(x,y_i) = 0$ für alle $i = 1,\ldots,k$. Schließlich ist nach (14.24)

$$r_{k+1}(x,y_{k+1}) = r_k(x,y_{k+1}) - \frac{1}{r_k(x_{k+1},y_{k+1})} r_k(x,y_{k+1}) r_k(x_{k+1},y_{k+1}) = 0.$$

Die letzte Behauptung folgt analog. ■

Einsetzen von $x = x_j$ für $j = 1,\ldots,k$ in (14.27) liefert

$$r_k(x_j,y_i) = 0 \quad \text{für alle } i,j = 1,\ldots,k,$$

und wegen (14.26) folgt

$$s_k(x_j,y_i) = U^*(x_j,y_i) \quad \text{für alle } i,j = 1,\ldots,k;\ k = 1,\ldots,\varrho.$$

Die Approximationen $s_k(x,y)$ **interpolieren** also die gegebene Funktion $U^*(x,y)$ in den Stützstellen (x_j,y_i) für $i,j = 1,\ldots,k$.

Für die Analysis der durch (14.23) und (14.24) erklärten Approximation $U_\varrho^*(x,y)$ wird für $k = 1,\ldots,\varrho$ eine Folge von Matrizen

$$M_k[j,i] = U^*(x_j,y_i) \quad \text{für } i,j = 1,\ldots,k \tag{14.29}$$

definiert, deren Determinaten wie folgt bestimmt werden können.

Lemma 14.8 *Für $k = 1, \ldots, \varrho$ sei M_k die durch* (14.29) *erklärte Matrizenfolge. Dann gilt*

$$\det M_k = r_0(x_1, y_1) \cdots r_{k-1}(x_k, y_k) = \prod_{i=1}^{k} r_{i-1}(x_i, y_i) = \prod_{i=1}^{k} \alpha_i . \qquad (14.30)$$

Beweis: Der Nachweis von (14.30) erfolgt durch vollständige Induktion nach $k = 1, \ldots, \varrho$. Für $k = 1$ ist zunächst

$$\det M_1 = M_1[1,1] = U^*(x_1, y_1) = r_0(x_1, y_1) = \alpha_1 .$$

Sei nun die Behauptung für die Matrix M_k erfüllt. Für die Matrix M_{k+1} gilt nun die Darstellung

$$M_{k+1} = \begin{pmatrix} U^*(x_1, y_1) & \cdots & U^*(x_1, y_k) & U^*(x_1, y_{k+1}) \\ \vdots & & \vdots & \vdots \\ U^*(x_k, y_1) & \cdots & U^*(x_k, y_k) & U^*(x_k, y_{k+1}) \\ U^*(x_{k+1}, y_1) & \cdots & U^*(x_{k+1}, y_k) & U^*(x_{k+1}, y_{k+1}) \end{pmatrix}.$$

Für beliebige $(x, y_i) \in \omega_j^\lambda \times \omega_i^\lambda$ gilt nach der Rekursionsvorschrift (14.24) zunächst

$$\begin{aligned} r_0(x, y_i) &= U^*(x, y_i), \\ r_1(x, y_i) &= r_0(x, y_i) - \frac{r_0(x, y_1) r_0(x_1, y_i)}{r_0(x_1, y_1)} = U^*(x, y_i) - \frac{r_0(x_1, y_i)}{r_0(x_1, y_1)} U^*(x, y_1) \end{aligned}$$

und somit

$$r_1(x, y_i) = U^*(x, y_i) - \alpha_1^1(y_i)\, U^*(x, y_1), \quad \alpha_1^1(y_i) := \frac{r_0(x_1, y_i)}{r_0(x_1, y_1)}.$$

Diese Darstellung läßt sich durch vollständige Induktion auf $r_k(x, y_i)$ für alle $k = 1, \ldots, \varrho$ und $(x, y_i) \in \omega_j^\lambda \times \omega_i^\lambda$ verallgemeinern. Gegeben sei die Darstellung

$$r_k(x, y_i) = U^*(x, y_i) - \sum_{j=1}^{k} \alpha_j^k(\underline{y}) U^*(x, y_j) \qquad (14.31)$$

Mit der Rekursionsvorschrift (14.24) ergibt sich dann durch zweifaches Einsetzen der Induktionsvoraussetzung

$$\begin{aligned} r_{k+1}(x, y_i) &= r_k(x, y_i) - \frac{r_k(x, y_{k+1}) r_k(x_{k+1}, y_i)}{r_k(x_{k+1}, y_{k+1})} \\ &= U^*(x, y_i) - \sum_{j=1}^{k} \alpha_j^k(\underline{y}) U^*(x, y_j) \\ &\quad - \frac{r_k(x_{k+1}, y_i)}{r_k(x_{k+1}, y_{k+1})} \left[U^*(x, y_{k+1}) - \sum_{j=1}^{k} \alpha_j^k(\underline{y}) U^*(x, y_j) \right] \\ &= U^*(x, y_i) - \sum_{j=1}^{k+1} \alpha_j^{k+1}(\underline{y}) U^*(x, y_j) . \end{aligned}$$

Ausgehend von der Matrix M_{k+1} wird durch

$$\widetilde{M}_{k+1}[j,i] := M_{k+1}[j,i] \quad \text{für } i=1,\ldots,k, j=1,\ldots,k+1$$

und

$$\widetilde{M}_{k+1}[j,k+1] = M_{k+1}[j,k+1] - \sum_{\ell=1}^{k} \alpha_\ell^k(\underline{y}) M_{k+1}[j,\ell] \quad \text{für } j=1,\ldots,k+1$$

eine transformierte Matrix $\widetilde{M}_{k+1}$ mit $\det \widetilde{M}_{k+1} = \det M_{k+1}$ erklärt. Einsetzen der Definition von $M_{k+1}[j,\cdot]$ ergibt für $j=1,\ldots,k+1$ wegen (14.31)

$$\widetilde{M}_{k+1}[j,k+1] = U^*(x_j,y_{k+1}) - \sum_{\ell=1}^{k} \alpha_\ell^k(\underline{y}) U^*(x_j,y_\ell) = r_k(x_j,y_{k+1}).$$

Nach Lemma 14.7 gilt

$$r_k(x_j,y_{k+1}) = 0 \quad \text{für alle } j=1,\ldots,k,$$

Die Determinante der Matrix M_{k+1} bleibt unverändert, wenn von der letzten Zeile von M_k die mit den Faktoren α_j^k multiplizierten Zeilen $M_k[j,\cdot]$ abgezogen werden. Mit (14.31) folgt

$$\widetilde{M}_{k+1} = \begin{pmatrix} U^*(x_1,y_1) & \cdots & U^*(x_1,y_k) & 0 \\ \vdots & & \vdots & \vdots \\ U^*(x_k,y_1) & \cdots & U^*(x_k,y_k) & 0 \\ U^*(x_{k+1},y_1) & \cdots & U^*(x_{k+1},y_k) & r_k(x_{k+1},y_{k+1}) \end{pmatrix}.$$

Die Entwicklung der Determinante $\det \widetilde{M}_{k+1}$ nach der letzten Spalte von $\widetilde{M}_{k+1}$ ergibt nun

$$\det M_{k+1} = \det \widetilde{M}_{k+1} = r_k(x_{k+1},y_{k+1}) \det M_k$$

und somit den Induktionsschritt und in der Folge die Behauptung. ∎

Mit Hilfe der Matrizen M_k können nun die Approximationen $s_k(x,y)$ dargestellt werden.

Lemma 14.9 *Für die Approximationen $s_k(x,y)$, $k=1,\ldots,\varrho$ gilt die Darstellung*

$$s_k(x,y) = \left(U^*(x,y_i)\right)_{i=1,\ldots,k}^\top M_k^{-1} \left(U^*(x_i,y)\right)_{i=1,\ldots,k}.$$

Beweis: Nach der Rekursionsvorschrift (14.23) ist $s_k(x,y)$ definiert als

$$s_k(x,y) = \sum_{i=1}^{k} \frac{1}{\alpha_i} r_{i-1}(x,y_i) r_{i-1}(x_i,y).$$

Für das Residuum $r_{i-1}(x, y_i)$ gilt nach (14.31) die Darstellung

$$r_{i-1}(x, y_i) = U^*(x, y_i) - \sum_{\ell=1}^{i-1} \alpha_\ell^{i-1}(\underline{y}) U^*(x, y_\ell).$$

Entsprechend ergibt sich

$$r_{i-1}(x_i, y) = U^*(x_i, y) - \sum_{\ell=1}^{i-1} \beta_\ell^{i-1}(\underline{x}) U^*(x_\ell, y).$$

Damit existiert eine Matrix $A_k \in \mathbb{R}^{k \times k}$ mit

$$s_k(x, y) = (U^*(x, y_\ell))^\top_{\ell=1,\ldots,k} A_k U^*(x_\ell, y)_{\ell=1,\ldots,k}\,.$$

Für $(x, y) = (x_j, y_i)$ folgt daraus $r_k(x_j, y_i) = 0$ und somit

$$U^*(x_j, y_i) = s_k(x_j, y_i) = (U^*(x_j, y_\ell))^\top_{\ell=1,\ldots,k} A_k U^*(x_\ell, y_i)_{\ell=1,\ldots,k}$$

für $i, j = 1, \ldots, k$. Damit gilt in Matrixschreibweise

$$M_k = M_k A_k M_k$$

und wegen der Invertierbarkeit von M_k folgt daraus $A_k = M_k^{-1}$. ■

Zur Abschätzung des Residuums $r_\varrho(x, y)$ der durch (14.25) definierten Approximation $U_\varrho^*(x, y)$ wird eine Verbindung mit der Interpolation durch **Lagrange–Polynome** hergestellt. Für $p \in \mathbb{N}_0$ sei $P_p(\mathbb{R}^2)$ der Raum der Polynome y^α für $y \in \mathbb{R}^2$ mit dem Polynomgrad $|\alpha| \le p$. Es wird vorausgesetzt, daß die Anzahl der Punktpaare (x_k, y_k) zur Definition (14.25) der Approximation $U_\varrho^*(x, y)$ der Dimension von $P_p(\mathbb{R}^2)$ entspricht,

$$\varrho := \dim P_p(\mathbb{R}^2) = \frac{1}{2} p(p+1).$$

Für alle $k \neq \ell$ sei $y_k \neq y_\ell$, dann sind für $k = 1, \ldots, \varrho$ die Lagrange–Polynome $L_k \in P_p(\mathbb{R}^2)$ eindeutig bestimmt, und es gilt

$$L_k(y_\ell) = \delta_{k\ell} \quad \text{für } k, \ell = 1, \ldots, \varrho.$$

Für die Interpolation der Kernfunktion $U^*(x, y)$ mit den Lagrange–Polynomen $L_k(y)$ ergibt sich dann

$$U^*_{L,\varrho}(x, y) = \sum_{k=1}^{\varrho} U^*(x, y_k) L_k(y) = (U^*(x, y_k))^\top_{k=1,\ldots,\varrho} (L_k(y))_{k=1,\ldots,\varrho}$$

mit dem zugehörigen Residuum

$$E_\varrho(x, y) := U^*(x, y) - (U^*(x, y_k))^\top_{k=1,\ldots,\varrho} (L_k(y))_{k=1,\ldots,\varrho}\,.$$

Sei nun

$$M_{\varrho,\ell}(x) := \begin{pmatrix} U^*(x_1,y_1) & \cdots\cdots & U^*(x_1,y_\varrho) \\ \vdots & & \vdots \\ U^*(x_{\ell-1},y_1) & \cdots\cdots & U^*(x_{\ell-1},y_\varrho) \\ U^*(x,y_1) & \cdots\cdots & U^*(x,y_\varrho) \\ U^*(x_{\ell+1},y_1) & \cdots\cdots & U^*(x_{\ell+1},y_\varrho) \\ \vdots & & \vdots \\ U^*(x_\varrho,y_1) & \cdots\cdots & U^*(x_\varrho,y_\varrho) \end{pmatrix}.$$

Lemma 14.10 *Für $(x,y) \in \omega_j^\lambda \times \omega_i^\kappa$ sei $r_\varrho(x,y)$ das durch die Approximation $U_\varrho^*(x,y)$ induzierte Residuum. Dann gilt*

$$r_\varrho(x,y) = E_\varrho(x,y) - \sum_{k=1}^{\varrho} \frac{\det M_{\varrho,k}(x)}{\det M_\varrho} E_\varrho(x_k,y).$$

Beweis: Mit Lemma 14.7 und der Matrix–Darstellung von $s_\varrho(x,y)$ in Lemma 14.9 ergibt sich zunächst

$$\begin{aligned} r_\varrho(x,y) &= U^*(x,y) - s_\varrho(x,y) \\ &= U^*(x,y) - (U^*(x,y_k))_{k=1,\varrho}^\top M_\varrho^{-1} (U^*(x_k,y))_{k=1,\varrho} \\ &= U^*(x,y) - (U^*(x,y_k))_{k=1,\varrho}^\top (L_k(y))_{k=1,\varrho} \\ &\quad - (U^*(x,y_k))_{k=1,\varrho}^\top M_\varrho^{-1} \left[(U^*(x_k,y))_{k=1,\varrho} - M_\varrho (L_k(y))_{k=1,\varrho}\right]. \end{aligned}$$

Wegen

$$\begin{aligned} (U^*(x_k,y))_{k=1,\varrho} - M_\varrho (L_k(y))_{k=1,\varrho} &= \left(U^*(x_k,y) - \sum_{\ell=1}^{\varrho} U^*(x_k,y_\ell) L_\ell(y)\right)_{k=1,\varrho} \\ &= (E_\varrho(x_k,y))_{k=1,\varrho} \end{aligned}$$

folgt daraus

$$\begin{aligned} r_\varrho(x,y) &= E_\varrho(x,y) - (U^*(x,y_k))_{k=1,\varrho}^\top M_\varrho^{-1} (E_\varrho(x_k,y))_{k=1,\varrho} \\ &= E_\varrho(x,y) - \left(M_\varrho^{-\top} (U^*(x,y_\ell))_{\ell=1,\varrho}\right)^\top (E_\varrho(x_k,y))_{k=1,\varrho}. \end{aligned}$$

Für die Einheitsvektoren $\underline{e}^\ell \in \mathbb{R}^\varrho$ mit $e_i^\ell = \delta_{i\ell}$ gilt

$$M_\varrho^\top \underline{e}^i = (U^*(x_i,y_k))_{k=1,\varrho}$$

und somit

$$\underline{e}^i = M_\varrho^{-\top} (U^*(x_i,y_k))_{k=1,\varrho}.$$

Damit ergibt sich

$$\begin{aligned} & M_\varrho^{-\top} M_{\varrho,\ell}^\top(x) = \\ & = M_\varrho^{-\top}\left((U^*(x_i,y_k))_{k=1,\varrho;i=1,\ell-1}, (U^*(x,y_k))_{k=1,\varrho}, (U^*(x_i,y_k))_{k=1,\varrho;i=\ell+1,\varrho}\right) \\ & = \left(\underline{e}^1,\ldots,\underline{e}^{\ell-1}, M_\varrho^{-\top}\left(U^*(x,y_k)\right)_{k=1,\varrho}, \underline{e}^{\ell+1},\ldots,\underline{e}^\varrho\right), \end{aligned}$$

und mit

$$\left(M_\varrho^{-\top}\left(U^*(x,y_\ell)_{\ell=1,\varrho}\right)_k = \det\left(M_\varrho^{-\top} M_{\varrho,k}^\top(x)\right) = \frac{\det M_{\varrho,k}(x)}{\det M_\varrho}$$

folgt schließlich die Behauptung. ∎

Folgerung 14.1 *Für $k = 1,\ldots,\varrho$ seien die Punktpaare $(x_k, y_k) \in \omega_j^\lambda \times \omega_i^\lambda$ so gewählt, daß*

$$|det\, M_{\varrho,\ell}(x)| \leq |det\, M_\varrho| \tag{14.32}$$

für alle $\ell = 1,\ldots,\varrho$ und für alle $x \in \omega_j^\lambda$ erfüllt ist. Dann gilt für das Residuum $r_\varrho(x,y)$ die Abschätzung

$$|r_\varrho(x,y)| \leq (1+\varrho) \sup_{x\in\omega_j^\lambda} |E_\varrho(x,y)|\,.$$

Das Kriterium (14.32) zur Auswahl der Interpolationspunkte $(x_k, y_k) \in \omega_j^\lambda \in \omega_i^\lambda$ erscheint für eine Realisierung wenig praktikabel. Deshalb wird im folgenden eine andere Möglichkeit untersucht.

Lemma 14.11 *Für $k = 1,\ldots,\varrho$ seien die Punktpaare $(x_k, y_k) \in \omega_j^\lambda \in \omega_i^\lambda$ so gewählt, daß*

$$|r_{k-1}(x_k,y_k)| \geq |r_{k-1}(x,y_k)| \quad \textit{für alle}\, x \in \omega_j^\lambda \tag{14.33}$$

erfüllt ist. Dann gilt

$$\sup_{x\in\omega_j^\lambda} \frac{|det\, M_{k,\ell}(x)|}{|det\, M_k|} \leq 2^{k-\ell}.$$

Beweis: Analog zum Beweis von Lemma 14.8 gilt für $\det M_{k,\ell}(x)$ und $1 \leq \ell < k$ die Rekursionsvorschrift

$$\det M_{k,\ell}(x) = r_{k-1}(x_k,y_k) \det M_{k-1,\ell}(x) - r_{k-1}(x,y_k) \det M_{k-1,\ell}(x_k),$$

bzw.

$$\det M_{1,1}(x) = r_0(x,y_1), \quad \det M_{k,k}(x) = r_{k-1}(x,y_k) \det M_{k-1}$$

für $k = 2,3,\ldots,\varrho$, sowie

$$\det M_k = r_{k-1}(x_k,y_k) \det M_{k-1}\,.$$

Damit folgt für $1 \leq \ell < k$ nach Voraussetzung (14.33)

$$\frac{\det M_{k,\ell}(x)}{\det M_k} = \frac{\det M_{k-1,\ell}(x)}{\det M_{k-1}} - \frac{r_{k-1}(x,y_k)}{r_{k-1}(x_k,y_k)} \frac{\det M_{k-1,\ell}(x)}{\det M_{k-1}}$$

und somit

$$\sup_{x\in\omega_j^\lambda} \frac{|\det M_{k,\ell}(x)|}{|\det M_k|} \leq 2 \sup_{x\in\omega_j^\lambda} \frac{|\det M_{k-1,\ell}(x)|}{|\det M_{k-1}|},$$

bzw.

$$\left|\frac{\det M_{k,k}(x)}{\det M_k}\right| = \left|\frac{r_{k-1}(x,y_k)}{r_{k-1}(x_k,y_k)}\right| \leq 1.$$

■

Mit Lemma 14.11 ergibt sich aus Lemma 14.10 eine Abschätzung des Residuums $r_\varrho(x,y)$ durch den Fehler $E_\varrho(x,y)$ der Lagrange–Interpolation.

Folgerung 14.2 *Für $k = 1,\ldots,\varrho$ seien die Punktpaare $(x_k,y_k) \in \omega_j^\lambda \times \omega_i^\lambda$ so gewählt, daß die Voraussetzung* (14.33) *erfüllt ist. Dann gilt*

$$|r_\varrho(x,y)| \leq 2^\varrho \sup_{x\in\omega_j^\lambda} |E_\varrho(x,y)|.$$

Im Gegensatz zur eindimensionalen Lagrange–Interpolation weist die Interpolationsaufgabe in mehreren Raumdimensionen einige Schwierigkeiten auf. Insbesondere ist die Eindeutigkeit des Interpolationspolynoms abhängig von der Wahl der Interpolationsknoten. Weiterhin ist keine explizite Darstellung für das Restglied $E_\varrho(x,y)$ bekannt. Deshalb soll an dieser Stelle auf eine weitere Betrachtung verzichtet werden. Mit Ergebnissen aus [72] können aber ähnliche Abschätzungen wie in Lemma 14.4 gezeigt werden [8].
Der hier beschriebene Algorithmus der adaptiven Cross–Approximation einer skalaren Funktion kann direkt auf die Herleitung einer Niedrigrang–Approximation einer Matrix übertragen werden [7, 9].

14.3 Wavelets

In diesem Abschnitt werden mit Wavelets hierarchische Ansatz– und Testfunktionen zur Diskretisierung des Einfachschichtpotentials betrachtet. Wie bei der Standard–Randelementmethode führt dies zunächst auf vollbesetzte Steifigkeitsmatrizen, die aber durch schwach besetzte Matrizen approximiert werden können. Damit gelingt eine erhebliche Reduktion des Aufwandes sowohl zur Speicherung, als auch zur Anwendung der Steifigkeitsmatrix.

Ohne Einschränkung der Allgemeinheit sei der Lipschitz–Rand $\Gamma = \partial\Omega$ eines beschränkten Gebietes $\Omega \subset \mathbb{R}^2$ durch eine Parameterdarstellung $\Gamma = \chi(\mathcal{Q})$ des Parameterbereiches $\mathcal{Q} = [0,1]$ gegeben, wobei für die Funktionaldeterminante $|\dot{\chi}(\xi)| =$ konstant für alle $\xi \in \mathcal{Q}$ vorausgesetzt wird. Wird die Parameterdarstellung $\Gamma = \chi([0,1])$ periodisch nach $\mathbb{R}$ fortgesetzt, so sei auch die Bedingung

$$c_1^\chi\,|\xi - \eta| \leq |\chi(\xi) - \chi(\eta)| \leq c_2^\chi\,|\xi - \eta| \quad \text{für alle } \xi, \eta \in \mathbb{R} \tag{14.34}$$

mit positiven Konstanten c_1^χ und c_2^χ erfüllt. Im Fall eines stückweise glatten Lipschitz–Randes Γ sind die folgenden Überlegungen entsprechend auf die einzelnen, nicht periodischen, Parameterdarstellungen mit $|\dot{\chi}_j| = c_j$ zu übertragen.

Für $j \in \mathbb{N}$ sei der Parameterbereich $\mathcal{Q} = [0,1]$ in $N_j = 2^j$ finite Elemente q_ℓ^j der Maschenweite $|q_\ell^j| = 2^{-j}$ mit $\ell = 1, \ldots, N_j$ unterteilt,

$$\mathcal{Q}_j = \bigcup_{\ell=1}^{2^j} \overline{q}_\ell^j, \quad q_\ell^j := ((\ell-1)2^{-j}, \ell\, 2^{-j}) \quad \text{für } \ell = 1, \ldots, 2^j.$$

Für jede Unterteilung $\mathcal{Q}_j$ sei der zugehörige Ansatzraum der stückweise konstanten Funktionen durch

$$\mathcal{V}_j := S_j^0(\mathcal{Q}) = \operatorname{span}\{\widetilde{\varphi}_\ell^j\}_{\ell=1}^{N_j} \subset L_2(\mathcal{Q}), \quad \dim \mathcal{V}_j = N_j = 2^j$$

mit den Basisfunktionen

$$\widetilde{\varphi}_\ell^j(x) = \begin{cases} 1 & \text{für } \xi \in q_\ell^j, \\ 0 & \text{sonst} \end{cases}$$

gegeben. Nach Konstruktion gilt

$$\mathcal{V}_0 \subset \mathcal{V}_1 \subset \cdots \subset \mathcal{V}_L = S_L^0(\mathcal{Q}) \subset \mathcal{V}_{L+1} \subset \cdots \subset L_2(\mathcal{Q}).$$

Nun werden für $j > 0$ Unterräume $\mathcal{W}_j$ als $L_2(\mathcal{Q})$–orthogonales Komplement von $\mathcal{V}_{j-1}$ in $\mathcal{V}_j$ konstruiert, d.h.

$$\mathcal{W}_0 := \mathcal{V}_0, \quad \mathcal{W}_j := \left\{\widetilde{\varphi}_\ell^j \in \mathcal{V}_j : \langle \widetilde{\varphi}_\ell^j, \widetilde{\varphi}_i^{j-1}\rangle_{L_2(\mathcal{Q})} = 0 \quad \text{für alle } \widetilde{\varphi}_i^{j-1} \in \mathcal{V}_{j-1}\right\}$$

mit

$$\dim\mathcal{W}_0 = 1, \quad \dim\mathcal{W}_j = \dim\mathcal{V}_j - \dim\mathcal{V}_{j-1} = 2^{j-1} \quad \text{für } j > 0.$$

Damit folgt für den Ansatzraum $\mathcal{V}_L = S_L^0(\mathcal{Q})$ die Multilevel–Zerlegung

$$\mathcal{V}_L = \mathcal{W}_0 \oplus \mathcal{W}_1 \oplus \ldots \oplus \mathcal{W}_L.$$

Wegen $\mathcal{W}_0 = \mathcal{V}_0$ ist

$$\mathcal{W}_0 = \operatorname{span}\{\widetilde{\psi}_1^0\} \quad \text{mit } \widetilde{\psi}_1^0(\xi) = 1 \quad \text{für } \xi \in \mathcal{Q} = [0,1], \quad \|\widetilde{\psi}_1^0\|_{L_2(\mathcal{Q})} = 1.$$

Zu konstruieren bleibt eine Basis von

$$\mathcal{W}_j = \operatorname{span}\{\widetilde{\psi}_\ell^j\}_{\ell=1}^{2^{j-1}} \quad \text{für } j = 1, \ldots, L.$$

Wegen $\dim \mathcal{W}_1 = 1$ ist genau eine Basisfunktion $\widetilde{\psi}_1^1$ zu bestimmen. Mit dem Ansatz

$$\widetilde{\psi}_1^1(\xi) = a_1\, \widetilde{\varphi}_1^1(\xi) + a_2\, \widetilde{\varphi}_2^1(\xi) \quad \text{für } \xi \in \mathcal{Q} = [0,1]$$

ergibt sich mit der Orthogonalitätsbedingung

$$0 = \int_{\mathcal{Q}} \widetilde{\psi}_1^0(\xi)\widetilde{\psi}_1^1(\xi)d\xi = \frac{1}{2}(a_1 + a_2)$$

und somit $a_2 = -a_1$. Damit ist die gesuchte Basisfunktion

$$\widetilde{\psi}_1^1(\xi) = \begin{cases} 1 & \text{für } \xi \in q_1^1 = (0, \frac{1}{2}), \\ -1 & \text{für } \xi \in q_2^1 = (\frac{1}{2}, 1), \end{cases} \qquad \|\widetilde{\psi}_1^1\|_{L_2(\mathcal{Q})} = 1.$$

Durch rekursive Anwendung erhält man für die Basisfunktionen die Darstellung

$$\widehat{\psi}_\ell^j(\xi) = \begin{cases} 1 & \text{für } \xi \in ((2\ell-2)2^{-j}, (2\ell-1)2^{-j}), \\ -1 & \text{für } \xi \in ((2\ell-1)2^{-j}, 2\ell\, 2^{-j}), \\ 0 & \text{sonst} \end{cases}$$

für $\ell = 1, \ldots, 2^{j-1}$, $j = 2, 3, \ldots$, und es gilt

$$\|\widehat{\psi}_\ell^j\|_{L_2(\mathcal{Q})}^2 = \left|\operatorname{supp} \widehat{\psi}_\ell^j\right| = 2^{1-j} \quad \text{für } j \geq 1.$$

Die normierten Basisfunktionen sind dann durch

$$\widetilde{\psi}_\ell^j(\xi) = 2^{(j-1)/2}\, \widehat{\psi}_\ell^j(\xi) \quad \text{für } \ell = 1, \ldots, 2^{j-1},\ j \geq 1 \tag{14.35}$$

gegeben. Wegen der Orthogonalitätsbeziehung

$$\int_{\mathcal{Q}} \widetilde{\psi}_\ell^j(\xi)\widetilde{\psi}_1^0(\xi)d\xi = 0 \quad \text{für alle } \ell = 1, \ldots, 2^{j-1}, j \geq 1$$

folgt die **Momentenbedingung**

$$\int_{\mathcal{Q}} \widetilde{\psi}_\ell^j(\xi)d\xi = 0 \quad \text{für alle } \ell = 1, \ldots, 2^{j-1}, j \geq 1 \tag{14.36}$$

für die stückweise konstanten Wavelets $\widetilde{\psi}_\ell^j$. Die hier konstruierten Basisfunktionen (14.35) werden auch als **Haar–Wavelets** bezeichnet, siehe Abbildung 14.4.

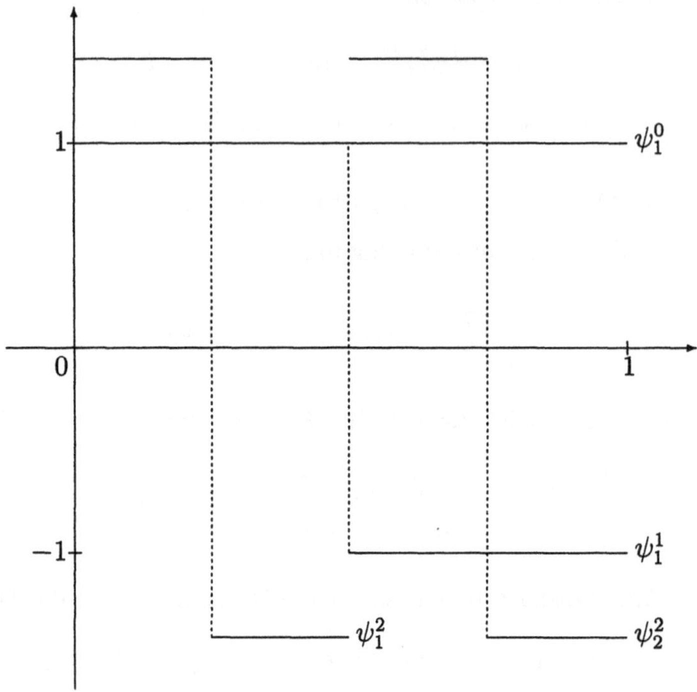

Abbildung 14.4: Stückweise konstante Wavelets für $j = 0, 1, 2$.

Durch die Parameterdarstellung $\Gamma = \chi(\mathcal{Q})$ werden Randelemente $\tau_\ell^j = \chi(q_\ell^j)$ mit den lokalen Maschenweiten

$$h_\ell^j = \int\limits_{\tau_\ell^j} ds_x = \int\limits_{q_\ell^j} |\dot{\chi}(\xi)| d\xi = |\dot{\chi}|\, 2^{-j}$$

erklärt. Für die globale Maschenweite der Randunterteilung $\Gamma_{N_j} = \bigcup_{\ell=1}^{N_j} \overline{\tau}_\ell^j$ ergibt sich dann $h_j = |\dot{\chi}|\, 2^{-j}$. Weiterhin können sowohl die stückweise konstanten Basisfunktionen $\widetilde{\varphi}_\ell^j \in \mathcal{V}_j$ als auch die Wavelets $\widetilde{\psi}_\ell^j \in \mathcal{W}_j$ auf den Rand $\Gamma = \partial\Omega$ übertragen werden, für $x = \chi(\xi) \in \Gamma$ sind

$$\varphi_\ell^j(x) := \widetilde{\varphi}_\ell^j(\xi), \quad \psi_\ell^j(x) := \widetilde{\psi}_\ell^j(\xi) \quad \text{für } \xi \in \mathcal{Q} = [0, 1].$$

Diese Basisfunktionen definieren für $j \geq 0$ die Ansatzräume

$$V_j = \operatorname{span}\{\varphi_\ell^j\}_{\ell=1}^{2^j}, \quad W_j = \operatorname{span}\{\psi_\ell^j\}_{\ell=1}^{\max\{1,2^{j-1}\}},$$

und für $L \in \mathbb{N}$ ist

$$V_L = S_{h_L}^0(\Gamma) = \operatorname{span}\{\varphi_\ell^L\}_{\ell=1}^{N_L} = \operatorname{span}\{\psi_\ell^j\}_{\ell=1,\ldots,\max\{1,2^{j-1}\},j=1,\ldots,L},$$

d.h. eine beliebige Funktion $w_{h_L} \in V_L$ genügt der Darstellung

$$w_{h_L} = \sum_{i=0}^{L} \sum_{k=1}^{\max\{1,2^{i-1}\}} w_k^i \psi_k^i \in V_L. \tag{14.37}$$

Wegen

$$\begin{aligned} \langle \psi_k^i, \psi_\ell^j \rangle_{L_2(\Omega)} &= \int_\Gamma \psi_k^i(x) \psi_\ell^j(x) ds_x \\ &= |\dot{\chi}| \int_Q \widetilde{\psi}_k^i(\xi) \widetilde{\psi}_\ell^j(\xi) d\xi = \begin{cases} |\dot{\chi}| & \text{für } i=j, k=\ell, \\ 0 & \text{sonst} \end{cases} \end{aligned}$$

überträgt sich die Orthogonalität der Ansatzräume $\mathcal{W}_k^i$ des Parameterbereichs auf die Ansatzräume W_k^i der Randunterteilung.
Aus der Multileveldarstellung (14.37) einer Funktion $w_{h_L} \in V_L$ können mit Bemerkung 13.2 spektraläquivalente Normdarstellungen abgeleitet werden.

Lemma 14.12 *Sei $w_{h_L} \in V_L$ wie in (14.37) gegeben. Dann definiert*

$$\|w_{h_L}\|_{L,s}^2 = \sum_{i=0}^{L} 2^{2si} \sum_{k=1}^{\max\{1,2^{i-1}\}} \left|w_k^i\right|^2.$$

eine äquivalente Norm in $H^s(\Gamma)$ für $s \in (-\frac{1}{2}, \frac{1}{2})$.

Beweis: Für eine stückweise konstante Funktion $w_{h_L} \in V_L = S_{h_L}^0(\Gamma)$ definiert nach Bemerkung 13.2

$$\langle B^s w_{h_L}, w_{h_L} \rangle_{L_2(\Gamma)} = \sum_{i=0}^{L} h_i^{-2s} \|(Q_i - Q_{i-1}) w_{h_L}\|_{L_2(\Gamma)}^2$$

mit dem Multilevel–Operator B^s für $s \in (-\frac{1}{2}, \frac{1}{2})$ eine äquivalente Norm in $H^s(\Gamma)$.
Die L_2–Projektion $Q_i w_{h_L} \in V_i = S_{h_i}^0(\Gamma)$ ist dabei Lösung von

$$\langle Q_i w_{h_L}, v_{h_i} \rangle_{L_2(\Gamma)} = \langle w_{h_L}, v_{h_i} \rangle_{L_2(\Gamma)} \quad \text{für alle } v_{h_i} \in V_i.$$

Aus der Orthogonalität der Basisfunktionen folgt für die L_2–Projektion die Darstellung

$$Q_i w_{h_L} = \frac{1}{|\dot{\chi}|} \sum_{j=0}^{i} \sum_{\ell=1}^{\max\{1,2^{j-1}\}} \langle w_{h_L}, \psi_\ell^j \rangle_{L_2(\Gamma)} \psi_\ell^j = \sum_{j=0}^{i} \sum_{\ell=1}^{\max\{1,2^{j-1}\}} w_\ell^j \psi_\ell^j.$$

Daraus folgt für die Differenz zweier aufeinanderfolgender L_2–Projektionen

$$(Q_i - Q_{i-1}) w_{h_L} = \sum_{k=1}^{\max\{1,2^{i-1}\}} w_k^i \psi_k^i$$

und somit

$$\begin{aligned}\langle B^s w_{h_L}, w_{h_L}\rangle_{L_2(\Gamma)} &= \sum_{i=0}^{L} h_i^{-2s} \left\| \sum_{k=1}^{\max\{1,2^{i-1}\}} w_k^i \psi_k^i \right\|_{L_2(\Gamma)}^2 \\ &= |\dot\chi| \sum_{i=0}^{L} h_i^{-2s} \sum_{k=1}^{\max\{1,2^{i-1}\}} \left| w_k^i \right|^2 .\end{aligned}$$

Mit $h_i = |\dot\chi|\, 2^{-i}$ ergibt sich die Behauptung. ■

Mit dem Ansatz (14.37) ist die Variationsformulierung (14.1) äquivalent zu

$$\sum_{i=0}^{L} \sum_{k=1}^{\max\{1,2^{i-1}\}} w_k^i \langle V\psi_k^i, \psi_\ell^j\rangle_\Gamma = \langle g, \psi_\ell^j\rangle_\Gamma \quad \text{für alle } \psi_\ell^j \in V_L. \tag{14.38}$$

Zu berechnen sind also die Einträge der Steifigkeitsmatrix

$$V^L[(\ell,j),(k,i)] = -\frac{1}{2\pi} \int_\Gamma \psi_\ell^j(x) \int_\Gamma \log|x-y| \psi_k^i(y) ds_y ds_x$$

für $i = 1,\ldots,\max\{1,2^{\ell-1}\}$, $j = 1,\ldots,\max\{1,2^{k-1}\}$ und $k,\ell = 0,\ldots,L$. Es zeigt sich, daß unter gewissen Voraussetzungen an die Träger der Basisfunktionen ψ_k^i und ψ_ℓ^j die Matrix–Einträge $V^L[(\ell,j),(k,i)]$ abgeschätzt werden können. Hierfür sei

$$S_k^i := \operatorname{supp}\left(\psi_k^i\right) \subset \Gamma$$

der Träger der Basisfunktion ψ_k^i, und

$$d_{k\ell}^{ij} := \operatorname{dist}\left(S_k^i, S_\ell^j\right) = \min_{(x,y)\in S_k^i\times S_\ell^j} |x-y|$$

beschreibt den Abstand zwischen den Trägern der Basisfunktionen ψ_k^i und ψ_ℓ^j.

Lemma 14.13 *Sei $d_{k\ell}^{ij} > 0$ für $i,j \geq 2$ erfüllt. Dann gilt die Abschätzung*

$$|V^L[(\ell,j),(k,i)]| \leq \frac{|\dot\chi|^4}{2\pi} 2^{-3(i+j)/2} \left(d_{k\ell}^{ij}\right)^{-2}.$$

Beweis: Für die Einträge der Steifigkeitsmatrix V^L ergibt sich durch Einsetzen der Parameterdarstellung $\Gamma = \chi(\mathcal{Q})$ mit den normierten Ansatzfunktionen (14.35)

$$\begin{aligned}V^L[(\ell,j),(k,i)] &= -\frac{1}{2\pi} \int_\Gamma \psi_\ell^j(x) \int_\Gamma \log|x-y| \psi_k^i(y) ds_y ds_x \\ &= -\frac{1}{2\pi} \int_{\mathcal{Q}} \widetilde{\psi}_\ell^j(\xi) \int_{\mathcal{Q}} \log|\chi(\eta)-\chi(\xi)|\, \widetilde{\psi}_k^i(\eta)\, |\dot\chi(\eta)|\, d\eta\, |\dot\chi(\xi)|\, d\xi \\ &= -\frac{|\dot\chi|^2}{2\pi} 2^{(i-1)/2} 2^{(j-1)/2} \int_{\mathcal{Q}} \widehat{\psi}_\ell^j(\xi) \int_{\mathcal{Q}} \log|\chi(\eta)-\chi(\xi)|\, \widehat{\psi}_k^i(\eta)\, d\eta\, d\xi.\end{aligned}$$

Mit den Substitutionen

$$\eta = \eta(s) = (2k-2)2^{-i} + s\,2^{1-i}, \quad \xi = \xi(t) = (2\ell-2)2^{-j} + t\,2^{1-j}$$

für $s, t \in \mathcal{Q} = [0,1]$ folgt daraus

$$V^L[(\ell,j),(k,i)] = -\frac{|\dot{\chi}|^2}{\pi} 2^{-(i+j)/2} \int_{\mathcal{Q}} \widehat{\psi}_1^1(\xi(t)) \int_{\mathcal{Q}} k(s,t)\widehat{\psi}_1^1(\eta(s))\,ds\,dt$$

mit der Kernfunktion

$$k(s,t) = \log|\chi(\eta(s)) - \chi(\xi(t))|\,.$$

Wegen der Momentenbedingung (14.36) kann die Kernfunktion $k(s,t)$ durch $r(s,t) := k(s,t) - P_1(s) - P_2(t)$ ersetzt werden. Insbesondere können für $P_1(s)$ und $P_2(t)$ die ersten Terme der Taylor–Entwicklung von $k(s,t)$ gewählt werden. Für $r(s,t)$ erhält man dann das Restglied. Die Taylor–Entwicklung von $k(s,t)$ um $s_0 = \frac{1}{2}$ ergibt

$$k(s,t) = k\left(\frac{1}{2},t\right) + \left(s-\frac{1}{2}\right)\left[\frac{\partial}{\partial s}k(s,t)\right]_{s=\bar{s}}$$

mit einer geeigneten Zwischenwertstelle $\bar{s} \in \mathcal{Q}$. Nochmalige Taylor–Entwicklung um $t_0 = \frac{1}{2}$ liefert

$$\left[\frac{\partial}{\partial s}k(s,t)\right]_{s=\bar{s}} = \left[\frac{\partial}{\partial s}k\left(s,\frac{1}{2}\right)\right]_{s=\bar{s}} + \left(t-\frac{1}{2}\right)\left[\frac{\partial^2}{\partial s\partial t}k(s,t)\right]_{(s,t)=(\bar{s},\bar{t})}$$

mit einer weiteren Zwischenwertstelle $\bar{t} \in \mathcal{Q}$. Insgesamt gilt also

$$k(s,t) - k\left(\frac{1}{2},t\right) - \left(s-\frac{1}{2}\right)\left[\frac{\partial}{\partial s}k\left(s,\frac{1}{2}\right)\right]_{s=\bar{s}} = \left(s-\frac{1}{2}\right)\left(t-\frac{1}{2}\right)\left[\frac{\partial^2}{\partial s\partial t}k(s,t)\right]_{(s,t)=(\bar{s},\bar{t})}.$$

Aufgrund der Momentenbedingung (14.36) gilt

$$\int_{\mathcal{Q}} \widehat{\psi}_1^1(\xi(t))\left(s-\frac{1}{2}\right)\left[\frac{\partial}{\partial s}k\left(s,\frac{1}{2}\right)\right]_{s=\bar{s}} dt = \int_{\mathcal{Q}} \widehat{\psi}_1^1(\eta(s))k\left(\frac{1}{2},t\right)ds = 0\,.$$

Damit folgt

$$\begin{aligned} V^L[(\ell,j),(k,i)] &= -\frac{|\dot{\chi}|^2}{\pi} 2^{-(i+j)/2} \int_{\mathcal{Q}} \widehat{\psi}_1^1(\xi(t)) \int_{\mathcal{Q}} k(s,t)\widehat{\psi}_1^1(\eta(s))\,ds\,dt \\ &= -\frac{|\dot{\chi}|^2}{\pi} 2^{-(i+j)/2} \int_{\mathcal{Q}} \widehat{\psi}_1^1(\xi(t)) \int_{\mathcal{Q}} \left(s-\frac{1}{2}\right)\left(t-\frac{1}{2}\right)\left[\frac{\partial^2}{\partial s\partial t}k(s,t)\right]_{(s,t)=(\bar{s},\bar{t})} \widehat{\psi}_1^1(\eta(s))\,ds\,dt \end{aligned}$$

und somit

$$\left|V^L[(\ell,j),(k,i)]\right| \leq \frac{|\dot{\chi}|^2}{\pi}\,2^{-(i+j)/2}\,\frac{1}{16}\max_{(s,t)\in\mathcal{Q}\times\mathcal{Q}}\left|\frac{\partial^2}{\partial s\partial t}k(s,t)\right|.$$

Mit der Kettenregel ist zunächst

$$\frac{\partial^2}{\partial s\partial t}k(s,t) = 2^{1-i}2^{1-j}\frac{\partial^2}{\partial\eta\partial\xi}\log|\chi(\eta)-\chi(\xi)|.$$

Weiterhin ist

$$\frac{\partial}{\partial\eta}\log|\chi(\eta)-\chi(\xi)| = \sum_{i=1}^{2}\frac{\partial}{\partial y_i}\log|y-x(\xi)||_{y=\chi(\eta)}\frac{\partial}{\partial\eta}\chi_j(\eta),$$

bzw.

$$\frac{\partial^2}{\partial\eta\partial\xi}\log|\chi(\eta)-\chi(\xi)| = \sum_{i,j=1}^{2}\frac{\partial^2}{\partial y_i\partial x_j}\log|y-x||_{y=\chi(\eta),x=\chi(\xi)}\frac{\partial}{\partial\eta}\chi_i(\eta)\frac{\partial}{\partial\xi}\chi_i(\xi).$$

Zweimaliges Anwenden der Cauchy–Schwarz–Ungleichung liefert

$$\left|\frac{\partial^2}{\partial\eta\partial\xi}\log|\chi(\eta)-\chi(\xi)|\right| \leq |\dot{\chi}|^2\left(\sum_{i,j=1}^{2}\left[\frac{\partial^2}{\partial y_i\partial x_j}\log|y-x||_{y=\chi(\eta),x=\chi(\xi)}\right]^2\right)^{1/2}.$$

Mit

$$\begin{aligned}\frac{\partial^2}{\partial x_i\partial y_i}\log|x-y| &= -\frac{1}{|x-y|^2}+2\frac{(x_i-y_i)^2}{|x-y|^4},\\ \frac{\partial^2}{\partial x_1\partial y_2}\log|x-y| &= 2\frac{(x_1-y_1)(x_2-y_2)}{|x-y|^4}\end{aligned}$$

folgt dann

$$\max_{(s,t)\in\mathcal{Q}\times\mathcal{Q}}\left|\frac{\partial^2}{\partial s\partial t}k(s,t)\right| \leq 2^{2-(i+j)}\,|\dot{\chi}|^2\max_{(x,y)\in S_k^i\times S_\ell^j}\frac{2}{|x-y|^2}$$

und somit die Behauptung. ∎

Lemma 14.13 zeigt, daß die Matrix–Einträge $V^L[(\ell,j),(k,i)]$ für Wavelets ψ_k^i und ψ_ℓ^j mit zueinander weit entfernten Trägern S_k^i und S_ℓ^j abklingen. Durch die Definition geeigneter **Komprimierungsparameter** können somit Matrix–Einträge $V^L[(\ell,j),(k,i)]$ charakterisiert werden, die beim Aufstellen der Steifigkeitsmatrix V^L vernachlässigt werden können. Für reellwertige Parameter $\alpha,\kappa\geq 1$ wird durch

$$\tau_{ij} := \alpha\,2^{\kappa L-i-j}$$

eine symmetrische Parametermatrix definiert. Diese ermöglicht durch

$$\widetilde{V}^L[(\ell,j),(k,i)] := \begin{cases} V^L[(\ell,j),(k,i)] & \text{falls } d^{ij}_{k\ell} \le \tau_{ij}, \\ 0 & \text{sonst} \end{cases} \tag{14.39}$$

die Definition einer symmetrischen Approximation $\widetilde{V}^L$ der Steifigkeitsmatrix V^L.

Für die weiteren Betrachtungen, insbesondere für die Abschätzung der Anzahl von Nichtnullelementen der Matrix $\widetilde{V}^L$ sowie für die Stabilitäts– und Fehleranalysis, werden für fixierte $i, j \ge 2$ die Block–Matrizen

$$V^L_{ij} := \left(V^L[(\ell,j),(k,i)]\right)_{k=1,\ldots,2^{i-1},\ell=1,\ldots,2^{j-1}},$$

bzw. die entsprechende Approximation $\widetilde{V}^L_{ij}$ definiert.

Lemma 14.14 *Die Anzahl der Nichtnullelemente der durch* (14.39) *definierten approximierten Steifigkeitsmatrix* $\widetilde{V}^L$ *ist* $\mathcal{O}(N^\kappa(\log_2 N)^2)$.

Beweis: Für $i = 0,1$ bzw. $j = 0,1$ beträgt die Anzahl der Nichtnullelemente $4(N-1)$. Für $i, j \ge 2$ wird nun die Anzahl der Nichtnullelemente der approximierten Blockmatrix $\widetilde{V}^L_{ij}$ abgeschätzt.
Durch die Parameterdarstellung $\Gamma = \chi(\mathcal{Q})$ können die Ansatzfunktionen ψ^i_k und ψ^j_ℓ mit Basisfunktionen $\widetilde{\psi}^i_k$ und $\widetilde{\psi}^j_\ell$ im Parameterbereich $\mathcal{Q}$ identifiziert werden. Für die Träger der Basisfunktionen $\widetilde{\psi}^i_k$ und $\widetilde{\psi}^j_\ell$ ergibt sich

$$\widetilde{S}^i_k = ((2(k-1)2^{-i}, 2k\,2^{-i}), \quad \widetilde{S}^j_\ell = (2(\ell-1)2^{-j}, 2\ell\,2^{-j}).$$

Für beliebiges aber festes $\ell = 1,\ldots,2^{j-1}$ werden zunächst die Basisfunktionen $\widetilde{\psi}^i_k$ bestimmt, so daß sich die Träger $\widetilde{S}^i_k$ und $\widetilde{S}^j_\ell$ nicht überlappen, d.h.

$$2k\,2^{-i} \le 2(\ell-1)2^{-j}, \quad 2\ell\,2^{-j} \le 2(k-1)2^{-i}.$$

Daraus folgt

$$1 \le k \le (\ell-1)2^{i-j}, \quad 1 + \ell\,2^{i-j} \le k \le 2^{i-1}.$$

Aus diesen werden nun diejenigen Basisfunktionen $\widetilde{\psi}^k_i$ bestimmt, für welche zusätzlich die Abstandsbedingung

$$d^{ij}_{k\ell} \le \tau_{ij} = \alpha\, 2^{\kappa L - i - j}$$

erfüllt ist. Wegen Voraussetzung (14.34) gilt $d^{ij}_{k\ell} \le c^\chi_2 \operatorname{dist}(\widetilde{S}^i_k, \widetilde{S}^j_\ell)$. Durch die Forderung

$$c^\chi_2 \operatorname{dist}(\widetilde{S}^i_k, \widetilde{S}^j_\ell) \le \alpha\, 2^{\kappa L - i - j}$$

kann diese Anzahl nach oben abgeschätzt werden. Für $\widetilde{S}_\ell^j \ni \eta < \xi \in \widetilde{S}_k^i$ folgt aus

$$0 < \operatorname{dist}(\widetilde{S}_k^i, \widetilde{S}_\ell^j) = 2(k-1)2^{-i} - 2\ell\, 2^{-j} \le \frac{\alpha}{c_2^X}\, 2^{\kappa L-i-j}$$

die Abschätzung

$$k \le 1 + \ell 2^{i-j} + \frac{\alpha}{2c_2^X}\, 2^{\kappa L-j}$$

und somit insgesamt

$$1 + \ell\, 2^{i-j} \le k \le \min\left\{2^{i-1}, 1 + \ell 2^{i-j} + \frac{\alpha}{2c_2^X} 2^{\kappa L-j}\right\}.$$

Die Anzahl der zugehörigen Nichtnullelemente kann also durch

$$\frac{\alpha}{2c_2^X}\, 2^{\kappa L-j}$$

abgeschätzt werden. Dieses Ergebnis folgt analog für den Fall $\widetilde{S}_k^i \ni \xi < \eta \in \widetilde{S}_\ell^j$. Für festes $\ell = 1, \ldots, 2^{j-1}$ gibt es also maximal

$$\frac{\alpha}{c_2^X}\, 2^{\kappa L-j}$$

Nichtnullelemente. Die Anzahl der Nichtnullelemente der approximierten Blockmatrix $\widetilde{V}_{ij}^L$ ist dann durch

$$2^{j-1}\, \frac{\alpha}{c_2^X}\, 2^{\kappa L-j} = \frac{\alpha}{2c_2^X}\, 2^{\kappa L}.$$

beschränkt. Die Summation über alle Blockmatrizen $\widetilde{V}_{ij}^L$ mit $k, \ell = 2, \ldots, L$ ergibt unter Berücksichtigung von $i, j = 0, 1$ die Anzahl der Nichtnullelemente von $\widetilde{V}^L$,

$$4(N-1) + (L-1)^2\, \frac{\alpha}{2c_2^X}\, 2^{\kappa L}.$$

Eine gleiche Abschätzung ergibt sich für die Basisfunktionen mit überlappendem Träger. Mit $N = 2^L$ bzw. $L = \log_2 N$ folgt dann die Behauptung. ∎

Zur Abschätzung des Approximationsfehlers $\|V^L - \widetilde{V}^L\|$ der Steifigkeitsmatrix V^L werden zunächst die Approximationsfehler $\|V_{ij}^L - \widetilde{V}_{ij}^L\|$ der Blockmatrizen V_{ij}^L benötigt.

Lemma 14.15 *Für $i, j = 2, \ldots, L$ sei V_{ij}^L die exakte Steifigkeitsmatrix des Einfachschichtpotentials V bezüglich der Ansatz- und Testräume W_i und W_j. Weiter sei $\widetilde{V}_{ij}^L$ die entsprechend* (14.39) *zugehörige Approximation. Dann gelten die Fehlerabschätzungen*

$$\|V_{ij}^L - \widetilde{V}_{ij}^L\|_\infty \le c_1\, 2^{-(i+j)/2}\, 2^{-j}\, (\tau_{ij})^{-1},$$

$$\|V_{ij}^L - \widetilde{V}_{ij}^L\|_1 \le c_2\, 2^{-(i+j)/2}\, 2^{-i}\, (\tau_{ij})^{-1}.$$

Beweis: Zunächst gilt mit Lemma 14.13

$$\begin{aligned}\|V_{ij}^L - \widetilde{V}_{ij}^L\|_\infty &= \max_{\ell=1,\dots,2^{j-1}} \sum_{k=1}^{2^{i-1}} \left|V^L[(\ell,j),(k,i)] - \widetilde{V}^L[(\ell,j),(k,i)]\right| \\ &= \max_{\ell=1,\dots,2^{j-1}} \sum_{\substack{k=1 \\ d_{k\ell}^{ij}>\tau_{ij}}}^{2^{i-1}} \left|V^L[(\ell,j),(k,i)]\right| \leq c\,2^{-3(i+j)/2} \max_{\ell=1,\dots,2^{j-1}} \sum_{\substack{k=1 \\ d_{k\ell}^{ij}>\tau_{ij}}}^{2^{i-1}} (d_{k\ell}^{ij})^{-2}.\end{aligned}$$

Mit Voraussetzung (14.34) an die Parametrisierung der Randkurve folgt daraus

$$\|V_{ij}^L - \widetilde{V}_{ij}^L\|_\infty \leq \tilde{c}\,2^{-3(i+j)/2} \max_{\ell=1,\dots,2^{j-1}} \sum_{\substack{k=1 \\ c_1^\chi \operatorname{dist}(\widetilde{S}_k^i,\widetilde{S}_\ell^j)>\tau_{ij}}}^{2^{i-1}} (\operatorname{dist}(\widetilde{S}_k^i, \widetilde{S}_\ell^j))^{-2}.$$

Für beliebiges aber festes $\ell = 1, \dots, 2^{j-1}$ kann die Summe weiter abgeschätzt werden durch

$$\begin{aligned}\sum_{\substack{k=1 \\ c_1^\chi \operatorname{dist}(\widetilde{S}_k^i,\widetilde{S}_\ell^j)>\tau_{ij}}}^{2^{i-1}} (\operatorname{dist}(\widetilde{S}_k^i, \widetilde{S}_\ell^j))^{-2} &\leq 2 \sum_{k>1+\frac{\alpha}{2c_1^\chi}2^{\kappa L-j}+\ell 2^{i-j}} \left(2(k-1)2^{-i} - 2\ell 2^{-j}\right)^{-2} \\ &= 2^{2i-1} \sum_{n>\frac{\alpha}{2c_1^\chi}2^{\kappa L-j}} \frac{1}{n^2}.\end{aligned}$$

Sei $n_1 \in I\!N$ die kleinste natürliche Zahl mit $n_1 \geq \frac{\alpha}{2c_1^\chi}2^{\kappa L-j}$. Dann ist

$$\sum_{n=n_1}^{\infty} \frac{1}{n^2} = \frac{1}{n_1^2} + \sum_{n=n_1+1}^{\infty} \frac{1}{n^2} \leq \frac{1}{n_1^2} + \int_{x=n_1}^{\infty} \frac{1}{x^2}dx = \frac{1}{n_1^2} + \frac{1}{n_1} \leq \frac{2}{n_1} \leq \frac{4c_1^\chi}{\alpha}2^{j-\kappa L}.$$

Daraus folgt unmittelbar die erste Behauptung. Die zweite Abschätzung folgt analog. ∎

Durch Anwendung von Lemma 13.9 (Lemma von Schur) kann nun eine Abschätzung für den Fehler der Approximation $\widetilde{V}^L$ gewonnen werden.

Satz 14.3 *Für $w_h, v_h \in V_L = S_{h_L}^0(\Gamma) \leftrightarrow \underline{w}, \underline{v} \in I\!R^N$ gilt die Fehlerabschätzung*

$$\left|((V^L - \widetilde{V}^L)\underline{w}, \underline{v})\right| \leq c\,\gamma(h_L, \sigma_1, \sigma_2)\, \|w_h\|_{H^{\sigma_1}(\Gamma)} \|v_h\|_{H^{\sigma_2}(\Gamma)}$$

mit

$$\gamma(h_L, \sigma_1, \sigma_2) := \begin{cases} h_L^{\kappa+\sigma_1+\sigma_2} & \textit{für } \sigma_1, \sigma_2 \in (-\frac{1}{2}, 0), \\ h_L^\kappa\, |\ln h_L| & \textit{für } \sigma_1 = \sigma_2 = 0, \\ h_L^\kappa & \textit{für } \sigma_1, \sigma_2 \in (0, \frac{1}{2}), \\ h_L^{\kappa+\sigma_2} & \textit{für } \sigma_1 \in (0, \frac{1}{2}), \sigma_2 \in (-\frac{1}{2}, 0). \end{cases}$$

Beweis: Für $i = 0,1$ bzw. $j = 0,1$ werden die Matrix-Einträge von V^L nicht approximiert. Mit der Cauchy-Schwarz-Ungleichung und Lemma 14.12 folgt dann

$$
\begin{aligned}
\left|((V^L - \widetilde{V}^L)\underline{w}, \underline{v})\right| &= \left|\sum_{i=2}^{L}\sum_{j=2}^{L}\sum_{k=1}^{2^{i-1}}\sum_{\ell=1}^{2^{j-1}} w_k^i v_\ell^j \left[V^L[(\ell,j)-(k,i)] - \widetilde{V}^L[(\ell,j),(k,i)]\right]\right| \\
&= \left|\sum_{i=2}^{L}\sum_{j=2}^{L}\sum_{k=1}^{2^{i-1}}\sum_{\ell=1}^{2^{j-1}} 2^{\sigma_1 i} w_k^i 2^{\sigma_2 j} v_\ell^j 2^{-\sigma_1 i - \sigma_2 j} \left[V^L[(\ell,j)-(k,i)] - \widetilde{V}^L[(\ell,j),(k,i)]\right]\right| \\
&\leq \|A\|_2 \left(\sum_{i=2}^{L}\sum_{k=1}^{2^{i-1}} 2^{2\sigma_1 i}\left|w_k^i\right|^2\right)^{1/2} \left(\sum_{j=2}^{L}\sum_{\ell=1}^{2^{j-1}} 2^{2\sigma_2 j}\left|v_\ell^j\right|^2\right)^{1/2} \\
&\leq \|A\|_2 \|w_h\|_{L,\sigma_1} \|v_h\|_{L,\sigma_2} \\
&\leq \|A\|_2 \|w_h\|_{H^{\sigma_1}(\Gamma)} \|v_h\|_{H^{\sigma_2}(\Gamma)}
\end{aligned}
$$

mit der durch

$$
A[(\ell,j),(k,i)] = 2^{-\sigma_1 i - \sigma_2 j}\left[V^L[(\ell,j)-(k,i)] - \widetilde{V}^L[(\ell,j),(k,i)]\right]
$$

definierten Matrix A. Die Spektralnorm $\|A\|_2$ kann nun durch (13.17) mit beliebigem s abgeschätzt werden,

$$
\|A\|_2^2 \leq \sup_{\substack{j=2,\ldots,L \\ \ell=1,\ldots,2^{j-1}}} \sum_{i=2}^{L}\sum_{k=1}^{2^{i-1}} |A[(\ell,j),(k,i)]| 2^{s(i-j)} \sup_{\substack{i=2,\ldots,L \\ k=1,\ldots,2^{i-1}}} \sum_{j=2}^{L}\sum_{\ell=1}^{2^{j-1}} |A[(\ell,j),(k,i)]| 2^{s(j-i)}.
$$

Für den ersten Faktor folgt mit Lemma 14.15

$$
\begin{aligned}
A_1 &= \sup_{\substack{j=2,\ldots,L \\ \ell=1,\ldots,2^{j-1}}} \sum_{i=2}^{L}\sum_{k=1}^{2^{i-1}} \left|V^L[(\ell,j),(k,i)] - \widetilde{V}^L[(\ell,j),(k,i)]\right| 2^{s(i-j)} 2^{-\sigma_1 i - \sigma_2 j} \\
&= \sup_{j=2,\ldots,L} \sum_{i=2}^{L} 2^{s(i-j)} 2^{-\sigma_1 i - \sigma_2 j} \sup_{\ell=1,\ldots,2^{j-1}} \sum_{k=1}^{2^{i-1}} \left|V^L[(\ell,j),(k,i)] - \widetilde{V}^L[(\ell,j),(k,i)]\right| \\
&= \sup_{j=2,\ldots,L} \sum_{i=2}^{L} 2^{s(i-j)} 2^{-\sigma_1 i - \sigma_2 j} \|V_{ij}^L - \widetilde{V}_{ij}^L\|_\infty \\
&\leq c \sup_{j=2,\ldots,L} \sum_{i=2}^{L} 2^{s(i-j)}\, 2^{-\sigma_1 i - \sigma_2 j}\, 2^{-(i+j)/2}\, 2^{-j}\, (\tau_{ij})^{-1} \\
&= c \sup_{j=2,\ldots,L} \sum_{i=2}^{L} 2^{s(i-j)}\, 2^{-\sigma_1 i - \sigma_2 j}\, 2^{-(i+j)/2}\, 2^{-j}\, \frac{1}{\alpha}\, 2^{i+j-\kappa L} \\
&= \widetilde{c}\, 2^{-\kappa L} \sup_{j=2,\ldots,L} 2^{j(-s-\frac{1}{2}-1+1-\sigma_2)} \sum_{i=2}^{L} 2^{i(s-\frac{1}{2}+1-\sigma_1)} \\
&= \widetilde{c}\, 2^{-\kappa L} \sup_{j=2,\ldots,L} 2^{-\sigma_2 j} \sum_{i=2}^{L} 2^{-\sigma_1 i}
\end{aligned}
$$

für $s = -\frac{1}{2}$. Nun ist

$$\sum_{i=2}^{L} 2^{-\sigma_1 i} \le c \begin{cases} 2^{-\sigma_1 L} & \text{für } \sigma_1 \in (-\frac{1}{2}, 0), \\ L & \text{für } \sigma_1 = 0, \\ 1 & \text{für } \sigma_1 \in (0, \frac{1}{2}) \end{cases}$$

bzw.

$$\sup_{j=2,\ldots,L} 2^{-\sigma_2 j} \le c \begin{cases} 2^{-\sigma_2 L} & \text{für } \sigma_2 \in (-\frac{1}{2}, 0), \\ 1 & \text{für } \sigma_2 \in [0, \frac{1}{2}). \end{cases}$$

Die Abschätzung für den zweiten Faktor verläuft analog, und mit $h_L = 2^{-L}$ folgt die Behauptung. ■

Aus Satz 14.3 kann nun mit Satz 8.3 (Strang–Lemma) die Stabilitäts– und Fehleranalysis der approximierten Steifigkeitsmatrix $\widetilde{V}^L$ abgeleitet werden. Dazu wird die positive Definitheit der approximierten Steifigkeitsmatrix $\widetilde{V}^L$ benötigt.

Satz 14.4 *Für $\kappa > 1$ und eine hinreichend kleine globale Maschenweite h_L ist die approximierte Steifigkeitsmatrix $\widetilde{V}^L$ positiv definit, d.h. es gilt*

$$(\widetilde{V}^L \underline{w}, \underline{w}) \ge \frac{1}{2} c_1^V \, \|w_{h_L}\|^2_{H^{-1/2}(\Gamma)}$$

für alle $w_{h_L} \in V_L \leftrightarrow \underline{w} \in \mathbb{R}^N$.

Beweis: Für $\sigma \in (-\frac{1}{2}, 0)$ ergibt sich mit Satz 14.3, der $H^{-1/2}(\Gamma)$–Elliptizität des Einfachschichtpotentials V sowie der inversen Ungleichung in V_L

$$\begin{aligned} (\widetilde{V}^L \underline{w}, \underline{w}) &= (V^L \underline{w}, \underline{w}) + ((\widetilde{V}^L - V^L)\underline{w}, \underline{w}) \\ &\ge \langle V w_{h_L}, w_{h_L} \rangle_\Gamma - |((\widetilde{V}^L - V^L)\underline{w}, \underline{w})| \\ &\ge c_1^V \, \|w_{h_L}\|^2_{H^{-1/2}(\Gamma)} - c\, h_L^{\kappa+2\sigma} \, \|w_{h_L}\|^2_{H^\sigma(\Gamma)} \\ &\ge c_1^V \, \|w_{h_L}\|^2_{H^{-1/2}(\Gamma)} - c\, h_L^{\kappa+2\sigma} \, c_I \, h_L^{-1-2\sigma} \, \|w_{h_L}\|^2_{H^{-1/2}(\Gamma)} \\ &= \left[c_1^V - \tilde{c}\, h_L^{\kappa-1}\right] \, \|w_h\|^2_{H^{-1/2}(\Gamma)}. \end{aligned}$$

Für $\tilde{c} h_L^{\kappa-1} \le \frac{1}{2} c_1^V$ folgt die Behauptung. ■

Anstelle des dem Variationsproblem (14.38) entsprechenden linearen Gleichungssystem $V^L \underline{w} = \underline{f}$ wird nun das gestörte Gleichungssystem $\widetilde{V}^L \underline{\widetilde{w}} = \widetilde{f}$ mit der durch $\underline{\widetilde{w}} \in \mathbb{R}^N \leftrightarrow \widetilde{w}_{h_L} \in V_L$ bestimmten Näherungslösung betrachtet.

Satz 14.5 *Sei $w \in H^1_{pw}(\Gamma)$ die Lösung der Randintegralgleichung $Vw = g$. Für die Näherungslösung $\widetilde{w}_{h_L} \in V_L \leftrightarrow \underline{\widetilde{w}} \in \mathbb{R}^N$ des gestörten linearen Gleichungssystems $\widetilde{V}^L \underline{\widetilde{w}} = \underline{f}$ gilt dann die Fehlerabschätzung*

$$\|w - \widetilde{w}_{h_L}\|_{H^{-1/2}(\Gamma)} \le c_1 \, h_L^{3/2} \, \|w\|_{H^1_{pw}(\Gamma)} + c_2 \, h_L^{\kappa-1/2} \, \|w\|_{H^{1/2}(\Gamma)}.$$

Beweis: Für die Lösungen $\underline{w}, \underline{\widetilde{w}} \in \mathbb{R}^N$ der linearen Gleichungssysteme $V^L \underline{w} = \underline{f}$ und $\widetilde{V}^L \underline{\widetilde{w}} = \underline{f}$ gilt die Orthogonalität

$$(V^L \underline{w} - \widetilde{V}^L \underline{\widetilde{w}}, \underline{v}) = 0 \quad \text{für alle } \underline{v} \in \mathbb{R}^N.$$

Aus der positiven Definitheit der approximierten Steifigkeitsmatrix $\widetilde{V}^L$ folgt dann

$$\frac{1}{2} c_1^V \, \|w_{h_L} - \widetilde{w}_{h_L}\|^2_{H^{-1/2}(\Gamma)} \leq (\widetilde{V}^L(\underline{w} - \underline{\widetilde{w}}), \underline{w} - \underline{\widetilde{w}}) = ((\widetilde{V}^L - V^L)\underline{w}, \underline{w} - \underline{\widetilde{w}}).$$

Mit Satz 14.3 ergibt sich daraus für $\sigma_1 \in (0, \frac{1}{2})$ und $\sigma_2 \in (-\frac{1}{2}, 0)$

$$\frac{1}{2} c_1^V \, \|w_{h_L} - \widetilde{w}_{h_L}\|_{H^{-1/2}(\Gamma)} \leq c \, h_L^{\kappa+\sigma_2} \, \|w_{h_L}\|_{H^{\sigma_1}(\Gamma)} \|w_{h_L} - \widetilde{w}_{h_L}\|_{H^{\sigma_2}(\Gamma)}.$$

Weiter ist, vergleiche Lemma 12.1,

$$\|w_{h_L}\|_{H^{\sigma_1}(\Gamma)} \leq \|w\|_{H^{\sigma_1}(\Gamma)} + \|w - w_{h_L}\|_{H^{\sigma_1}(\Gamma)} \leq c \, \|w\|_{H^{\sigma_1}(\Gamma)} \leq c \, \|w\|_{H^{1/2}(\Gamma)}.$$

Mit der inversen Ungleichung ist andererseits

$$\|w_{h_L} - \widetilde{w}_{h_L}\|_{H^{\sigma_2}(\Gamma)} \leq c_I \, h_L^{-\frac{1}{2}-\sigma_2} \, \|w_{h_L} - \widetilde{w}_{h_L}\|_{H^{-1/2}(\Gamma)}.$$

Insgesamt gilt also

$$\frac{1}{2} c_1^V \, \|w_{h_L} - \widetilde{w}_{h_L}\|_{H^{-1/2}(\Gamma)} \leq c \, h_L^{\kappa-1/2} \, \|w\|_{H^{1/2}(\Gamma)}.$$

Mit der Dreiecksungleichung

$$\|w - \widetilde{w}_{h_L}\|_{H^{-1/2}(\Gamma)} \leq \|w - w_{h_L}\|_{H^{-1/2}(\Gamma)} + \|w_{h_L} - \widetilde{w}_{h_L}\|_{H^{-1/2}(\Gamma)}$$

und der Fehlerabschätzung (14.3) folgt nun die Behauptung. ■

Bemerkung 14.1 *Die Fehlerabschätzung in Satz 14.5 ist bezüglich der Regularität der Lösung $w \in H^1_{\text{pw}}(\Gamma)$ nicht optimal. Wegen der Gültigkeit von Lemma 14.12 für $s \in (-\frac{1}{2}, \frac{1}{2})$ wird die höhere Regularität der Lösung $w \in H^1_{\text{pw}}(\Gamma)$ nicht in der Fehlerabschätzung berücksichtigt. Formal erhält man dann die Fehlerabschätzung*

$$\|w - \widetilde{w}_{h_L}\|_{H^{-1/2}(\Gamma)} \leq c \left[h_L^{3/2} + h_L^{\kappa} \right] \|w\|_{H^1_{\text{pw}}(\Gamma)}.$$

Faßt man die Ergebnisse der Aufwandsabschätzung in Lemma 14.14 und die Fehlerabschätzung in Bemerkung 14.1 zusammen, dann kann der für die Kompression (14.39) wesentliche Parameter $\kappa \geq 1$ nicht optimal gewählt werden. Mit $\kappa = \frac{3}{2}$ kann in Bemerkung 14.1 zwar die Fehlerabschätzung (14.3) des Standard–Verfahrens gewährleistet werden, jedoch kann die Anzahl der dafür benötigten Nichtnullelemente der Steifigkeitsmatrix $\widetilde{V}^L$ nur durch $\mathcal{O}(N_L^{3/2}(\log_2 N)^2)$ abgeschätzt werden. Andererseits kann mit $\kappa = 1$ mit $\mathcal{O}(N_L(\log_2 N)^2)$ zwar eine fast optimale Anzahl von Nichtnullelementen erreicht werden, dies aber geht für eine reguläre Lösung $w \in H^1_{\text{pw}}(\Gamma)$ mit einem Genauigkeitsverlust einher. Die theoretische Begründung für dieses Verhalten findet sich im Beweis von Lemma 14.13. Hier wird ausgenutzt, daß die stückweise konstanten Wavelets die Momentenbedingung (14.36) erfüllen, d.h. orthogonal auf konstanten Funktionen stehen. Zum Erreichen einer höheren Approximationsordnung sind also höhere Momentenbedingungen, z.B. die Orthogonalität auf linearen Funktionen zu fordern. Dies verlangt dann die Verwendung von stückweise linearen Wavelets [45], deren Konstruktion im allgemeinen Fall nicht trivial ist.

Kapitel 15

Gebietszerlegungsmethoden

Gebietszerlegungsmethoden sind ein modernes numerisches Werkzeug sowohl zur Behandlung von Randwertproblemen mit springenden Koeffizienten als auch zur Kopplung von verschiedenen Diskretisierungsverfahren, wie zum Beispiel der Verknüpfung von BEM und FEM [23]. Darüberhinaus bieten sie einen natürlichen Zugang zur Entwicklung und Parallelisierung effizienter Lösungsverfahren [57]. Für ein weitergehendes Studium von Gebietszerlegungsmethoden sei hier zum Beispiel auf [11, 38, 68, 81] verwiesen.

Als Modellbeispiel dient hier die Potentialgleichung

$$-\operatorname{div}\left[\alpha(x)\nabla u(x)\right] = 0 \quad \text{für } x \in \Omega, \quad \gamma_0^{\text{int}} u(x) = g(x) \quad \text{für } x \in \Gamma = \partial\Omega. \tag{15.1}$$

Dabei ist $\Omega \subset \mathbb{R}^d$ ein beschränktes Lipschitz–Gebiet, für welches eine **nichtüberlappende Gebietszerlegung** gegeben sei, vergleiche Abbildung 15.1,

$$\overline{\Omega} = \bigcup_{i=1}^{p} \overline{\Omega}_i, \quad \Omega_i \cap \Omega_j = \emptyset \quad \text{für } i \neq j. \tag{15.2}$$

Die lokalen Teilgebiete Ω_i seien wieder Lipschitz–Gebiete mit den Rändern $\Gamma_i = \partial\Omega_i$. Mit

$$\Gamma_S := \bigcup_{i=1}^{p} \Gamma_i$$

wird schließlich das Skelett der Gebietszerlegung bezeichnet.
Die Koeffizientenfunktion α in (15.1) wird als stückweise konstant vorausgesetzt, d.h. es gelte

$$\alpha(x) = \alpha_i \quad \text{für } x \in \Omega_i, \quad i = 1, \ldots, p. \tag{15.3}$$

Für die numerische Lösung in den Teilgebieten $\Omega_1, \ldots, \Omega_q$ soll nun die Randelementmethode verwendet werden, während in den Teilgebieten $\Omega_{q+1}, \ldots, \Omega_p$ die Finite Element Methode zum Einsatz kommen soll.

Nach Kapitel 4 lautet die eindeutig lösbare Variationsformulierung des Dirichlet–Randwertproblems (15.1):

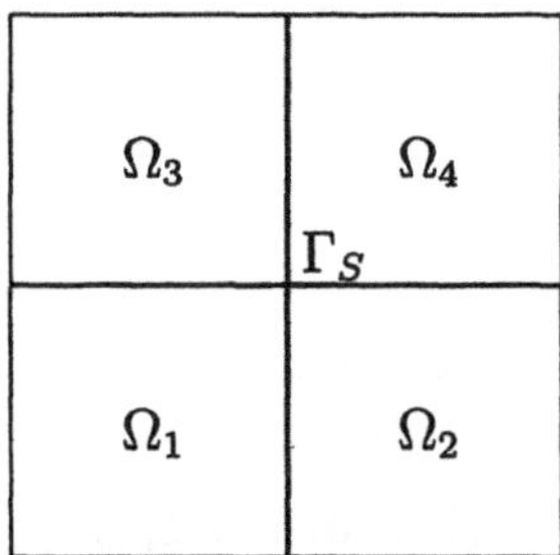

Abbildung 15.1: Gebietszerlegung mit vier Teilgebieten.

Gesucht ist $u \in H^1(\Omega)$ mit $\gamma_0^{\text{int}} u = g$, so daß

$$\int\limits_{\Omega} \alpha(x) \nabla u(x) \nabla v(x) dx = 0 \tag{15.4}$$

für alle $v \in H_0^1(\Omega)$ erfüllt ist.

Gemäß der nichtüberlappenden Gebietszerlegung (15.2) und Voraussetzung (15.3) ist die Variationsformulierung (15.4) äquivalent zu

$$\sum_{i=1}^{p} \alpha_i \int\limits_{\Omega_i} \nabla u(x) \nabla v(x) dx = 0 \quad \text{für alle } v \in H_0^1(\Omega).$$

Die Anwendung der ersten Greenschen Formel (1.5) in den Teilgebieten Ω_i für $i = 1, \ldots, q \leq p$ ergibt ein Variationsproblem zur Bestimmung von $u \in H^1(\Omega)$ mit $\gamma_0^{\text{int}} u = g$, so daß

$$\sum_{i=1}^{q} \alpha_i \int\limits_{\partial\Omega_i} \gamma_{1,i}^{\text{int}} u(x) \gamma_{0,i}^{\text{int}} v(x) ds_x + \sum_{i=q+1}^{p} \alpha_i \int\limits_{\Omega_i} \nabla u(x) \nabla v(x) dx = 0 \tag{15.5}$$

für alle $v \in H_0^1(\Omega)$ erfüllt ist.

Die Cauchy–Daten $\gamma_{0,i}^{\text{int}} u$ und $\gamma_{1,i}^{\text{int}} u$ der Lösung $u(x)$ erfüllen auf $\Gamma_i = \partial\Omega_i$ für $i = 1, \ldots, q$ das System (6.22) von Randintegralgleichungen,

$$\begin{pmatrix} \gamma_{0,i}^{\text{int}} u \\ \gamma_{1,i}^{\text{int}} u \end{pmatrix} = \begin{pmatrix} \frac{1}{2} I - K_i & V_i \\ D_i & \frac{1}{2} I + K_i' \end{pmatrix} \begin{pmatrix} \gamma_{0,i}^{\text{int}} u \\ \gamma_{1,i}^{\text{int}} u \end{pmatrix}. \tag{15.6}$$

Einsetzen der zweiten Gleichung von (15.6) in die Variationsformulierung (15.5) ergibt das folgende Variationsproblem:

Gesucht sind $u \in H^1(\Omega)$ mit $\gamma_0^{\text{int}} u = g$ und $\gamma_{1,i}^{\text{int}} u \in H^{-1/2}(\Gamma_i)$ für $i = 1, \ldots, q$, so daß

$$\begin{aligned}\sum_{i=1}^{q} \alpha_i \langle D_i \gamma_{0,i}^{\text{int}} u + (\frac{1}{2} I + K_i') \gamma_{1,i}^{\text{int}} u, \gamma_{0,i}^{\text{int}} v \rangle_{\Gamma_i} + \sum_{i=q+1}^{p} \alpha_i \int_{\Omega_i} \nabla u(x) \nabla v(x) dx &= 0 \\ \alpha_i \left[\langle V_i \gamma_{1,i}^{\text{int}} u - (\frac{1}{2} I + K_i) \gamma_{0,i}^{\text{int}} u, \tau_i \rangle_{\Gamma_i} \right] &= 0\end{aligned}$$

für alle $v \in H_0^1(\Omega)$ und $\tau_i \in H^{-1/2}(\Gamma_i)$ für $i = 1, \ldots, q$ erfüllt ist.
Mit der Bilinearform

$$\begin{aligned}a(u, \gamma_{1,1}^{\text{int}} u, \ldots, \gamma_{1,q}^{\text{int}} u; v, \tau_1, \ldots, \tau_q) &:= \sum_{i=1}^{q} \alpha_i \langle D_i \gamma_{0,i}^{\text{int}} u + (\frac{1}{2} I + K_i') \gamma_{1,i}^{\text{int}} u, \gamma_{0,i}^{\text{int}} v \rangle_{\Gamma_i} \\ + \sum_{i=1}^{q} \alpha_i \left[\langle V_i \gamma_{1,i}^{\text{int}} u - (\frac{1}{2} I + K_i) \gamma_{0,i}^{\text{int}} u, \tau_i \rangle_{\Gamma_i} \right] &+ \sum_{i=q+1}^{p} \alpha_i \int_{\Omega_i} \nabla u(x) \nabla v(x) dx\end{aligned}$$

erhält man schließlich:
Gesucht sind $u \in H^1(\Omega)$ mit $\gamma_0^{\text{int}} u = g$ und $\gamma_{1,i}^{\text{int}} u \in H^{-1/2}(\Gamma_i)$ für $i = 1, \ldots, q$, so daß

$$a(u, \underline{\gamma}_1^{\text{int}} u; v, \underline{\tau}) = 0 \tag{15.7}$$

für alle $v \in H_0^1(\Omega)$ und $\tau_i \in H^{-1/2}(\Gamma_i)$ für $i = 1, \ldots, q$ erfüllt ist.

Satz 15.1 *Das Variationsproblem* (15.7) *ist eindeutig lösbar.*

Beweis: Zu zeigen sind die Voraussetzungen von Satz 3.5. Dafür sei

$$X := H_0^1(\Omega) \times H^{-1/2}(\Gamma_1) \times \cdots \times H^{-1/2}(\Gamma_q)$$

mit der Norm

$$\|(u, \underline{t})\|_X^2 := \sum_{i=1}^{q} \left[\|\gamma_{0,i}^{\text{int}} u\|_{H^{1/2}(\Gamma_i)}^2 + \|t_i\|_{H^{-1/2}(\Gamma_i)}^2 \right] + \sum_{i=q+1}^{p} \|u\|_{H^1(\Omega_i)}^2.$$

Die Beschränktheit der Bilinearform $a(\cdot, \cdot)$ folgt aus der Beschränktheit der lokalen Randintegraloperatoren und der Beschränktheit der lokalen Dirichlet–Formen. Für $(v, \underline{\tau}) \in X$ ist

$$\begin{aligned}a(v, \underline{\tau}; v, \underline{\tau}) &= \sum_{i=1}^{q} \alpha_i \left[\langle V_i \tau_i, \tau_i \rangle_{\Gamma_i} + \langle D_i \gamma_{0,i}^{\text{int}} v, \gamma_{0,i}^{\text{int}} v \rangle_{\Gamma_i} \right] + \sum_{i=q+1}^{p} \alpha_i \|\nabla v\|_{L_2(\Omega_i)}^2 \\ &\geq \min_{i=1,p} \left\{ \alpha_i c_{1,i}^V, \alpha_i c_{1,i}^D, \alpha_i \right\} \left\{ \sum_{i=1}^{q} \left[\|\tau_i\|_{H^{-1/2}(\Gamma_i)}^2 + |\gamma_{0,i}^{\text{int}} u|_{H^{1/2}(\Gamma_i)}^2 \right] + \sum_{i=q+1}^{p} \|\nabla v\|_{L_2(\Omega_i)}^2 \right\}.\end{aligned}$$

Wegen $v \in H_0^1(\Omega)$ folgt daraus die X–Elliptizität der Bilinearform $a(\cdot, \cdot)$ und somit die eindeutige Lösbarkeit des Variationsproblems (15.7). ∎

Sei

$$X_h := S_h^1(\Omega) \times S_h^0(\Gamma_1) \times \cdots \times S_h^0(\Gamma_q) \subset X$$

ein konformer Ansatzraum mit stückweise linearen Basisfunktionen zur Approximation des Potentials $u \in H_0^1(\Omega)$ und stückweise konstanten Basisfunktionen zur Approximation der lokalen Neumann–Daten $\gamma_{1,i}^{\text{int}} u \in H^{-1/2}(\Gamma_i)$ für $i = 1, \ldots, q$. Die Freiheitsgrade des Ansatzraumes $S_h^1(\Omega) \subset H_0^1(\Omega)$ sind in Abbildung 15.2 dargestellt.

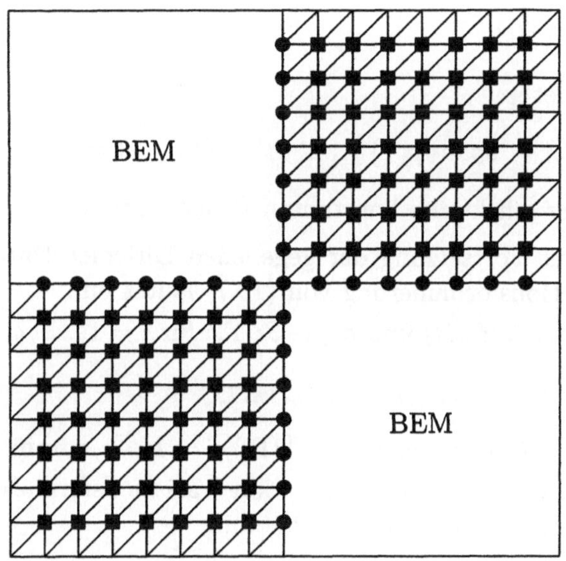

Abbildung 15.2: Freiheitsgrade im Ansatzraum $S_h^1(\Omega) \subset H_0^1(\Omega)$.

Der globale Ansatzraum $S_h^1(\Omega) \subset H_0^1(\Omega)$ zerfällt in die lokalen Ansatzräume

$$S_h^1(\Omega_i) := S_h^1(\Omega)_{|\Omega_i} \cap H_0^1(\Omega_i) = \text{span}\{\varphi_{i,k}^1\}_{k=1}^{M_i}, \quad i = q+1, \ldots, p,$$

und einen globalen Ansatzraum

$$S_h^1(\Gamma_S) = \text{span}\{\varphi_{S,k}^1\}_{k=1}^{M_S},$$

der in Bezug auf das Skelett Γ_S definiert ist. Die globalen Freiheitsgrade sind in Abbildung 15.2 durch ■ gekennzeichnet, während die lokalen Freiheitsgrade mit • markiert sind. Aus der Zerlegung

$$S_h^1(\Omega) = S_h^1(\Gamma_S) \cup \bigcup_{i=q+1}^{p} S_h^1(\Omega_i)$$

folgt für eine Funktion $u_h \in S_h^1(\Omega) \cap H_0^1(\Omega)$ die Darstellung

$$u_h(x) = \sum_{k=1}^{M_S} u_{S,k}\varphi_{S,k}^1(x) + \sum_{i=q+1}^{p} \sum_{k=1}^{M_i} u_{i,k}\varphi_{i,k}^1(x).$$

Der Koeffizientenvektor $\underline{u} \in I\!R^M$ zerfällt entsprechend in

$$\underline{u} = \begin{pmatrix} \underline{u}_S \\ \underline{u}_{q+1} \\ \vdots \\ \underline{u}_p \end{pmatrix} = \begin{pmatrix} \underline{u}_S \\ \underline{u}_L \end{pmatrix}.$$

Schließlich bezeichnet

$$S_h^0(\Gamma_i) = \text{span}\{\varphi_{i,k}^0\}_{k=1}^{N_i} \subset H^{-1/2}(\Gamma_i), \quad i = 1, \ldots, q,$$

den Ansatzraum der stückweise konstanten Basisfunktionen.

Sei $u_g \in H^1(\Omega)$ eine Fortsetzung der gegebenen Dirichlet–Daten $g \in H^{1/2}(\Gamma)$. Die Galerkin–Variationsformulierung von (15.7) lautet nun:
Gesucht $u_{0,h} \in S_h^1(\Omega) \cap H_0^1(\Omega)$ und $t_{i,h} \in S_h^0(\Gamma_i)$ für $i = 1, \ldots, q$, so daß

$$a(u_{0,h} + u_g, \underline{t}_h; v_h, \underline{\tau}_h) = 0 \tag{15.8}$$

für alle $v_h \in S_h^1(\Omega) \cap H_0^1(\Omega)$ und $\tau_{i,h} \in S_h^0(\Gamma_i)$, $i = 1, \ldots, q$, erfüllt ist.
Nach Satz 8.1 (Cea's Lemma) ist die Galerkin–Variationsformulierung (15.8) eindeutig lösbar, und es gilt die Fehlerabschätzung

$$\|(u_0 - u_{0,h}, \underline{\gamma}_1^{\text{int}} u - \underline{t}_h)\|_X \le c \inf_{(v_h, \underline{\tau}_h) \in X_h} \|(u_0 - v_h, \underline{\gamma}_1^{\text{int}} u - \underline{\tau}_h)\|_X,$$

so daß die Konvergenz aus den Approximationseigenschaften der Ansatzräume $S_h^1(\Omega)$ und $S_h^0(\Gamma_i)$ folgt.

Die Galerkin–Variationsformulierung (15.8) ist äquivalent zu dem linearen Gleichungssystem

$$\begin{pmatrix} V_h & -\frac{1}{2}M_h - K_h & \\ \frac{1}{2}M_h^\top + K_h^\top & D_h + A_{SS} & A_{LS} \\ & A_{SL} & A_{LL} \end{pmatrix} \begin{pmatrix} \underline{t} \\ \underline{u}_S \\ \underline{u}_L \end{pmatrix} = \begin{pmatrix} \underline{f}_B \\ \underline{f}_S \\ \underline{f}_L \end{pmatrix} \tag{15.9}$$

mit den globalen Steifigkeitsmatrizen

$$\begin{aligned} D_h[\ell, k] &= \sum_{i=1}^{q} \alpha_i \langle D_i \gamma_{0,i}^{\text{int}} \varphi_{S,k}^1, \gamma_{0,i}^{\text{int}} \varphi_{S,\ell}^1 \rangle_{\Gamma_i}, \\ A_{SS}[\ell, k] &= \sum_{i=q+1}^{p} \alpha_i \int_{\Omega_i} \nabla\varphi_{S,k}^1(x) \nabla_{S,\ell}^1(x) dx \end{aligned}$$

für $k, \ell = 1, \ldots, M_S$ und den lokalen Steifigkeitsmatrizen

$$V_h = \operatorname{diag} V_{h,i}, \quad A_{LL} = \operatorname{diag} A_{h,i} \tag{15.10}$$

mit

$$V_{h,i} = \alpha_i \langle V_i \varphi^0_{i,k}, \varphi^0_{i,\ell} \rangle_{\Gamma_i} \quad \text{für } k, \ell = 1, \ldots, N_i, i = 1, \ldots, q,$$

bzw.

$$A_{h,i} = \alpha_i \int\limits_{\Omega_i} \nabla \varphi^1_{i,k}(x) \nabla \varphi^1_{i,\ell}(x) dx \quad \text{für } k, \ell = 1, \ldots, M_i, i = q+1, \ldots, p.$$

Für $k = 1, \ldots, M_S$ und $i = 1, \ldots, q$ sind schließlich

$$\begin{aligned} M_{h,i}[\ell, k] &= \alpha_i \langle \gamma^{\text{int}}_{0,i} \varphi^1_{S,k}, \varphi^0_{i,\ell} \rangle_{\Gamma_i}, \\ K_{h,i}[\ell, k] &= \alpha_i \langle K_i \gamma^{\text{int}}_{0,i} \varphi^1_{S,k}, \varphi^0_{i,\ell} \rangle_{\Gamma_i} \end{aligned}$$

für $\ell = 1, \ldots, N_1$, bzw. für $i = q+1, \ldots, p$

$$A_{SL,i}[\ell, k] = \alpha_i \int\limits_{\Omega_i} \nabla \varphi^1_{S,k}(x) \nabla \varphi^1_{i,\ell}(x) dx$$

für $\ell = 1, \ldots, M_i$ und $A_{LS} = A^\top_{SL}$.
Die Steifgkeitsmatrix des linearen Gleichungssystems (15.9) entsteht durch Assemblierung von lokalen Steifgkeitsmatrizen, die entweder von einer lokalen BEM– oder von einer lokalen FEM–Diskretisierung entstammen. Die rechte Seite in (15.9) ergibt sich entsprechend durch Auswertung von $a(u_g, 0; \cdot, \cdot)$,

$$\begin{aligned} f_{B,i,\ell} &= \alpha_i \langle (\frac{1}{2} + K_i) \gamma^{\text{int}}_{0,i} u_g, \psi_{i,\ell} \rangle_{\Gamma_i}, \quad \ell = 1, \ldots, N_i, i = 1, \ldots, q, \\ f_{S,\ell} &= -\sum_{i=1}^{q} \alpha_i \langle D_i \gamma^{\text{int}}_{0,i} u_g, \gamma^{\text{int}}_{0,i} \varphi^1_{S,\ell} \rangle_{\Gamma_i} \\ &\qquad - \sum_{i=q+1}^{p} \alpha_i \int\limits_{\Omega_i} \nabla u_g(x) \nabla \varphi^1_{S,\ell}(x) dx, \quad \ell = 1, \ldots, M_S, \\ f_{L,i,\ell} &= -\alpha_i \int\limits_{\Omega_i} \nabla u_g(x) \nabla \varphi^1_{i,\ell}(x) dx, \quad \ell = 1, \ldots, M_i, i = q+1, \ldots, p. \end{aligned}$$

Das lineare Gleichungssystem (15.9) entspricht dem allgemeinen System (13.20), so daß die in Abschnitt 13.3 betrachteten Iterationsverfahren zur Lösung von (15.9) benutzt werden können. Insbesondere ergibt die Elimination der lokalen Freiheitsgrade $\underline{t}$ und $\underline{u}_L$ das Schur–Komplement–System

$$\left[D_h + (\frac{1}{2} M_h^\top + K_h^\top) V_h^{-1} (\frac{1}{2} M_h + K_h) + A_{SS} - A_{LS} A_{LL}^{-1} A_{SL} \right] \underline{u}_S = \underline{f} \tag{15.11}$$

mit der modifierten rechten Seite

$$\underline{f} := \underline{f}_S - (\frac{1}{2}M_h^\top + K_h^\top)V_h^{-1}\underline{f}_B - A_{LS}A_{LL}^{-1}\underline{f}_L .$$

Wegen (15.10) kann die Invertierung der lokalen Steifigkeitsmatrizen V_h und A_{LL} vollständig parallel durchgeführt werden. Dies entspricht der Lösung lokaler Dirichlet–Randwertprobleme. Zu verwenden sind dann Vorkonditionierungsmatrizen für die lokalen Steifigkeitsmatrizen $V_{h,i}$ und $A_{h,i}$. Für die Lösung des globalen Schur–Komplement–Systems (15.11) mit einer symmetrischen und positiv definiten Matrix S_h kann das vorkonditionierte CG–Verfahren verwendet werden. Die Wahl der Vorkonditionierungsmatrix C_S basiert dann auf der Spektraläquivalenz der jeweiligen Schur–Komplemente

$$S_h^{\mathrm{BEM}} := D_h + (\frac{1}{2}M_h^\top + K_h^\top)V_h^{-1}(\frac{1}{2}M_h + K_h),$$

bzw.

$$S_h^{\mathrm{FEM}} := A_{SS} - A_{SL}A_{LL}^{-1}A_{LS}$$

zueinander, bzw. zur Galerkin–Diskretisierung D_h des hypersingulären Randintegraloperators [20, 81].

Literatur

[1] Adams, R. A.: Sobolev Spaces. Academic Press, New York, London, 1975.

[2] Axelsson, O.: Iterative Solution Methods. Cambridge University Press, Cambridge, 1994.

[3] Axelsson, O., Barker, V. A.: Finite Element Solution of Boundary Value Problems: Theory and Computation. Academic Press, Orlando, 1984.

[4] Aziz, A., Babuška, I.: On the angle condition in the finite element method. SIAM J. Numer. Anal. 13 (1976) 214–226.

[5] Babuška, I.: The finite element method with Lagrangian multipliers. Numer. Math. 20 (1973) 179–192.

[6] Barrett, R. et al.: Templates for the Solution of Linear Systems: Building Blocks for Iterative Methods. SIAM, Philadelphia, 1993.

[7] Bebendorf, M.: Effiziente numerische Lösung von Randintegralgleichungen unter Verwendung von Niedrigrang–Matrizen. Dissertation, Universität des Saarlandes, Saarbrücken, 2000.

[8] Bebendorf, M.: Approximation of boundary element matrices. Numer. Math. 86 (2000) 565–589.

[9] Bebendorf, M., Rjasanow, S.: Adaptive low–rank approximation of collocation matrices. Computing 70 (2003) 1–24.

[10] Bergh, J., Löfström, J.: Interpolation Spaces. An Introduction. Springer, Berlin, New York, 1976.

[11] Bjørstad, P., Gropp, W., Smith, B.: Domain Decomposition. Parallel Multilevel Methods for Elliptic Partial Differential Equations. Cambridge University Press, 1996.

[12] Braess, D.: Finite Elemente. Springer, Berlin, 1991.

[13] Bramble, J. H.: The Lagrange multiplier method for Dirichlet's problem. Math. Comp. 37 (1981) 1–11.

[14] Bramble, J. H., Pasciak, J. E.: A preconditioning technique for indefinite systems resulting from mixed approximations of elliptic problems. Math. Comp. 50 (1988) 1–17.

[15] Bramble, J. H., Pasciak, J. E., Steinbach, O.: On the stability of the L_2 projection in $H^1(\Omega)$. Math. Comp. 71 (2002) 147–156.

[16] Bramble, J. H., Pasciak, J. E., Xu, J.: Parallel multilevel preconditioners. Math. Comp. 55 (1990) 1–22.

[17] Bramble, J. H., Zlamal, M.: Triangular elements in the finite element method. Math. Comp. 24 (1970) 809–820.

[18] Brenner, S., Scott, R. L.: The Mathematical Theory of Finite Element Methods. Springer, New York, 1994.

[19] Breuer, J.: Wavelet–Approximation der symmetrischen Variationsformulierung von Randintegralgleichungen. Diplomarbeit, Mathematisches Institut A, Universität Stuttgart, 2001.

[20] Carstensen, C., Kuhn, M., Langer, U.: Fast parallel solvers for symmetric boundary element domain decomposition methods. Numer. Math. 79 (1998) 321–347.

[21] Ciarlet, P. G.: The Finite Element Method for Elliptic Problems. North–Holland, 1978.

[22] Clement, P.: Approximation by finite element functions using local regularization. RAIRO Anal. Numer. R–2 (1975) 77–84.

[23] Costabel, M.: Symmetric methods for the coupling of finite elements and boundary elements. In: Boundary Elements IX (C. A. Brebbia, G. Kuhn, W. L. Wendland eds.), Springer, Berlin, pp. 411–420, 1987.

[24] Costabel, M.: Boundary integral operators on Lipschitz domains: Elementary results. SIAM J. Math. Anal. 19 (1988) 613–626.

[25] Costabel, M., Stephan, E. P.: Boundary integral equations for mixed boundary value problems in polygonal domains and Galerkin approximations. In: Mathematical Models and Methods in Mechanics. Banach Centre Publ. 15, PWN, Warschau, pp. 175–251, 1985.

[26] Dahmen, W., Prößdorf, S., Schneider, R.: Wavelet approximation methods for pseudodifferential equations I: Stability and convergence. Math. Z. 215 (1994) 583–620.

[27] Dahmen, W., Prößdorf, S., Schneider, R.: Wavelet approximation methods for pseudodifferential equations II: Matrix compression and fast solution. Adv. Comput. Math. 1 (1993) 259–335.

[28] Dautray, R., Lions, J. L.: Mathematical Analysis and Numerical Methods for Science and Technology. Volume 4: Integral Equations and Numerical Methods. Springer, Berlin, 1990.

[29] Duvaut, G., Lions, J. L.: Inequalities in Mechanics and Physics. Springer, Berlin, 1976.

[30] Fix, G. J., Strang, G.: An Analysis of the Finite Element Method. Prentice Hall Inc., Englewood Cliffs, 1973.

[31] Fortin, M.: An analysis of the convergence of mixed finite element methods. R.A.I.R.O. Anal. Numer. 11 (1977) 341–354.

[32] Fox, L., Huskey, H. D., Wilkinson, J. H.: Notes on the solution of algebraic linear simultaneous equations. Quart. J. Mech. Appl. Math. 1 (1948) 149–173.

[33] Giebermann, K.: Schnelle Summationsverfahren zur numerischen Lösung von Integralgleichungen für Streuprobleme im $\mathbb{R}^3$. Dissertation, Universität Karlsruhe, 1997.

[34] Gradshteyn, I. S., Ryzhik, I. M.: Table of Integrals, Series, and Products. Academic Press, New York, 1980.

[35] Greengard, L.: The Rapid Evaluation of Potential Fields in Particle Systems. The MIT Press, Cambridge, MA, 1987.

[36] Greengard, L., Rokhlin, V.: A fast algorithm for particle simulations. J. Comput. Phys. 73 (1987) 325–348.

[37] Grisvard, P.: Elliptic Problems in Nonsmooth Domains. Pitman, Boston, 1985.

[38] Haase, G.: Parallelisierung numerischer Algorithmen für partielle Differentialgleichungen. B. G. Teubner, Stuttgart, Leipzig, 1999.

[39] Hackbusch, W.: Iterative Lösung großer schwachbesetzter Gleichungssysteme. B. G. Teubner, Stuttgart, 1993.

[40] Hackbusch, W.: Theorie und Numerik elliptischer Differentialgleichungen. B. G. Teubner, Stuttgart, 1996.

[41] Hackbusch, W.: A sparse matrix arithmetic based on $\mathcal{H}$–matrices. I. Introduction to $\mathcal{H}$–matrices. Computing 62 (1999) 89–108.

[42] Hackbusch, W., Nowak, Z. P.: On the fast matrix multiplication in the boundary element method by panel clustering. Numer. Math. 54, 463–491 (1989).

[43] Boundary Elements: Implementation and Analysis of Advanced Algorithms. Notes on Numerical Fluid Mechanics 54, Vieweg, Braunschweig, 1996.

[44] Han, H.: The boundary integro–differential equations of three–dimensional Neumann problem in linear elasticity. Numer. Math. 68 (1994) 269–281.

[45] Harbrecht, H.: Wavelet Galerkin schemes for the boundary element method in three dimensions. Dissertation, TU Chemnitz, 2001.

[46] Hestenes, M., Stiefel, E.: Methods of conjugate gradients for solving linear systems. J. Res. Nat. Bur. Stand 49 (1952) 409–436.

[47] Hörmander, L.: The Analysis of Linear Partial Differential Operators I, Springer, Berlin, 1983.

[48] Hsiao, G. C., Stephan, E. P., Wendland, W. L.: On the integral equation method for the plane mixed boundary value problem of the Laplacian. Math. Meth. Appl. Sci. 1 (1979) 265–321.

[49] Hsiao, G. C., Wendland, W. L.: A finite element method for some integral equations of the first kind. J. Math. Anal. Appl. 58 (1977) 449–481.

[50] Jung, M., Langer, U.: Methode der finiten Elemente für Ingenieure. B. G. Teubner, Stuttgart, Leipzig, Wiesbaden, 2001.

[51] Jung, M., Steinbach, O.: A finite element–boundary element algorithm for inhomogeneous boundary value problems. Computing 68 (2002) 1–17.

[52] Kupradze, V. D.: Three–dimensional problems of the mathematical theory of elasticity and thermoelasticity. North–Holland, Amsterdam, 1979.

[53] Kythe, P. K.: Fundamental Solutions for Differential Operators and Applications. Birkhäuser, Boston, 1996.

[54] Ladyzenskaja, O. A.: Funktionalanalytische Untersuchungen der Navier–Stokesschen Gleichungen. Akademie–Verlag, Berlin, 1965.

[55] Ladyzenskaja, O. A., Ural'ceva, N. N.: Linear and quasilinear elliptic equations. Academic Press, New York, 1968.

[56] Lage, C., Schwab, C.: Wavelet Galerkin algorithms for boundary integral equations. SIAM J. Sci. Comput. 20 (1999) 2195–2222.

[57] U. Langer, Parallel iterative solution of symmetric coupled fe/be equations via domain decomposition. Contemp. Math. 157 (1994) 335–344.

[58] Maue, A. W.: Zur Formulierung eines allgemeinen Beugungsproblems durch eine Integralgleichung. Z. f. Physik 126 (1949) 601–618.

[59] McLean, W.: Strongly Elliptic Systems and Boundary Integral Equations. Cambridge University Press, 2000.

[60] McLean, W., Steinbach, O.: Boundary element preconditioners for a hypersingular boundary integral equation on an intervall. Adv. Comput. Math. 11 (1999) 271–286.

[61] McLean, W., Tran, T.: A preconditioning strategy for boundary element Galerkin methods. Numer. Meth. Part. Diff. Eq. 13 (1997) 283–301.

[62] Nečas, J.: Les Methodes Directes en Theorie des Equations Elliptiques. Masson, Paris und Academia, Prag, 1967.

[63] Nedelec, J. C.: Integral equations with non integrable kernels. Int. Eq. Operator Th. 5 (1982) 562–572.

[64] Of, G.: Die Multipolmethode für Randintegralgleichungen. Diplomarbeit, Mathematisches Institut A, Universität Stuttgart, 2001.

[65] Of, G., Steinbach, O.: A fast multipole boundary element method for a modified hypersingular boundary integral equation. In: Analysis and Simulation of Multifield Problems (W. L. Wendland, M. Efendiev eds.), Lecture Notes in Applied and Computational Mechanics 12, Springer, Heidelberg, 2003, pp. 163–169.

[66] Plemelj, J.: Potentialtheoretische Untersuchungen. Teubner, Leipzig, 1911.

[67] Prößdorf, S., Silbermann, B.: Numerical Analysis for Integral and Related Operator Equations. Birkhäuser, Basel, 1991.

[68] Quarteroni, A., Valli, A.: Domain Decomposition Methods for Partial Differential Equations. Oxford Science Publications, 1999.

[69] Reidinger, B., Steinbach, O.: A symmetric boundary element method for the Stokes problem in multiple connected domains. Math. Meth. Appl. Sci. 26 (1993) 77–93.

[70] Rudin, W.: Functional Analysis. McGraw–Hill, New York, 1973.

[71] Saad, Y., Schultz, M. H.: A generalized minimal residual algorithm for solving nonsymmetric linear systems. SIAM J. Sci. Stat. Comput. 7 (1985) 856–869.

[72] Sauer, T., Xu, Y.: On multivariate Lagrange interpolation. Math. Comp. 64 (1995) 1147–1170.

[73] Sauter, S. A.: Variable order panel clustering. Computing 64 (2000) 223–261.

[74] Schatz, A. H., Thomée, V., Wendland, W. L.: Mathematical Theory of Finite and Boundary Element Methods. Birkhäuser, Basel, 1990.

[75] Schneider, R.: Multiskalen– und Wavelet–Matrixkompression: Analysisbasierte Methoden zur effizienten Lösung großer vollbesetzter Gleichungssysteme. Advances in Numerical Mathematics. B. G. Teubner, Stuttgart, 1998.

[76] Schwab, C.: p– and hp–Finite Element Methods. Theory and Applications in Solid and Fluid Mechanics. Clarendon Press, Oxford, 1998.

[77] Scott, L. R., Zhang, S.: Finite element interpolation of nonsmooth functions satisfying boundary conditions. Math. Comp. 54 (1990) 483–493.

[78] Steinbach, O.: Fast evaluation of Newton potentials in boundary element methods. East–West J. Numer. Math. 7 (1999) 211–222.

[79] Steinbach, O.: On the stability of the L_2 projection in fractional Sobolev spaces. Numer. Math. 88 (2001) 367–379.

[80] Steinbach, O.: On a generalized L_2 projection and some related stability estimates in Sobolev spaces. Numer. Math. 90 (2002) 775–786.

[81] Steinbach, O.: Stability estimates for hybrid coupled domain decomposition methods. Lecture Notes in Mathematics 1809, Springer, Heidelberg, 2003.

[82] Steinbach, O., Wendland, W L.: The construction of some efficient preconditioners in the boundary element method. Adv. Comput. Math. 9 (1998) 191–216.

[83] Steinbach, O., Wendland, W. L.: On C. Neumann's method for second order elliptic systems in domains with non–smooth boundaries. J. Math. Anal. Appl. 262 (2001) 733–748.

[84] Triebel, H.: Höhere Analysis. Verlag Harri Deutsch, Frankfurt/M., 1980.

[85] Tyrtyshnikov, E. E.: Mosaic–skeleton approximations. Calcolo 33 (1996) 47–57.

[86] Verchota, G.: Layer potentials and regularity for the Dirichlet problem for Laplace's equation in Lipschitz domains. J. Funct. Anal. 59 (1984) 572–611.

[87] Vladimirov, V. S.: Equations of Mathematical Physics. Marcel Dekker, New York, 1971.

[88] van der Vorst, H. A.: Bi–CGSTAB: A fast and smoothly converging variant of Bi–CG for the solution of nonsymmetric linear systems. SIAM J. Sci. Stat. Comput. 13 (1992) 631–644.

[89] Walter, W.: Einführung in die Theorie der Distributionen. BI Wissenschaftsverlag, Mannheim, 1994.

[90] Wendland, W. L.: Elliptic Systems in the Plane. Pitman, London, 1979.

[91] Wendland, W. L.: Boundary Element Topics. Springer, Heidelberg, 1997.

[92] Wendland, W. L., Zhu, J.: The boundary element method for three–dimensional Stokes flow exterior to an open surface. Mathematical and Computer Modelling 15 (1991) 19–42.

[93] Wloka, J.: Funktionalanalysis und Anwendungen. Walter de Gruyter, Berlin, 1971.

[94] Wloka, J.: Partielle Differentialgleichungen. B. G. Teubner, Stuttgart, 1982.

[95] Xu, J.: An introduction to multilevel methods. In: Wavelets, multilevel methods and elliptic PDEs. Numer. Math. Sci. Comput., Oxford University Press, New York, 1997, pp. 213–302.

[96] Yosida, K.: Functional Analysis. Springer, Berlin, Heidelberg, 1980.

Index